中国品牌农业年鉴

2015

中国优质农产品开发服务协会　主编

中国农业出版社

图书在版编目（CIP）数据

中国品牌农业年鉴.2015/中国优质农产品开发服
务协会主编.—北京：中国农业出版社，2015.12
ISBN 978-7-109-21239-8

Ⅰ.①中…　Ⅱ.①中…　Ⅲ.①农产品－品牌－中国－
2015－年鉴　Ⅳ.①F323.7-54

中国版本图书馆CIP数据核字（2015）第292594号

中国农业出版社出版
（北京市朝阳区麦子店街18号楼）
（邮政编码100125）
责任编辑　徐　晖　贾　彬
文字编辑　贾　彬　陈　珺　郑　君
────────────
中国农业出版社印刷厂印刷　新华书店北京发行所发行
2015年12月第1版　2015年12月北京第1次印刷

开本：787mm×1092mm 1/16　印张：33
字数：1000千字
定价：300.00元
（凡本版图书出现印刷、装订错误，请向出版社发行部调换）

《中国品牌农业年鉴》编辑委员会

编 辑 说 明

一、为记载、展示和宣传我国品牌农业发展情况，中国优质农产品开发服务协会、中国农业出版社共同发起，联合编辑出版《中国品牌农业年鉴》。

二、本年鉴客观地记录了我国品牌农业的发展历程，重点收录了2014年全国品牌农业的重大政策、重要文献、重要讲话、重要工作和部分地方品牌农业发展概况，整理汇总了绿色食品、有机食品、无公害农产品、地理标志产品统计数据，刊载了品牌促进活动和品牌农业发展理论文萃，并收录了部分品牌农业的发展典型，选择介绍了部分区域品牌农产品，附有全国名特优新农产品目录、中国国际农产品交易会参展产品金奖评选结果等等。

三、该年鉴作为全面反映中国品牌农业情况的权威性资料工具书，具有政府公报性质，不仅可以作为对外宣传的窗口，而且具有决策咨询、信息交流和史料积累的重要作用，为政府部门在农业品牌建设中发挥推动作用、企业发挥主体作用、协会发挥桥梁作用提供参考。每年出版一卷，以出版年份标序。

四、各省、自治区、直辖市及计划单列市，按全国行政区划顺序排列。

五、各类资料数据均未包括台湾省和港澳地区。

六、在本年鉴的编写过程中，农业部办公厅、市场与经济信息司、种植业管理司、农产品质量安全监管局等司局，农业部农产品质量安全中心、中国绿色食品发展中心、农业部优质农产品开发服务中心、农民日报社、中国农村杂志社、中国农产品市场协会等单位给予了大力支持，在此一并表示感谢。

目　录

特　载

权威发布

专题发布

地区巡礼

展览展示

理论探讨

区域公用品牌（选登）

品牌主体（选登）

品牌农业服务平台

统计资料

特　載

- 习近平总书记关于品牌工作讲话（摘编）
- 李克强总理：以改革创新为动力　加快推进农业现代化（摘编）
- 汪洋副总理：用发展新理念大力推进农业现代化（摘编）
- 历年中央1号文件（摘编）
- 2015年政府工作报告（摘编）

习近平总书记关于品牌工作讲话（摘编）

一、关于"三个导向"的讲话

保障粮食安全是一个永恒的课题，任何时候都不能放松。解决好"三农"问题，根本在于深化改革，走中国特色现代化农业道路。当前，重点要以解决好地怎么种为导向，加快构建新型农业经营体系；以解决好地少水缺的资源环境约束为导向，深入推进农业发展方式转变；以满足吃得好吃得安全为导向，大力发展优质安全农产品。要给农业插上科技的翅膀，按照增产增效并重、良种良法配套、农机农艺结合、生产生态协调的原则，促进农业技术集成化、劳动过程机械化、生产经营信息化、安全环保法治化，加快构建适应高产、优质、高效、生态、安全农业发展要求的技术体系。

——2013年11月24～28日在山东考察时的讲话

二、关于农产品质量安全和培育食品品牌的讲话

能不能在食品安全上给老百姓一个满意的交代，是对我们执政能力的重大考验。食品安全源头在农产品，基础在农业，必须正本清源，首先把农产品质量抓好。要把农产品质量安全作为转变农业发展方式、加快现代农业建设的关键环节，用最严谨的标准、最严格的监管、最严厉的处罚、最严肃的问责，确保广大人民群众"舌尖上的安全"。食品安全，首先是"产"出来的，要把住生产环境安全关，治地治水，净化农产品产地环境，切断污染物进入农田的链条，对受污染严重的耕地、水等，要划定食用农产品生产禁止区域，进行集中修复，控肥、控药、控添加剂，严格管制乱用、滥用农业投入品。食品安全，也是"管"出来的，要形成覆盖从田间到餐桌全过程的监管制度，建立更为严格的食品安全监管责任制和责任追究制度，使权力和责任紧密挂钩，抓紧建立健全农产品质量和食品安全追溯体系，尽快建立全国统一的农产品和食品安全信息追溯平台，严厉打击食品安全犯罪，要下猛药、出重拳、绝不姑息，充分发挥群众监督、舆论监督的重要作用。要大力培育食品品牌，用品牌保证人们对产品质量的信心。

——2013年12月23～24日在中央农村工作会议上的讲话

三、关于中国产品要向中国品牌转变的讲话

一个地方、一个企业，要突破发展瓶颈、解决深层次矛盾和问题，根本出路在于创新，关键要靠科技力量。要加快构建以企业为主体、市场为导向、产学研相结合的技术创新体系，加强创新人才队伍建设，搭建创新服务平台，推动科技和经济紧密结合，努力实现优势领域、共性技术、关键技术的重大突破，推动中国制造向中国创造转变、中国速度向中国质量转变、中国产品向中国品牌转变。

——2014年5月10日在河南考察时的讲话

四、关于"五新"的讲话

全面建成小康社会，不能丢了农村这一头。福建农业多样性资源丰富，多样性农业特点突出，要围绕建设特色现代农业，努力在提高粮食生产能力上挖掘新潜力，在优化农业结构上开辟新途径，在转变农业发展方

式上寻求新突破，在促进农民增收上获得新成效，在建设新农村上迈出新步伐。

——2014 年 11 月 1～2 日在福建调研期间的讲话

五、关于市场竞争逐步转向质量型、差异化为主的竞争，要主动把握和积极适应经济发展的新常态的讲话

······

从市场竞争特点看，过去主要是数量扩张和价格竞争，现在正逐步转向质量型、差异化为主的竞争，统一全国市场、提高资源配置效率是经济发展的内生性要求，必须深化改革开放，加快形成统一透明、有序规范的市场环境。

······

这些趋势性变化说明，我国经济正在向形态更高级、分工更复杂、结构更合理的阶段演化，经济发展进入新常态，正从高速增长转向中高速增长，经济发展方式正从规模速度型粗放增长转向质量效率型集约增长，经济结构正从增量扩能为主转向调整存量、做优增量并存的深度调整，经济发展动力正从传统增长点转向新的增长点。认识新常态，适应新常态，引领新常态，是当前和今后一个时期我国经济发展的大逻辑。

——2014 年 12 月 9 日在中央经济工作会议上的讲话

李克强总理：以改革创新为动力 加快推进农业现代化（摘编）

二、因地制宜，突出重点，依靠改革加快推进农业现代化

······

（一）大力发展农业产业化。······新时期调整农业结构、发展农业产业化，要有新思路、新视野、新办法。一要由"生产导向"向"消费导向"转变。现在人们不仅要吃饱还要吃好，越来越关注"舌尖上的安全"、"舌尖上的美味"。要引导农民瞄准市场需求，适应消费者选择，增加市场紧缺和适销对路产品生产，大力发展绿色农业、特色农业和品牌农业。

······

三是抓农产品质量和食品安全监管。目前农产品质量安全形势总体稳定向好，但风险隐患犹存，违法违规问题仍然频发。要坚持不懈地抓好质量安全监管，决不能再出大的事件，否则就会打击人们对国产农产品和食品的消费信心，影响农业发展。要抓紧把基层农产品和食品安全监管机构健全起来，从源头抓起，推广农业标准化生产，严格市场执法监管，确保农产品和食品质量安全。

（《求是》2015 年第 4 期）

汪洋副总理：用发展新理念大力 推进农业现代化（摘编）

要全面提高农产品质量安全水平。大力推进规模化、标准化、绿色化、品牌化生产，加强产地环境保护，实行严格的农业投入品生产使用和监管制度，实现生产源头可控制。建立全程可追溯、互联共享的农产品质量和食品安全信息平台，健全从农田到餐桌的农产品质量安全全过程监管体系。加快完善农产品质量和食品安全法律法规，落实生产经营者主体责任，严惩各类食品安全违法犯罪行为，保障人民群众"舌尖上的安全"。

（《人民日报》2015年11月16日06版）

历年中央1号文件（摘编）

2015年中央1号文件（摘编）
关于加大改革创新力度加快农业现代化建设的若干意见

一、围绕建设现代农业，加快转变农业发展方式

......

3. 提升农产品质量和食品安全水平。加强县乡农产品质量和食品安全监管能力建设。严格农业投入品管理，大力推进农业标准化生产。落实重要农产品生产基地、批发市场质量安全检验检测费用补助政策。建立全程可追溯、互联共享的农产品质量和食品安全信息平台。开展农产品质量安全县、食品安全城市创建活动。大力发展名特优新农产品，培育知名品牌。健全食品安全监管综合协调制度，强化地方政府法定职责。加大防范外来有害生物力度，保护农林业生产安全。落实生产经营者主体责任，严惩各类食品安全违法犯罪行为，提高群众安全感和满意度。

......

7. 提高统筹利用国际国内两个市场两种资源的能力......创新农业对外合作模式，重点加强农产品加工、储运、贸易等环节合作，支持开展境外农业合作开发，推进科技示范园区建设，开展技术培训、科研成果示范、品牌推广等服务。

......

二、围绕促进农民增收，加大惠农政策力度

......

11. 强化农业社会化服务......加快研究出台对地方特色优势农产品保险的中央财政以奖代补政策。扩大森林保险范围。

2014年中央1号文件（摘编）
关于全面深化农村改革加快推进农业现代化的若干意见

推进中国特色农业现代化，要始终把改革作为根本动力，立足国情农情，顺应时代要求，坚持家庭经营为基础与多种经营形式共同发展，传统精耕细作与现代物质技术装备相辅相成，实现高产高效与资源生态永续利用协调兼顾，加强政府支持保护与发挥市场配置资源决定性作用功能互补。要以解决好地怎么种为导向加快构建新型农业经营体系，以解决好地少水缺的资源环境约束为导向深入推进农业发展方式转变，以满足吃得好吃得安全为导向大力发展优质安全农产品，努力走出一条生产技术先进、经营规模适度、市场竞争力强、生态环境可持续的中国特色新型农业现代化道路。

2013年中央1号文件（摘编）
关于加快发展现代农业 进一步增强农村发展活力的若干意见

......

三、创新农业生产经营体制，稳步提高农民组织化程度

4. 培育壮大龙头企业。支持龙头企业通过兼并、重组、收购、控股等方式组建大型企业集团。创建农业产业化示范基地，促进龙头企业集群发展。推动龙头企业与农户建立紧密型利益联结机制，采取保底收购、股份分红、利润返还等方式，让农户更多分享加工销售收益。鼓励和引导城市工商资本到农村发展适合企业化经营的种养业。增加扶持农业产业化资金，支持龙头企业建设原料基地、节能减排、培育品牌。逐步扩大农产品加工增值税进项税额核定扣除试点行业范围。适当扩大农产品产地初加工补助项目试点范围。

2012年中央1号文件（摘编）
关于加快推进农业科技创新持续增强农产品供给保障能力的若干意见

六、提高市场流通效率，切实保障农产品稳定均衡供给

22. 创新农产品流通方式。充分利用现代信息技术手段，发展农产品电子商务等现代交易方式。探索建立生产与消费有效衔接、灵活多样的农产品产销模式，减少流通环节，降低流通成本。大力发展订单农业，推进生产者与批发市场、农贸市场、超市、宾馆饭店、学校和企业食堂等直接对接，支持生产基地、农民专业合作社在城市社区增加直供直销网点，形成稳定的农产品供求关系。扶持供销合作社、农民专业合作社等发展联通城乡市场的双向流通网络。开展"南菜北运""西果东送"现代流通综合试点。开展农村商务信息服务，举办多形式、多层次的农产品展销活动，培育具有全国性和地方特色的农产品展会品牌。充分发挥农产品期货市场引导生产、规避风险的积极作用。免除蔬菜批发和零售环节增值税，开展农产品进项税额核定扣除试点，落实和完善鲜活农产品运输绿色通道政策，清理和降低农产品批发市场、城市社区菜市场、乡镇集贸市场和超市的收费。

2010年中央1号文件（摘编）
关于加大统筹城乡发展力度进一步夯实农业农村发展基础的若干意见

二、提高现代农业装备水平，促进农业发展方式转变

7. 推进菜篮子产品标准化生产。实施新一轮菜篮子工程建设，加快园艺作物生产设施化、畜禽水产养殖规模化。支持建设生猪、奶牛规模养殖场（小区），发展园艺作物标准生产基地和水产健康养殖示范场，开展标准化创建活动，推进畜禽养殖加工一体化。支持畜禽良种繁育体系建设。加强重大动物疫病防控，完善扑杀补贴政策，推进基层防疫体系建设，健全工作经费保障机制。增加渔政、渔港、渔船安全设施等建设投入，搞好水生生物增殖放流，支持发展远洋渔业。加快农产品质量安全监管体系和检验检测体系建设，积极发展无公害农产品、绿色食品、有机农产品。

......

四、协调推进城乡改革，增强农业农村发展活力

20. 着力提高农业生产经营组织化程度。推动家庭经营向采用先进科技和生产手段的方向转变，推动统一经营向发展农户联合与合作，形成多元化、多层次、多形式经营服务体系的方向转变。壮大农村集体经济组织实力，为农民提供多种有效服务。大力发展农民专业合作社，深入推进示范社建设行动，对服务能力强、民主管理好的合作社给予补助。各级政府扶持的贷款担保公司要把农民专业合作社纳入服务范围，支持有条件的合作社兴办农村资金互助社。扶持农民专业合作社自办农产品加工企业。积极发展农业农村各种社会化服务组织，为农民提供便捷高效、质优价廉的各种专业服务。支持龙头企

业提高辐射带动能力，增加农业产业化专项资金，扶持建设标准化生产基地，建立农业产业化示范区。推进"一村一品"强村富民工程和专业示范村镇建设。

2009 年中央 1 号文件（摘编）
关于促进农业稳定发展农民持续增收的若干意见

二、稳定发展农业生产

8. 严格农产品质量安全全程监控。抓紧出台食品安全法，制定和完善农产品质量安全法配套规章制度，健全部门分工合作的监管工作机制，进一步探索更有效的食品安全监管体制，实行严格的食品质量安全追溯制度、召回制度、市场准入和退出制度。加快农产品质量安全检验检测体系建设，完善农产品质量安全标准，加强检验检测机构资质认证。扩大农产品和食品例行监测范围，逐步清理并降低强制性检验检疫费用。健全饲料安全监管体系，促进饲料产业健康发展。强化企业质量安全责任，对上市产品实行批批自检。建立农产品和食品生产经营质量安全征信体系。开展专项整治，坚决制止违法使用农药、兽（渔）药行为。加快农业标准化示范区建设，推动龙头企业、农民专业合作社、专业大户等率先实行标准化生产，支持建设绿色和有机农产品生产基地。

2008 年中央 1 号文件（摘编）
关于切实加强农业基础建设进一步促进农业发展农民增收的若干意见

一、加快构建强化农业基础的长效机制

……

（三）形成农业增效、农民增收良性互动格局。要通过结构优化增收，继续搞好农产品优势区域布局规划和建设，支持优质农产品生产和特色农业发展，推进农产品精深加工。

2007 年中央 1 号文件（摘编）
关于积极发展现代农业扎实推进社会主义新农村建设的若干意见

四、开发农业多种功能，健全发展现代农业的产业体系

……

（三）大力发展特色农业。要立足当地自然和人文优势，培育主导产品，优化区域布局。适应人们日益多样化的物质文化需求，因地制宜地发展特而专、新而奇、精而美的各种物质、非物质产品和产业，特别要重视发展园艺业、特种养殖业和乡村旅游业。通过规划引导、政策支持、示范带动等办法，支持"一村一品"发展。加快培育一批特色明显、类型多样、竞争力强的专业村、专业乡镇。

……

五、健全农村市场体系，发展适应现代农业要求的物流产业

……

（二）加强农产品质量安全监管和市场服务。认真贯彻农产品质量安全法，提高农产品质量安全监管能力。加快完善农产品质量安全标准体系，建立农产品质量可追溯制度。在重点地区、品种、环节和企业，加快推行标准化生产和管理。实行农药、兽药专营和添加剂规范使用制度，实施良好农业操作规范试点。继续加强农产品生产环境和产品质量检验检测，搞好无公害农产品、绿色食品、有机食品认证，依法保护农产品注册商标、地理标志和知名品牌。严格执行转基因食品、液态奶等农产品标识制度。加强农业领域知识产权保护。启动实施农产品质量安全检验检测体系建设规划。加强对农资生产经营和农村食品药品质量安全监管，探索建立农资流通企业信用档案制度和质量保障赔偿机制。

（三）加强农产品进出口调控。加快实施农业"走出去"战略。加强农产品出口基地建设，实行企业出口产品卫生注册制度和国际认证，推进农产品检测结果国际互认。支持农产品出口企业在国外市场注册品牌，开展海外市场研究、营销策划、产品推介活动。有关部门和行业协会要积极开展农产品技术标准、国际市场促销等培训服务。搞好对农产品出口的信贷和保险服务。减免出口农产品检验检疫费用，简化检验检疫程序，加快农产品特别是鲜活产品出口的通关速度。加强对大宗农产品进口的调控和管理，保护农民利益，维护国内生产和市场稳定。

2006 年中央 1 号文件（摘编）
关于推进社会主义新农村建设的若干意见

二、推进现代农业建设，强化社会主义新农村建设的产业支撑

（8）积极推进农业结构调整。按照高产、优质、高效、生态、安全的要求，调整优化农业结构。加快建设优势农产品产业带，积极发展特色农业、绿色食品和生态农业，保护农产品知名品牌，培育壮大主导产业。

……

三、促进农民持续增收，夯实社会主义新农村建设的经济基础

（11）拓宽农民增收渠道。要充分挖掘农业内部增收潜力，按照国内外市场需求，积极发展品质优良、特色明显、附加值高的优势农产品，推进"一村一品"，实现增值增效。要加快转移农村劳动力，不断增加农民的务工收入。鼓励和支持符合产业政策的乡镇企业发展，特别是劳动密集型企业和服务业。着力发展县城和在建制的重点镇，从财政、金融、税收和公共品投入等方面为小城镇发展创造有利条件，外来人口较多的城镇要从实际出发，完善社会管理职能。要着眼

兴县富民，着力培育产业支撑，大力发展民营经济，引导企业和要素集聚，改善金融服务，增强县级管理能力，发展壮大县域经济。

2005 年中央 1 号文件（摘编）
关于进一步加强农村工作提高农业综合生产能力若干政策的意见

六、继续推进农业和农村经济结构调整，提高农业竞争力

（十七）大力发展特色农业。要发挥区域比较优势，建设农产品产业带，发展特色农业。各地要立足资源优势，选择具有地域特色和市场前景的品种作为开发重点，尽快形成有竞争力的产业体系。各地和有关部门要专门制定规划，明确相关政策，加快发展特色农业。建设特色农业标准化示范基地，筛选、繁育优良品种，把传统生产方式与现代技术结合起来，提升特色农产品的品质和生产水平。加大对特色农产品的保护力度，加快推行原产地等标识制度，维护原产地生产经营者的合法权益。整合特色农产品品牌，支持做大做强名牌产品。提高农产品国际竞争力，促进优势农产品出口，扩大农业对外开放。

2004 年中央 1 号文件（摘编）
关于促进农民增加收入若干政策的意见

二、继续推进农业结构调整，挖掘农业内部增收潜力

（四）全面提高农产品质量安全水平。近几年，农业结构调整迈出较大步伐，方向正确，成效明显，要坚定不移地继续推进。要在保护和提高粮食综合生产能力的前提下，按照高产、优质、高效、生态、安全的要求，走精细化、集约化、产业化的道路，向农业发展的广度和深度进军，不断开拓农业增效增收的空间。要加快实施优势农产品区域布局规划，充分发挥各

地的比较优势，继续调整农业区域布局。农产品市场和加工布局、技术推广和质量安全检验等服务体系的建设，都要着眼和有利于促进优势产业带的形成。2004年要增加资金规模，在小麦、大豆等粮食优势产区扩大良种补贴范围。进一步加强农业标准化工作，深入开展农业标准化示范区建设。要进一步完善农产品的检验检测、安全监测及质量认证体系，推行农产品原产地标记制度，开展农业投入品强制性产品认证试点，扩大无公害食品、绿色食品、有机食品等优质农产品的生产和供应。

2015 年政府工作报告（摘编）

加快推进农业现代化。坚持"三农"重中之重地位不动摇，加快转变农业发展方式，让农业更强、农民更富、农村更美。

2015年粮食产量要稳定在1.1万亿斤[*]以上，保障粮食安全和主要农产品供给。坚守耕地红线，全面开展永久基本农田划定工作，实施耕地质量保护与提升行动，推进土地整治，增加深松土地2亿亩[**]。加强农田水利基本建设，大力发展节水农业。加快新技术、新品种、新农机研发推广应用。引导农民瞄准市场调整种养结构，支持农产品加工特别是主产区粮食就地转化，开展粮食作物改为饲料作物试点。综合治理农药兽药残留问题，全面提高农产品质量和食品安全水平。

---

[*] 斤为非法定计量单位，1斤＝0.5千克。

[**] 亩为非法定计量单位，1亩＝1/15公顷。

权威发布

● 中国农产品品牌发展研究报告（2014）

中国农产品品牌发展研究报告（2014）

农业部市场与经济信息司

引言

品牌是用来识别一个或一组经营者的产品或服务，并使之与竞争者的产品或服务相区别的名称、标记、符号及其组合。品牌是一个整合体，是一个有关品牌的属性、产品、符号体系、消费者群、消费者联想、消费意义、个性、价格体系、传播体系等因素综合而成的整合体。这个整合体源于产品的识别与差异化，是经由各相关利益者认同并和谐共处的、一个包括消费者生活世界在内的整合体。品牌一般由品牌名称和品牌标志两部分组成。商标是指由某个经营者提出申请，并经一国政府机关核准注册的，用在商品或服务上的标志。它是品牌的一部分，是品牌识别的基本法律标记。

农产品品牌是指农业生产者或经营者在其农产品或农业服务项目上使用的用以区别其他同类和类似农产品或农业服务的名称及其标志。因此，一个农产品品牌，首先应该有一个属于它的农产品，并以商标等要素围绕该产品形成一系列的符号体系，建成整体的品牌识别系统，然后通过传播形式到消费者及利益相关者，让他们对产品产生识别、理解与消费的行为。只有当产品、符号体系与消费者、相关利益者之间构成了牢固的、正面的认知与消费关系，才能成为一个独特的、有价值的农产品品牌世界。

按照不同的分类标准，农产品品牌有不同的种类。按照农产品加工程度不同，农产品可以分为初级农产品、初加工农产品及精加工农产品。初级农产品是指种植业、畜牧业、渔业产品，不包括经过加工的这类产品；初加工农产品是指经过某些加工环节食用、

使用或储存的加工农产品；精加工农产品是指以初级农产品为原料，经过精深加工制作，使得农产品达到标准化的程度，并具有较高附加价值。相应地，农产品品牌可以分为初级农产品品牌、初加工农产品品牌及精加工农产品品牌。其中，初级农产品品牌又可进一步划分为瓜果蔬产品品牌、花卉苗木产品品牌、粮油产品品牌、食用菌产品品牌、畜牧产品品牌、水产品品牌等。

按面向市场不同，可分为出口型传统优势农产品品牌、国家战略安全型农产品品牌和内销型农产品品牌。出口型传统优势农产品品牌是以具有中国特色的传统优势农产品为主，以国际市场为导向，以出口创汇为目标所创建的农产品品牌；国家战略安全型农产品品牌是以满足国内需求为基础，以保障国内消费者基本吃穿用安全为目的，建立的大宗型农产品品牌；内销型农产品品牌主要是以服务国内市场为导向，以提高农产品附加价值，增加农民收入为目的，创建的农产品品牌。

按照品牌知名等级不同，可以分为地方级农产品品牌、地区级农产品品牌、国家级农产品品牌、国际级农产品品牌和世界级农产品品牌。地方级农产品品牌是指在某一地方范围内，如某一城市、某几个城市，或地、县范围内，创出名牌的农产品品牌；地区级农产品品牌是指在省（自治区、直辖市）范围，或几个省份范围内，创出名牌的农产品品牌；国家级农产品品牌是指在全国范围内创出名牌的农产品品牌；国际级农产品品牌是指在国际较大范围内的多个国家或地区的目标市场上创出名牌的农产品品牌；世界级农产品品牌是指在全世界范围大多数国家或地

区的市场上创出名牌的农产品品牌。

按照品牌拥有主体不同，可以分为企业农产品品牌和农产品区域公用品牌。企业农产品品牌是农产品生产经营者为了区分本企业产品与其他企业产品而设计的名称、标记、符号及其组合；农产品区域公用品牌，简称农产品区域品牌，是指在一个具有特定的自然生态环境、历史人文因素的区域内，由相关机构、企业、农户等共有的，在生产地域范围、品种品质管理、品牌许可使用、品牌行销与传播等方面具有共同诉求与行动，以联合提高区域内外消费者评价、使区域产品与区域形象共同发展的农产品品牌。

在传统农业向现代农业转变的今天，利用工商业理念促进农业规模化、标准化、产业化和市场化的重要手段之一就是发展农产品品牌。中央在2005—2007年连续出台的三个"1号文件"中都对农产品品牌建设作出了专门的要求，2013年的中央"1号文件"明确强调了要"增加扶持农业产业化资金，支持龙头企业建设原料基地、节能减排、培育品牌"。习近平总书记在2013年12月召开的中央农村工作会议上再次强调要大力培育食品品牌，让品牌来保障人民对质量安全的信心。国际经验也告诉我们，发展农产品品牌不仅能够优化农业产业结构，提升农产品的质量水平和市场竞争力，满足不断升级的消费需求，也是发展高效农业，实现农业增效、农民增收的重要举措。因此，全面了解我国的农产品品牌发展现状，找出我国农产品品牌发展存在问题，借鉴农产品品牌发展的国际经验，给出我国农产品品牌的培育与经营以及我国农产品品牌发展的监管与扶持的相关建议，具有重要的现实意义。

一、品牌化是农业现代化水平的核心标志

品牌是信誉的凝结。一个品牌一旦在老百姓心目中确立起来，就可以成为质量的象征、安全的象征，老百姓就会放心购买和持续消费。消费者对农产品的认知度、美誉度、忠诚度、满意度，是测度农业现代化水平的决定因素。

2013年的中央1号文件明确提出了支持农业产业化龙头企业培育品牌的要求，2013年12月，习近平总书记在中央农村工作会议上也强调，要大力培育食品品牌，让品牌来保障人民对质量安全的信心。2014年5月，总书记又提出"推动中国制造向中国创造转变，中国速度向中国质量转变，中国产品向中国品牌转变"。农业部韩长赋部长今年明确提出"各级农业部门要在抓好农业生产的同时，大力推进农产品流通和营销"。同时要求，要大力发展优质安全品牌农业，全面提升现代农业发展水平。毋庸置疑，品牌化已经成为农业现代化的核心标志，加快推进农产品品牌建设已经成为转变农业发展方式，加快推进现代农业的一项紧迫任务。

（一）品牌化是社会消费升级的迫切需要

随着城乡居民收入的增加和生活条件的改善，人们不仅要求"吃得饱"，还要"吃得好"，更关注安全、营养与健康。品牌声誉将逐渐成为农产品消费的主要取向，消费者更信赖品牌产品。产品得不到消费者认同，将对现代农业建设成果产生一票否决的影响。在全球消费的多元消费盛行、象征消费来临之时，中国农业必须实施品牌战略，通过物质产品、符号生产、意义生产形成产品的多元价值，满足消费者的多元消费需求，提升产品的溢价能力，引导象征消费产生，以此形成品牌竞争能力，让品牌进驻消费者心智，获得更大的生存与发展空间。

（二）品牌化是农业发展方式转变的迫切需要

农产品品牌化的过程，就是实现区域化布局、专业化生产、规模化种养、标准化控制、产业化经营的过程，有利于促进农业升级，实现由数量型、粗放型增长向质量型、

效益型增长的转变。尊重农业生产的特殊性，区别农业与工业的差异性，农业与工业不同，它有着灿烂且悠久的历史，绵长而独特的文脉。农产品的品种、品质、品牌的形成与发展，均受到自然条件、区域特征、文化背景等因素的制约。即便在今天科技参与越来越深入的趋势下，农产品的区域性、独占性、公共性特征依然十分明显，诸多的地理标志产品更显其独特；中国农业更有其在农耕文化、产品品种、品质管理、生产规模、生产组织体系等方面的高度独特性。

（三）品牌化是促进农民增收的迫切需要

品牌是无形资产，其价值就在于能够建立稳定的消费群体、形成稳定的市场份额，没有品牌的产品更容易滞销卖难，比如部分地区发生大白菜滞销卖难，但胶州大白菜价格仍居高不下，价格是一般白菜的几十倍。充分发挥中国农业、中国农产品、中国农耕文化的原生资源优势，加强其对其他产业的核心资源提供，发挥中国农业的原生动力价值，以农产品为原点，以农产品生产的区域特质、工艺特点为原生动力，创新产业链，集聚资源价值，实现产业融合，开发反哺农业的高溢价机制，实现更具价值的集聚效应。

（四）品牌化是提高市场竞争力的迫切需要

我国是世界农业大国，不少农产品产量位居全球第一，但缺少一批像荷兰花卉、津巴布韦烟草等在国际市场上具有竞争力的农产品品牌，我国不少优势农产品只能占据低端市场，无法带来高溢价。研究中国农业的独特性，发掘中国农产品的丰富性与文脉关联性，整合国家力量，实现顶层设计与品牌组合的有效结合，创建中国农业国家品牌，形成基于国家、区域、企业、合作社、农户、中介机构等多方互动的区域公用品牌、企业品牌、产品品牌的品牌组合金字塔，创造多种品牌互为背书、共同繁荣的新局面。

二、我国农产品品牌的发展现状及问题

为全面了解我国农产品品牌发展现状，本报告从我国农产品品牌的数量与分布、我国农产品"三品一标"认证情况、推进我国农产品品牌化的政府举措以及我国农产品品牌的市场竞争力等方面进行梳理。总的看，我国农产品品牌起步晚、发展快、潜力大。

近年来，各地各级政府、行业协会、农业企业等相关主体顺应形势发展需要，积极探索农产品品牌发展路径，推动品牌农业发展。

（一）品牌意识增强但品牌农业思想体系尚未建立

在市场经济条件下，有品牌者得市场，得市场者得天下。作为农产品品牌建设主体的企业和农户逐步开始重视品牌建设，注册商标的积极性日益高涨。根据国家工商行政总局在2008—2012年间公布的我国注册商标总数与农产品注册商标数统计整理（见表1），我国农产品注册商标数从2008年的60万件增长到了2012年的125.5万件，四年间翻了一番，表明在市场经济形势的推动，以及各级政府的领导与农业企业的共同努力下，我国农产品品牌得到了迅猛的发展；但作为农产品品牌消费的终端，消费者的品牌意识也在逐年提高，反过来进一步增强了企业和农户做大做强农产品品牌的信心和决心。但是，许多地方政府、农业部门、农业企业和农民缺乏农产品品牌化发展的新思维、新办法、新手段，从农业组织管理者、农业企业经营者到一线农业生产者，许多人长期受小农经济思想的禁锢，不能把握农业发展趋势的变化，认识不到品牌在现代农业发展中的战略地位和作用。管理者认为那是经营者的事，经营者认为那是少部分先进地区和先进企业的事，一线农业生产者认为那是政府和企业的事，使品牌发展成了部分先知先觉者的自发行动，缺少统一严密的规划、组织和

引导。政府对农产品品牌建设缺乏正确的引导与扶持，企业常常只看到眼前现实利益而忽视农产品品牌的创立，农民则常常就生产论生产缺乏可持续经营的思想，品牌在市场经济和推动农业发展中的作用还没有充分发挥。

表 1　2008—2012 年我国注册商标总数与农产品注册商标数

年份	2008	2009	2010	2011	2012
总注册商标（件）	346.82 万	427.88 万	562.8 万	665.07 万	765.6 万
农产品注册商标（件）	60 万	74.98 万	95 万	110.83 万	125.15 万
农产品商标所占总数比例（%）	17.30	17.52	16.88	16.66	16.35
农产品商标增长率（%）		24.97	26.70	16.66	12.92

数据来源：国家工商行政管理总局

（二）品牌农产品增长迅速但市场影响力有限

随着市场化发展，农产品品牌建设也迎来了难得的发展机遇，一大批具有地方特色的名、优、特、新产品逐渐成长为具有较高知名度、美誉度和较强市场竞争力的品牌，如三元、顺鑫、鹏程等产业品牌，五常大米、西湖龙井、洛川苹果、赣南脐橙、阳澄湖大闸蟹、福成肉牛、金星鸭业、爱森猪肉等产品品牌。但是，由于农产品品牌建设起步晚、基础差，具有竞争力的品牌少，除了极少部分知名品牌外，多数品牌影响力还仅停留在局部地域，跨省跨区域的品牌不多，国际上的知名品牌更少，国内前几位的一些农产品品牌，其规模与全球对应产业的品牌相比较差距也很明显。一些本来具有优势的品牌，由于保护机制不健全无法持续保持影响力。同时，受到农产品自身局限性及人才、科技、设备等条件的限制，我国农产品品牌的发展呈现地区和种类分布不均衡、主体结构分布有待调整的状态，阻碍了其整体实力的发挥。从地区来看，我国农产品品牌的分布基本呈现东部地区最多、"三品一标"发展最快，而中部和东北部地区其次，西部农产品品牌数量相对较少，发展最慢的状态；从农产品品牌的种类来看，我国现有品牌农产品大部分是鲜活农产品（瓜果蔬、畜牧产品、水产品等）和初加工农产品，缺乏精深加工、二次

增值的产品，不利于农产品品牌的进一步发展；从农产品品牌的主体结构看，我国农业企业的发展主体中政府部门及行业协会等非营利机构所占的比例相对较高，达到 10%～20%，而在其他产业中，该比例还不到 2%。

（三）品牌营销方式丰富但品牌培育保护制度尚未建立

这几年，通过举办农产品品牌大会、洛川苹果节、寿光蔬菜节等等会展，加大品牌影响力，放大品牌效益。云南开展了"六大名猪、六大名牛、六大名羊、六大名鸡、六大名鱼、六大名米"评选认定活动，有效丰富了农产品品牌培育的内容和形式，是打造农产品品牌的一项重要举措。广东省农业厅2014 年把十大名牌系列农产品评选推介活动作为重点工作，从主要食用农产品中，选择设置"米、猪、鸡、鸭、鹅、果、茶、菜、鱼、虾"10 大系列，从每个系列中评选五个产品作为推介产品，在各地市现场巡回展示、推介，对各系列评选前三名的产品授予"广东省十大名牌系列农产品"对应的称号，分别命名为"广东名米""广东名猪""广东名鸡""广东名果""广东名茶"等，进行全方位专题宣传推介。陕西洛川重点是从品牌打造入手，提升苹果产业影响力和话语权，洛川苹果品牌价值超过 40 亿元。湖北省农业厅通过做大龙头企业，扶持本土品牌创建，推行标准化生产，推进品牌基地建设培育出了

"周黑鸭""天种种猪"等一批闻名全国的畜牧业品牌。同时我们看到，品牌创建涉及部门较多，工作协调整合机制不健全，建设过程中条块分割、各行其是的情况难以得到有效解决。各级政府基本没有促进农产品品牌化发展的针对性政策和专项资金，农产品品牌在与工商服务业品牌竞争中因先天的劣势争取不到有力的资源注入。政府扶持力度不够使农产品品牌化发展还一定程度上停留在企业和农民自愿自觉的基础上。

（四）品牌发展进行了有益探索但品牌理念尚未普及

1. 开展公用品牌调查影响力调查，社会反响很好

我国农产品公用品牌发展虽然处于初级阶段，但发展迅速。前几年，农业部尝试开展了消费者最喜爱的公用品牌调查，对前100位的品牌实施大力推荐宣传，社会反响很好。我们对近200个公用品牌构成分析看，东部沿海地区的9个省份拥有近37%的农产品区域公用品牌，平均每个省份7.2个；中部6个省份平均每个省份5.2个；西部10省份拥有全国44%公用品牌，平均每个省份达到7.8个。东部的山东省，其品牌类别齐全，品牌数量最多。在7个产品类别中，水果类是最大的一类，占品牌总量的43%；其次是蔬菜类、茶叶类。粮油、畜牧类（各占5%）、渔业以及其他类农产品的种植和生长大都需要特定的地理环境和气候特点，所以其品牌数量不是很多。由于公用品牌理念尚未在农业领域普及，农产品公用品牌建设尚未整体规划，品牌资源不能得到很好整合，难以形成整体合力，农业公用品牌制度体系尚未建立，代表国家的形象的农产品国家品牌尚未形成。

2. 农产品品牌的地域性强，地区发展差异大

农产品的生产对自然条件有较强的依附性，我国地域广阔，各地区的地理条件、气候差异都较大，这对各地区的农产品品牌发展造成了一定的影响。农产品地理标志作为某一地区特色农产品代表性标志，具有较强的地域性、公共性，能在一定程度上体现该地区农产品品牌的发展情况。以2013年7月通过农业部、国家质量监督检验检疫总局、国家工商行政管理总局公布认定的所有不重复的农产品地理标志数据（2 838个）进行的统计分析（详见图1）看到，根据各地区资源优势和经济发展程度的不同，农业品牌发展大致归为三大类：一是具有资源和经济双重优势的区域，如山东（地理标志数据358，下同）、四川（244）、福建（184）、浙江（172）、重庆（100），这些地区有着优越的自然条件，其农产品种类繁多、特色鲜明、量大质优，同时山东、福建、浙江地属沿海经济发达地区，四川和重庆也是西部大开发重点发展的省市，其经济实力都不可小觑，能为农产品品牌的建设和推广提供充足的资金保障，由此使得这些地区的农产品地理标志发展在全国都名列前茅。二是资源与经济发展水平都处于中等的地区、或资源与经济发展水平互补的中等地区，包括湖北（154）、河南（121）、辽宁（118）、广东（110）、黑龙江（102）、湖南（97）、陕西（88）、广西（87）、江苏（82）、山西（82）、云南（82）、江西（80）、甘肃（76）、安徽（66）、贵州（66）、河北（61）、内蒙古（59）等省份，这些区域有的虽然经济不够发达，但由于其优越的地理条件或悠久的人文特征，形成了农产品品牌发展的特色优势，推动了其地理农产品品牌较好的发展，例如，辽宁、黑龙江、陕西、广西、云南、甘肃、贵州、内蒙古；有的虽然资源不够丰富，但经济非常发达，具有较为成熟的品牌经营与发展经验，例如，广东、江苏；其余的是资源与经济发展水平处于中等的地区，品牌发展也比较好。三是资源特弱或经济特弱地区，例如，新疆（57）、吉林（48）、宁夏（41）、青海（28）、

北京（19）、天津（16）、上海（14）、海南（14）和西藏（12），这些地区有的虽然经济特发达但其农业资源却相对匮乏，如北京、天津、上海，由此导致了其农产品品牌的发展水平相对落后；其余的则是自然资源和经济条件都不佳，包括新疆、吉林、宁夏、海南和西藏，这些地区由于自然气候的特殊性，不利于动植物的生存，虽然拥有部分特色农产品，但也由于其资金的不足而难以推动农产品品牌的进一步发展，由此致使这些地区的农产品地理标志发展明显落后。由此可见，农产品品牌的发展，首先要充分利用地区的自然资源优势，开发具有地区特色的农产品；然后再引入资金，通过技术创新、扩大规模、推广品牌，提高农产品的附加价值，打造名、优、特农产品品牌。

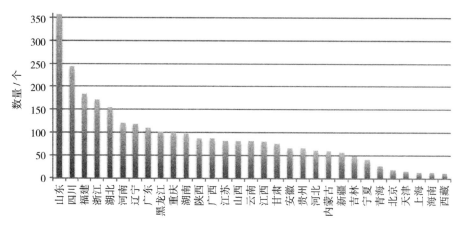

图 1　2013 年我国各地区农产品品牌分布情况

数据来源：农业部、国家质量监督检验检疫总局、国家工商行政管理总局

从种类分布看，截至 2012 年年底国家工商局公布认定的所有农产品地理标志数据（见图 2）可得，我国农产品地理标志所涉及的产品有 67% 是初级农产品，初加工和精加工农产品则分别为 24% 和 9%。说明真正意义上的农产品，即初级农产品品牌发展的一个重要手段是发展以农产品地理标志为核心的区域品牌。

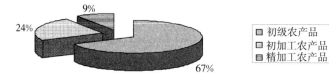

图 2　我国农产品品牌的种类分布

数据来源：国家工商行政管理总局

事实上，由于精加工农产品标准化程度较高，其品牌经营较为成熟，早已经纳入了工业品的范畴。为了进一步了解我国农产品品牌的种类分布，本报告采用商务部对初级农产品的统计类别，将初级农产品进一步分为烟叶、毛茶、食用菌等共 10 种具体农产品，并分别对其地理标志的数量进行归类统计，结果见图 3。

由图 3 我们发现，我国农产品地理标志最多的是瓜果蔬（49%），其次是畜牧产品（15%）、药材（8%）以及水产品（7%），再次是粮油作物（4%）和花卉苗木（3%），烟叶、毛茶及食用菌所占比例则均不超过 2%。由此可见，我国农产品品牌主要集中在蔬菜、

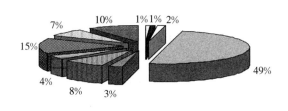

图3　我国初级农产品品牌的种类分布

数据来源：国家工商行政管理总局

瓜果、畜牧产品等日常食品上。其中粮油作物和毛茶所占比例偏低的部分原因是这些初级农产品有相当一部分已经被加工成为了更具附加价值的初加工或精加工农产品。

3. 品牌经营企业注册商标居多，政府和行业协会注册商标较少

农产品品牌经营主体是指享有或者拥有农产品商标所有权或具体享有农产品商标所有权的某一项权能，并从事农产品生产经营的政府、非盈利组织、企业和自然人等。根据国家工商行政管理总局在2008—2012年认定并公布的驰名商标数据，对我国驰名商标注册人或使用人进行统计分析（见表2）可知，我国农产品驰名商标中，约有85%的商标注册或使用人为企业，该比例从2010年起呈现略微增长的趋势；相关政府部门在农产品品牌主体中所占的比例则在逐年下降，由2008年的7%降低到

了2012年的3%；行业协会所占的比例较为稳定，在2009—2012年间都处于8%～10%的水平。与之相比，在历年的非农产品驰名商标中，企业作为注册人或使用人所占的比例高达98%～100%，而政府部门、行业协会或个人等其他主体所占的比例则不到2%。这一方面说明，随着市场经济的不断发展和政府、行业协会等部门的大力推进，农产品企业的品牌经营意识在不断增强，表现为从2010年我国驰名商标经营主体为企业的比例开始呈现微增长的趋势；另一方面说明，由于许多农产品品牌具有公共物品属性，如农产品区域品牌，在发展过程中需要相关政府部门、行业协会、农村合作社等机构作为经营主体，协调相应的经营企业来共同推动品牌的发展。这一点正是农产品品牌与工商业品牌以企业为经营主体不同的关键所在。

表2　2008—2012年我国驰名商标的主体情况

年份	注册人/使用人	2008	2009	2010	2011	2012
农产品商标（件）	企业	23（85%）	53（84%）	99（85%）	146（86%）	240（88%）
	政府部门	2（7%）	4（6%）	7（6%）	6（4%）	9（3%）
	行业协会	1（4%）	6（10%）	9（8%）	16（9%）	22（8%）
	其他	1（4%）	0	1（1%）	1（1%）	3（1%）
其他商标（件）	企业	201（100%）	305（99%）	561（99%）	692（98%）	1016（99%）
	政府部门	0	3	3	6（1%）	1
	行业协会	0	0	0	1	0
	其他	0	0	2	6（1%）	7（1%）

注：括号内为各主体所占总体的比例，所占比例小于1%的忽略不计

数据来源：国家工商行政管理总局

（五）品牌市场知名度提升但国际市场竞争力不强

品牌的市场竞争力是指某品牌拥有区别或领先于其他品牌的独特能力，能够在市场竞争中显示该品牌内在的品质、技术、性能和完善服务，从而引起消费者的品牌联想并促进其购买行为。农产品品牌的市场竞争力一般体现在国内市场竞争力和国际市场竞争力两个方面，具体表现为品牌知名度、品牌价值和农产品出口能力。

1. 我国农产品品牌的知名度提升

品牌知名度是潜在消费者认识或记起某一品牌某类产品的能力。品牌知名度的高低，反映消费者了解并认可该品牌及其产品的程度，从而反映出该品牌的市场竞争力。国家工商行政管理总局每年认定并公布的农产品驰名商标（虽然由于一些不法企业利用驰名商标对消费者进行误导，驰名商标评选目前已叫停）是在中国广为知晓并享有较高声誉的商标，在一定程度上能够反映该年农产品品牌的知名度。我国农产品驰名商标数由2008年的27件增长到了2012年的274件，其所占当年驰名商标总数的比例也由11.8%增长到了21.1%。这表明，随着我国农产品品牌建设的加快，我国农产品品牌的知名度也在日益提升。

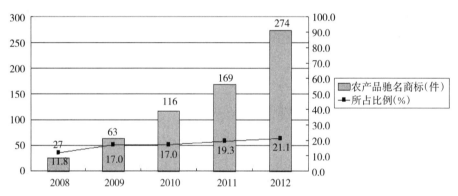

图4　2008—2012年我国农产品品牌知名度发展情况

数据来源：国家工商行政管理总局

2. 我国农产品品牌的品牌价值逐步提高

一个产品的品牌价值越高，意味着该品牌产品的市场占有率、盈利能力和品牌知名度越高。因此，一个品牌的品牌价值反映了该品牌的市场影响力与市场竞争力。由图5可见，2008—2011年期间在我国500强最具

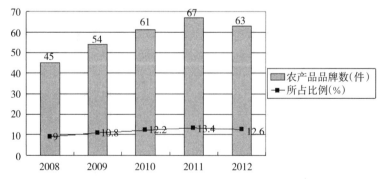

图5　2008—2012年我国农产品品牌价值发展情况

数据来源：世界品牌实验室

价值品牌中我国农产品品牌数及其所占国内500强最具价值品牌比例呈现逐年增长趋势，到了2012年稍有下滑。从总体上看，我国农产品的品牌价值正在逐步提高，越来越多的农产品品牌具备了较强的市场竞争力。

3. 品牌的国际竞争力有待提升

农产品品牌的市场竞争力不仅体现在国内市场竞争力上——与国内工业产品品牌相比，我国农产品品牌的知名度与品牌价值，同时应该体现在国际市场竞争力上——农产品的出口能力。从表3可以发现，2007—2011年我国农产品出口贸易规模不断扩大，出口额由2007年的370.1亿美元上升到2011年的607.7亿美元，较2007年约翻了一倍。根据WTO在2011年的统计数据，我国已是世界第五大农产品出口国，说明近几年我国农产品品牌的国际市场竞争力正在逐步提升。

表3　中美农产品出口额对比

年份	中国					美国
	2007	2008	2009	2010	2011	2011
出口额（亿美元）	370.1	405.3	396.3	494.2	607.7	1 514.3
增长率（%）		9.51	−2.22	24.70	22.97	
净出口额（亿美元）	−40.8	−181.6	−130.7	−231.5	−341.2	272.5
增长率（%）		345.10%	−28.03	77.12	47.39	

数据来源：《2008—2012年中国农产品贸易发展报告》

但我国农产品的出口额与全球最大的农产品进出口国美国相比差距仍然很大，仅2011年美国的农产品总出口额就达到了1 514.3亿美元，约为我国的两倍多。事实上，我国虽然是农业大国，却并非农业强国。虽然我国农产品的出口额较大，但其所占国内生产总量的比例却不高。以近年来我国出口额最高的农产品——水产品为例，2012年国内水产品出口额占我国农产品出口总额的30%，其出口量为380.2万吨，仅占国内水产品总产量的7%左右；而根据美国国家海洋渔业局（NMFS）的统计，2012年美国国内水产品出口量为142.56万吨，占其上市交易总量的33%左右。此外，有研究表明，美国作为品牌农业大国，其品牌农产品有2/3用于出口，这些用于出口的农产品总量达到了其国内总产量的50%左右，该值远远高于我国。由此可见，我国农产品由于缺乏强势品牌而明显缺乏国际市场竞争力。

随着农产品品牌化进程的加快，我国农产品品牌的知名度在不断扩大。从近年来我国500强最具价值品牌及世界500强最具价值品牌的统计数据来看，我国农产品品牌虽然在国内的知名度不断扩大，但在国际市场上的影响力仍然较弱。目前，一些发达国家的农产品加工企业的品牌知名度很高，在各国都有着极大的影响力，如雀巢、恒天然、卡夫，等等，而我国大多数农产品品牌由于缺乏标准化、规范化的经营管理，其产品质量难以得到有效保障，品牌形象难以得到有效宣传，即使是一些在国内具有较大影响力的农产品品牌也由于市场上假冒伪劣产品横行而受到了一定的冲击，故而使得我国农产品品牌难以在国际市场上打响。由于我国农产品品牌在国际上的认知度较低，从而导致了我国农产品的出口创汇能力不足。虽然我国是世界农产品进出口大国，但我国各类农产品及其加工产品的出口量在其总产量中所占的比例都较低，与美国等发达国家的农产品出口为其国内总产量的50%形成了鲜明对比。即便是我国部分农产品的出口额较高，但也由于缺乏强势品牌、产品附加价值低，从而出现我国农产品难以形成国际市场竞争优势，出口受限或出口价格被压低等现象。

（六）"三品一标"认证制度逐步完善认证数量下降

无公害农产品、绿色食品、有机食品和农产品地理标志统称"三品一标"。"三品一标"的认证，不仅能够保障农产品消费安全、提升农业标准化水平，更是优质农产品品牌建设的基础。

1. 无公害农产品认证

无公害农产品是指使用安全的投入品，按照规定的技术规范生产，产地环境、产品质量符合国家强制性标准并使用特有标志的安全农产品。无公害农产品的定位是保障消费安全、满足公众需求。无公害农产品认证是政府行为，采取逐级行政推动，认证不收费，有效期为 3 年。根据《无公害农产品管理办法》（农业部、国家质检总局第 12 号令），无公害农产品由产地认定和产品认证两个环节组成。产地认定由省级农业行政主管部门组织实施，产品认证由农业部农产品质量安全中心组织实施。目前，我国负责检测无公害产品产地环境检测机构共 134 家，有效的全国无公害农产品定点检测机构共 159 家。

表 4　无公害农产品认证发展情况

年份	2008	2009	2010	2011	2012
当年产地认证数量（个）	10 773	11 309	11 463	13 786	13 821
增长率（%）	—	4.98	1.36	20.27	0.25
当年产品认证数量（个）	—	—	25 184	29 935	24 335
增长率（%）	—	—	—	18.87	−18.71

数据来源：中国农产品质量安全网

根据农业部农产品质量安全中心在中国农产品质量安全网公布的相关信息和数据，总结 2008—2012 年当年无公害农产品产地认证和 2010—2012 年当年无公害农产品产品认证的发展情况（见表 4）。每年的认证数量，除 2012 年的产品数量较上一年稍有下降外，产地认证和产品认证的数量均在逐年增加；从增长率来看，2010 年至 2011 年有较大幅度的增长，而其他年份的增长速率均较低。无公害农产品数量的增加，表明我国农产品质量在提升；2012 年无公害农产品的低增长速率，则是由于当年新出台的无公害农产品认证标准更为严格所致。

2. 绿色食品认证

绿色食品是指遵循可持续发展原则，按照特定生产方式生产，经专门机构认定，许可使用绿色食品标志，无污染的安全、优质、营养食品。目前我国负责全国绿色食品开发和管理工作的专门机构是中国绿色食品发展中心，现有 36 个省级工作机构，在全国定点委托了 60 个绿色食品质量检测机构，65 个绿色食品产地环境监测机构，全面负责绿色食品的申请认证工作。中国绿色食品发展中心网站公布了 2009—2012 年获得绿色食品认证的企业和产品认证名单和数据。由表 5 可以看到，2009—2011 年每年的企业和产品认证数量均在逐年增加，而 2012 年的企业和产品认证数量较上一年则稍有下降；从增长率来看，每年的增长速率均在下降。绿色食品数量的增加，表明我国农产品质量在不断提高；每年绿色企业与绿色产品认证数量的低速增长，说明政府对绿色食品的认证要求与严格程度在增加。

我国绿色食品认证的发展取得了良好的经济效益和生态效益：2012年绿色食品产品国内销售额超过3 000亿元，出口额达到28亿美元；截至2012年年底，全国绿色食品原料标准化生产基地已达573个，种植面积1.37亿亩，总产量8 041万吨，基地对接企业达1 607家，带动农户1 995万户，直接增加农民收入10亿元以上。

表5　绿色食品认证发展情况

年份	2009	2010	2011	2012
当年认证企业数（个）	2 297	2 526	2 683	2 614
增长率（%）	—	10.00	6.22	−2.57
当年认证产品数（个）	5 865	6 437	6 538	6 196
增长率（%）	—	9.75	1.57	−5.23

数据来源：中国绿色食品发展中心

3. 有机食品认证

有机食品是指来自于有机农业生产体系的食品，有机农业是指一种在生产过程中不使用人工合成的肥料、农药、生长调节剂和饲料添加剂的可持续发展的农业，它强调加强自然生命的良性循环和生物多样性。有机食品认证机构通过认证证明该食品的生产、加工、储存、运输和销售点等环节均符合有机食品的标准，有机食品认证证书有效期为1年。

2003年由中国绿色食品发展中心完成筹建的有机食品认证机构——北京中绿华夏有机食品认证中心是国家认证认可监督管理委员会批准设立的国内第一家有机食品认证机构，中心的组建标志着农业系统的有机食品认证工作全面启动。根据中绿华夏有机食品认证中心和中国绿色食品发展中心公布的数据，我们整理统计了2009—2012年的有机农产品的认证情况。由表6可见，2009—2011年间有机食品认证的企业和产品数量在逐年增加，但是2012年有机食品的认证数量大幅度减少，原因是2012年国家认监委出台了有机食品认证新规，对有机食品的认证提出了更加严格的要求，导致不符合认证要求的企业退出有机食品市场；从增长率来看，每年的增长速率均在下降，这也说明了我国监管部门对有机食品市场的管理力度在逐渐增大。

表6　有机食品认证发展情况

年份	2009	2010	2011	2012
当年认证企业数（个）	1 003	1 202	1 366	685
增长率（%）	—	19.84	13.64	−49.85
当年认证产品数（个）	4955	5 598	6 379	2 762
增长率（%）	—	12.98	13.95	−56.70

数据来源：中绿华夏有机食品认证中心，中国绿色食品发展中心

4. 农产品地理标志登记保护

农产品地理标志是标示农产品来源于特定地域，产品品质和相关特征主要取决于自然生态环境和历史人文因素，并以地域名称冠名的特有农产品标志，是农产品品牌化的重要指标。我国目前申请农产品地理标志有三个渠道：一是将地理标志作为集体或证明商标向国家商标局申请，二是向国家质检总

局申请地理标志产品保护，三是向农业部申请农产品地理标志登记保护。农产品地理标志登记管理是一项服务于广大农产品生产者的公益行为，主要依托政府推动，登记不收取费用。《农产品地理标志管理办法》规定，县级以上地方人民政府农业行政主管部门应当将农产品地理标志登记保护和利用纳入本地区的农业和农村经济发展规划，并在政策、资金等方面予以支持。截至 2013 年 7 月，通过三方申请注册的不重复的全国农产品地理标志共有 2 838 个。其中，2011 年地理标志注册总量达到 1 381 件，占累计核准注册农产品商标的 0.2%；2012 年商标局累计核准注册的地理标志商标共 1 754 件，较 2011 年增长 27%，占农产品商标累计注册量的0.4%。地理标志数量的增加，表明我国农产品质量在提升，以及各省份对当地农产品保护的意识在加强。

农产品地理标志的发展也为各省份带来了较大的经济效益和社会效益。例如，"福鼎白茶"地理标志于 2008 年注册，截至 2011年年底，总产量达 5 100 吨，总产值 7.66 亿元，福鼎白茶相关从业人员有 40 万人，占福鼎市全市总人口的 67%，农民从茶叶获得的年人均纯收入达 2 300 元，比商标注册前增长 79.7%；又如，"建宁莲子"地理标志注册后，当地龙头企业实施"公司＋商标（地理标志）＋农户"策略，向农户推广先进的种植技术，与农户签订莲子产销合同，实施保护价收购。至 2001 年年底，5 600 户农户种植建宁莲子 2 万亩，年产 2 000 吨，每户莲农平均增收 2.3 万元，实现社会效益 1.5亿元。

（七）品牌发展政策环境利好但工作协调机制尚不健全

农产品品牌的发展离不开政府部门的大力支持。在过去的 20 多年中，我国相关政府部门制定了一系列政策法规、组织了一系列相关活动以促进我国农产品品牌的发展。其中，包括保证农产品质量的"三品一标"相关法规及管理办法（表 7），推进农产品品牌化的系列工作意见与工作通知、发展区域农产品品牌的工作指导以及名牌农产品的管理办法等政策（表 8）。此外，农业部以及地方政府举办的名牌农产品认证会、农业展览会以及区域品牌的推荐会等活动（表 9）。有关促进农产品品牌发展的相关政策带动了各级政府、农业合作组织和农业企业及农户等发展农产品品牌的积极性，为农产品品牌的成长提供了有利的政策环境；各类农产品推介活动，为广大农业经营者提供了农产品品牌的展示平台，帮助大批农产品品牌提高了知名度，实现了农产品企业的规模化经营。2013 年我国规模以上农产品加工业企业约达 7 万多家，实现主营业务收入 17 万亿元，利润超过 1.2 万亿元，同比分别增长 14% 和 16%。

然而，政府部门的一系列举措在取得显著成效的同时，依然存在一些不容忽视的缺漏。首先，政府对于农产品品牌发展规划的政策发布和品牌推广缺乏连续性和整体性。在促进农产品品牌发展的政策中，农业部只在 2006 年、2007 年以及 2010 年下发了相关文件，而 2008—2009 年间则出现了断档；在促进农产品品牌发展的活动中，除农业部主办的中国国际农产品交易会年年举办持续至今以外，其他活动则均存在开展年限短、持续性差的问题，由此导致了品牌扶持效果的不明显。其次，政府管理部门现代化品牌意识仍显薄弱，推广措施不足。尽管随着我国农产品品牌化的推进，各级政府主管部门的品牌意识有了提高，但一些管理部门的思想仍然受传统农业生产经营方式的惯性束缚，认为收获便是生产的结束、注册农产品商标就完成了品牌化，由此导致了其对农产品品牌建设的指导和扶持缺乏长久的规划。最后，对农产品品牌发展的管理未形成齐抓分管的局面。虽然各级政府和各相关部门都很重视农产品品牌的发展，但在管理上存在多头领导，分工不明的现象，未形成齐抓分管的局面。从相关法律法规的发布机构和相关推介活动的主办单位来看，我国农产品品牌也存在多头管理、分工不明的现象。

表7　"三品一标"相关法规及管理办法

名　　称	发布机构	发布时间	重点内容	效果评价
《绿色食品标志管理办法》	农业部	1993年版（废止）2012年修订版	对绿色食品范围、标志申请、标志核准、标志使用以及监督检查作出具体规定。	各级政府积极响应新规，大幅提高了对绿色食品的抽检率和处罚力度，部分不合格品牌遭到淘汰，截至2012年年底，绿色食品认证同比降低了2.57%，规范了我国绿色食品市场行为。没有紧跟市场变化及时修订与完善该管理办法。
《有机产品认证管理办法》	国家质量监督检验检疫总局	2004年（2014年4月1日废止）	对有机产品范围、管理机构、实施认证、证书和标志的使用以及监督检查作出具体规定。	该办法建立并规范了我国有机产品认证制度，促进了我国有机认证的逐年有序增长，并增强了我国农产品的市场竞争力。到了2012年，我国有机产品国内贸易额达638.79亿元人民币，出口额则达到了4亿美元左右。该办法中缺少进口有机产品监管等内容，主管部门管理职责、监管方式较为原则、不明确，行政监管和行政处罚没有明确的法律依据等。
《无公害农产品管理办法》	农业部国家质量监督检验检疫总局	2002年	对无公害农产品的范围、产地条件、生产管理、产地认证、产品认证、标志管理以及监督管理作出具体规定。	该办法有力地推动了无公害农产品的生产及其与市场的链接，实现我国无公害产品逐年增长，有利于树立农产品安全放心形象，也促进了农户的增收，实现了生产者和消费者的互利共赢。该办法相对滞后，无公害标志单一加贴形式与农产品的多样性存在矛盾、单纯的认定认证模式与发展规模不匹配、处罚力度不够等问题逐渐显现。
《商标法》	国家商标局	2001年二次修订版	规定地理标志可以通过申请集体商标和证明商标方式予以保护。	该法规有力地维护了商标的知识产权，显著提升了各经营主体的商标意识。截至2012年上半年，我国商标累计申请量已达1 054万件，累计注册量已达717万件，有效注册商标已达609万件，均位居世界第一。现行商标法规定的商标确权程序比较烦琐，且不完善；其中对行政执法程序还缺乏明确的规定，对侵权人的处罚力度还不够大。
《集体商标、证明商标注册和管理办法》	国家商标局	2003年	对地理标志作为集体商标进行申请的条件、受理部门、使用管理等作出具体规定。	该办法促使我国地理标志保护工作驶入快车道，突出维护了国外地理标志注册人的合法权益，截至2013年9月30日，外国申请人在我国注册地理商标44件。
《地理标志产品保护规定》	国家质量监督检验检疫总局	2005年	对地理标志产品的范围、申请受理、审核批准、地理标志专用标志注册登记和监督管理工作作出规定。	该规定的实施对于保护我国民族精品和文化遗产，提高我国地理标志产品的附加值和知名度，扶植和培育民族品牌等都具有重要意义。该规定与《商标法》、《集体商标、证明商标注册和管理办法》在管理地理标志方面，存在保护对象、标准、内容上的相互矛盾和重叠，使企业无所适从，也使消费者产生混淆。

（续）

名　　称	发布机构	发布时间	重点内容	效果评价
《农产品地理标志管理办法》	农业部	2008 年	对农产品、农产品地理标志进行定义；并规定了地理标志登记、使用与监督管理的具体实施办法。	在此办法的推动下，我国地理标志数量快速增长，在 2008 年到 2013 年间，我国地理标志总量增长了 10 倍左右。目前全国地理标志产值总规模突破 13 000 亿元，取得了巨大的成就。
《农产品包装和标识管理办法》	农业部	2006 年	对农产品包装和标识的使用进行规定和规范，并对监督检查条例进行了说明。	规范了农产品生产经营行为，加强了农产品包装和标识管理，推动了农产品可追溯制度的建立，在一定程度上保障了农产品质量安全。

表 8　促进农产品品牌发展的相关政策

名　　称	发布机构	发布时间	重点内容	效果评价
《关于进一步推进农业品牌化工作的意见》	农业部	2006 年 5 月	1）大力发展农业品牌化，推进农业产业化；2）发展无公害农产品、绿色食品和有机农产品；3）鼓励支持农产品商标注册，促进农产品品牌上市；4）开展名牌农产品推荐认定，加大营销推介力度；5）强化监督管理。	增强了各级政府对发展农产品品牌的重视和农产品生产者的品牌经营意识，促进了我国农产品注册商标在 2007—2012 年增长了 2 倍多。
《中国名牌农产品管理办法》	农业部	2007 年 9 月	规定了中国名牌农产品评选认定工作的组织结构、申请条件以及评选程序、监督管理等内容。	该办法进一步加强了对我国优质农产品品牌的保护和推介，也将我国农产品品牌评选工作推向了高峰。由于全国各地农产品品牌评选活动混乱，而由该办法所评选出的农产品品牌，其公信力也难以得到体现。
《关于推进农业品牌工作的通知》	农业部	2010 年 6 月	1）充分认识培育农业品牌的重要意义；2）认真组织开展农业品牌工作：农业品牌发展基本状况调查，第八届农交会品牌产品评选，农业品牌工作业务知识培训，农业会展分类认定；3）加强对农业品牌工作的组织协调。	该通知进一步明确了农业会展分类认定在打造品牌农业展会、发展农业会展经济方面的功能和目标，促使我国各地举办的中等规模以上的农业展览会在 2011 年达到 256 个。
《关于推进一村一品强村富民工程的意见》	农业部	2010 年 8 月	1）各级政府加强对农业的投入品管理，推行标准化生产，建立可追溯体系，提高产品质量安全水平；2）支持专业村村镇申请无公害农产品、绿色食品和有机食品认证，鼓励具有地域特色和文化传统的产品申报驰名商标、农产品地理标志；3）积极组织专业村镇参加各种农产品展销展示活动，充分利用报刊、电视和网络等媒体，宣传推介"一村一品"产品，提高产品知名度。	该意见增强了各级农业部门对发展一村一品重要性的认识，在此推动下，农业部在 2011—2013 年认定了 976 个"全国一村一品示范村镇"，打造了一批具有较强影响力的专业村镇和特色优势农产品知名品牌，对于挖掘地域资源优势，促进农民就业增收，培育新农村建设优势特色产业起到了重要作用。

表 9　促进农产品品牌发展的相关活动

名　　称	负责部门或机构	起止时间	重点内容	效果评价
中国国际农产品交易会	农业部	2003 年至今	1) 农交会目的在于展示成果、推动交流、促进贸易，推进我国农业专业化、市场化、品牌化的发展；2) 农交会对参展企业及其产品，坚持高标准、严要求的准入原则，以国家级和省级农业产业化重点龙头企业及农民专业合作社，产品获得无公害农产品认证、绿色食品认证、有机农产品认证和地理标识登记的企业，大中型农产品出口企业，外资合资企业及境外知名企业等为主。鼓励具有良好发展前景、无不良记录的中小型企业报名参展。	该展会自诞生以来共举办了 11 届，其中，第十一届农交会国内外参展企业达 4 000 多家，期间达成贸易成交额 806 亿元，创下历届之最。由此可见其对促进农业增效、农民增收、农产品国际竞争力增强发挥的重要作用。
中国名牌农产品评选认定工作	农业部中国名牌农产品推进委员会	2006—2008 年	1) 经评选认定获得"中国名牌农产品"称号；2) 获评产品使用"中国名牌农产品"的标志，有效期为三年。	通过评定，2006、2007 年我国分别评选出了 96 和 100 个中国名牌农产品。2008 年，根据国务院纠风办的统一要求，停止了中国名牌农产品的评选工作。
金秋农产品展销行活动	农业部新疆、吉林、湖北等 13 个地方政府	2011 年 8~12 月	1) 在新疆、吉林、湖北等 13 省份举办相应的农产品展销活动；2) 以多种媒体协同联动宣传报道为主线，以推介区域公用品牌为主导，以推选一批有影响力的经销商为引导，提升一批特色优势农产品的附加值和市场竞争力。	该活动有超过 1.43 万家企业参展，实现贸易成交额 1 322 亿元，参与活动的观众达 450.8 万人次。该活动强化了农产品产销衔接，促进了农业品牌建设和会展经济发展。
中国著名农产品区域公用品牌推荐工作	农业部优质农产品开发服务中心、中国农产品市场协会等 9 个相关机构和协会	2011 年至今	1) 经过组织征集、初评申报、专家评审、网络调查、公证公布的程序，最终调查产生了 100 个年度最具影响力中国农产品区域公用品牌的名单；2) 调查结果将通过电视、网络、纸质媒体等多种宣传渠道对百强品牌进行宣传推介。	该活动每年评选出 100 个年度最具影响力中国农产品区域公用品牌，提升和扩大农产品区域公用品牌知名度，增强区域公用品牌的市场竞争力。
中国绿色食品博览会	农业部、中国绿色食品发展中心、中国绿色食品协会及地方相关机构和协会	1990 年至今	展示全国各地在"安全、优质、生态、环保、高效"农业方面取得的新成果和新进展；为交流我国农业发展方式的转变和现代化农业建设、展示企业形象、开展社会公关、了解同业动态、获取市场信息、增进交流合作搭建平台；进行产销对接，促进国内外绿色食品产业的贸易、交流。	该博览会自开展以来共举办了 14 届，最近一届 2013 青岛博览会参展企业达 1 256 家，参展产品 5 392 个，其中"三品一标"企业 1 111 家，产品 4 308 个，期间达成零售及贸易签约额 13.8 亿元，意向交易额 18.5 亿元，签订经贸与技术投资合作意向项目 791 个，总金额 14.6 亿元，取得了丰硕的贸易成果。该活动对推动我国农业标准化生产及现代化农业建设、提升我国"三品一标"的品牌形象、促进我国绿色食品产业和贸易发展等起到了重要作用。

1. 农产品品牌定位模糊

良好的品牌定位是品牌经营成功的前提，它能为企业进入市场，拓展市场起到导航作用。如果生产经营者不能有效地对农产品品牌进行定位，树立独特的被消费者认同的品牌形象，将使其产品淹没在市场上众多同质化的商品海洋中。

虽然我国农产品注册商标众多，但真正在消费者心中有影响力的品牌却很少，其重要原因之一就在于我国农产品品牌的定位模糊，主要体现在"一品多牌"和品牌内涵单薄两个方面。我国有的农产品虽然特色鲜明，但却有多个生产商，而各个生产商之间在产品本质和内涵上却无实质性差异，这样模糊的品牌形象不易引起消费者对品牌清晰的区分与记忆，长此以往，就会使消费者在购买时越来越不注重品牌，企业也失去了树立品牌的机会。如某县仅脐橙就注册了四五个商标，这些分头注册的商标并没有清晰而差异化的定位，其产品也几乎一模一样，这就使得各品牌之间的竞争最终还是回归到了价格竞争的尴尬局面，从而失去了创建品牌的意义。另一方面，我国更多的农产品则是因为缺乏品牌内涵而无法准确定位的。由于农产品具有较强地域性的特征，因此我国大量农产品品牌都是以地域名命名，品牌内涵较为单薄，消费者虽然能够通过品牌获知产品产地的基本信息，但通过品牌传递出来的产品及企业的差异性信息却非常少，加之农产品经营者在宣传上大多只注重产品介绍，而对作为企业"无形资产"的品牌内涵信息介绍得较少，因此，在消费者心目中，农产品的品牌大多只是一个区别性符号，并无更多引人联想的内涵。如山东烟台苹果和陕西洛川苹果都是驰名国内外的农产品，但由于其代表品种都为红富士、国光、黄元帅等，产品特征几乎都为个大均匀、风味香甜、酥脆多汁，因此其产品除了在地域上有差别外，到底还有哪些差异化的特征、具体品牌有什么不同的文化内涵、各品牌针对的是哪些目标市场等，这些都是生产经营者没有定位清楚的。

2. 品牌评价与推荐体制不顺，品牌评价公信力不高

中央"1号文件"自2004年来连续11年高度关注"三农"，其中也不乏对发展农产品品牌的明确要求，但由于后续没有跟进对各部门和地方政府应当如何具体操作的安排，使得国务院有关部门、各级地方政府和行业中介组织，如国家质量监督检验检疫总局、国家工商行政管理总局和商务部以及中国名牌战略推进委员会等，都制定了农产品质量和品牌管理的相关规定。但是有些规定相互独立，不能衔接，甚至政出多门，相互矛盾。更为严重的是一些部门和机构热衷于品牌评价和排序，造成评比结果过多过乱。这些评比机构中既有政府部门，也有社会中介机构；既有全国范围内的评选，也有各级行政区域内的评选，推出了一个又一个"名牌、荣誉称号"。这些评选行为缺乏全盘统一规划，扰乱了消费者认知。

由于农产品的生产加工涉及多个环节，不同环节又由不同的部门监管，导致了监管部门的多头管理、职能交叉、责任不清、效率低下等问题的存在；各评选机构也有不同的评价体系，有的机构甚至受利益的驱使不能做出公正客观的评价，导致了我国农产品品牌评价缺乏明确负责管理的权威部门和统一严格的标准，其评价公信度低。

3. 农产品品牌建设缺乏整体规划

农产品品牌建设是一个发展投入大、耗时长、涉及多个主体的系统工程，近几年虽然我国从中央到地方都十分重视农产品品牌发展，并且制定了不少发展规划，但见效并不显著。究其原因，我们发现主要在以下几个方面。

全国性的农产品品牌发展规划尚未形成，农产品品牌的地方发展规划往往与国家发展思路不一致。近几年中央政府虽然高度重视

农产品品牌的建设，但却没有制定全国性的农产品品牌发展规划，导致各地方政府按照自己的思路制定品牌发展规划，造成目标不统一、资源不能得到很好整合、甚至恶性竞争的局面，难以形成合力，促进我国农产品品牌的健康发展。

农产品品牌的培育、评比与保护缺乏系统性。农产品品牌的培育、评比与保护是农产品品牌发展过程中不可或缺的环节，要求目标一致、环环相扣、系统规划实施。然而，我国农产品品牌的培育、评比与保护工作的实施由各部门、各地区分别进行，由于各实施单位从各自的利益出发，导致培育与保护目标不一、评比没有很好地为培育与保护服务，从而影响了我国农产品品牌的协调发展。农产品品牌各管理部门出台的相关政策缺乏一致性。随着政府对发展农产品品牌越来越重视，国家工商行政管理总局、国家质量监督检验检疫总局、农业部等相关政府机构以及一些行业机构都纷纷出台了相关的管理政策，由于没有形成综合协调机制，出台的相关政策缺乏一致性，造成部分农产品品牌管理混乱、效率低下的局面。

三、农产品品牌发展的国际经验

为更好地发展我国的农产品品牌，以缩短在农产品品牌发展上我国与先进国家的差距，必须有的放矢地学习发达国家的农产品品牌发展经验，如富有农业现代化特色的美国、农业资源匮乏的日本、具有众多驰名全球农产品品牌的法国以及农产品出口大国的荷兰与澳大利亚等。

（一）美国政府的现代化农产品品牌建设

美国较早地进入农业产业化和品牌化时代。到20世纪50年代，美国已经基本实现了农业现代化，为其农产品品牌化打下了良好的根基。从总量上看，美国并非农业国，20世纪90年代以来农业占其GNP的份额保持在2%左右。但是美国是世界头号农业强国，小麦、玉米、棉花、大豆、牛肉、家禽等主要品牌农产品的产量均居世界前列，品牌农产品2/3用于出口。在促进农产品品牌化发展的过程中，美国政府主要采取了以下措施：

1. 建立监管严密的农产品质量管理体系

农产品质量是农产品品牌发展的根本，为了提高农产品质量，美国政府建立了一系列相关的法令、法规与监管体系。其中包括：（1）农产品质量安全管理法令。美国针对农产品质量安全制定了一系列的法令，建立了一个科学而健全的法律体系，主要法令包括"联邦食品药物和化妆品法令""联邦肉类检验法令""禽类产品检验法令""蛋产品检验法令""食品质量保障法令"和"公共健康事务法令"等。这些法令由国会制定颁布，政府行政管理部门根据这些法令制定相应的法规组织实施。（2）农产品质量认证管理体系。美国有一套完善的农产品质量认证管理体系，例如，有机食品认证由有机食品认证协会负责，一般设在州，郡以下设有分支机构，这些认证机构由农业部授权，作为合法的中介机构负责申报有机食品基地的现场调查、资料审核等方面的管理工作；质量检测由具有资质机构的农产品质量检验中心专门派员抽样检测，最后经由食品认证协会将全套资料上报农业部批准。

2. 建立完善的政府扶持与社会化服务体系

农产品由于其具有公共物品的特征，农产品品牌的发展必须依赖于政府扶持与社会化服务体系。为此，美国政府采取了以下一系列措施：（1）大力扶持农业合作社。美国政府对合作社进行直接投资以扶持合作社，1996年美国政府对合作社总投资多达20亿美元。美国政府还帮助成立农业信贷合作体系，专门为农场主和合作社提供信贷支持，这为合作社品牌培育提供了资本支持。同时，联邦政府还设立农业合作局，专门负责合作社的业务指导工作。美国对合作社实行低赋税，并积极开展社员教育培训活动。（2）对"品牌农业"采取补贴、减税及资金贷款等优惠政策。按照2005年颁布的新法案，美国在2007年对农业的补贴总额就已经达到了1 185亿美元，巨额农业投入使得美国农产品企业降低了农业的生产成本，同时又使农产品的品质得以提升，进而使得美国的农产品具有价格优势，因此，可以说美国利用自身的农业优惠政策直接推动了美国农业的规模化、现代化和品牌化发展。（3）完善社会化服务体系。美国通过农业科技生产信息支持体系，发展"精准农业"，实现农业耕作的自动指挥及定位、定量和定时的控制，而且及时向农场主提供市场信息和科技信息。美国政府一直致力于建立完善的农用物资及产品销售的网上信息交流和销售交易系统，使得电子商务广泛应用于农业品牌化的发展中。美国农业合作社、农业供销社、农业加工企业等机构一同为农场主提供完善的产前、产中和产后社会化服务，为其品牌农产品提供了良种、生产技术及设备、资金、市场推广等方面的支持，有效推动了农产品品牌做大做强。

3. 注重科教创新提升品牌价值

科教创新是美国农产品品牌价值得以不断提升的不竭动力。美国"三位一体"的农业科教体制为其农产品品牌化建设打下了良好的基础。美国1862年颁布了《莫里尔赠地农学院法》，建立了以州立农学院为主体的农业教学科研基地，1914年通过《史密斯-利弗推广法》，形成了与农业生产第一线各个环节紧密联系的教育、研究和推广体系，从而大大提升了美国农产品生产经营者的农业科技知识、经营管理能力和品牌意识。同时，美国政府也非常重视农业科技创新的投入。近几年，美国联邦政府每年投入20亿美元左右用于农业科技研发，约占联邦政府研发总投入的2%。美国主要将这些资金用于关系

到未来科技发展的基础性研究和应用性研究上。美国农业科技企业，用于研究开发的投入一般占销售总额的5%～15%，如孟山都公司（MONSANTO）是世界领先的农业生物技术公司，全球第一大种子公司，研发投入占每年收入的10%（约8亿美元），每天有220万美元左右的经费用于创新技术研究。其品牌价值提升模式是：高投入研发、申请专利、销售并收取专利使用费。公司创造的品牌收入45%来自科技创新。美国农场主家家拥有电脑，美国农民具备基本科学素质的人口已达17%。生物技术、信息技术、管理技术在农业中广泛运用，为品牌农业提供新品种、新方法、新资源。美国农业产业化程度很高，品牌附加值高。农产品直接产出占全美GDP的2%，但通过加工、储运、批发等环节，食品产值占GDP的20%。美国基本形成了以注重科教创新为核心，注重基础教育、高投入研发、申请专利、销售并收取专利使用费的农产品品牌价值提升模式。

（二）日本政府的特色化农产品品牌建设

日本虽然农业资源匮乏、本土市场空间狭小，但在日本政府的扶持下，日本农产品品牌化做得极富特色，使其农产品在本国市场和国际市场上都表现出较强的非价格竞争力。

1. 政府对农产品品牌发展的科学规划

日本将品牌战略上升到了国家战略的层面，以品牌树立日本的新形象。日本在2003年出台了"日本品牌"战略，并成立了专门负责推行日本品牌战略的知识产权战略本部，实行"日本品牌发展支持事业"。

为了推动农业的现代化发展，日本在农林水产省专家委员会下设专业工作战略小组进行调研，工作组由实践者、品牌营销人员、经济学、经营学专家及相关团体等专门委员会构成。该工作组于2007、2008年举行过三次大会，分别对农业知识产权、区域品牌化需解决的问题以及日本农产品品牌未来的发

展方向进行讨论，并最终制定了日本农产品品牌的发展战略。

2. 特有的农产品品牌经营模式

日本特有的农产品品牌经营主要表现为两方面：一是实施差异化的农产品品牌策略。日本政府推行"一村一品"的差异化农产品品牌发展策略，通过充分调动农民的智慧，注重发掘各地区独特的资源优势，因地制宜地推出了特色农产品品牌。开展"一村一品"农村经济运动，使得每个地区都能充分发挥自身的优势，保障每个产品都具有鲜明特色和良好的品质，从而使其农产品品牌打入国内和国际市场。二是采用特有的流通渠道模式。日本农产品流通是一种渠道环节多、以批发市场为主、以拍卖为主要手段的模式。批发市场是日本农产品流通的主渠道，包括中央批发市场、地方批发市场、中间商批发市场。全日本共有 87 个由中央财政和地方财政投资的中央批发市场，1 513 个多元化投资的地方批发市场。在日本，果蔬类农产品经由批发市场的比例高达 80％以上。尽管流通环节多，但日本批发市场的交易方法以拍卖为主，甚至同一产品有两家机构同时拍卖，形成的价格公开、公正。日本《市场法实施规则》规定，到达批发市场的农产品必须当天立即上市，以全量出售为原则，禁止批发商作为中间商或零售商直接采购农产品，禁止农产品委托，禁止场内批发商同场外团体或个人展开批发业务等。在此模式下，日本农产品批发市场流通效率高，如在大阪中央批发市场，通过拍卖成交的果蔬比例高达 90％以上。

3. 全方位的农产品品牌保护

为了给予农产品品牌最好的保护，日本采取了全方位的农产品品牌保护措施，主要包括：（1）农作物品种的保护。日本因地制宜地进行品种改良，不仅大力改造本国固有品种，而且对原产于外国的农产品也加以驯化改良、提高品质。许多这样的优良品种又反过来被原产国引进。由于农产品很容易在海外移植，日本加强了对农产品品种的保护。政府一方面提供财力支持开发 DNA 品种鉴定技术，对在日本品种登记的农产品特征，比如颜色、形状、大小等进行比较，从外表难以识别时，将进行更为高级的 DNA 图谱鉴定；另一方面，争取各国立法保护海外的日本农产品品种，目的在于控制优良品种种苗的外流，同时通过 DNA 检测控制在海外生产返流日本的农产品，防止其扰乱日本市场。（2）知识产权的保护。日本利用知识产权筑起贸易保护壁垒，而且收取巨额专利费。日本将品牌作为知识产权的一个重要部分，在法律、政策、执法部门和民间支援等多方面构筑了品牌战略的支撑体系。其知识产权战略已从传统的专利、商标或著作权扩大到诀窍（商业秘密）、著名品牌等范围，由单纯的保护转变为创造高附加值、综合运用以及人才储备。政府面向中小企业，募集和挑选具有日本文化特色和地域特色的品牌，为其承担 2/3 的研发、宣传和推广资金，帮助其开拓市场，打造品牌。（3）其他保护措施。随着日本农业的发展，日本政府逐渐将对农产品生产经营者的补贴资金投入到了农业人才的培养、农业资源的保护和农业基础设施的建设等方面，以此来保障农业的现代化发展。此外，日本为了保护其本国农产品，对进口农产品提高关税或加征批发价来保持国内农产品售价的平稳，如日本政府以竞标方式把进口额度批给出价最高的进口商，既控制总量，又提高价格。

（三）法国政府的精品化农产品品牌建设

法国农业是欧盟农业产业化的代表，以粮食产业化、奶类产业化和酒类产业化为特色。法国是世界第三大农产品出口国，法国酒及法国食品一直在全球享有极高的声誉。法国农产品之所以在全球有这么大的名声，与法国农业部和法国食品协会（SOPEXA）大力推进的法国国家精品品牌建设有着直接的关系。为了提升本国农产品的形象，法国建立了完善的农产品质量认证体系，并建立多种农产品品牌建设促进机构进行农产品品牌的推广活动。

1. 完善的农产品质量认证体系

政府认证对商品具有指示或指引功能，并建立在政府公信度的基础上，越来越被社会及消费者关注，成为农产品品牌化的基础和重要方面。法国的农产品认证及标识体系主要包括以下几个方面：

（1）原产地命名控制（Appellationd'Origine Contrôlèe—AOC）认证

加贴 AOC 标签表明是以产地命名、有质量保证的产品。它表示产品与某一特定地域之间的紧密联系，一个特定的地域范围的独特的地理条件、农艺方法、气候特征，以及特有的耕作和管理方式培育出一种质量上乘的、并长期以来为公众所认知的产品，经过检验和认定被纳入原产地命名的保护之中。对于原产地命名产品来说，首先是生产者使产品获得了知名度，然后消费者通过购买行为承认了产品的知名度，最后原产地名称与该产品的特性建立起固定的关联性，国家依据这种特性赋予原产地名称权。

（2）红色标签（Label Rouge）认证

"红色标签"是由法国国家农业部颁发认证的农产品国家级优质产品标识，用以证明该农产品或食品在生产和制作工艺等方面有别于其他的一般商品，并具有比其同类产品更好的质量。而且，该产品优质特性的存在，或者是与其它同类产品之间的质量差距，终端消费者可以从产品的口味及包装上感受区分出来。目前，法国还存在 6 种地区级的农产品优质标签，作为红色标签的附加标识。这种地区标签表明产品具有某一区域典型、传统或有代表性的特点，可以称得上是地区的特产。

（3）生物农业标识（Agriculture Biologique—AB）认证

"生物农业标识"也称"农业生态产品标签"，是法国农业部颁发的一种生态食品特种标签，是和生态农业密切关联的一种质量标识。它证明产品是按照欧盟有关法令的规定，通过生态生产模式生产的，表示精耕细作和精细的饲养方式，注重环保和自然界的平衡，不使用杀虫剂、化肥、转基因物质，同时也严格限制各种有副作用的添加剂。另外，还保证该食品至少 95％以上的配料经过政府部门委托授权的认证机构的检验。

（4）产品合格证（Certification de Conformité de Produit—CCP）认证

"产品合格证"也称"特殊工艺证书"，用以证明产品符合技术要求中说明的特殊的生产规定，包括工艺、包装、来源地等特殊工艺要求。这些特殊的品质要求由客观的、可测量的、可检测的和具有实际效益的标准组成，具体的生产商则将这些标准细化为自己的生产工艺细则，产品要经过严格的检验，并且每一环节都受到认证机构的监控。这类产品没有统一的确定产品身份的官方标志，由一些专业组织创立的相应标牌予以标识。

2. 多种农产品品牌建设促进机构的建立

法国政府为了推进本国农产品成为国际知名品牌，提升法国农产品国际品牌的竞争力，建立了多种农产品品牌建设促进机构，并通过农产品品牌建设促进机构举行多种活动，如在许多国家推广"法国生活方式"、"法国美食"展览等。农产品品牌建设促进机构主要有以下几种：

（1）法国食品协会（SOPEXA）

SOPEXA 是一个半官方的品牌出口促进机构，它的股东是法国政府和法国农业和食品组织。SOPEXA 的基金主要来自于产业界和法国政府。SOPEXA1996 年的总预算为 11 900万美元，法国政府支付 17.6％，其余来自各产业界；1996 年，法国政府仅通过 SOPEXA 支付的国际品牌建设促销费用就有 1 030万美元。产业界支付给 SOPEXA 的国际品牌提升费用高达 5 090 万美元。

SOPEXA 在全球 33 个国家建立了一个庞大的信息网。其国际预算的 65% 用在欧盟国家（25% 用于对德国，20% 用于对英国），美国占 12%，日本及其他亚洲国家占 12%。SOPEXA 在欧盟还有一个派生机构，专门收集情报和举办促销活动。SOPEXA 的促销活动主要有：组织商场促销，媒体公关营销活动，准备促销材料，组织国际展览，国际贸易研讨会等。SOPEXA 的促销产品主要包括法国葡萄酒及其他酒，新鲜及加工的水果、蔬菜（包括果汁及冷冻食品），乳制品，鱼及海产品，猪肉及家禽产品。

法国国内的品牌促销主要由一些行业专业协会来完成。他们通常提供资金给SOPEXA 进行国际品牌促销，行业协会的资金主要来自于成员的捐助和法国政府的资金扶持。法国的行业组织主要包括：葡萄酒产业协会（ONIVINS），水果、蔬菜及园艺行业协会（ONIFLHOR），牛奶、乳制品产业协会（ONILAIT），肉类及畜禽行业协会（OFIVAL），速冻、深冷食品协会（SNCE），以及市场调整和组织基金会（FIOM）等。

（2）法国外贸中心（CFCE）

CFCE 是一个半官方的机构，建成立于1943 年，主要功能为强制性地促进法国工业与农产品出口，提供各种统计信息、市场调查、咨询服务等。在 CFCE 内，有一个农业及食品产品出口部，主要负责品牌农产品的出口促销。

（3）法国外贸保险公司（COFACE）

COFACE 为法国的品牌出口信贷保险机构，主要为出口者提供信用保证，市场调查和促销，有时在欧盟外国家参加展销。1994年 COFACE 变为私有，但仍继续行使政府资助的信贷保险活动。1990 年，法国保险集团（AGF）成为 COFACE 的主要股东。

法国还有其他一些支持出口的活动。例如，法国农业部每年支持特别市场调查、新农业企业发展计划、消费食品与健康研究、产业发展调查、新产品开发等活动。法国政府对农产品认证及促销活动也有资助。

3. 农产品品牌文化的创意开发

法国人把有历史传统的农产品看成是法国文化遗产的一部分，特别是，对地理标志与原产地标记农产品的认证已成为法国推广国家民族精品、弘扬传统文化、推行浪漫生活方式、塑造法国国家形象的重要途径之一。随着人们对农业体系功能的深入认识，农业多功能的内涵，包括环境、文化、传统价值越来越多地在农产品品牌中体现。"生态"、"有机"、"替代"内涵及标准的认证不断增加，资源的合理配置、环保和可持续发展等条款也被纳入了产地命名的考察衡量范围，并逐渐成为一种新的消费理念。更有越来越多的人从农产品品牌中领略、体味文化，作为一种追求。由农产品品牌支撑构建的区域品牌的内涵是最为丰富、最为深厚的，扩展和延伸的价值空间也是甚为深远广阔的。

（四）荷兰政府的推进式农产品品牌建设

荷兰是全球农产品出口大国，鲜花产量占世界花卉市场的 65%，并且是国际名牌。如此成就得益于荷兰政府几十年来对品牌核心能力的着力推进。荷兰政府推进农产品国际品牌建设，重点做四件事：一是分析研究国际农产品市场，为企业提供准确的市场信息；二是为市场创造条件，如签订多边、双边贸易协定，消除贸易壁垒等；三是培育市场，如组织出口企业参加国际贸易展览，组织国际贸易考察团、促销会等；四是为出口企业提供品牌出口信贷及中介和培训。另外值得称道的是，荷兰农业部的预算中将近一半被用于组织农产品展览，主要是贸易展销会，而用于广告和现场演示的只占约 15%。其他活动包括商务团考察团、贸易合同会、市场研究和出版物。同时政府鼓励许多由私人或集体赞助的贸易组织，开展各种形式的出口市场促销活动。

在技术支撑层面，荷兰政府鼓励创新与研发。为了提高产品的竞争力，荷兰政府和公司投入巨额资金发展现代生物技术，研究和开发新品种，满足市场多样化的需求。

荷兰乳业局是荷兰推进农产品国际品牌建设的最大组织，是一个准政府性的商会，是由生产者征收一部分资金来运行的。鲜果和蔬菜的促销由绿色产品国际组织来进行。绿色产品国际组织年营业额为15亿美元，拥有13 000名从事种植的成员，并控制了荷兰农产品、蔬菜拍卖销售的75%以上。在荷兰所有的商品营销组织中，它的促销预算额位居第二。经费源自各种农产品、蔬菜拍卖会上对生产者们的征税。

（五）澳大利亚政府的出口促销式农产品品牌建设

澳大利亚是全球知名的农产品出口大国，政府和行业协会采取多种形式推进品牌农产品的国际贸易。知名的机构是半官方的垄断组织澳大利亚小麦委员会（AWB）。AWB承担澳大利亚所有小麦出口，控制着国内60%～80%小麦的生产。AWB的资金主要来自于国内和国外小麦的销售，促销手段有：技术培训、参观、国外消费者服务和其他手段。

澳大利亚政府对所有品牌农产品出口的促销与支持，都是由澳大利亚贸易委员会（AUSTRADE）直接进行的，AUSTRADE在67个国家拥有办事处。澳大利亚主要品牌农产品出口促销项目有：出口市场发展基金计划（EMDG）和创新农业市场项目（IAMP）。EMDG每年会给企业19.5万美元，用来补偿企业进入和发展出口市场的成本。企业想获得该补偿的资格为：出口额必须低于1 950万美元，而成本必须高于2.34万美元。1995—1996年EMDG在这个项目上花费的总额是21 950万澳元，其中约20%投到农业企业。大部分的资金用于市场调研和企业导向的活动。

除此之外，澳大利亚的其他品牌出口促销活动大部分由行业协会来实施，这些协会主要包括澳大利亚乳品协会、澳大利亚肉类和畜类协会、澳大利亚干果委员会、澳大利亚园艺协会、澳大利亚葡萄酒和白兰地协会、澳大利亚羊毛研究和促进协会等。仅1995—1996年，这些专业协会的基金大约为13 000万美元，其中约20%投到了农业企业。近几年，澳大利亚政府加大了对促进出口活动的支持力度，尤其是对高附加价值的农产品。澳大利亚政府对农产品国际品牌建设及出口促进的基金大约为5 680万美元。

四、我国农产品品牌的培育与经营

农产品品牌的培育与经营是发展农产品品牌的关键。对于我国农产品品牌的培育与经营，应当遵循以政府为主导、企业为主体、消费者评价、媒体传播的原则，从品牌定位及形象塑造与传播、优势创新与质量提升、品牌整合与规模扩张三个方面来进行。

（一）品牌定位、形象塑造与传播

一个良好的品牌塑造是品牌经营成功的前提，它不仅是吸引商家关注、激发消费者兴趣、鼓励顾客购买的重要手段，更是企业拓展市场的利器。品牌塑造的核心是品牌定位、形象塑造与传播。如何进行有效的品牌定位、形象塑造与传播，以增加农产品的文化内涵，满足消费者的心理个性需求，赢得目标客户的特殊偏好，提高品牌的影响力是企业在开展农产品品牌建设工作中首先要解决的问题。

1. 品牌定位

品牌定位是品牌形象塑造的基础，也是品牌建设的根本。只有准确的品牌定位，才能有品牌建设的正确方向。精准的品牌定位来自于深入的产品分析、市场细分与消费者研究。我们的研究发现，农产品品牌的定位大体可以从三个方面进行：一是产品特征，二是文化理念，三是竞争导向。也就是说，品牌定位可以从产品的独特之处入手，如根据产品的品种特性、产地特性、技术特性等来进行品牌的差异化定位；但随着技术的发展，市场竞争的加剧，同一行业中产品的差异性越来越小，因此品牌在基于产品差异进行定位的时候，既要关注产品在有形因素上的与众不同之处，同时也要注意产品所包含的文化特征、健康理念等无形因素的不同，以满足消费者的精神与情感上的需求；最后，在市场竞争激烈的当下，不能使得每一个品牌都成为行业或地区之中的佼佼者，这时就需要企业针对同类产品或同一地区中的其他品牌来进行竞争导向的市场定位，即采取依附于强势竞争者或填补市场空缺的策略来找准企业的定位，开拓出属于品牌独有的市场空间。

不同类型的农产品应当采用不同的品牌定位策略。对于出口型优势农产品，企业要基于其原有农产品的特色优势，在强化产品品质的同时，利用产品所蕴含的风格、历史、个性等无形因素带给消费者的精神与情感的满足，让消费者体验到独有的中华民族文化，以此来塑造独特而又丰满的品牌形象，在夯实国内市场的基础上，采用更为高端的优质化、差异化和国际化的市场定位，瞄准国际和全球市场，争创国际级或世界级农产品品牌；对于国家战略安全型农产品，企业应当重点满足区域及全国范围内消费者的基本需求，其品牌定位应当结合大宗产品的实用性特征，以提高产品的品质特性和技术特性为目标，结合产品产地特性，争创地区级或国家级农产品品牌；而对于内销型农产品，企业则要避免与生产同类产品的地区级或国家级农产品品牌进行正面竞争，应当集中企业的资源，着重打造企业的核心竞争优势，如开发出产品独特的功能属性、对产品进行有价值的加工、为消费者提供更为个性化的服务等，从而来满足市场上某一具体目标群体的需求，在建立了良好的客户关系后，循序渐进将品牌做大做强，争创地方级或地区级农产品品牌。

2. 形象塑造与传播

品牌形象塑造是企业在市场定位和产品定位的基础上，对特定的品牌在文化取向及个性差异上的商业性决策，它是建立一个与目标市场有关的品牌形象的过程和结果。通过对国外品牌发展先进经验的研究，我们认为，我国农产品品牌形象塑造有以下几种模式可供参考：一是全面、整体的形象塑造模式。这种模式的实施对于相应的地区、行业及企业的要求较高，必须具有相当的经济、技术实力和经营管理水平，同时其产品应具有一定的国内和国际市场竞争力及广泛的市场潜力。通过整体的品牌设计、全面的品牌管理、高强度品牌宣传等手段，在短时期内塑造成熟化、现代化和国际化的地区、行业或企业农产品品牌形象，在国内建立起较高的知名度和美誉度，进而使其走向世界，打造具有中国特色的国际化农产品品牌形象。二是阶段性目标的形象塑造模式。该模式适合于经济实力和管理水平都一般的地区、行业和企业，根据品牌的具体情况，将长期的形象塑造过程划分为若干阶段，并制定阶段目标，以集中力量，逐渐打造品牌的知名度，塑造优良的品牌形象。三是以优势产品或强势品牌为先导的形象塑造模式。这种模式适用于有自己拳头产品和著名品牌的地区、行业及企业。地区、行业及企业可以借助突出的产品优势或品牌知名度，统一和强化拳头产品或著名品牌的美好形象，并通过逐渐对其他产品或品牌进行质量、技术、管理等方面的改造，将其与优势产品或强势品牌的形象合为一体，再对品牌进行集中的宣传，省时省力地开展农产品品牌的形象塑造。

农产品品牌不仅需要形象塑造，更需要形象传播。事实上，成功的农产品品牌形象塑造应该包括将塑造出来的品牌形象进行科学而广泛传播。为传播中国农产品品牌安全、营养、健康的形象，我们认为必须做好以下工作：（1）政府管理部门应继续完善、规范和强化农产品品牌的推介、评选、推优活动，为名优农产品品牌的传播提供良好展示平台，同时提高政府的农产品品牌推广公信度；（2）行业协会或行业主管部门应举办各种农产品品牌贸易博览会、组织参加世界各种农产品贸易博览会、农业文化遗产评选等活动，以提高我国农产品品牌的知名度和国际影响力；（3）企业可以通过国家权威传播媒介，如中央电视台、农民日报等，进行农产品品牌的宣传推广；（4）行业协会或企业应当建立农产品品牌产品信息网络，利用现代化信息传播手段，宣传农产品品牌，扩大知名度。

（二）质量提升与优势创新

品牌定位与形象塑造工作完成后，如何让消费者进行品牌识别并且购买产品，品牌产品的质量提升与优势创新是关键。质量的提升或高质量的维护是消费者购买或忠诚品牌产品的根本，而优势创新则便于消费者的品牌识别。实践中，我国多数农产品品牌都是依托自然禀赋，如利用地理条件或区域资源来获取竞争优势。然而，随着我国农产品品牌的不断发展，这一手段已经难以进一步推进我国农产品品牌的发展。现阶段只有采用优势创新与质量提升并举的手段才能真正使我国农产品获得竞争优势，进而推进我国农产品品牌的发展。

1. 质量提升

随着我国农产品供求平衡的基本实现、人民生活水平的日益提高和农产品国际贸易的快速发展，农产品质量问题，特别是安全问题日益突出，且已成为农业发展新阶段亟待解决的主要问题之一。发展农产品品牌的一个重要方面即是为了更好地把控农产品质量，保障其安全性和稳定性，具体应当注意以下几方面。

首先，完善农产品相关质量标准及认证体系。在食品安全质量控制方面，抓 ISO9000、ISO1400、ISO18000、ISO22000 以及各种从农田到餐桌良好操作规范等认证及评审和后续管理，实施农产品质量安全检验检测体系、农产品质量安全执法监管体系、农产品质量安全追溯体系等重大建设工程，全面夯实品牌质量基础工作。进一步完善"三品一标"认证体系，通过认证活动，全面提升农产品的生产管理水平和质量安全等级。在农产品质量安全控制方面，抓 GAP 良好农业规范、GVP 良好生产规范、田间食品安全体系 On-Farm、非转基因食品认证、减农药减化肥认证等。

其次，健全农产品质量安全监管体系。注重从法律法规、执法监督、标准化生产、体系队伍建设等方面来进行全面的强化农产品品牌及农产品质量安全监管。严格遵守并执行农产品质量方面的法律法规和部门规章，如《农产品质量安全法》、《食品安全法》、《农产品产地安全管理办法》、《农产品包装和标识管理办法》，同时制定并实施地方性法规或规章，建立从上到下健全的农产品质量安全管理体系。

再次，加强农产品品牌产品质量的风险评估预警。强化应急处置机制，建立反应快速、跨区联动的应急机制，形成全国"一盘棋"、信息畅通、联防联控的应急处置网络；加快农产品质量安全应急专业化队伍建设，强化应急条件保障，组织实施突发事件应急演练；建立畅通、便捷的农产品质量安全举报、投诉渠道，完善社会监督和舆情分析报告制度。同时，扩大对农产品质量安全监测与风险评估财政专项规模、增加农业标准化专项财政投入、设立农产品质量安全应急处置财政专项资金等财政支持的力度，降低农产品品牌经营的风险。

最后，培育壮大农产品品牌生产经营主体，提高农产品品牌培育能力和品牌质量维护能力。培育壮大农业龙头企业，进一步加大扶持力度，重点支持一批品牌优势明显、品牌质量高、成长性好、带动能力强的大中型农业龙头企业加快发展；鼓励有条件的农业龙头企业加强与高等院校、科研院所及推广机构的合作，扶持农业龙头企业建立优势农产品研发中心，提高企业自主创新能力，提高产品科技含量；鼓励有实力的龙头企业运用品牌优势，对一些规模小或生产经营困难的农产品加工企业进行兼并重组，成立大型企业集团。

2. 优势创新

不同类型的农产品具有不同的品牌优势创新。出口型传统优势农产品，是利用我国天然的资源优势所生产出来的优质特色农产品，其产量大、质量好、驰名中外，如茶叶、蜂蜜、糖等传统农产品。近几年来，我国的蔬菜、水果、畜产品、水产品和加工食品等优势农产品逐渐取代了这些传统出口农产品在整个行业出口中的主导地位，成为了我国出口创汇的主要农产品。然而，这些新兴出口农产品却不似传统出口农产品享誉国际，它们中的大多数由于没有国际注册商标或没有达到国际市场质量标准而屡屡碰壁或是只能进行低价销售。因此，为了使我国农产品更加具有国际竞争力，出口型传统优势农产品品牌应当着重进行产品创新。产品创新包括产品的功能创新、产品设计创新、产品质量创新、产品形象创新和产品服务创新等方面。此类创新并不是真正意义上的培养新品种，而是通过改变以往农产品的用途、结构、市场形象及其他产品属性，使其成为拥有国际商标、符合国际质量标准、特色鲜明且附加价值高的优势农产品，以此来引起相应的市场变化。产品创新可以通过政府部门及行业协会等组织的努力探索，产生核心技术或核心概念的突破，并在此基础上依靠企业自身的能力来完成，率先实现新产品的市场化；也可以通过政府引进或反求破译等手段获取吸取前人的成功经验或失败教训，并在此基础上对企业自身的产品进行改进和完善，进

一步开发和生产出具有国际竞争力的品牌产品。

国家战略安全型农产品是指能保障我国人民温饱、社会稳定、经济发展的基础农作物，如谷物、棉花、油等。随着我国经济的持续发展，人民的消费水平也在不断提高，为了满足人们日益升级的消费需求，国家战略安全型农产品除了要保障量大外，还要保障质好。为了进一步提高和保障基础农产品的质量安全，国家战略安全型农产品品牌应当不断追求技术创新。农产品的生产受到自然条件的影响和生产技术的约束，又由于其生产散户多、加工链条长、涉及主体杂等特点，使得其品质难以控制。所以，必须依靠技术创新，提高农产品生产、加工、运输等环节的科技含量，以此来提升农产品的品质。首先，农业产业组织应当加强农作物的耕作改制、精量播种、配方施肥、节水灌溉等栽培技术，以及畜、禽、鱼类集约化饲料配套技术的研究与开发，确保生产出营养高、产量大、安全性好的优质农产品；其次是加强农产品产后相关技术的创新，特别是农产品采收、包装、储藏、运输和加工技术的改进与完善，以先进的科学技术，来确保产品在整个产业链过程中的质量安全。打造品牌的科技优势，发展科技含量高、质量安全有保障的品牌农产品，有利于赢得公众的信任，增加企业的收益，确保国家基础农产品的安全。

内销型农产品是指在国内某些地区和市场畅销的特色农产品。这类农产品在特定的市场上广受消费者的欢迎，但也达到了一定的市场饱和。因此，作为内销型农产品品牌，则应当侧重品牌创新，即通过有效的品牌营销传播，让产品进入更多的市场，创造更多的需求。品牌创新包括品牌形象、品牌推介、品牌营销渠道等方面的创新。市场需求的多样性、发展性和可诱导性为各地区和企业进行新市场的开发提供了无限的可能，但同时，

市场需求又是复杂且变动的。因此，进行品牌创新，首先需要掌握市场需求的实际情况和发展趋势，以此来确立品牌创新的方向和目标，包括选择哪些市场进行拓展、重点突出品牌的哪些竞争优势、预期达到多少市场占有率等；然后是根据计划，通过加强宣传，向选定的市场展示品牌的既定竞争优势，如产品科技含量高、品种独特，企业销售渠道广、采购便捷，品牌知名度大、品质有保障等。通过适当的品牌创新，内销型农产品不仅能拓宽其在国内市场销路，还可以走出国门，创造更广阔的新天地。

（三）品牌整合与规模扩张

农产品品牌的建设，离不开规模生产，以家庭为主的小规模生产经营，难以实现农产品的品牌化。推进农产品品牌整合与规模扩张，可以改变我国农业目前生产规模小、品牌杂乱、标准程度低和营销方式落后等现状，有利于实现农产品生产加工过程中的资源优化配置，提升农业生产效率，保障农产品质量的安全，增强农产品品牌的市场竞争力，促进我国农业的现代化发展。

农产品品牌整合与规模扩张，就是通过地域上相近、生产性质相似、产品大体同类的不同品牌之间的融合兼并，或通过品牌自身扩大生产、拓展市场、多元化经营等策略，形成名称统一、规模强大、知名度较高的品牌，以规模化的生产和较强的名牌效应，推动农业产业不断向前发展。农产品品牌整合与规模扩张的思路大体分为两类：

一是扶持龙头企业，进行品牌整合与规模扩张。首先，有关部门应当在对我国农业产业及相关企业进行评价排序的基础上，选出具有相对优势和发展潜力较好的农业企业，主要通过新建、扩建、购并、联合等方式，来实现农产品品牌的外延式扩张，同时通过技术进步和劳动生产率的提高，来实现农业品牌的内涵式扩张，形成一批产业化基础好、辐射带动能力强、经济效益好、品牌信誉好的龙头企业。在此建设过程中，要坚持大（规模大、带动面大）、高（科技含量高、附加值高）、外（外向型、跨国经营）、新（新材料、新产品、新技术）、多（多种所有制、多种组织形式）、权（拥有自主知识产权）的原则。其次，鼓励龙头企业品牌吸纳农户，采取"企业＋农业合作组织＋农户"的扩张模式，先由政府牵头将分散的农户组织成为专业的合作社，再让合作社入股成为企业股东，这样以利益为纽带，以品牌为载体，有利于农户自觉提高产品质量，降低双方交易成本，进一步实现企业的规模化生产。让千家万户的农户为企业的生产服务，也借助企业的技术创新、资金实力、品牌的知名度，帮助农户提高产品附加价值，打开产品的销路，实现产销结合的共赢模式。最后，利用强势龙头企业品牌实施品牌延伸，实现企业的经营扩张。品牌延伸是指农产品企业将其某一著名品牌或某一具有市场影响力的品牌扩展使用到新产品或改良产品上，这一新产品可以是企业通过延伸产业链条实施纵向一体化得来的，也可以是通过延伸产品链宽度实施横向一体化获取的，然后利用消费者对原有优秀品牌的偏好，使新产品在该战略的运用中获得增值。实施品牌延展和多元化经营，不仅能有效扩张企业规模，给品牌注入新的活力，还能分散企业的风险，提高经营的安全性。

二是发展产业集群，培育强势农产品区域品牌。农产品区域品牌与企业农产品品牌相比，农产品区域品牌具有区域公共性特征，品牌为集体所有，该区域内的农产品都能使用该品牌；一个企业的经营不当，就会导致"一损俱损"的情况，所以个别企业缺乏品牌经营和推广的动力。因此，当地政府或行业协会等组织必须牵头建立专门的机构，以此作为区域品牌的经营主体，发展产业集群，壮大农产品区域品牌。农业产业集群将相互关联的农业生产企业、生产基地、广大农户、涉农机构集聚起来，并能够进一步结成本地化网络，从而克服单个企业参与市场交易的分散性和风险性，经营主体在建立和发展产业集群的同时，还应当不断组织、引导、帮助和吸纳区域内更多的利益相关者加入到农产品品牌的建设中来，使区域内生产经营者获得产业化聚集效应，并通过聚集效应降低交易成本、提高生产效率，使区域农业获得较高竞争力。通过巩固农业产业集群，促进农业产业集群的结构升级，规范相关企业间的经营行为并建立有序竞争态势，来发展强势农产品区域品牌。

五、推进农业品牌化发展的制度设计

在农业品牌建设方面，要借鉴发到国家经验，创立中国品牌农业发展的思想体系、理论体系、制度体系。政府在农业基础设施的提供、农业科学技术的研究、农产品质量安全体系的建立和有序市场环境的打造等方面加大支持力度，加快品牌认证体系与质量管理体系建设；加强品牌的创新与保护；加大政府扶持并完善社会服务体系，遵循市场经济发展的规律，通过市场来引导农产品企业和农民的行为；根据市场化和贸易自由化的要求，为农民和农产品企业提供更多的诸如信息服务、技术指导和风险保障等方面的公共服务。通过建立健全品牌培育法律体系、完善品牌发展政策体系、制度体系，加强顶层设计和品牌维护与监管，为农产品品牌的发展创造良好政策环境和市场环境。

（一）创立品牌发展的思想体系、理论体系

借鉴发达国家农产品品牌经验，创立中国品牌农业发展的思想体系、理论体系。市场经济发达国家在农产品品牌建设上路径不同，但有一条是相同的，就是都把品牌建设作为参与全球农业竞争的国家战略。这些国家品牌化的基本经验是，科学规划品牌发展战略；制定国际化的品牌认证体系与质量管理体系；加强品牌的创新与保护；加大政府扶持并完善社会服务体系等。日本，2003年出台了"日本品牌"战略，成立了专门负责推行日本品牌战略的知识产权战略部，实行"日本品牌发展支持事业"，并且把品牌作为知识产权的一个重要部分加以保护。美国实行对"品牌农业"采取补贴、减税及资金贷款等优惠政策，2007年对农业的补贴总额就已经达到了1 185亿美元。法国酒及法国食品一直在全球享有极高的声誉。红色标签是由法国国家农业部颁发认证的农产品国家级优质产品标识，用以证明该农产品或食品在生产和制作工艺等方面有别于其他的一般商品，并具有比其同类产品更好的质量。荷兰，鲜花的王国，以郁金香为代表的鲜花产量占世界花卉市场的65%，并且是国际名牌。荷兰的鲜果和蔬菜的促销，由绿色产品国际组织来进行，这个（社会组织）组织占有荷兰农产品、蔬菜拍卖销售的75%以上的份额，经费源自各种农产品、蔬菜拍卖会上对生产者们的征税。我们要研究发达国家品牌培育、发展、保护、监管的基本经验，组织专家、学者、品牌营销企业等加强理论研究，结合我国实际，探索出一条适合我国农业品牌发展的思想体系和理论体系。

（二）完善品牌发展法律保护体系

品牌本身是企业及其产品的形象，也反映了广大消费者的忠诚与认可，创立品牌不仅是成本、时间、精力的付出，更需要法律强有力的保障。国际上大多数国家对农产品品牌侵权行为主要依靠司法渠道给予解决，我国应该学习和借鉴国外农产品品牌保护相关法律经验。

建立健全农产品品牌的法律保护体系。实施和完善《原产地保护法》、《专利法》、《商标法》等法律，保护农产品品牌及其知识产权；完善《农产品质量安全法》相关条款，通过强化媒体的法律责任来保护农产品品牌。同时，也要优先将农产品品牌企业的优良农产品纳入农业政策性保险范畴，不断发挥农业保险在稳定优势农产品生产方面的积极作用。除此之外，还要正确指导农产品企业建立完善的农产品品牌维护体系，如通过产品质量战略、技术创新战略、品牌秘密保护战略等来建立和完善农产品品牌的自我维护体系；通过商标注册等来保护企业的品牌资产；通过完善绿色食品认证、无公害农产品认证、地理标志产品认证等认证体系来给予优质农产品肯定，保护农产品名牌的利益等。

理顺职能关系加大农产品品牌保护力度。目前，我国农产品地理标志、农产品商标关系到农产品质量的监督管理，特别是关系到消费者的切身利益，对农产品品牌一直实行司法与行政保护并重的"双轨制"，工商总局、质监总局和农业部都是农产品地理标志、农产品商标的主管部门，其各自出台的部门规章也在农产品品牌保护法律体系中发挥着作用。尽管目前三部门对农产品地理标志的管理进行了一定分工，但针对三部门都在行使审批、监督职责的现状，部分重复交叉职能应当进行更为详细的划分；法律法规应当协调统一、监督管理应当补充完善，以逐步建立起一个职能明确、权责清晰、高效有序的农产品地理标志的管理体系，以此来强化其对农产品品牌的保护责任与义务。通过完善农产品品牌的法律保护和加大农产品打假治假、查处虚假广告、严办滥用区域农产品品牌等的力度以保护农产品商标及其技术的专有权，建立优质优价、公平竞争的市场秩序。

（三）建立健全品牌发展政策体系

一个农产品品牌从其设计、注册、宣传、保护到最后形成品牌资源优势，需要花费大量的资金，而我国农村目前存在金融体系缺位、农民贷款难的问题，导致了农产品品牌发展受阻。由于农业投入风险高、收益低，一般的商业性金融不会轻易涉足，在发达国家和新兴工业化国家及地区，农产品品牌化

进程中都有高效率、低价格和融资期限长的政策性金融来保护和支持农业产业化的发展。对于农村中小企业，其贷款难的根本原因是缺乏有效担保。从政府的角度，重点抓好：

一是完善品牌发展金融扶持。通过政府担保贴息，利用政策性金融提供的有偿资金，实现农产品品牌化资金保证，具体可以采取以下做法：各级政府每年应从农业投入的新增部分和农业发展基金中，安排一定的比例投入农业产业化，农业银行、发展银行和农村信用社要扩大贷款规模，积极支持农产品加工企业和商品基地的建设，集中资金支持农产品品牌化项目。而对于农产品强势品牌，政府还应当指导其通过多种工业化品牌融资渠道进行融资，如品牌融资、上市融资、发行企业债券融资等。

二是建立合理、科学的农产品企业财政补贴机制。由于农产品品牌建设初期具备投入大、风险高、收益低等特点，仅依靠农产品生产者和市场自身的发展来实现农产品的品牌化几乎是不可能完成的任务。发达国家的农业补贴在农业总产值和财政预算中所占比重非常高，基本上达到甚至超过了农业总产值的50%，因此，在农产品品牌发展的过程中，我国政府应当加强完善农产品品牌化补贴机制。对于农户、农村合作社和企业，政府应当向其提供低息贷款的金融机构给予补贴，同时重点对其产品的研究与开发、品牌的宣传与保护进行补贴，奖励技术创新与名牌农企。值得注意的是，政府的补贴应当是有年限的，不能无条件的"贴"下去，可以根据行业或地区的平均盈利年限进行设限，督促其提高自身效益。对于一直亏损的农户应及时进行指导或将其并入企业，而对于效率低下的农产品企业则应及时进行淘汰或重组合并。对于有优势、有潜力的品牌龙头企业和产业，中央已有相关农业补贴政策的，重点推动落实。

三是加大对农产品企业的税收优惠。当

前，我国已经成为了世界第二大经济体，农业发展的严重滞后已经不能与我国人民不断升级的消费需求及我国的现代化发展相匹配了，工商业反哺农业势在必行。因此，对于工商业企业实行的税收制度，到了农产品企业就应当实行低税甚至是免税。在原有基础上实施的税收优惠政策外，政府还应当出台新的税收优惠政策，以此来引导农产品品牌往市场需求的方向发展。如对新建的农产品品牌采取一定数额和期限的税收减免，鼓励企业创建和发展农产品品牌；对经过重组合并扩张到达一定规模的农产品企业也实施税收优惠、减免所得税等措施，鼓励品牌整合和规模扩张；对于区域性农产品品牌经营主体的农业合作经济组织实行优惠的所得税、工商税等政策，调动其对农产品品牌培育和经营的积极性

（四）谋划农业品牌的顶层设计

政府要在战略层面上加强顶层设计，按照"统筹规划、明确责任、密切配合、全面推进"的原则，对农产品品牌发展做出科学规划，指导农产品品牌分类和分层发展。面对我国农产品品牌多、杂、小的现状，品牌建设应当根据不同生产区域、经济条件和发展阶段等实际情况，将农产品品牌进行分类和分层，按照我国资源优势和经济水平，农产品品牌布局大致分为三类，一类是具有资源和经济双重优势的区域，这些地区有着优越的自然条件，其农产品种类繁多、特色鲜明、量大质优，农产品地理标志发展在全国都名列前茅。第二类是资源与经济发展水平都处于中等的地区，由于其优越的地理条件或悠久的人文特征，形成了农产品品牌发展的特色优势，推动了其地理农产品品牌较好的发展。第三类是资源较弱或经济较弱地区。这些地区农业资源相对匮乏，有些是自然资源和经济条件都不佳，这些地区的农产品品牌优势不足。因此，品牌发展要充分利用地区的自然资源优势，开发具有地区特色的农

产品，引入资金，通过技术创新、扩大规模、推广品牌，提高农产品的附加价值，打造名、优、特农产品品牌。在这些区域，根据产品不同消费用途，可以分为培育如具有国际市场竞争力的出口型优势农产品、作为保障国人温饱的国家安全战略型农产品和用以满足国内消费者不断升级的需求的内销型农产品等的不同类别的品牌，或分为区域性品牌、国家品牌、国际品牌和世界品牌，或按照品牌拥有主体不同的企业农产品品牌和农产品区域品牌等多层次的品牌。然后，创立有关农产品品牌培育和发展的咨询服务机构，充分发挥行业协会、社会中介组织和媒体在实施农产品品牌发展中的作用，提高专业化服务水平，科学的指导不同类别和层级的农产品品牌找准自身品牌的定位，增强其品牌经营的意识，协助企业合理拟定发展目标和实施步骤。各级政府和农业经济管理部门应当按照调整农业产业结构的要求，把重点农产品企业的重点产品，特别是技术含量高、市场容量大、高附加值、高创收、高效益、低能耗的产品列入农产品品牌战略发展规划，优先引导其农产品品牌做大做强，从而带动更多的农户和农产品企业的进一步发展。

（五）奠定农产品区域公用品牌发展基础

目前，我国农产品品牌的重要类型是农产品区域公用品牌。农产品区域公用品牌是指，特定区域内相关机构、企业、农户等所共有的，在生产地域范围、品牌使用许可、品牌行销与传播等方面具有共同诉求与行动，以联合提高区域内外消费者评价，是区域产品与区域形象共同发展的农产品品牌。

农产品区域公用品牌的特殊性体现在三个方面：第一，一般须建立在区域内独特自然资源或产业资源的基础上。即借助于区域内的农产品资源优势。第二，品牌权益不属于某个企业或集团、个人拥有、而为区域内相关机构、企业、个人等共同拥有，具有公用性。第三，具有区域的表征性意义和价值。

特定农产品区域公用品牌是特定区域的代表，成为一个区域的"金名片"，对塑造区域形象、美誉度、旅游业发展都起到了积极作用。因此，区域公用品牌创建，要发掘以下条件：

保护优势品种资源和环境。品种资源指的是培育品种用的生物资源。品种资源一般有两种形成条件，一是地理条件，不同地理条件的差异会导致长生不同的品种资源，很多农产品生长在一定区域内，因此，品牌特征不同、品牌特色也不相同；二是后天育种、引种的产物。前者具有自然属性、后者具有社会经济属性。

传承地方传统加工工艺。地方传统加工工艺是人类智慧的创造，经过这些加工工艺加工的农产品变成了经年流传的农产品区域公用品牌。比如，我国的金华火腿、西湖龙井、山西老陈醋等。

开发历史文化民俗资源。一些地区的农产品公用品牌，在资源的基础上，结合历史文化民俗，利用历史名人、文化特色、民俗故事等构成品牌的特殊价值。

扩大传统产地声誉。一些地区的区域公用品牌则利用千百年来沉淀下来的产地声誉，进一步扩大声誉优势。比如，福州茉莉花茶，萧山萝卜干等。

创建新兴产业集群。如涪陵榨菜，借助产业集群，形成了区域公用品牌下的子品牌集群，使得母品牌的品牌价值逐年提升。

每一个农产品区域公用品牌的创建，几乎都是以某种优势资源为主导，综合运用多种资源的成果。而这些品牌承载着千百年农耕文化的双重沉淀，也反映了近年来中国各地区农产品生产与现代品牌管理模式的交相整合，体现了我国特色农业的延续、升级、新的意义与价值的创造。

（六）创建我国农业公用品牌发展体系

农业与工业不同，它有着灿烂且悠久的历史，绵长而独特的文脉。农产品的品种、品质、品牌的形成与发展，均受到自然条件、区域特征、文化背景等因素的制约。即便在今天科技参与越来越深入的趋势下，农产品的区域性、独占性、公共性特征依然十分明显，诸多的地理标志产品更显其独特；中国农业更有其在农耕文化、产品品种、品质管理、生产规模、生产组织体系等方面的高度独特性。有人把区域公用品牌形象地比喻为伞，而企业自有品牌则受到这把"伞"的提携和庇护。农业区域公用品牌突出了区域的独特性和公共性特征，其创建和管理与企业品牌有所不同，具有极强的公益性，需要农业主管部门统筹规划、主导推动。当前要研究四个问题，一是继续组织开展公用品牌影响力调查，有针对性地开展培育和宣传推荐。二是加强品牌经营的整合，解决好区域利益之争导致结构性过剩、效益低下或损害优质品牌声誉和消费者利益等问题。由于农产品品牌的经营分散、农民处于市场弱势、农产品区域品牌和产业品牌等具有公共物品属性等因素，品牌壮大需要有一个组织牵线搭桥。政府应当充分挥发其公共服务职能，如在农产品品牌之间提供信息服务、信贷服务、科技服务等，促成其品牌的整合与规模扩大；牵头组织专业的农业合作社，吸纳当地众多分散的农户，并代表农户的利益，入股龙头农产品企业，充分保障农户利益的同时，也能有效管理农户，提高产品质量，帮助企业实现生产规模的扩大；建立专门的机构作为区域农产品品牌的经营主体，组织、引导、帮助和吸纳区域内更多的农产品生产企业、生产基地、引导农户、涉农机构加入到产业集群的发展中来，打造强势农产品区域品牌。三要挖掘品牌资源潜力，对每一个品牌注入地理、人文、生物等深入挖掘，丰富品牌内涵。四是加强整合品牌传播，打造具有国际竞争力的国家农产品品牌。重点谋划将一些具有重要影响力的农产品，诸如新疆瓜果、海南瓜菜、定西马铃薯、舟山水产、牡丹江木耳、洛川苹果、斗南花卉、寿光蔬菜、馆陶禽蛋等，列入规划，通过国家营销平台、国家农业品牌的建设，使其产品以独特风味、品质优势、价格优势等在国际市场上赢得消费者认可和喜爱。

（七）探索建立农产品品牌目录制度

农业品牌目录是将农业生产经营者品牌、农产品品牌及区域公用品牌等涉农品牌，按照一定的次序编排形成，是揭示与反映农产品品牌信息的工具。随着我国国民生活水平的提高和消费者购买能力的增强，人们对优质安全农产品需求日益旺盛，农产品市场供求信息不对称、品牌信息发布不规范的情况下，由政府统一组织披露农业品牌信息，公布优质安全农产品消费索引，塑造传播良好的农产品品牌形象。建立农产品品牌目录制度，把农产品按照品种分类、影响层级分类，各级农业部门在科学调查的基础上，将最有影响力的品牌纳入目录定期发布，动态管理，以期完善、规范和强化对农产品品牌的推介、评选、推优等活动，鼓励农产品企业做好质量、做大品牌，强化政府公益服务，目的是用品牌增强消费者的信心，引导生产经营者发展品牌农产品。重点研究四项制度，一是农产品品牌征集制度，明确征集范围、征集对象和征集程序等。二是农产品品牌审核推荐制度，明确审核责任、审核政策、审核要求、审核内容等。三是农产品品牌评价制度，包括消费者评价、生产者评价和第三方评价，明确品牌产品产量、质量、无形资产、有形资产、科技创新水平等评价标准、内容等。四是品牌培育和保护制度，发布相关信息，引导扶持壮大品牌、保护品牌。

（八）完善农业品牌培育保护和监管机制

要加快引导各类涉农企业、农民专业合作社等市场主体，通过品牌注册、培育、拓展、保护等手段，创建自身品牌，保护知识产权，努力打造以品牌价值为核心的新型农业。研究建立"市场导向、企业主体、政府推动、社会参与"的品牌建设与保护机制。

农业行政管理部门要搞好规划引导，发挥推动作用；企业要充分发挥创建培育和宣传推介的主体作用；行业协会要通过创新品牌产品推介方式，发挥桥梁作用。研究农业部门联合公共媒体共同培育品牌的合作机制。"好酒也怕巷子深"，要积极发挥媒体的传播作用，深度挖掘产品的内在特性、融入特色文化风情，鼓励品牌的跨界发展。加强企业和产品品牌宣传推介平台建设，培育农产品品牌展会，扩大品牌产品的知名度和影响力。

在监管方面，一要建立分层的农产品质量标准体系。长期以来，我国农产品在质量安全标准上与国际市场要求存在较大差距，导致我国许多优质农产品不具备国际市场竞争力。因此，政府应当把我国农产品生产的产前、产中、产后诸环节纳入标准化管理轨道，逐步形成与国际、国家、行业相配套的标准体系。根据市场的需求，农产品品牌的监管标准可以分为三个不同的层次：一是农产品市场准入标准，即符合国家有关强制性规定，许可进入市场的农产品标准，并以此作为农产品收购，以及规范市场交易行为的监督依据，确保进入市场的农产品的基本安全；二是名优农产品标准，这一类型的标准以企业标准为主，除了满足市场准入标准外，还应当体现地方名优特产品的特殊性，其标准要高于市场准入标准；三是出口农产品标准，执行这类标准的农产品主要是满足国际市场的需求，发展外向型农产品品牌，标准的制定要根据目前国外市场的现状，积极采取国外先进标准，以适应不同进口国对农产品的需求。二要实施严格的行为监管农产品的质量安全是发展农产品品牌的基础，对农产品质量的监管除了要有完备的质量标准体系外，还要强化对农产品交易市场中农产品企业、农业合作组织、农产品品牌评选机构等相关主体的行为监督。对于农产品企业，在进行品牌注册前，要做好对经营者合法性、产品质量安全性、所宣传农产品特色的真实性等的审查；在农产品品牌的经营过程中，通过日常监管与不定期抽检等方式，以规范农产品企业的生产管理行为，确保产品质量的安全稳定；在农产品的销售过程中，对产品的各种质量认证及名优特品认证进行核实，并通过网络、电话等设立知识产权、假冒产品、劣质产品等的举报投诉服务中心，鼓励公众参与到农产品品牌及农产品质量的监管中来。对作为区域农产品品牌经营主体的农业合作组织，政府应当建立日常考核和不定期考核的制度，监督其做好对区域品牌的培育与经营工作，防止任何组织滥用区域农产品品牌，损害区域品牌的形象。对于各类农产品品牌评选机构，对其评选过程进行监督，保证其评选遵循科学、公正、公平、公开的原则，淘汰那些与相关企业有利益关系的不公正机构，保障真正农产品名优品牌的权益。

专题发布

- 大力发展优质农产品　促进农业提质增效
- 稳步推动绿色食品有机食品持续健康发展
- 无公害农产品和农产品地理标志工作取得明显成效
- 主攻流通　主打品牌　助力品牌农业建设

大力发展优质农产品　促进农业提质增效

——农业部优质农产品开发服务中心 2014 年工作综述

农业部优质农产品开发服务中心成立于 1987 年 5 月，为农业部直属正局级事业单位。主要承担我国种植业产品质量安全管理、基地建设、种植业标准制修订、无公害农产品（种植业）认证、良好农业规范认证、优质农产品产销促进和品牌建设等职能和任务。近年来，在部党组正确领导和有关司局的大力支持下，中心紧紧围绕部里中心工作和有关司局工作重点，以加快开发优质农产品为主线，以提升种植业产品质量安全水平为重点，认真履行工作职能，探索形成了以标准制定为基础、以质量认证为手段、以基地创建为抓手、以展会服务为平台、以品牌培育为引领的优质农产品开发工作格局，在优质农产品开发特别是园艺作物产品标准化生产、质量提升、产销促进、品牌建设等方面建立了良好的工作基础，为大力发展优质农产品、满足消费者吃得好吃得安全发挥了积极作用。

一、围绕夯实农业品牌基础，着力推进种植业标准化生产

优质农产品首先是质量安全的农产品，标准化是提高农产品质量安全水平的治本之策。中心多措并举，着力开展种植业产品标准化生产，提高质量安全水平。

一是扎实推进种植业标准体系建设。认真做好种植业农业行业和国家标准的立项评估、标准审定、项目评审等工作。2014 年组织 3 次标准集中审定，审定 44 项标准，审核上报 37 项报批稿。配合种植业司在全国范围内组织征集标准立项 465 项建议，推荐上报 178 项，审核评审上报 66 项，为种植业生产标准化提供了新依据。配合组织标准体系建设培训，近 50 名全国行业标准专家和从事标准化

工作的管理人员参加培训。完成种植业领域近 1 200 项农业行业标准数据由图像向超链文本格式的转化，构建标准数据库，初步实现了标准全文检索。完善全国果品标准化技术委员会秘书处日常工作机制，发挥组织协调作用。

二是积极推进园艺作物标准园创建。围绕农业部提出的园艺作物"品种改良、品质改进、品牌创建"行动方案，认真落实标准园创建中技术培训、情况交流、信息宣传和日常管理等相关工作，打造优质农产品标准化生产基地。截止到 2014 年年底，累计参与创建园艺作物标准园超过 3 600 个。

三是稳步推进种植业产品可追溯制度建设试点。加快由"园"到"区"推进，扩大试点范围，在北京、浙江、福建、陕西、辽宁等 9 个省（直辖市）10 家单位开展试点。经过近 10 年的努力，形成了较为完善的种植业产品质量追溯体系，初步建立起一套符合我国国情和种植业行业特点的质量可追溯制度，追溯项目的示范带动作用不断增强。截止到 2014 年年底，应用全国种植业产品追溯系统的企业有 109 家，其中试点企业 65 家。

四是认真做好无公害农产品（种植业）认证工作。2014 年全年共受理无公害农产品种植业产品认证申请 24 599 个，较上年增长 71.5%。认真开展评审和现场检查，评审通过 20 494 个产品，通过率 83%，体现了从严的要求。加强无公害农产品认证工作基础性研究。组织编写了《无公害农产品（种植业）发展分析报告》（2003—2013）。

五是认真开展良好农业规范（GAP）认证。开展与国际接轨的农产品质量认证——良好农业规范（GAP）认证，指导、帮助和监督龙头企业、专业合作社建立健全农产品

质量安全保障体系。全年组织完成现场检查企业 43 家。

二、围绕实现农业品牌价值，着力推进优质农产品产销衔接

优质农产品是产出来的，也是卖出来的。中心努力打造权威平台，大力促进优质农产品产销衔接。

一是成功举办中国茶叶博览会。联合中国优质农产品开发服务协会等 6 家单位，连续两年在济南举办了以"品质、品牌、安全"为主题的中国茶叶博览会。2014 年茶博会精心筹划设计、统筹安排落实，组织开展了企商对接、茶友品茗、茶艺表演等形式多样的品牌推广、茶文化传播等活动，全国十几个茶叶主产省区农业行政主管部门和一批地方政府组团参展，参展企业 480 多家，参展产品囊括了所有茶叶类别产品，布展面积超过 3 万平方米，规模居全国各类茶叶展会前列，展会吸引了数百家专业客商和近 3 万人次消费者到会洽谈、选购，取得了良好的成效，得到业界普遍认同。

二是成功举办全国名优果品交易会。2014 年，联合浙江省农业厅在杭州举办了第八届全国名优果品交易会。精心开展了名特优新果品品鉴推介活动、地方专场推介、中国农产品包装设计大赛（水果）获奖作品展示以及"优质果园"认定等活动，突出产区优势、突出优质特色、突出品牌影响、突出产销对接，倾力打造我国果品产业发展成就展示平台、名优果品交易平台、知名品牌推介平台。全国 22 个主产省份 152 个县（市、区）的 248 家企业、360 多种名特优新果品参展，打造了一席名副其实的"百县百企"名果盛宴，办出了特色，办出了影响。

中国茶叶博览会和全国名优果品交易会充分发挥农业部门的生产、技术优势，突出产地特色和产业优势，突出基地优质产品，突出全程质量控制，在茶叶、水果领域打造了行业内具有较强专业性、权威性的成就展示平台、经验交流平台、产销对接平台、品牌推介平台。

三是积极支持各地开展优质农产品推介活动。2014 年，中心先后参与、支持各地主办的省级、市级、县级各类农产品推介会、博览会、交易会、文化节等活动 18 次，促进了地方名特优新农产品市场销售，提升了地方名特优新农产品社会知名度。

三、围绕发挥农业品牌效应，发布全国名特优新农产品目录

优质农产品是卖出来的，也是吆喝出来的。吆喝就是要培育品牌、宣传品牌、推介品牌。2014 年，中心探索创新，大力培育和推介优质农产品品牌。

一是精心组织，全力开展全国名特优新农产品目录发布工作。为发挥我国农业资源丰富和地域特色农产品众多的优势，发掘、保护、培育和开发一批名特优新农产品，2013 年 7 月，中心受农业部种植业管理司委托，正式启动《全国名特优新农产品目录》发布工作，余欣荣副部长高度重视，亲自指导，做出了"好事办好，精心组织，宁缺毋滥"的重要批示。在各地农业行政主管部门的支持下，共征集名特优新农产品 3 470 个，涉及生产单位（企业、合作社）2 947 家。经过县级推荐、省级初核和专家审核，我们于 2014 年 2 月组织发布了含粮油、蔬菜、果品、茶叶和其他等 5 大类 679 个产品的《全国名特优新农产品目录》。目录产品覆盖地域广，产品类别齐全，特色突出，质量可靠。通过发布目录，形成我国优质农产品的"红名单"，充分发挥其促进生产、引导消费、培育品牌的作用，成为政府发挥资源优势因地制宜发展特色农业、培育区域公用品牌的服务平台，成为农产品生产企业、合作社立足市场需求、打造企业品牌的有效途径，成为

广大消费者选购优质安全农产品的信息指南，初步探索建立了权威、规范的国家级的中国优质农产品的目录发布制度。这是继"中国名牌农产品"评选工作中止后，在现行相关规定许可范围内，政府培育打造农产品品牌的一项重要措施，同时也为摸清家底，发掘、保护和开发一批名特优新农产品，进而做大做强地方特色产业奠定了坚实基础。

二是认真做好《全国名特优新农产品目录》宣传推介工作。目录发布后，产生了良好的社会反响。在《农民日报》、中国农业信息网、《农村工作通讯》等媒体上整版刊登目录，CCTV-7播出了发布新闻。新华网、人民网、网易、凤凰网、新浪网、《中国日报》等全国知名媒体，齐鲁网、《大众日报》、《天津日报》、《甘肃日报》、重庆卫视等地方权威媒体都纷纷转载或报道。百度"名特优新农产品"网页检索结果34.7万余条。为加大宣传推介力度，扩大社会影响，按照科学、简明、生动和图文并茂、宁缺毋滥的总体要求，经各省（自治区、直辖市）推荐和专家把关，从目录中精选了393个产品，从产地特征、产品特性、品牌和历史文化等方面对入选产品进行扼要介绍，编辑了《全国名特优新农产品目录选编 2013年度》丛书，分上下两册，正式出版，进一步宣传目录产品，提高知名度和影响力。

三是组织开展第十二届中国国际农产品交易会参展产品评奖活动。中心联合中国优质农产品开发服务协会等7家协会，开展了第十二届农交会参展产品的评奖工作。各展团积极组织本地区有一定影响力和区域特色

的产品参展并推荐参加金奖评选，采取了网上申报和纸制材料同时申报的方式，经过各省（自治区、直辖市）农交会筹备组和有关专业展团组织初审推荐，评委会复核和专家审定，有257个产品获得"金奖"称号。

四是成功举办第三届中国农产品包装设计大赛。中心联合浙江大学CARD中国农业品牌研究中心，以"助推品牌农业发展、提升包装设计水平"为宗旨，举办第三届中国农产品包装设计大赛，共评选出380件获奖作品，其中一等奖19件，二等奖57件，三等奖95件，优秀奖209件，一等奖作品中"吴裕泰京味七日茶"获得评委一致好评，获特等奖殊荣。与往届相比，本届大赛参赛范围扩大至港澳台，参赛作品整体水平大幅提高。

当前，我国人均GDP达7 000美元，进入了食品消费结构加快转型升级阶段，吃得好吃得安全已经成为农产品消费的主要趋势；国际农产品市场竞争日益激烈，品种、品质、品牌和特色成为农产品公平竞争的制胜法宝，这给发展优质农产品带来了巨大的市场需求和难得的发展机遇。下一步，我们将认真贯彻落实中央领导关于大力发展安全优质农产品重要指示精神和农业部党组工作部署，紧紧围绕"稳粮增收调结构、提质增效转方式"主线，着力发挥农业区域特色优势，着力推进种植业产品提质增效，着力完善农产品品牌培育机制，着力打造专业权威的展会平台，创新思路，加大力度，推动我国优质农产品事业再上新台阶。

（农业部优质农产品开发服务中心）

稳步推动绿色食品有机食品持续健康发展

——中国绿色食品发展中心2014年工作综述

2014年，在农业部党组的领导下，在部农产品质量安全监管局的具体指导下，中国

绿色食品发展中心（以下简称"中心"）以中共十八大和十八届三中、四中全会精神为指

导，紧紧围绕部党组确立的"两个千方百计、两个努力确保、两个持续提高"的中心任务，按照"农产品质量安全监管年"的工作部署，坚持"稳中求进"的方针，扎实有效地推进各项工作，不断夯实绿色食品事业发展的基础，继续稳步推动绿色食品、有机食品持续健康发展。

一、2014 年绿色食品、有机食品发展基本情况

截止到 2014 年 12 月 10 日统计，全年新发展的绿色食品企业 3 830 家，产品 8 826 个，分别比上年增长 18.6% 和 14.7%。绿色食品企业总数为 8 700 家，产品 21 153 个，同比增长了 13.1% 和 10.9%。有效使用有机产品标志的企业达到 814 家，产品 3 342 个，同比增长 11.4% 和 8.5%。中心和地方绿色食品办公室全年共抽检 3 940 个绿色食品，总体抽检合格率为 99.54%，产品质量仍然维持在较高水平。全国共有 434 个单位创建了 635 个绿色食品标准化生产基地，基地种植面积 1.6 亿亩，有机农业示范基地 17 个，总面积达到 1 000 万亩。绿色食品基地产品总产量达到 1 亿吨，对接企业 2 310 家，带动农户 2 010 万户，每年直接增加农民收入在 10 亿元以上。

二、重点工作全面有序推进情况

（一）坚持标准，从严从紧，严把产品入口关

一是严格审核把关。按照"坚持标准、规范审核""从严从紧、宁缺毋滥"的原则，加强对申请产品的审核把关。对合作社等组织模式、蔬菜、水产品、畜产品等高风险项目，开展环境、组织模式、管理体系、风险防控能力等评估，规范审核、严格把关，确保符合要求。二是全面修订制度规范。制定了《绿色食品标志许可审查程序》《绿色食品标志许可审查工作规范》和《绿色食品现场

检查工作规范》，调整完善了与审查程序相配套的系列文件。制定了《绿色食品颁证程序》，修订了《绿色食品标志商标使用证管理办法》。修订了多项有机食品质量体系文件，进一步增强了绿色食品、有机食品工作的科学性和规范性。三是现场检查保质保量。通过前置现场检查、续展督导抽检、现场监督核查相结合，中心与地方检查员联合现场检查等方式，坚持标准，严格审核，充分保证现场检查的质量。四是继续扩大续展审核放权改革。在总结续展放权 16 个省工作经验的基础上，继续扩大推行续展审核放权工作，将重庆、内蒙古、河南、云南 4 个省份纳入续展审核改革工作范围。围绕提高续报及时率和续展工作效率，在整个系统明确了续展时限要求，进一步强化依法依规管理意识。五是积极推进颁证制度改革。通过对颁证工作制度机制调整，在申报量、颁证量持续增大的态势下，保持了较高的颁证率和颁证工作效率，全面完成全年的颁证工作。

（二）切实履职，严格监管，确保产品质量与品牌信誉

立足"安全、优质、精品"定位，全面落实年检督导、质量抽检、市场监察、风险预警、内检员以及产品公告等监管制度，确保产品质量。一是修订了《绿色食品年度检查工作规范》《绿色食品产品质量年度抽检工作管理办法》和《绿色食品标志市场监察实施办法》，进一步完善了证后监督管理制度。二是全面推广企业年检"三联单"制度，完成了对江苏、山西和宁夏省级工作机构企业年检的督导检查工作，及时开展了年检全面调研和总结。2014 年，各地共有 18 家企业的 26 个产品因年检不合格被取消标志使用权。三是开展了产品质量抽检，中心和地方共抽检 3 940 个产品，占 2013 年年底有效用标产品总数的 20.65%，对检出的 17 个不合格产品分别给予取消标志使用权和限期整改的处理决定。有机食品共抽检 24 个省（直辖

市、自治区）的 8 大类 126 个产品，抽检合格率达 98.4%。四是开展了绿色食品市场监察。全年对全国 160 个超市、农贸市场、绿色食品专卖店以及便利店进行了监察抽样，共抽取 2 172 个样品，对其中的 175 个用标不规范的产品进行了整改，对发现的 19 个假冒产品，配合工商、质检和农业行政执法部门进行了查处，有效清理整顿了绿色食品市场。五是进一步强化了质量安全预警。在已有信息员的基础上，成立了专家组，分别开展了对绿色食品、畜禽饲料以及蔬菜的预警抽检工作。根据抽检结果及时进行了综合评估和调研，发挥了很好的预警作用。有机食品出台了《蔬菜类产品认证风险控制方案》，实现了认证风险控制精细化管理，降低了蔬菜项目的认证风险。

（三）完善标准，强化基地，进一步夯实标准化建设

一是改进标准制定的程序和执行规范。落实了首席专家责任制和龙头企业参与制，增加了标准制定预评审环节。完成了农业部和中心共立项修订标准 16 项，下发了《关于绿色食品产品标准执行问题的有关规定》等文件，进一步强化了严格依标认证的规范要求，保证标准执行层面的统一性，同时启动梳理 1 000 多项企业备案标准。二是严格基地创建审核与管理。修订了基地监管办法，强化了对基地创建规模的计划管理，做好基地的续展和验收工作。全年基地的创建申请通过率、续展通过率以及验收通过率分别为 62.4%、85.5% 和 96.3%，体现了"积极稳妥"的原则。开展黑龙江、山东等 5 个省的基地年检督导检查，对基地管理中存在的薄弱环节及时督促整改并提出管理对策。

（四）培育市场，宣传品牌，努力促进市场拉动

一是成功举办第十五届中国绿色食品博览会，展会期间套开多项活动，并首次设立海外展区、扶贫专区。展会期间共举办组织 7 场商务活动，让地方政府和企业唱主角。支持内蒙古扎兰屯、黑龙江齐齐哈尔、福建漳州等地举办区域性绿色食品展览展销活动，促进了绿色食品、有机食品市场培育。组织企业赴德国、日本参加国际食品展会，促进了产品出口贸易。二是加大了宣传力度，绿色食品博览会利用网络和短信平台、展会现场网上直播以及深度采访报道等方式增加宣传效果，组织了《农民日报》、《中国食品报》、新华网、中国农业信息网、上海农委政务网以及上海电视台等媒体开展宣传。对 2009—2013 年全国绿色食品宣传工作突出的 9 个工作机构、35 名个人予以表扬，以此激励全系统积极开展宣传工作。此外，启动了"中国绿色食品"宣传片的制作工作。三是组织实施"绿色食品网上审核与管理系统"补充项目，新建了 33 项内容，并围绕现有系统做好系统扩展、功能改进等信息化建设工作。四是积极开展国际交流。加强与意大利、法国、瑞典、丹麦、台湾海峡两岸商务协调会、联合国国际贸易中心（ITC）、日本三井株式会社及其合作伙伴等国家、组织和企业的沟通交流，进一步扩大了绿色食品、有机食品的国际影响。

（五）高度重视，积极推进，支持协会开展工作

中心积极创造条件，搭建工作平台，充分发挥中国绿色食品协会的功能作用。一是推进绿色生资标志许可工作取得新进展。绿色生资用标企业总数达到 97 家，产品 243 个，较 2013 年同期分别增长 26.0% 和 20.2%。同时出台了《关于加快绿色食品生产资料发展意见》，提出了绿色食品生产资料的发展目标、基本原则、推进措施。二是积极推动绿色食品诚信体系建设。在绿博会期间组织召开了绿色食品行业自律公约发布会及签约仪式，在全行业进一步营造了诚信体系建设的良好氛围。三是启动了相关专业委员会的工作。成立绿色食

品生产资料专业委员会、有机农业专业委员会，调整市场流通专业委员会组织机构，明确了工作思路。

（六）加大培训，强化激励，不断加强体系队伍建设

2014 年，中心采取一系列措施增强系统凝聚力，促进业务能力水平的提高。一是开展业务培训。中心组织举办了"2014 年全国绿色食品检查员监管员暨标准宣贯培训班""全国绿色食品审核与管理信息化培训班暨绿色食品市场监察信息系统应用培训班""有机检查员内检员培训班""全国绿色食品生产资料培训班"等，累计培训 400 余人次，不断增强工作队伍的业务能力和综合素质。同时支持地方绿办和军队举办培训班，共培训绿色食品检查员、监管员 2 000 余人。二是实施激励机制。组织落实绿色食品工作绩效考评

制度，进一步增强了检查员自律意识，使材料一审通过率较以前有了明显提高，同时加强了对监管员和内检员的信息交流与业务指导。制定了全国农业系统有机产品认证检查员工作绩效考评和激励办法，强化了对各地有机食品工作机构的工作激励。2014 年，黑龙江、山东、江苏、内蒙古、湖北、江西、重庆和宁夏等 8 个省（自治区、直辖市）的工作机构获得"促进有机农业先进单位"称号。三是加强对检测机构的管理。按照 2014 年年初确定的检测机构布点方案，组织专家对资质材料基本合格的 8 家检测机构进行了现场考核，提出了布点建议，并通过中心审批。截止到 2014 年年底，共有绿色食品指定检测机构 102 家，包括产品检测机构 65 家、环境监测机构 67 家，其中"双料"30 家。

（中国绿色食品发展中心）

无公害农产品和农产品地理标志工作取得明显成效

——农产部农产品质量安全中心 2014 年工作综述

2014 年，农业部农产品质量安全中心（以下简称"中心"）认真贯彻全国农产品质量安全监管暨"三品一标"工作会议精神，紧紧围绕稳定提高认证登记产品质量这个核心，创新工作机制，狠抓工作落实，有效推进无公害农产品、农产品地理标志工作。全年新备案无公害农产品产地 11 910 个，新认证无公害农产品 8 849 个，公示农产品地理标志 229 个，公告颁证农产品地理标志 213 个。到 2014 年年底，全国累计认定无公害农产品产地面积 7 456 万公顷，约占全国耕地总面积的 57.3%；全国有效无公害农产品 69 927 个，获证单位 30 071 家；累计公告颁证农产品地理标志产品 1 588 个。

2014 年间，无公害农产品、农产品地理标志工作主要是从七个方面得到有力推动：

1. 严格无公害农产品认证审核把关。通过对提高准入门槛、突出现场检查、严格检验检测等方面的制度调整，严格认证审核，确保认证工作质量。一是严格准入条件。主要从生产规模和主体资质两个方面重点把关。生产规模方面，要求认证申请的产品必须达到当地制定的生产规模标准或无公害食品产地认定规范要求的生产规模标准；申报主体方面，除农业生产企业、农民专业合作社等组织外，其他类型主体一律不予受理，进一步提高认证产品的组织化、规模化生产水平。二是规范专家评审。新组建了第五届无公害农产品评审委员会，聘任了 308 位委员，修订了《无公害农产品评审委员会章程》，充分发挥专家作用。组织制定《无公害农产品专家评审技术规范》，对评审程序、重点、关键

项目评审技术要点及不合格材料处理要求等做了明确规定，进一步规范专家评审。三是严格现场检查和产品检验。组织编写了现场检查报告填写指南，对现场检查方法、关键项描述做出明确要求。通过严格审查退回与培训指导相结合的方式，落实现场检查"真实、准确、规范、到位"的要求。上半年共退回现场检查不规范的申请材料2 000余份，到下半年评审时，各地现场检查工作质量明显得到改进，工作职责进一步得到落实。同时，印发了《关于取消多个无公害农产品开平方根检测的通知》，实行一产品一检测。四是探索开展省级初审质量督导。研究制定了《无公害农产品审查工作质量督导检查办法》，组织5个督导检查组对浙江、江苏等10个省份的初审工作开展了质量督导检查，并抽取相关企业进行现场复核，督促省级及以下工作机构落实审查把关工作职责。五是推进信息系统建设应用。已经建成无公害农产品管理信息系统，并把管理权限延伸至省级工作机构。从运行成效看，信息系统在规范认证信息填报、提高认证效率方面发挥了重要作用，有效提升了认证规范性和时效性。

2. 稳步推进地理标志登记。一是严格规范开展产品登记，进一步提高登记准入门槛，坚持和完善分行业、分专业的独立评审方式和申报单位汇报答辩制度，全面提高登记评审工作质量。印发了《农产品地理标志登记审查若干问题的说明》，对产品受理、地域范围交叉、特殊区域名称等重点问题的处理进行了明确，确保各项工作依法开展、有章可循。同时，做好资源普查后续工作，形成了《全国地域特色农产品普查备案名录》，收录资源近7 000个，已报农业部待审定发布。二是大力开展示范创建和品牌宣传。首批创建国家级农产品地理标志示范样板6个，并在《农民日报》开展示范创建主题宣传，充分发挥示范样板在品牌建设和产业发展中的示范引领作用。世界知识产权日期间，在《农民日报》刊登农产品地理标志知识产权专版，全面宣传推介我国农产品地理标志工作，得到农业部领导好评。支持北京"延怀河谷葡萄"、四川"地理标志蜀中行"等品牌宣传活动。开展农产品地理标志品牌评价推荐工作，提高农产品地理标志社会认知度和品牌影响力。三是积极开展国际交流合作。全程参与中欧、中美、中澳自贸区等地理标志及知识产权谈判对话，派员赴欧盟参加了第十轮中欧地理标志合作协定谈判，对农业部推荐的40个中欧首批互认产品的英文技术文本进行了校准完善并提交商务部，加快推进农产品地理标志国际合作进程。开展了中欧农产品地理标志国际合作研究，跟踪农产品地理标志登记保护国际最新动态。

3. 严格证后监管。一是加强标志管理。坚持和完善认证审核与标志管理相结合的工作制度，引导获证主体积极主动使用标识。组织开展了标志市场专项检查，各地共出动检查人员3.6万人次，检查农产品批发市场（超市）19 210个，发放宣传材料172万余份。同时，积极开展标志管理模式改革探索，推进"以产品类别为定标单元"的工作试点，开展无公害农产品新型捆扎带标识的应用试点以及无公害农产品标识实用技术等相关研究。二是加强质量抽检。组织开展了无公害农产品年度跟踪监测、元旦春节期间重点检测和农产品地理标志监测工作。从抽检情况看，地理标志产品质量安全合格率连续第6年保持100%，无公害农产品全年共抽检824个产品，总合格率99.2%，个别产品抽检不合格原因主要是违规使用禁限用农业投入品，已依法对6个不合格产品进行了处理，其中5个产品撤销证书、取消标志使用权，并在媒体曝光。三是逐步建立无公害农产品分级管理制度。出台《无公害农产品获证主体诚信管理办法（试行）》，建立无公害农产品监管信息数据库，将获证产品质量抽检、监督检查以及标志和证书发放等信息一并纳入信息化管理，为实施分级管理奠定基础。同时，启动了韭菜、鸡蛋等6个产品的风险防范与预警试点研究。

4. 强化技术支撑和工作保障。一是健全完善标准体系。牵头组织制定了13个无公害农产品生产过程质量控制标准、3个产品检测目录，修订了1个产地环境评价准则。强化检测目录管理，对已实施的55类无公害农产品检测目录开展技术评估，组织小品种检测目录认证风险调查监测，编制了《无公害农产品认证检测依据表》。二是强化检测机构管理。组织无公害农产品定点检测机构参加农业部组织的能力验证考核，举办全国性定点检测机构培训班，指导督促检测机构不断提升检测能力。三是加强人员队伍培训。修订完善了检查员教材和内检员教材工作，增强教材指导性和针对性。全年共培训无公害农产品检查员4 760人、企业内检员26 862人、无公害农产品培训师资129人、无公害农产品检测机构业务骨干167人，农产品地理标志核查员近1 000人。

5. 推进农产品质量安全追溯体系建设。一是编制追溯平台项目可行性研究报告。积极与农业部及国家发展和改革委员会沟通协调，委托工程咨询单位对追溯平台业务需求进行全面梳理，编制项目可行性研究报告，并按照国家发展和改革委员会要求完成修改完善工作。二是起草追溯体系建设方案和管理制度。起草了《建立健全农产品质量安全可追溯体系工作方案》，从追溯管理制度机

制、平台建设、技术标准和人员队伍等方面列出了推进重点和工作保障。组织起草《农产品质量安全追溯管理办法》（草案）和起草说明，提出追溯管理制度总体框架和主要内容。三是启动追溯技术标准研究。围绕农产品质量安全追溯体系建设，研究提出《国家农产品质量安全追溯管理信息平台》配套制度及标准制定方案，初步明确了需制定的标准名称、重点内容。委托中标院对已有追溯标准进行了梳理，形成了《国家农产品质量安全追溯信息平台标准体系课题研究报告》。

6. 跟进部局工作重点。一是在应急管理方面，组织开展了农产品质量安全突发事件应急管理培训，提升基层应急管理能力，同时开展跨省际农产品质量安全突发事件应急联动研究，探索完善突发事件应急工作机制。二是在农产品质量安全县方面，起草农产品质量安全县财政专项说明任务书，组织召开了农产品质量安全县研讨会，听取基层关于创建农产品质量安全县的意见建议。三是在乡镇监管体系建设方面，在北京、陕西等4省（直辖市）35个乡镇开展乡镇监管机构建设推进工作试点，试点内容包括试运行乡镇监管信息系统、开展乡镇监管机构运转情况调研、探索有效的乡镇农产品质量安全监管运行模式，在此基础上形成了《2014年全国乡镇农产品质量安全监管公共服务机构建设项目总结报告》。四是在受理申投诉方面，受理处置举报事件1起，移交涉及种子、农药、肥料、饲料、兽药的投诉10余起。

（农业部农产品质量安全中心）

主攻流通　主打品牌　助力品牌农业建设

——中国优质农产品开发服务协会2014年工作综述

2014年，中国优质农产品开发服务协会（以下简称"协会"）紧紧围绕"四个服务"

宗旨，围绕农业部工作重点，"主攻流通、主打品牌"，按照2014年协会工作要点确定的

任务目标，开拓创新、奋力拼搏，将协会打造成了凝聚业内外各方力量，合力推动农业品牌化建设向前推进的重要平台。

一、成功举办"2014 品牌农业发展国际研讨会"

经农业部常务会议批准，"2014 品牌农业发展国际研讨会"于 2014 年 9 月 4～5 日在北京会议中心举办。这次研讨会是在"2013 中国国际品牌农业发展大会"之后召开的又一次品牌农业国际会议。主办单位在上一年的基础上，邀请中国农业国际交流协会共同参与主办。会议围绕"品牌红利：信任创造价值"的主题，探讨现代品牌农业创新模式及先进理念，学习借鉴国际及国内的发展经验，拓宽中国农业品牌发展的国际化视野，探索品牌建设可能释放的红利空间以及实现中国农业现代化的途径及策略。

国际研讨会的主要内容包括开幕式及主旨演讲、"品牌农业的内生动力与驱动力"主题演讲和专题研讨三个板块。开幕式上，农业部副部长陈晓华、联合国粮食与农业组织助理总干事王韧和全国政协委员、国家质量监督检验检疫总局原副局长、中国品牌建设促进会理事长刘平均等先后致辞。朱保成会长代表 9 家主办单位做了《把品牌建设作为提升现代农业的重大战略》的主旨演讲。开幕式和主题演讲由农业部原党组成员、中国农产品市场协会会长张玉香主持。

主题演讲板块，西藏自治区党委常委、拉萨市市委书记齐扎拉，德国驻华大使馆参赞 Murray Gwyer 女士，达沃斯世界经济论坛前副主席格雷戈里·伯纳德，云南省普洱市市委书记卫星，联想控股佳沃集团副总裁刘旦，美国迈阿密大学教授罗伯特·萨斯顿，台湾创意农业协会会长苏于容等国内外嘉宾围绕"品牌农业内生动力与驱动力"做了精彩演讲。

专题研讨板块设置了"区域方略与中国

特色新型农业现代化道路""吉林大米高端论坛""发挥区域特色品牌的引领带动作用""挖掘品牌文化提升产品软实力""农产品电商化与信任机制"等 5 个专题，会议邀请了宁夏回族自治区副主席屈冬玉等地方政府领导，荷兰喀好特咨询公司总裁奥斯卡·尼曾等专家，新发地集团公司董事长张玉玺等企业家围绕区域品牌建设、品牌作用、品牌培育方法、农产品电商化与信任机制等做了演讲和对话交流。会议还组织了部分区域特色产品品鉴活动和"聚焦丝路·梦响中国——农耕文化西行掠影"图片展。

有 8 个国家驻华大使馆的农业参赞和外交官参加了会议和研讨，20 个国家和地区以及国际组织的代表，农业部有关司局和单位负责人、有关地方政府部门领导、农业品牌方面专家、企业界代表、媒体记者等约 300 人参加研讨会。

会议取得的实效有如下方面：一是凝聚了品牌农业发展的共识。朱保成会长代表主办方所做的《把品牌建设作为提升现代农业的重大战略》的主旨演讲，得到了与会代表的一致赞同，普遍认为，在"四化"同步发展中，大力推进品牌农业发展，既是弥补农业现代化这个"短板"、加快推进我国农业转型升级的迫切要求，也是适应经济全球化趋势、实施农业"走出去"战略的现实选择，更是提高我国农产品生产效益和国际竞争能力、增加农民收入的客观要求。二是开阔了品牌农业发展的国际视野。农业部副部长陈晓华在致辞中指出，当今世界主要农业大国和农业强国几乎都是农业品牌大国、农业品牌强国。我国将学习借鉴世界上一切好的经验和先进的技术，加快推进农业品牌建设步伐。达沃斯世界经济论坛前副主席格雷戈里·伯纳德、德国驻华大使馆官员、美国迈阿密大学教授罗伯特·萨斯顿、中国台湾创意农业协会会长苏于容等多名专家，从不同层面和有关案例分析的角度，阐述了国际品牌农业发展理念、未来发展趋势和个人见解。通过国内外的比较分析和研讨，使大家更清楚地看到了我国品牌农业发展的成效、差距和潜力，更坚定了发展品牌农业的信心。这些都将为加快国内农业转型升级和现代农业发展产生重要推动作用。三是提升了品牌农业发展的效应。会议通过举办"《聚焦丝路·梦响中国》——农耕文化西行掠影"图片展，进行少数民族普洱茶艺表演和设置"吉林大米高端论坛""发挥区域特色品牌的引领带动作用""挖掘品牌文化提升产品软实力"等专题，以吉林大米、宁夏枸杞、中国茶叶等品牌为例，将经验推介与产品展示相结合，组织品牌专家、学者、企业和媒体代表对特色区域的品牌农业建设进行了重点剖析。会议设置的营销、农产品电商化和信任机制等板块，更吸引了与会者高度关注和热切参与。这些活动既有普遍的指导意义，也有典型的示范意义，与会代表纷纷表示体会更深、受益匪浅。四是促进了品牌农产品企业与电子商务企业的对接。研讨会安排的"农产品电商化与信任机制"主题，得到了与会代表的广泛赞誉，通过专家讲座、互动研讨和现场交流等方式，使更多品牌农产品生产企业了解了电子商务对促进农产品生产和贸易的重要作用和实际效果，一些农产品生产企业现场与部分电子商务企业达成了产品促销意向，也有一些电子商务企业与农产品生产企业形成了合作开发品牌农产品的协议。这对促进品牌农产品和农产品电子商务发展必将产生积极作用。

二、继续开展"强农兴邦中国梦·品牌农业中国行"活动

"强农兴邦中国梦·品牌农业中国行"活动在延续 2013 年的模式上进行了模式创新：一是增加了会员单位与政府项目对接的板块，邀请对当地有投资意向及对优质农产品感兴趣的会员企业、销售渠道企业与地方政府面对面沟通，了解投资政策，扩宽当地优质农产品的销售渠道，这一板块普遍受到当地政府的欢迎；二是改变只与政府合作的模式，尝试与企业联手进行品牌农业中国行活动，也获得了新的成功。

协会分别受湖北十堰市政府、西藏自治区拉萨市政府、内蒙古自治区科右中旗政府邀请，于 6 月走进了湖北十堰，与当地最大的绿茶企业湖北十堰武当道茶集团签订了合作协议，并授予武当道茶"中国第一文化名茶"的称号。于 7 月走进西藏拉萨，拉萨市政府对拉萨净土健康产品进行了整体展示，并于活动中推出区域公用品牌"拉萨净土"的标识，详细阐述了"拉萨净土"标识的创作意图及内涵，同期拉萨市人民政府与中国优质农产品开发服务中心、中国优质农产品开发服务协会签订了"合作备忘录"，拉开了对拉萨净土健康产业全国宣传的序幕。于 8 月走进科右中旗，在这里举办的活动是协会与企业合作的第一次尝试，活动形式活泼，融入了民族特色的赛马活动和体现当地羊文化的 108 道美食品鉴活动，吸引了全国各地近 30 家媒体争相报道，并邀请了农业部质量安全中心、畜牧业学会等领导就现代畜牧业发展进行了研讨。

三、不断强化对品牌农业的宣传工作

（一）《优质农产品》杂志创办一年产生较强影响力

2014 年，由协会和中国农业出版社共同主办的《优质农产品》（月刊）连续出版 12 期，始终以崇高的责任感和使命感，坚持践行服务"三农"的办刊宗旨，为优质农产品的生产者、消费者、经营者，管理者与研究者提供了接地气的媒体平台。

正如余欣荣副部长在 2014 年 11 月《优质农产品》创刊一周年座谈会上的讲话中指出的："期刊创刊时间虽短，但已在优质农产品领域具有一定影响力，围绕推进品牌农业

发展迈出了坚实的第一步，发出了最强音"。

《优质农产品》杂志通过设立各具特色的栏目，如品牌故事、特别关注、品牌案例、锵锵三人行、春华秋实等，让大家在轻松阅读中，不断提升对优质农产品的认同感。

为办好《优质农产品》杂志，杂志社注重多方面听取专家意见和建议，2014 年度内召开了两次重要的座谈会。

1. 部分全国人大代表、政协委员座谈会。2014 年 3 月 11 日下午，10 余名全国"两会"代表、委员受邀做客农业部，参加由《优质农产品》杂志社主办的"进一步加强食品品牌和农产品品牌建设座谈会"。座谈会由农业部党组成员、中纪委驻农业部纪检组组长、中国优农协会会长朱保成召集。代表、委员就加强优质农产品的品牌建设，满足吃得好吃得安全，广抒己见，发言踊跃。

来自中国优质农产品开发服务协会、中国农业出版社、中国质检出版社、中国品牌促进会等单位的有关领导，以及来自新华社、人民日报社、中央电视台、农民日报社等单位的媒体记者参加了座谈。

座谈会上，全国人大代表、政协委员刘平均、牛盾、翟虎渠、薛亮、刘身利、赵立欣、林印孙、韩真发、刘亚洲等先后发言。与会代表委员阐述了优质农产品与农业品牌建设的相互辩证关系，认为加强农业品牌建设旨在发展优质农产品，保证吃得安全；没有优质农产品，农业品牌则立不住、立不实。大家还就如何大力发展优质农产品、从源头上保证餐桌上的安全等重要话题各抒己见。

2. 杂志创刊一周年座谈会。11 月 19 日下午，在《优质农产品》杂志创刊一周年之际，来自农业领域和新闻出版界的领导和专家、学者、作者、读者代表，集体学习习近平总书记关于"三农"工作的系列重要讲话精神，并聚焦《优质农产品》办刊宗旨，广议如何提高办刊水平，为大力推进品牌农业发展和优质农产品开发服好务。农业部党组

副书记、副部长余欣荣和中国农业科学院党组书记陈萌山等领导出席了座谈会。

余欣荣副部长代表农业部祝贺《优质农产品》创刊一周年，并向一年来为期刊付出大量心血的同志们表示慰问。余欣荣副部长说，《优质农产品》的创办得到农业部党组的高度重视。韩长赋部长专门做出重要批示，在前期申办过程中，部里与相关司局也参与了协调。杂志创刊时间虽短，但已在优质农产品领域具有一定影响力，围绕推进品牌农业发展迈出了坚实的第一步，发出了强音。《优质农产品》期刊的创办，是落实中央关于确保农产品及食品质量安全、推进农业品牌建设的重要举措。余欣荣副部长还就《优质农产品》如何办出特色、办出公信力和影响力，提出四条意见：一要坚持正确的舆论导向，自觉服务于"三农"工作大局。二要顺应新媒体的发展要求，注重与新媒体的有效融合。三要贴近市场、贴近读者，创建品牌。四要不断提升采编人员素质，确保刊物质量。

座谈会由全国政协委员、中国优农协会会长朱保成和中国农业出版社党委书记、社长刘增胜共同主持。《优质农产品》杂志有关负责人汇报了《优质农产品》创刊一年来的办刊情况；来自各界的专家、作者、读者代表对杂志的品位给予高度肯定并对今后如何办好杂志提出了建议。

（二）创办《农民日报》"品牌农业周刊"

《农民日报》"品牌农业特刊"是 2013 年创办的，在吸取特刊成功创办经验的基础上，农民日报社于 2014 年将"品牌农业特刊"改版升级为"品牌农业周刊"，每周六出版，每月 3 期，每期 3 版。"品牌农业周刊"由中国优农协会和中国绿色食品协会等 8 家协会共同协办。

四、组团"走出去"参加第 79 届柏林国际绿色周

2014 年 1 月 17～26 日，协会组织中国

优质农产品展团参加了德国第 79 届柏林国际绿色周，并开展了中国优质农产品推介活动，推介我国农产品区域公用品牌与优质农产品，帮助我国企业在农业生产、贸易、服务等各领域开展全面交流并寻找合作机会。

为确保参展产品质量，协会经过甄选和考察，最终确定了中宁枸杞、盘锦大米、福州茉莉花茶、云南普洱茶等区域公用品牌与数十家单位参展，现场展示了大米、茶、枸杞、饮料、葡萄酒、卤肉制品、香肠等数十个产品，按照"弘扬中华农耕文明，展示我国现代农业成果，推广中国农业品牌，开拓农产品国际市场"的参展主题，认真设计、制作和搭建展台，通过电视专题片宣传，展示了中国优质农产品的特色，现场吸引了众多的欧洲消费者驻足观看和了解。1 月 18 日，中国展团还组织了中国优质农产品专场推介活动，通过现场预热、产品推介、文艺表演、产品展示等环节，吸引多位专业观众及国际采购商到场，参与现场品鉴互动，多家国际媒体对推介会及中国展团情况进行了采访报道。新华社等数家国内外媒体也对柏林绿色周中国展团的情况给予全面报道。中国优农协会网站、《优质农产品》杂志进行了专题报道，宣传了中国展团的参展品牌和企业，进一步推进了区域公用品牌"走出去"品牌战略的实施，提高了我国优质农产品的国际知名度和影响力。

通过"走出去"取得了四方面实效：一是推广了区域公用品牌的发展理念。在 10 天的参展活动中，中国展团利用多种方式向国外采购商、消费者介绍中国区域公用品牌发展的理念。我国各区域公用品牌凭借各地得天独厚的环境资源优势、历史悠久的品牌传承文化、丰富多样安全优质的农产品和加工品，培育自主品牌，开发加工技术及产品品类，拓展国际市场，打造了一批各具地方特色的公用品牌，为当地的经济发展做出了贡献。通过说明推广，向消费者及采购商展现了我国各地区农业生态环境建设的独特内涵，强化了对我国农耕文化的认知，形成了对参展区域公用品牌安全健康、绿色生态、优质高端的良好形象的集体认同，也突出展示了区域公用品牌建设在我国农业发展中的重要地位与突出优势。二是推介了一批优质农产品。此次活动，共组织了枸杞、大米、畜产品、茶叶、干果、饮料、果酒、葡萄酒等多个品种，10 余家企业的 50 多个产品进行展示推介，并有 9 家企业负责人随团推介，集中展示了具有中国特色的农产品。宁夏中宁县枸杞产业管理办公室、宁夏早康枸杞股份有限公司、宁夏乐杞科技生物发展有限公司、盘锦锦珠米业有限公司、锦州双双香辣园食品有限公司等负责人都亲自上阵介绍推介自己的产品，取得了很好的推介效果。三是增加了海外华人对我国农业发展的了解。在参展与推介活动期间，代表团接待了大量的海外华人，他们有的来自德国当地，有的来自法国，还有的来自捷克、希腊，既有大学的老师、学生、企业职员，也有中医医生，还有华人商店的店主，很多华人在欧洲生活了很久，回国次数不多，对我国农业发展情况不是很了解。我们通过图片展示、情况介绍等方式向他们介绍了最近几年来我国农业的发展情况、优质农产品开发的情况，并赠送他们纪念品，使他们更多地了解到祖国在各方面的成就，增加了他们的爱国热情和自豪感。四是首次利用当地媒体进行了宣传。活动期间，除了多家国内媒体如新华社、《人民日报》、《农民日报》、人民网，对展团情况特别是中国优质农产品推介会给予了集中报道外，德国当地的华人报纸——《德国华商报》、凤凰卫视欧洲台等媒体对中国参展情况也给予全面报道，柏林绿色周主办方新闻记者也对中国展馆进行了采访和报道。

五、品牌价值评价工作探索实践取得阶段性成果

中共十八大以来，中央高度重视"三农"工作和农业品牌建设。习近平总书记发表了一系列关于推进品牌建设、培育品牌的重要论述，指明了中国要走品牌发展之路的方向。

品牌价值评价工作是品牌建设的重要内容，成为当今社会关注的焦点，也受到国际社会的广泛关注。2013年8月，中国联合美国向国际标准化组织（ISO）提出了成立品牌评价标准化技术委员会的提案，得到了各成员国的高度认可，ISO批准成立了ISO/TC289并由中国承担秘书国。自2012年开始，国家质量监督检验检疫总局和中国质量标准化委员会发布了《品牌评价　品牌价值评价要求》（GB/T 29187—2012）、《品牌评价　多周期超额收益法》（GB/T 29188—2012）、《品牌价值　质量评价要求》（GB/T 31041—2014）等一系列与品牌价值评价相关的国家标准。

2014年，中国优质农产品开发服务协会牵头起草了《品牌价值评价　农产品》国家标准，于2014年年底正式发布，国家标准号为GB/T 31045—2014。《品牌价值评价　农产品》规定了农产品品牌价值评价的测算模型、测算指标、测算过程等内容的相关要求。中国优质农产品开发服务协会联合中国品牌建设促进会按照《质检总局关于开展2014年品牌价值评价工作的通知》（国质检质〔2014〕313号）要求，组织了2014年中国农业品牌价值评价工作，并于2014年12月12日，共同与中央电视台、中国资产评估协会等单位联合举行了"2014中国品牌价值评价信息发布"活动，首次发布了我国农业企业品牌价值信息和农产品区域公用品牌价值信息。

六、支持各地特色农产品展会活动

持续办好市县优质特色农产品会展活动是促进产品流通的重要手段，2014年协会继续主办和支持了各地的一批展会。

1. 中国云南普洱茶国际博览交易会。2014年5月9日，第九届中国云南普洱茶国际博览交易会于云南昆明开幕，博览会由云南省人民政府主办，协会作为支持单位协助云南省政府提升普洱茶和云南咖啡的影响力，促进云南省茶产业和咖啡产业的快速发展，协会执行副会长黄竞仪出席了博览会并在开幕式上致辞。

茶博会举办了茶产品和茶文化展示、云南茶叶（咖啡）产销对接会、联谊茶晚会、滇晋茶叶产销对接会等丰富活动，共计300多家普洱茶、咖啡企业携上千种茶产品参加博览会。作为我国西部最大的茶业专业展会，云南省举办的茶博会已经成为云茶展洽、交易和合作的平台，成为塑造云茶品牌形象、提高云茶知名度和影响力、扩大云茶外销渠道的重要途径。

2. 2014哈尔滨世界农业博览会。2014哈尔滨世界农业博览会于2014年9月11～14日在哈尔滨国际会展体育中心隆重举办，协会副会长蒋亚彤、张芝元出席了开幕式。由哈尔滨市人民政府、中国优质农产品开发服务协会联合主办，科隆展览（中国）有限公司、华鸿集团、哈尔滨冰城展览有限公司承办。展会总展览面积为5.5万米^2，总参展企业近1 200户。境外国家（地区）展团和中外品牌企业、市内和省内各地企业、外省市展团和企业各占1/3，成为农业和食品领域的国内大型经贸盛会。展会共接待专业洽谈人士4 500余人次，普通观众8万余人次，现场销售火爆，零售额6 000余万元。其中，海外参展产品60％售罄，冰地玉米油、哈大红肠等地产名优产品供不应求。协会组织了20余家优质农产品企业组成优质农产品展团参加了展会。

此外，展会共举办农超对接、荷兰牧业对接、哈尔滨绿色食品（产品）产销对接及粮食合作、台湾农产品合作等经贸投资洽谈活动30余场次，达成一批中外项目合作协议。其中，德国莱茵为参展企业提供产品认证服务近50家，西班牙里奥哈产区在展会期间接洽酒店餐厅及葡萄酒经销商近百家，达成一批采购意向。农超对接签订协议11项，金额3.2亿元，东方航空购销协议8项，年供货金额超7 000万元。福建华昌集团在哈建厂、建设香坊粮食批发市场及与五常金福米业建设绿色农产品基地等项目已分别落地和深入推进落实。

3. 盘锦大米河蟹（北京）交易会。2014年9月28日～10月2日，2014盘锦大米河蟹（北京）展销会在全国农业展览馆隆重举行，展会秉承"企业承办、协会服务、政府支持"的理念和节俭办会的原则，由中国优质农产品开发服务协会、辽宁省农村经济委员会、辽宁省海洋与渔业厅、盘锦市人民政府联合主办，盘锦中国食品城承办。展会展出了盘锦大米、盘锦河蟹以及碱地柿子等特色农产品，共100多个系列、400多种包装样式，是继2013盘锦大米河蟹（北京）展销会之后，再次向北京市民和国内外各界人士隆重推介盘锦特色农产品。

展会吸引了几百名客商云集北京，北京市民参观人数达数万人。展会于9月28日上午举行开幕式，参加开幕式的有全国各地大米、河蟹经销商和代理商，社会各界人士，有关专家学者和中央电视台、北京电视台、《辽宁日报》等30多家媒体记者。9月28日下午，同时举行了购销双方签约仪式，其中有盘锦的22家大米、河蟹企业与国内外24家企业正式签订购销合作协议，现场实现大米交易量12万吨、河蟹交易量7 000吨，成交额达22亿元。

4. 2014中国茶叶博览会。2014年10月31日～11月2日，由农业部优质农产品开发服务中心、中国优质农产品开发服务协会、中国农业科学院茶叶研究所、中国茶叶学会、海峡两岸茶叶交流协会、山东省农业厅、济南市人民政府联合主办的2014中国茶叶博览会在济南高新国际会展中心开幕。朱保成会长出席了开幕式。

5. 第八届全国名优果品交易会。第八届全国名优果品交易会于2014年12月12～15日在杭州和平国际会展中心举办。本届果交会是经农业部批准举办的唯一一个水果专业展会，由农业部优质农产品开发服务中心联合浙江省农业厅共同主办，中国优质农产品开发服务协会、中国农产品市场协会支持，世界村健康产业集团和永辉超市股份有限公司、北京国食源农业科技发展有限公司协办。

展会的主题是"优质、特色、品牌"，宗旨是"展示成果、促进交易、培育品牌"。本届展会重点面向果品优势产区一线生产基地招展，注重区域地理优势，强化基地标准生产；面向参展单位开展"优质果园"认定，立足基地建设，突出质量控制；重点加强采购客商邀请，组织开展供需洽谈，着力促进产销衔接。

展会布展面积1.5万平方米，有来自全国22个水果主产省份152个县（市、区）的248家企业、360多种名特优新果品参展。通过果品会这个平台，为果品生产者和采购商搭建一个产销衔接的桥梁，方便供需双方交流洽谈，签订果品采购合同和合作协议的同时，引领果品生产者明辨市场动向，加速推进我国果品生产转型升级，更好地满足消费者吃得好吃得安全的需求，提高我国优质果品的市场影响力和国际竞争力。

七、规范开展认定工作

按照《中国优质农产品示范基地管理暂行办法》，2014年度认定了湖北武当道茶、内蒙古圣羊、拉萨净土等5个"中国优质农产品示范基地"。按照《关于开展"优质茶园"认定的通知》（中优协秘〔2014〕号）的程序和要求，认定了33个"优质茶园"。按照《关于开展"优质果园"认定的通知》（中优协秘〔2014〕号）的程序和要求，认定了23个"优质果园"。

八、专业性分会建设取得突破、分支机构壮大力量

2013年年中，协会领导提出了以发展分会为重点的分支机构建设工作思路。宁夏回族自治区中宁县提出设立枸杞产业分会，四川省蒲江县和联想佳沃集团提出设立猕猴桃产业分会，盘锦市提出设立优质稻米产业分会的想法。2013年6月25日，召开协会五届四次常务理事会审议同意设立枸杞产业分会和猕猴桃产业分会的议案。2013年8月，张华荣副会长、黄竞仪执行副会长等协会领导向民政部民间组织管理局有关负责人沟通了相关情况。2014年2月，民政部下发了《关于贯彻落实国务院取消全国性社会团体分支机构、代表机构登记行政审批项目的决定有关问题的通知》（民发〔2014〕38号），吉林省农委等提出设立农产品加工业分会和特色产业分会，宁夏回族自治区吴忠市提出设立清真食品产业分会的想法。

1. 成立了枸杞产业分会。6月18日，中国优质农产品开发服务协会枸杞产业分会成立大会暨分会会员大会在宁夏回族自治区中宁县召开。协会副会长兼秘书长王春波宣读了协会关于成立枸杞产业分会的决定；按程序以无记名投票方式选举张华荣为分会会长，宁夏回族自治区农牧厅副厅长王凌、林业厅副厅长平学智、中宁县委书记陈建华、新疆维吾尔自治区精河县委常委院柱、河北省巨鹿县人大副主任李步信、青海省诺木洪农场场长党永忠、内蒙古自治区巴彦淖尔市乌拉特前旗枸杞协会会长王亮为分会副会长；选举陈建华为秘书长，岳春利、陆友龙、武文诣等为副秘书长。宁夏回族自治区民间组织管理局局长马希林出席会议并讲话，王春波代表协会讲话，会议由王凌副厅长主持。

张华荣当选分会会长后讲话，他表示，协会是我国从事优质农产品开发服务工作唯一的全国性一级协会，枸杞产业分会是协会设立的第一个分会，今后在优农协会的领导和支持下，将按照"打造一流分会，创造一流业绩"的工作目标，抓住机遇，振奋精神，紧紧团结和依靠会员，加强自身建设，不断开拓创新，推动我国枸杞产业发展。

来自枸杞主产区宁夏、青海、新疆、甘肃、内蒙古、河北等省、自治区的75位会员及代表参加了成立大会和分会一届一次会员大会。6月19日上午，分会揭牌仪式在宁夏中宁国际枸杞交易中心举行。宁夏回族自治区政协副主席张乐琴和农业部巡视组组长、中国优农协会副会长兼秘书长王春波共同为枸杞产业分会揭牌，张华荣在揭牌仪式上致辞。

2. 设立了品牌产品防伪、保真技术委员会。北京开乐开防伪技术有限公司针对目前我国市场"假货"泛滥的现象，为了解决产品"保证是真品"的问题，与中国联通研发了"保真平台"，并获得了国家专利。协会五届七次常务理事会审议认为，保真平台是一个新事物，属于创新的手段，协会将这种技术引进吸纳进来，为品牌保护服务提供有力技术支撑，将有效增加协会影响力和实力，决定设立品牌产品防伪、保真技术委员会，技术委员会负责人为王建中，秘书长为李玉安，首席专家刘为民。

3. 筹备设立农产品加工业分会。2014年11月5日，朱保成会长在中国农业科学院党组书记陈萌山、农业部农产品加工局局长宗锦耀等领导的陪同下，莅临中国农业科学院农产品加工研究所调研。2014年11月中旬，加工研究所领导与协会副会长王春波、黄竞仪等领导进行多次会晤磋商，农产品加工业分会的主要发起单位变更为农产品加工所。吉林省农委参与分会的筹备。农产品加工所起草了《关于成立中国优质农产品开发服务协会农

产品加工业分会的函》《中国优质农产品开发服务协会农产品加工业分会成立方案》。

11 月下旬，农产品加工所相关领导前往中国农业科学院、农业部农产品加工局、协会汇报中国优农协会农产品加工业分会申报情况，递交成立分会相关文件。经协会五届七次常务理事会审议，正式批准同意由中国农业科学院农产品加工研究所发起成立中国优质农产品开发服务协会农产品加工业分会，分会秘书处设立在中国农业科学院农产品加工所。

12 月 17 日，协会正式印发《关于征集中国优质农产品开发服务协会农产品加工业分会会员的函》（中优协秘函〔2014〕65号），正式征集会员并筹备于 2015 年 3 月 2日召开分会成立大会。

九、会员队伍不断壮大

随着协会各项工作的开展，协会的社会影响力不断壮大，一批具有优质特色农产品生产基地的农业生产企业和专业合作社等加入协会。2014 年度，协会分 2 批，吸纳会员214 名。截止到 2014 年 12 月 31 日，协会共有会员 884 个，其中单位会员 856 个、个人会员 28 个。

十、以社会组织评估为契机，不断提高协会的管理水平

围绕争取晋级 4A 以上协会工作目标，

规范管理，完善制度，规范运作，提升水平。

（一）健全完善各项规章制度

协会 2014 年修订了《财务管理办法》，制定了《会员管理暂行办法》《财务审批实施细则》《关于进一步增加收入的试行办法》《优质农产品杂志经营管理制度（试行）》《优质农产品杂志日常工作制度（试行）》等一批规章制度。

（二）会长办公会、常务理事会和理事会民主议事

按照协会《章程》的规定，2014 年度，协会召开理事会 1 次、常务理事会 3 次，就协会《章程》规定的有关事项进行审议。

推进理事会确定的协会年度重点工作，协会注重召开会长办公会进行谋划和集思广益。2014 年度，协会共召开 9 次会长办公会。

（三）组织参加社会组织评估，提升协会管理水平

按照协会年初确定的"保 3A，争 4A"的工作目标，根据民政部的通知安排，协会申请参加了"社会组织评估"。秘书处彻底清理和整理了协会自成立以来的所有保存的档案、文件，归纳分类建立档案 53 卷。制作了共 418 页的《申报材料》。在 2014 年参评的所有全国性行业协会商会，第三家上报了申报材料。通过参加社会组织评估，协会更加注重完善制度，科学管理，提升水平。

（中国优质农产品开发服务协会）

地区巡礼

- 山西省品牌农业发展概况
- 江苏省品牌农业发展概况
- 江西省品牌农业发展概况
- 湖北省品牌农业发展概况
- 广东省品牌农业发展概况
- 海南省品牌农业发展概况
- 贵州省品牌农业发展概况
- 云南省品牌农业发展概况
- 宁夏回族自治区品牌农业发展概况
- 吉林省优质大米发展概况
- 浙江省水产行业品牌发展概况
- 福建省水产行业品牌发展概况
- 山东省水产行业品牌发展概况

山西省品牌农业发展概况

【基本情况】　山西省是特色农产品资源大省，发展"三品一标"有着较大的区位优势和资源优势。近年来，山西以"三品一标"为抓手，着力推进农业标准化、品牌化、产业化建设，通过抓认证，强监管，创品牌，取得了产业发展和质量安全"双赢"的效果。

山西省委、省政府在指导农业工作上明确要求，要依托资源优势，以"三品一标"为抓手，推动全省特色现代农业的发展。省政府专门制定出台了加快"三品一标"发展的意见，将"三品一标"列入农业农村工作的重要内容，作为各类展会参展的准入门槛、申报农业产业化龙头企业的先决条件，以及项目立项、建设、验收的基本条件和重要指标。同时，加大资金投入，保障工作经费，80%的地市和30%的县实施了认证补贴政策，每年直接投入"三品一标"资金达4 500万元，以鼓励龙头企业、农民合作社等生产经营组织申报无公害农产品、绿色食品和有机食品认证，鼓励具有地域特色和文化传统的农产品申报地理标志登记。

截止到2014年，山西省获得无公害认证企业553家，认证产品1 336个；农产品地理标志登记保护90个；绿色食品有效用标企业63家，有效用标产品147个。

【主要措施】　山西省发展"三品一标"实行严格的准入和科学把关制度，专门制定了《"三品"认证管理规范》，全面落实了"三品"认证审核责任制，严格材料审核和现场检查，要求认证企业做到产品有标准、环境有监测、生产有记录、管理有制度、内部有监管，对条件不具备、制度不完善、质量不稳定、管理有隐患的实行一票否决，并坚持从资源普查中筛选、专家预评中确定的原则，分级申报，严格登记地标产品，确保认证产品真正经得起检验。

另外，该省对"三品一标"的质量安全实行严格的监管，每年都组织开展一次专项检查、四次例行监测和不定期用标督查，及时查处产品质量不达标、伪造冒用标志、超期超范围用标等行为。同时，严格实行认证企业年检制度，将企业用标、投入品管理使用、生产档案、规程制度落实、产品质量等作为年检重要指标，对年检不合格的企业，责令限期整改。对存在质量风险或抽检不合格的企业和产品，暂停用标，限期整改，整改不合格的收回证书并公告退出。

（山西省农业厅）

江苏省品牌农业发展概况

【基本情况】　培植发展品牌农业，是江苏现代农业建设的一大特色。近年来，江苏省在发展现代农业过程中，坚持把品牌创建作为增强农产品竞争力、提高农业效益的重要抓手，以"扩大品牌总量、提升品牌质量"为主线，大力实施农产品品牌战略，培育形成了一大批产品质量优、竞争实力强、市场知名度高的品牌农产品，农产品品牌价值不断提升，品牌农业占农业经济总量的比例明显提高，不少名牌农产品走向世界，江苏正以全新的姿态向建设品牌农业强省迈进。

截止到2014年年底，全省有无公害农产品、绿色食品、有机农产品1.7万个，农产品地理标志产品34个，江苏名牌农副产品200多个，品牌农产品种类基本覆盖了所有农业产业领域，取得了显著的经济和社会效益。

【主要产品】　江苏大米。"无锡米市"历史悠久，"淮安大米"声名鹊起，"江苏大米"享誉全国。全省水稻种植面积226.7万公顷，每年总产190多亿千克，涌现出"农垦米业""双兔米业"等一批优质稻米加工与营销的国家级龙头企业，全省100多个优质稻米品牌通过无公害、绿色、有机和名牌产品认证，形成了"苏垦""淮上珠""远望富硒米"等一批品牌产品。

名茶荟萃。江苏丘陵起伏、气候湿润，独特的自然条件形成了茶叶良好的生长环境。全省茶园面积51万亩，名特茶产量占34%、产值占74%。苏州洞庭碧螺春是与西湖龙井、云南普洱、安溪铁观音齐名的历史名茶；溧阳白茶满身白毫、如银似雪、清淡回甘；南京雨花茶外形圆绿、锋苗挺秀、犹如松针，是中国茶叶"三针"之一；金坛雀舌、太湖翠竹、茅山长青、阳羡雪芽等品牌也以香气馥郁、滋味醇厚，名扬海内外。

特色果蔬。江苏属亚热带和暖温带地区，温润的气候适宜众多蔬菜、水果种植。全省年蔬菜种植面积2 000多万亩，果园面积330多万亩，特色蔬菜、果品品种繁多、琳琅满目。南京芦蒿、兴化香葱、靖江芋头、溧阳白芹等传统特色蔬菜在全国广受欢迎，丰县牛蒡、邳州大蒜、赣榆芦笋远销东南亚。无锡"阳山"水蜜桃果色艳丽、香气浓郁、口味甘醇；东台西瓜甜透大江南北；丰县大沙河红富士苹果，以优异的品质和无公害栽培蝉联多届部优称号；"张小虎"等品牌葡萄个大味美、十分畅销。

优质畜禽。畜牧业是江苏的传统产业，全省年出栏生猪3 000多万头，家禽8亿羽，肉类总产380多万吨。高邮鸭蛋"一蛋双黄、天下无双"，培育出"红太阳""秦邮"等一批知名品牌；南京盐水鸭、仪征凤鹅等特色家禽加工独领风骚；海安禽蛋畅销国内外市场，上海每消费两只鸡蛋就有一只来自海安；沛县肉鸭叫响大江南北，形成集苗鸭孵化、肉鸭规模养殖以及饲料、羽绒加工一体的肉鸭生产体系。

螃蟹龙虾。江苏滨江临海、湖荡众多，水面资源丰富，渔业生产历史悠久。全省水产养殖面积1 100万亩，年水产总量510万吨，渔业总产值1 300多亿元。阳澄湖大闸蟹、固城湖螃蟹、兴化红膏蟹、洪泽湖螃蟹等以其品质上乘、口味鲜美享誉海内外，市场效应日益扩大，螃蟹年产值超过200亿元。"盱眙龙虾甲天下"，中国·盱眙国际龙虾节已连续举办十四届，把名不见经传的龙虾做得红遍中华、名扬海外。

【主要措施】 近年来，江苏把实施农业品牌战略贯穿于现代农业发展的全过程，科学制定农业品牌发展规划，突出关键环节，落实政策措施，全面提升农产品质量，积极培育农产品品牌，推动传统农业向现代农业加快转变。

（一）以质量创品牌，夯实农业品牌发展基础

质量是品牌的生命。江苏坚持量质并举、以质塑牌，按照"政府推动、市场引导、企业带动、农民实施"的要求，以农产品生产企业、农业龙头企业、农民专业合作组织等为主体，加大农业标准的示范、推广和培训力度，引导农产品生产者和经营者按标准生产、加工和销售。积极推进农业标准化示范区建设，提高农业标准实施水平，制订修订省级农业地方标准1 905项，创建国家级农业标准化实施示范县17个，建成绿色食品原料标准化基地1 300万亩，"三品"基地占耕地面积比重达到80%以上，农产品定期抽检合格率多年保持较高水平。

（二）以科技塑品牌，注重品牌农产品自主知识产权

科技含量是品牌实力的集中体现。拥有知名品牌的农业龙头企业十分重视产品的科技创新，加大科技投入，加强产学研联合，通过引进新品种、运用新技术、开发新产品，不断提高生产工艺和装备水平，增强农产品品牌的生机和活力。作为我国食品行业首家同时拥有"国家级重点实验室""博士后工作站"和"院士工作站"的肉品企业，雨润食品集团年均科研投入高达3亿元，雨润冷鲜肉以其低温鲜活、独特口感等领跑肉制品市场。

（三）以整合强品牌，培育农产品区域公共品牌

根据区域定位、历史文化及品牌现状，选择具有较好品牌基础、较强产业实力的产品进行整合，提升品牌实力。对传统品牌，进一步保护、挖掘和提高，通过申报农产品地理标志、集体证明商标等与国际接轨的手段整合资源，提高品牌效应。对新兴品牌，充分利用质量、科技、形象等优势，借助现代营销等手段，增强市场竞争力。对区域性、同质性的优势产品，按照"政府主导、协会运作、企业参与"的原则，引导生产主体联合打造农产品区域公共品牌，扩大品牌农产品规模，提升市场美誉度。经过努力，江苏淮安黑猪、兴化大青虾、沛县狗肉、邳州大蒜等一批农产品区域公共品牌展现了较高的市场竞争力。

（四）以营销促品牌，提高农业品牌知名度

积极组织品牌农产品生产企业参加中国国际农产品交易会、江苏农业国际合作洽谈会、江苏名特优农产品上海交易会等国内展示展销活动，并组织赴美国、法国、日本、迪拜等开展营销推介，提高江苏品牌农产品在国际市场的知名度和影响力。发挥《走进新农村》电视栏目、江苏优质农产品营销网媒体优势，专题展示宣传江苏农产品品牌。在上海西郊国际农产品展销中心设立江苏名优农产品展销馆，为江苏品牌农产品在上海销售、展示搭建常态化平台。

（原载于《农民日报》2014年12月13日）

江西省品牌农业发展概况

【基本情况】 江西山清水秀，森林覆盖率居全国第二位。良好的生态环境条件，是江西最响亮的品牌，是江西最宝贵的财富，更是发展"绿色生态农业"的得天独厚优势。

为紧紧抓住这一优势，在2009年，江西省便将绿色食品产业列入十大战略性新兴产业予以重点发展。着力培育原料生产、产品加工、市场流通、良种繁育、绿色投入品等绿色食品产业体系。围绕具有较好发展基础的绿色水稻、绿色生猪、绿色家禽等八大优势特色产业，进一步优化区域布局，推进绿色农业产业化规模生产、提升品牌竞争力。

截止到2014年12月15日，江西全省"三品一标"产品总数2 416个（其中无公害农产品1 401个、绿色食品527个、有机食品423个、农产品地理标志65个），全年"三品一标"产品净增316个，到期应复查换证830个，已复查换证524个，总换证率63%；新创建全国有机农业（德兴红花茶油）示范基地1个，种植面积3.8万亩；完成全国绿色食品原料标准化生产基地续展4个。

【政策措施】 为抓住绿色农业"发展"这个硬道理，最近，江西省以实施农业标准化战略为主线，以提升农产品质量安全水平为目标，以发展绿色生态高效农业为抓手，大力发展绿色有机农产品，并出台了一系列政策和措施。

2014年，该省首次以文件形式把"三品一标"作为农业项目申报条件，将获得"三品一标"认证产品作为申报农业产业化省级龙头企业、农民合作社省级示范社的必备条件，并在安排农业项目、资金时给予优先扶持。

同年，江西省省政府首次将农产品质量安全纳入科学发展观考核要求，要求各设区市和省直管试点县（市）切实加强农产品质量安全监管，并完成"三品一标"考核目标。省农业厅也将"三品一标"列为对各设区市农业部门的考核指标，并作为年度评先评优条件之一。

在江西省农产品质量安全监管局的协调下，省财政安排"三品一标"农产品认证和证后监管经费170万元，用于对"三品一标"新获证企业的补助和"三品一标"证后监管。

此外，江西省农业厅在农业产业化资金

中安排 70 万元奖励资金和 30 万元展示展销经费，分别用于对新获得"三品一标"的省级农业产业化龙头企业的奖励和组织参加绿色、有机食品专业博览会……也正是有以上诸多政策和措施，从而保障了江西绿色有机农业平稳发展。

【队伍建设】 为切实加强"三品一标"技术体系建设，充分发挥专家在"三品一标"工作中的作用，提高"三品一标"的公信力。由江西省农业厅主导，成立于 2010 年的江西省绿色食品发展中心，在 2014 年迅速组建了种植业组、畜牧业组、渔业组、综合组等 4 个专业组共 101 人的"三品一标"专家库。同时，组织制定了《江西省"三品一标"专家库管理办法》。当年便组织"三品一标"专家评审会 5 次，评审无公害农产品产地 519 个，初审绿色食品材料 40 个。

仅 2014 年，该中心先后举办无公害农产品检查员培训班 4 期，共培训 1 455 人次。其中培训省市县工作机构检查员、监管员 307 人，无公害企业内检员 985 人、绿色食品企业内检员 166 人；注册无公害检查员 219 人，换证 16 人，再注册有机食品检查员 7 人。

为了能使江西的绿色食品养在深山有人知，该中心还在树品牌、立形象上下功夫，先后组织了 20 家"三品一标"产品企业，参加了中国国际有机食品博览会、中国绿色食品博览会、2014 内蒙古（扎兰屯）第七届绿色食品交易会等专业展会，有 20 多个产品获博览会金奖和优秀产品奖。

在 2014 年 11 月召开的第三届世界低碳生态经济大会暨第七届中国绿色食品博览会上，江西组织了一批"三品一标"农产品参展。集中展示了井冈红米、广昌白莲、南丰蜜桔等 28 个地理标志农产品，使江西的绿色水稻、绿色蔬菜、绿色水果、绿色茶叶、绿色中药材、绿色生猪、绿色家禽、绿色水产等八大绿色农业产业在国际舞台上得到了充分亮相。为江西的绿色农业产业立足江西、

走向世界，起到积极推动作用。该中心也因此被业界称为"最具服务型的队伍"。

（江西省农业厅）

湖北省品牌农业发展概况

【基本情况】 近年来，湖北省委、省政府高度重视农产品品牌建设，提出让全国人民"喝长江水、吃湖北粮、品荆楚味"的目标，坚持以市场为导向，以优质特色农业板块为基础，大力发展农产品加工，以产业育品牌，以品牌拓市场。

在农产品生产上，按照"种植业建板块、畜牧业建小区、水产业建片带"的发展方针，大力发展现代农业板块，省级财政共投入板块专项资金 9 亿元，吸引 100 亿元社会资金参与农业板块建设。形成了优质稻、蔬菜、水产、桑茶药、油菜、水果、棉花等板块，基地覆盖率达到了 45%。通过板块基地建设，带动了农业规模化、专业化、标准化、产业化。组织开展标准化示范区建设，健全生产全程控制和质量安全追溯体系，建立"三品一标"认证动态管理机制，提高农产品质量安全水平。

在农产品加工上，2009 年省委、省政府实施了农产品加工"四个一批"工程（在全省形成一批在全国同行业有竞争力的农产品加工龙头企业、一批在全国有影响的知名品牌、一批销售收入过 50 亿元的农产品加工园区、一批农产品加工销售收入过 100 亿元的县市），5 年来全省农产品加工业实现了超常规、突破性、跨越式发展。2013 年全省农产品加工业主营业务收入达到 10 573 亿元，由全国第 10 位跃升到第 5 位；农产品加工业产值与农业产值之比由 2008 年的 0.98：1 提升到 2.2：1，超过全国平均水平。

在农产品营销上，举行武汉农业博览会，着力构建农产品产销对接的平台和市民认知农业品牌的展台。2013 年，湖北省人民政府

首次与农业部联合主办第11届中国国际农交会。在香港举办了"喝长江水、吃湖北粮、品荆楚味"美食名茶推介会等系列活动。重点围绕油菜产业和茶产业品牌推广，组织了"湖北菜籽油品牌推广高峰论坛及鄂产菜籽油推广月"活动和重走"万里茶道"走进北京、俄罗斯等活动，各大媒体均进行了专题报道，引起了较大反响和广泛关注。

在品牌管理上，整合水产、油菜、茶叶等优势特色农业产业资源要素，走抱团发展、联合闯市场之路。根据李鸿忠书记发展湖北水产"一鱼一虾一蟹"品牌的指示精神，组建了省级专业协会，创建三大公共品牌，开展媒体强势宣传，成功打造了"楚江红"小龙虾、"梁子"牌梁子湖大河蟹和"洪湖渔家"生态鱼三艘水产品品牌航母。组建湖北油菜籽产业化战略联盟，打响"双低"菜籽油品牌。

湖北农业品牌建设取得了明显成效。截止到2014年11月底，全省有效使用无公害农产品、绿色食品、有机食品和地理标志农产品企业达1 935家，品牌总数达到4 312个，总产量达到1 895万吨，总产值达658亿元，总量规模位居全国前列。据不完全统计，全省农产品加工业获"中国驰名商标"75件，占全省工业类总数的46%，成为全省知名品牌最集中的行业。武当道茶、随州泡泡青、宜昌蜜桔、秭归脐橙等农产品地理标志品牌入选中国著名区域公用品牌"百强"。

【建设思路和措施】 强化品牌培育和依托品牌来提升农业市场竞争力、带动农业产业化转型升级，已经成为传统农业向现代农业转换中普遍实施的一个重要方略，也是湖北由农业大省向农业强省跨越的必由之路。要把品牌农业建设作为推进现代农业的重要抓手，坚持"企业为主、政府推动、社会参与、促进有力"的原则，切实加强品牌建设统筹规划，加快完善激励机制，推动优化政策环境，让全国人民"喝长江水、吃湖北粮、品荆楚味"。

第一，科学规划品牌发展。按照"集中力量、整合资源、强化培育、扶优扶强"的思路，根据各地资源优势和产业发展状况，统筹谋划，分层推进，确定不同层次发展目标，打造各具特色的规模化品牌农业基地和优势产业带，构建省级品牌、区域品牌、行业品牌、企业品牌、产品品牌的多层次品牌发展体系。

第二，充分挖掘农业资源。一是农业自然资源。依托优势农产品产业带发展主导产业，培育区域公用品牌，从而形成具有竞争力的品牌集群。重点培育一些发展潜力明显、生产数量较大的特色农产品。如武汉的洪山菜苔、蔡甸莲藕、三峡的脐橙、荆州的麻鸭、恩施的土猪等。开发好恩施"中国硒都"、汉江平原"富硒粮都"资源，打造富硒农产品加工品牌。二是农业品牌资源。湖北的宜红工夫茶、"川"字牌湖北青砖茶在国内外知名度高、口碑很好。羊楼洞青砖茶是中国黑茶四大代表之一，远销内蒙古、欧洲和中亚，自古以来就是边疆少数民族人民的生活必需品。汉口曾被誉为"东方茶港"，鼎盛时期汉口茶叶贸易占整个中英贸易的九成以上。这些是湖北茶产业的重要财富，蕴含着巨大的品牌价值。

第三，大力推进农业标准化。健全完善农业标准体系，组织开展"三园两场"（标准化的果园、菜园、茶园和标准化畜禽养殖场、水产健康养殖场）标准化示范区建设。加强对"三品一标"农产品生产企业证后监管，实行认证产品淘汰和曝光机制。大力推行产地标识管理、产品条形码制度，做到质量有标准、过程有规范、销售有标志、市场有监测，打牢农产品品牌发展的基础。

第四，壮大品牌建设主体。龙头企业、农民专业合作组织和农业行业协会是农业品牌经营的主体和核心。培育、扶持有较强开发加工能力和市场拓展能力的龙头企业，围绕优势主导产业，建立农民专业合作社，发展"龙头企业＋合作社＋基地"模式，引导企业与农户之间建立更加稳定的产销合同和服务契约，实现小生产与大市场的有效对接。从土地流转、基地建设、技术指导、资金资助、市场推介等方面给予支持，充分调动企业和生产经营者创建品牌的积极性。鼓励农民专业合作社按产业链和品牌组建联合社，着力打造一批品牌农业经营强社。引导、支持农业生产经营主体进行农产品商标注册和中国驰名商标申报。

第五，唱响"荆楚味"品牌。通过参加农交会、博览会、招商会等活动，利用各大媒体，推介品牌、宣传品牌，扩大名牌农产品知名度。注重挖掘品牌文化内涵，根据农产品品牌的历史、地理、传统、风俗等文化特色寻找品牌传统文化与现代文化的结合点，讲好品牌故事。

第六，加强品牌保护和监管。探索建立农产品品牌目录制度，将最有影响力的品牌纳入目录定期发布，动态管理，完善、规范和强化对农产品品牌的推介、评选、推优等活动，鼓励农产品企业做好质量、做大品牌。重点研究农产品品牌征集、审核推荐、品牌评价，以及品牌培育和保护制度。加强行业协会建设和管理，发挥其在制定品牌发展规划、建立品牌标准体系、开展技术服务、组织品牌营销和加强品牌管理等方面的重要作用。

（湖北省农业厅）

广东省品牌农业发展概况

【基本情况】 民以食为天，食以安为先。随着经济、社会的快速发展，广大民众的追求正发生深刻变化，在期望安居乐业的同时，更将追求"舌尖上的幸福"作为新的渴望。名牌代表品质，名牌彰显特色，名牌引领消费，2014年，广东省启动了十大名牌系列农产品评选推介活动，旨在打造一批承载岭南文化、体现广东特色、展现现代农业科技成果、受到广大百姓信赖赞誉的农产品。从广东省名牌产品（农业类）中优中选优，评选推介"米、猪、鸡、鸭、鹅、菜、果、茶、鱼、虾"十大名牌系列农产品，立足于农业名牌，打造舌尖上的幸福。

【主要成效】

（一）好中选优，评选出首届50个十大名牌系列农产品

广东省十大名牌系列农产品评选推介活动坚持科学、公正、公平、公开的原则，经过地市审核推荐、专家专业组评价、市场满意度调查、社会公众推选、专家委员会推选、评选委员会审定等6个环节，广聚民意，层层把关，共评选出首届广东省十大名牌系列农产品50个，分别命名为广东名米、广东名猪、广东名鸡、广东名鸭、广东名鹅、广东名果、广东名茶、广东名菜、广东名鱼和广东名虾。

以清远鸡、狮头鹅、安康猪肉等为代表的"广东名牌"，不仅享誉南粤千家万户，而且驰名全国，已成为展现广东农业生产、加工技术水平、质量管理水平和品牌创建实力的优秀典范。

（二）宣传有力，新闻媒体持续高度关注

广东省十大名牌系列农产品评选推介活动更深刻的内涵在于，通过评选推介活动，借助和发挥各种新闻传媒网络的力量，全方位、多角度、广视角地加大宣传力度，提高全社会对农业品牌的认识，引导消费者关注农业名牌，信赖农业品牌。

此次评选推介活动，广东广播电视台全程跟踪，推出了3期新闻报道、10期系列报道、18期专题报道，分别在广东卫视和珠江频道《珠江新闻眼》栏目黄金时段播出；南方生活广播推出12期"吃在广东 农产品明星汇"专题访谈节目；《南方日报》专版专题报道10余次；南方网上线推介"选名牌农产

品,看南粤农业品牌建设"的宣传专栏;农产品市场周刊跟踪报道23篇(3篇封面报导)。此外,人民网、新华网、中国新闻网、凤凰网、新浪、网易、搜狐等主流网络媒体也深入报道100余次,形成了广泛的宣传和推广效应。

(三)全面参与,政府、企业、民众、专家、媒体共同推动

为扩大评选推介活动的影响力,提高广大民众参与活动的积极性,评选活动采取展销推介、论坛推介的形式,在全省分片区组织开展了五场现场推介会,以及一场十大名牌系列农产品现场品鉴会。六场活动共有全省21个地市积极动员,300多家企业主动对接,2 400多位民众到场热捧,60多位行业专家献计献策,200多名媒体代表热情参与,形成了政府搭台、企业唱戏、民众捧场、专家护航、媒体造势的良好宣传效应。

与此同时,评选推介活动还开辟了网络渠道,在广东省名牌产品(农业类)网上增设"广东省十大名牌系列农产品评选推介活动"专栏,通过设立官方微信、官方微博,开展网络推荐、网络投票等形式,让企业和民众有更多渠道参与到活动当中。此次评选推介活动,网站点击率超100万次,官方微信、微博阅读量达到50多万次,官方微信关注人数1.28万,网络推荐、投票26万余次。网络宣传推介与传统的宣传推介手段相呼应,更加有力地提升了活动的宣传力度。

【主要做法】

(一)各级领导高度重视,组织有序

农业部高度重视广东十大名牌系列农产品评选推介活动,张合成司长亲自莅临清远片区推介会观摩指导,在赞扬广东省品牌化建设走在全国前列的同时,也对广东推动农产品品牌化发展提出了新要求。广东省委、省政府主要领导也对评选推介活动作出重要指示,要求注重品牌带动和名牌战略,抓好广东名牌农产品建设,增强广东农产品的影响力和竞争力,提高农产品的附加值。广东省农业厅还联合省科技厅、林业厅、海洋与渔业局、质监局、食品药品监管局、社科院、南方报业传媒集团、广东广播电视台等8个单位共同成立广东省十大名牌系列农产品评选委员会,省农业厅厅长郑伟仪担任委员会主任,各相关厅局副厅(局)长担任副主任。整个评选推介活动过程中,评选委员会多次召开会议,听取活动最新进展情况,研究部署下一步工作,形成合力扎实推进活动健康有序发展。

(二)投入力度大,提供有力经费保障

广东积极统筹涉农资金,2014年安排了900万元用于十大名牌系列农产品评选推介活动。其中75万元用于支持五场片区推介会主办地市开展工作,其余资金通过认真研究部署,集中资金、突出重点,分条块用于媒体宣传、节目制作、活动组织、网络宣传、申报评审系统研发等环节,保障了活动顺利有序开展。

(三)知名顾问、专家担纲,确保活动的科学性、权威性

评选活动积极组织动员,诚邀中国工程院林浩然院士,欧洲科学院、国际食品科学院孙大文院士,以及其他5位国家级、省级产业技术体系首席科学家担任顾问,并邀请45位行业知名专家担任评选专家,科学严谨把关申报材料评审、实物品鉴、实地考察、会商讨论等环节,为每一个参评产品给出最客观、公正的评价,确保了活动的科学性、权威性。

(四)借力第五届广东省现代农业博览会,高起点向社会推荐

在2014年11月14日举办的第五届广东省现代农业博览会开幕式上,现场揭晓首届广东省十大名牌系列农产品评选推介活动评选出的"清远鸡"等50个名牌农产品,电视台、报纸、网络全程跟踪报道,农业品牌以高起点、高姿态走进社会公众的视野,成为

引领农业品牌发展的排头兵。开幕式上，广东省政府副省长邓海光亲自为50家企业代表授牌，充分彰显了政府部门加快农业品牌建设的态度与决心。

广东省十大名牌系列农产品评选推介活动，是广东省实施名牌带动战略十二载历程上的一次大胆尝试和创新之举，希望通过此次活动引导消费者关注农业品牌、信赖农业品牌，同时借助50家企业的示范带动效应，牢固树立起农业生产企业的品牌意识和质量安全意识，保障民众舌尖上的幸福。接下来，广东农业品牌发展将朝着量变向质变的方向迈进，依托现有的800多个广东省名牌农产品，从企业的标准化、品牌化、信息化着手，重在"擦亮"品牌，推动和加快广东现代农业的发展进程。

（广东省农业厅）

海南省品牌农业发展概况

【基本情况】 海南是全国唯一的热带岛屿省份，也是全国面积最大的海洋省份，光热充足、雨热同季、长夏无冬，是"天然大温室"，热带农作物、经济作物、花木苗卉、畜禽、海洋渔业、南药黎药等资源丰富，特别是热带农产品上市时间与内地相比或早或晚，季节差优势十分突出。

近年来，海南省委、省政府高度重视品牌农业建设工作，坚持以科学发展观为指导，按照"政府引导、企业主体、市场导向、科技带动、质量第一"的原则，以冬季瓜菜、热带水果、畜牧、水产等产业为基础，着力培育、整合、保护和经营农业品牌，有效推动了全省农业品牌创建和发展步伐。据测算，品牌农业已经成为全省农民增收的重要组成部分，直接带动80%左右的农户发展生产，户均每年增收2.29万元，吸纳320万名农村劳动力就业，农民每年从中得到工资性收入300多亿元。农业标准化水平提高，全省现已制定现代农业标准208项，累计建设83个农业标准化示范区、110个热作标准化生产示范园、703个畜禽养殖标准化示范场。屯昌县打造国家级枫木苦瓜标准化生产区，乐东县被认定为第一批国家级现代农业示范区项目县，澄迈县建立农产品溯源智能卡制度，覆盖面达60%以上。

截止到2014年年底，全省有"三品一标"认证产品：无公害农产品有效产品148个、绿色食品有效用标产品25个。涌现出文昌鸡、定安黑猪、白沙绿茶等一批省内外知名品牌。

农产品注册商标明显增加。截止到2013年，海南省累计注册的农产品商标有2 867件、涉农商标数量3 308件，其中：涉农产品中国驰名商标8个、省级著名商标83个、地理标志产品8个。各市县非常重视品牌打造，如澄迈县实施"商标富农工程"，全县注册涉农商标652个，占全省的17.6%，荣获全国唯一的"国家商标战略实施示范县"殊荣。

在北京、上海、沈阳等主销地市场开设海南品牌农产品直销配送中心，在屯昌设立品牌展示一条街，2013年省农业厅与阿里巴巴合作，开设特色中国海南馆，建立海南品牌农产品电子商务平台。白沙县积极发展文化农业，着力培育白沙绿茶、山兰米等品牌，还在海口等地设立了品牌农业产品展销配送中心，积累了很好的经验。

截止到2013年年底，海南省有农业龙头企业198家，其中：国家级农业龙头企业17家、省级农业龙头企业181家，通过GAP认证的龙头企业10家。涌现出"椰树""罗牛山""春光"等一批品牌龙头企业。"椰树"牌椰汁成为国宴饮料，在椰汁市场占有率达40%，几乎是一枝独秀。海南芒果销售产值占全国产值近50%，居全国第一，罗非鱼出口量居全国第二。乐东万钟公司的"尖峰牌"香蕉远销日本、俄罗斯。

（海南省农业厅）

贵州省品牌农业发展概况

【基本情况】　截止到 2014 年，贵州省累计认定无公害农产品产地1 640个，无公害绿色有机农产品2 138个，无公害绿色有机农产品种植面积 57 万公顷，全省农产品质量安全抽检总体合格率 98.8%，有 83 个农产品获地理标志认证。

贵州省充分发挥良好的生态资源优势，以农业园区为抓手，大力发展贵州特色产业发展，努力把绿色农产品做成贵州的特色品牌。

【品牌农业发展】

1. 品牌是市场竞争的生命力。"乌蒙山宝·毕节珍好"是贵州省第一个市级农产品区域公共品牌。茶叶是贵州农业产业化的拳头产品。2014 年，《贵州省茶产业提升三年行动计划（2014—2016 年）》出台，提出大力实施黔茶品牌战略，以"都匀毛尖""湄潭翠芽""绿宝石""遵义红"（简称"三绿一红"）为重点品牌，大力扶持"梵净山茶""凤冈锌硒茶""石阡苔茶""瀑布毛峰"等特色品牌。

2. 罗甸火龙果早在 2013 年已获得国家地理标志保护。罗甸把做强、做优罗甸火龙果的品牌作为重要工作来抓，加强农村电商销售平台建设，积极探索线上与线下、境内与境外、传统与现代的发展模式，努力把罗甸火龙果品牌打出去。

3. 立足自然资源禀赋。赫章县把核桃产业作为特色优势产业来抓。2000 年，成功引进贵州赫之林食品饮料公司，建立"政府＋公司＋合作社＋农户"核桃产业发展模式。2013 年，"赫之林"被评为省级著名商标，形成集品种选育与繁殖、标准化基地建设、科技研究与应用、产品精深加工等为一体的综合产业实体。凭借优良品质和品牌效应，赫章核桃发展如火如荼。截止到 2014 年，赫章县核桃面积已达 10.87 万公顷，挂果核桃 1.67 万公顷，常年产量突破 3 万吨，产值达 10 亿元以上。

4. 品牌效应日渐显现。"老干妈辣椒""湄潭翠芽""凤冈锌硒茶""石阡苔茶""兰馨雀舌""茅贡米""牛头牌牛肉干"等 8 个农产品荣获中国驰名商标称号，还有 356 件农产品获贵州省著名商标。以"多彩贵州·绿色农业"为统领，"乌蒙山宝·毕节珍好""湄潭翠芽""都匀毛尖"等一批公共品牌、区域品牌和企业品牌的知名度、影响力和市场竞争力显著增强，贵州农产品"绿色、生态、安全"的整体形象逐步深入人心。

5. 品牌带来的经济效益显而易见。以贵州贵茶有限公司为例，该公司紧抓贵州省茶产业提升三年行动计划的机遇，投入资金加大"绿宝石"品牌宣传。截止到 2014 年，公司两条生产线日加工鲜叶各 10 000 千克，而且所有"绿宝石"加工厂均采用国产标准化生产线，实现了规模化和标准化生产。2014 年上半年公司销售产值达到 5 120 万元，同比增长 101%。

截止到 2014 年，贵州省"三绿一红"重点品牌覆盖茶园面积达 8.6 万公顷，覆盖茶园面积中投产面积 5.73 万公顷，万亩茶园乡镇有 47 个。"三绿一红"产量共计 7 070.6 吨，全年产值可达 41.13 亿元。

（贵州省农业厅）

云南省品牌农业发展概况

【基本情况】　云南省紧紧围绕"推动发展、加强监管、打造品牌、提高效益"的目标，把发展"三品一标"作为推进农业标准化、打造农业品牌、促进农业增效、农民增收和提高农产品质量安全水平的具体措施来抓，有力地推进了云南省"三品一标"持续、健康发展。2014 年，全省累计共有"三品"有效获证企业 728 家，产品 1 652 个（含绿色食品生产资料认证），累计认证面积 38.73

万公顷。截止到 2014 年，云南农产品有 21 个获中国驰名商标，59 个获农业部农产品地理标志登记证书，认定云南名牌农产品七批 424 个产品。

【主要措施和成效】 近年来，云南省各级农业部门围绕省委、省政府关于建设绿色经济强省的战略目标，按照"市场导向、企业主体、政府推动、社会参与"的总体思路，立足得天独厚的地理优势、地缘区位优势、气候优势、水资源优势、土地资源优势、物种资源优势、产地生态优势、人力资源优势等"八大优势"，以创基地、强监管、拓市场、搭平台为重点，通过差异化、凸显特色化，打高原牌、走特色路，培育了普洱茶、褚橙、云岭牛等一批高原特色农业品牌，取得了一定成绩。

（一）推进农业标准化和监管，夯实农业品牌化发展的生产基础

标准提升特色，用标准壮大品牌，用标准增强竞争。云南省大力推进农产品产前、产中、产后各环节的农业标准化建设，为云南农业品牌的树立打牢了基础，云南农业标准化推广位居中国西部省区第一，作为唯一省级部门获得省政府标准化贡献奖。近年来，共制定发布农产品生产技术规程 2 960 个，推广各类标准 6 000 多个。建立了 10 个"云南省农业标准化示范县"和 20 个"云南省农业标准化示范企业"。加强农产品监管，全省定量监测样品 5 000 个（批次），综合合格率达 99%，水平居全国前列，通过农产品质量安全流动检测车及县乡农产品检测机构共完成快速检测样品 30.9 万个以上，未检出三聚氰胺、瘦肉精等违禁物质，是未发生重大质量事故的四个省之一。农产品质量安全水平不断提升，保障能力明显增强。

（二）开展"六个六"评选，打造优质种质资源品牌

为充分发掘云南畜禽、水产、粮食地方品种资源，打造具有云南地方特色的优势种质资源品牌，云南省评定了"云南六大名猪、六大名牛、六大名羊、六大名鸡、六大名鱼、六大名米"评选认定活动。评选活动有效提升了全省特色畜禽、水产品、粮食种质资源的知名度和影响力，进一步提高了社会公众对农业、畜牧养殖业以及特色农产品的认知度，更重要的是对这些特色品种的种养殖推广、市场开拓产生积极的推动作用，为优质名牌农产品的生产和农业品牌的打造孕育良好的基础，是云南省打造农业品牌的一项重要举措。

（三）发展特色优势产业，打造区域农产品品牌

云南省紧紧围绕特色优势产业做强做大，培育和打造具有地方特色的知名产业品牌，茶叶、咖啡、花卉、橡胶、蔬菜等产业已享誉国内外。多年来，全省许多地方立足本地资源优势，选择最适宜本区域生产的农产品作为主导产业和产品进行培育和发展，把云南历史悠久、品质优良、规模影响力大的品种和产品列入地理标志登记保护。培育出如云南普洱茶、宣威火腿、文山三七、斗南花卉、昭通天麻、丘北辣椒等一批特色明显的区域品牌。云南省农业（畜牧）科研人员通过 30 年努力，培育出的"云岭牛"是云南省拥有自主知识产权的第一头肉牛，是新中国成立以来通过杂交选育的第四个肉牛新品种、南方第一头肉牛。生产的种畜、冻精及杂交牛新增产值近 10 多亿元，奠定了云南省对东南亚南亚国家热区肉牛品种资源的优势地位。2013 年年底，云南省建成"一村一品"专业乡镇 112 个，专业村 931 个，被农业部授予五批共 36 个全国一村一品示范村镇。专业村中有 46 个产品获省级以上名牌产品称号，76 个主导产品获得地理标志产品保护标志。为农业品牌发展提供扎实的产业和地域支撑。

（四）大力开拓市场，积极打造农产品品牌

云南省农业坚持以市场为导向，大力开

拓高原特色农产品国际国内市场。近几年来，组织农业龙头企业到上海、湖北、河南、河北、安徽、陕西、深圳以及迪拜、土耳其、俄罗斯等地参加展览展销，举办专场推介、产销对接和招商引资活动。近年来各类展会参展企业10 000多家（次），参展产品20多个大类6 000多个品种，累计实现各类意向协议金额达870亿元。通过坚持不懈地开展形式多样、生动形象、感受直观的农产品推介活动，云南高原特色农产品在国内外市场的占有率持续快速提升。云南省农产品出口已达100多个国家和地区，云南蔬菜已占供港蔬菜30%以上。农产品连续多年稳居全省第一大宗出口产品，直接出口额连续多年居西部省区第一，出口市场遍布全球100多个国家和地区。2014年，全省农产品出口额达28.9亿美元，进出口贸易顺差达14.4亿美元。云南农产品以生态优质、丰富多样的特性受到海内外消费者的热烈追捧，"选择云南就是选择健康、选择云南就是选择安全"的消费理念逐渐树立。云南省普洱茶，在各级政府和部门的重视下，主动抓住机遇，加强普洱茶的研究、生产、加工和市场开拓。普洱茶企业，通过参加国内外的展销活动，打造普洱茶品牌，促进了普洱茶产业发展壮大，提高云茶的市场竞争力，使云南省的普洱茶成为享誉全国的知名品牌。

（云南省农业厅市场与经济信息处）

宁夏回族自治区品牌农业发展概况

【基本情况】　宁夏充分发挥资源优势，坚持"稳粮抓特"的基本思路，坚持分区指导的发展方略，围绕引黄灌区现代农业、中部干旱带旱作节水农业、南部地区生态农业"三大示范区"建设，大力发展特色农业、高端市场、高品质、高效益"一特三高"现代农业，加快发展枸杞、奶牛、清真牛羊肉等13个特色优势产业，产业规模效益多年保持两位数增长。

在统筹抓好13个特色产业的基础上，重点发展以清真牛羊肉、奶牛为主的草畜产业、蔬菜产业、枸杞产业和酿酒葡萄产业。清真牛羊肉产业突出基础母畜培育、调购育肥扩群、滩羊及高档肉牛生产，目前区内人均牛肉占有量13.4千克，是全国平均水平4.9千克的2.7倍；人均羊肉占有量13.9千克，是全国平均水平3千克的4.6倍；牛羊肉在保障宁夏民族地区消费的基础上，65%的供应区外。奶产业突出优质奶生产和优质牛培育，加快推进奶牛"出户入场"，加强高产种子母牛繁育群建设，目前人均牛奶占有量161千克，是全国平均水平27.7千克的5.8倍。蔬菜产业突出设施农业提质增效、高标准外销蔬菜基地和内供蔬菜基地建设，目前人均蔬菜占有量690千克，比全国平均水平523.5千克高166.5千克，70%的设施农产品销往区外及中亚、俄罗斯、蒙古等市场，形成了"冬菜北上、夏菜南下"产销格局，实现了四季均衡生产。酿酒葡萄产业依托贺兰山东麓独特的优势条件，重点建设十个特色小镇、百个特色酒庄、百万亩种植基地、千亿元综合产值的优质葡萄产业长廊，目前全区葡萄种植面积54万亩，产量15.1万吨，建成葡萄酒加工企业（酒庄等）52家。枸杞产业是宁夏的一张名片，重点发展标准化基地和加工，目前全区种植面积85万亩，干果总产8.3万吨，分别占全国的40%和50%，枸杞销售量占国内市场的46%以上，出口量占全国的65%。全区农业总产值达到431亿元，其中特色产业占农业总产值的比重达到85.1%。农民人均纯收入达到6 931元，居西北五省第2，实现了"八连快"，农业在全区国民经济中的基础地位更加突出。

【进展和成效】

近年来，宁夏紧紧围绕"努力确保不发生重大农产品质量安全事件"的目标，依法履行职责，全面加强监管，在四个方面取得了一些进展和成效。

一是农产品质量安全保持较高水平。近年来，全区农产品质量安全例行监测结果显示，蔬菜、畜禽产品、水产品监测合格率始终保持在 97%、99% 和 100%，均高于 95% 的国家控制指标。生鲜乳三聚氰胺监测合格率 100%。全区违规销售、使用，滥用限用药物明显减少，销售、使用禁用药物基本得到遏制。

二是农业标准化生产稳步推进。建设国家级农业标准化示范区 69 个，自治区级农业标准化示范区 29 个，创建农业标准化整体推进示范县（农场）12 个，500 亩以上蔬菜标准化生产园区 432 个，肉羊、肉牛、奶牛养殖标准示范场 475 个，水产健康养殖场 54 个。创建全国绿色食品原料标准化生产基地 15 个，全国有机农业示范基地 2 个。全区农业地方标准总数已达到 460 项，基本涵盖了自治区十三个特色优势产业。

三是"三品一标"认证成效显著。围绕"六个强化"，实施"三品一标"品牌提升行动，认证总量规模进一步扩大。全区有效认定无公害农产品产地 120 个、无公害农产品 841 个、绿色食品 190 个、有机食品 41 个、农产品地理标志 50 个，覆盖了全区 81% 的种植面积、85% 的畜禽养殖规模和 80% 的水产养殖面积。

四是应急处置水平有了很大提升。制定了应急预案，建立了早发现、早报告，早处置的应急处置机制。开展系列宣传活动，有效普及了法制观念和农产品质量安全知识。

【发展措施与思路】 宁夏回族自治区党委、政府研究出台了"加快推进农业特色优势产业发展若干政策意见"，整合涉农部门项目资金 15 亿元，改进扶持方法，变政府"推着走"为市场"引着走"，突出优良品种推广、关键技术应用、标准化基地建设、龙头企业培育壮大等关键环节，切实加大了对产业发展的支持引导力度；组织万名区直部门干部开展"下基层、送政策、促发展"活动，向广大基层干部和农民群众广泛宣传中央和自治区强农惠农富农政策；组织产业专家技术指导组，按照各自制定的产业发展计划、技术方案和技术路线，开展主推技术、主导品种的示范和推广。

坚持把标准化基地建设作为推进农业结构调整的基础，整体规划、统筹布局、一县一业、一业一策、重点发展。推动优势产业向优势区域集中，促进生产要素向优势区域配置，培育出盐池滩羊、利通奶牛、西吉马铃薯、原州冷凉菜、平罗制种、贺兰水产、青铜峡优质水稻等一批产业大县，形成以引黄灌区集约育肥、中部干旱带滩羊选育、环六盘山自繁自育为重点的清真牛羊肉产业带，以吴忠、银川、农垦规模化养殖场为主体的罗山大道、贺兰山东麓奶牛产业带，以引黄灌区设施蔬菜、中卫环香山硒砂瓜、固原冷凉菜为主的瓜菜园艺产业带，以西吉、海原、原州为主的中南部马铃薯产业带，沿黄河生态渔业产业带等"三区十三带"产业发展格局。

【监管和保障措施】 全区 5 个地级市、20 个县（市、区）、189 个乡镇全部成立了承担农产品质量安全监管职能的机构；县级质检站实现了全覆盖，总数达到 14 个，各级各类农残速测点已达到 230 个，其中中宁县、青铜峡市、农垦农产品质量安全质检站率先通过"双认证"，获得了实验室相关资质认定和认可，为产地准出和市场准入奠定了基础。全区持有无公害检查员证书 176 名，绿色食品检查员证书 9 名，有机检查员证书 1 名，农产品地理标志核查员证书 121 名，有 497 名无公害、绿色内检员持证开展工作。

抓"两头"，推进市场准入基地准出。积极推行"入市验证、无证抽检、信息公示、安全承诺、不合格产品依法处理"五项制度。一头抓市场准入。将全区 19 个规模以上农产品批发市场、52 家大型超市全部纳入监测范围，开展农残检测结果日检公示制度，采取贴标产品免检入市。一头抓产地准出。在全区筛选贺兰县新平瓜菜产销专业合作社等10个具有代表性的农产品生产基地开展农产品产地准出试点。

抓整治，强化投入品源头治理。强化农药和兽药等投入品分级经营管理制度，开展假冒农药定性清除行动、兽药经营企业清理整顿、饲料和生鲜乳专项整治行动。积极创建标准化示范区，提高标准化种养比重。

抓示范，引领带动标准化生产。充分发挥"三品一标"认证登记龙头企业、合作社的示范带动作用，积极创建标准化示范区，提高标准化种养比重，形成一批效益高、带动力强的产业示范村、示范乡、示范带。

抓监测，保持监管常态化。深入开展检验监测，以农产品质量安全例行监测、监督抽检、专项抽检和应急抽检为抓手，加大监测力度。

抓预警，做好突发事件应急处置。依托农业部农产品质量安全风险评估实验室（银川）及吴忠、石嘴山市和农垦农产品质量安全风险评估实验站，为全区农产品质量安全风险评估和农产品质量安全风险管理提供技术支撑。进一步健全完善舆情监测、信息报告、应急处置等制度，把问题处置在萌芽状态。

（原载于《优质农产品》2014年第8期）

吉林省优质大米发展概况

【基本情况】　吉林是农业大省，国家重要商品粮基地，享有天下粮仓的美誉。农村改革开放以来，全省粮食产量连续登上五个百亿斤台阶，现已跃升为全国第四位。全省粮食商品率、商品粮，人均占有量和单产水平连续多年位于全国前列，在全国产粮大县前十位中吉林占有6席，全国第一产粮大县就在吉林中部。吉林省用不到全国4%的耕地，生产了全国6%的粮食，提供了全国10%的商品粮。

吉林粮食的贡献不仅在于"多"，更在于"优"。吉林粮食品质上乘、营养丰富、口感纯正，色香味俱佳，不仅享誉全国，而且蜚声海外。到过吉林的国内外朋友都对这里生产的大米、玉米、谷子、高粱、绿豆等各种粮食赞不绝口。多年来，吉林省立足省情实际，发挥资源优势，适应广大消费者需求，积极打造吉林粮食的"三张名片"，即：吉林玉米的"黄金名片"、吉林大米的"白金名片"、吉林杂粮杂豆的"健康名片"，这三张名片已经成为吉林农业的标志性符号。

"白金名片"来之不易，是大自然赐予人类的厚礼，是吉林人辛勤劳作的结晶，是消费者发自内心的赞誉，是人与自然完美结合的产物，既有水源、土地、气候等生态禀赋作为基础条件，也有科技创新、质量监管等人为因素作为根本保障。

从生态禀赋看，吉林省地处祖国东北边陲，位于东北亚经济圈核心地带，是全国两个生态示范省之一。地势呈东南高、西北低，东部是长白山地原始森林、中部是松辽平原、西部是草原湿地。全省森林覆盖率达43.6%，全省已查明野生植物3 890种，野生动物445种。全省建有各级各类自然保护区39个。

从人为因素看，吉林省在水稻标准化生产、精细化加工、现代化流通等各个环节都采取了一系列有效措施，确保做到吉林大米优质、营养、安全。尤其在科技创新方面取得了三个突破：

一是水稻育种上的突破。前些年，吉林省从邻国成功引进了几个水稻优质品种，使全省水稻良种化率大幅度提高。近些年，吉林省集中力量，加大优质育种力度，成功培育出超级稻（吉粳88），亩产达到750多公斤，特别是品质、营养、口感等指标都达到发达国家优质大米水平。

二是栽培技术上的突破。为了保证水稻的良好品质，吉林省集成推广了生物防虫、测土施肥、机械深松、种子处理和高光效等综合配套技术，使水稻标准化生产水平得到很大提升。

三是机械作业上的突破。从水稻育苗到插秧再到水稻收获，加快推广大型农业机械，目前水稻综合机械化作业水平达到 79．3％。

多年来，吉林省坚持开发与保护并重的原则，在加快推进生态优势向经济优势转变的同时，启动建设一系列生态保护工程，确保农业可持续发展。一是坚持实施天然林保护工程；二是坚持实施黑土地保护工程；三是坚持实施重大水利建设工程；四是坚持实施草原湿地保护工程。

（原载于：《优质农产品》2014 年第 9 期）

浙江省水产行业品牌发展概况

【基本情况】 水产品牌是渔业产业化的重要内容，是提高渔业市场竞争力的重要标志，是引领消费的重要导向，也是渔业增效和渔民增收的重要支撑。当前，随着国家扩大内需、鼓励消费等政策的出台，顺应和引领新常态，走差异化经营、专业化生产、特色化发展之路，根据当地资源特色，瞄准市场需求，注重质量安全，融入精神文化元素，创建特色品牌；从原来"以量取胜"的低端路线，逐渐走向"高品质、高附加值、高盈利"的高端路线，努力提高产品附加值和市场竞争力，加速实现品牌建设与质量效益同步提升、品牌建设与产业转型同步推进，从而不断满足市场消费升级和多样化需求，推动传统渔业向现代渔业发展。

截止到 2014 年，浙江省已拥有 4 个中国名牌产品、5 个中国名牌农产品、地理标志水产品 14 个；中国驰名商标 18 个；2 个浙江区域名牌和 82 个浙江名牌产品。渔业龙头企业 460 多家，其中国家级龙头企业 18 家、

省级 70 多家、市级 160 余家、县级 200 多家；已有渔业专业合作组织 979 家；全国水产加工贸易企业 25 强浙江省有 5 席，浙江兴业集团有限公司是 25 强之首。这些品牌水产品和规模企业，为全方位宣传浙江，提升浙江水产品美誉度、影响力，增强竞争力，引领浙江品牌水产品发展，推动渔业提档升级和转型发展均做出了巨大贡献。

【主要做法】

（一）科学选择品牌定位

品牌营销的首要问题是品牌定位，品牌的定位又影响产品的定位、销售渠道的定位和品牌宣传推广模式的定位，因此准确选择企业品牌的定位，既要有亲和力，又要时尚和有价值取向，并通过一系列营销策略强化品牌对消费者的价值所在。如杭州千岛湖鲟龙科技发展有限公司生产高端鱼子酱——"KALUGA QUEEN"卡露伽，瞄准世界中高端市场，致力于高品质和口感的鱼子酱开发，严格质量管理，不仅得到国际权威专家的认可，更成功地进入了汉莎航空头等舱，2012 年鲟龙公司的卡露伽鱼子酱销售总额超过 1.2 亿元，产量占全世界总量的近 8％，位居世界第四、国内第一。

（二）准确表述品牌概念

品牌是一块牌子，消费者关注的是这个牌子在市场的商品价值。在产品日趋同质化的今天，品牌竞争实质上是品牌核心点表述差异之间的竞争，因此，表述品牌概念必须要新颖、有力度，让消费者感受到你的与众不同。如浙江省是甲鱼大省，多个甲鱼企业利用差异化品牌概念营销，使浙江省甲鱼行业欣欣向荣：浙江清溪鳖业有限公司以鳖稻轮作、鳖稻共生的生态模式为特点，是国内少数拥有驰名商标、中国名牌农产品、中国名鳖、国家原产地保护四项国家级荣誉的甲鱼养殖企业；宁波市明凤渔业有限公司以全生态养殖为宗旨，实行"粮（种）、虾、鳖"轮作，坚持贯穿全产业链的品牌化建设和运

作，是国家级中华鳖良种基地、国家星火项目承担单位；浙江上升农业开发有限公司拥有全产业链的可追溯体系，在不断提升生态甲鱼品质的同时，实现了"生产有记录、流向能追踪、信息能查询、责任能追究"的质量安全追溯系统，公司"西湖之春"商标已获得西班牙、美国、日本、中国香港、中国台湾等国家和地区注册证书及多项发明专利。

（三）发挥地域优势，打造地方特色品牌

浙江省是渔业大省，因各地的自然水域条件差异及地域文化不同，其水产品也各有千秋、各有特色，因此，运用地域的优势打造地方（区域）特色品牌是品牌营销中值得学习的成功经验，而且由地名产生的品牌本身就有强烈的排他性、差异性。如三门县所产青蟹以"壳薄、膏黄、肉嫩、味美"而驰名闽浙沪。自 2000 年以来，三门县政府十分重视三门青蟹的品牌营销，多次在上海、杭州等地举办青蟹推介会，并举办了多届青蟹节，其广告语"三门青蟹横行世界"，已被广大消费者所熟知，目前，三门青蟹集中国名牌农产品、国家地理标志证明商标、国家地理标志保护产品、中国著名品牌等众多荣誉于一身，三门也被认定为"中国青蟹之乡"。

（四）挖掘品牌的文化内涵，提升产品附加值

品牌具有深刻的文化内涵，它是一种时尚、一种潮流，企业要利用品牌的既有优势，尽可能扩大系列产品的市场拓展度，强调品牌在文化和延伸上的差异，如"天下第一秀水"养的鱼、"农夫山泉"培育的鱼子酱等等。引导企业强化品牌意识，诚信守法经营，承担社会责任，激发品牌创建、管理、维护的内生动力，形成差异化品牌营销。

如"淳"牌千岛湖有机鱼是浙江一张亮丽的名片，80 万亩青山环抱、天下第一秀水中生长的鱼，杭州千岛湖发展集团有限公司以"让人们尽情享受原生有机的品质生活"为使命，以产品"有机认证"领先市场，抢占食品健康安全制高点，同时以点带面围绕品牌文化延伸产业，建立了精深加工、餐饮业、鱼文化创意、休闲旅游等多个产业链，最大限度挖掘产品附加值。

（五）重视企业文化，助推品牌营销

企业文化是企业的灵魂，是推动企业发展的不竭动力，其核心是企业的精神和价值观。良好、健康的企业文化才能造就一个成功的企业品牌，并使它成为一个口碑、一种品位、一种格调，而企业产品在通过品牌文化的差异化包装后，价值迅速最大化，企业亦可通过故事营销法或消费者的切身感受融入自己独有的文化内涵来提升市场销售，才能最终获得消费者的认知与认可。

如浙江台州海尔宝水产食品有限公司始终秉承"打造与世界分享的安全食品（share world with safe seafood）"的文化理念，通过品牌的建立、维护推广以及内容与场景匹配的现代营销方式，采用大数据技术支持及文化创意，树立了一个深刻感染消费者内心的品牌价值，实现了成功的品牌营销。

（浙江省海洋与渔业局）

福建省水产行业品牌发展概况

【基本情况】 近年来，福建省在农业部、国家工商总局、国家质检总局等部委的支持下，大力实施渔业品牌发展战略，切实加强水产品品牌创建和宣传工作，加大政策资金扶持力度，鼓励和引导水产企业和行业协会争创品牌，取得显著的成效。

【主要做法和成效】

（一）领导高度重视

福建省委、省政府高度重视渔业品牌建设，多次提出要叫响渔业品牌，让渔业品牌产生效益。2014 年省委、省政府对省级认定类项目进行清理，省级认定类项目从 110 项减至 10 项，"福建省著名商标"和"福建名

牌产品"2个省级品牌认定项目全部予以保留。省海洋与渔业厅也高度重视渔业品牌工作，厅长多次强调渔业品牌建设的重要性，并对渔业品牌建设工作进行具体指导。

（二）制定品牌扶持政策

省政府出台《支持和促进海洋经济发展九条措施》和《关于促进海洋渔业持续健康发展十二条措施》，对海洋与渔业行业新认定的中国驰名商标、地理标志商标、省名牌产品或省著名商标，给予100万元、80万元、30万元的奖励；对企业在省级以上宣传媒体发布宣传广告的，按照广告费的10%予以补助。2012年以来共安排品牌创建和宣传资金7 000万元。

（三）打造渔业区域公共品牌

省海洋与渔业厅在2013年6.8世界海洋日暨全国海洋宣传日启动仪式上，推出第一批渔业品牌，主要包括宁德大黄鱼、莆田南日鲍、福州鱼丸、连江海带、福州金鱼、莆田花蛤、福州烤鳗、晋江紫菜、霞浦海参、漳州石斑鱼等十个大宗品种；在2015年8月1日开渔节仪式上推出第二批渔业品牌，主要包括崇武鱼卷、大金湖大头鲢、连江虾皮、福州黄螺、泉州金牡蛎、九龙湖白刀、宁德弹涂鱼、漳港海蚌、漳州白对虾、宁德香鱼等十个名特优品种。省内渔业重点市县也积极参与中国渔业协会等单位组织的渔业品牌评选活动，福州市被评为中国鱼丸之都、中国金鱼之都、中国鳗鲡之都，漳州市被评为中国石斑鱼之都，连江县被评为鲍鱼之乡，霞浦县被评为海带、紫菜之乡，蕉城区被评为大黄鱼之乡，莆田市被评为花蛤之乡等。品牌建设对当地渔业产业的发展产生巨大的推动作用，以"宁德大黄鱼"为例，宁德全市大黄鱼企业注册商标约80件，其中6件获中国驰名商标、18件获省著名商标，"宁德大黄鱼"公共品牌评估价值从2010年的2.96亿元提升到2014年的10.7亿元。目前宁德大黄鱼的育苗、养殖、加工、销售形成

完整的产业链，从业人员达数十万人，全市大黄鱼加工企业100多家，其中国家级重点龙头企业1家，省级龙头企业28家，年产活、鲜、冻大黄鱼及加工品7万多吨，产品销往全国各地以及美国、韩国、欧盟、东南亚等国家和地区。

（四）培育水产企业品牌

一是积极打造水产企业品牌。截止到2014年，福建省水产行业拥有中国驰名商标27个、省名牌产品88个、省著名商标181个。二是发展水产品电子商务，打造水产电商品牌。福建省海洋与渔业厅与福州华威莱多多电子商务有限公司共建福建鱼多多水产品电子商务交易平台，平台搭建PC端电商网站、APP移动商城、微信微商城、968电话订购、O2O线下体验店，为水产企业提供产品展示、电商化服务、品牌宣传、战略代运营的全方位服务。同时鼓励有条件的水产企业和行业协会引进一批涉及网络研发、电商运营、物流管理、品牌运作的高层次人才，组建自己的专业电子商务平台和品牌运营团队。三是积极参与展销会，扩大品牌产品销售。近年来，福建省组织水产企业积极参加国内外水产品展销会，鼓励企业通过展览加强品牌推广，建立与国内外客户的合作关系，扩大产品销售。四是狠抓质量安全，打响水产品质量品牌。鼓励企业积极申报无公害水产品等"三品一标"，参与水产品质量安全追溯体系建设，把质量安全作为水产品品牌宣传和市场营销的基础，推行绿色、有机、无公害、可追溯的消费理念。2014年上半年，福建省海洋与渔业厅按照农业部市场与经济信息司的要求，推荐拥有"三品一标"的全国农民合作社示范社——清流县沧龙渔业专业合作社参与"全国百个农产品品牌公益宣传活动"。

（五）加大品牌宣传力度

采取多种形式、多种渠道宣传渔业品牌，扩大渔业品牌的影响。一是拍摄制作宣传片，

在福建动车组电视和电梯电视上滚动播放。二是通过电视宣传，与福建广电网络集团合作，将渔业品牌宣传片纳入广电网络高清互动电视开机导视频道，并开辟"海上福建"品牌宣传专区。三是在动车组杂志《时代列车》上刊登宣传广告，在《海峡都市报》开辟专栏连载水产品美食和烹饪信息，并通过高速公路 T 型广告牌、城市商业中心 LED 广告牌、微信微博等宣传形式，扩大渔业品牌的影响力。

（六）充分发挥行业协会的作用

一是举办各类水产品展销会。省海洋与渔业厅每年委托省水产加工流通协会举办渔业博览会，为全省水产企业提供一个展示产品、宣传品牌、开拓销路的平台，福州鱼丸协会举办福州鱼丸节，宁德大黄鱼协会举办大黄鱼节、大黄鱼论坛等活动，连江县渔业行业协会牵头，连江县 10 家水产龙头企业联合建立淘宝"连江海产精品城"，销售各类连江海产品。二是牵头创建区域公共品牌。各市县的优势特色水产品包括宁德大黄鱼、莆田南日鲍、福州鱼丸、连江海带、福州金鱼、莆田花蛤、霞浦海参等都成立了专门的行业协会，并通过协会申报地理标志证明商标和地理标志保护产品。截止到 2014 年，福建省水产行业拥有国家注册地理标志商标 40 个、国家地理标志保护产品 6 个。三是加强行业自律。宁德大黄鱼协会协助主管部门加强质量安全管理，要求协会成员必须严格遵守农产品质量安全有关法律法规，养殖过程中不使用禁用药物，违法违规企业取消"宁德大黄鱼"地理标志使用资格。四是举办品牌培训班。2014 年，福建省海洋与渔业厅委托省水产加工流通协会举办一期"水产加工企业品牌创建培训班"，培训对象为水产龙头企业，培训内容包括水产品牌保护策略、品牌监控维权策略、品牌无形资产增值、品牌运营升级等。

（福建省海洋与渔业厅）

山东省水产行业品牌发展概况

【基本情况】 近年来，在农业部、渔业局指导和支持下，山东省渔业发展方式不断呈现新变化，渔业资源利用实现了由单纯开发向修复与合理利用并重的转变，渔业结构调整取得新进展，渔业综合实力跃上新台阶。2014 年全省水产品总产量达 903.7 万吨，同比增长 4.7％，约占全国的 14％。渔业经济总产值和渔业增加值分别为 3 590.1 亿元、1 723.6 亿元，同比分别增长 5.4％和 5.5％。渔业产值 1 481.75 亿元，同比增长 6％；渔业增加值 908.81 亿元，占全省农林牧渔业的 16.1％和 18.2％。水产品进出口总量 254.6 万吨，总量占全国水产品进出口的 1/3；总值 75.5 亿美元，同比分别增长 1.9％和 3.5％。其中水产品出口量 115.5 万吨，居全国首位；出口额 48 亿美元，居全国第二位。渔民人均纯收入 16 012 元。渔业成为山东省发展农村经济、增加农民收入、推进"海上粮仓"建设的重要产业。在推进渔业发展的同时，全省把实施品牌战略作为一项重大任务，突出渔业品牌打造、商标及无公害产品申报、电子商务、宣传培训等举措，取得了明显成效，为推动现代渔业发展打下了良好基础。

【主要做法】

（一）组织实施渔业品牌打造工程

1. 省级层面，组织实施渔业品牌打造工程，组织实施了"山东省渔业品牌打造工程"，成效显著。自 2008 年开始，连续 5 年在济南、北京、青岛、西安、成都等地举办了"山东十大渔业品牌推介会"，集中打造"胶东刺参""胶东鲍""胶东鲆鲽鳎""胶东扇贝""东方对虾""荣成海带""莱州湾梭子蟹""黄河口大闸蟹""微山湖乌鳢"和"黄运甲鱼"等十大渔业品牌。累计展出面积约 8 400 平方米，签订合同金额约 23 亿元，意向金额约 47 亿元。十大渔业品牌知名度不断提升，产量产值和产品销售量双双倍增。据统计，5 年来全省十大渔业品牌产品产量占总产量的 17.5%，产值占渔业产值的 45.3%，比 2006 年所占比重分别增加了 7.2 和 16.1 个百分点。

2. 市级层面，以地域重点产品为主，突出当地特色，培育地方特色品牌。十大渔业品牌推介活动带动和影响了各地打造地域品牌的积极性。5 年来，在当地政府的支持下，各地市相继组织本地渔业品牌推介活动。东营市自 2006 年开始，连续 3 年每年拨出品牌推介专项经费 1 500 万元，以培育黄河口大闸蟹品牌为突破口，先后在北京、上海、西安、香港、新加坡等地举办了黄河口大闸蟹品牌产品推介会和新闻发布会，形成了"南有阳澄湖、北有黄河口"的美誉，提升了黄河口名优水产品的知名度，"黄河口大闸蟹"品牌价值达到了 11.12 亿元。威海市每年拨付地域品牌推介经费 300 万元，好当家、海之宝、鲁参坊、东方神参等龙头企业也通过电视媒体宣传、广告、专刊宣传、组团参展等形式，着力打造"威海刺参"地域品牌群体，提高地域品牌知名度。政府设立海珍品品牌推介资金，对省级以上名牌产品在外开办专卖店的企业发放奖励 500 多万元；开展产销对接，威海市与北京首农集团、台湾大成集团合作，开展海产品产销对接活动，打造威海地域品牌。设立海参产业发展专项扶持资金，三年对 40 个企业奖励资金 540 万元，重点扶持海参苗种繁育和"威海刺参"品牌培育，促进了海参产业的发展。烟台市组织渔业企业参展参会、拍摄宣传片和专题片、制作宣传画册，着力打造地域品牌。与台湾渔会签署合作协议，拟设立烟台、台湾名优水产品展示中心。联合烟台日报传媒集团举办烟台海参十大品牌评选活动。租赁大型户外广告牌（屏）开展烟台海参宣传推介工作。蓬莱市大力发展海参产业，被中国渔业协会授予"中

国海参苗种之乡"荣誉称号。泰安市着力打造五大贡鱼之一的"泰山螭霖鱼"地域品牌，成效显著。依托泰山资源优势，调整养殖模式，培育、使用生物饵料，确保自然品质，提高品牌效应，逐步建立起物种保护、养殖开发、品牌培育、市场经营、旅游观光与文化弘扬"一体化"的发展模式。济宁市打造微山湖水产品品牌，积极争取市财政每年支持渔业品牌推介专项资金 60 多万元，主推微山湖乌鳢等微山湖系列产品，确定了一鱼（乌鳢）一虾（龙虾）一蟹（微山湖蟹）的品牌培育思路。

3. 企业层面，以做大做强企业品牌为目标，强质量、拓市场。如好当家集团致力于打造中国规模最大、产业最全、品质最好、知名度最高的有机刺参品牌。集团及时调整海参苗种战略，走自主创新、自繁自育的路子，从苗种质量入手，利用室内 30 万平方米水体、室外 5 万亩水面，实施严格的全程质量管理，确保了苗种、产品质量。实现了年产 350 万千克育苗能力，海参苗种每年抽检 10 个批次以上，合格率 100%。在保证企业自身生产需要苗种（150 万千克）的同时，还为省内外其他企业提供质量可靠的苗种，不仅提升了好当家海参苗种品牌的影响力，还为促进全省海参产品质量水平的提升起到了很好的带头作用。

（二）大力发展电子商务，推进中国水产商务网建设

1. 中国水产商务网建设情况。中国水产商务网是山东省海洋与渔业厅主办的一个水产专业性官方网站。商务网建设的总体思路，是充分发挥政府部门主办和专业化网站优势，立足山东，面向全国，依靠信息技术，强化质量监管、引领品牌打造与市场开发，宣传、推介山东省优势企业和产品，打造一流的行业网站。最终目标是将中国水产商务网打造成一个知名的水产购物搜索平台，引领品牌，引导消费，服务企业，推动现代渔业经济发

展。自2013年6月网站建设启动以来，在全省各级渔业主管部门和技术支撑单位烟台直线网络公司、大众网的大力支持和共同努力下，山东省海洋与渔业厅围绕行业管理职能，积极探索运用互联网技术推进海洋与渔业发展的途径，打造形成了"中国水产商务网"这个"互联网＋渔业"的服务平台。目的是通过打造永不落幕的网上展厅和现代化的网络交易平台，促进互联网＋电商＋海洋与渔业行业融合发展，推动传统渔业向现代渔业转型升级。按照"高端精品"的路线，目前，已经有2 000多家渔业企业入驻中国水产商务网，6 000多个产品在网上展厅展示。

2014年8月27日，山东省海洋与渔业厅在济南组织召开了"中国水产商务网正式上线启动仪式视频会议"，王守信厅长作了《依托信息网络，推动现代渔业经济发展》主题讲话，宣布中国水产商务网上线正式启动。

2. 中国水产商务网的建设带动了各地电子信息平台建设的积极性。威海市以网上宣传、推介当地龙头企业和地域品牌海产品、助推威海现代渔业发展为目标，年初与威海报业集团联合建设海产品电子商务平台——"半岛海洋商城"，打造渔业地域品牌。已有20余家龙头企业入驻，举办了2期入驻企业推介会，力争3～5年建成国内专业的海珍品电商平台。烟台市组织34家渔业龙头企业打造淘宝特色中国烟台馆水产频道，仅一个季度网上销售水产品436万元。烟台食海网建设正在推进当中。淄博市建设淄博鲁中优质水产品交易网并已运行。网站设置行业资讯、供求信息、质量监测、品牌认证等10大类服务栏目板块，涵盖水产苗种、鲜活水产、渔用药物、渔用饲料、本土优质鱼等涉渔商品，拓展了水产品销售渠道，试行二维码挂标销售，逐步探索建立水产品质量追溯制度。

（三）发挥行业协会作用，成立了"胶东刺参"质量保障联盟

1. "胶东刺参"质量保障联盟成立。

2013年10月18日，省渔业协会牵头，首批20家海参龙头企业发起成立了"胶东刺参"质量保障联盟。召开了质量保障联盟成立大会；联盟成员共同制订并签署了《山东省"胶东刺参"质量保障联盟章程》，依据章程规定协调联盟成员行动、约束联盟成员行为；省渔业协会与所有联盟成员企业统一签订了《山东省"胶东刺参"商标许可使用协议》；根据省渔业协会的授权，联盟成员企业在产品包装上加贴省渔业协会统一设计制作的"胶东刺参"标志。

这20家成员企业，是在企业自愿申请、地方渔业主管部门推荐的基础上，经过省渔业协会筛选确定的。其育苗、养殖、加工基地都在胶东地区，生产和销售的海参产品均为正宗"胶东刺参"。这20家企业的海参产量总计达1万多吨，约占全省刺参总产量的1/10，销售收入约占全省的1/8。企业的规模较大、信誉较高、产品质量放心，生产模式均为绿色、生态、全产业链型，是全省海参行业技术、质量、信誉等各方面最高水平的代表。20家成员企业在联盟成立大会上共同向社会郑重承诺：育苗和养殖过程中严格按照国家规定使用投入品，不投药、不投饵；加工过程中严格按照国家规定使用添加剂，不加糖、不加胶；实行标准化生产，每个生产批次都进行质量检验，不合格产品不出厂；假一罚十。

联盟制定了六大质量保障措施：一是生态的生产方式，二是绿色的加工工艺，三是可控的全产业链生产经营，四是可追溯的质量管理，五是严格的质量监督检查机制，六是健全的标准化技术体系。

2. "胶东刺参"质量保障联盟成立以来的做法。一是采取"胶东刺参"统一质量保障措施保质量。在省海洋与渔业厅的历次专项质量抽检中，抽检样品合格率达到100%。二是在全省海洋与渔业门户网站"海上山东"和"中国水产商务网"开辟专栏，开展了网上宣传推介活动。借第二届山东省国际农产品交易

会之际，开展了"胶东刺参"品牌推介活动，集中展示 20 家联盟成员企业的"胶东刺参"产品；三是组织了新闻媒体宣传推介活动。在《齐鲁晚报》上整版宣传推介"胶东刺参"品牌产品和 20 家联盟成员企业；组织了"胶东刺参"产销对接。联盟成员企业好当家、东方海洋等 6 家"胶东刺参"生产商与台湾、南京、济南、青岛、日照等地的 5 家采购商签订了"胶东刺参"购销合同，一次性签约金额达 6 170 万元。四是召开"胶东刺参"质量保障联盟年会促发展。2014 年 10 月 18 日，在"胶东刺参"质量保障联盟成立一周年之际，省渔业协会组织召开工作研讨会，共商"胶东刺参"发展大计，形成了四点共识。一是联盟获得了省领导和社会各界的关注。山东省委王军民副书记在全省农村工作会议上讲话时要求"要借鉴山东渔业协会成立'胶东刺参'质量保障联盟的做法，以利益为纽带，用市场的办法，严格质量管理，强化生产经营者自律，切实维护好生产者、消费者的合法权益，实现生产发展与质量安全的双赢"。二是通过整体宣传推介，联盟成员企业的知名度普遍提高，销售业绩也有明显提升。特别是产品包装上的"胶东刺参"标志，让很多消费者因为信任"胶东刺参"质量保障联盟而信任并选择联盟成员企业的产品。三是通过采取统一的质量保障措施并公开向社会作出承诺，促使联盟成员企业的质量意识和质量水平进一步提高。质量抽检结果表明，质量保障措施落实到位，产品质量安全，令人放心。同时，联盟成员企业对全省海参企业起到了示范引领作用，许多非联盟成员企业纷纷前往联盟成员企业学习取经，并提出入盟申请。四是开展了一系列推介、宣传、产品购销、产销对接活动，促进了全省海参产业健康发展。

（四）推进无公害产品和地理标志产品登记保护认证

近几年，根据农业部无公害认证和地理标志登记保护工作精神和总体部署，开展了一系列无公害水产品认证和地理标志产品登记工作，充分发挥认证产品品牌的引领作用，取得了明显效果。截止到 2014 年，山东省累计认定无公害水产品产地 693 个，认证规模 38.6 万公顷，产品 1 425 个，认证产量 209.5 万吨；累计申报地理标志登记保护产品 40 个，公示 39 个，公告颁证 37 个，登记保护水产品产量 129.7 万吨，登记保护规模 150.5 万公顷。无公害认证、地理标志登记保护数量居全国同行业前列，产品抽检合格率保持较高水平。一是严格管理，不断强化证后监管，开展了"三品一标"保真打假专项行动、"无公害水产品标志使用专项检查"、无公害认证产品产地现场检查等活动。二是加强认证队伍建设，开展技术培训。全省每年对无公害企业内检员、无公害检查员和地理标志核查员进行专项技术培训。

（五）支持渔业龙头企业培育、申报著名商标、驰名商标

近几年，山东省各级渔业部门积极支持渔业龙头企业申报商标，山东省好当家先后荣获"中国驰名商标""中国名牌产品"称号；东方海洋荣获"中国驰名商标"称号；烟台新海集团荣获山东省著名商标称号；东方海洋牌干海参、天源水产蓬莱阁牌大菱鲆、龙盘参鲍牌皱纹盘鲍与老尹家牌干海参、黄河口大闸蟹荣获第九届农交会金奖；烟台东方海洋三文鱼、崆峒岛牌干海参、明波水产半滑舌鳎、京鲁渔业鳕目鱼、青岛海滨小金牌干海参、黄河口大闸蟹、黄河口海参、黄河口虾皮荣获第十届农交会金奖；泰山螭霖鱼获国家地理标志产品和地理标志商标认定。荣成海带荣获"中国地理标志商标"和"中国驰名商标"称号；仁一牌手削昆布片、海之宝牌冷鲜深海小海带荣获"山东省名牌产品"；明月品牌认定为"山东省重点培育和发展的国际知名品牌"。

（山东省海洋与渔业厅）

展览展示

- 2014 吉林省优质农产品展销周
- 第五届中国余姚·河姆渡农业博览会暨第二届中国甲鱼节
- 第 79 届柏林国际绿色周
- 2014 年第十五届中国（寿光）国际蔬菜科技博览会
- 2014 北京·湖北恩施土家族苗族自治州硒茶博览会
- 第 12 届中国畜牧业博览会
- 2014 中国国际蓝莓大会暨青岛国际蓝莓节
- 中国（齐齐哈尔恒大）第十四届绿色有机食品博览会
- 2014 年中国农产品加工业投资贸易洽谈会
- 第八届中国东北地区绿色食品博览会
- 第十四届中国沈阳国际农业博览会
- 2014·盘锦大米河蟹（北京）展销会
- 2014 第五届大连国际农业博览会
- 2014 年中国（海南）国际海洋产业博览会
- 第十二届中国国际农产品交易会
- 2014 中国茶叶博览会
- 第十五届中国绿色食品博览会
- 2014 中国中部（湖南）国际农博会
- 2014 成都都市现代农业博览会暨农业科技成果展示交易会
- 第八届全国名优果品交易会

2014 吉林省优质农产品展销周

【展会时间】　2014 年 1 月 10～13 日
【展会地点】　吉林省长春市欧亚卖场
【展会主题】　绿色、特色、优质
【组织机构】
　　主办单位：吉林省农业委员会、长春欧亚卖场
【展会内容】
　　展会分为农产品电子商务展示体验区、农产品展销区两部分。其中，电子商务展示体验区 100 平方米，特色农产品销售区 3 900 平方米。展销产品涵盖了粮油产品、果蔬产品、畜禽产品、水产品、土特产品、中草药材、林下产品、饮料产品等多种吉林省优质特色农产品。

第五届中国余姚·河姆渡农业博览会暨第二届中国甲鱼节

【展会时间】　2014 年 1 月 16～20 日
【展会地点】　浙江省余姚市中塑国际会展中心
【展会主题】　健康、生态、精致、高效
【组织机构】
　　主办单位：中国优质农产品开发服务协会、中国渔业协会、浙江省农业厅、宁波市农业局、宁波市海洋与渔业局、余姚市人民政府
　　承办单位：余姚市农林局、余姚市商务局、中国塑料城管理委员会
【展会概况】
　　本届农博会为期 5 天，展示展销面积 28 000 平方米左右，设余姚市名优农产品展区、中国优质农产品展区、台湾及国际农产品展区、传统小吃休闲区及现代农业成果展示区等 5 个展区。组织 10 多个国家和地区、21 个省份和 250 余家本市农业产业化企业的

近 1 000 名参展商、采购商共享盛会。
　　展会以"健康、生态、精致、高效"为主题，突出主体培育、功能拓展、贸易洽谈、简约装修、质量安全 5 大特点，集中展示展销余姚市优质农产品及其加工产品，推介农业企业和农产品品牌，展示交流农业新技术、新成果、新农产品，在市场对接、促进助农增收等方面取得了新突破。
　　本次农博会重点开展甲鱼与养生文化宣传推介活动，提升余姚市生态甲鱼之乡的知名度和影响力，推动余姚市生态甲鱼产业发展。同时，首次为农博会注入了电子商务元素。

第 79 届柏林国际绿色周

【展会时间】　2014 年 1 月 17～26 日
【展会地点】　德国柏林国际展览中心
【展会概况】
　　"柏林国际绿色周"（The International Green Week）——德国国际食品工业、农业暨园艺机械博览会始办于 1926 年，是世界食品工业、农业及园艺领域最大、最具影响力的博览会。博览会为来自世界各地的参展商提供了销售和推介自己产品的良好机会，是我国相关企业开拓欧洲市场的最佳平台。
　　"2014 柏林国际绿色周"预计展出面积 11.5 万平方米，将吸引近 70 个国家和地区的近 2 000 家展商、10 万名采购商和 40 万名专业观众。来自世界多个国家的农业高级官员将出席博览会，就全球关注的食品安全、绿色经济等议题展开讨论。博览会还将举办多场技术交流、贸易洽谈、境外投资、合资、技术合作及转让等多方面的活动或专题研讨会。
　　由中国优质农产品开发服务协会组织的中国优质农产品展团将连续第二年登陆柏林国际绿色周，举办中国优质农产品推介等专项活动，并邀请农业部主管领导及相关司局

莅临展会现场。本届展览会主推中国区域公用品牌，对于推进实施区域公用品牌"走出去"战略、扩大区域公用品牌的国际影响力必将产生积极成效。

【展会内容】

农业、食品、饮料、鱼类、粮食、园艺用品、畜产品、肉制品、酒类等。

2014年第十五届中国（寿光）国际蔬菜科技博览会

【展会时间】 2014年4月20日至5月30日

【展会地点】 山东省寿光市寿光国际会展中心

【展会主题】 绿色·科技·未来

【组织机构】

主办单位：中华人民共和国农业部、中华人民共和国商务部、中华人民共和国科学技术部、中华人民共和国环境保护部、国家质量监督检验检疫总局、中国国际贸易促进委员会、中华全国供销合作总社、国家外国专家局、中国农业科学院、国家标准化管理委员会、中国科学技术协会、中国农业大学、山东省人民政府

承办单位：山东省农业厅、山东省科学技术厅、山东省商务厅、山东省环境保护厅、山东省质量技术监督局、山东出入境检验检疫局、山东省贸促会、山东省供销合作社、山东省外国专家局、山东省农业科学院、山东省旅游局、山东省科学技术协会、潍坊市人民政府、寿光市人民政府

协办：美国、德国、英国、俄罗斯、意大利、荷兰、克罗地亚、保加利亚、韩国、乌克兰、马达加斯加、哥伦比亚、墨西哥、比利时、玻利维亚、孟加拉、秘鲁、也门等驻华使馆、联合国粮农组织驻华代表处、联合国亚太农业工程与机械中心、太平洋岛国贸易与投资专员署、中国丹麦商会、英中贸

易协会、中国哥伦比亚商会、中国意大利商会、中国蔬菜协会

【展会概况】

中国（寿光）国际蔬菜科技博览会（简称菜博会），是商务部批准的年度例会，是目前国内最大规模、最具影响力的国际性蔬菜产业品牌展会，被中国贸促会认定"专业展'AAAA'级"。自2000年以来已成功举办了十四届，每届都以丰硕的经贸成果，独特的展览模式和丰富的文化内涵，在国内外产生巨大影响，共有50多个国家和地区、30个省、自治区、直辖市1739万人次参展参会，实现各类贸易额1599亿元。

第十五届菜博会以科学发展观为指导，以"绿色·科技·未来"为主题，以服务"三农"为目的，以现代农业科技为支撑，全面汇集展示和交流共享国内外蔬菜产业领域的新技术、新品种、新成果、新理念，促进设施农业、信息农业、低碳农业等科技新成果的转化和推广，加快农业现代化发展步伐；广泛开展投资洽谈、招商引资等活动，促进市场信息交流，扩大国际国内合作，促进区域经济发展。

2014北京·湖北恩施土家族苗族自治州硒茶博览会

【展会时间】 2014年5月16～18日

【展会地点】 北京市民族文化宫展览馆

【展会主题】 硒茶健康，绿色发展

【展会目的】

推介"恩施硒茶"品牌，展示展销"恩施硒茶"系列产品，提升恩施茶叶知名度和市场竞争力，推进恩施土家族苗族自治州茶产业链快速健康发展。

【组织机构】

主办单位：恩施土家族苗族自治州茶产业协会

支持单位：国家民委武陵山办、农业部

优质农产品开发服务中心、中国农业科学院茶叶研究所、北京市茶叶协会、湖北省茶叶协会

策划执行：恩施一品文化传媒有限公司

【布展形式】

全州统一租用场地独立办展，各县市组团参展。展区统一打"恩施硒茶"品牌，分展区按"恩施硒茶"子品牌恩施玉露、鹤峰茶、利川功夫红茶、伍家台贡茶、咸丰帝茶、建始早雾青、巴东金果茶、武陵龙凤与金祈藤茶布展。

【展会内容】

（一）开幕式

时间：5月16日上午9：28～10：00

地点：民族文化宫展览馆

参加人员：参会领导、嘉宾、企业代表

（二）恩施硒茶推介及产销对接会

时间：5月17日上午9：00～11：00

地点：民族饭店会议室

参加人员：州领导、各县市领导、特邀客商、茶企代表

（三）恩施硒茶翠泉专卖店开业仪式

时间：5月18日上午9：58～10：30

地点：北京马连道茶城

参加人员：州领导、各县市领导、茶企代表

（四）现场品茗

时间：5月16日下午14：30～17：00，邀请农业部驻武陵山区扶贫人员现场品茗；5月17日下午14：30～17：00，邀请在京恩施知名人士现场品茗。

地点：民族文化宫展览馆

参加人员：州领导、各县市领导

（五）展示展销

时间：5月16～18日。

5月14～15日布展，5月18日下午16：00～19：00撤展。

地点：民族文化宫展览馆

参加人员：参展企业等

第12届中国畜牧业博览会

【展会时间】 2014年5月18～20日

【展会地点】 山东省青岛市青岛国际博览中心

【组织机构】

主办单位：中国畜牧业协会

特别赞助单位：大北农集团

赞助单位：中国牧工商（集团）总公司、北京首都农业集团有限公司、广东温氏食品集团股份有限公司、牧羊有限公司、成都天邦生物制品有限公司、广州市华南畜牧设备有限公司、北京Big Dutchman农业机械设备有限公司、广州广兴牧业设备有限公司、普莱柯生物工程股份有限公司、青岛鑫福泰国际贸易有限公司、山东新希望六和饲料有限公司、正大集团

协办单位：天兆猪业、北京伟嘉集团、北京京鹏环宇畜牧科技股份有限公司、燕北集团—北京燕北华牧科技有限公司、福建傲农生物科技集团有限公司、山东恒基农牧机械有限公司、青岛田瑞牧业科技有限公司、青岛兴仪电子设备有限责任公司、青岛大牧人机械有限公司、青岛鑫联畜牧设备有限公司、上海百勤机械有限公司、河南金凤牧业设备股份有限公司、河南中州牧业养殖设备有限公司、沧州洪发畜牧机械有限公司、北京双仕达天和国际文化传媒有限公司

【展会内容】

国内外畜牧（种畜禽、商品畜禽养殖）、饲料（饲料原料、饲料添加剂等的生产经营）、畜牧行业生产资料（饲草、兽药、疫苗、动物保健品等的生产经营）、畜牧饲料机械及加工设备、现代化猪禽场设计等，优质畜产品（肉、蛋、奶、毛绒皮产品及其制品）、畜牧饲料科技成果（新产品、新成果、专利产品等）、生物质能源及相关产品、畜牧及相关行业媒体等全产业链各环节的产品、信息与服务。

1. 国内外种畜禽、商品畜禽养殖（猪、禽、牛、羊、兔、鹿、骆驼、毛皮动物、特种养殖等）及其生产资料。

2. 兽药、疫苗、动物保健品及兽药生产、加工、包装机械、设备、材料、兽医器械等。

3. 饲料（饲料原料、饲料添加剂、添加剂预混合饲料、浓缩饲料、配合饲料、特种饲料等）、饲料加工机械设备及配件、饲料质量检测仪器设备、微机控制系统及软硬件、饲料配方技术、饲料科技等。

4. 畜牧生产与养殖相关机械、设备、器械、用具、工程等（饲喂设备、通风设备、温控设备、环控设备、标准化养殖厂设计及工程建设）。

5. 草业及其深加工产品（草粉、草颗粒）、草种、草机械、草业科技等。

6. 优质畜产品（肉、蛋、奶、毛绒皮产品及其制品）；畜产品加工与冷藏设备、可追溯系统、食品安全检测设备。

7. 畜牧科技成果（新产品、新技术、新成果、专利产品等）。

8. 生物质能源（畜牧业利用生物质能源的相关技术、设备等）。

9. 包装与运输（畜禽生产资料与畜禽产品包装材料、包装机械及相关运输设备，如饲料运输车、种猪、禽雏运输车等）。

10. 畜牧业综合服务（信息、媒体、软件、科技、咨询、金融、保险、培训、劳动服装等）。

11. 国家核心育种场、标准化示范种畜禽场、百强优秀畜牧企业和全国农民专业合作社。

2014 中国国际蓝莓大会
暨青岛国际蓝莓节

【展会时间】 2014 年 6 月 6～7 日

【展会地点】 山东省青岛市黄岛区滨海大道 1288 号黄岛福朋喜来登酒店隆和大宴会厅

【组织机构】

主办单位：青岛市人民政府、中国农产品市场协会

承办单位：青岛市农业委员会、黄岛区人民政府、佳沃集团有限公司、北京东方艾格农业咨询有限公司

协办单位：中国大健康产业联盟、中国园艺学会小浆果分会、国际蓝莓组织（IBO）、智利蓝莓协会、美国蓝莓协会、加拿大蓝莓协会

赞助及支持企业：佳沃集团有限公司、中国平安保险（集团）股份有限公司、平安银行股份有限公司、中国平安财产保险股份有限公司、BBC TECHNOLOGIES、北京美林地景灌溉科技有限公司、晶叶（青岛）生物科技有限公司、北京福来品牌营销顾问机构、SGS 通标标准技术服务有限公司、云南万家欢集团、青岛隆辉农业开发有限公司、浙江蓝美农业有限公司、大连蓝风农业科技有限公司、北京东方润泽生态科技股份有限公司、北京福瑞通科技有限公司、上海华维节水灌溉有限公司、呼玛县天地山野产品有限公司、青岛高力特工贸有限公司、山东莱芜绿之源节水灌溉设备有限公司

【展会概况】

本届大会旨在通过聚焦全球视野，凝聚行业共识，交流国际经验，推动中国蓝莓产业的发展，引领中国人的绿色健康生活方式。

本次大会包括高峰对话、产业发展论坛、技术应用论坛、展览展示和蓝莓全产业链示范企业参观等多项内容，将集中展现当前国际、国内蓝莓产业最新科技和前沿成果，成为引领中国蓝莓全产业链发展的风向标。

此次盛会吸引了国际、国内蓝莓产业的行业领袖、专家学者和众多从业者齐聚青岛。会议期间，国际蓝莓组织、智利蓝莓协会、

美国蓝莓协会、加拿大蓝莓协会众多业内优秀企业云集高峰论坛，分享全球蓝莓产业的最新趋势与发展经验，并为中国蓝莓产业的发展献计献策。

本届中国国际蓝莓大会是中国第二届国际性蓝莓产业盛会，是当前国际蓝莓产业最新趋势、技术和管理实践的交流平台，是中国蓝莓产业最新发展成果的展示舞台，是蓝莓产业适应市场发展，寻求创新突破的市场教育平台，是中国蓝莓产业与国际接轨的重要桥梁。

2014青岛国际蓝莓节期间还举办了"青岛国际蓝莓嘉年华"活动，在形式多样的活动中融入蓝莓市场教育，让更多市民参与其中，培养国人的蓝莓消费习惯，引领绿色健康生活方式，进而推动青岛及全国蓝莓产业的发展。

本次大会责任保险由中国财产保险股份有限公司赞助。

中国（齐齐哈尔恒大）第十四届绿色有机食品博览会

【展会时间】　2014年8月28日至9月1日

【展会地点】　黑龙江省齐齐哈尔市齐齐哈尔国际会展中心

【展会主题】　绿色、健康、合作、发展

【组织机构】

主办单位：黑龙江省人民政府

承办单位：中国绿色食品发展中心、齐齐哈尔市人民政府

【展会概况】

共设国际标准展位660个，比上届增加展位210个，有来自美国、德国、俄罗斯、韩国、日本、中国香港等10个国家和地区、24个省市302家企业的29大类近3 000个品种参展，其中宁夏红集团、北大荒集团、飞鹤、北大仓、黑森等省内外知名企业35家，

广州恒大粮油、郑州大自然、南京绿国鑫源、锦泓食品等76家公司首次参会，特别是恒大集团冠名本届绿博会，极大地提升了本届展会的规格及影响力。本届展会设有实物展、图片展及专家咨询区，全面展示国内外农业优良品种、先进技术、生物有机肥药及药械等。据统计，本届绿博会参会参展和参观购物者18万多人次，其中参观学习的农民达2.8万人次，使销售场面红火。绿色有机特色食品总成交额10.6亿元，总成交量201万吨，其中，绿色食品现场销售6.2亿元；农业科技博览成交0.32亿元；农机现场销售2 400台（套），金额1.6亿元，现场签约额2.7亿元。

2014年中国农产品加工业投资贸易洽谈会

【展会时间】　2014年9月6～14日

【展会地点】　河南省驻马店市会展中心

【组织机构】

主办单位：河南省人民政府

支持单位：农业部

承办单位：河南省农业厅、驻马店市人民政府

【展会内容】

（一）农业及农产品加工项目发布、洽谈和签约。推介一批符合国家产业政策、科技含量较高、发展潜力大、市场前景好的农业和农产品加工项目，引导国内外有投资意向的知名农产品加工企业、农业产业化龙头企业、金融投资机构及知名商会、协会为主体进行项目对接洽谈和签约。

（二）农产品展示和贸易。"农洽会"设粮、油、肉、蛋、奶、饮料、调味品、果蔬、饲料、木制品及农产品、食品加工机械设备等展示和贸易平台。

1. 综合展示区。在驻马店市会展中心内设主食加工业展示区，集中展示主食加工业发展成果；国家级农业产业化重点龙头企业

及国家级农民合作社展示区。

2. 产品贸易区。在驻马店市天中广场设产品贸易区,包括原产品、粮油加工、肉奶加工、果蔬调味品、纺织品、皮革加工、中药材、木材家具等八大类展区。

3. 农产品、食品加工机械设备展示区。在驻马店市天中广场设农产品、食品加工机械设备展示区。

4. 境外企业展示区。在驻马店市天中广场设境外企业展示区。

5. 休闲农业展示区。集中展示一批农业部认定的农耕文明悠久、乡村文化浓郁、民俗风情多彩、自然环境优美的中国美丽田园。

(三)农产品加工业科研成果转化项目发布、洽谈与签约。设立科研成果转化发布区,发布推介一批农产品加工新技术、新产品、新工艺和新专利。同时组织农产品加工科研院所、大专院校与农产品加工企业洽谈对接,签约一批科企合作项目,促进农产品加工技术转化、推广和应用。

(四)农产品产销对接及采购项目洽谈、签约。设立农产品采购和贸易项目签约区,组织 80 家以上境内外采购商、贸易商、大型超市、批发市场、商品流通企业、电子商务平台与农产品加工企业、农产品生产基地、合作社等对接洽谈,签约一批产品采购和贸易项目。

(五)东盟农产品加工项目推介活动。依托东盟国际贸易投资商会,组织一批东盟农产品加工企业开展项目推介活动。

(六)农产品加工业投融资交流暨银企对接活动。邀请境内外金融机构和大型投融资公司的高管和专家,分析研讨当前国际、国内金融政策走势,研讨扶持农产品加工业、农业产业化发展的政策措施,帮助企业及时了解最新政策动向,扩大融资规模,做大做强农产品加工企业。同时举办银企洽谈会,签约一批银企合作项目,解决农产品加工企业融资难问题。

第八届中国东北地区绿色食品博览会

【展会时间】 2014 年 9 月 12～15 日

【展会地点】 辽宁省大连市大连星海会展中心

【展会宗旨】 发展绿色食品生产,促进绿色食品贸易,培育绿色食品市场,倡导绿色食品消费

【组织机构】

主办单位:大连市农村经济委员会、中国国际贸易促进委员会大连市分会、大商集团

协办单位:辽宁省绿色食品发展中心、吉林省绿色食品发展中心、黑龙江省绿色食品发展中心、黑龙江省农垦绿色食品办公室、内蒙古自治区绿色食品发展中心、大连市连锁经营协会

支持单位:中国绿色食品发展中心

承办单位:大连市绿色食品发展中心,大商展览公司

【展览范围】

1. 绿色、有机包装食品:粮油调味品、休闲食品、冲调食品、营养保健食品、酒水饮料、烘配食品、冷藏日配食品、冷冻食品、方便食品等。

2. 无公害、绿色、有机农产品:蔬菜、水果、蛋禽肉及制品、农副产品、山林特产等。

3. 地理标志产品、地方特产:大连海参、盘锦河蟹、五常大米、新郑大枣、信阳毛尖、桂林米粉、吉林长白山人参、马家沟芹菜、沾化冬枣、呼伦贝尔牛肉干、河南铁棍山药、山东莱阳梨等。

第十四届中国沈阳国际农业博览会

【展会时间】 2014 年 9 月 18～21 日

【展会地点】 沈阳国际展览中心

【组织机构】

主办单位：沈阳市人民政府、辽宁省农村经济委员会、农业部农业贸易促进中心

【展会内容】

1. 无公害农产品、绿色食品、有机食品：粮油、果蔬、糖酒、畜禽产品、水产品、肉制品、乳制品、蜂产品等。

2. 生产资料：种子、饲料、农药、肥料、兽药等。

3. 林特产品：土特产品、茶叶、中药材、干鲜果等。

4. 园林花卉：园林工程、花卉、苗木、盆景等。

5. 农业科技：农业新技术、新成果、新材料、新产品以及高新农业基地、科研院所、农业网站、农业书刊发行单位等。

6. 生态旅游：农庄、山庄旅游景点及旅游产品等。

7. 农业机械：种植、收割、排灌及农产品加工机械等。

8. 食品加工：食品加工、包装机械等。

2014·盘锦大米河蟹（北京）展销会

【展会时间】 2014年9月27日至10月2日

【展会地点】 北京市全国农业展览馆一号馆

【展会主题】 生态稻米、优质河蟹

【组织机构】

主办单位：中国优质农产品开发服务协会、辽宁省农村经济委员会、辽宁省海洋与渔业厅、盘锦市人民政府

支持单位：中国饭店协会、中国粮食行业协会大米分会、中国渔业协会河蟹分会

承办单位：中国北方粮食城、辽宁鲜活水产城

协办单位：盘锦市粮食行业协会、盘锦市河蟹行业协会

【展会宗旨】

宣传推介优质盘锦大米、盘锦河蟹及名、优、新、特农产品，展示盘锦农业农村经济发展及地域特色农业产业化发展成果，加强市场信息沟通与交流，拓展现代流通渠道，提高企业积极参与国内外市场竞争意识，实现互利双赢。

【展会内容】

（一）优质生态稻米，河蟹及名、优、新、特农产品展示；

（二）大米，河蟹等美食现场制作表演；

（三）展销会期间企业与客商进行洽谈、交易，并现场签约。

【布展形式】

馆内分设优质生态稻米类展区，优质河蟹类展区，名、优、新特农产品类展区，并设有互动区（现场品尝）、洽谈区、休息区、外部销售区和现场加工区及蟹道文化表演区。

2014第五届大连国际农业博览会

【展会时间】 2014年10月16～20日

【展会地点】 辽宁省大连市大连星海会展中心

【组织机构】

主办单位：中国国际贸易促进委员会大连分会

支持单位：大连市人民政府、大连市农村经济委员会

承办单位：大连超越国际展览有限公司

【展会概况】

中国大连国际农业博览会（简称农博会）是我国农业行业中最专业的展会之一，组委会将秉承历届展会优势，总结经验，全力搭建顶级农业领域展示交易重要平台，帮助企业开拓国内外市场，促进市场信息交流。本届农博会继续以打造现代农业成果展示平台、优质农产品交易平台、农业项目合作平台、农业高新科技信息发布平

台为目标，加强与国内外企业的交流与合作，实现共同发展。

【展会主题、宗旨和目标】

农博会将以展示现代农业、新农村建设成就为主线，以建设都市型现代农业、培育地方品牌、扩大内外市场、促进农业合作为主题，以打造现代农业成果展示平台、优质农产品交易平台、农业项目合作平台、农业高新科技信息发布平台为目标，全面展示近年来都市型现代农业和新农村建设成就，加强与国内外企业的交流与合作，促进大连市农业和农村经济发展上新台阶。

【展会内容】

食品类

食品：有机、绿色、无公害农产品、饮料、罐头、糖果、乳制品、休闲食品、肉制品、冷冻食品、水产品、海产品、保健食品。

烘焙及咖啡类：面包、糕点、月饼、饼干、方便食品、咖啡豆、咖啡伴侣、速溶咖啡、奶酪等。

果蔬类：新鲜蔬菜、脱水蔬菜、冷冻蔬菜、灌装蔬菜、新鲜水果、干果、冷冻水果、灌装水果、糖水果、果酱。

茶叶类：乌龙茶、绿茶、红茶、白茶、茶浓缩汁、茶粉、茶食品。

食品原辅料：食品原辅料、添加剂、调味品。

设备与农药类

生产设备、施用设备、灌装设备；检验、包装、制作等仪器及设备；包装设备、粉碎设备、储运设备等；杀虫剂、杀菌剂、除草剂、杀鼠剂、昆虫生长调节剂、生物农药、环保农药等。

种子与肥料类

各类蔬菜、花草、林木、果树种子、种苗；种子种苗新品种、新技术及最新科研成果展示；生物肥、有机天然肥、复合肥、生态肥、控释肥、复混肥、叶面肥等。

2014 年中国（海南）国际
海洋产业博览会

【展会时间】 2014 年 10 月 17～19 日

【展会地点】 海南省海口市海南国际会议展览中心

【组织机构】

主办单位：中国国际贸易促进委员会、海南省人民政府

协办单位：中国渔船渔机渔具行业协会、中国渔业协会、中国休闲垂钓协会、海南省商务厅、三亚市、三沙市、儋州市、文昌市、琼海市、万宁市、东方市、澄迈县、临高县、乐东黎族自治县、昌江黎族自治县、陵水黎族自治县人民政府、广东渔船渔机渔具行业协会、广东海洋协会、广东渔业协会、广东省水产流通与加工协会、广东龟鳖养殖协会、海南省水产流通与加工协会、海南省会议展览协会、中国国际商会海南商会

承办单位：中国国际贸易促进委员会海南省分会、海口市人民政府

执行单位：海口市会展局、海南共好会议展览有限公司、海口中展国际展览有限公司

【展会概况】

2013 年年底，中央提出建设 21 世纪"海上丝绸之路"的战略构想，海南积极响应，确定将"在海上丝绸之路建设中更好地发挥海南桥头堡作用"。中国（海南）国际海洋产业博览会的举办，旨在进一步贯彻落实省委、省政府关于大力发展海洋经济，助推"海上丝绸之路"战略构想的实现，扩大海南与周边国家的海洋、旅游产业的交流，促进各方商贸合作。海博会将以科学发展观为指导，以"海上丝绸之路"战略构想为指引，充分发挥南海面积广袤、资源丰富的优势，突出海洋渔业和海洋旅游产业，以推动全国海洋产业升级，为和平开发南海，带动周边国家经济共同发展提供一个优质平台。

【展会内容】

1. 海南省海洋产业综合展区

海南海洋产业发展成果展示、规划展示、项目推广。

2. 渔业捕捞技术及装备展区

船舶设计、渔船建造、动力装置、通信导航、渔船机械设备、捕捞装备、绳网渔具、渔具材料。

3. 水产养殖技术及设备展区

养殖设备、养殖网箱、拦网设施、各类养殖用泵、投饲机、清淤机，优质水产苗种，饲料、钓饲料添加剂、渔用药等；水产品检验检测仪器设备；水质监测及分析系统、水质净化消毒系统、增氧系统。

4. 水产加工流通技术及设备展区

各类水产活品、冻品、干品及深加工制品；水产品保鲜、冷冻、精深加工技术及设备；远洋运输及储运；水产品综合利用及水产工业项目合作。

5. 休闲渔业展区

休闲游艇、渔具、饵料、钓鱼船及小艇；观赏鱼、水族系列。

第十二届中国国际农产品交易会

【展会时间】　2014 年 10 月 25～28 日

【展会地点】　山东省青岛市青岛国际会展中心

【展会主题】　深化农村改革，发展现代农业

【展会概述】　中国国际农产品交易会（以下简称农交会）是农业部唯一主办、商务部重点引导支持的大型综合性农业盛会，已连续成功举办十一届，在宣传农业政策、展示农业成就、推广农业技术、活跃农产品流通、促进贸易合作等方面发挥了重要作用，为保障农产品供应、促进农民增收、发展农业农村经济做出了积极贡献。

【组织机构】

主办单位：中华人民共和国农业部、山东省人民政府

协办单位（拟商请下列单位协助举办）：国家发展和改革委员会、中华人民共和国财政部、中华人民共和国海关总署、国家质量监督检验检疫总局、中国证券监督管理委员会、中华全国供销合作总社、中国国际贸易促进委员会

承办单位：青岛市人民政府、山东省农业厅、全国农业展览馆、中国农业展览协会、中国国际贸易促进委员会农业行业分会

【目标定位】

按照党的十八大和中央 1 号文件精神，结合今年农业农村工作重点，推动农交会向"专业化、市场化、品牌化"方向发展，巩固和发展农交会作为国家级农产品贸易盛会地位。

【宗旨和原则】

办展宗旨：展示成果、推动交流、促进贸易

办会原则：精品、开放、务实

【规模和布局】

本届农交会室内外展出总面积约 6 万平方米，其中室内展区 5 万平方米，包括 32 个省级综合展区（含新疆兵团）、台湾展区和国际展区，以及农业信息化展区、兽医用品及兽药展区、茶叶展区、水产展区等专业展区，室外农机展区 1 万平方米以内。

省级综合展区由各省（自治区、直辖市）及新疆生产建设兵团农业行政主管部门负责组织，台湾展区由农业部台办负责组织，国际展区由农业部贸促中心负责组织，农业信息化展区由农业部信息中心负责组织，兽医用品及兽药展区由中国动物疫病预防控制中心负责组织，水产展区由中国水产流通与加工协会负责组织，茶叶和农机展区进行市场化组展，分别委托福建省茶叶学会和武汉励展伟业展览策划有限公司负责组织。

【企业与产品】

本届农交会继续邀请国家级和省级农业

龙头企业、"三认证"企业以及大中型农产品出口、外资合资和境内外知名企业参展，同时鼓励具有良好发展前景、无不良记录、生产名特优新农产品的中小企业、示范区、合作社及科研单位参加。

2014 中国茶叶博览会

【展会时间】 2014 年 10 月 31 日至 11 月 3 日

【展会地点】 山东省济南市济南国际会展中心

【展会主题】 品质、品牌、安全

【展会宗旨】 展示成果、促进交易、培育品牌

【组织机构】

主办单位：农业部优质农产品开发服务中心、中国优质农产品开发服务协会、中国农科院茶叶研究所、中国茶叶学会、海峡两岸茶业交流协会、山东省农业厅、济南市人民政府

承办单位：厦门市凤凰创意会展服务有限公司

【展会范围】

参展产品包括茶叶、茶制品、茶具、茶文化、茶机械等，参展企业和单位包括茶叶生产加工龙头企业、专业合作社、生产基地、茶文化企业、茶叶科研机构以及茶产品经销企业。

【主要活动】

茶产品、茶具、茶机械等展示展销。以实物、资料、图片等形式对优势产区的优质茶叶、传统茶艺、特色茶具、先进生产和加工技术等进行展示展销。

茗茶品鉴与茶文化知识讲坛。邀请部分知名企业和专家，面向消费者进行沏茶、泡茶、品茶等茶艺现场展示，邀请消费者品茶，普及茶文化知识。

名特优新茶叶推介活动。开展 2013 年度全国名特优新农产品目录茶叶类产品品牌推介活动，邀请新闻媒体加强宣传，提高品牌的市场影响力和产品的社会认可度。

产品对接、洽谈签约活动。邀请一批全国知名茶城的经销企业，连锁超市、茶叶专卖店等采购商到会进行合作交流、贸易洽谈。

茶叶品牌遴选推荐活动。面向参展企业和产品开展"优秀品牌"和"极具发展潜力品牌"遴选推荐活动，促进茶叶品牌培育与建设。

"优质茶园"认定活动。中国优质农产品开发服务协会面向参展的会员企业开展"优质茶园"认定活动，为获得认定企业颁发证牌。

第十五届中国绿色食品博览会

【展会时间】 2014 年 11 月 6～9 日

【展会地点】 上海市上海国际农展中心

【展会主题】 绿色生态、绿色生产、绿色消费

【展会宗旨】 展示成果、促进贸易、推动发展

【组织机构】

主办单位：中国绿色食品发展中心、上海市农业委员会

协办单位：中国绿色食品协会、农业部农产品质量安全中心、中粮集团

承办单位：上海市绿色食品发展中心、上海农业展览馆

【展会概况】

中国绿色食品博览会创办于 1990 年，是全国性绿色食品集中展示和贸易洽谈的大型活动，已成为国内绿色食品产业专业性最强、规模最大、最具权威性的绿色食品贸易盛会。为进一步适应绿色食品市场建设和企业拓展市场的要求，经农业部批准，从 2009 年起中国绿色食品博览会举办方式将由原来的两年一届改为一年一届。其中双年固定在上海市，

单年在各地巡回，由各地申办，展会名冠以年份及举办城市名。

与往届上海绿博会相比，本届绿博会有两个新的特点，一是商务活动丰富多彩。采购商的范围进一步拓宽，增加了高校后勤系统采购负责人采买专场。二是宣传形式变化多样。本届绿博会加强了新媒体宣传，在"中国农业信息网""中国食品商务网""食品伙伴网""食品安全资讯网""中国搜索""农校对接服务网"等十几家网站开展宣传广告发布工作，在展期设"新华网访谈"，展会现场实现网上直播，对企业和展团进行深度采访报道。

2014 中国中部（湖南）国际农博会

【展会时间】　2014 年 11 月 17～24 日

【展会地点】　湖南省长沙市红星国际会展中心

【组织机构】

主办单位：中华人民共和国农业部、湖南省人民政府

支持单位：中华人民共和国商务部、中华全国供销合作总社

承办单位：湖南省农业委员会、长沙市人民政府、中国农产品市场协会

执行单位：湖南省农业委员会市场信息处、长沙市雨花区人民政府、红星实业集团有限公司

网络协办单位：湖南惠农科技有限公司

【展会概况】

湖南农博会正式创办于 1999 年，于 2009 年更名升格为"中国中部（湖南）国际农博会"，至今已成功举办了十四届，2014 年是第十五届。历经 15 年的发展，通过展示农业新技术、新产品、新成果，已成为实现农业大交流、大合作、大发展的极富感召力和影响力的国际化农业品牌盛会。先后荣获了"中国品牌展会金鼎奖""新世纪十年中国会展产业杰出典范""中国最具影响力的专业展会""中国十大创新特色展会"等称号，被农业部认定为四星级农业品牌会展（综合展）之一。

【展览范围】

2014 年中国中部（湖南）国际农博会参展企业是国家级和省级农业产业化重点龙头企业；产品获得无公害认证、绿色食品认证、有机农产品认证的企业；大中型农产品出口企业；外资合资企业及境外知名企业；市场前景良好，有发展潜力、无不良记录的优秀中小型企业。

2014 成都都市现代农业博览会暨农业科技成果展示交易会

【展会时间】　2014 年 12 月 11～14 日

【展会地点】　四川省成都市世纪城新国际会展中心

【展会概述】

成都农博会作为成都首个自主品牌的农业专业展会，以突出参展实效性和专业交易功能为核心宗旨，立足成都、融合全省、覆盖西部、辐射全国、面向国际，是涵盖农业全产业链的具有国际化、现代化、品牌化、专业化的都市现代农业博览会，突出现代农业技术交流、投资促进、品牌宣传、产销对接四大展会实效，为国内外涉农企业拓展中西部市场、促进贸易合作提供展示交流平台。

【组织机构】

主办单位：成都市人民政府、四川省农业厅

承办单位：成都市农业委员会、成都市博览局、成都市科技局、成都市商务局、成都市旅游局、成都市投资促进委员会、成都传媒集团

协办单位：中国农业科学院（拟）、全国农业技术推广服务中心

【展览范围】

（一）国际展区。新西兰、荷兰、以色列、意大利、澳大利亚、泰国、马来西亚等国家的农业设备、农业技术、农业新型材料、农业合作项目、优质农产品等。

（二）农业科技成果展示交易区。先进种植技术、农业物联网技术、农业生物技术、农业信息技术、农业灌溉技术、设施农业技术、绿色农业技术、农产品冷链物流技术、农产品包装技术、循环农业模式等现代农业高新技术。

（三）休闲观光农业展示推广区。创意农业庄园、创意农业设计成果、创意农业策划服务公司、休闲农业生态园区、休闲农业设计规划企业、配套设施企业、乡村旅游项目、农家乐、乡村连锁酒店、展示寓生产、生活、生态于一体的现代农业新兴发展形态与旅游方式。

（四）地方优势特色农产品交易区。永乐葡萄、凌源蓝莓、西江大米、赣南脐橙、武夷红茶、盐源苹果、安岳柠檬、汉源花椒、郫县豆瓣等国内及省内优势特色农产品集中展示交易。

（五）有机农业展示区。有机蔬菜、有机水果、有机豆类、有机茶叶、有机肉制品、有机乳制品、有机畜禽产品等纯天然无污染的有机农业。

（六）农资农机展示区。国内农业机械装备及零配件、农作物种子、农药、肥料、饲料、饲料添加剂、畜牧种、食用菌菌种、水产种苗、渔药、渔机渔具等。

第八届全国名优果品交易会

【展会时间】 2014 年 12 月 12～15 日

【展会地点】 浙江省杭州市杭州和平国际会展中心

【展会主题】 优质、特色、品牌

【展会宗旨】 展示成果、促进交易、培育品牌

【组织机构】

主办单位：农业部优质农产品开发服务中心、浙江省农业厅

承办单位：浙江省优质农产品开发服务中心、浙江省优质农产品开发服务协会、厦门市凤凰创意会展服务有限公司

【展会范围】

立足我国优势农产品和特色农产品区域布局规划，重点组织全国果品优势产区中的100 个左右县（市、区）、数百家企业的名特优新果品参展，通过简约大方、整齐美观的展位布局，打造"百县百企"名果展示展销平台。

【主要活动】

名特优新果品品鉴推介活动。组委会安排一次全国名特优新果品品鉴推介专场，组织遴选一批具有区域优势、品质优良、特色鲜明的果品进行现场展示和品鉴推介，邀请相关媒体跟踪宣传。

产销衔接、洽谈签约活动。邀请一批全国大型农产品批发市场、物流中心、连锁超市、专卖店等采购商、经销企业到会进行合作交流和贸易洽谈。

"优质果园"认定活动。由中国优质农产品开发服务协会面向参展的会员企业开展"优质果园"认定活动，为获得认定企业颁发证牌。

品牌促进

- 优质农产品杂志社主办"进一步加强食品品牌和农产品品牌建设座谈会"
- 中国优质农产品开发服务协会五届六次常务理事会
- 中欧国际工商学院举办2014年第三届中国国际农商高峰论坛
- 中国优质农产品开发服务协会枸杞产业分会成立
- 圣羊国际羊文化美食节暨"强农兴邦中国梦·品牌农业中国行——走进科右中旗"
- 2014品牌农业发展国际研讨会在北京举行
- 《优质农产品》创刊一周年座谈会
- 2014 CCTV中国品牌价值评价信息发布
- 《品牌价值评价　农产品》国家标准正式实施

优质农产品杂志社主办"进一步加强食品品牌和农产品品牌建设座谈会"

2014 年 3 月 11 日下午,十余名全国"两会"代表、委员做客农业部,参加由优质农产品杂志社主办的"进一步加强食品品牌和农产品品牌建设座谈会"。座谈会由农业部党组成员、中纪委驻农业部纪检组组长、中国优质农产品开发服务协会会长朱保成召集。代表、委员就加强优质农产品的品牌建设,满足吃得好吃得安全,广抒己见。

来自中国优质农产品开发服务协会、中国农业出版社、中国质检出版社、中国品牌促进会等单位的有关领导,以及来自新华社、人民日报社、中央电视台、农民日报社等单位的媒体记者参加了座谈。

2013 年年底召开的中央农村工作会议强调,要大力培育食品品牌和农产品品牌,用品牌保证人们对产品质量的信心。这是基于当前我国农业乃至经济社会发展阶段,党中央、国务院所提出的要求。

座谈会上,全国人大代表、政协委员刘平均、牛盾、翟虎渠、薛亮、刘身利、赵立欣、林印孙、韩真发、王亚洲等先后发言。他们认为,这次座谈会开得及时并且富有成效,其中把品牌培育作为现代农业发展的重大战略是事关中国农业现代化的重要提议。

座谈会上,与会代表委员阐述了优质农产品与农业品牌建设的相互辩证关系。认为,加强农业品牌建设旨在发展优质农产品,保证吃得安全;没有优质农产品,农业品牌则立不住、立不实。大家还就如何大力发展优质农产品、从源头上保证餐桌上的安全等重要话题各抒己见。

（中国优质农产品开发服务协会）

中国优质农产品开发服务协会五届六次常务理事会

2014 年 3 月 22 日,中国优质农产品开发服务协会五届六次常务理事会在北京会议中心召开。农业部党组成员、中纪委驻农业部纪检组组长、中国优农协会会长朱保成出席会议并讲话。

会议报告了协会 2013 年工作和财务情况,审议通过了协会 2014 年的工作要点、审议通过了提交五届七次理事会审议的《会员管理暂行办法（审议稿）》、审议通过了 80 个单位的入会申请、审议了有关人事事项,会议介绍了优质农产品信任系统及智慧电子商务平台建设情况。

朱保成会长的讲话指出,要深刻领会中央有关会议精神特别是习总书记系列重要讲话精神,抢抓机遇大力推进优质农产品和品牌农业发展。紧紧围绕"主攻流通、主打品牌"的重点和今年工作要点,脚踏实地抓好各项工作的落实,以创建 4A 级协会为目标,以更大的魄力和更加务实的工作全面加强协会自身建设。

朱保成就落实今年的几项重点工作时强调,要深刻领会中央 1 号文件提出的相关政策与要求,一要全力筹备并开好"2014 年品牌农业国际研讨会"。充分利用这个阵地,宣传我国的优质产品,扩大国际影响力,要把这次会议作为探寻企业品牌建设途径、吸纳国际品牌建设经验、推进品牌做大做强的有效平台。二要尽力抓好"中国优质农产品信任系统及智慧电子商务平台"的应用和示范推广。充分认识物联网特别是农产品电子商务平台在推进现代农业发展、提升农产品流通效率方面的重要作用，切实抓好协会与罗克佳华公司共同研发的这个系统和平台的推广应用。三要加快实施农业走出去战略，着力开拓农产品市场。引导、动员和支持有条件的会员单位特别是常务理事单位走出去，从事农产品境外生产或国际贸易，扩大农产品的国际营销力度。四要创新品牌农产品融资渠道，强化金融服务。发挥扶持基金的引导和引领作用，动员、引导、支持有条件的会员单位开展股权融资。借鉴农业部船东互保协会的成功经验，积极探索开展特色优势农产品保险服务的途径。总结推广联想佳沃集团等工商资本进军特色农产品开发行业的有益探索，做好工商资本进入农业领域的有关服务工作。

会议由常务副会长刘新录主持。出席会议的协会领导还有张华荣、王春波、黄竞仪、张利、谢海林、王洪江、贾中军、潘春来等。

（中国优质农产品开发服务协会）

中欧国际工商学院举办 2014 年第三届中国国际农商高峰论坛

2014 年 5 月 25 日，2014 第三届中国国际农商高峰论坛于中欧北京校区举办。本次论坛的主题为"拥抱转型：农业现代化与生态农业新突破"，聚焦改革传统小农经营模式、构建新型农业经营体系，实现农业生产"生态化"的可持续发展。本次论坛遍邀全球农商领域远见卓识的政府领袖与专家学者，与国内行业领军人物及农业专家，共同分享国内外的成功经验，为推动中国农业现代化谋篇布局。论坛吸引了 400 多名中外嘉宾及媒体记者到场参与。

本次论坛由中欧国际工商学院和联合国教科文组织——熙可生物圈城乡统筹研究院共同主办，全国工商联农业产业商会、中国优质农产品开发服务协会协办。多位重量级嘉宾出席并发言，包括：国务院发展研究中心副主任韩俊，农业部总经济师钱克明，农业部农村经济体制与经营管理司司长张红宇、加州州长办公室国际商务经济部部长 Brian Peck、重庆市巴南区区委书记李建春等。此外，包括熙可集团首席执行官朱演铭（EMBA2006）、麦德龙中国区总裁 Jeroen de Groot 和正谷（北京）农业发展有限公司执行总裁张建伟在内的多家全球知名企业领导参会并发言。

中欧国际工商学院名誉院长刘吉教授、全国工商联农业产业商会会长陈泽民先生和联合国教育、科学及文化组织自然科学部门执行主任韩群力先生分别致欢迎辞。本次论坛呈现了六个精彩的主题演讲，并从"城镇化与三农问题""可持续发展"和"农工商教全产业链"三方面开展主题讨论。

农业改革的号角已经吹响

刘吉教授表示，农业改革的号角已经吹响。我国自给自足的农业体制要从根本上进行改革，农业必须要分工协作，让农场主经营，以适应社会化大生产。他还表示，中欧国际工商学院今年迎来二十周年院庆，本次中国国际农商高峰论坛是院庆活动之一，希望论坛能为推动中国农业改革起到应有的作用。

国务院发展研究中心副主任韩俊表示，十八大以来，新一届领导集体就农业现代化等问题提出了许多新的政策，总体框架归纳为：一、两条底线，确保国家粮食安全，坚持和完善农村基本经济制度；二、两大任务，提高农产品的质量水平，加快构建新型农业现代化体系；三、要加快破除城乡分割的二元体制。韩俊建议，中国要参于全球的农业竞争，扩大输出，鼓励中国企业参股国外的农业公司，提升中国农业企业参与国际化的竞争的能力。

中国农业可持续发展与竞争力

农业部总经济师钱克明分享了他对中国农业可持续发展的一些基本考虑。他在演讲时表示，我国农业环境问题非常突出。我们的化肥使用效率比国际低了约50%，每年使用的农药在130万吨左右，是国际平均水平的2.5倍。根据国土资源部最新公布的指标显示，中国目前土壤中的重金属、有机物农药的超标大概20%。

钱克明还在演讲中阐述了我国农业可持续发展的七大任务：一、保护耕地，要实行最严格的耕地保护制度，确保我们的耕地不低于18亿亩；二、保护水资源，水资源的矛盾将比耕地资源的矛盾更加突出；三、加强农业环境污染防治；四、生态系统的恢复；五、加强科技创新；六、大力发展循环农业；七、创新农业运行模式。

中国社会科学院农村发展研究所宏观经济研究室主任党国英教授则同与会人士分享了自己关于《提高中国农业竞争力的意义与路径》的看法。党教授认为，有竞争力的农业是我国经济长期稳定发展的战略支柱。但我国农业发展也面临着比较优势不足的问题，要提高我国农业竞争力，基本途径包括：要深化农村产权改革，提高土地要素的市场化程度；加快城镇化步伐，提高城镇化质量；增强耕地保护效力，提高耕地品质；改变农业技术模式，大力发展雨润农业；大力发展家庭农场与农民合作社，提升我国农业产业组织效率；调整财政支农方式，提高支农效率。

美国加州州政府国际商务经济部部长Brian Peck指出，中国农业的可持续发展正面临一系列挑战。在现有的系统下，中国农业需要进行现代化改革，使得小农经营变成大农场，更加有效率地经营，但中国的户口制度制约了农民的流动性。Brian Peck和与会者分享了加州的经验，利用政府与教育机构和研发机构、私营部门的合作，来实现农业的改革和创新，实现农商现代化和可持续性。

企业家是三农改革领军者

熙可集团首席执行官朱演铭做了题为《助推企业家成为"使市场在资源配置中起决定性作用"的领军者》的演讲。他表示，农商企业家和农场主是中国农业现代化改革的领军者，因为他们有能力和勇气，遵循市场经济的规律，把土地集约管理起来、把中国的小农经济引向适度规模经营的改革中去，把先进的科技引入农业现代化。其中，尤其要重视的是，我们需要用"拿来主义"，吸引来自现代农业走在前沿的先进国家的农商企业家和农场主，将国际先进的农业科技、专业诀窍以及最佳实践经验引入中国，加速中国农业现代化的进程，并和中国的农商企业家一起，成为中国"三农"改革的生力军。

朱演铭指出，"三农"改革最大的机会来自于农村的土地资源和城市资本、人才和知识等要素的市场化的自由流通，如果能够真正按照十八届三中全会《决定》中所提出的"减少政府对资源的直接配置"和打破垄断，把资源配置的角色留给市场，变一贯的农业输血的机制为市场化的造血机制，我们就一定能够解决农村落后的面貌，而且根本不需要国家财政买单。

最后，朱演铭呼吁，我们必须帮助中国的农商企业家和农场主，从法制上、体制上、政策上解决他们所面临的巨大的、不合理的挑战，必须为他们提供一个真正符合市场经济法则、公平中竞争的市场环境！

工商资本进入农业

农业部农村经济体制与经营管理司司长张红宇在演讲时表示，土地成本是一个双刃剑，土地成本高对于工商资本来说是不利的，但对农民来讲，收入有了稳定的保障。"土地的收益更大的一部分应该讲是农民的"。

张红宇给出了自己的建议：一、工商资本进入农业以后，从事的产业应该是政府倡导的、国家支持的产业；二、工商资本进入农业，千万不要和农民的关系搞僵了。"你赚1块一定要让农民赚5毛，千万别你赚1块让农民赚5分，那这绝对是维系不下去的"。

重庆市巴南区委书记李建春称，不能对资本进入农村进行"有罪推定"，"我们先不要界定工商资本进入农村、进入'三农'就一定是圈地，圈地主要是我们管制不到位，所以要实施那种'有罪推定'，农业的市场化就走到头了"。

李建春分析称，工商资本进入农村，最大的问题是因为土地政策导致投资形不成资产，所以就没有办法按照经济规律办事。"我们抓工业、抓城市大家都知道，工业有工业产权，城市有城市的房地产的产权，它可以通过抵押、通过大量的资本运作来解决经营化难题的问题。但是为什么我们要苛求工商资本进入农村呢？所以这是中国现在在农业投入不足的原因，但是我们的政策又在阻碍着工商资本下乡，特别是我们在观念上还有一种有罪推测，我觉得这是不妥的"。

食品供应与粮食安全

本次论坛的第二主题聚焦"食品供应、粮食安全与气候变化：呼唤可持续发展"。光明集团产业发展部副总经理余从田表示，发展生态高效农业，既是解决粮食安全、食品安全的国家战略，也是推进产地环境保护与治理的关键举措。要坚定信心，坚持科学发展观，聚焦国家战略，强化农业环保责任，提高农业产业化、标准化和生态化发展水平，确保农产品质量安全。

朱演铭认为，减食品供应的根本性解决方案是科技引领的农业现代化，是亩产的显著增加，是农业全因子生产效率的提高，是土地的加快流转和集约利用。

美国 ADM 公司亚太区总裁 Ismael Riog 和 Frequentz 公司始创人兼董事长 Charlie Sweat 也分享了他们在有机农业等方面的先进经验。

在座嘉宾都认为，农商人才、农业人才问题亟待解决。社会、企业和教育系统都负有重要责任，培养出务实的农业人才。解决三农问题需要高素质的农商人才。

布局农工商教全产业链

在论坛第三主题"食品安全依赖生态农业：布局农工商教全产业链"环节中，西南大学校长张卫国指出解决中国的食品安全问题，应当依托于产学研一体化，即控制食品生产源头，监管食品生产加工过程，监控食品流通过程，创新食品生产科技以及强化食品安全意识。无锡市副市长刘霞和达曼国际公司首席执行官 Carla Cooper 也参与了讨论。

（中国优质农产品开发服务协会）

中国优质农产品开发服务协会枸杞产业分会成立

2014 年 6 月 18 日，中国优质农产品开发服务协会枸杞产业分会成立大会暨分会一届一次会员大会在宁夏回族自治区中宁县召开。中国优农协会副会长兼秘书长王春波宣读了中国优农协会关于成立枸杞产业分会的决定；按程序以无记名投票方式选举张华荣为分会会长，宁夏回族自治区农牧厅副厅长王凌、林业厅副厅长平学智、中宁县委书记陈建华、新疆维吾尔自治区精河县委常委院柱、河北省巨鹿县人大副主任李步信、青海省诺木洪农场场长党永忠、内蒙古自治区巴彦淖尔市乌拉特前旗枸杞协会会长王亮为分会副会长；选举陈建华为秘书长，岳春利、陆友龙、武文诣等为副秘书长。宁夏回族自治区民间组织管理局局长马希林出席会议并讲话，王春波代表中国优农协会讲话，会议由王凌副厅长主持。

张华荣当选分会会长后讲话，他表示，

中国优农协会是我国从事优质农产品开发服务工作唯一的全国性一级协会，枸杞产业分会是协会设立的第一个分会，今后在优农协会的领导和支持下，将按照"打造一流分会，创造一流业绩"的工作目标，抓住机遇，振奋精神，紧紧团结和依靠会员，加强自身建设，不断开拓创新，推动我国枸杞产业发展。

来自枸杞主产区宁夏、青海、新疆、甘肃、内蒙古、河北等省、自治区的75位会员及代表参加了成立大会和分会一届一次会员大会。

6月19日上午，分会揭牌仪式在宁夏中宁国际枸杞交易中心举行。宁夏回族自治区政协副主席张乐琴和农业部巡视组组长、中国优农协会副会长兼秘书长王春波共同为枸杞产业分会揭牌，张华荣在揭牌仪式上致辞。

（中国优质农产品开发服务协会）

圣羊国际羊文化美食节暨"强农兴邦中国梦·品牌农业中国行——走进科右中旗"

为进一步提升畜牧产业文化，培育民族农牧品牌，2014年8月30～31日，内蒙古自治区科右中旗人民政府、中国优质农产品开发服务协会、中国农产品市场协会、农民日报社和内蒙古圣羊（集团）肉业发展有限公司共同主办了"圣羊国际羊文化美食节暨'强农兴邦中国梦·品牌农业中国行——走进科右中旗'"活动。

8月30日上午，"圣羊国际羊文化美食节暨'强农兴邦中国梦·品牌农业中国行——走进科右中旗'"活动在内蒙古圣羊（集团）肉业发展有限公司拉开帷幕。科右中旗旗委副书记、旗人民政府旗长张冰宇主持，中国优质农产品开发服务协会执行副会长黄竞仪介绍了"强农兴邦中国梦·品牌农业中国行"的总体情况和"走进科右中旗"的日程安排；农业部草原监理中心副主任刘加文、

内蒙古科右中旗旗委书记佟布林，内蒙古自治区九届、十届人大副主任陈瑞清，第十一届全国政协委员，内蒙古农业大学动物医学院院长、原国家首席兽医师、农业部兽医局局长、国家病原微生实验室生物安全专家委员会常务副主任委员、农业部突发重大动物疫情应急指挥部顾问贾幼陵先后致辞；农业部质量安全中心主任、中国优质农产品开发服务协会常务副会长刘新录，向科右中旗颁发了"中国优质农产品（羊）示范基地"牌匾。

商务部流通业发展司吴国华副司长、科技部中国农村技术开发中心吴飞鸣副主任、工业和信息化部产业政策司何映处长等国家部委和吉林省通化市粮食局、江西省横峰县委负责人出席了开幕式。香港意图国际设计顾问有限公司、上海建工集团、中石油江西上饶公司等合作单位高管、中央电视台、中

国农影音像出版社、人民网、《优质农产品》、《中国贸易报》、《中国联合商报》、《中国经济时报》、《中国科技日报》、《中国产经新闻》、《中国工商时报》、江西卫视、中国品牌农业网和当地有关新闻单位，上海、浙江、江西、福建、吉林等十几个省份的百名圣羊品牌经销商，以及当地有关部门共 300 余人参加了开幕式和有关活动。

开幕式结束后，参加"强农兴邦中国梦·品牌农业中国行——走进科右中旗"的领导和嘉宾实地考察了内蒙古圣羊（集团）肉业发展有限公司的生产线和优质肉羊养殖基地，并于当日下午观看了莱德"马头琴酒业"杯速度马暨蒙古马大赛，深入到科右中旗博物馆和当地农牧业企业，实地了解了科右中旗农牧业发展情况。

科尔沁草原 8 月 30 日的夜幕降临，"圣羊国际首届羊文化食节——舌尖上的圣羊"活动拉开帷幕。圣羊文化传媒（北京）有限公司和科右中旗乌兰牧骑联袂的羊文化展示，与内蒙古圣羊（集团）肉业发展有限公司和科右中旗餐饮协会联手的羊美食品鉴活动同步举行。11 个颇具草原农牧特色和蒙古民族风情的文艺节目，以及搜集、挖掘以待整理传承的 188 道以羊为食材的精品菜肴，让人们在视觉、味觉、听觉的震撼冲击中，饕餮了一次集成荟萃的美味大餐，欣赏了一场主题突出的羊文化盛宴。

8 月 31 日上午，中国优质农产品开发服务协会执行副会长黄竞仪主持召开"科右中旗畜牧业发展研讨会"。科右中旗人民政府副旗长青格乐图、内蒙古圣羊（集团）肉业发展有限公司董事长分别介绍了科右中旗农牧业发展情况和企业品牌建设情况。参加"强农兴邦中国梦·品牌农业中国行——走进科右中旗"的原内蒙古人大第十届、十一届副主任陈瑞清，农业部质量安全中心主任、中国优质农产品开发服务协会常务副会长刘新录，中国农影音像出版社社长李振中，以及中国优质农产品开发服务协会专家委员会的品牌战略、品牌营销、品牌宣传等方面的专家，先后对科右中旗农牧业发展提出建设性意见，对企业品牌创建与维护提出了针对性的建议。内蒙古农业大学动物医学院院长、原国家首席兽医师、农业部兽医局局长贾幼陵做了题为"草原畜牧业的优势及局限性浅析"的辅导授课，从专业高度提出了科右中旗发展现代畜牧业的真知灼见。

参加"圣羊国际羊文化美食节暨'强农兴邦中国梦·品牌农业中国行——走进科右中旗'"活动的领导、专家一致评价，科右中旗发展现代畜牧业的思路很清、基础很实、形势很好，下一步要进一步在提升理念、创新举措和推广科技上下气力，在农（牧）区发展、农（牧）业增效、农（牧）民增收上取得新的成绩。一致肯定了内蒙古圣羊肉业（集团）肉业发展有限公司发挥企业主体和龙头企业作用，在带动行业发展、弘扬产业文化和致力于羊可追溯体系建设的先导经验。一致希望中国优质农产品开发服务协会等有关部门，能够与科右中旗和当地农牧业企业结成战略合作关系，深入贯彻落实"以满足吃得好吃得安全为导向，大力发展优质安全农产品""要大力培育食品品牌，用品牌保证人们对产品质量的信心"的指示要求，在推进构建新型农（牧）业经营服务体系的过程中，坚持规划引导、整合资源、企业主体、行政推动的基本原则，大力推进优质农（牧）产品的品种改良、品质改进、品质提升，尽快打造和提升具有较强知名度和美誉度、较大影响力和竞争力民族农牧业品牌集群，主动承接"舌尖上的安全"严峻重大考验；深入调研内蒙古自治区兴安盟科右中旗农牧业发展的基本情况，针对性地提出当地农（牧）业发展、农（牧）业增效、农（牧）民增收的有效途径。

科右中旗农牧局等有关单位参加了座谈会。

（中国优质农产品开发服务协会）

2014 品牌农业发展国际研讨会在北京举行

2014 品牌农业发展国际研讨会于 2014 年 9 月 4 日在北京举行。农业部副部长陈晓华、联合国粮食与农业组织助理总干事王韧等出席研讨会并致辞。中国优质农产品开发服务协会会长朱保成作了题为《把品牌建设作为提升现代农业的重大战略》的主旨演讲。

陈晓华指出，近年来，各级农业部门坚决贯彻落实中央的决策部署，出台了加强农业品牌建设的指导性意见，积极开展农业品牌培育，加强无公害农产品、绿色食品、有机食品认证和农产品地理标志登记保护，加大品牌营销推介，农业品牌建设取得了积极进展。陈晓华强调，在当今世界上，主要的农业大国、农业强国几乎都是农业品牌大国、农业品牌强国。中国农业品牌建设离不开世界，世界农业品牌建设也需要中国的参与。中国地域辽阔、物产丰富，农产品区域性、差异性特征明显，具备打造优良农业品牌的天然优势和得天独厚的条件，这也为中外企业家们提供了一个广阔的发展空间。中国农业部将学习借鉴世界上一切好的经验和先进的技术，加快推进农业品牌建设步伐，我们真诚希望大家利用研讨会这个平台交流信息、分享经验、相互启发，为推动中国乃至世界的农业品牌建设建言献策。

朱保成在主旨演讲中指出，从中国现代化建设总体进程看，实施农业品牌战略是推进农业现代化的内在要求；从中国现代农业发展的实践看，实施农业品牌战略是做强农业优势特色产业的主要路径和方向；从转变农业发展方式的角度看，实施农业品牌战略是促进农业可持续发展的重要推动力；从国际农业发展的经验看，实施农业品牌战略几乎是世界农业强国赢得农业国际竞争优势的通行做法。朱保成强调，当前无论从国家现代化建设的宏观层面，还是从现代农业发展实践的微观层面来看，农业品牌战略实施都具备了较为成熟的条件，应该抓住这一历史性机遇，不遗余力地推动中国农业品牌战略的实施和农业现代化进程。实施中国现代农业品牌战略可以从加强顶层设计、做好系统谋划，保障质量安全、奠定发展基础，提高产品品质、把握发展重点，强化产权保护、营造良好氛围，促进农业贸易、提高产品知名度，发挥社团作用、提升服务水平等方面来考量。

2014 品牌农业发展国际研讨会是经中国农业部批准，由中国优质农产品开发服务协会、中国绿色食品协会、中国农产品市场协会、中国农业国际交流协会、中国农业产业化龙头企业协会、中国国际贸易促进委员会农业行业分会、中国水产学会、中国畜牧业协会、中国农业展览协会等 9 家协（学）会联合主办的。研讨会围绕"品牌红利：信任创造价值"的主题，探讨国际品牌农业发展理念及趋势，学习借鉴国际先进经验，开阔中国农业品牌发展的国际视野，探索品牌建设可能释放的红利空间以及实现中国农业现代化的途径及策略。

研讨会设置了"区域方略与中国特色新型农业现代化道路""吉林大米高端论坛""发挥区域特色品牌的引领带动作用""挖掘品牌文化提升产品软实力""农产品电商化与信任机制"等专题，来自地方政府部门和行业协会的领导、专家、企业家等，围绕农业品牌建设等做了交流发言和研讨。研讨会还组织了部分区域特色产品品鉴活动和"聚焦丝路·梦响中国——农耕文化西行掠影"图片展。

来自 7 个国家驻华大使馆的农业参赞和外交官参加了会议和研讨，共有 17 个国家和地区以及国际组织的代表，农业部有关司局和单位负责同志，有关地方政府部门领导、农业品牌方面专家、企业界代表等共 200 多人参加研讨会。

中国农产品市场协会会长张玉香主持研讨会开幕式。

（中国优质农产品开发服务协会）

《优质农产品》创刊一周年座谈会

2014 年 11 月 19 日，《优质农产品》创刊一周年座谈会在京召开，农业部副部长余欣荣出席会议并讲话。他强调，《优质农产品》期刊的创办，是落实中央关于确保农产品及食品质量安全、推进农业品牌建设的重要举措，也是契合老百姓对农产品质量安全和品质、品牌强烈诉求的客观需要。要紧紧围绕"三农"工作大局、农业农村经济重点工作特别是推进品牌农业发展等方面，交流各地经验，引导大众消费，努力把《优质农产品》办成更具有市场影响力和社会关注度的刊物。

余欣荣指出，逐渐富裕起来的城乡居民对农产品的需求日益转向多样化、优质化、品牌化。未来若干年，我国人均收入将不断提高、城镇化将不断升级，对优质农产品的需求必将起到强劲的推动作用。进一步提高农产品质量和品质，推动"中国产品向中国品牌"转变，是摆在我们面前的一个重要任务。一方面要大力提高优质品牌农产品比重，另一方面要普及优质品牌农产品消费知识，使更多的人能在享受优质品牌农产品的过程中，体会中国传统文化的底蕴和农耕文明，体会现代科技在提升农产品品质方面的作用。

余欣荣强调，要把《优质农产品》办出特色，办出公信力和影响力。要坚持正确的舆论导向，自觉服务于"三农"工作大局，服务于部党组中心工作；要顺应新媒体的发展要求，注重与新媒体的有效融合，提高舆论引导能力和行业指引能力；要贴近市场、贴近读者，充分掌握社会热点和行业热点，以市场和读者需求为导向，努力把《优质农产品》打造成业界精品；要不断提升采编人员素质，把好政策导向、学术质量、编辑质量等关口，确保刊物质量。

座谈会由全国政协委员、中国优农协会会长朱保成主持。来自农业领域和新闻出版界的领导和专家、学者、作者、读者代表围绕期刊办刊宗旨、大力推进品牌农业发展、中国优质农产品开发和服务等内容进行了讨论，并对今后如何办好《优质农产品》提出了建议。

（中国优质农产品开发服务协会）

2014 中国品牌价值评价信息发布

2014 年 12 月 12 日 14：00，2014 中国品牌价值评价信息在中央电视台向全球独家发布。此次发布是由中国中央电视台、中国品牌建设促进会、中国国际贸易促进委员会、中国资产评估协会、中国标准化研究院、中国优质农产品开发服务协会几家单位共同作为发布主体，联合发布评价信息。

培育国际知名品牌已成为当前世界各国经济发展竞争的制高点。党的十八大提出增强出口竞争新优势的"技术、品牌、质量、服务"八字方针。习总书记近期提出"中国制造向中国创造转变、中国速度向中国质量转变、中国产品向中国品牌转变"的重要论述；国务院也在近日发出通知，要求"积极创建知名品牌，以品牌引领消费，推动形成具有中国特色的品牌价值评价体系。本次发布会和论坛正值中央经济工作会议的落幕，中央经济工作会议是判断当前经济形势和定调第二年宏观经济政策最权威的风向标。

借这样一个平台我们对中国经济进行分析，盘点 2014 中国经济，也展望 2015 中国经济的新趋势。在经济全球化时代，国际市场正由"商品消费"进入到"品牌消费"阶段。在这样一个高级市场竞争形态里，80/20 法则成效显著，即：80％的市场份额是由 20％的优势品牌所占据。品牌已经决定了企业的市场份额甚至生存发展，提升品牌价值和影响力已经成为全球市场竞争必须争夺的

制高点。品牌的塑造已经成为提升经济、科技、文化、管理等综合竞争力的制高点，也是企业乃至国家核心竞争力的重要标志。

2014 中国品牌价值评价范围已从去年的制造业扩展到第一、二、三产业，即制造业和农业、服务业；品牌评价种类也从去年单纯企业品牌扩展到产品品牌、企业品牌、区域品牌（地理标志品牌）和自主创新品牌。2014 年的发布分为 5 大类：制造业、服务业、农产品、地理标志区域品牌、自主创新品牌发布。

这次的品牌发布的分类非常细致，有机械设备、冶金建材、能源化工、电子电气、纺织服装、汽车及配件、食品/饮料/酒、生物医药、纸业、珠宝玉石等。

（中国优质农产品开发服务协会）

《品牌价值评价　农产品》国家标准正式实施

中华人民共和国国家标准公告（2014 年第 27 号）正式发布《品牌价值评价　农产品》国家标准（GB/T31045—2014），标准于 2014 年 12 月 31 日起正式实施。该标准由中国优质农产品开发服务协会牵头起草，规定了农产品品牌价值评价的测算模型、测算指标、测算过程等内容，适用于从事农产品生产或经营的企业或企业集团品牌价值评价，也可用于行业组织和第三方对企业进行品牌价值评价的依据。

中国优农协会常务副秘书长岳春利说，为体现农业生产的社会性与生态性，评价体系的指标突出了企业的社会责任。其中，品牌价值评价考虑农产品的地域性特点，一方面体现出农产品对所在区域经济增长、民生幸福与农业可持续发展的价值贡献水平，另一方面突出农产品的地域独特性，包括产地、种源、技术的独特性评价。产品品牌价值测算则在包括区域指标的基础

上，包括农产品企业、消费者、生产经营者、产业经济和资源生态等层面进行了扩展，使农产品的产品品牌价值测算更为全面。

品牌价值评价体系在指标权重设计上均保留有一定的弹性范围，加之测算算法中的动态调整机制，从而使得测算体系具有向后开放性，能够不断纳入新的指标模块和细分指标并灵活调整指标权重，实现了品牌价值评价结果比较的可延续性与评价标准的动态扩展性。品牌强度是品牌价值测算的关键参数。品牌强度系数由质量、创新、市场与服务、法律权益和社会责任等 5 个一级指标和 18 个二级指标综合评价而确定。

据介绍，《品牌价值评价　农产品》是我国品牌评价标准体系基本框架中行业指南型标准的重要构成部分。我国品牌评价标准体系基本框架共分三个层次，第一层

是基础标准，第二层是通用标准，第三层是行业指南型标准。基础标准包括《品牌价值术语》《品牌价值要素》《品牌评价品牌价值评价要求》《品牌价值分类》等，主要是制定基本概念类的标准；通用标准包括品牌价值评价管理标准、品牌价值评价方法标准、品牌价值要素标准。《品牌价值评价 农产品》中应用的品牌价值测算方法——多周期超额收益法，依照了构成本层标准的重要部分《品牌价值评价多周期超额收益法》（GB/T29188—2012）；行业指南型标准是遵照国际分类法对企业品牌、产品品牌按照行业（如农业、工业、服务业等）具体制定有关标准。

2015 农业品牌价值评价

国家标准《品牌价值评价 农产品》反映了中国特色品牌价值评价标准体系的创新点，同时具有鲜明的行业特性。为贯彻落实 2015 年政府工作报告中提出的"加强质量、标准和品牌建设"要求，培育一批具有竞争力的知名品牌，提升各行业品牌价值，推进"中国产品向中国品牌转变"，根据国家质检总局国质检质函的有关要求，在有关行业内开展农业品牌价值评价工作

评价范围

评价范围为具有一定产业优势、品牌建设基础较好、品牌评价条件成熟的农业企业品牌、产品品牌和农产品区域公用品牌。企业可根据自身发展情况自主选择申报企业品牌、产品品牌、区域公用品牌和自主创新企业品牌。企业品牌是以企业集团为主体的品牌。产品品牌是以企业集团的某一类产品为主体的品牌，其评价指标只包括该产品所对应的相关数据。农产品区域公用品牌是以区域公用品牌管理机构为主体申报的品牌，其评价指标包含该区域内使用该区域公用品牌的相关数据。自主创新企业品牌是企业掌握自主知识产权（发明专利）和核心技术，创新能力较强的企业品牌。

评价方式

评价方法依据《品牌评价 品牌价值评价要求》（GB/T 29187—2012）、《品牌评价 多周期超额收益测算法》（GB/T 29188—2012）、《品牌价值评价 农产品》（GB/T 31045—2014）以及品牌评价相关行业应用指南等有关国家标准。评价机构向有关企业出具评价报告，并协调权威媒体向社会发布评价结果。

信息填报

申报单位按照规定格式和要求填写有关品牌价值评价相关数据信息，并保证各项数据信息的真实性、有效性和准确性。各单位可登陆中国优农协会网站（www.cgapa.org.cn）或中国品牌农业网站（www.zgppny.com）下载有关申报表格，根据品牌类别选择附件中相应表格进行填报。

（中国优质农产品开发服务协会）

领 导 讲 话

- 余欣荣在《优质农产品》创刊一周年座谈会上的讲话
- 孙中华在《绿色食品行业自律公约》发布会上的讲话
- 于康震在 2014 中国品牌农业发展大会上的讲话
- 朱保成在 2014 品牌农业发展国际研讨会上的主旨演讲
- 陈晓华在全国农产品质量安全监管工作会议上的讲话
- 朱保成：把品牌培育作为现代农业发展的重大战略
- 朱保成：推进中国特色农业品牌化建设
- 陈晓华在中国绿色食品协会第三届理事会第四次会议暨绿色食品示范企业经验交流会上的讲话
- 朱保成：为实现中国农业品牌梦而努力奋斗
- 牛盾在 2013 中国国际品牌农业发展大会上的致辞
- 朱保成在 2013 第二届中国国际农商高峰论坛上的讲话
- 张玉香在《绿色食品标志管理办法》宣传贯彻座谈会上的讲话
- 余欣荣在优质农产品开发座谈会上的讲话
- 朱保成：努力开创我国农业品牌工作新局面

余欣荣在《优质农产品》创刊
一周年座谈会上的讲话

（2014 年 11 月 19 日）

同志们：

　　非常高兴参加这个座谈会。首先，我代表农业部向中国优质农产品开发服务协会以及《优质农产品》创刊一周年表示祝贺，并向一年来为期刊付出大量心血的同志们表示慰问。

　　《优质农产品》的创办得到部里高度重视。韩长赋部长做出重要批示，在前期申办过程中，我也参与了协调。协会组织了多次论证会，相关司局提出了很多建设性意见。期刊创刊时间虽短，但已在优质农产品领域具有一定影响力，围绕推进品牌农业发展迈出了坚实的第一步，发出了最强音。前段时间，你们组织的品牌大会很成功，成为国内规模最大、层次最高、影响最广的国际性品牌农业大会。组织策划的"强农兴邦中国梦·品牌农业中国行"系列活动，以及农产品品牌价值评价体系构建、优质农产品信任系统和智慧电子商务基础云平台构建等，很多工作都走在了前列。总而言之，《优质农产品》期刊以优农协会为依托，在推动农业品牌建设上做出的实践和探索，值得充分肯定。

　　《优质农产品》期刊的创办，是落实中央关于确保农产品及食品质量安全、推进农业品牌建设的重要举措。习近平总书记指出，能不能在食品安全上给老百姓一个满意的交代，是对我们党执政能力的重大考验。要大力培育食品品牌，用品牌保证人们对产品质量的信心。他还提出了"推动中国制造向中国创造转变、中国速度向中国质量转变、中国产品向中国品牌转变"的明确要求。特别是前不久，习近平总书记在福建考察时提出了"五个新"的重要论断（全面建成小康社会，不能丢了农村这一头。要在提高粮食生产能力上挖掘新潜力，在优化农业结构上开辟新途径，在转变农业发展方式上寻求新突破，在促进农民增收上获得新成效，在建设新农村上迈出新步伐），为我们建设特色现代农业指明了方向。2014 中央 1 号文件也强调，要在重视粮食数量的同时，更加注重品质和质量安全；在保障当期供给的同时，更加注重农业可持续发展。应该说，新一届中央领导集体把农产品及食品质量安全和品牌建设，提到了前所未有的高度，部署了包括完善监管体系在内的一系列强化农产品和食品质量安全、推进农业品牌建设的重大举措。农业部认真贯彻落实中央要求，高度重视优质安全农产品生产，把农产品质量安全摆到与数量安全同等重要的高度，发展优势特色农业，加快农产品优势区域布局规划实施力度，开展农产品品牌创建，努力让老百姓吃得放心、吃出品味。下一步，部里还将进一步加大这方面的工作力度，深入推进农业品牌建设。

　　《优质农产品》期刊的创办，也是契合老百姓对农产品质量安全和品质、品牌强烈诉求的客观需要。近十几年，我国粮食生产连年丰收，经济社会快速发展，城乡一体化不断推进，逐渐富裕起来的城乡居民消费结构发生很大变化，对农产品的需求日益转向多样化、优质化、品牌化。未来若干年，我国人均收入将不断提高、城镇化将不断升级，对优质农产品的需求必将强劲增长。及时顺应这一变化，进一步提高农产品质量和品质，推动"中国产品向中国品牌"转变，是摆在我们面前的一个重要任务。我们必须顺势而为，一方面大力提高优质品牌农产品比重，另一方面普及优质品牌农产品消费知识，使更多的人能在享受优质品牌农产品的过程中，体会中国传统文化的底蕴和农耕文明，体会现代科技在提升农产品品质方面的作用。从这个意义上讲，《优质农产品》潜力巨大，大有可为。

农业系统行业期刊繁多，但还缺少这样一本能够以现代视角重新审视古老农业、以市场观念科学指引生产消费、以时尚方式讲述千年农耕文明的刊物。现在有了《优质农产品》这份期刊，就要力争将它办成精品。期刊无论是在交流各地经验、引导行业发展方面，还是在宣传推介产品、引导大众消费方面，或是在传播品牌理念、纠正错误认识方面，都要力争发挥排头兵作用，努力把它办成更具有市场影响力和社会关注度的刊物，使其成为部党组放心、全国农业系统关心、广大读者倾心的高端媒介平台。

为了把这本期刊办出特色，办出公信力和影响力，我讲几点意见：

一要坚持正确的舆论导向，自觉服务于"三农"工作大局。《优质农产品》期刊的基因，决定了其必须服务于党的"三农"工作大局，服务于部党组的中心工作，把优质农产品品牌故事讲好，把优质和品牌的理念精道地表达好。不仅要把现代农业的政策理念传播出去，还要把优质农产品的市场理念带上来；不仅要体现高超的政策理论水平，还要具备市场化期刊的时代特性。《优质农产品》期刊的受众普遍具有更高的知识层次，因此其内容要更加广博、精深，要在农业发展方式转变、优质农产品生产、农业品牌化战略实施，以及提升读者阅读情趣和审美水平上发挥重要作用。

二要顺应新媒体的发展要求，注重与新媒体的有效融合。互联网和新媒体的迅速发展极大地改变了传统大众传播媒介的生态环境。人们的阅读习惯已经发生巨大改变。传统纸质媒体纷纷进行数字化转型，与新媒体融合的趋势愈加明显。《优质农产品》期刊要适应全媒体发展的新形势，遵循现代期刊创办规律，充分利用数字化手段，实现办刊理念、话语体系、表现形式、期刊内容、传播渠道的创新，提高舆论引导能力和行业指引能力。

三要贴近市场、贴近读者，创建品牌。《优质农产品》期刊要突破传统机关刊物的局限，就必须办出特色，必须有清晰的定位、精准的读者群，应该充分掌握社会热点、行业热点，揣摩读者阅读心理。以市场和读者需求为导向，在栏目设置、组稿方向、稿件遴选等方面，强化内容的整体设计和选题策划。可以尝试建立读者数据库，通过了解读者、服务读者、提高读者，来增强读者的粘性，以此不断扩大读者群，获得市场影响力。

四要不断提升采编人员素质，确保刊物质量。质量是刊物的生命，必须要把好政策导向、学术质量、编校质量等关口。采编人员的职业素养直接决定出版物的质量，必须加强学习和培训，培养创造性思维，对"三农"大事、行业前沿、社会思潮、流行元素等有准确的把握和判断，要善于捕捉新观念、新事物，不断出新、出彩，抓住读者的心。

《优质农产品》期刊创刊一年来，已经积累了不少办刊经验，也有了相当的影响力，希望大家再接再厉、加倍努力，多出精品和力作。希望采编人员以更开放的心态、更广阔的视野，聚拢媒介精英和行业精英开门办刊。希望各位专家能够继续贡献智慧，共同把这本期刊打造成业界精品。

谢谢大家！

（本文作者系农业部党组副书记、副部长）

孙中华在《绿色食品行业自律公约》发布会上的讲话

（2014 年 11 月 6 日）

同志们：

我们召开这次《行业自律公约》发布会，就是要向全行业释放加强诚信建设的积极信号，引导广大从业者加强行业自律、营造诚信环境。推进诚信体系建设、强化行业自律是绿色食品事业发展中的一件大事，绿色食品作为我国安全优质农产品的精品品牌，更应该率先加强诚信建设和行业自律，在农产品质量安全诚信建设中起到示范和引领作用。刚才，4 个单位交流了诚信建设的经验，中国绿色食品协会发布了《绿色食品行业自律公约》，企业代表发出了倡议，签订了《行业自律公约》，活动搞得很好，主题鲜明，形式新颖。下面，我谈几点意见。

一、充分认识推进绿色食品诚信体系建设的重要性

党中央、国务院高度重视全社会诚信建设。中共十八大首次将诚信纳入社会主义核心价值体系，强调要加强政务诚信、商务诚信、社会诚信和司法公信建设。十八届三中全会进一步提出要建立健全社会诚信体系，褒扬诚信，惩戒失信，为我国社会信用体系建设指明了方向。今年 6 月，国务院印发了《社会信用体系建设规划纲要（2014—2020）》，明确了当前和今后一个时期我国社会信用体系建设的总体思路和重点任务，在各行各业引起积极反响。最近召开的四中全会，进一步部署全面加强法制建设，为诚信建设打下了更加坚实的基础。近几年来，为了不断提高农产品质量安全水平，各级农业部门积极探索农产品质量安全信用体系建设，

取得了一定进展和成效。但是，工作推进中还存在着诚信管理资源分散、诚信制度不完善、诚信基础薄弱、工作尚未形成合力等问题。近年来农产品质量安全事件时有发生，一些企业的失信违法行为严重损害了广大消费者的切身利益，迫切需要加快农产品质量安全信用体系建设，营造一个尊重规则、坚守承诺的市场环境。

绿色食品是我国的一项开创性事业，自 1990 年启动已走过了 24 年的历程，获得了蓬勃发展。目前，绿色食品企业总数已达 8 000 多家，产品超过 2 万个，市场份额逐年扩大，成效显著，行业示范带动作用明显。从基地建设、投入品生产、到产品开发和市场营销，绿色食品已构建了一个较为完善的产业体系，成为我国安全优质农产品及加工食品的主导品牌。绿色食品自诞生之日起，就把诚信建设放在首位，把诚信理念融入品质保障工作的各个环节。诚信是绿色食品事业的灵魂，也是绿色食品品牌的核心价值和竞争力所在，如果脱离"诚信"谈发展，绿色食品将是无源之水，无本之木，也必将失信于民。新阶段新形势，加强诚信体系建设是政府的导向，市场的呼唤，消费者的诉求，全社会的期盼，绿色食品行业更应该率先认识到这一点，在推进诚信体系建设中走在全社会的前列，在整个农产品、食品行业诚信体系建设方面发挥积极的示范引领作用。

二、扎实推进绿色食品诚信体系建设

当前和今后一段时期，绿色食品工作系统要认真贯彻中共十八大、十八届三中、四

中全会和国家《社会信用体系建设规划纲要（2014—2020）》精神，以健全诚信制度和标准体系为基础，以实施诚信评价服务、搭建诚信信息平台为核心，以推进诚信文化建设、建立守信激励和失信惩戒机制为重点，以提高行业诚信意识和优化行业诚信环境为目的，力争到2017年建立起绿色食品行业诚信体系基本框架和运行机制。围绕这个目标任务，我认为，需要着力在以下五个方面推进工作：

（一）建立健全诚信体系管理长效机制。要在各级农业行政主管部门的支持下，有计划、有步骤地建立符合绿色食品行业自身特点的诚信管理体系，加快解决评价标准、培训管理、联动机制等重大问题，使诚信体系建设实现制度化、规范化、长效化，切实提高诚信建设工作的科学性和可操作性。要指导企业建立并运行诚信管理体系，积极开展诚信管理体系评价工作。

（二）积极推进诚信信息平台建设。信息化是现代农业的制高点，它既是现代农业管理方式的创新，也是产品溯源、加强诚信体系建设的重要手段。要加快建立绿色食品企业诚信信息公共服务平台，依法采集和发布企业诚信信息，提高绿色食品生产经营主体信用信息的完整性和透明度，加大诚信企业示范宣传和典型失信案例曝光力度，发挥社会监督作用，促进企业诚信自律。

（三）不断强化绿色食品系统的自律意识。要不断创新工作方式，丰富活动内容，积极组织行业内诚信建设的经验交流活动。要积极发挥绿色食品企业内检员的作用，增强企业自律意识和能力，真正落实绿色食品标准化生产和规范化管理。同时，在绿色食品工作系统内部，要探索建立内部职工诚信考核与评价机制，加强队伍作风建设，始终做到坚持标准、履行程序、执行制度、遵守时限，以工作系统严格过硬的作风积极引导和促进整个行业的诚信体系建设。

（四）深入开展诚信宣传与诚信文化建设。要把诚信宣传融入行业管理工作中，在检查审核、颁发证书、证后监管等工作中强化对获证用标主体的诚信教育和宣传引导。要采取多种形式，引导绿色食品和绿色生产资料生产经营单位树立企业诚信文化理念，重点培养决策者、管理者的诚信文化素质。要充分发挥电视、广播、报纸、网络等媒体的宣传引导作用，树立诚信典范，使全行业学有榜样、干有目标，努力营造"诚信光荣，失信可耻"的舆论氛围。

（五）切实加强诚信体系建设的组织领导。农产品质量监管机构、三品一标工作机构作为农产品和绿色食品诚信体系建设的组织者和推动者，要发挥好组织和监督作用，推进绿色食品行业诚信体系建设各项工作顺利进行。特别是绿色食品工作系统要将诚信体系建设纳入绿色食品整体工作统一谋划，形成上下配合、内外互动、合力推进的工作格局。

三、积极发挥协会在绿色食品诚信体系建设中的重要作用

诚信体系建设离不开行业协会的组织和引导。通过协会制定行业诚信自律制度并监督会员遵守，同时加强会员诚信教育和培训，已成为社会各个行业诚信建设的基本做法。中国绿色食品协会作为服务绿色食品行业的全国性社团组织，也是推动绿色食品事业发展的一支重要力量。近年来，协会通过开展"全国绿色食品示范企业"评选活动，"以诚信自律促品牌提升"为主题的征文等活动，已经探索了诚信体系建设基本做法。

下一步，绿色食品协会还要围绕绿色食品诚信体系建设，整合相关资源，加强调查研究，扎实推进相关制度建设；抓紧开展培训考核、示范推广工作；及时发布评价信息，宣传展示成果。同时，协会要进一步壮大会员队伍，把更多的绿色食品企业组织发动起来，共同推动诚信自律建设，建立良好的绿色食品市场秩序，不断提升绿色食品品牌的

公信力。

同志们，绿色食品诚信体系建设责任重大，任重道远。我们相信，通过全行业共同努力，扎实工作，坚持不懈推进诚信体系建设，一定能够实现绿色食品事业持续健康发展。为全国农产品质量安全水平的提升发挥更好的带动和促进作用，为广大消费者消费安全与健康做出新的更大的贡献。

谢谢大家。

（本文作者系农业部总农艺师）

于康震在 2014 中国品牌农业发展大会上的讲话

（2014 年 10 月 26 日）

大家上午好！本届农交会体现出了新理念、新思路、新特点，其中农业品牌的概念尤为突出，农交会本身就是我国各地农产品品牌集中展示的大舞台。今天有众多地方政府以及农业管理部门的领导，三农专家学者，新型农业经营主体代表来参加这个品牌农业大会，共同交流探讨我国现代农业品牌建设问题，我觉得很有意义，《农民日报》利用自身重要媒体优势，凝聚一大批资深研究人员，成立中国品牌农业发展研究院，这对于推动我国农业品牌研究是件好事，值得祝贺。品牌往往是市场竞争的集中体现，可以代表一个地区经济发展水平，是产业和产品竞争力的关键，培育农业品牌的重要动力。有利于促进农业协会的发展，提升农产品的自然水平和市场竞争力，满足升级的消费需求，知名品牌往往与地区农业发展水平、农业综合竞争力有着直接的关系，农业现代化水平较高的地区往往也是品牌较强的地区，农业品牌化已经成为农业现代化的重要标志，加强农业品牌建设，也是现代农业建设的一项重要任务。

中共十八大提出要形成技术、质量、品牌、服务的核心竞争优势，这成为我国长期的经济发展方针，中国制造要向中国创造转变，中国速度要向中国质量转变，中国产品要向中国品牌转变。这也是我国现代农业一直遵循的发展方针。2013 年，中央农村工作会议明确指出要大力培育食品品牌和农产品品牌，农业部今年年初工作要点也提出要发展优质安全农产品，推进农产品品牌的创立和保护，近年来从农业部到地方各级农业部门，积极贯彻落实中央精神，不断适应现代农业发展的阶段性特征，出台了一系列政策措施，积极开展农业品牌建设。加强无公害农产品、绿色食品、有机食品和农产品地理标志产品的认证，加大品牌营销推介取得显著成效。截至 2003 年年底我国农产品认证的商标总数达到了 125 万件，比 2008 年增长了一倍，现在大量农产品品牌人们都能耳熟能详，生产经营者获得了较高的品牌议价，直接带动了农民增收。十八届三中全会以来我们在包括农村改革在内的诸多领域取得了重要的突破，有利于推动农业农村经济的发展，其中品牌农业已经成为各地现代农业发展的一大亮点，在深化改革的市场环境下，大市场，大流通，大品牌的渲染农业格局正在形成，我国农业品牌建设处在全新的发展环境，下一步品牌建设中我觉得有以下几点：

一、要做好统筹规划和相关政策安排

我们应该把品牌建设放在现代农业发展的战略层面来考虑，整合多方面系统，整合各方面的力量来系统谋划。经过深入调查研究，完善农业品牌发展思路和理论体系，明晰引导农业品牌建设的政策。以我国深厚的农耕文明为背景，以深厚的特色为资源，产业为基础，把标准化、现代营销、科技支撑、金融支持等与品牌建设相结合，加快推进我国现代农业发展。

二、要大力发展优质农产品，提升产品品质

品质促进品牌，品牌离不开品质，农产品和品质是当下国人的强烈诉求。习近平同志明确提出"以满足吃的好，吃的安全为导向，大力发展优质安全农产品"。品牌是对品质的承诺，可以建立消费者的信任，形成消费忠诚度，使产品获得竞争优势，这就会促使品牌建设主体不断提升产品品质，满足消费者高品质的需求，因此品牌建设和农产品建设是相辅相成、相互促进的关系。

三、要找准自身特色，实现差异化发展

差异化是品牌建设的核心，一个地方农业发展，关键在于找准路子。第二是要突出特色，要立足资源禀赋和产业基础，做好特色文章，实现差异竞争，错位发展。我国独特的自然生态方式、种养方式和人文历史，千百年来已经形成众多的特色农业产品，这些特色农业资源不仅是大自然的造化，更是一笔珍贵的历史遗产，蕴藏着巨大的经济、社会和文化价值，我们完全可以通过农业品牌建设把这些资源的特色挖掘出来，推介出去，这是地方农业经济发展的一条重要途径。

四、要创新营销方式，加强品牌宣传

品质再优如果没有恰当的品牌传播也很难实现应有的市场价值，我们很多好的东西卖不出去，低水平的营销方式和宣传力度不够有很大关系，也与我们对文化内涵的挖掘和消费者教育不够有关，一些地方，包括不少农业展会还缺乏现代营销的理念，我们必须要遵循市场规律，创新营销方式，加强品牌宣传，提升展会的市场化水平，以此提高产品的知名度和美誉度。

五、要处理好政府引导和市场主体的关系

农业品牌包括区域品牌、公司品牌、产品品牌等多个层次，品牌本身就是市场的产物，不是政府授予的，而是市场认可的。所以市场主体是品牌建设的主力，也要发挥市场主体积极性，政府主要给予市场政策支持和引导，创造良好的市场环境，加大支持产权保护力度。

当前我国农业品牌建设得到越来越多的关注，但还需要不断的探索和提审，希望大家能利用这一次会议的机会，研究共识，交流经验，促进合作，利用好《农民日报》、中国品牌农业研究院这个研究平台，为我国农业品牌建设贡献智慧和力量，最后预祝本次品牌大会圆满成功，谢谢大家！

（本文作者系农业部副部长）

朱保成在 2014 品牌农业发展国际研讨会上的主旨演讲

（2014 年 9 月 4 日）

女士们、先生们、朋友们：

今天，我们再次相聚北京，出席 2014 品牌农业发展国际研讨会。首先，请允许我代表大会主办方，向各位嘉宾、各位代表表示

热烈欢迎，向长期关注、支持中国品牌农业发展的有关国际组织和国际友人表示衷心感谢！

品牌农业发展国际研讨会，已经成功举办两届，今年是第三届。三年来，中国农业品牌建设的理论研究和实践探索都有了很大进步，管理者、建设者、消费者凝聚了越来越多的共识。品牌建设已经成为推进农业现代化和区域经济发展的重要路径，成为新型农业经营主体的核心经营策略，成为食品安全获得消费者信任的重要保证，也成为加快推进农业现代化的新常态。

当前，中国发展进入新阶段，改革进入攻坚期和深水区，农业现代化进程也处在转型升级的关键期。在这样的背景下，我想提出，把品牌建设作为提升现代农业的重大战略，即中国现代农业品牌战略。之所以提出这一主张，主要是基于以下几方面的考虑：

从中国现代化建设总体进程看，实施农业品牌战略是推进农业现代化的内在要求。中国正在加快工业化、信息化、城镇化和农业现代化同步发展步伐，相对而言，农业现代化仍是"四化"同步中的短板和制约因素。现代化的农业应该是资源节约型和环境友好型农业，应该是用现代科技和信息技术装备的农业，也应该是产品比较优势突出和市场竞争力较强的农业。作为农业品牌，首先是农业科技应用和资源科学利用的典范，从这个意义上讲，现代化的农业也可以说是品牌聚集的农业，没有农业的品牌化、没有一大批科技含量高、极具竞争力的农业品牌作为代表，就很难说农业实现了现代化。因此，实施农业品牌战略，是加快推进农业现代化的内在要求，是关系中国经济社会发展全局和整个现代化进程的重大举措。我们可以通过深化改革，清除制约农业品牌发展的障碍，激发市场主体推进品牌建设的激情和活力，以实施农业品牌战略推进农业现代化进程。

中共十八届三中全会以来，我们在包括农村改革在内的诸多领域取得重要突破，有力推动了农业农村经济发展，为经济社会大局提供了有力支撑，尤其是发展品牌农业已成为各地推进现代农业的一大亮点。在深化改革的市场环境下，大生产、大市场、大流通、大品牌的现代农业格局正加快形成，必将为农业品牌建设带来全新的发展环境。

从中国现代农业发展的实践看，实施农业品牌战略是做强农业优势特色产业的主要路径和方向。中国地域宽广，自然生态和资源禀赋多种多样，农业产业发展的基础也各不相同，但从发展的实际看，农业现代化水平较高的地区，往往也是品牌农业发展较快的地区，是农产品品牌的聚集区。实践表明，哪个地方高度重视农业品牌的发展，哪个地方资源禀赋的农业潜力就能得到有效释放，农业现代化水平也能得以有效提高。品牌建设涉及生产和市场的多个环节，是优化农业产业结构、提升特色产业现代化水平的强大动力，是推进现代农业和特色产业发展的重要抓手。习近平主席2013年在山东考察时曾指出，一个地方的发展，关键在于找准路子、突出特色。欠发达国家和地区抓发展，更要立足资源禀赋和产业基础，做好特色文章，实现差异竞争、错位发展。中国独特的自然生态环境、种养方式和人文历史，千百年来已经形成了众多特色农产品。这些特色农业资源不仅是大自然的造化，更是一笔珍贵的历史遗产，蕴藏着巨大的经济、社会和文化价值，我们完全可以通过实施农业品牌战略，把这些集人文、生态、环境等为一体的要素资源整合起来，使其成为地方经济社会持续发展的重要载体，成为特色农业经济资源保护和发展的主要途径。

从转变农业发展方式的角度看，实施农业品牌战略是促进农业可持续发展的重要推动力。转变农业发展方式是突破资源环境约束、实现可持续发展的根本出路。农业是高度依赖资源条件、直接影响自然环境的产业，农业的资源利用方式对实现可持续发展具有重要影响。新中国成立以来特别是改革开放30多年来，中国农业发展取得了举世瞩目的成就，但也要看到，农业发展方式粗放、资源消耗过大等问题也日益突出，农业生态环境局部改善、整体恶化的势头还没有根本改观。如果农业发展方式不转变，资源环境约束不突破，农业就难以持续发展，国民经济发展也将受到影响。

众所周知，良好的农业资源和环境是农产品品质之源，是市场和消费者的自然诉求，是品牌建设必不可少的要素，是一些国家打造农业品牌乃至文化品牌的一种有效途径。就像提起澳大利亚的畜牧业，人们想到的是这个"骑在羊背上的国家"的自然风光和兼容并蓄的民族文化，等等。面对当前中国农业发展方式比较粗放、局部资源浪费和污染加剧等问题，我们只有转变发展方式，加快绿色、优质、品牌农业发展，提高资源和投入品使用效率，发挥农业的多功能性，才能突破资源环境约束，实现可持续发展。

从国际农业发展的经验看，实施农业品牌战略几乎是世界农业强国赢得农业国际竞争优势的通行做法。法国之所以能成为欧洲乃至世界农业强国和品牌农业大国，其中一个重要原因就是其善于发挥农业比较优势、大力推进特色农产品品牌建设和知识产权保护。适应经济全球化新形势，必须借鉴世界发展农业的共同经验，推动农业对内对外开放相互促进、引进来和走出去更好结合，促进国际国内要素有序自由流动、市场深度融合，加快培育参与和引领国际经济合作竞争的新优势。实施农业品牌战略，就是应对国际竞争的战略选择，是国际贸易倒逼中国农业转型升级的机制，也是实现中国农业现代化的客观要求，更是提升我国农业国际合作水平的必然路径。从满足国内基本需求到培育国际知名品牌，通过一大批品牌产品彰显

强大竞争力，从而推动国内农业转型升级和现代农业发展，这是中国农业发展必须要走的路子。

中国加入世界贸易组织（WTO）直接推动了农产品地理标志保护等国内相关制度和法律体系的建立。中国农业已经融入世界，我们已越来越感受到了来自国际市场的竞争压力，感受到了以农业品牌产品为主的国际贸易竞争日益激烈的考验。在竞争中转变理念、在竞争中谋求发展、在竞争中扬长避短、在竞争中相互借鉴，走中国特色的农业品牌化之路，为推进世界农业品牌建设做出积极贡献，这是我们孜孜不倦的追求和努力方向。通过实施农业品牌战略，可以促进农业标准与国际接轨，建立国际化的农产品品牌标准及认证体系，也必将进一步提高中国农业对外开放的质量和水平，进而提升农业现代化水平。

女士们、先生们、朋友们！

当前，无论从整个国家现代化建设的宏观层面，还是从现代农业发展实践的微观层面来看，实施农业品牌战略都具备了较为成熟的条件，我们要抓住这一历史性机遇，不遗余力地推动中国农业品牌战略的实施和农业现代化进程。借鉴国际经验、结合中国实际，我认为，实施中国现代农业品牌战略可以从以下几个方面考量：

第一，加强顶层设计，做好系统谋划。品牌强则农业强，品牌强则农民富，品牌强则生态优，品牌强则信心满。从习近平主席提出的"让农业强起来、农村美起来、农民富起来"，到2014年中央1号文件提出"努力走出一条生产技术先进、经营规模适度、市场竞争力强、生态环境可持续的中国特色新型农业现代化道路"，再到农业部提出"发展优质安全农产品，推进农产品品牌创立和保护"，从国家改革发展的层面看，中国现代农业品牌战略已经有了一个整体的战略构思和布局框架。现在关键是要抓住机遇，在"三农"发展的整体布局中，把构建农业品牌

发展战略作为一个重要组成部分，以传统文化、地方特色优势产业及产品为基础，把标准化建设、文化内涵挖掘、营销渠道和方式创新、科技体系支撑、金融支持等与品牌建设相结合，努力创建农业品牌发展的思想和理论体系，形成完整的品牌战略路线图，绘制农业品牌发展的具体实施方案。

第二，保障质量安全，奠定发展基础。中国政府把农产品质量安全及品牌问题提到前所未有的高度，强调能不能在食品安全上给老百姓一个满意的交代，是对执政能力的重大考验。质量安全是品牌产品的前提和根基，只有质量可靠的安全农产品和食品才可能成为品牌产品。中国政府明确提出，要大力培育食品品牌，用品牌保证人们对产品质量的信心。品牌建设被赋予了规范生产经营、引导消费需求的重大责任。我们知道，安全的农产品是"产"出来的，也是"管"出来的。从政府角度来说，出于公共利益需求，必须建立不同层次的产品质量标准体系，借政府公信力，来增强消费者的信心。在目前人们对食品质量及安全强烈关注之下，政府应以实施品牌战略为契机，建立一套完善的符合市场规律、创造品牌价值的标准体系、执行体系和认证及产品质量追溯体系，这是世界农业发达国家的通行做法。中国已经出台了"食品中农药最大残留限量"等一系列国家食品质量安全标准，建立了包括无公害农产品、绿色食品、有机食品、地理标志农产品认证和登记保护在内的制度，也建立了农产品质量安全例行监测制度。今年上半年，中国农业部组织开展的 2 次全国农产品质量安全例行监测结果显示，蔬菜、水果、茶叶、畜禽产品和水产品 5 大类产品的总体合格率为 96.4%，通过认证和登记的产品监测合格率一直保持在 98% 以上。总的看，中国的农产品质量是安全的、可靠的、放心的。这为实施农业品牌战略创造了较好的基础和氛围。当然，中国在农产品质量安全标准制定、产品认证和检验、执法监督等方面与一些发达国家还有一定差距，我们愿意借鉴世界各国推进农业品牌建设和提升农产品质量安全水平的经验，齐心协力为推进中国乃至全球农业品牌建设做出积极贡献。

第三，提高产品品质，把握发展重点。品质铸就品牌，品牌赢得未来。强调品质是品牌建设的一个朴素真理。离开了品质，品牌便无从谈起。就像习近平主席所明确提出的，以满足吃得好吃得安全为导向，大力发展优质安全农产品。品牌是对产品质量和信誉的一种承诺和保证，是产品与消费者建立的一种相互忠诚的关系。这种信任产生了一种保证机制。一方面，这种关系能够形成品牌追随，形成消费者忠诚度、信任度，使产品获得竞争优势，产生品牌溢价，品牌建设主体也会不断提升产品品质、确保安全。另一方面，消费者可以选择信任或不信任，这是对品牌建设主体行为强有力的约束。消费者通过这种信任机制，可以减少很多选择成本，获得放心的产品和愉悦的消费体验。

随着中国经济社会的发展，城乡居民生活由温饱走向小康，人们收入不断提高、消费结构不断升级，市场对农产品的需求日益多样化、优质化、品牌化。人们把食品质量安全更加作为优质农产品的内在要素，并延伸为一种时尚、一种文化、一种生活理念。生产特色突出、质量上乘、效益显著的优质农产品，是现代农业发展的重要导向，自然也是实施农业品牌战略的基础，是发展品牌农业的重点。为了促进农产品特别是园艺产品品质的提升，中国农业部办公厅专门印发了《全国园艺作物"三品"提升行动实施方案》，决定以水果、茶叶为重点，通过建设一批良种苗木繁育基地、打造一批精品果（茶）园、培育一批竞争力强的知名品牌等方式，推进园艺作物品种改良、品质改进、品牌创建，促进园艺产品提质增效、园艺产业提档升级。在这方面，我们诚挚地希望与会代表多为我们出主意、提建议，以进一步提升我国农产品整体质量和品质。

第四，强化产权保护，营造良好氛围。知识产权是一个国家发展的战略性资源和国际竞争力的核心要素。知名的商标、诚信的商誉、先进的专利技术、富有创意的外观设计、独家拥有的商业秘密等，这些知识产权往往是品牌具有竞争优势和可持续发展的实质与关键所在。在农业领域，知识产权越来越成为现代农业建设的重要支撑，成为掌握农业发展主动权的关键，更是农业品牌建设的核心内容。实践证明，如果没有知识产权强有力地保护、没有打假维权的有力行动，再好的品牌也可能因假冒伪劣产品的横行而丧失市场优势。因此，良好的知识产权保护氛围是品牌战略顺利实施的重要保证。中国已将知识产权保护上升为国家战略，保护以农产品地理标志为代表的农业知识产权，是推广民族精品不可替代的力量，是提升农产品竞争力和维护市场秩序的重要内容。农业知识产权是国际贸易交流和知识产权保护的重要内容，也是双边和多边合作交流、WTO农业谈判的热点议题。加强知识产权保护，既可以充分利用我国已形成的众多特色资源，创建国家和区域农产品品牌，又可以突破技术标准、反倾销等所构筑的贸易壁垒。我们愿意充分借鉴世界农业发达国家知识产权保护方面的经验，进一步完善相关制度，着力推进农业知识产权保护工作，为品牌农产品的流通创造更加有利的市场环境。

第五，促进农业贸易，提高产品知名度。中国有句古语叫"酒好也怕巷子深"。品质再优、口感再好的独特产品，如果无人知晓或不够了解，也很难实现产品应有的价值，从某种意义上讲，可以说是一种资源浪费。中国资源禀赋多样，农产品种类多，特色农产品资源丰富，但多数农产品国际上尚不知晓，有许多品牌产品还没有走出国门，这与我们营销促销和宣传力度不够有很大关系，也与我们对产品的历史渊源、文化内涵和消费知识介绍不够有关。目前我国农产品注册商标虽快速增长，但知名的品牌还不多，一些地方和企业还缺乏品牌发展定位、品牌识别设计和品牌运作筹划等现代营销理念，这表明我们的品牌理念及营销水平都需要进一步提升。我们十分欣赏美国农业部推荐脐橙、法国推荐葡萄酒和立顿公司推荐茶叶等做法，愿意在知识产权保护的框架下，与世界各国签订品牌农产品互认协议，共同推进特色品牌农产品的国际交流，更愿意借鉴世界各国在推进农产品国际贸易方面的经验、倾听各位对中国农产品品牌建设的建议。

第六，发挥社团作用，提升服务水平。行业社团组织本身就是对政府管理和市场调节功能的重要补充。充分发挥这些社团组织在行业自律、标准制定、产品促销和打假维权等方面的作用，是发达国家经济和社会发展的一条基本经验。在中国不断深化市场经济改革的大背景下，政府职能正在加速转变，更多社会性、公益性、服务性的公共管理职能将交给社团组织，社团的桥梁纽带功能、行业联系指导功能、社会服务支持功能将进一步增强。农业领域的行业组织在品牌政策研究、技术推广、品牌标准制定、品牌价值评估和品牌产品推销等方面大有可为。中国优质农产品开发服务协会目前正在建立农产品品牌价值评价体系，这对我国品牌农业发展大有裨益。由8家农业行业协会与农民日报社共同举办的"强农兴邦中国梦品牌农业中国行"活动已经走过8个省（自治区、直辖市）的多个地市县，所到之处掀起了农业品牌建设的热潮，大大提升了当地农业品牌知名度和产业发展水平。应该在系统总结行业协会推进农业品牌建设经验的同时，赋予协会更多的品牌化推进职能，充分发挥这些社团组织在推进品牌宣传、营造发展氛围、参与国际品牌农产品贸易等方面的作用。

女士们、先生们、朋友们！

当今世界多极化和经济全球化深入发展，全球合作向多层次、全方位扩展。中国农业现代化是国家现代化的关键。品牌战略是推进农业现代化的内在要求，是农业走出去的重要驱动力，是实现中国品牌强农梦想的有力支撑。

中国拥有悠久、灿烂的农耕文明、丰富多元的自然资源和稳固扎实的发展基础，欢迎各国友人和国内同行继续关注、参与和支持我国改革开放事业和现代农业品牌建设。眼界决定境界。中国会敞开胸怀，与世界各国友人真诚相待、合作共赢，为实现我们心中的梦想而携手同行。

谢谢大家！

（本文作者系全国政协委员、中国优质农产品开发服务协会会长）

陈晓华在全国农产品质量安全监管工作会议上的讲话

（2014年3月25日）

这次会议的主要任务是，贯彻落实中央农村工作会议、《国务院办公厅关于加强农产品质量安全监管工作的通知》和全国农业工作会议精神，总结2013年农产品质量安全监管工作，部署2014年任务。下面，我讲两点意见。

一、2013年农产品质量安全监管工作成效明显

2013年国务院机构改革对食品安全监管体制做出了新调整，农业部门监管任务更重了，工作责任更大了。面对新的形势、新的要求，各级农业部门迎难而上、勇于担当，坚决贯彻党中央、国务院的决策部署，紧紧围绕"两个千方百计、两个努力确保、两个持续提高"的工作目标，依法履行职责，全面加强监管，圆满地完成了各项任务，农产品质量安全保持了总体平稳、逐步趋好的发展态势。全年没有发生重大农产品质量安全事件，蔬菜、畜禽产品和水产品例行监测合格率分别为96.6%、99.7%和94.4%，同比分别提高0.6、0.1和3.9个百分点，监管体系建设进一步加强。

一年来，上下齐心协力，狠抓落实，重点强化了5个方面的工作：

一是狠抓责任落实，加强工作领导。国务院印发了《关于地方改革完善食品药品监督管理体制的指导意见》。国办印发了《关于加强农产品质量安全监管工作的通知》，从强化属地管理责任、落实监管任务、提高监管能力等6个方面提出硬性要求。部里在年中召开各厅局"一把手"农产品质量安全监管工作会后，又及时召开全国视频会议，制定任务分工方案，印发全程监管的意见，明确将2014年作为农产品质量安全监管年，出台了8项监管措施，进一步细化落实国办通知各项要求。将农产品质量安全监管延伸绩效考核扩大到20个省，积极推动把农产品质量安全纳入县、乡政府绩效考核范围。各地政府按照国办部署，层层落实监管责任，强化条件保障，有力推动监管工作深入开展。广东等省及时转发国办通知，出台加强监管工作的措施。浙江等省把农产品质量安全、农业标准化等指标纳入地方政府考核内容，把考核结果作为地方领导班子和领导干部综合考核评价的重要依据。湖北省、市、县政府逐级签订工作责任状，陕西省厅与各市局签订目标责任书，江苏设立19项量化考核指

标，按考核结果对各地县进行奖励，促进了监管责任、措施和制度三落实。江西省在涉农项目资金安排上实行质量安全"一票否决"制度。

二是深化专项整治，遏制突出问题。全国统一组织开展六大专项整治行动，全年共出动执法人员 310 万余人次，检查相关生产经营单位 274 万余家，查处问题 5.1 万余起，立案查处 2.6 万件，为农民挽回直接经济损失 5.4 亿元。在农药整治方面，组织开展了农药监管与法制建设年活动，推动 800 多个县实施高毒农药定点经营，200 多个县全面禁止销售和使用高毒农药。在"瘦肉精"整治方面，建立跨省、跨部门协调配合机制，查处"瘦肉精"案件 309 起，向公安机关移送案件 63 起。在生鲜乳整治方面，将现有奶站和生鲜乳运输车全部纳入监管范围，100 头以上规模化养殖比例达到 37.2%，机械化挤奶率达到 90%，比整治前的 2008 年分别提高 17.7、39 个百分点。在兽用抗菌药整治方面，严厉打击违法添加行为，加强兽药残留监控，初步遏制了抗生素滥用问题。在水产品整治方面，强化产地监测，推进检打联动，从源头上治理使用硝基呋喃和孔雀石绿的问题。在农资打假方面，开展春季、夏季百日、秋冬季行动和种子打假护权行动，严厉打击制售假劣农资坑农害农行为，向社会公布16 起农资打假典型案例，有效震慑了违法犯罪分子。配合"两高"及时出台了《关于办理危害食品安全刑事案件适用法律若干问题的解释》，把生产销售使用禁用农兽药、收购贩卖病死猪、私设生猪屠宰场等行为纳入了刑罚范围。各地积极贯彻落实"两高"司法解释，切实加大对违法犯罪行为的打击力度。福建省农业厅与省高法等 5 部门建立了食品安全犯罪案件移送衔接工作机制。广东省建立"行政执法与刑事司法衔接信息共享平台"，实现了案件网上移送、网上受理、网上监督。

三是强化风险防范，消除问题隐患。深化检验监测，把部级例行监测覆盖范围扩大到 153 个大中城市、103 个品种、87 种参数，深入开展四个药物残留监控计划，每季度进行会商分析，及时发现问题和隐患，有针对性地发出预警提示，督促地方、行业整改提高。部里增补 23 个风险评估实验室，认定145 个风险评估实验站，组织开展 10 大类农产品风险评估，共抽取样品 4.8 万个，排查风险因子 600 多个。各省也全面强化风险排查、监测和评估，提升风险预警能力。江苏、浙江等省加强工作统筹，统一制订监测计划，统一开展监测工作。江西省加大经费投入，全年抽检样品 2.6 万批次。福建省对定点屠宰场实行"县级天天抽检，市级月月抽检，省级季度抽检"的工作制度。强化舆情监测，监测舆情信息 900 条，编发舆情快报 230 期、周报 50 期，确保掌握舆情、及时应对。强化突发问题应急处置，部里修订了《农产品质量安全突发事件应急预案》，福建、甘肃、湖南、海南、山东、河南等十多个省相应制定或修订了应急预案，建立了分级负责、上下联动、区域互动的应急机制，及时高效地处置了 20 多起突发问题，落实有关整改措施，并将负面影响降至最低程度。

四是推进农业标准化，提高源头保障水平。2013 年新发布农业标准 327 项，制定农药最大残留限量标准 1 357 个，目前农兽药残留标准已达到 4 201 个，基本涵盖我国主要农产品。清理废止了 132 项无公害食品农业行业标准，发布了 55 类无公害农产品检测目录。创建全国农业标准化示范县 48 个，支持建设"三园两场"5 500 个，认证"三品一标"2.1 万个。"三品一标"总数达到 10.3万个，认定产地和认证产品分别占到耕地面积和食用农产品总量的 36%。各地都将农业标准化作为农业提质增效保安全的重要措施予以推进。浙江省启动了农业标准化促进工程，建立了"一个标准、一张模式图、一本手册、一张光盘、一个示范园"的"五个一"

推广模式，让农民真正做到宜学、宜懂、宜用。湖南省按照"一个产业、一套标准、一套监管服务体系、一批示范园区、一批新型经营主体、一批农产品品牌"的总体要求，省厅与常德市实行"厅市共建"，整合农业各要素资源，整体推进农业标准化建设，农业生产经营模式发生了很大改变。

五是用好各方资源，提高监管能力。许多地方抓住这次机构改革和食品安全管理体制调整的时机，推动监管体系队伍和能力建设。陕西正在为省监管局增加10个编制，增加干部职数。安徽组织开展了监管体系建设与管理规范年活动。南京农林综合行政执法总队核定编制48名，强化农产品质量安全执法工作。加快实施质检体系建设二期规划，争取中央资金12亿元，支持建设部、省、市、县四级质检机构388个。云南等省加强项目前置审批，江苏、山东、广东、重庆、四川、陕西等省加强项目实施和运行管理，不断提高县级质检站建设管理水平。广西农业厅年度监管经费增加到9300多万元，另争取到基建资金3540万元，为全区1150个乡镇站配备了检测设备，有的增加了检测交通工具。2013年还组织开展了第二届全国农产品检测技能竞赛活动，有44名选手获省级"五一"劳动奖章，70名选手获省级技术能手称号，另有3名选手将获"全国五一劳动奖章"，3名选手将获"全国技术能手"称号。举办基层监管及检测人员培训班9期，培训1140余人次，不断提升队伍业务素质和工作能力。江西实行帮扶制度，选调66名市县技术人员到省检测中心进行3个月的强化培训。开展食品安全宣传周、农产品质量安全风险评估实验室开放日等活动，编印《农产品质量安全50问》，印发宣传资料6000多万份，组织专家解读热点敏感问题，普及农产品质量安全知识。江西省举办农产品质量安全巡回宣传1000多场，讲座500多场。吉林省印制了国家禁限用农药、识别假劣农药

简明挂图5万份，在各经营门店显著位置张贴。浙江省开展了"科普宣传直通车"活动，提高公众参与意识。

2013年农产品质量安全工作成效明显，大家攻坚克难、尽心尽力。在此，我代表农业部向同志们表示感谢和敬意。

二、扎实做好2014年农产品质量安全监管工作

当前，农产品质量安全形势仍不乐观，面临的任务更加艰巨繁重，大家一定要充分认识做好这项工作的重要性、紧迫性。

要把这项工作摆在更加突出的位置。中共十八大以来，新一届中央领导集体高度重视反复强调农产品质量安全工作，习近平总书记在中央农村工作会议上把它单独作为一个大方面来讲，强调能不能在这个问题上给老百姓一个满意的交代是对我们执政能力的重大考验，提出了"产出来""管出来"等重要论断及"四个最严"的要求。李克强总理在政府工作报告中又对这项工作做出明确部署，提出明确要求。可以讲，中央把这件事提得很高、看得很重，符合时代进步的要求，回应了社会的关切和期盼。我们一定要深刻领会中央领导同志的重要讲话精神，自觉把思想和行动统一到中央的决策部署上来，切实增强政治意识、责任意识，乘势而为，勇于担当。部党组决定在工作布局上把农产品质量安全摆在更加重要位置，更加积极、主动、高效地开展工作。一个地方农业工作抓得好不好，农产品质量安全是重要的检验标准。

要用改革创新的办法破解难题。今年是全面深化改革第一年。解决农产品质量安全问题，需要向改革要动力、向改革要红利。要充分发挥市场在资源配置中的决定性作用和更好地发挥政府作用。一方面要利用市场机制，形成一种倒逼机制，不断转变农业发展方式，特别是要结合深化农村改革，抓住

培育新型农业经营主体与构建新型农业经营体系的机遇，推动落实生产经营主体责任，从源头上保障好质量安全，解决好"产出来"的问题；另一方面要适应强化事中事后监管的新要求，把该由我们管的事切实管住管好，减少和改进审批，完善工作机制，打通监管链条，确保环环有监管，全程无漏洞，特别是抓住基层食品安全监管体制改革机遇，同步强化基层农产品质量安全监管机构建设，改变人员、能力、手段不适应的状况，解决好"管出来"的问题。

要努力形成社会共治的局面。农产品和食品安全是创新社会治理体制、健全公共安全体系的重要内容。光靠政府不行，光靠一个部门更不行，必须依靠好社会各方面的力量，发挥好各方面的作用。我们要有更加开放的意识，加大宣传引导力度，发动群众广泛参与，加强社会监督和消费维权，强化诚信体系和信用文化建设，推动监管部门与其他部门、机构间建立协同联动治理机制，推动农产品质量安全监管向多方主体参与、多种要素发挥作用的综合治理转变，形成社会共治工作格局。

今年，要实现农业农村经济发展"稳中求进"的目标，不容在农产品质量安全上有任何闪失。今年总体工作思路是，以开展农产品质量安全监管年活动为统领，坚持严格执法监管和推进标准化生产两手抓、"产出来"和"管出来"两手硬，用最严谨的标准、最严格的监管、最严厉的处罚、最严肃的问责，努力确保不发生重大农产品质量安全事件，切实维护人民群众"舌尖上的安全"。重点抓好七个方面工作：

第一，深入开展突出问题的治理。在巩固已有成果基础上，开展好7个专项治理行动：种植业要开展好农药及农药使用整治，严厉打击非法添加隐性成分和使用禁限用农药行为；畜牧业要开展好"瘦肉精"、生鲜乳、抗菌药、畜禽屠宰4项整治，严厉打击

销售和使用"瘦肉精"、添加禁用兽药或人用药、私屠滥宰、收购和屠宰病死畜禽、畜禽注水或注入沙丁胺醇等违法行为，落实好奶源监管六项措施，加强品种引进、饲料供应、养殖指导、奶站监管；渔业要开展好禁用药物整治，突出鳜鱼、大菱鲆几条养殖鱼，严厉打击非法使用孔雀石绿、硝基呋喃类药物的行为；农资打假要以种子、农药、肥料、饲料、兽药为重点，严厉打击坑农害农行为，同时开展放心农资下乡进村活动，畅通农资经营主渠道。要强化农产品质量安全执法，抓"牛鼻子"，啃"硬骨头"，坚持露头就打，始终保持高压态势，严打非法添加、制假售假等行为，斩断非法利益链，让一切"潜规则"失效。强化监督抽查，实施"检打联动"，对抽检不合格的农产品，依托农业综合执法机构及时依法查处，做到抽检一个产品、规范一个企业、带动一个行业。加强行政执法与刑事司法的衔接，严格落实"两高"司法解释，集中查办一批大案要案，端掉一批"黑窝点"，严惩一批违法犯罪分子，公布一批典型案例，充分发挥司法震慑作用。

第二，全面推动质量追溯体系建设。从国内外的实践看，农产品质量追溯是一种有效管用的监管模式，它能及时发现问题、查明责任，防止不合格产品混入。近年来，各地区各行业各部门积极试点，取得了一些好的效果。但是这些试点相对分散，要求各式各样，追溯内容还不丰富，追溯信息不能共享，难以发挥出应有的作用。今年这项工作必须破题，当务之急要搭建全国统一的追溯信息平台，制定配套的管理规范。各地要在已有的基础上，继续推进本地区追溯信息平台的建设，做好与国家级平台的衔接、与全国统一制度规范的融合。要选择部分大中城市和"菜篮子"产品主产县开展试点，积极推动龙头企业、农民专业合作社实施追溯管理，率先将生猪和"三品一标"农产品纳入追溯范围。在此基础上，由点及面、逐步放

大，经过3～5年的努力，使全国规模以上主体基本实施质量追溯管理。要依法加强农产品包装管理，督促农产品生产经营者对包装销售的产品进行明确标注，推广先进标识技术，提高产品标识率。要探索建立农产品产地合格证明制度，大力推进农产品产地准出和市场准入管理，坚决把住一个出口和一个入口，解决好合格入市问题，促进产销衔接。

第三，全面强化风险防范和应急处置。继续做好大宗农产品质量安全风险评估，将"菜篮子"和大宗粮油产品全部纳入评估范围，切实摸清危害因子种类、范围和危害程度。完善主产区风险评估实验站布局，加强条件保障。加强监测工作统筹，细化检测任务分工，扩大例行监测和药物残留监控计划的品种和范围，强化会商分析和结果应用，集中排查共性问题隐患和"潜规则"，严密防范系统性风险。进一步细化和完善应急预案，加快应急体系建设，落实职责任务，加强应急培训与演练，提高应急处置能力。加大舆情监测力度，更加重视微博、微信等新媒体传播途径，及时化解和妥善处置各类农产品质量安全舆情事件，严防负面信息炒作和放大。加快提升应急能力和水平，发生突发事件的要第一时间掌握情况，第一时间采取措施，依法、科学、有效进行处置，最大限度地将负面影响降到最低程度，最大限度保护消费安全和农业产业安全。要发挥好专家队伍的作用，加强农产品质量安全科技攻关，强化正面宣传，及时回应社会关切，普及安全生产知识，营造良好社会氛围。

第四，大力推进农业标准化。要按照"产出来"的要求，抓好农业标准化工作。加快标准制修订步伐，抓紧转化一批国际食品法典标准，用3～5年的时间基本构建既符合我国国情和农业产业实际、又与国际接轨的标准体系，使生产有标可依、产品有标可检、执法有标可判。今年要以农兽药残留标准为重点，新制定农业标准500项。各地要抓紧

配套制定农产品质量安全控制规范和技术规程，及时将相关标准转化成符合生产实际的简明操作手册和明白纸。要强化标准的实施与示范，扩大"三园两场"建设规模，发挥辐射带动效果。加强农业标准化示范县创建，推动整乡镇、整县域标准化生产。推进生产经营主体转变，加大对家庭农场、龙头企业、农民专业合作社扶持力度，加强生产监管和技术指导，督促落实标准化生产要求。广泛开展环保知识和法规宣传教育，普及标准化清洁生产技术，引导农民科学施肥、合理用药，将安全控制措施转化为广大农民的自觉行动，确保"第一车间"源头安全。要探索建立标准化生产补贴机制，推动把实施农业标准化作为各类农业项目验收考核的重要指标。推动建立健全农产品优质优价机制，充分发挥市场杠杆作用，拉动农业标准化发展。

第五，切实加强"三品一标"建设和管理。"三品一标"是这些年农业部门打造的一个安全优质农产品公共品牌，要把握各自的定位和方向，稳步推进并不断发展壮大。要牢牢把握新时期对"三品一标"认证工作的新要求，充分发挥"三品一标"在过程控制、减量化生产和生态环境保护方面的示范引领作用，带动生产经营者规范农业生产过程，严格控肥、控药、控添加剂，做到认定一个产地，带动一片标准化生产，认证一个产品，保障一方产品安全。要严格"三品一标"认证标准，提高准入门槛，规范审查评审，切实做到"稍有不合、坚决不批"，坚决杜绝在认证审批上出现任何瑕疵或硬伤。强化证后监管，加大抽检力度，严厉查处不合格产品、不规范用标产品以及假冒产品，严格退出机制，做到"发现问题，坚决出局"，切实维护好品牌的公信力。要发挥"三品一标"产品包装标识率高、组织化程度高的优势，大力推动"三品一标"获证企业实施质量追溯管理，率先实现"带标上市、过程可控、质量可溯"。"三品一标"工作机构是农产品质量

安全监管一支重要依靠力量，各级监管部门要注重发挥好这支队伍的技术优势和支撑作用，给予更多的支持和帮助。"三品一标"工作机构也要主动而为，主动入位，勇于承担更多的农产品质量安全监管职能和任务。

第六，强化制度机制建设。要贯彻落实国办通知和部里加强全程监管的意见，按照农产品生产经营链条，找准薄弱环节和工作着力点，把相关管理制度立起来，构建起农产品质量安全监管长效机制。要强化主体责任，督促生产经营户执行休药期、生产档案记录等制度，督促农产品收购、储存、运输主体建立健全进货查验、质量追溯和召回等制度。要强化全过程管理，抓紧健全农业投入品监管、生产控制、监测抽查、质量合格证明和追溯管理、案件查处移送等制度，做到生产有规范、监管有标准、惩处有依据。要针对收储运环节监管，摸清监管环节和底数，拿出具体办法，明确职责分工，建立运行机制。要畅通投诉举报渠道，设立投诉举报电话，全面推行有奖举报制度，鼓励各方面参与维护农产品质量安全，扩大社会监督。推进诚信体系建设，建立违法违规"黑名单"制度，对不法生产经营者，依法公开其违法信息，努力营造良好的信用环境。要强化责任追究，对失职渎职、徇私枉法等问题，要严肃追究相关人员责任。

第七，加快基层监管体系建设。县乡基层是直接面对生产经营者的主战场。尽管近年农产品质量安全监管体系建设步伐不断加快，但监管能力弱的问题还很突出，与工作任务相比还有很大差距。要按照国办通知要求，加快完善农产品质量安全监管体系，地县两级尚未建立专门监管机构的，要在年底前全部建立。要发挥好地县农业综合执法、动物卫生监督、渔政管理及"三品一标"队伍作用，落实工作责任，承担起农产品质量安全执法监管任务。要强化地县质检体系建设项目的实施与管理，配套必要的工作经费，加强资质认定和人员培训，确保投资一个、建成一个、用好一个。乡镇监管机构以及承担相应职责的农业、畜牧、水产技术推广机构要进一步充实人员，加强能力建设，开展好农民培训、质量安全技术推广、督导巡查、监管措施落实等工作。今年基层农产品监管体系建设已纳入国办督查的重点内容，大家务必高度重视，克服等靠思想，主动加强与编制、发改、财政等部门沟通，切实强化农产品质量安全监管能力。

（本文作者系农业部副部长）

朱保成：把品牌培育作为现代农业发展的重大战略

（2014 年 3 月 12 日）

2013 年年底召开的中央农村工作会议强调，要大力培育食品品牌和农产品品牌，用品牌保证人们对产品质量的信心。应明确把品牌培育作为现代农业发展的重大战略。

培育农产品品牌，不仅能够引领农业结构调整，提升农产品质量水平和市场竞争力，满足不断升级的消费需求，也是深度挖掘农产品附加值、增加农民收入、加速推进传统农业向现代农业转变的重要驱动力。

农产品品牌建设尽管热闹，但也存在一些问题，主要集中在四个方面。一是发展不平衡，缺乏整体布局规划，品牌多、杂、小。山东、浙江等具有经济和资源双重优势的地区农产品品牌发展较快，而一些资源贫乏或经济欠发达地区品牌建设则明显落后。二是重登记保护，轻开发培育。多数地方以是否获得有机食品、绿色食品和无公害农产品认证作为奖励和扶持的标准，这就使得一些生产经营者为了追求短期利益而一味追求登记数量，对品牌开发培育重视不够。三是农业融资难，制约品牌发展。一个农产品品牌从开发设计、培育成长到最后形成品牌资源优势，需要投入大量资金。但目前我国农村金融体系薄弱、农业贷款难等问题，制约农产品品牌发展。四是打假维权不力，冒用品牌现象多。这直接影响到品牌农产品实现优质优价和市场信誉。

要解决这些问题，需要在充分发挥市场竞争作用实现优胜劣汰的同时，发挥政府机构的扶持、引导与监管作用，把品牌培育作为现代农业发展的重大战略。为此，提出以下四点建议：

一要搞好规划引导，促进有序发展。根据不同生产区域、经济条件和发展阶段等实际情况，从区域、行业和企业等多个层面制定农产品品牌发展规划。支持创立有关农产品品牌培育和发展咨询服务机构，充分发挥行业协会和社会中介组织在推进品牌建设方面的作用，提高专业化服务水平。通过制定农产品品牌战略发展规划，加快推进重点企业的重点产品打造，特别是做大做强技术含量高、市场容量大、附加值和效益高、能耗低的产品，从而带动更多农户和农业企业发展。政府机构要通过提供信息、信贷、科技等公共服务，促进分散农产品品牌整合壮大。

同时要积极发展农业产业化经营，依托龙头企业发展产业集群，实施"走出去"战略，打造优势农产品区域品牌和国家品牌。

二要完善法律法规，保护知识产权。在借鉴国外农产品相关法律法规的基础上，完善我国农产品品牌建设有关法规体系，加强名特优新农产品品种资源的保护、开发和利用，保护农产品品牌及其知识产权。

三要加强政策扶持，鼓励做大做强。在发达国家及新兴工业化国家和地区，农业品牌化进程中都有高效率、低利息和融资期限长的政策性金融支持。政府担保贴息，政策性金融提供有偿资金，是培育农产品品牌的一个有效措施。要研究利用财政资金促进农产品品牌化发展的奖补机制，重点对专业大户、农民合作社、农业产业化龙头企业等新型经营主体的品牌建设和产地环境治理等进行补贴。同时优先将品牌企业的优质农产品生产纳入政策性保险范围。

四要严格市场监管，严查假冒伪劣。整合有关部门执法力量，加大农产品打假治假、严禁虚假广告、查处滥用区域品牌等违法行为的执法力度，建立公平竞争的市场秩序。健全农产品质量标准体系，规范和完善农产品品牌推介和认定平台，强化对相关主体行为的监督，健全投诉举报渠道和依法查处机制，鼓励公众参与到农产品品牌培育和监管中来。

（本文作者时任农业部党组成员、中央纪委驻农业部纪检组组长、中国优质农产品开发服务协会会长）

朱保成：推进中国特色农业品牌化建设

（2014年1月10日）

最近召开的中央农村工作会议指出，"要大力培育食品品牌，用品牌保证人们对产品质量的信心。"品牌是国际市场的通用符号，是构成国家产业竞争力的重要因素。知名农业品牌的多少，往往决定着一个国家或地区的农业发展水平和综合竞争力。当前，我国农业大而不强，产量大、附加值低，产品多、品牌少，特别是国际知名品牌少的问题十分突出。转变农业发展方式，推进农业现代化，增强我国农产品在国际市场的竞争力，必须着力打造优秀农业品牌，以强农、富民为核心，以多样化的特色农业资源为基础，以农业科技为支撑，推进中国特色农业品牌化建设。

把握农业现代化的阶段性特征，以特色、高品质为基础培育农业品牌。农业品牌化的过程，就是区域化布局、专业化生产、规模化种养、标准化控制、产业化经营、品牌化销售的过程。发展农业品牌必须立足于农业资源的比较优势，以特色、高品质为基础。农业部已制定了优势农产品区域布局规划，力争尽快形成优势突出、特色鲜明的农产品产业带。各地正在根据自身特色，依托优势农产品产业带发展主导产业，培育区域公用品牌和企业群体，从而形成具有竞争力的品牌集群。推进农业品牌化建设，还必须解决生产规模小、标准化程度低、营销方式落后等问题。必须加快农业经营组织和经营制度创新，在坚持和完善农村基本经营制度的基础上，着力培育家庭农场、农民专业合作组织、农业产业化龙头企业和农业社会化服务组织等新型农业经营主体，着力构建集约化、专业化、组织化、社会化的新型农业经营体系，为农业品牌化建设奠定基础。

抓住世界科技革命新机遇，利用现代信息技术促进农业品牌建设。信息化是当今世界发展大趋势，是推动我国现代化建设的重要引擎。随着信息技术的广泛应用，品牌管理的手段和水平迅速提升，品牌传播效率大幅度提高，品牌影响力持续扩大。一批新设备、新媒体、新技术在品牌管理中的应用，带来了品牌管理模式的转变，特别是以互联网、多媒体以及物联网技术为代表的信息技术革新，对品牌建设具有深远影响。其在农业领域的应用，必将有力推动农业发展方式的加速转变和农业效益的显著提升，也必将突破品牌传播的传统格局，大幅度扩展品牌信息载体的选择空间。当前，物联网产业已被列为我国战略性新兴产业，物联网技术在农业品牌建设中的应用前景十分广阔。农业部非常重视农业物联网的应用与发展，已在天津、上海、安徽3省市率先开展农业物联网区域试验工程。同时，支持中国优质农产品开发服务协会和罗克佳华公司共同研发"中国优质农产品信任系统和智慧电子商务基础云平台"，目前该系统已开始试运行。

凝聚各方力量，共同推进农业品牌建设。企业是品牌建设的主体，应着力做好品牌创建与培育、品牌定位与拓展、质量提升与管理、文化建设与宣传、能力提升与创新等工作。同时，品牌打造离不开政府的重视与支持。农业的基础地位、弱质性和品牌建设的综合性，决定了政府的支持至关重要。一些发达国家将农业品牌化战略作为国家农业及经济发展战略的重要组成部分，政府出台保护和扶持政策，培育农产品品牌主体，加强法制建设和市场监管，创造公平有序的市场竞争环境，健全标准化体系并推进标准化生产，保障品牌农产品的质量安全。这些经验值得我们学习借鉴。行业协会是对政府管理和市场调节功能的重要补充，是推进农业品牌建设不可或缺的重要力量。随着政府职能转变，更多社会性、公益性、服务性公共管理职能将交给社团组织。农业行业社团组织在推进品牌建设方面大有可为，在政策研究、技术推广、标准制定、行业自律等方面将发挥更大作用。

（本文作者时任农业部党组成员、中央纪委驻农业部纪检组组长、中国优质农产品开发服务协会会长）

陈晓华在中国绿色食品协会第三届理事会第四次会议暨绿色食品示范企业经验交流会上的讲话

（2013 年 12 月 17 日）

各位理事、同志们：

在这年终岁尾，协会研究决定召开此次理事会，目的是学习贯彻中共十八大和十八届三中全会，以及最近召开的中央经济工作会和中央城镇化工作会议的精神，总结新一届理事会三年来的工作，研究协会自身建设问题，分析绿色食品发展面临的新形势，进一步明确协会下一步工作重点。

刚才，听了秘书处的工作情况报告，感觉到这几年来，协会确实做了很多事，协会的社会影响在不断扩大，会员队伍在不断壮大，形成了一个比较好的局面。大会还审议通过了增设专业委员会和调整部分协会负责人等事项。应该讲，三年来，新一届理事会紧紧围绕促进绿色食品事业持续健康发展的中心任务，依据协会章程，认真履行职责，不断拓展服务领域，在扩大绿色食品宣传、深化相关理论研究、探索市场营销体系建设等方面做了大量的工作，并且在加强国际交流与合作、开展绿色食品生产资料标志许可管理等方面也闯出了新路，为提升绿色食品品牌的社会认知度和市场影响力，做出了积极的贡献。特别是近几年创造性地开展了绿色食品诚信体系建设，通过绿色食品示范企业的推荐、遴选与宣传，进一步普及了标准化生产，强化了全行业的诚信意识，有力地促进了绿色食品企业自律，对于提升绿色食品质量安全水平和绿色食品品牌公信力发挥了重要推动作用。与此同时，协会的自身建设也不断得到加强，制度和组织不断完善，队伍不断扩大，服务能力不断提升，为今后发展奠定了良好的基础。

但应当看到，与事业发展要求相比，我们的协会工作仍有很多需要改进的方面：桥梁纽带作用有待进一步发挥，会员队伍建设有待进一步加强，服务领域有待进一步拓展，协会自身建设有待进一步推进。我们必须认清形势，增强紧迫感、责任感，以积极进取的精神，以更强有力的措施，扎实做好协会各项工作。

当前，从发展的环境和行业发展的要求看，做好绿色食品协会工作，面临许多有利的条件和难得的机遇。经济社会发展到这一阶段，各方面对农产品质量安全的问题高度重视，要求也越来越高，这实际上形成一种倒逼机制，为好的企业不断发展壮大创造了有利条件。

一是国家政策鼓励为协会发展提供了广阔空间。中共十八大报告要求，"加强社会建设，加快形成政社分开、权责明确、依法自治的现代社会组织体制"，把协会等社会组织建设摆到了经济和社会生活中一个更加重要的位置，也为行业协会发展指明了方向。今后不是行政机关、事业单位越来越多，而是要发展行业协会，发挥行业协会的作用。农业部归口管理的行业协会有四五十家，在各个行当里面算多的，但从实际看，真正发挥作用的不到三分之一，大部分作用不明显，还有少部分只是摆摊子。如何把协会办好，是一个大家都关心、期待的问题。我们的协会大部分是从政府机构内生出来的，是体内循环、派生出来的，而不是体外循环应运而生的。这种情况下，如何与社会管理相衔接并发挥好协会的作用，这需要很好地摸索。现在改革的方向明确了，就是要发挥社会组织在社会管理中的积极作用。中共十八届三中全会《决定》明确提出，"围绕使市场在资源配置中起决定性作用深化经济体制改革"，要求"激发社会组织活力，推动社会组织明确权责、依法自治、发挥作用。适合由社会组织提供的公共服务和解决的事项，交由社会组织承担。重点培育和优先发展行业协会商会类、科技类、公益慈善类、城乡社区服务类社会组织"。这个要求很明确，我们协会的定位是行业协会商会类，当然我们也有公益类和科技类的成分，这些政策进一步明确了行业协会等社会组织在经济建设和社会发展中的地位与作用，为协会发展提供了广阔空间。这是一个很重大的机遇。

二是产业规模扩大为协会发展提供了坚实基础。近年来，随着农产品质量安全工作得到不断重视和加强，绿色食品事业也获得了健康快速发展，生产总量不断扩大，产业水平明显提高，品牌影响力大幅提升，促进农业增效、农民增收作用日益明显。目前，全国绿色食品生产企业已超过7 500家，产品总数超过18 000个，原料标准化基地面积超过1亿亩。产业规模的扩大，对加强行业的相互交流合作及市场营销等自我服务提出了新的更多的需求，这为协会拓展服务领域，发挥服务功能提供了更加广阔的舞台。协会的会员多了，服务对象多了，协会的作用和影响力会更大。产业的发展是协会存在的基础。一个产业是萎缩的，其协会是一定没有生命力的。要越做越大，首先要有产业基础，其次才是工作方式、工作思路符不符合社会发展的要求。绿色食品、绿色企业、绿色基地越来越多，很多地方对这个问题非常重视，把获得绿色品牌，建成绿色基地，作为推动现代农业的一个重要标志，采取了许多奖励和督促政策。实事求是讲，绿色食品在"三品一标"发展中起步是比较早的，已经摸索出了一套很好的办法。我分管这一块工作，就一直在分析，"三品一标"到底是什么样的功能？发展前景到底怎么样？严格说来，无公害农产品是一个基础性的，所有上市的农产品都应该达到无公害标准，这是最起码的标准。现在无公害农产品的面积还不到一半，无公害农产品今后的走向是通过无公害农产品的认证、监管来配合农产品的准入准出管理，只有和这个挂上钩，我们的农产品品牌才有社会影响力，对生产才有促进作用。我们现在要建立可追溯的系统，也要建立准入准出的制度。从哪儿开始？以产品来讲，要从畜产品开始，牲畜标志比较容易查，通过耳标或其他途径。再一个就是无公害农产品，这可能是一个发展方向。关于有机食品，如果严格按标准讲，我们现在的产地环境、资源条件绷得很紧的情况下，真要想扩大有机食品的规模是受到限制的，也没有必要搞得那么高端。有机食品要严格控制在标准范围内，服务于高端市场，这可能是一个目标。不是谁都能搞有机产品，不是谁都能吃得起有机产品，在国外也是。所以，我们不要认为有机食品生产会越来越多，这不现实。现在市场上很多产品打着有机产品的旗号搞坑蒙欺骗，它倒不是假，关键是消费欺诈，是打着这个品牌后价值就成倍增长，而实际上产品质量没有达到有机标准，不是在有机的产地环境下生产的，不符合有机的生产流程，那就不行。关于地理标志农产品，地理标志农产品也是有严格限制的区域，它一定是和文化的传承结合起来的，不是所有地方都有的，地理标志农产品吃的是文化，吃的是味道，吃的是一种念想。就像领导同志在今年中央经济工作会议上讲的，要有一种乡愁，就是这个意思。发展空间真正比较大的，我看是绿色食品。这在很多地方、很多产品类型上，通过努力是可以做到的。所以，从这一点来讲，绿色食品的发展是很有前途的，而且我们对绿色食品的认知、理论上的研究也在不断加强和深化。

三是市场环境变化对协会工作提出了更高要求。这些年，我国经济社会持续发展，人民生活水平不断提高，广大消费者的健康消费意识和知情维权意识不断增强，给农产品需求结构和市场环境带来深刻变化。中共十八届三中全会提出，"建立公平开放透明的市场规则"，既有利于优质优价市场机制作用的发挥，又对诚信经营提出了更严格的要求。这些变化要求绿色食品要更加重视和加强行业自律及诚信体系建设。协会工作要发挥优势，积极引导，发出正能量，配合政府有关部门，努力营造绿色食品行业健康有序发展的良好氛围。食品和农产品质量安全问题中央高度重视，在中央经济工作会议上，总书记、总理都特别强调。前不久国务院办公厅专门下发了《关于加强农产品质量安全监管工作的通知》，也对加强绿色食品等的证后监管、监督检查提出了非常明确的要求，所以农产品质量安全监管工作的压力也是很大的，这个坎必须迈过去。我们的要求是，在保证农产品有效供给的前提下，要更加注重农产品的质量安全，要更加注重农业的可持续发展。我们一定要按照中央的要求，适应社会发展新的期待，不辜负我们行业的各个企业、各个主体对我们协会的期望。

同志们，当前全国上下都在认真学习贯彻中共十八届三中全会精神，积极谋划改革发展大计。我们协会工作也要以中共十八届三中全会精神为指导，紧紧围绕促进现代农业建设和农民持续增收的总目标，以全面深化改革为统领，把推动绿色食品事业持续健康发展作为工作主线，不断拓宽服务领域，提升工作水平，推动协会工作迈上新的台阶。下一步要重点加强以下几方面工作：

一是积极发挥桥梁纽带作用。协会要主动承担行业管理部门委托的工作任务，积极参与绿色食品产业发展战略、政策和相关标准的研究，为政府和行业主管部门提供更多的决策支持，为行业发展、宏观政策的制定提供服务。理论研究才刚刚开始，既然绿色食品是一个有希望、有潜力的事业，就要体现在方方面面。首先是要有绿色的理念，这是最重要的。绿色生产、循环生产、清洁生产，这是社会发展到这个阶段的新的要求。我看今后的发展，对我们产品价值的判断，既要产量高，又要品质好，还要有效益，并且不破坏生态，能够保证永续的发展，这才是标准。所以，中央对农业的要求是五句话十个字，"高产、优质、高效、生态、安全"，而恰恰我们在高效、生态、安全上是短板。我们过去很多的研究都没有把这个作为评判的标准，品种的验收也好，产量的评判也好，都没有把它纳进去，这在今后不行。虽然产量高，但是靠大肥大水保障的，可持续吗？哪有那么多资源？所以，绿色生产的理念要竖立起来，要很好地研究，包括哪些要素。再一个就是绿色生资，现在这个工作启动起来了，很有意义。这个工作本身包含两层意思，一方面，要推动低毒高效农药等的研发，这是我们应该做的工作。现在把低毒高效农药的研发作为重大问题来研究，包括节水节肥作物品种也作为重大问题来研究，都非常需要。另一个方面，要规范经营，一定不能搞假冒伪劣的，不能搞禁限用的。第三是绿色生产。就是要有标准，就是要有监管的办法，有生产过程的控制。再就是绿色流通、绿色消费。协会在绿色消费方面也可以做一些文章，科学消费、膳食结构平衡、资源合理利用、反对铺张浪费等，都很有意义。绿色食品协会不要仅盯着生产环节，要做大，就要把整个流程拉起来。绿色消费是很大的一个事情，浪费很多，不合理、不科学的消费习惯、毛病也很多，怎么通过我们的宣传来推动这些问题的解决。同时，协会要向绿色食品企业和农民积极宣传农产品质量安全管理法律法规、农业标准化生产技术以及绿色食品标准、管理制度，增强企业和农民的质量意识和标准意识；要积极组织调查研究，向政府和行业主管部门及时反映企业的诉求和呼声。

二是大力推动绿色食品行业自律。引导企业加强行业自律，规范有序参与市场竞争，是提高绿色食品品牌公信力的必然要求，是协会工作的重中之重。协会要逐步建立起一套比较完善的绿色食品企业诚信管理体系，从制度上形成良好导向，发出正面声音，科学指导会员企业严格执行生产标准，规范操作规程，切实把标准化落实到每个环节、每道工序。十八届三中全会特别强调行业自律问题，也是我们比较缺失的。企业是质量安全的第一责任人，但怎么来约束，怎么来体现，很重要的是要通过行业的自律。需要在这方面积极地探索，要组织好学习交流、培训研讨、评选示范企业等活动，大力宣传绿色食品的先进理念、技术标准和优秀企业的质量管理经验，在全行业不断强化诚信意识、责任意识和自律意识，规范绿色食品生产经营行为，建立良好的绿色食品市场秩序。

三是不断加强会员队伍建设。会员是协会生存和发展的基础。目前，协会企业会员比例偏低，要切实采取有效措施，制定有利政策，加快协会会员的发展工作，不断壮大会员队伍。协会要在技术指导、经营咨询、市场拓展、品牌培育等方面加大服务力度，增强凝聚力，提高吸引力。但是发展会员也不是来者不拒，更不能搞拉郎配，也要坚持章程规定的条件。协会要始终保持忧患意识，农产品质量安全之弦要时刻绷紧，切实采取措施，在加快协会会员发展的同时，也要严格监督管理，不合格的及时退出，符合条件的及时纳入，保证协会的生机和活力。

四是切实加强理论研究。理论工作要为绿色食品事业服务，为绿色食品法律法规的制定和标准的完善提供参考。所以理论研究要深入、要透彻，更要达到以理论创新推动

绿色食品事业向前发展的目的，这是协会工作的创新点之一，也是对全国一流协会的更高要求。协会当前理论研究要围绕生态文明建设这篇大文章，研究绿色食品事业的基础作用、与之的协调关系，重点要关注两个方向：一是加强绿色食品产业发展基础性、方向性、前瞻性重大问题的研究；二是加强绿色食品与绿色生产、绿色食品与生态农业及绿色食品与绿色生资关系的研究。这方面的研究还处于起步阶段，比较零散，但搞清这些问题有利于指导绿色食品事业的持续健康发展，推动农产品质量安全水平的持续提高。

五是切实加强自身建设。"打铁先须自身硬。"做好协会工作，需要协会理事会特别是秘书处不断强化自身建设、提高服务能力。一要加强制度建设。随着协会业务的拓展，协会不断发展壮大，专业委员会也相继成立，一切要以章程为依据规范运行，要不断健全完善各项规章制度，用制度管事，用制度管人，严格按章办事。农业部分管的协会也有出问题的，要吸取中国畜牧业协会的教训。二要加强组织建设。根据工作需要，有计划地充实专业技术人员，提升业务素质，把秘书处建成精干、高效的办事机构；同时加强协会党组织建设，积极发挥党员的骨干带头作用。三要加强职工教育。建立健全人才引进、培养、使用、激励机制，促进协会人才队伍的专业化、职业化、知识化，不断提高政治素养和业务能力。协会聘用了一些工作人员，要关心他们的成长。四要加强横向沟通。积极开拓与涉农社团的横向联系，促进业务合作，取长补短，互利双赢，达到提升工作、扩大协会影响的目的。

同志们，中共十八大提出了生态文明建设的要求，十八届三中全会又从全面深化改革的高度对生态文明建设和发展现代农业做出了新的重大部署，绿色食品的地位作用更加凸显，事业发展前途光明、任重道远。我们相信，在各级政府的支持下，在各级农业

部门的推动下，经过我们的共同努力，把协会办得更好，把绿色食品事业推向一个新的高度，为提升农产品质量安全水平和现代农业建设做出新的更大贡献。

谢谢大家！

（本文作者系农业部副部长）

朱保成：为实现中国农业品牌梦而努力奋斗

（2013 年 10 月 21 日）

近年来，我国农业领域掀起了品牌化热潮，成为现代农业建设的一大亮点。政府及企业的品牌意识不断增强，品牌管理和运营能力不断提升，涌现了一批具有较高知名度、美誉度和信任度的农业品牌产品，在开拓市场、拉动地方经济发展等方面发挥了日益明显的作用。

当前，我国正处在经济体制的深刻变革期、社会结构的深刻变动期和利益格局的深刻调整期，社会思想和价值追求多元多样多变的特征日益鲜明。面对新形势、新挑战，以习近平同志为总书记的中国共产党新一届中央领导集体提出了实现中华民族伟大复兴的中国梦，把国家富强、民族振兴、人民幸福融合在一起，反映了人民群众的共同期盼，激发了各行各业的创业梦想，凝聚了方方面面的实干力量。在农业品牌建设领域，人们憧憬着中国农业品牌梦，成为立志为中国农业品牌自立于世界之林而奋斗的人们的共同目标和不懈追求。这是在农业行业弘扬"中国梦"的具体体现，是农业行业为筑就"中国梦"提供坚强支撑的努力实践。

实现中国农业品牌梦，是我国农业在品牌的引领下实现全面振兴的光荣历程。应以我国农产品的品牌化为标志，以满足需求、技术领先、经济效益和竞争能力提升为支撑。具体来说，就是以强农、富民为核心，以多样化的特色农业资源为基础，以农业科技为支撑，以质量安全为保证，以深厚的文化底蕴和独特的品质为灵魂，引领农业现代化大潮，满足人们高品质的生活需求，让亿万人民过上幸福生活，走出一条具有中国特色的农业品牌化道路。

从传统意义上讲，品牌是个古老的概念，起源于中世纪的古挪威语，原意是在牛身上做标志，以此作为权属的区分。我国有据可查的产品标记最早可追溯到宋代，农业也成为最早产生品牌的领域之一，这要归结于古代中国农耕文明的发达。在绵延千年的世界贸易史上，中国人民开辟了享誉世界的茶马古道、丝绸之路等古老的商贸通道。中国茶叶、中国丝绸、中国瓷器等诸多农产品和手工艺品曾经是中国文化和品牌的象征，以其独特的风韵享誉海外。可以说，那个时候这些产品是以国家为品牌的。中国理所当然是农业品牌大国和强国。然而，伴随着近代中国社会的衰落，中国农业也陷入了停滞不前的境地，落后于世界的步伐，留下惨痛的历史教训。

新中国成立后，特别是改革开放以来，我国农业有了快速发展，取得了举世瞩目的成就。最令世人赞叹的是，我们用不到世界9%的耕地养活了世界近20%的人口，用行动回答了谁来养活中国人的问题。我国农业发展的"好势头"，满足了世界上最大规模也是最快速的工业化城镇化对农产品的需求，支撑了经济社会发展大局，成为国民经济发展的突出亮点，得到了社会各界、国际社会的高度肯定。但我们也清醒地认识到，我国农业依然"大"而不强，数量多价值低、产品多品牌少，特别是国际知名品牌少的问题仍很突出。比如说，我国柑橘种植面积和产量均居世界第一，但美国"新奇士"脐橙的市场价格却比江西赣南脐橙高出近1倍。我国是茶的故乡，茶叶面积和产量均居世界首位，但英国"立顿"茶的年销售额超过我国茶叶的年出口总额。农业品牌化滞后已经成为我国现代农业发展的一个短板，成为影响我国农产品国际市场竞争力的重要因素之一。在这种形势下，追求中国农业品牌梦，就是要重新续写我国农业的历史辉煌，让更多的中国农产品走进品牌的行列，不仅畅行于国内，而且走向世界，在国际市场上成为中国农产品品质的符号，成为高品位生活的标志。

从现代意义上说，品牌是国际市场的通用符号，是一个国家、一个民族、一个地区经济发展水平和质量的体现，是构成国家产业竞争力的重要组成部分，是决定产品市场竞争的关键。农业品牌同样如此。拥有知名农业品牌的多少，往往与国家及地区农业发展水平、农业综合竞争力有直接关系。品牌化已成为农业现代化的重要特征。农业部部长韩长赋提出，实现中国梦，基础在"三农"，推进社会主义现代化，农业现代化是关键和支撑。现阶段，品牌化已成为转变农业发展方式、推进农业现代化的重要抓手。我国地大物博，农业自然、历史及文化资源极为丰富，许多农产品都具有独特的品种特点、地域特征、工艺流程、文化内涵，蕴藏着巨大的品牌价值和产业发展空间。这也是我国未来农业乃至整个国民经济发展的重要基础。

中国农业品牌梦顺应时代潮流，是我国转变农业发展方式、推进农业现代化的迫切需要，是适应社会消费结构转型升级的迫切需要，是提升农业效益、增加农民收入的迫切需要，是提高农产品国际竞争力的迫切需要。中国农业品牌梦，既是我国作为一个农业大国自我发展、自我完善的目标之一，又是我们拓展内需和消费市场，推动中国农业转型升级的内生动力，也是我国农业更好地与世界农业交融互动、促进世界农业健康发展的应尽之责。

实现中国农业品牌梦，需要借鉴世界农业品牌发展成功经验，顺应国际农业品牌发展潮流。我国经济的发展已经融入世界，我国政府重申将全面深化改革开放。品牌作为市场经济的产物，其发展和世界经济息息相关。从市场经济发达国家的经验来看，在传统农业向现代农业转变过程中，品牌化作为农业现代化及农产品贸易国际化的有力支撑，发挥着巨大作用。实现中国农业品牌梦，必须借鉴国际品牌建设及管理经验，以国际化的战略意识和发展的前瞻性，扶持一批品牌建设主体，使其具有打造农业自主品牌的能力和手段。我国现代农业发展对品牌化的渴望，以及良好的发展基础、投资环境和丰富而独特的资源优势，已经并将为国内外资本带来前所未有的发展机遇。参与的企业越多，中国农业品牌梦实现的就越快，我们的事业就越兴旺、越发达。

实现中国农业品牌梦，需要抓住世界科技革命的新机遇，充分利用现代信息技术。信息化是国际社会发展的大趋势，是推动中国"四化同步"发展的重要引擎。随着信息技术的广泛应用，品牌管理的手段和水平迅速提升，品牌传播效率大幅度提高，品牌影响力也在持续扩大。一批新设备、新媒体、新技术在品牌管理中的应用，带来了品牌管理模式的转变，特别是以互联网、多媒体以及物联网技术为代表的信息技术革新，对品牌建设具有深远影响。其在农业领域的应用，必将带来一场新的农业技术革命，有力推进农业发展方式的加速转变和农业效益的显著提升，也必将突破品牌传播的传统格局，大幅度扩展品牌信息载体的选择空间。

物联网技术在农业品牌建设中的应用前景十分广阔。物联网产业已经被正式列为我国五大新兴战略性产业之一。农业部非常重视农业物联网的应用与发展，已在天津、上海、安徽三省市率先开展农业物联网区域试验工程。同时，支持由中国优质农产品开发服务协会和罗克佳华公司共同研发"中国优质农产品信任系统和智慧电子商务基础云平台"。目前，该系统已开始试运行，其前端以物联网为支撑并整合现有评价机制的信任体系，弥补农产品流通环节信任缺陷，后端是可承接互联网用户的优质农产品电子商务平台。两者的结合将产生传统电商不具备的市场优势，有力推动农业品牌化发展。

实现中国农业品牌梦，需要尊重农业现代化的阶段性特征，探索一条符合国情的农业品牌化道路。农业品牌化发展势不可挡，我们要做的就是探索一条科学的、适合我国国情的品牌化发展道路。体现差异化是品牌存在的主要特征。发展农产品品牌必须立足于农业资源的比较优势，以特色、高品质为基础培育品牌。农业部已制定了优势农产品区域布局规划，力争尽快形成优势突出、特色鲜明的农产品产业带。各地正在根据自身特色，依托优势农产品产业带，形成主导产业，培育区域公用品牌和企业群体，从而形成具有竞争力的品牌集群。

我国要实现农业品牌化发展，还必须解决生产规模小、标准化程度低、营销方式落后等问题。中央提出，将加快农业经营组织和经营制度创新，在坚持和完善农村基本经营制度的基础上，着力培育家庭农场、农民专业合作组织、农业产业化龙头企业和其他各类农业社会化服务组织等新型农业经营主体，着力构建集约化、专业化、组织化、社会化相结合的新型农业经营体系，这将成为农业品牌化发展的重要基础。农业品牌化的过程就是区域化布局、专业化生产、规模化种养、标准化控制、产业化经营、品牌化销售的过程。

实现中国农业品牌梦，需要凝聚各方力量，持之以恒，努力拼搏。企业是品牌建设的主体，要着力做好品牌创建与培育、品牌定位与拓展、质量提升与管理、文化建设与宣传、能力提升与创新等工作。同时，品牌打造离不开政府的重视与支持。农业的基础地位、弱势性和品牌建设的综合性，决定了政府的支持至关重要。一些发达国家将农业品牌化战略作为国家农业及经济发展战略的重要组成部分，政府出台保护和扶持政策，培育农产品品牌主体，加强法制建设和市场监管，创造公平有序的市场竞争环境，健全标准化体系并推进标准化生产，保证品牌农产品的质量安全。这些经验值得我们学习和借鉴。

行业协会是对政府管理和市场调节功能的重要补充，是推进中国农业品牌梦不可或缺的重要力量。随着政府职能的加速转变，更多社会性、公益性、服务性公共管理职能将交给社团组织。农业行业社团组织在推进品牌建设方面大有可为，在政策研究、技术推广、标准制定、行业自律等方面将发挥更大作用。受农业部委托，中国优质农产品开发服务协会会同有关单位承担了 2011 年和 2012 年"中国农产品区域公用品牌影响力调查"活动，并发布了本年度 100 个"最具影响力的中国农产品区域公用品牌"。2013 年启动了"强农兴邦中国梦·品牌农业中国行"活动，已走进 4 个省（自治区、直辖市）的多个市县和 30 多家企业，为地方政府和龙头企业提供品牌战略咨询服务，在全国范围内引起了很大反响。

如今，茶马古道上成群结队的马帮身影已不再现，丝绸之路上清脆悠扬的驼铃声和船舶的汽笛声也渐渐远去。然而，古道上先人的足迹、马蹄的烙印、轮船的航迹以及无法抹去的历史记忆，依然闪烁着人类交往的光辉与荣耀。一个月前，国家主席习近平访问中亚四国期间，结合我国向西开放战略，首次提出了共建"丝绸之路经济带"的倡议和构想，得到了中亚领导人的普遍赞许和共同支持。本月初，习近平主席在访问东南亚国家期间，提出了中国愿同东盟国家共建 21 世纪"海上丝绸之路"的愿望，同样得到了东盟国家和国际社会的高度评价。古代的丝绸之路是中国与世界各国沟通的桥梁和纽带。而今，以"丝绸之路经济带"和"海上丝绸之路"为代表的国际战略构想，必将有力促进中国与世界各国的发展与合作，造福沿线国家和人民，也必将给中国农业品牌的国际化发展带来强大动力。

这是一个放飞梦想的时代。让梦想照进现实，关键要靠实干。让梦想变成现实，需要汇聚力量。当前，全体中华儿女正在为实现中华民族伟大复兴的"中国梦"而努力奋斗。各行业、各领域、各阶层也都在围绕着"中国梦"，描绘、憧憬着自身的梦想。实现国家现代化是"中国梦"的核心，农业现代化是国家现代化的关键和支撑。品牌化作为农业现代化的重要方向，实现中国农业品牌梦，是实现"中国梦"的重要一环。让我们携起手来，为实现中国农业品牌梦而努力奋斗！

（本文作者时任农业部党组成员、中央纪委驻农业部纪检组组长、中国优质农产品开发服务协会会长）

牛盾在2013中国国际品牌农业发展大会上的致辞

（2013年10月12日）

各位来宾，女士们、先生们，在这秋高气爽、气候宜人的美好时节，我们迎来了2013中国国际品牌农业发展大会隆重开幕，我谨代表中华人民共和国农业部对各位嘉宾的光临表示热烈的欢迎，对所有关心、支持、致力于中国农业品牌发展的各界朋友表示崇高的敬意和感谢。

中国农耕文明源远流长，农业自然、历史、文化、资源极为丰富，许多农产品品质特征独特，地域特征鲜明，工艺流程考究，蕴藏着巨大的品牌价值和产业发展空间，中国政府高度重视农业品牌建设，《中华人民共和国国民经济和社会发展第十二个五年规划纲要》强调要推动自主品牌的建设，提升品牌价值和效应，加快发展拥有国际知名品牌和核心竞争力的大型企业。农业部也十分重视农业品牌建设，出台了加强农业品牌建设的指导性意见，积极开展农业品牌培育，加大品牌营销推介，强化品牌监督管理，这些措施有力地推动了各地打造的一批特色鲜明、质量稳定、信誉良好、市场占有率高，在国内和国际都具有影响力的中国农产品品牌。本次大会以"品牌之道、挖掘价值、探索途径"为主题，旨在搭建一个国际性的交流平台。研讨国际品牌农业发展理念及趋势，开阔中国农业品牌发展的国际化的视野，学习借鉴国际先进的品牌经验，进一步探索中国品牌农业发展路径，以便让世界进一步了解中国农业品牌的独特优势和巨大的前景，为各国参与中国农业现代化进程，寻求品牌化进程中互利共赢的发展机遇。中国农业的品牌梦需要奋斗在"三农"战线上的各位同仁们的不懈努力，需要在座各位的积极参与，更需要社会各界的大力支持，只有我们通力合作，中国农业品牌国际化的发展才有强大的动力，让我们充分利用中国国际品牌农业发展大会这一平台，携手社会各界，共享合作机遇，努力开创中国农业品牌国际化发展美好的未来。

最后预祝2013中国国际品牌农业发展大会圆满成功，谢谢大家。

（本文作者时任农业部副部长）

朱保成在 2013 第二届中国国际农商高峰论坛上的讲话

（2013 年 5 月 11 日）

女士们、先生们：

上午好！

我发言的题目是《在发展现代农业中大力推进农业品牌建设》。大家知道中共十八大继续把解决好"三农"问题确立为全党工作的重中之重，明确提出要坚持走中国特色新型工业化、信息化、城镇化、农业现代化道路，推动城乡发展一体化，加快发展现代农业。今天各界精英齐聚中欧共商"三农"大事，我想这对于大家更新观念、拓展视野、创新思路、加快推进中国特色农业现代化，必将产生积极作用。

国家"十二五"规划和今年的中央 1 号文件推出了推动自主品牌建设，提升品牌价值和效应，加快发展拥有国际知名品牌和核心竞争力的大型企业，及支持农业产业化龙头企业培育品牌的要求。因此说加快推进农业品牌建设，已经成为我国发展现代农业的一项紧迫任务，下面我重点围绕农业品牌建设讲些思考与大家探讨。

一、农业品牌建设意义重大，加强农业品牌建设是建设现代农业、转变农业发展方式的迫切需要，改造传统农业、建设现代农业是当前及今后一个时期农业发展面临的重大任务，农业品牌化是农业现代化的一个重要标志，农业品牌化的过程就是实现区域化布局、专业化生产、规模化种养、标准化控制、产业化经营、品牌化销售、社会化服务的过程，就是用工业化理念发展农业的过程，通过发展农业品牌有利于推广先进农业科学技术，提高农业发展的科技含量，有利于推进农业结构调整，发挥农业规模效益，有利于促进现代农业建设、实现由数量型、粗放型增长像质量型、效益型增长的转变。

加强农业品牌建设是适应社会消费升级的迫切需要，随着城乡居民收入的增加和生活条件的改善，人们不仅要求吃得饱，而且更关注安全、关注营养与健康，大众对农产品的消费正逐渐由商品消费向品牌消费转变，品牌信誉正成为农产品消费的主要取向。深入推进农业品牌建设，有利于推进农业标准化生产，促进农产品质量安全水平的整体提高，满足农产品消费结构不断转型升级的需求。加强农业品牌建设，是促进农民增收的迫切需要。

目前农业生产经营收入在农民收入的比重接近 50%，农产品价格仍然是农民最关心的因素，农产品能否实现顺畅销售，能否卖个好价钱直接关系到农民收入能否稳定增长。

近年来区域性、季节性、结构性鲜活农产品滞销卖难时有发生，其中带有规律性的现象是相对于有品牌的产品来讲，没有品牌的产品容易滞销卖难。深入推进农业品牌建设是拓展农产品市场，形成优质优价机制，促进农业增效和农民增收的必然需求，有利于缩小城乡差别，统筹城乡发展。

加强农业品牌建设是提高农产品国际市场竞争力的迫切需要，我国是农业大国，不少农产品产量位居全球第一，但我国还不是农业强国，最突出的就是缺少一批像荷兰花卉、津巴布韦烟草等在国际市场上具有强大竞争力的农业品牌。我国不少优质农产品在国际贸易中，只能占据低端市场，无法带来高溢价。所以推进农业品牌建设是把资源优势转化为市场优势，把市场优势转化为竞争优势的有效途径。

二、农业品牌建设必须回答两大问题，第一个问题是农业品牌建设要依靠谁？从国民的经验和国内的实践看，必须紧紧依靠四个主体，企业是自有品牌创建和培育的主体，没有企业的创造任何品牌都不可能生产出来，品牌是企业的形象大使，是一个企业产品质量、科技能力、管理水平及文化发展等多种信息的首席代表。由于农业生产受到自然与经济双重因素制约，相对于工业产品，农产品的品牌培育及维护则需要付出更多努力，农业企业在品牌建设上绝不能急功近利急于求成，每位有志于在农业领域长期耕耘，并希望把自己领军的企业打造成百年老店的企业家，都应该带领自己的团队在潜心分析自家优势、劣势、机遇以及面临危机的基础上，研究制定出本企业农业品牌营销的发展战略及推进的路径。老老实实把功夫用在提高产品质量、展现服务能力等，为目标客户提供非凡价值的企业管理上，应该坚信腹有诗书气自华，而不要把精力和成本放在过度包装上，消费者是品牌认知和宣传的主体，没有消费者的认可，任何品牌都无法确立，品牌对消费者是一份温馨的承诺和期待。因为相信所以愿意支付，农产品一头连着农民，一头连着市民，没有农民和市民参与的农业品牌建设是空中楼阁，因而真诚倾听来自市民和农民的声音，搭建合适的意愿反映渠道与平台，得到赞美就要坚守，得之期许就要努力，听到批评就要改进。

当然农民和市民也应该付出自己的热情，因为农民参与品牌建设，帮助企业把农产品质量搞得更好，那对农民就意味着更多的收入，市民参与品牌建设帮助企业共同培育好品牌农产品的质量，那对市民也就意味着更放心地享受。

政府是品牌推进和监管的主体，政府在农业品牌建设中之所以重要，原因在于品牌是竞争出来的，而竞争就要有良好的秩序和环境，政府恰恰能够提供诸如制度安排、政策扶植等公共服务。近年来农业部在农产品品牌培育方面做了大量工作，出台了创建品牌农产品的指导性意见，支持有关协会开展了农产品区域公共影响力品牌调查等工作，但是由于信息不对称等多种原因，广受欢迎的优质农产品在市场上被冒名顶替的并不鲜见，这种柠檬效应让千辛万苦培育的品牌毁于一旦，真是让人痛心，政府不仅是农产品质量标准的制定主体，农产品商标品牌注册和管理的主体，更是农业品牌扶植、监督和保护的主角，尤其是目前我国农业品牌建设还处于起步阶段，农业企业规模还比较小，品牌知名度还不高，更需要政府在战略层面上加强顶层设计，在操作层面上赋予富有含金量的政策扶植，在市场监管层面给予众多直营性打击。社团组织是品牌推广和行业自律的主体，我想在第三部分阐述。

第二个问题就是推进农业品牌建设要处理好哪些关系，从当前实际看，我国农业品牌建设必须妥善处理好四大关系，材料上说了三个，大家考虑还有第四个。

一要处理好公用品牌与企业品牌的关系，品牌是产品质量、价值、信誉的载体，根据权属可分为公用品牌和企业品牌，对于农产品公用品牌，权属不归企业所有，大多由社会组织和企业单位所拥有，反映了相关组织、企业、农户集体共同行动和发展的共同诉求，具有共用和共享的特点。对于企业品牌而言，是以企业为权利人而申请注册的企业商标，具有企业独享的特点。目前我国无公害产品、绿色食品、有机农产品、农产品地理标志，就是咱们大家说的"三品一标"，已经成为农产品公用区域培育的重点，并且初步探索了一条以品牌带动农业标志化生产，以标志化生产提升农产品质量安全水平的新路子，区域公用品牌与企业品牌虽然权属不同，但是可以相互影响、相互促进。在推广区域公用品牌的过程中，支持和鼓励企业申请企业自身品牌。有人把区域公用品牌形象地比喻为伞，而企业自有品牌则受到这把伞的提携和庇护。

二要处理好品牌与商标的关系，在这里我主要谈企业自有品牌与商标的关系。商标源于法律，是企业品牌在法律上的体现形式，是用于区别产品来源和服务提供者的可视性标志，企业品牌来自于市场，其法律保护由商标权利来保障，但不再只是一个抽象的区分标识和符号，而是一种被赋予了形象、个性乃至生命的综合象征。商标掌握在企业的手中，而品牌是属于消费者的，当消费者不再认可品牌，那么品牌就一无所值了。创建一个好的农业品牌，当然也要从商标开始。

三要处理好品牌与贴牌的关系。贴牌生产多见于工业，而且在一些世界级品牌产品的生产上，已经占到相当比例，随着人们消费升级和品牌意识的增强，我国农产品市场领域的一些冒牌产品不断受到围追堵截，而农业企业的授权贴牌生产则正在快速地发展，有些企业生产的农产品在市场上以其他企业授权的品牌进行销售，虽然不能从品牌价值链中分享足额的利润，但对于企业自身提高生产水平和产品品质，对于当地农民出售农产品，显然是有积极意义的。至少知名企业都走过由授权的贴牌过程，到贴牌生产自主品牌，再到完全自主品牌，进而为其他企业授权的历程，从而实现对整个产业价值链进行控制的过程。

四要处理好品牌创建与维护的关系，创业难守业更难，创建一个具有市场竞争力和高附加值的品牌不容易，但为应对市场变化所进行的品牌形象维护、品牌市场地位和品牌价值的保护等维护工作更不容易，俗话说一招不慎满盘皆输，这要求我们不断提升农产品质量，有效防范企业因内部原因造成的品牌危机。

三、社团组织在农业品牌建设中大有可为。今年的全国两会通过的国务院机构改革和职能转变方案，明确要求政府部门职能将进一步从微观管理向宏观管理，从直接管理向间接管理转变，更多群众性、社会性、公益性、服务型职能将交给各类相关社团来承担，社团的桥梁纽带功能，行业联系指导功能，以及社会服务支持功能将进一步增强，这是政府转变职能、提升服务水平的新要求。

近年来农业系统社团组织紧紧围绕"三农"工作，在推进农业现代化中履职尽责，努力贡献自己的一份力量，特别是在推进农业品牌建设中，做了大量的工作。以中国优质农产品开发服务协会为例，两年来他们连续组织最具影响力公用区域品牌的调查，而且向社会每年发布100个，他们联合农业部6家协会共同举办2012中国农业品牌发展推进会。今年他们又会同农民日报社创办《品牌农业特刊》，联合中国农业出版社创办《优质农产品》期刊，他们支持有特色、有品牌的市县举办优质农产品展示展销活动，因为农业部主抓省一级的，所以他们就主要抓市县一级的。他们还组织国内农业品牌企业参加国际农产品展销会，近期他们又举办强农兴邦中国梦·品牌农业中国行等一系列活动，他们这些活动都以进一步推动我国农业品牌建设，传播品牌理念和方法，交流品牌创建、培育和推广经验，促进地方和企业树立品牌意识，挖掘自身价值，帮助打造一批具有国际影响力的农业品牌起到了一定的促进作用。

下一步他们还想重点搭建三个平台，拓展三个领域，以期推动我国农业品牌建设大力发展。一方面就是着力搭建会展、融资、走出去三个平台，一是搭建会展平台，举办会展是宣传优质农产品、打造优质农产品品牌的重要途径。二是搭建融资平台，农业品牌建设需要有资金的支持，这需要搭建好融资的平台，拓展融资渠道。三是搭建走出去的平台，充分利用好两种资源、两个市场，加快实施农业走出去战略。因为国内短缺的优质农产品在国际市场要力争建立稳定的货源基地，还可支持企业建立稳定的生产基地，同时要把国内的优质农产品推向国际市场，增加农业出口创汇。

另一方面要着力拓展标准制定、企业培育、产品质量的监管三个领域。

一是促进标准制定，要发挥广泛联系企业和科研单位的优势，积极参与完善优质农产品外观、内质、商品性和加工性等指标，以及分定等级的标志，逐步引导建立优质农产品品牌的评价标准。

二是培育龙头企业，引导龙头企业在优势区域和重点产区建立生产基地，延长产业链，培育一批自主创新能力强、加工水平高、处于行业领先地位的大型龙头企业。

三是要搞好行业自律。

当前全党全国人民正在为实现中国梦而奋发努力。打造中国农业品牌，加快实现农业现代化应是中国梦的题中应有之意，我们必须清醒地看到农业品牌建设是一项紧迫任务，更是一个复杂工程，需要多方共同努力长期真情付出。要做到四个主体的定位拿捏准确、表演到位。四大关系的处理与我国产业发展水平及市场化进程相适应。不仅需要积极大胆实践，也需要不断进行政策创新和理论创新。从有关资料分析，美国在20世纪三四十年代，欧洲、日本在五六十年代，韩国在80年代都先后经历了农产品市场形势大的变化，生产经营方式及产业政策也都发生了相应调整，农业品牌建设先后提上议程，并逐步探索出了各具特色的路径。我国正处在加快建设现代农业及全面建成小康社会的关键时期，农业品牌建设也必将伴随这个过程大步前行。

展望未来前程似锦，只要我们在新的征程上凝心聚力共同奋斗，就一定能够将美好梦想变为美好现实。

（本文作者时任农业部党组成员、中央纪委驻农业部纪检组组长、中国优质农产品开发服务协会会长）

张玉香在《绿色食品标志管理办法》宣传贯彻座谈会上的讲话

（2012 年 9 月 21 日）

同志们：

经今年 6 月 13 日农业部第 7 次常务会议审议，新修订的《绿色食品标志管理办法》以 2012 年第 6 号部长令发布，即将于 10 月 1 日起施行，这是绿色食品事业发展进程中的一件大事，具有标志性意义。新《办法》的颁布和实施，必将促进新时期绿色食品事业持续健康地发展，为推动我国农业标准化生产、提高农产品质量安全水平、实施农业品牌战略发挥更加积极的示范带动作用。今天，我们召开座谈会，学习宣传《绿色食品标志管理办法》，并围绕贯彻新《办法》，共同推进绿色食品事业持续、稳定、健康发展。下面，我讲三点意见。

一、充分认识修订和颁布《绿色食品标志管理办法》的重要意义

在绿色食品事业创立和发展 20 多年之后，农业部修订和颁布实施《绿色食品标志管理办法》，是新时期农业产业提质增效、城

乡居民消费结构升级转型的必然要求，适应了新阶段绿色食品事业发展的客观需求，是地方政府和农业部门长期以来的期盼，也是广大绿色食品生产者、经营者和消费者的愿望，意义重大。

（一）修订和颁布《绿色食品标志管理办法》，是贯彻落实党中央、国务院部署的重要举措。绿色食品是我国的一项开创性事业，党中央、国务院高度重视。1991年，国务院对绿色食品工作作了专门批复，要求坚持不懈地抓好这项开创性工作。我国农产品质量安全工作全面推进以后，绿色食品工作进一步受到各级政府的高度重视。2004年以来，中央连续6个1号文件都对发展绿色食品作出了部署。中共十七届三中全会《决定》明确提出"支持发展绿色食品和有机食品"。发展绿色食品先后纳入国家和地方农业农村经济"十一五"和"十二五"发展规划，作为推动农产品质量安全工作的重要抓手，引领特色农业、品牌农业发展的重要方向，促进农业增效、农民增收的重要途径，与农业标准化、产业化、品牌化工作共同推进，取得了显著成效。

2012年以来，国务院印发的《全国现代农业发展规划》，从推进农业标准化、增强农产品质量安全保障能力的高度，再次提出了"加快发展绿色食品"的要求。农业部在《关于进一步加强农产品质量安全监管工作的意见》中，明确提出当前和今后一段时期，绿色食品工作的重点是全面强化监管。同时，部里今年还启动了全国"三品一标"品牌提升专项行动。新修订和颁布实施的《绿色食品标志管理办法》，是农业部门贯彻落实中央、国务院一系列决策部署，促进新时期绿色食品事业持续健康发展的一项重要举措。

（二）修订和颁布《绿色食品标志管理办法》，是与农产品和食品质量安全法律法规配套衔接的必然要求。《农业法》规定："符合国家规定标准的优质农产品可以依据法律或者行政法规的规定申请使用有关的标志。"《农产品质量安全法》规定："国家引导、推广农产品标准化生产，鼓励和支持生产优质农产品"，并明确"农产品质量符合国家规定的优质农产品标准的，生产者可以申请使用相应的农产品质量标志"。为提高食品安全水平，《食品安全法》鼓励企业采用先进技术和先进管理规范。绿色食品标志早在20世纪90年代初期即依《商标法》注册为证明商标，受法律保护。

从相关法律的规定上看，绿色食品等安全优质农产品已有一些法规基础，既有鼓励和支持性的，也有约束和保护性的。此次新修订的《绿色食品标志管理办法》，是一部落实相关法律法规规定的部门规章，是现行法律法规规定的配套衔接和细化，突出可操作性，将这些年实践形成的成功做法固化，形成制度规范，以更好地从制度层面保障和促进绿色食品事业持续健康发展，更加有效维护绿色食品生产者、经营者和消费者的合法权益。

（三）修订和颁布《绿色食品标志管理办法》，是深入实施农业品牌战略的有效手段。我国农业发展进入新阶段以后，为了适应国内外市场需求，全面提高农产品质量安全水平，按照国务院的部署，2001年农业部在全国实施"无公害食品行动计划"，在绿色食品工作的基础上，先后启动了无公害农产品、有机食品认证和地理标志农产品登记工作，形成了以无公害农产品、绿色食品、有机食品、地理标志农产品（简称"三品一标"）为基本类型的安全优质品牌农产品协调发展的格局。力图通过"三品一标"引领农业品牌化，以农业品牌化带动农业标准化，以农业标准化提升农产品质量安全水平。

为依法推进"三品一标"，农业部先后颁布了《无公害农产品管理办法》《农产品包装和标识管理办法》《农产品地理标志管理办法》，国家质量监督检验检疫总局颁布了《有机产品认证管理办法》，无公害农产品、有机食品、地理标志农产品建立起了与《农产品质量安全法》相配套的规章制度。新修订的《绿色食品标志管理办法》的颁布实施，标志着"三品一标"农产品发展步入了一个整体推进、规范管理、协调发展的新时期，必将在深入推进我国农业品牌发展战略中发挥重要的推动作用。

（四）修订和颁布《绿色食品标志管理办法》，是促进绿色食品事业持续健康发展的根本保障。绿色食品事业在过去的20多年间平均发展速度超过20％。目前，全国绿色食品企业总数已超过6 000家，产品总数超过17 000个，覆盖种植业、畜牧业、渔业大类产品及加工产品；其中1 500家为国家级、省级农业产业化龙头企业。绿色食品产品质量总体上保持了稳定可靠的发展态势，近三年抽检合格率一直稳定保持在98％以上。2011年，绿色食品国内销售额达到3 135亿元，出口额24亿美元，产地环境监测面积1 600万公顷。绿色食品品牌影响已由国内扩大到国际，绿色食品标志已在日本、美国、澳大利亚、世界知识产权局等11个国家、地区和国际组织注册，并有来自法国、丹麦、加拿大等6个国家的全球知名企业产品申请绿色食品标志认证。

目前，绿色食品已由相对注重发展规模进入更加注重发展质量的新时期，由树立品牌跨入提升品牌的新阶段。绿色食品工作重点正经历重大转变，更加注重强化产品质量监管，不断提升品牌公信力。在这个重大转变时期，《绿色食品标志管理办法》的全面修订和及时颁布实施，既是历史机遇，又是重大挑战；既为事业持续健康发展提供了有力保障，又创造了有利条件；既给出了推动发展的政策导向，又释放了加强监管的强烈信号。无论是政策支持，还是严格要求，最重要的是要培育好、发展好、保护好绿色食品

这个精品品牌。

二、准确把握《绿色食品标志管理办法》的基本精神

此次修订的《绿色食品标志管理办法》，以现行的国家法律法规为依据，结合了国情和农业生产实际，总结了绿色食品发展的成功做法和经验，充分考虑了绿色食品工作的性质与特点。总体思路是以标志管理为主线，以质量提升为核心，以标准化生产为基础，以严格审核把关为保障，以强化证后监管为手段，全面维护和提高绿色食品品牌公信力。主要体现在以下几个方面：

（一）更加彰显绿色食品在"三农"工作中的重要地位和功能作用，进一步明确了绿色食品事业的公益性质。实践证明，绿色食品在保护农业生态环境、推行农业标准化生产、促进农业增效、农民增收等方面具有重要的示范带动作用，并具有明显的公益性质。新《办法》明确规定：县级以上地方人民政府农业行政主管部门应当鼓励和扶持绿色食品生产，将其纳入本地农业和农村经济发展规划，支持绿色食品生产基地建设。同时，绿色食品获证单位在农产品生产基地建设、农业标准化生产、产业化经营、农产品市场营销等方面优先享受相关扶持政策。

（二）从依法行政的要求出发，进一步理顺了绿色食品的管理体制。依法推动安全优质农产品生产，加强品牌农产品监督管理，是我国农业发展进入新阶段以后，各级人民政府赋予农业部门的行政管理职能，推动、发展和监管绿色食品是农产品质量安全监管工作的重要职责任务。新修订的《绿色食品标志管理办法》，根据绿色食品事业公益性、品牌公共性的特点，构建了部省地县贯通的逐级农业行政管理体制。进一步明确和强化了各级农业行政主管部门依法推动绿色食品发展和加强监管的职能职责，同时围绕绿色食品标志使用审查与规范管理，明确了各级

农业行政主管部门所属绿色食品工作机构的职责任务。这样的管理体制，充分体现了农业行政主管部门在绿色食品事业上的主导作用，有利于加强对绿色食品事业的宏观指导和规范管理。

（三）立足精品定位，进一步严格了绿色食品的准入条件。新修订的《绿色食品标志办法》，界定了绿色食品产地洁净、生产规范、过程受控、产品安全、质量优良的品质特性，规定了绿色食品最基本的发展要求，体现了"严字当头、好中选优"的工作思路。一是进一步严格了申请人的资质条件，包括生产加工条件、原料基地建设、质量管理水平和承担责任的能力；二是提高了产品受理的条件，即在符合《食品安全法》和《农产品质量安全法》等法律法规的前提下，要求产地环境、投入品使用、产品质量、包装贮运等必须严格执行绿色食品标准。《办法》还特别规定：申请使用绿色食品标志的生产单位，前三年内无质量安全事故和不良诚信记录。在使用绿色食品标志期间，因检查监管不合格被取消标志使用权的，三年内不再受理其申请；情节严重的，永久不再受理其申请。

（四）按照科学性和规范性的要求，对绿色食品标志审核和发证作出了更加严格的规定。一是认证程序更加严密，从受理申请、现场检查、环境监测、产品检验到质量审核、颁发证书，要求必须执行完整的工作程序和制度规范。二是责任更加明确，既明确了各级农业行政主管部门所属绿色食品工作机构的责任分工，也明确了绿色食品业务工作相关环节的责任。三是时限要求更加严格，既要按照程序和标准要求有序开展工作，又要保证工作的质量和时效性。四是信息更加公开透明。《办法》要求必须全面公开绿色食品的标准、程序和制度，要将各个业务工作环节的检查审核结果及时反馈申请人，接受社会监督。

（五）以维护绿色食品品牌的公信力为基点，全面强化了证后监管。建立了"属地管理为基础、生产自律为主体、执法监督为主导、工作机构管理为保障"的监管机制。《办法》规定县级以上地方人民政府农业行政主管部门依法负责对辖区内绿色食品产地环境、产品质量、包装标识、标志使用等实施监督管理，确保产品质量稳定可靠、获证单位规范用标、市场环境健康有序。同时规定和构建了绿色食品企业年检、产品抽检、风险防范、应急处置和退出公告等证后监督检查制度。明确了获证单位对其生产的绿色食品质量和信誉负责的法定责任。要求各级绿色食品工作机构要切实承担起跟踪检查职能。

三、深入宣传和认真贯彻好《绿色食品标志管理办法》

再过 10 天，《办法》即将正式施行。各级农业行政主管部门及整个绿色食品工作系统要紧紧围绕贯彻实施新《办法》，抓住机遇，做好相关方面的工作：

一要切实加强《绿色食品标志管理办法》的学习和宣传。根据新形势、新任务的要求，此次修订的《绿色食品标志管理办法》，对原《办法》中不适应发展和监管需要的内容进行了调整和完善。各级农业行政主管部门和整个绿色食品工作系统要认真学习，准确领会和把握新《办法》的重要意义、基本精神和具体要求，提高依法履责的自觉性和主动性。要充分利用新闻媒体和宣传平台，加强宣传培训，将《办法》中的规定和要求宣传普及到广大绿色食品生产单位、基地农户、经营企业和消费者，营造推动绿色食品事业发展的良好社会氛围和市场环境。

二要加强对绿色食品工作的统筹规划和组织领导。新修订的《绿色食品标志管理办法》，进一步确立了绿色食品事业的公益性职能定位，理顺了管理体制，明确了工作职责，强化了证后监管,给出了政策导向,提供了直接的法律保障。各级农业行政主管部门要加强对绿色食品工作统筹规划和组织领导。要立足资源、环境优势和产品特色,结合现代农业产业布局和发展需要,抓紧制定绿色食品中长期发展规划,加大政策支持和资金投入,推动绿色食品标准化基地建设、技术培训、证后监管、品牌宣传工作。行政主管部门要切实加强对所属绿色食品工作机构的归口管理和业务指导,保障必要的工作条件和经费支持,充分发挥绿色食品工作机构的职能作用。

三要进一步完善绿色食品工作制度。新《办法》的颁布实施,绿色食品工作面临一系列的程序调整和修订完善,要按照新《办法》的规定,进一步补充、修订和完善相关制度,使《办法》与实际工作衔接更加紧密,更具可操作性,要立足精品定位,瞄准国际先进水平,不断完善绿色食品标准体系,将标准化繁为简,加快制定一批技术规程和操作手册,指导标准化生产。要进一步完善绿色食品检查规范、审核程序、标志使用规则、证后监管制度,强化风险预警和不合格产品淘汰退出机制。

四要扎实做好绿色食品检查审核和证后监管工作。要牢固树立"从严从紧"的指导思想,强化责任意识、自律意识和风险意识,要严格按照韩长赋部长的批示要求,坚持"稍有不合,坚决不批;发现问题,坚决出局"的原则,始终做到坚持标准、规范审核、加强监管、防范风险,切实维护绿色食品精品品牌形象。要以贯彻实施《绿色食品标志管理办法》为契机,深入推进"三品一标"品牌提升专项行动,将绿色食品品牌的公信力提到一个新的高度。

绿色食品是我国农业系统推出的第一个安全优质农产品质量标志,经过20多年的发展,现已成为政府主导、公众推崇的公共知名品牌,成果来之不易。《绿色食品标志管理办法》的修订和颁布实施,揭开了绿色食品事业发展的新篇章。各级农业行政主管部门和所属绿色食品工作机构,一定要以贯彻实施《绿色食品标志管理办法》为新的起点,不断开拓进取,扎实工作,努力开创绿色食品事业发展新局面。

(本文作者时任农业部党组成员)

余欣荣在优质农产品开发座谈会上的讲话

(2012 年 7 月 12 日)

各位院士专家,各位企业家:

今天我们召开优质农产品开发座谈会,主要目的是分析我国优质农产品开发形势,研究加快优质农产品开发思路和措施,提出支持优质农产品开发的政策建议。座谈会开得非常好,有几个主要特点:第一,参加的对象是企业家和科学家、政府行政主管部门的负责人,大家坐在一起,共同交流情况,提出建议,谋划下一步的发展思路。第二,共同研究和谋划实际工作问题和理论研究问题,这样使我们的思路更有针对性,措施更具可操作性。第三,对历史的回顾、总结和对未来的发展的谋划相结合,这就使我们对成功的东西能够看得更加明白、更加坚定,对需要总结、完善和避免的东西看得比较清楚。今天各位专家和企业家所谈的观点都很好,很有前瞻性、针对性,而且有的是站在历史的高度来研究优质农产品的开发问题。所以,这次会议的有关成果,请种植业司和优农中心认真梳理,特别是对一些好的意见和建议，要明确哪些需要进一步深化研究，哪些可以采纳，哪些可以立即进行操作。

下面，结合同志们的发言，我讲三点意见：

一、准确把握形势，深刻认识加快优质农产品开发的重要意义

在粮食连续八年增产的基础上，今年夏粮又喜获丰收、全年粮食形势趋好，充分表明重农抓粮的氛围更好、粮食稳定发展的机制逐步健全，充分证明中国能够解决十三亿人的吃饭问题、中国人的饭碗牢牢端在自己手中。粮食等主要农产品供给稳定增加，有力地支撑了经济持续稳定发展和社会和谐稳定。在这样的背景下，如何解决吃得好、吃得放心的问题，又成为一项紧迫而重要的任务。适应这种新的形势，加快优质农产品开发至关重要，意义重大。

应该看到，新中国成立以来，特别是改革开放以来，优质农产品的开发得到了政府和社会各方面的重视。但是，今天我们来研究优质农产品的开发问题和过去有很大不同，无论是基础、条件、面对的问题，还是需要采取的措施，和过去相比完全不一样了。所以，在传统农业加快向现代农业转变过程中，在全面建设小康社会新的历史时期，对优质农产品开发的要求越来越紧迫，摆上了农业发展的重要位子，我想至少有以下几点：

（一）加快优质农产品开发，是转变农业发展方式、推进现代农业建设的迫切要求。农业生产的首要任务是保证农产品有效供给。改革开放30多年来，我国农业综合生产能力稳步提升，农产品产量稳步增加，农产品供需矛盾得到缓解。总体看，除了大豆、油料、棉花等产品外，多数农产品供需平衡。水稻、小麦、玉米等主要粮食品种实现自给，蔬菜、水果等经济作物品种丰富、供应充足。可以说，我国农业生产已进入一个数量与质量并

重的发展阶段。无论是各级党委政府、企业还是广大农民群众，在农业发展过程中，对优质农产品的开发都不断提出新的、更高的要求，而且这种要求比过去任何时候都更加迫切。因此，加快发展优质农产品，转变农业发展方式、推进现代农业建设已成为一项重要的任务。2004年中央1号文件明确提出发展"高产、优质、高效、生态、安全"农业的要求，中共十七届三中全会又进一步提出"发展现代农业，必须按照高产、优质、高效、生态、安全的要求，加快转变农业发展方式"，中共十七届五中全会鲜明地作出工业化、城镇化和农业现代化"三化同步"的战略部署。这些重大战略部署和举措，既为转变农业发展方式、推进现代农业建设指明了方向，也为加快优质农产品开发提出了具体要求。我们要深刻领会这些重大部署和重大政策的科学内涵和精神实质，进一步增强责任感和紧迫感，自觉把发展优质农产品提升到战略和全局的高度去认识，自觉把发展优质农产品摆在"三农"工作重要位置去部署，自觉把发展优质农产品放在推进农业农村经济发展中去落实。

（二）加快优质农产品开发，是全面提高农产品质量水平、提振消费者信心的迫切要求，也是构建和谐社会的重要任务。贯彻落实科学发展观，建设社会主义和谐社会，就农业领域而言，对于优质农产品的开发要求，无论是社会还是政府都前所未有地迫切。民以食为天，食以安为先。保障农产品有效供给是政府的重要职责，保证农产品质量安全也是政府的重要职责。在这一点上，国内国外都一样，资本主义和社会主义都一样。坦率地讲，在改革开放初期，保障供给的任务紧迫一些，对农产品质量安全的要求低一些。随着农产品供求矛盾的缓解和人民生活水平的提高，消费者对品质优良、安全放心的优质农产品的消费需求持续旺盛、持续升级，对农产品质量安全提出了新的更高的要求。

近几年，个别地方、个别品种，因多种因素出现质量安全问题，社会反响强烈。在一定程度上讲，社会对农产品质量安全要求是"零容忍"。加快优质农产品开发，向社会提供更多更好的优质农产品，对维护消费者的利益、维护社会和谐稳定极为重要。

近年来尤其是近一段时间，社会关注度高、容忍度低，形成社会热点的重要的领域之一就是农产品的质量安全问题。有些地方处理不妥当，影响了党群、干群关系，甚至还影响到社会稳定。有些地方在这个问题上重视不够，使多年来培育起来的优质、特色农产品的品牌遭到前所未有的冲击，使一些企业多年来苦心经营的成果遭受巨大损失。这些事件不仅影响一个企业、一个局部，更重要的是影响了社会的诚信，影响了整个农业领域，包括企业和政府相关单位，诚信都受到了巨大的影响。

因此，我们要充分认识优质农产品开发面临的新形势和新要求，切实加强农产品质量管理工作，不断提高优质农产品供给能力，满足消费者健康安全消费需求。

（三）加快优质农产品开发，是提升我国农产品市场竞争力、实现增产增效的迫切要求。当今世界是开放的，农业生产必然面临"两种资源""两个市场"的机遇和挑战。加入世界贸易组织以来，我们采取了有效的应对措施，经受了各种挑战和考验。蔬菜等园艺产品、水产品发展势头很好，在国际市场有较强的竞争力。与 2000 年相比，2010 年，仅我国蔬菜出口量就达 844 万吨，增长 2.6 倍，出口值达 99.8 亿美元，增长 4.7 倍。但我们也清醒地看到，一些农产品竞争力还不强，受到的冲击很大，大豆产业优势的衰退就是最典型的例子。可以说，我国是农产品生产大国，但还不是农产品生产强国。实现这一突破，根本是依靠科技进步，途径是加快优质农产品开发，目标是提高市场竞争力，实现农业增效、农民增收。因此，我们要大力发展优质农产品，把我国农业资源优势、生产优势和产品优势，转化为质量优势、品牌优势和效益优势，不断提高我国农产品的市场竞争力。

农产品质量安全还有一个新的特点，就是大宗农产品出现的问题相对少了，恰恰是一些我们过去不经意的或者是不够重视的产品，如园艺产品和一些小作物产品，越来越对社会、对整个农业产生大的影响，叫"小作物，大影响"。因此，我们要高度重视优质农产品开发面临的新挑战。

同样，农产品不仅面对国内市场的竞争，而且要经受国际市场的检验。近年来，一方面我国农产品的产量在不断增加，但另一方面进口的农产品的数量也在快速增长。也就是说，优质农产品不仅要在国内市场有竞争力，同时还要接受国际市场的挑战。今天上午陕西华圣集团负责人讲到，与前几年相比，他们出口的苹果数量明显减少，利润不断下滑，就是一个典型例子。因此，我们要高度重视新形势下优质农产品的开发，要把这项工作摆上重要的议事日程，遵循优质农产品开发的规律，采取有针对性的措施。

二、充分肯定成绩，客观分析优质农产品开发中的问题

20 世纪 90 年代以来，中央和各级政府采取了一系列措施，积极开发优质农产品，满足市场多元化需求，取得了积极的成效，积累了宝贵的经验。值得肯定的有以下几点：一是重视优质农产品开发的环境逐步形成。表现在：优质农产品工作机构初步建立，在国家层面，有优质农产品开发服务中心、绿色食品发展中心、农产品质量安全中心；在地方层面，多数省份和部分地（市）设立了优质农产品开发管理机构。优质农产品开发的法律法规逐步建立，先后颁布了《农产品质量安全法》和《食品安全法》，对开发优质农产品提供了法律保障。各地把发展地方优

质特色农产品作为支柱产业，加大投入力度，创响品牌、扩大规模。二是优势农产品产业带基本形成。农业部先后两轮实施了主要农产品的优势区域布局规划和特色农产品区域布局规划，引导各地立足资源优势，聚集资金和技术等要素，形成了优势突出、特色鲜明的优势产区和优势产业带。三是优质农产品开发的龙头企业发展成效显著。今天参加会议的企业只是其中的代表。从全国而言，一大批龙头企业不仅已成为地方农业产业化发展的引领者，而且已成为国家农业现代化的开拓者。四是优质农产品质量安全水平稳步提升。大规模开展园艺作物标准园创建，推进标准化生产，初步建立质量追溯体系。大力推行"三品一标"（无公害农产品、绿色食品、有机农产品和地理标志产品）等农产品认证，培育了一批优质农产品及其加工产品的品牌，我国农产品的质量安全水平稳步提高。五是品牌推进工作不断加强。农业部连续举办了九届中国国际农产品交易会，有力推动了优质农产品的产销对接；开展了中国名牌农产品评选和农产品区域公用品牌调查等活动，大力推动了优质农产品品牌建设。各地也举办了多种形式的农产品产销对接及名牌优质农产品评选活动。

正如同志们所谈到的，与社会进步相比，与国家和广大老百姓以及市场对我国优质农产品的开发提出的要求相比，我们确确实实还存在着一些需要进一步改进的问题，集中起来就是"两缺乏、两不够"：

（一）缺乏统一规范的评价标准。从大家反映的情况看，这方面的问题主要体现为以下三点：一是标准比较多。目前评判优质农产品的标准较多，有绿色食品、无公害农产品，还有有机农产品，消费者感觉不易区分。消费者认为这些产品都是好的，但是为什么好，好在什么地方，产品之间有什么差别，就不清楚了。二是标准还不健全。这几类优质农产品的评判标准中，还缺乏分等分级标准，还缺乏品牌的信用评估、价值评估标准。三是标准执行不规范。现在开展优质农产品和品牌评选很乱，行政部门评比中有部级、省级和市地级，协会和学会等社团评比比较多、比较乱，影响了评比的公正性和权威性。

（二）缺乏带动力强的龙头企业。大家反映，20世纪90年代，优质农产品开发多以行政事业单位为主，以农业部门为主建设生产基地、展销产品。随着改革的深入和市场经济的发展，涌现了一批以开发优质农产品为主业的产供销一体化龙头企业，优质农产品开发组织化程度不断提高，产业化经营水平不断提高。今天参会的企业，在全国的规模还是数得上的，品牌影响力还是较大的。但从总体上看，开发优质农产品的企业规模较小、品牌还不响、市场占有率不高，这样就带来产业聚集度不高，辐射带动能力不强，难以起到推进生产规模化、标准化、集约化、专业化的示范带动作用。

在国际市场上，以茶叶为例，英国立顿公司的市场占有率就很高，而且做到了从一个国家到几十个国家的高份额市场占有率；现在又在不断开发中国市场，他们能够根据不同的需要，不断地开发出新的产品（如袋装茶），其口味年轻人喜欢。这些经验值得我们借鉴。

（三）优质农产品质量监管力度不够。大家反映，目前优质农产品的评比和认证，重于证书的发放，轻于质量的监管和信誉的维护，重准入、轻退出，缺乏淘汰制度。主要表现在：一是缺乏严格的监督机制。一般都是评比和认证证书发放后就不管了，既没有严格的市场监督，也没有规范的退出机制。有的一个牌子管十几年，生产基地都没有了牌子还挂着。二是缺乏市场诚信。一些不法企业以次充好、以假乱真，打着优质农产品的品牌销售，欺骗消费者，这是监管不力造成的。三是缺乏健全的监督体系。目前，对种子、农药等农资的市场监管还是比较严格的，每年都要组织几次抽检，开展几次市场打假活动。但我们对农产品，包括优质农产品的质量监管不够，体系不健全，监管手段不足，监管力度不够，亟待加强这项工作。

中国有句古话，叫做"一粒老鼠屎，坏了一锅羹"。刚才有的同志讲到这个事情，我非常赞成。现在有些优质农产品，在基础不稳的情况下做大了名声，很可能潜在较大的风险。今天先把名声做大了，而且这种名声又没有基础，只要今后某些方面形成了社会关注的热点，只要几家企业出了事被媒体曝光、被网民盯上，麻烦就太大了。而且一旦出问题，几年甚至多年回不过神，因为要重建在消费者中的信心和信誉，那要花几倍、甚至几十倍的力量。正如鲁迅先生所讲的那样，因为澡盆里的水脏了，就把小孩给到掉了。这方面的教训太多了，所以，对此我们要引起高度重视，对优质农产品开发，方向要准，决心要大，步子要实；对信誉和质量安全，要像爱护眼睛一样爱护它们。

一件事情还没有准备充分，自己还没有把握，不要一下子就在全国推开。所以，农业部门要研究好方向性的问题，做好政策的储备和措施的完善，这些工作显得特别重要。农业上很多大的政策要提前谋划，优质农产品开发的相关措施也要提前谋划。这些谋划必须是科技界和企业界、政府行政主管部门共同来讨论、形成共识，明确哪些可以推，哪些还需要进一步完善。否则，好心办不了好事，甚至是好心会把事情办坏。为避免这类事情发生，我们的工作作风要扎实、要严谨，有些事情必须在科技、政策、措施上进行试点、试验、完善，再逐步推广。优质农产品的监管出了一些问题，缺乏严格的监督机制，缺乏市场的诚信建设，缺乏健全的监督体系，这些和我们在制度、政策、能力建设上的不足是分不开的。

（四）政策扶持力度不够。目前，国家农业扶持政策框架不断完善，强农惠农富农的政策力度不断加大。这方面我们还要继续争取。但政策的支持重点是粮食生产，全力保障国家粮食安全，这是应该的，还需不断加大支持力度。但对园艺作物等优质农产品开发，扶持政策较少，更未形成健全的政策体系。今后要谋划好项目，并将项目转化为扶持政策，引导社会资源向优质农产品开发聚集。

近年来，全国上下对农业的支持力度确实前所未有。今年国家对农业的扶持有一个很大的转变，由过去的农业投入品补贴转变为投入品和关键技术推广补贴相结合。今年国家对农业重大技术推广实行专项补助，仅此一项国家就拿了16亿元。如果不是小麦主产区实施"一喷三防"，今年小麦的赤霉病发生的程度和面积远不是今天这个程度。现在的问题正如同志们讲到的，对于主要粮食作物之外的一些农产品的生产、科研，国家支持相对较弱。对此，农业部有关司局要进一步争取，要在这方面加大支持力度，给予必要的倾斜，这也符合优化结构、提升能力的要求。

对这些问题，我们要高度重视，一个一个地梳理，一项一项地研究，采取有效措施，逐步加以解决。

三、创新思路，加大力度，不断把优质农产品开发提升到一个新水平

优质农产品开发是一个系统工程，是一个不断推进的过程。需要根据新情况、新问题，进一步解放思想、明确思路、循序渐进、重点突破。总体要求是：坚持以科学发展观为指导，以转变农业发展方式为核心，推进现代农业发展为目标，加快构建政府推动、企业主导、市场运作、社会参与的机制，大力推进优质农产品开发规模化、标准化、品牌化、产业化，不断提升农产品市场竞争力，促进农业增效、农民增收。

下一步的工作，有几个方面需要加大力度：

（一）抓紧制定健全规范的标准。制定标

准，推进标准化生产，是发展现代农业的必然要求，更是优质农产品开发的前提和基础。现代农业的基础是标准化，没有农业的标准化就不会有农业的现代化，也不可能有农业的机械化和农产品的优质化。当前，我国农业发展在广度和深度上都面临前所未有的挑战，我们要围绕标准化进行深入研究，制定相关的政策和措施，加大工作力度。这方面主要是要做三件事：一是完善优质农产品的质量标准。现在优质农产品标准主要侧重于质量的安全，重点是农药残留、重金属残留和有害微生物的限量值，对优质农产品的品质标准规范不全面，可操作性不强，需要进一步完善农产品外观、内质、商品性和加工性能等指标，逐步引导优质农产品品牌评价标准的统一。要认真总结国内外经验，特别是近年来各地优质农产品开发的经验，在科学的基础上来制定合理的标准，进一步完善标准体系。二是制定分等分级标准。适应市场需求和进出口需要，要建立健全优质农产品的分等分级标准，引导优质农产品开发工作的规范有序推进。三是规范品牌的评价标准。重点是要完善品牌的质量指标、评选程序和监管机制，打造知名品牌，维护品牌信誉，发挥品牌效应。不搞终身制，既要有准入，更要有退出，只有这样才能为品牌农业发展奠定基础。

（二）大力培育带动力强的龙头企业。优质农产品开发，龙头企业是重要主体。这方面工作，重点抓两件事：一是扶持一批龙头企业。今后在安排大宗农产品商品基地、种子工程、农业综合开发、标准园创建等项目资金，要向龙头企业倾斜，支持龙头企业在优势区域和重点产区建立生产基地，延长产业链，培育一批自主创新能力强、加工水平高、处于行业领先地位的大型龙头企业。特别是对有品牌、有规模、诚信好的企业，要重点支持。要认真总结龙头企业一头连接市场，一头连接专业合作社和农户，发展规模

经营的经验。要规模化开发优质农产品，一个重要的途径就是企业加专业合作社；今后国家在农业上的投入，要优先支持专业合作社。从对农户和对市场的连接而言，专业合作社和企业的联合、合作就显得特别重要。大家可能已经注意到，发展得比较好的龙头企业都和专业合作社形成了良好的合作机制，今后还要进一步加大政策扶持力度。

二是创响一批知名品牌。中国国际农产品交易会和省部级专业展会，是品牌推介的重要平台。要依托这些展会，评比推介一批质量好、影响大的品牌。支持重点省份和优势产区举办名优产品展销会，评比推介一批特色突出的优质农产品。对此，农业部门要积极支持，在优质农产品及其品牌的评选中，如果连续几届都入选，可以累计加分，以树立系统和行业的品牌。同时，要进一步创新政策扶持机制，加大对品牌农业的支持力度，包括金融、保险、专业合作社和龙头企业等方面。要通过订单的形式解决金融进入农业的问题，帮助龙头企业解决融资难。要通过保险机制的创新，有效防范农业风险。农业保险制度的完善对品牌农业和优质农产品开发、龙头企业的发展，将提供重要保障。

（三）切实加强全程质量监管。优质农产品是生产出来的，而不是检测出来的。但生产过程和市场流通的监管是必须的，就是要实施全程的质量监管，把好每一个环节，才能确保农产品质量安全。重点抓好两个环节：一是抓好生产过程的监管。加强投入品的监管，保障种子、农药和化肥的质量安全。目前，农业投入品的市场较混乱，存在假种子、假化肥、劣质农药，市场监管不到位，不同程度影响了优质农产品的生产。因此，要推进生产过程标准化，科学施用化肥，推进病虫专业化统防统治，特别是要落实高毒农药禁限用的有关规定，确保产品质量安全。二是抓好发证后的监管。对评选推介的品牌产品，采取企业自检、市场抽查、现场检查等

形式，实施重点监管、严格监管。对检测不合格的品牌产品，采取通报、警告、摘牌或网上公示等处罚措施，维护品牌信誉，维护消费者利益。古人讲，亡羊补牢，为时未晚。在培植品牌的过程中，不要怕有问题，关键是出了问题以后，要断然采取相应的措施，使诚信不断得到提升。

（四）大力推进科技创新。优质农产品开发需要强有力的科技支撑。这方面要重点抓两件事：一是加快优良品种的选育。过去育种工作注重大宗农作物的品种选育，对于一些特色突出、市场需求旺盛的品种育种创新重视不够。今后要紧紧围绕开发优质农产品的目标，结合实施新一轮种子工程，加快选育一批适宜不同区域、不同用途的优质农产品品种。科研单位要根据市场需求的变化和农业发展的要求，来选定科研项目，和企业联手推动。二是加快配套技术推广。优质农产品开发的技术要求高，需要组装配套、严格规范。要组织专家制定不同区域、不同品种的优质农产品开发技术规范和栽培模式，在重点区域和重点企业试验示范推广，提高生产的科技水平。

这里我要特别强调的是，要研究提出优质农产品开发的扶持政策。优质农产品的开发，需要行政的推动，更需要政策的扶持，这是推进优质农产品开发的一个重要保障。根据大家提出的建议，优质农产品开发的扶持政策，可以考虑以下两个方面。一是研究实施优质农产品开发工程。研究实施这一重大工程的必要性，提出实施的思路、重点及配套政策。优质农产品要实行专项进行开发，计划司、财务司以及相关业务司局在这方面要加大支持力度。二是研究支持龙头企业开发优质农产品的政策，要立项支持优质农产品开发企业，包括标准化生产、加工、流通、储藏等财政补贴和投融资政策。同时也要支持科研单位加大对优质农产品的研发投入。

同志们，抓好优质农产品开发工作意义重大，任务艰巨，我们一定要按照中央加快现代农业建设的部署，抓住机遇，开拓创新，加大力度，协同推进，努力开创优质农产品开发工作的新局面。

（本文作者系农业部党组副书记、副部长）

朱保成：努力开创我国农业品牌工作新局面

（2012 年 6 月 29 日）

《国民经济和社会发展第十二个五年规划纲要》强调，要"推动自主品牌建设，提升品牌价值和效应，加快发展拥有国际知名品牌和核心竞争力的大型企业"。大力加强品牌建设，是推进农业发展方式转变、适应农产品消费升级和提高农业市场竞争力的迫切需要。

品牌是产品质量、价值和信誉的载体，是企业核心竞争力和综合实力的体现。对农业企业而言，品牌建设是企业的生命线，是引入先进管理理念、建立现代企业制度、提高经营管理水平的重要内容。推进农业品牌建设，是提高我国农业综合生产能力、科技创新能力、市场竞争能力、企业发展能力和农民综合素质的必然要求。

一、充分认识推进农业品牌建设的重要意义

随着农产品消费结构转型升级加快，农业资源环境约束持续加剧，我国农业对外开放程度不断提高，农产品市场竞争日趋激烈，加强农产品品牌建设显得尤为紧要和迫切。深入推进农业品牌建设，对加快中国特色农业现代化步伐、促进农业稳定发展和农民持续增收具有重要意义。

（一）加强农业品牌建设是建设现代农业、转变农业发展方式的迫切需要。改造传统农业，建设现代农业，是当前及今后一个时期农业发展面临的重大任务。农业品牌化是农业现代化的一个重要标志。农业品牌化的过程，就是实现区域化布局、专业化生产、规模化种养、标准化控制、产业化经营、品牌化销售、社会化服务的过程，就是用工业化理念发展农业的过程。通过发展农业品牌，有利于推广先进农业科学技术，提高农业发展的科技含量；有利于引导土地、资金、技术、劳动力等生产要素向品牌产品优化配置，推进农业结构调整；有利于鼓励龙头企业、专业合作社、家庭农场、专业大户等做强做大，发挥农业规模效益；有利于促进现代农业建设，实现由数量型、粗放型增长向质量型、效益型增长的转变。

（二）加强农业品牌建设是适应社会消费升级的迫切需要。随着城乡居民收入的增加和生活条件的改善，人们不仅要求"吃得饱"，而且更关注安全、营养与健康。大众对农产品的消费将逐渐由商品消费向品牌消费转变，产品的供求关系将逐渐由卖方市场向买方市场转变，品牌信誉将逐渐成为农产品消费的主要取向。近年来，在农产品质量安全总体水平稳步提高、突发事件点状发生的情况下，消费者更信赖品牌产品。深入推进农业品牌建设，有利于推广农业标准化生产，带动实现对农产品生产、加工、销售全过程的规范和控制，实现农产品质量的稳定统一和可追溯查询，促进农产品质量安全水平的整体提高，满足农产品消费结构不断转型升级的需求。

（三）加强农业品牌建设是促进农民增收的迫切需要。尽管农业生产经营收入在农民收入中的比重下降，但目前仍接近50%。农产品价格仍然是农民最关心的因素。农产品能否实现顺畅销售、能否卖个好价钱，直接关系到农民收入能否稳定增长。近年来，区域性、季节性、结构性鲜活农产品滞销卖难时有发生。其中一个普遍现象是相对于有品牌的产品，没有品牌的产品更容易滞销卖难。比如2011年山东部分地区发生大白菜滞销卖难，但胶州的大白菜保持畅销，且价格不降。这说明，品牌是无形资产，其价值就在于能够建立稳定的消费群体、形成稳定的市场份额，能够促进延伸农产品产业链、带来更高的附加值。以市场需求为导向，深入推进农业品牌建设，是拓展农产品市场，形成优质优价机制，促进农业增效和农民增收的必然要求，有利于缩小城乡差别、统筹城乡发展。

（四）加强农业品牌建设是提高农产品国际市场竞争力的迫切需要。我国是农业大国，不少农产品产量位居全球第一。但我国还缺少一批像荷兰花卉、津巴布韦烟草等在国际市场上具有竞争力的农业品牌，不少优势农产品在国际贸易中只能占据低端市场，无法带来高溢价。与此同时，一些国外的农产品凭借其品牌效应，迅速打开我国市场，对国内农业生产造成不小的冲击。推进农业品牌建设，是把资源优势转化为市场优势、把市场优势转化为竞争优势的有效途径。无论是让我国农产品走出国门拓展海外市场，还是应对国外农产品的大规模进入，只有坚持高标准、严要求，努力打造农业品牌，才能提高我国农产品的国际竞争力，确保我国的农业产业安全。

二、准确把握推进农业品牌建设面临的形势

随着农业和农村经济的发展，我国农业品牌建设取得了明显成效，但也还存在着不少困难与问题。同时，农业品牌建设也面临着难得的发展机遇。进一步推进农业品牌建设，必须准确把握当前面临的新形势和新要求。

（一）充分肯定农业品牌建设取得的明显成效。近年来，在推进现代农业发展中，一大批具有地方特色的名、优、特、新产品逐渐成长为具有较高知名度、美誉度和较强市场竞争力的品牌。如洛川苹果、赣南脐橙、五常大米、西湖龙井茶、福州茉莉花茶、阳澄湖大闸蟹等品牌，在引领开拓国内市场、拉动地方农业经济发展等方面的作用越来越明显。一是社会上品牌意识不断增强。在市场经济条件下，有品牌者得市场，得市场者得天下。作为农业品牌建设主体的企业和农户逐步开始重视品牌建设，注册商标的积极性日益高涨。消费者的品牌意识也在逐年提高，进一步增强了企业和农户做大做强农业品牌的信心和决心。二是工作机制不断完善。农业品牌工作覆盖面广，需要社会各界的共同努力和积聚各方面资源。近年来，农业品牌建设已经逐步形成"市场导向、企业主体、政府推动、社会参与"的机制，推进步伐不断加快。如陕西洛川按照"争创一个品牌、联结一个企业、带动一片基地、开拓一方市场"的思路，全力打造"洛川苹果"品牌，已形成了以地域品牌引导的产业发展新格局。三是推介平台不断健全。无公害农产品、绿色食品、有机农产品和地理标志登记保护产品的影响越来越大，农产品区域公用品牌风起云涌。一些地方如云南还通过开展"五个六"评选认定活动，大力提升全省特色品种资源知名度和影响力，打造优势特色农业品牌。四是营销方式不断丰富。如浙江杭州通过举办中国农产品品牌大会，以"品牌生态竞争力"为主题，举办形式多样的农事节庆活动，引领农业品牌发展。福建福州以特取胜，充分挖掘茉莉花茶的文化内涵，放大品牌效应。

（二）准确把握农业品牌建设存在的主要问题。在充分肯定成绩的同时，也应该认识到，由于我国农业品牌建设起步晚、基础差，面临的困难和挑战还很多，主要表现在：一是具有较强市场竞争力的品牌不多。多数品牌影响力还仅停留在局部地域，跨省跨区域的品牌较少，国际上的知名品牌更是寥寥无几。我国国内前几位的一些农业品牌，其规模与全球对应产业的品牌相比差距也很明显。二是在品牌建设上重创牌、轻培育。品牌创建后，后续配套宣传推介较少跟进，农业品牌弱、散、小，整体水平偏低。三是农业品牌认证管理工作有待加强。个别认证机构存在着把关不严、监管不到位、获证企业不按标准规范生产的问题，品牌质量受到质疑、信誉度受到挑战、品牌公信力有待提高。四是对品牌作用的认识还不高。从整体看社会品牌意识有所增强，但不同人群的认识差异还比较大。企业对创立与培育品牌的认识不够，品牌在推动企业发展中的作用还没有充分发挥。

（三）牢牢抓住推进农业品牌建设的有利时机。当前，发展品牌已经具备良好的环境和条件。一是从政策环境看，《国民经济和社会发展第十二个五年规划纲要》强调，要"推动自主品牌建设，提升品牌价值和效应，加快发展拥有国际知名品牌和核心竞争力的大型企业"。2011年农业部联合国家质量监督检验检疫总局等七部委印发了《关于加强品牌建设的指导意见》，明确提出了围绕加快发展现代农业，完善现代农业产业体系，积极推进优势农产品、特色农产品和农产品加工业品牌建设等，实施农业品牌化发展战略，提高农产品市场竞争力。这些情况表明，推进农业品牌建设的政策指向更加清晰。二是从基础支撑看，近年来，我国农业产业化经营稳步发展，农业生产经营的组织化程度明显提高。农业国家标准和行业标准已达5 000余项，标准体系逐步完善，与此同时农产品质检体系、风险评估体系、认证认定体系、监管保障体系等不断健全。此外，我国农业科技进步贡献率达到 53.5%，农业生产不断向优势区域集中，为进一步推进农业品牌建设创造了条件。三是从工作保障看，经过多年的努力，各地在推进农业品牌建设上探索形成了很多好经验好做法，建立了激励机制，资金投入不断加大，只要认真总结，真抓实干，就一定能不断把农业品牌建设推向深入。总之，推进农业品牌建设是困难与机遇并存，问题和优势同在，我们要抓住机遇，顺势而为，在解决矛盾中前进，在发挥优势中提高，不断把品牌工作提高到新水平。

三、进一步明确推进农业品牌建设的重点任务

当前及今后一个时期推进农业品牌建设，要深入贯彻落实科学发展观，坚持"市场导向、企业主体、政府推动、社会参与"的品牌建设与保护机制，切实加强品牌建设统筹规划，加快完善品牌建设激励机制，着力夯实品牌建设基础支撑，不断创新品牌建设方式方法，推动优化品牌建设政策环境，加快培育形成一批质量水平较高、具有较强国际竞争力的农业知名品牌，促进农业增效、农民增收和农产品竞争力增强。

（一）充分发挥政府部门在农业品牌建设中的推动作用。农业是弱质产业，千家万户分散经营在我国将长期存在，这决定了农业品牌建设必须从实际出发，在市场化机制下，政府部门必须有所作为。一是搞好规划引导。对不同目标市场、生产区域、经济条件和发展阶段的农业品牌，要因地制宜，通过规划确立不同层级的品牌发展目标，加强顶层设计，重点在市场导向、产业升级、科学布局、主体培育等方面下功夫，促进农业品牌协调可持续发展。对出口型的传统优势品牌，要加强质量管理，争取做大做强，培育国际品牌；对事关国家战略安全农产品的品牌，要加强产业基础建设，加强品牌创建和培育方面的投入，尽快提升参与国际市场竞争的能力；对内销型的农业品牌，要加强质量管理和品牌整合，引导品牌主体建立质量管理体系和实施标准化生产，稳步提高产品质量。二是加大政策扶持力度。农业部门要积极会同财政、税务、工商、质检等部门，推动品牌培育、宣传、整合等工作，重点从发展高端农业、促进产业升级、抓好知识产权保护、健全生态补偿机制、发展"三品一标"等方面，研究出台有针对性的政策措施，加快健全支持农业品牌发展的政策体系。三是加强农产品区域公用品牌建设。支持开展多种形式的农产品区域公用品牌影响力调查、品牌信用评估、品牌价值评估、品牌信誉评估，利用农业会展等产销对接活动开展优质品牌评选。探索在协会内部开展多种形式的品牌宣传认定推荐活动，提高区域品牌的约束力、公信力。充分发挥媒体的作用，加大对品牌的宣传。四是依法保护农业品牌健康发展。要在标准化生产、体系建设、执法监管等方面，加快制定有利于推进农业品牌发展的法律法规。依法打击破坏农业品牌形象的不法厂商，从根源抓起，杜绝不合格产品流向市场影响品牌声誉。

（二）充分发挥企业在农业品牌建设中的主体作用。建设品牌的目标是为了赢得市场，市场的主体是企业。要发挥好企业特别是农业产业化龙头企业在品牌建设方面的主体作用。对于企业来说，在品牌建设方面要着重做好创建培育、品牌定位、质量管理、文化建设和创新能力等工作。一是着力加强品牌创建培育和宣传推介。要增强品牌意识和知识产权意识，通过申请商标注册来创立品牌和保护知识产权。要以实现品牌价值为核心，加强农产品的宣传推介，加快市场培育和销售渠道建设。在品牌创立阶段，着重抓产品质量，强调挖掘特色资源；在品牌塑造阶段，注重与城市发展定位和高端定位相适应，大力开发高档产品；在品牌延伸阶段，要注重用工业品牌的理念打造宣传农业品牌；在品

牌成熟阶段，要格外注意保护消费者的品牌忠诚，用消费者的信赖认可构筑品牌长盛不衰的坚固长城。二是着力提高产品质量。品牌的基础和核心是产品质量，没有过硬的产品质量，品牌生命力就不强。一个农业品牌要做大做响，必须把强化质量放在第一位，依托科学技术和先进管理理念，通过建立现代企业制度，突出抓好质量标准体系建设，大力实行标准化生产，加强对农产品生产全过程的控制，实现产品质量可追溯，切实提高企业产品质量管理水平。要树立遵纪守法、自觉维护品牌形象和声誉的观念，潜心企业管理以提升品牌影响力，自觉接受各方面监督。三是着力加强品牌文化内涵建设。品牌在一定意义上说，就是文化。在创建培育品牌的过程中，要树立品牌文化意识和独特的品牌理念，以增加社会对品牌的认同感，增强品牌的生命力。在品牌创建的初期，就要着手做好品牌文化的挖掘，做好相关资料的搜集整理，赋予品牌独特的文化内涵。在发展培育阶段，要加强对品牌文化的宣传推广，提高品牌的影响力和知名度，彰显农产品品牌的行业特色。四要保持持续创新能力。现在的市场是全球化的市场，现在的社会是信息化的社会，已经不是以前那个"一招鲜、吃遍天"的时候了。市场的竞争是现实的，也是残酷的。作为企业，要有危机意识和创新能力。现在的市场竞争是企业多方面的同台比试，有一句流行的话叫"好酒也怕巷子深"，说明一个企业只做好了产品质量往往还是不够的，这就要求企业保持持续的创新能力，善于利用现代科技手段，密切跟踪市场变化，不断推陈出新，不断创新发展。注重品牌的延伸和拓展，在品牌的深度开发和宣传推介上下功夫，鼓励"跨界发展"。

（三）充分发挥行业协会在农业品牌建设中的桥梁作用。协会组织在品牌建设中有着不可替代的作用，要积极发挥好它的作用。一是积极反映行业诉求。配合政府开展好农业品牌的基础工作，在农业品牌基础研究、农业品牌规划编制等方面，主动反映行业诉求，及时提出意见和建议。二是主动开展优质服务。协会应当做好服务工作，搭建交流平台，提供技术服务、网络信息服务和咨询，为会员单位的品牌建设出谋划策。积极会同地方举办一些展销会、博览会，组织会员参与国外重要的国际展览展示。三是创新品牌产品推介方式。继续大力推广现有的"农超对接""农校对接""农社对接"等营销方式，积极组织会员单位探索和介入优质农产品流通的新兴领域，利用物联网等信息技术，积极开拓和发展电子商务，拓展流通方式，缩短交易时间，帮助会员经营的品牌开拓市场，促进优质农产品市场流通。四是着力推进区域公用品牌建设，打造中国农业品牌。积极协助政府部门在品牌产品标准制定、品牌管理、商标申请等方面提供指导、支持和帮助，制止和打击不法经营行为。加强品牌管理与监督，建立和完善品牌管理体系及品牌信用评价体系，维护品牌的良好形象。不断提升我国农产品区域公用品牌的整体实力，努力培育在国际上叫得响、竞争力强的中国农业品牌。五是切实加强行业自律。牢固树立自主品牌理念，努力打造知名品牌；自觉遵守法律法规，严格执行标准，规范生产经营行为，保证品牌质量；不断增强自律意识，完善内部管理制度，自觉服从监管，维护品牌声誉；恪守职业道德，坚持公开、公正、诚信。共同维护统一、开放、竞争、有序的市场环境。

（本文作者时任农业部党组成员、中央纪委驻农业部纪检组组长、中国优质农产品开发服务协会会长）

法律法规与规范性文件

- 中华人民共和国农产品质量安全法
- 中华人民共和国食品安全法
- 国务院办公厅关于加强农产品质量安全监管工作的通知
- 农业部关于加强农产品质量安全全程监管的意见
- 关于进一步推进农业品牌化工作的意见
- 农业部办公厅关于推进农业品牌工作的通知
- 农业部关于推进"一村一品"强村富民工程的意见
- 关于印发《农业部关于加快绿色食品发展的意见》的通知
- 绿色食品标志管理办法
- 有机产品认证管理办法
- 无公害农产品管理办法
- 农产品地理标志管理办法
- 农产品包装和标识管理办法
- 关于印发《绿色食品年度检查工作规范》、《绿色食品产品质量年度抽检管理办法》和《绿色食品标志市场监察实施办法》的通知
- 关于印发《绿色食品标志使用证书管理办法》和《绿色食品颁证程序》的通知
- 关于印发《绿色食品标志许可审查程序》的通知
- 关于印发《关于绿色食品产品标准执行问题的有关规定》的通知

中华人民共和国农产品质量安全法

(2006 年 4 月 29 日第十届全国人民代表
大会常务委员会第二十一次会议通过)

第一章 总 则

第一条 为保障农产品质量安全，维护公众健康，促进农业和农村经济发展，制定本法。

第二条 本法所称农产品，是指来源于农业的初级产品，即在农业活动中获得的植物、动物、微生物及其产品。

本法所称农产品质量安全，是指农产品质量符合保障人的健康、安全的要求。

第三条 县级以上人民政府农业行政主管部门负责农产品质量安全的监督管理工作；县级以上人民政府有关部门按照职责分工，负责农产品质量安全的有关工作。

第四条 县级以上人民政府应当将农产品质量安全管理工作纳入本级国民经济和社会发展规划，并安排农产品质量安全经费，用于开展农产品质量安全工作。

第五条 县级以上地方人民政府统一领导、协调本行政区域内的农产品质量安全工作，并采取措施，建立健全农产品质量安全服务体系，提高农产品质量安全水平。

第六条 国务院农业行政主管部门应当设立由有关方面专家组成的农产品质量安全风险评估专家委员会，对可能影响农产品质量安全的潜在危害进行风险分析和评估。

国务院农业行政主管部门应当根据农产品质量安全风险评估结果采取相应的管理措施，并将农产品质量安全风险评估结果及时通报国务院有关部门。

第七条 国务院农业行政主管部门和省、自治区、直辖市人民政府农业行政主管部门应当按照职责权限，发布有关农产品质量安全状况信息。

第八条 国家引导、推广农产品标准化生产，鼓励和支持生产优质农产品，禁止生产、销售不符合国家规定的农产品质量安全标准的农产品。

第九条 国家支持农产品质量安全科学技术研究，推行科学的质量安全管理方法，推广先进安全的生产技术。

第十条 各级人民政府及有关部门应当加强农产品质量安全知识的宣传，提高公众的农产品质量安全意识，引导农产品生产者、销售者加强质量安全管理，保障农产品消费安全。

第二章 农产品质量安全标准

第十一条 国家建立健全农产品质量安全标准体系。农产品质量安全标准是强制性的技术规范。

农产品质量安全标准的制定和发布，依照有关法律、行政法规的规定执行。

第十二条 制定农产品质量安全标准应当充分考虑农产品质量安全风险评估结果，并听取农产品生产者、销售者和消费者的意见，保障消费安全。

第十三条 农产品质量安全标准应当根据科学技术发展水平以及农产品质量安全的需要，及时修订。

第十四条 农产品质量安全标准由农业行政主管部门商有关部门组织实施。

第三章 农产品产地

第十五条 县级以上地方人民政府农业

行政主管部门按照保障农产品质量安全的要求，根据农产品品种特性和生产区域大气、土壤、水体中有毒有害物质状况等因素，认为不适宜特定农产品生产的，提出禁止生产的区域，报本级人民政府批准后公布。具体办法由国务院农业行政主管部门商国务院环境保护行政主管部门制定。

农产品禁止生产区域的调整，依照前款规定的程序办理。

第十六条　县级以上人民政府应当采取措施，加强农产品基地建设，改善农产品的生产条件。

县级以上人民政府农业行政主管部门应当采取措施，推进保障农产品质量安全的标准化生产综合示范区、示范农场、养殖小区和无规定动植物疫病区的建设。

第十七条　禁止在有毒有害物质超过规定标准的区域生产、捕捞、采集食用农产品和建立农产品生产基地。

第十八条　禁止违反法律、法规的规定向农产品产地排放或者倾倒废水、废气、固体废物或者其他有毒有害物质。

农业生产用水和用作肥料的固体废物，应当符合国家规定的标准。

第十九条　农产品生产者应当合理使用化肥、农药、兽药、农用薄膜等化工产品，防止对农产品产地造成污染。

第四章　农产品生产

第二十条　国务院农业行政主管部门和省、自治区、直辖市人民政府农业行政主管部门应当制定保障农产品质量安全的生产技术要求和操作规程。县级以上人民政府农业行政主管部门应当加强对农产品生产的指导。

第二十一条　对可能影响农产品质量安全的农药、兽药、饲料和饲料添加剂、肥料、兽医器械，依照有关法律、行政法规的规定实行许可制度。

国务院农业行政主管部门和省、自治区、直辖市人民政府农业行政主管部门应当定期对可能危及农产品质量安全的农药、兽药、饲料和饲料添加剂、肥料等农业投入品进行监督抽查，并公布抽查结果。

第二十二条　县级以上人民政府农业行政主管部门应当加强对农业投入品使用的管理和指导，建立健全农业投入品的安全使用制度。

第二十三条　农业科研教育机构和农业技术推广机构应当加强对农产品生产者质量安全知识和技能的培训。

第二十四条　农产品生产企业和农民专业合作经济组织应当建立农产品生产记录，如实记载下列事项：

（一）使用农业投入品的名称、来源、用法、用量和使用、停用的日期；

（二）动物疫病、植物病虫草害的发生和防治情况；

（三）收获、屠宰或者捕捞的日期。

农产品生产记录应当保存二年。禁止伪造农产品生产记录。

国家鼓励其他农产品生产者建立农产品生产记录。

第二十五条　农产品生产者应当按照法律、行政法规和国务院农业行政主管部门的规定，合理使用农业投入品，严格执行农业投入品使用安全间隔期或者休药期的规定，防止危及农产品质量安全。

禁止在农产品生产过程中使用国家明令禁止使用的农业投入品。

第二十六条　农产品生产企业和农民专业合作经济组织，应当自行或者委托检测机构对农产品质量安全状况进行检测；经检测不符合农产品质量安全标准的农产品，不得销售。

第二十七条　农民专业合作经济组织和农产品行业协会对其成员应当及时提供生产技术服务，建立农产品质量安全管理制度，健全农产品质量安全控制体系，加强自律管理。

第五章 农产品包装和标识

第二十八条 农产品生产企业、农民专业合作经济组织以及从事农产品收购的单位或者个人销售的农产品，按照规定应当包装或者附加标识的，须经包装或者附加标识后方可销售。包装物或者标识上应当按照规定标明产品的品名、产地、生产者、生产日期、保质期、产品质量等级等内容；使用添加剂的，还应当按照规定标明添加剂的名称。具体办法由国务院农业行政主管部门制定。

第二十九条 农产品在包装、保鲜、贮存、运输中所使用的保鲜剂、防腐剂、添加剂等材料，应当符合国家有关强制性的技术规范。

第三十条 属于农业转基因生物的农产品，应当按照农业转基因生物安全管理的有关规定进行标识。

第三十一条 依法需要实施检疫的动植物及其产品，应当附具检疫合格标志、检疫合格证明。

第三十二条 销售的农产品必须符合农产品质量安全标准，生产者可以申请使用无公害农产品标志。农产品质量符合国家规定的有关优质农产品标准的，生产者可以申请使用相应的农产品质量标志。

禁止冒用前款规定的农产品质量标志。

第六章 监督检查

第三十三条 有下列情形之一的农产品，不得销售：

（一）含有国家禁止使用的农药、兽药或者其他化学物质的；

（二）农药、兽药等化学物质残留或者含有的重金属等有毒有害物质不符合农产品质量安全标准的；

（三）含有的致病性寄生虫、微生物或者生物毒素不符合农产品质量安全标准的；

（四）使用的保鲜剂、防腐剂、添加剂等材料不符合国家有关强制性的技术规范的；

（五）其他不符合农产品质量安全标准的。

第三十四条 国家建立农产品质量安全监测制度。县级以上人民政府农业行政主管部门应当按照保障农产品质量安全的要求，制定并组织实施农产品质量安全监测计划，对生产中或者市场上销售的农产品进行监督抽查。监督抽查结果由国务院农业行政主管部门或省、自治区、直辖市人民政府农业行政主管部门按照权限予以公布。

监督抽查检测应当委托符合本法第三十五条规定条件的农产品质量安全检测机构进行，不得向被抽查人收取费用，抽取的样品不得超过国务院农业行政主管部门规定的数量。上级农业行政主管部门监督抽查的农产品，下级农业行政主管部门不得另行重复抽查。

第三十五条 农产品质量安全检测应当充分利用现有的符合条件的检测机构。

从事农产品质量安全检测的机构，必须具备相应的检测条件和能力，由省级以上人民政府农业行政主管部门或者其授权的部门考核合格。具体办法由国务院农业行政主管部门制定。

农产品质量安全检测机构应当依法经计量认证合格。

第三十六条 农产品生产者、销售者对监督抽查检测结果有异议的，可以自收到检测结果之日起五日内，向组织实施农产品质量安全监督抽查的农业行政主管部门或者其上级农业行政主管部门申请复检。

采用国务院农业行政主管部门会同有关部门认定的快速检测方法进行农产品质量安全监督抽查检测，被抽查人对检测结果有异议的，可以自收到检测结果时起四小时内申请复检。复检不得采用快速检测方法。

因检测结果错误给当事人造成损害的，依法承担赔偿责任。

第三十七条 农产品批发市场应当设立或者委托农产品质量安全检测机构，对进场销售的农产品质量安全状况进行抽查检测；发现不符合农产品质量安全标准的，应当要求销售者立即停止销售，并向农业行政主管部门报告。

农产品销售企业对其销售的农产品，应当建立健全进货检查验收制度；经查验不符合农产品质量安全标准的，不得销售。

第三十八条 国家鼓励单位和个人对农产品质量安全进行社会监督。任何单位和个人都有权对违反本法的行为进行检举、揭发和控告。有关部门收到相关的检举、揭发和控告后，应当及时处理。

第三十九条 县级以上人民政府农业行政主管部门在农产品质量安全监督检查中，可以对生产、销售的农产品进行现场检查，调查了解农产品质量安全的有关情况，查阅、复制与农产品质量安全有关的记录和其他资料；对经检测不符合农产品质量安全标准的农产品，有权查封、扣押。

第四十条 发生农产品质量安全事故时，有关单位和个人应当采取控制措施，及时向所在地乡级人民政府和县级人民政府农业行政主管部门报告；收到报告的机关应当及时处理并报上一级人民政府和有关部门。发生重大农产品质量安全事故时，农业行政主管部门应当及时通报同级食品药品监督管理部门。

第四十一条 县级以上人民政府农业行政主管部门在农产品质量安全监督管理中，发现有本法第三十三条所列情形之一的农产品，应当按照农产品质量安全责任追究制度的要求，查明责任人，依法予以处理或者提出处理建议。

第四十二条 进口的农产品必须按照国家规定的农产品质量安全标准进行检验；尚未制定有关农产品质量安全标准的，应当依法及时制定，未制定之前，可以参照国家有关部门指定的国外有关标准进行检验。

第七章 法律责任

第四十三条 农产品质量安全监督管理人员不依法履行监督职责，或者滥用职权的，依法给予行政处分。

第四十四条 农产品质量安全检测机构伪造检测结果的，责令改正，没收违法所得，并处5万元以上10万元以下罚款，对直接负责的主管人员和其他直接责任人员处1万元以上5万元以下罚款；情节严重的，撤销其检测资格；造成损害的，依法承担赔偿责任。

农产品质量安全检测机构出具检测结果不实，造成损害的，依法承担赔偿责任；造成重大损害的，并撤销其检测资格。

第四十五条 违反法律、法规规定，向农产品产地排放或者倾倒废水、废气、固体废物或者其他有毒有害物质的，依照有关环境保护法律、法规的规定处罚；造成损害的，依法承担赔偿责任。

第四十六条 使用农业投入品违反法律、行政法规和国务院农业行政主管部门的规定的，依照有关法律、行政法规的规定处罚。

第四十七条 农产品生产企业、农民专业合作经济组织未建立或者未按照规定保存农产品生产记录的，或者伪造农产品生产记录的，责令限期改正；逾期不改正的，可以处2 000元以下罚款。

第四十八条 违反本法第二十八条规定，销售的农产品未按照规定进行包装、标识的，责令限期改正；逾期不改正的，可以处2 000元以下罚款。

第四十九条 有本法第三十三条第四项规定情形，使用的保鲜剂、防腐剂、添加剂等材料不符合国家有关强制性的技术规范的，责令停止销售，对被污染的农产品进行无害化处理，对不能进行无害化处理的予以监督销毁；没收违法所得，并处2 000元以上2万元以下罚款。

第五十条　农产品生产企业、农民专业合作经济组织销售的农产品有本法第三十三条第一项至第三项或者第五项所列情形之一的，责令停止销售，追回已经销售的农产品，对违法销售的农产品进行无害化处理或者予以监督销毁；没收违法所得，并处2 000元以上2万元以下罚款。

农产品销售企业销售的农产品有前款所列情形的，依照前款规定处理、处罚。

农产品批发市场中销售的农产品有第一款所列情形的，对违法销售的农产品依照第一款规定处理，对农产品销售者依照第一款规定处罚。

农产品批发市场违反本法第三十七条第一款规定的，责令改正，处2 000元以上2万元以下罚款。

第五十一条　违反本法第三十二条规定，冒用农产品质量标志的，责令改正，没收违法所得，并处2 000元以上2万元以下罚款。

第五十二条　本法第四十四条、第四十七条至第四十九条、第五十条第一款、第四款和第五十一条规定的处理、处罚，由县级以上人民政府农业行政主管部门决定；第五十条第二款、第三款规定的处理、处罚，由工商行政管理部门决定。

法律对行政处罚及处罚机关有其他规定的，从其规定。但是，对同一违法行为不得重复处罚。

第五十三条　违反本法规定，构成犯罪的，依法追究刑事责任。

第五十四条　生产、销售本法第三十三条所列农产品，给消费者造成损害的，依法承担赔偿责任。

农产品批发市场中销售的农产品有前款规定情形的，消费者可以向农产品批发市场要求赔偿；属于生产者、销售者责任的，农产品批发市场有权追偿。消费者也可以直接向农产品生产者、销售者要求赔偿。

第八章　附　　则

第五十五条　生猪屠宰的管理按照国家有关规定执行。

第五十六条　本法自2006年11月1日起施行。

中华人民共和国食品安全法

（2009年2月28日第十一届全国人民代表大会常务委员会第七次会议通过 2015年4月24日第十二届全国人民代表大会常务委员会第十四次会议修订）

第一章　总　　则

第一条　为了保证食品安全，保障公众身体健康和生命安全，制定本法。

第二条　在中华人民共和国境内从事下列活动，应当遵守本法：

（一）食品生产和加工（以下称食品生产），食品销售和餐饮服务（以下称食品经营）；

（二）食品添加剂的生产经营；

（三）用于食品的包装材料、容器、洗涤剂、消毒剂和用于食品生产经营的工具、设备（以下称食品相关产品）的生产经营；

（四）食品生产经营者使用食品添加剂、食品相关产品；

（五）食品的贮存和运输；

（六）对食品、食品添加剂、食品相关产品的安全管理。

供食用的源于农业的初级产品（以下称食用农产品）的质量安全管理，遵守《中华人民共和国农产品质量安全法》的规定。但是，食用农产品的市场销售、有关质量安全标准的制定、有关安全信息的公布和本法对农业投入品作出规定的，应当遵守本法的规定。

第三条 食品安全工作实行预防为主、风险管理、全程控制、社会共治，建立科学、严格的监督管理制度。

第四条 食品生产经营者对其生产经营食品的安全负责。

食品生产经营者应当依照法律、法规和食品安全标准从事生产经营活动，保证食品安全，诚信自律，对社会和公众负责，接受社会监督，承担社会责任。

第五条 国务院设立食品安全委员会，其职责由国务院规定。

国务院食品药品监督管理部门依照本法和国务院规定的职责，对食品生产经营活动实施监督管理。

国务院卫生行政部门依照本法和国务院规定的职责，组织开展食品安全风险监测和风险评估，会同国务院食品药品监督管理部门制定并公布食品安全国家标准。

国务院其他有关部门依照本法和国务院规定的职责，承担有关食品安全工作。

第六条 县级以上地方人民政府对本行政区域的食品安全监督管理工作负责，统一领导、组织、协调本行政区域的食品安全监督管理工作以及食品安全突发事件应对工作，建立健全食品安全全程监督管理工作机制和信息共享机制。

县级以上地方人民政府依照本法和国务院的规定，确定本级食品药品监督管理、卫生行政部门和其他有关部门的职责。有关部门在各自职责范围内负责本行政区域的食品安全监督管理工作。

县级人民政府食品药品监督管理部门可以在乡镇或者特定区域设立派出机构。

第七条 县级以上地方人民政府实行食品安全监督管理责任制。上级人民政府负责对下一级人民政府的食品安全监督管理工作进行评议、考核。县级以上地方人民政府负责对本级食品药品监督管理部门和其他有关部门的食品安全监督管理工作进行评议、考核。

第八条 县级以上人民政府应当将食品安全工作纳入本级国民经济和社会发展规划，将食品安全工作经费列入本级政府财政预算，加强食品安全监督管理能力建设，为食品安全工作提供保障。

县级以上人民政府食品药品监督管理部门和其他有关部门应当加强沟通、密切配合，按照各自职责分工，依法行使职权，承担责任。

第九条 食品行业协会应当加强行业自律，按照章程建立健全行业规范和奖惩机制，提供食品安全信息、技术等服务，引导和督促食品生产经营者依法生产经营，推动行业诚信建设，宣传、普及食品安全知识。

消费者协会和其他消费者组织对违反本法规定，损害消费者合法权益的行为，依法进行社会监督。

第十条 各级人民政府应当加强食品安全的宣传教育，普及食品安全知识，鼓励社会组织、基层群众性自治组织、食品生产经营者开展食品安全法律、法规以及食品安全标准和知识的普及工作，倡导健康的饮食方式，增强消费者食品安全意识和自我保护能力。

新闻媒体应当开展食品安全法律、法规以及食品安全标准和知识的公益宣传，并对食品安全违法行为进行舆论监督。有关食品安全的宣传报道应当真实、公正。

第十一条 国家鼓励和支持开展与食品安全有关的基础研究、应用研究，鼓励和支持食品生产经营者为提高食品安全水平采用先进技术和先进管理规范。

国家对农药的使用实行严格的管理制度，

加快淘汰剧毒、高毒、高残留农药，推动替代产品的研发和应用，鼓励使用高效低毒低残留农药。

第十二条　任何组织或者个人有权举报食品安全违法行为，依法向有关部门了解食品安全信息，对食品安全监督管理工作提出意见和建议。

第十三条　对在食品安全工作中做出突出贡献的单位和个人，按照国家有关规定给予表彰、奖励。

第二章　食品安全风险监测和评估

第十四条　国家建立食品安全风险监测制度，对食源性疾病、食品污染以及食品中的有害因素进行监测。

国务院卫生行政部门会同国务院食品药品监督管理、质量监督等部门，制定、实施国家食品安全风险监测计划。

国务院食品药品监督管理部门和其他有关部门获知有关食品安全风险信息后，应当立即核实并向国务院卫生行政部门通报。对有关部门通报的食品安全风险信息以及医疗机构报告的食源性疾病等有关疾病信息，国务院卫生行政部门应当会同国务院有关部门分析研究，认为必要的，及时调整国家食品安全风险监测计划。

省、自治区、直辖市人民政府卫生行政部门会同同级食品药品监督管理、质量监督等部门，根据国家食品安全风险监测计划，结合本行政区域的具体情况，制定、调整本行政区域的食品安全风险监测方案，报国务院卫生行政部门备案并实施。

第十五条　承担食品安全风险监测工作的技术机构应当根据食品安全风险监测计划和监测方案开展监测工作，保证监测数据真实、准确，并按照食品安全风险监测计划和监测方案的要求报送监测数据和分析结果。

食品安全风险监测工作人员有权进入相关食用农产品种植养殖、食品生产经营场所

采集样品、收集相关数据。采集样品应当按照市场价格支付费用。

第十六条　食品安全风险监测结果表明可能存在食品安全隐患的，县级以上人民政府卫生行政部门应当及时将相关信息通报同级食品药品监督管理等部门，并报告本级人民政府和上级人民政府卫生行政部门。食品药品监督管理等部门应当组织开展进一步调查。

第十七条　国家建立食品安全风险评估制度，运用科学方法，根据食品安全风险监测信息、科学数据以及有关信息，对食品、食品添加剂、食品相关产品中生物性、化学性和物理性危害因素进行风险评估。

国务院卫生行政部门负责组织食品安全风险评估工作，成立由医学、农业、食品、营养、生物、环境等方面的专家组成的食品安全风险评估专家委员会进行食品安全风险评估。食品安全风险评估结果由国务院卫生行政部门公布。

对农药、肥料、兽药、饲料和饲料添加剂等的安全性评估，应当有食品安全风险评估专家委员会的专家参加。

食品安全风险评估不得向生产经营者收取费用，采集样品应当按照市场价格支付费用。

第十八条　有下列情形之一的，应当进行食品安全风险评估：

（一）通过食品安全风险监测或者接到举报发现食品、食品添加剂、食品相关产品可能存在安全隐患的；

（二）为制定或者修订食品安全国家标准提供科学依据需要进行风险评估的；

（三）为确定监督管理的重点领域、重点品种需要进行风险评估的；

（四）发现新的可能危害食品安全因素的；

（五）需要判断某一因素是否构成食品安全隐患的；

（六）国务院卫生行政部门认为需要进行风险评估的其他情形。

第十九条　国务院食品药品监督管理、质量监督、农业行政等部门在监督管理工作中发现需要进行食品安全风险评估的，应当向国务院卫生行政部门提出食品安全风险评估的建议，并提供风险来源、相关检验数据和结论等信息、资料。属于本法第十八条规定情形的，国务院卫生行政部门应当及时进行食品安全风险评估，并向国务院有关部门通报评估结果。

第二十条　省级以上人民政府卫生行政、农业行政部门应当及时相互通报食品、食用农产品安全风险监测信息。

国务院卫生行政、农业行政部门应当及时相互通报食品、食用农产品安全风险评估结果等信息。

第二十一条　食品安全风险评估结果是制定、修订食品安全标准和实施食品安全监督管理的科学依据。

经食品安全风险评估，得出食品、食品添加剂、食品相关产品不安全结论的，国务院食品药品监督管理、质量监督等部门应当依据各自职责立即向社会公告，告知消费者停止食用或者使用，并采取相应措施，确保该食品、食品添加剂、食品相关产品停止生产经营；需要制定、修订相关食品安全国家标准的，国务院卫生行政部门应当会同国务院食品药品监督管理部门立即制定、修订。

第二十二条　国务院食品药品监督管理部门应当会同国务院有关部门，根据食品安全风险评估结果、食品安全监督管理信息，对食品安全状况进行综合分析。对经综合分析表明可能具有较高程度安全风险的食品，国务院食品药品监督管理部门应当及时提出食品安全风险警示，并向社会公布。

第二十三条　县级以上人民政府食品药品监督管理部门和其他有关部门、食品安全风险评估专家委员会及其技术机构，应当按照科学、客观、及时、公开的原则，组织食品生产经营者、食品检验机构、认证机构、食品行业协会、消费者协会以及新闻媒体等，就食品安全风险评估信息和食品安全监督管理信息进行交流沟通。

第三章　食品安全标准

第二十四条　制定食品安全标准，应当以保障公众身体健康为宗旨，做到科学合理、安全可靠。

第二十五条　食品安全标准是强制执行的标准。除食品安全标准外，不得制定其他食品强制性标准。

第二十六条　食品安全标准应当包括下列内容：

（一）食品、食品添加剂、食品相关产品中的致病性微生物，农药残留、兽药残留、生物毒素、重金属等污染物质以及其他危害人体健康物质的限量规定；

（二）食品添加剂的品种、使用范围、用量；

（三）专供婴幼儿和其他特定人群的主辅食品的营养成分要求；

（四）对与卫生、营养等食品安全要求有关的标签、标志、说明书的要求；

（五）食品生产经营过程的卫生要求；

（六）与食品安全有关的质量要求；

（七）与食品安全有关的食品检验方法与规程；

（八）其他需要制定为食品安全标准的内容。

第二十七条　食品安全国家标准由国务院卫生行政部门会同国务院食品药品监督管理部门制定、公布，国务院标准化行政部门提供国家标准编号。

食品中农药残留、兽药残留的限量规定及其检验方法与规程由国务院卫生行政部门、国务院农业行政部门会同国务院食品药品监督管理部门制定。

屠宰畜、禽的检验规程由国务院农业行政部门会同国务院卫生行政部门制定。

第二十八条　制定食品安全国家标准，应当依据食品安全风险评估结果并充分考虑食用农产品安全风险评估结果，参照相关的国际标准和国际食品安全风险评估结果，并将食品安全国家标准草案向社会公布，广泛听取食品生产经营者、消费者、有关部门等方面的意见。

食品安全国家标准应当经国务院卫生行政部门组织的食品安全国家标准审评委员会审查通过。食品安全国家标准审评委员会由医学、农业、食品、营养、生物、环境等方面的专家以及国务院有关部门、食品行业协会、消费者协会的代表组成，对食品安全国家标准草案的科学性和实用性等进行审查。

第二十九条　对地方特色食品，没有食品安全国家标准的，省、自治区、直辖市人民政府卫生行政部门可以制定并公布食品安全地方标准，报国务院卫生行政部门备案。食品安全国家标准制定后，该地方标准即行废止。

第三十条　国家鼓励食品生产企业制定严于食品安全国家标准或者地方标准的企业标准，在本企业适用，并报省、自治区、直辖市人民政府卫生行政部门备案。

第三十一条　省级以上人民政府卫生行政部门应当在其网站上公布制定和备案的食品安全国家标准、地方标准和企业标准，供公众免费查阅、下载。

对食品安全标准执行过程中的问题，县级以上人民政府卫生行政部门应当会同有关部门及时给予指导、解答。

第三十二条　省级以上人民政府卫生行政部门应当会同同级食品药品监督管理、质量监督、农业行政等部门，分别对食品安全国家标准和地方标准的执行情况进行跟踪评价，并根据评价结果及时修订食品安全标准。

省级以上人民政府食品药品监督管理、质量监督、农业行政等部门应当对食品安全标准执行中存在的问题进行收集、汇总，并及时向同级卫生行政部门通报。

食品生产经营者、食品行业协会发现食品安全标准在执行中存在问题的，应当立即向卫生行政部门报告。

第四章　食品生产经营

第一节　一般规定

第三十三条　食品生产经营应当符合食品安全标准，并符合下列要求：

（一）具有与生产经营的食品品种、数量相适应的食品原料处理和食品加工、包装、贮存等场所，保持该场所环境整洁，并与有毒、有害场所以及其他污染源保持规定的距离；

（二）具有与生产经营的食品品种、数量相适应的生产经营设备或者设施，有相应的消毒、更衣、盥洗、采光、照明、通风、防腐、防尘、防蝇、防鼠、防虫、洗涤以及处理废水、存放垃圾和废弃物的设备或者设施；

（三）有专职或者兼职的食品安全专业技术人员、食品安全管理人员和保证食品安全的规章制度；

（四）具有合理的设备布局和工艺流程，防止待加工食品与直接入口食品、原料与成品交叉污染，避免食品接触有毒、不洁物；

（五）餐具、饮具和盛放直接入口食品的容器，使用前应当洗净、消毒，炊具、用具用后应当洗净，保持清洁；

（六）贮存、运输和装卸食品的容器、工具和设备应当安全、无害，保持清洁，防止食品污染，并符合保证食品安全所需的温度、湿度等特殊要求，不得将食品与有毒、有害物品一同贮存、运输；

（七）直接入口的食品应当使用无毒、清洁的包装材料、餐具、饮具和容器；

（八）食品生产经营人员应当保持个人卫生，生产经营食品时，应当将手洗净，穿戴清洁的工作衣、帽等；销售无包装的直接入口食品时，应当使用无毒、清洁的容器、售货工具和设备；

（九）用水应当符合国家规定的生活饮用水卫生标准；

（十）使用的洗涤剂、消毒剂应当对人体安全、无害；

（十一）法律、法规规定的其他要求。

非食品生产经营者从事食品贮存、运输和装卸的，应当符合前款第六项的规定。

第三十四条 禁止生产经营下列食品、食品添加剂、食品相关产品：

（一）用非食品原料生产的食品或者添加食品添加剂以外的化学物质和其他可能危害人体健康物质的食品，或者用回收食品作为原料生产的食品；

（二）致病性微生物，农药残留、兽药残留、生物毒素、重金属等污染物质以及其他危害人体健康的物质含量超过食品安全标准限量的食品、食品添加剂、食品相关产品；

（三）用超过保质期的食品原料、食品添加剂生产的食品、食品添加剂；

（四）超范围、超限量使用食品添加剂的食品；

（五）营养成分不符合食品安全标准的专供婴幼儿和其他特定人群的主辅食品；

（六）腐败变质、油脂酸败、霉变生虫、污秽不洁、混有异物、掺假掺杂或者感官性状异常的食品、食品添加剂；

（七）病死、毒死或者死因不明的禽、畜、兽、水产动物肉类及其制品；

（八）未按规定进行检疫或者检疫不合格的肉类，或者未经检验或者检验不合格的肉类制品；

（九）被包装材料、容器、运输工具等污染的食品、食品添加剂；

（十）标注虚假生产日期、保质期或者超过保质期的食品、食品添加剂；

（十一）无标签的预包装食品、食品添加剂；

（十二）国家为防病等特殊需要明令禁止生产经营的食品；

（十三）其他不符合法律、法规或者食品安全标准的食品、食品添加剂、食品相关产品。

第三十五条 国家对食品生产经营实行许可制度。从事食品生产、食品销售、餐饮服务，应当依法取得许可。但是，销售食用农产品，不需要取得许可。

县级以上地方人民政府食品药品监督管理部门应当依照《中华人民共和国行政许可法》的规定，审核申请人提交的本法第三十三条第一款第一项至第四项规定要求的相关资料，必要时对申请人的生产经营场所进行现场核查；对符合规定条件的，准予许可；对不符合规定条件的，不予许可并书面说明理由。

第三十六条 食品生产加工小作坊和食品摊贩等从事食品生产经营活动，应当符合本法规定的与其生产经营规模、条件相适应的食品安全要求，保证所生产经营的食品卫生、无毒、无害，食品药品监督管理部门应当对其加强监督管理。

县级以上地方人民政府应当对食品生产加工小作坊、食品摊贩等进行综合治理，加强服务和统一规划，改善其生产经营环境，鼓励和支持其改进生产经营条件，进入集中交易市场、店铺等固定场所经营，或者在指定的临时经营区域、时段经营。

食品生产加工小作坊和食品摊贩等的具体管理办法由省、自治区、直辖市制定。

第三十七条 利用新的食品原料生产食品，或者生产食品添加剂新品种、食品相关产品新品种，应当向国务院卫生行政部门提交相关产品的安全性评估材料。国务院卫生行政部门应当自收到申请之日起六十日内组织审查；对符合食品安全要求的，准予许可并公布；对不符合食品安全要求的，不予许可并书面说明理由。

第三十八条　生产经营的食品中不得添加药品，但是可以添加按照传统既是食品又是中药材的物质。按照传统既是食品又是中药材的物质目录由国务院卫生行政部门会同国务院食品药品监督管理部门制定、公布。

第三十九条　国家对食品添加剂生产实行许可制度。从事食品添加剂生产，应当具有与所生产食品添加剂品种相适应的场所、生产设备或者设施、专业技术人员和管理制度，并依照本法第三十五条第二款规定的程序，取得食品添加剂生产许可。

生产食品添加剂应当符合法律、法规和食品安全国家标准。

第四十条　食品添加剂应当在技术上确有必要且经过风险评估证明安全可靠，方可列入允许使用的范围；有关食品安全国家标准应当根据技术必要性和食品安全风险评估结果及时修订。

食品生产经营者应当按照食品安全国家标准使用食品添加剂。

第四十一条　生产食品相关产品应当符合法律、法规和食品安全国家标准。对直接接触食品的包装材料等具有较高风险的食品相关产品，按照国家有关工业产品生产许可证管理的规定实施生产许可。质量监督部门应当加强对食品相关产品生产活动的监督管理。

第四十二条　国家建立食品安全全程追溯制度。

食品生产经营者应当依照本法的规定，建立食品安全追溯体系，保证食品可追溯。国家鼓励食品生产经营者采用信息化手段采集、留存生产经营信息，建立食品安全追溯体系。

国务院食品药品监督管理部门会同国务院农业行政等有关部门建立食品安全全程追溯协作机制。

第四十三条　地方各级人民政府应当采取措施鼓励食品规模化生产和连锁经营、配送。

国家鼓励食品生产经营企业参加食品安全责任保险。

第二节　生产经营过程控制

第四十四条　食品生产经营企业应当建立健全食品安全管理制度，对职工进行食品安全知识培训，加强食品检验工作，依法从事生产经营活动。

食品生产经营企业的主要负责人应当落实企业食品安全管理制度，对本企业的食品安全工作全面负责。

食品生产经营企业应当配备食品安全管理人员，加强对其培训和考核。经考核不具备食品安全管理能力的，不得上岗。食品药品监督管理部门应当对企业食品安全管理人员随机进行监督抽查考核并公布考核情况。监督抽查考核不得收取费用。

第四十五条　食品生产经营者应当建立并执行从业人员健康管理制度。患有国务院卫生行政部门规定的有碍食品安全疾病的人员，不得从事接触直接入口食品的工作。

从事接触直接入口食品工作的食品生产经营人员应当每年进行健康检查，取得健康证明后方可上岗工作。

第四十六条　食品生产企业应当就下列事项制定并实施控制要求，保证所生产的食品符合食品安全标准：

（一）原料采购、原料验收、投料等原料控制；

（二）生产工序、设备、贮存、包装等生产关键环节控制；

（三）原料检验、半成品检验、成品出厂检验等检验控制；

（四）运输和交付控制。

第四十七条　食品生产经营者应当建立食品安全自查制度，定期对食品安全状况进行检查评价。生产经营条件发生变化，不再符合食品安全要求的，食品生产经营者应当立即采取整改措施；有发生食品安全事故潜在风险的，应当立即停止食品生产经营活动，并向所在地县级人民政府食品药品监督管理部门报告。

第四十八条　国家鼓励食品生产经营企业符合良好生产规范要求，实施危害分析与关键控制点体系，提高食品安全管理水平。

对通过良好生产规范、危害分析与关键控制点体系认证的食品生产经营企业，认证机构应当依法实施跟踪调查；对不再符合认证要求的企业，应当依法撤销认证，及时向县级以上人民政府食品药品监督管理部门通报，并向社会公布。认证机构实施跟踪调查不得收取费用。

第四十九条　食用农产品生产者应当按照食品安全标准和国家有关规定使用农药、肥料、兽药、饲料和饲料添加剂等农业投入品，严格执行农业投入品使用安全间隔期或者休药期的规定，不得使用国家明令禁止的农业投入品。禁止将剧毒、高毒农药用于蔬菜、瓜果、茶叶和中草药材等国家规定的农作物。

食用农产品的生产企业和农民专业合作经济组织应当建立农业投入品使用记录制度。

县级以上人民政府农业行政部门应当加强对农业投入品使用的监督管理和指导，建立健全农业投入品安全使用制度。

第五十条　食品生产者采购食品原料、食品添加剂、食品相关产品，应当查验供货者的许可证和产品合格证明；对无法提供合格证明的食品原料，应当按照食品安全标准进行检验；不得采购或者使用不符合食品安全标准的食品原料、食品添加剂、食品相关产品。

食品生产企业应当建立食品原料、食品添加剂、食品相关产品进货查验记录制度，如实记录食品原料、食品添加剂、食品相关产品的名称、规格、数量、生产日期或者生产批号、保质期、进货日期以及供货者名称、地址、联系方式等内容，并保存相关凭证。记录和凭证保存期限不得少于产品保质期满后六个月；没有明确保质期的，保存期限不得少于二年。

第五十一条　食品生产企业应当建立食品出厂检验记录制度，查验出厂食品的检验合格证和安全状况，如实记录食品的名称、规格、数量、生产日期或者生产批号、保质期、检验合格证号、销售日期以及购货者名称、地址、联系方式等内容，并保存相关凭证。记录和凭证保存期限应当符合本法第五十条第二款的规定。

第五十二条　食品、食品添加剂、食品相关产品的生产者，应当按照食品安全标准对所生产的食品、食品添加剂、食品相关产品进行检验，检验合格后方可出厂或者销售。

第五十三条　食品经营者采购食品，应当查验供货者的许可证和食品出厂检验合格证或者其他合格证明（以下称合格证明文件）。

食品经营企业应当建立食品进货查验记录制度，如实记录食品的名称、规格、数量、生产日期或者生产批号、保质期、进货日期以及供货者名称、地址、联系方式等内容，并保存相关凭证。记录和凭证保存期限应当符合本法第五十条第二款的规定。

实行统一配送经营方式的食品经营企业，可以由企业总部统一查验供货者的许可证和食品合格证明文件，进行食品进货查验记录。

从事食品批发业务的经营企业应当建立食品销售记录制度，如实记录批发食品的名称、规格、数量、生产日期或者生产批号、保质期、销售日期以及购货者名称、地址、联系方式等内容，并保存相关凭证。记录和凭证保存期限应当符合本法第五十条第二款的规定。

第五十四条　食品经营者应当按照保证食品安全的要求贮存食品，定期检查库存食品，及时清理变质或者超过保质期的食品。

食品经营者贮存散装食品，应当在贮存位置标明食品的名称、生产日期或者生产批号、保质期、生产者名称及联系方式等内容。

第五十五条　餐饮服务提供者应当制定并实施原料控制要求，不得采购不符合食品安全标准的食品原料。倡导餐饮服务提供者公开加工过程，公示食品原料及其来源等信息。

餐饮服务提供者在加工过程中应当检查待加工的食品及原料，发现有本法第三十四条第六项规定情形的，不得加工或者使用。

第五十六条　餐饮服务提供者应当定期维护食品加工、贮存、陈列等设施、设备；定期清洗、校验保温设施及冷藏、冷冻设施。

餐饮服务提供者应当按照要求对餐具、饮具进行清洗消毒，不得使用未经清洗消毒的餐具、饮具；餐饮服务提供者委托清洗消毒餐具、饮具的，应当委托符合本法规定条件的餐具、饮具集中消毒服务单位。

第五十七条　学校、托幼机构、养老机构、建筑工地等集中用餐单位的食堂应当严格遵守法律、法规和食品安全标准；从供餐单位订餐的，应当从取得食品生产经营许可的企业订购，并按照要求对订购的食品进行查验。供餐单位应当严格遵守法律、法规和食品安全标准，当餐加工，确保食品安全。

学校、托幼机构、养老机构、建筑工地等集中用餐单位的主管部门应当加强对集中用餐单位的食品安全教育和日常管理，降低食品安全风险，及时消除食品安全隐患。

第五十八条　餐具、饮具集中消毒服务单位应当具备相应的作业场所、清洗消毒设备或者设施，用水和使用的洗涤剂、消毒剂应当符合相关食品安全国家标准和其他国家标准、卫生规范。

餐具、饮具集中消毒服务单位应当对消毒餐具、饮具进行逐批检验，检验合格后方可出厂，并应当随附消毒合格证明。消毒后的餐具、饮具应当在独立包装上标注单位名

称、地址、联系方式、消毒日期以及使用期限等内容。

第五十九条　食品添加剂生产者应当建立食品添加剂出厂检验记录制度，查验出厂产品的检验合格证和安全状况，如实记录食品添加剂的名称、规格、数量、生产日期或者生产批号、保质期、检验合格证号、销售日期以及购货者名称、地址、联系方式等相关内容，并保存相关凭证。记录和凭证保存期限应当符合本法第五十条第二款的规定。

第六十条　食品添加剂经营者采购食品添加剂，应当依法查验供货者的许可证和产品合格证明文件，如实记录食品添加剂的名称、规格、数量、生产日期或者生产批号、保质期、进货日期以及供货者名称、地址、联系方式等内容，并保存相关凭证。记录和凭证保存期限应当符合本法第五十条第二款的规定。

第六十一条　集中交易市场的开办者、柜台出租者和展销会举办者，应当依法审查入场食品经营者的许可证，明确其食品安全管理责任，定期对其经营环境和条件进行检查，发现其有违反本法规定行为的，应当及时制止并立即报告所在地县级人民政府食品药品监督管理部门。

第六十二条　网络食品交易第三方平台提供者应当对入网食品经营者进行实名登记，明确其食品安全管理责任；依法应当取得许可证的，还应当审查其许可证。

网络食品交易第三方平台提供者发现入网食品经营者有违反本法规定行为的，应当及时制止并立即报告所在地县级人民政府食品药品监督管理部门；发现严重违法行为的，应当立即停止提供网络交易平台服务。

第六十三条　国家建立食品召回制度。食品生产者发现其生产的食品不符合食品安全标准或者有证据证明可能危害人体健康的，应当立即停止生产，召回已经上市销售的食品，通知相关生产经营者和消费者，并记录

召回和通知情况。

食品经营者发现其经营的食品有前款规定情形的，应当立即停止经营，通知相关生产经营者和消费者，并记录停止经营和通知情况。食品生产者认为应当召回的，应当立即召回。由于食品经营者的原因造成其经营的食品有前款规定情形的，食品经营者应当召回。

食品生产经营者应当对召回的食品采取无害化处理、销毁等措施，防止其再次流入市场。但是，对因标签、标志或者说明书不符合食品安全标准而被召回的食品，食品生产者在采取补救措施且能保证食品安全的情况下可以继续销售；销售时应当向消费者明示补救措施。

食品生产经营者应当将食品召回和处理情况向所在地县级人民政府食品药品监督管理部门报告；需要对召回的食品进行无害化处理、销毁的，应当提前报告时间、地点。食品药品监督管理部门认为必要的，可以实施现场监督。

食品生产经营者未依照本条规定召回或者停止经营的，县级以上人民政府食品药品监督管理部门可以责令其召回或者停止经营。

第六十四条　食用农产品批发市场应当配备检验设备和检验人员或者委托符合本法规定的食品检验机构，对进入该批发市场销售的食用农产品进行抽样检验；发现不符合食品安全标准的，应当要求销售者立即停止销售，并向食品药品监督管理部门报告。

第六十五条　食用农产品销售者应当建立食用农产品进货查验记录制度，如实记录食用农产品的名称、数量、进货日期以及供货者名称、地址、联系方式等内容，并保存相关凭证。记录和凭证保存期限不得少于六个月。

第六十六条　进入市场销售的食用农产品在包装、保鲜、贮存、运输中使用保鲜剂、防腐剂等食品添加剂和包装材料等食品相关产品，应当符合食品安全国家标准。

第三节　标签、说明书和广告

第六十七条　预包装食品的包装上应当有标签。标签应当标明下列事项：

（一）名称、规格、净含量、生产日期；

（二）成分或者配料表；

（三）生产者的名称、地址、联系方式；

（四）保质期；

（五）产品标准代号；

（六）贮存条件；

（七）所使用的食品添加剂在国家标准中的通用名称；

（八）生产许可证编号；

（九）法律、法规或者食品安全标准规定应当标明的其他事项。

专供婴幼儿和其他特定人群的主辅食品，其标签还应当标明主要营养成分及其含量。

食品安全国家标准对标签标注事项另有规定的，从其规定。

第六十八条　食品经营者销售散装食品，应当在散装食品的容器、外包装上标明食品的名称、生产日期或者生产批号、保质期以及生产经营者名称、地址、联系方式等内容。

第六十九条　生产经营转基因食品应当按照规定显著标示。

第七十条　食品添加剂应当有标签、说明书和包装。标签、说明书应当载明本法第六十七条第一款第一项至第六项、第八项、第九项规定的事项，以及食品添加剂的使用范围、用量、使用方法，并在标签上载明"食品添加剂"字样。

第七十一条　食品和食品添加剂的标签、说明书，不得含有虚假内容，不得涉及疾病预防、治疗功能。生产经营者对其提供的标签、说明书的内容负责。

食品和食品添加剂的标签、说明书应当清楚、明显，生产日期、保质期等事项应当显著标注，容易辨识。

食品和食品添加剂与其标签、说明书的

内容不符的，不得上市销售。

第七十二条 食品经营者应当按照食品标签标示的警示标志、警示说明或者注意事项的要求销售食品。

第七十三条 食品广告的内容应当真实合法，不得含有虚假内容，不得涉及疾病预防、治疗功能。食品生产经营者对食品广告内容的真实性、合法性负责。

县级以上人民政府食品药品监督管理部门和其他有关部门以及食品检验机构、食品行业协会不得以广告或者其他形式向消费者推荐食品。消费者组织不得以收取费用或者其他牟取利益的方式向消费者推荐食品。

第四节 特殊食品

第七十四条 国家对保健食品、特殊医学用途配方食品和婴幼儿配方食品等特殊食品实行严格监督管理。

第七十五条 保健食品声称保健功能，应当具有科学依据，不得对人体产生急性、亚急性或者慢性危害。

保健食品原料目录和允许保健食品声称的保健功能目录，由国务院食品药品监督管理部门会同国务院卫生行政部门、国家中医药管理部门制定、调整并公布。

保健食品原料目录应当包括原料名称、用量及其对应的功效；列入保健食品原料目录的原料只能用于保健食品生产，不得用于其他食品生产。

第七十六条 使用保健食品原料目录以外原料的保健食品和首次进口的保健食品应当经国务院食品药品监督管理部门注册。但是，首次进口的保健食品中属于补充维生素、矿物质等营养物质的，应当报国务院食品药品监督管理部门备案。其他保健食品应当报省、自治区、直辖市人民政府食品药品监督管理部门备案。

进口的保健食品应当是出口国（地区）主管部门准许上市销售的产品。

第七十七条 依法应当注册的保健食品，注册时应当提交保健食品的研发报告、产品配方、生产工艺、安全性和保健功能评价、标签、说明书等材料及样品，并提供相关证明文件。国务院食品药品监督管理部门经组织技术审评，对符合安全和功能声称要求的，准予注册；对不符合要求的，不予注册并书面说明理由。对使用保健食品原料目录以外原料的保健食品作出准予注册决定的，应当及时将该原料纳入保健食品原料目录。

依法应当备案的保健食品，备案时应当提交产品配方、生产工艺、标签、说明书以及表明产品安全性和保健功能的材料。

第七十八条 保健食品的标签、说明书不得涉及疾病预防、治疗功能，内容应当真实，与注册或者备案的内容相一致，载明适宜人群、不适宜人群、功效成分或者标志性成分及其含量等，并声明"本品不能代替药物"。保健食品的功能和成分应当与标签、说明书相一致。

第七十九条 保健食品广告除应当符合本法第七十三条第一款的规定外，还应当声明"本品不能代替药物"；其内容应当经生产企业所在地省、自治区、直辖市人民政府食品药品监督管理部门审查批准，取得保健食品广告批准文件。省、自治区、直辖市人民政府食品药品监督管理部门应当公布并及时更新已经批准的保健食品广告目录以及批准的广告内容。

第八十条 特殊医学用途配方食品应当经国务院食品药品监督管理部门注册。注册时，应当提交产品配方、生产工艺、标签、说明书以及表明产品安全性、营养充足性和特殊医学用途临床效果的材料。

特殊医学用途配方食品广告适用《中华人民共和国广告法》和其他法律、行政法规关于药品广告管理的规定。

第八十一条 婴幼儿配方食品生产企业应当实施从原料进厂到成品出厂的全过程质量控制，对出厂的婴幼儿配方食品实施逐批检验，保证食品安全。

生产婴幼儿配方食品使用的生鲜乳、辅料等食品原料、食品添加剂等，应当符合法律、行政法规的规定和食品安全国家标准，保证婴幼儿生长发育所需的营养成分。

婴幼儿配方食品生产企业应当将食品原料、食品添加剂、产品配方及标签等事项向省、自治区、直辖市人民政府食品药品监督管理部门备案。

婴幼儿配方乳粉的产品配方应当经国务院食品药品监督管理部门注册。注册时，应当提交配方研发报告和其他表明配方科学性、安全性的材料。

不得以分装方式生产婴幼儿配方乳粉，同一企业不得用同一配方生产不同品牌的婴幼儿配方乳粉。

第八十二条　保健食品、特殊医学用途配方食品、婴幼儿配方乳粉的注册人或者备案人应当对其提交材料的真实性负责。

省级以上人民政府食品药品监督管理部门应当及时公布注册或者备案的保健食品、特殊医学用途配方食品、婴幼儿配方乳粉目录，并对注册或者备案中获知的企业商业秘密予以保密。

保健食品、特殊医学用途配方食品、婴幼儿配方乳粉生产企业应当按照注册或者备案的产品配方、生产工艺等技术要求组织生产。

第八十三条　生产保健食品，特殊医学用途配方食品、婴幼儿配方食品和其他专供特定人群的主辅食品的企业，应当按照良好生产规范的要求建立与所生产食品相适应的生产质量管理体系，定期对该体系的运行情况进行自查，保证其有效运行，并向所在地县级人民政府食品药品监督管理部门提交自查报告。

第五章　食品检验

第八十四条　食品检验机构按照国家有关认证认可的规定取得资质认定后，方可从事食品检验活动。但是，法律另有规定的除外。

食品检验机构的资质认定条件和检验规范，由国务院食品药品监督管理部门规定。

符合本法规定的食品检验机构出具的检验报告具有同等效力。

县级以上人民政府应当整合食品检验资源，实现资源共享。

第八十五条　食品检验由食品检验机构指定的检验人独立进行。

检验人应当依照有关法律、法规的规定，并按照食品安全标准和检验规范对食品进行检验，尊重科学，恪守职业道德，保证出具的检验数据和结论客观、公正，不得出具虚假检验报告。

第八十六条　食品检验实行食品检验机构与检验人负责制。食品检验报告应当加盖食品检验机构公章，并有检验人的签名或者盖章。食品检验机构和检验人对出具的食品检验报告负责。

第八十七条　县级以上人民政府食品药品监督管理部门应当对食品进行定期或者不定期的抽样检验，并依据有关规定公布检验结果，不得免检。进行抽样检验，应当购买抽取的样品，委托符合本法规定的食品检验机构进行检验，并支付相关费用；不得向食品生产经营者收取检验费和其他费用。

第八十八条　对依照本法规定实施的检验结论有异议的，食品生产经营者可以自收到检验结论之日起七个工作日内向实施抽样检验的食品药品监督管理部门或者其上一级食品药品监督管理部门提出复检申请，由受理复检申请的食品药品监督管理部门在公布的复检机构名录中随机确定复检机构进行复检。复检机构出具的复检结论为最终检验结论。复检机构与初检机构不得为同一机构。复检机构名录由国务院认证认可监督管理、食品药品监督管理、卫生行政、农业行政等部门共同公布。

采用国家规定的快速检测方法对食用农产品进行抽查检测，被抽查人对检测结果有异议的，可以自收到检测结果时起四小时内申请复检。复检不得采用快速检测方法。

第八十九条　食品生产企业可以自行对所生产的食品进行检验，也可以委托符合本法规定的食品检验机构进行检验。

食品行业协会和消费者协会等组织、消费者需要委托食品检验机构对食品进行检验的，应当委托符合本法规定的食品检验机构进行。

第九十条　食品添加剂的检验，适用本法有关食品检验的规定。

第六章　食品进出口

第九十一条　国家出入境检验检疫部门对进出口食品安全实施监督管理。

第九十二条　进口的食品、食品添加剂、食品相关产品应当符合我国食品安全国家标准。

进口的食品、食品添加剂应当经出入境检验检疫机构依照进出口商品检验相关法律、行政法规的规定检验合格。

进口的食品、食品添加剂应当按照国家出入境检验检疫部门的要求随附合格证明材料。

第九十三条　进口尚无食品安全国家标准的食品，由境外出口商、境外生产企业或者其委托的进口商向国务院卫生行政部门提交所执行的相关国家（地区）标准或者国际标准。国务院卫生行政部门对相关标准进行审查，认为符合食品安全要求的，决定暂予适用，并及时制定相应的食品安全国家标准。进口利用新的食品原料生产的食品或者进口食品添加剂新品种、食品相关产品新品种，依照本法第三十七条的规定办理。

出入境检验检疫机构按照国务院卫生行政部门的要求，对前款规定的食品、食品添加剂、食品相关产品进行检验。检验结果应当公开。

第九十四条　境外出口商、境外生产企业应当保证向我国出口的食品、食品添加剂、食品相关产品符合本法以及我国其他有关法律、行政法规的规定和食品安全国家标准的要求，并对标签、说明书的内容负责。

进口商应当建立境外出口商、境外生产企业审核制度，重点审核前款规定的内容；审核不合格的，不得进口。

发现进口食品不符合我国食品安全国家标准或者有证据证明可能危害人体健康的，进口商应当立即停止进口，并依照本法第六十三条的规定召回。

第九十五条　境外发生的食品安全事件可能对我国境内造成影响，或者在进口食品、食品添加剂、食品相关产品中发现严重食品安全问题的，国家出入境检验检疫部门应当及时采取风险预警或者控制措施，并向国务院食品药品监督管理、卫生行政、农业行政部门通报。接到通报的部门应当及时采取相应措施。

县级以上人民政府食品药品监督管理部门对国内市场上销售的进口食品、食品添加剂实施监督管理。发现存在严重食品安全问题的，国务院食品药品监督管理部门应当及时向国家出入境检验检疫部门通报。国家出入境检验检疫部门应当及时采取相应措施。

第九十六条　向我国境内出口食品的境外出口商或者代理商、进口食品的进口商应当向国家出入境检验检疫部门备案。向我国境内出口食品的境外食品生产企业应当经国家出入境检验检疫部门注册。已经注册的境外食品生产企业提供虚假材料，或者因其自身的原因致使进口食品发生重大食品安全事故的，国家出入境检验检疫部门应当撤销注册并公告。

国家出入境检验检疫部门应当定期公布已经备案的境外出口商、代理商、进口商和已经注册的境外食品生产企业名单。

第九十七条 进口的预包装食品、食品添加剂应当有中文标签；依法应当有说明书的，还应当有中文说明书。标签、说明书应当符合本法以及我国其他有关法律、行政法规的规定和食品安全国家标准的要求，并载明食品的原产地以及境内代理商的名称、地址、联系方式。预包装食品没有中文标签、中文说明书或者标签、说明书不符合本条规定的，不得进口。

第九十八条 进口商应当建立食品、食品添加剂进口和销售记录制度，如实记录食品、食品添加剂的名称、规格、数量、生产日期、生产或者进口批号、保质期、境外出口商和购货者名称、地址及联系方式、交货日期等内容，并保存相关凭证。记录和凭证保存期限应当符合本法第五十条第二款的规定。

第九十九条 出口食品生产企业应当保证其出口食品符合进口国（地区）的标准或者合同要求。

出口食品生产企业和出口食品原料种植、养殖场应当向国家出入境检验检疫部门备案。

第一百条 国家出入境检验检疫部门应当收集、汇总下列进出口食品安全信息，并及时通报相关部门、机构和企业：

（一）出入境检验检疫机构对进出口食品实施检验检疫发现的食品安全信息；

（二）食品行业协会和消费者协会等组织、消费者反映的进口食品安全信息；

（三）国际组织、境外政府机构发布的风险预警信息及其他食品安全信息，以及境外食品行业协会等组织、消费者反映的食品安全信息；

（四）其他食品安全信息。

国家出入境检验检疫部门应当对进出口食品的进口商、出口商和出口食品生产企业实施信用管理，建立信用记录，并依法向社会公布。对有不良记录的进口商、出口商和出口食品生产企业，应当加强对其进出口食品的检验检疫。

第一百零一条 国家出入境检验检疫部门可以对向我国境内出口食品的国家（地区）的食品安全管理体系和食品安全状况进行评估和审查，并根据评估和审查结果，确定相应检验检疫要求。

第七章 食品安全事故处置

第一百零二条 国务院组织制定国家食品安全事故应急预案。

县级以上地方人民政府应当根据有关法律、法规的规定和上级人民政府的食品安全事故应急预案以及本行政区域的实际情况，制定本行政区域的食品安全事故应急预案，并报上一级人民政府备案。

食品安全事故应急预案应当对食品安全事故分级、事故处置组织指挥体系与职责、预防预警机制、处置程序、应急保障措施等作出规定。

食品生产经营企业应当制定食品安全事故处置方案，定期检查本企业各项食品安全防范措施的落实情况，及时消除事故隐患。

第一百零三条 发生食品安全事故的单位应当立即采取措施，防止事故扩大。事故单位和接收病人进行治疗的单位应当及时向事故发生地县级人民政府食品药品监督管理、卫生行政部门报告。

县级以上人民政府质量监督、农业行政等部门在日常监督管理中发现食品安全事故或者接到事故举报，应当立即向同级食品药品监督管理部门通报。

发生食品安全事故，接到报告的县级人民政府食品药品监督管理部门应当按照应急预案的规定向本级人民政府和上级人民政府食品药品监督管理部门报告。县级人民政府和上级人民政府食品药品监督管理部门应当按照应急预案的规定上报。

任何单位和个人不得对食品安全事故隐

瞒、谎报、缓报，不得隐匿、伪造、毁灭有关证据。

第一百零四条　医疗机构发现其接收的病人属于食源性疾病病人或者疑似病人的，应当按照规定及时将相关信息向所在地县级人民政府卫生行政部门报告。县级人民政府卫生行政部门认为与食品安全有关的，应当及时通报同级食品药品监督管理部门。

县级以上人民政府卫生行政部门在调查处理传染病或者其他突发公共卫生事件中发现与食品安全相关的信息，应当及时通报同级食品药品监督管理部门。

第一百零五条　县级以上人民政府食品药品监督管理部门接到食品安全事故的报告后，应当立即会同同级卫生行政、质量监督、农业行政等部门进行调查处理，并采取下列措施，防止或者减轻社会危害：

（一）开展应急救援工作，组织救治因食品安全事故导致人身伤害的人员；

（二）封存可能导致食品安全事故的食品及其原料，并立即进行检验；对确认属于被污染的食品及其原料，责令食品生产经营者依照本法第六十三条的规定召回或者停止经营；

（三）封存被污染的食品相关产品，并责令进行清洗消毒；

（四）做好信息发布工作，依法对食品安全事故及其处理情况进行发布，并对可能产生的危害加以解释、说明。

发生食品安全事故需要启动应急预案的，县级以上人民政府应当立即成立事故处置指挥机构，启动应急预案，依照前款和应急预案的规定进行处置。

发生食品安全事故，县级以上疾病预防控制机构应当对事故现场进行卫生处理，并对与事故有关的因素开展流行病学调查，有关部门应当予以协助。县级以上疾病预防控制机构应当向同级食品药品监督管理、卫生行政部门提交流行病学调查报告。

第一百零六条　发生食品安全事故，设区的市级以上人民政府食品药品监督管理部门应当立即会同有关部门进行事故责任调查，督促有关部门履行职责，向本级人民政府和上一级人民政府食品药品监督管理部门提出事故责任调查处理报告。

涉及两个以上省、自治区、直辖市的重大食品安全事故由国务院食品药品监督管理部门依照前款规定组织事故责任调查。

第一百零七条　调查食品安全事故，应当坚持实事求是、尊重科学的原则，及时、准确查清事故性质和原因，认定事故责任，提出整改措施。

调查食品安全事故，除了查明事故单位的责任，还应当查明有关监督管理部门、食品检验机构、认证机构及其工作人员的责任。

第一百零八条　食品安全事故调查部门有权向有关单位和个人了解与事故有关的情况，并要求提供相关资料和样品。有关单位和个人应当予以配合，按照要求提供相关资料和样品，不得拒绝。

任何单位和个人不得阻挠、干涉食品安全事故的调查处理。

第八章　监督管理

第一百零九条　县级以上人民政府食品药品监督管理、质量监督部门根据食品安全风险监测、风险评估结果和食品安全状况等，确定监督管理的重点、方式和频次，实施风险分级管理。

县级以上地方人民政府组织本级食品药品监督管理、质量监督、农业行政等部门制定本行政区域的食品安全年度监督管理计划，向社会公布并组织实施。

食品安全年度监督管理计划应当将下列事项作为监督管理的重点：

（一）专供婴幼儿和其他特定人群的主辅食品；

（二）保健食品生产过程中的添加行为和

按照注册或者备案的技术要求组织生产的情况，保健食品标签、说明书以及宣传材料中有关功能宣传的情况；

（三）发生食品安全事故风险较高的食品生产经营者；

（四）食品安全风险监测结果表明可能存在食品安全隐患的事项。

第一百一十条　县级以上人民政府食品药品监督管理、质量监督部门履行各自食品安全监督管理职责，有权采取下列措施，对生产经营者遵守本法的情况进行监督检查：

（一）进入生产经营场所实施现场检查；

（二）对生产经营的食品、食品添加剂、食品相关产品进行抽样检验；

（三）查阅、复制有关合同、票据、账簿以及其他有关资料；

（四）查封、扣押有证据证明不符合食品安全标准或者有证据证明存在安全隐患以及用于违法生产经营的食品、食品添加剂、食品相关产品；

（五）查封违法从事生产经营活动的场所。

第一百一十一条　对食品安全风险评估结果证明食品存在安全隐患，需要制定、修订食品安全标准的，在制定、修订食品安全标准前，国务院卫生行政部门应当及时会同国务院有关部门规定食品中有害物质的临时限量值和临时检验方法，作为生产经营和监督管理的依据。

第一百一十二条　县级以上人民政府食品药品监督管理部门在食品安全监督管理工作中可以采用国家规定的快速检测方法对食品进行抽查检测。

对抽查检测结果表明可能不符合食品安全标准的食品，应当依照本法第八十七条的规定进行检验。抽查检测结果确定有关食品不符合食品安全标准的，可以作为行政处罚的依据。

第一百一十三条　县级以上人民政府食品药品监督管理部门应当建立食品生产经营者食品安全信用档案，记录许可颁发、日常监督检查结果、违法行为查处等情况，依法向社会公布并实时更新；对有不良信用记录的食品生产经营者增加监督检查频次，对违法行为情节严重的食品生产经营者，可以通报投资主管部门、证券监督管理机构和有关的金融机构。

第一百一十四条　食品生产经营过程中存在食品安全隐患，未及时采取措施消除的，县级以上人民政府食品药品监督管理部门可以对食品生产经营者的法定代表人或者主要负责人进行责任约谈。食品生产经营者应当立即采取措施，进行整改，消除隐患。责任约谈情况和整改情况应当纳入食品生产经营者食品安全信用档案。

第一百一十五条　县级以上人民政府食品药品监督管理、质量监督等部门应当公布本部门的电子邮件地址或者电话，接受咨询、投诉、举报。接到咨询、投诉、举报，对属于本部门职责的，应当受理并在法定期限内及时答复、核实、处理；对不属于本部门职责的，应当移交有权处理的部门并书面通知咨询、投诉、举报人。有权处理的部门应当在法定期限内及时处理，不得推诿。对查证属实的举报，给予举报人奖励。

有关部门应当对举报人的信息予以保密，保护举报人的合法权益。举报人举报所在企业的，该企业不得以解除、变更劳动合同或者其他方式对举报人进行打击报复。

第一百一十六条　县级以上人民政府食品药品监督管理、质量监督等部门应当加强对执法人员食品安全法律、法规、标准和专业知识与执法能力等的培训，并组织考核。不具备相应知识和能力的，不得从事食品安全执法工作。

食品生产经营者、食品行业协会、消费者协会等发现食品安全执法人员在执法过程中有违反法律、法规规定的行为以及不规范执法行为的，可以向本级或者上级人民政府食品药品监督管理、质量监督等部门或者监察机关投诉、举报。接到投诉、举报的部门或者机关应当进行核实，并将经核实的情况向食品安全执法人员所在部门通报；涉嫌违法违纪的，按照本法和有关规定处理。

第一百一十七条　县级以上人民政府食品药品监督管理等部门未及时发现食品安全系统性风险，未及时消除监督管理区域内的食品安全隐患的，本级人民政府可以对其主要负责人进行责任约谈。

地方人民政府未履行食品安全职责，未及时消除区域性重大食品安全隐患的，上级人民政府可以对其主要负责人进行责任约谈。

被约谈的食品药品监督管理等部门、地方人民政府应当立即采取措施，对食品安全监督管理工作进行整改。

责任约谈情况和整改情况应当纳入地方人民政府和有关部门食品安全监督管理工作评议、考核记录。

第一百一十八条　国家建立统一的食品安全信息平台，实行食品安全信息统一公布制度。国家食品安全总体情况、食品安全风险警示信息、重大食品安全事故及其调查处理信息和国务院确定需要统一公布的其他信息由国务院食品药品监督管理部门统一公布。食品安全风险警示信息和重大食品安全事故及其调查处理信息的影响限于特定区域的，也可以由有关省、自治区、直辖市人民政府食品药品监督管理部门公布。未经授权不得发布上述信息。

县级以上人民政府食品药品监督管理、质量监督、农业行政部门依据各自职责公布食品安全日常监督管理信息。

公布食品安全信息，应当做到准确、及时，并进行必要的解释说明，避免误导消费者和社会舆论。

第一百一十九条　县级以上地方人民政府食品药品监督管理、卫生行政、质量监督、农业行政部门获知本法规定需要统一公布的信息，应当向上级主管部门报告，由上级主管部门立即报告国务院食品药品监督管理部门；必要时，可以直接向国务院食品药品监督管理部门报告。

县级以上人民政府食品药品监督管理、卫生行政、质量监督、农业行政部门应当相互通报获知的食品安全信息。

第一百二十条　任何单位和个人不得编造、散布虚假食品安全信息。

县级以上人民政府食品药品监督管理部门发现可能误导消费者和社会舆论的食品安全信息，应当立即组织有关部门、专业机构、相关食品生产经营者等进行核实、分析，并及时公布结果。

第一百二十一条　县级以上人民政府食品药品监督管理、质量监督等部门发现涉嫌食品安全犯罪的，应当按照有关规定及时将案件移送公安机关。对移送的案件，公安机关应当及时审查；认为有犯罪事实需要追究刑事责任的，应当立案侦查。

公安机关在食品安全犯罪案件侦查过程中认为没有犯罪事实，或者犯罪事实显著轻微，不需要追究刑事责任，但依法应当追究行政责任的，应当及时将案件移送食品药品监督管理、质量监督等部门和监察机关，有关部门应当依法处理。

公安机关商请食品药品监督管理、质量监督、环境保护等部门提供检验结论、认定意见以及对涉案物品进行无害化处理等协助的，有关部门应当及时提供，予以协助。

第九章　法律责任

第一百二十二条　违反本法规定，未取得食品生产经营许可从事食品生产经营活动，或者未取得食品添加剂生产许可从事食品添加剂生产活动的，由县级以上人民政府食品药品监督管理部门没收违法所得和违法生产经营的食品、食品添加剂以及用于违法生产经营的工具、设备、原料等物品；违法生产经营的食品、食品添加剂货值金额不足一万元的，并处五万元以上十万元以下罚款；货值金额一万元以上的，并处货值金额十倍以上二十倍以下罚款。

明知从事前款规定的违法行为，仍为其提供生产经营场所或者其他条件的，由县级以上人民政府食品药品监督管理部门责令停止违法行为，没收违法所得，并处五万元以上十万元以下罚款；使消费者的合法权益受到损害的，应当与食品、食品添加剂生产经营者承担连带责任。

第一百二十三条　违反本法规定，有下列情形之一，尚不构成犯罪的，由县级以上人民政府食品药品监督管理部门没收违法所得和违法生产经营的食品，并可以没收用于违法生产经营的工具、设备、原料等物品；违法生产经营的食品货值金额不足一万元的，并处十万元以上十五万元以下罚款；货值金额一万元以上的，并处货值金额十五倍以上三十倍以下罚款；情节严重的，吊销许可证，并可以由公安机关对其直接负责的主管人员和其他直接责任人员处五日以上十五日以下拘留：

（一）用非食品原料生产食品、在食品中添加食品添加剂以外的化学物质和其他可能危害人体健康的物质，或者用回收食品作为原料生产食品，或者经营上述食品；

（二）生产经营营养成分不符合食品安全标准的专供婴幼儿和其他特定人群的主辅食品；

（三）经营病死、毒死或者死因不明的禽、畜、兽、水产动物肉类，或者生产经营其制品；

（四）经营未按规定进行检疫或者检疫不合格的肉类，或者生产经营未经检验或者检验不合格的肉类制品；

（五）生产经营国家为防病等特殊需要明令禁止生产经营的食品；

（六）生产经营添加药品的食品。

明知从事前款规定的违法行为，仍为其提供生产经营场所或者其他条件的，由县级以上人民政府食品药品监督管理部门责令停止违法行为，没收违法所得，并处十万元以上二十万元以下罚款；使消费者的合法权益受到损害的，应当与食品生产经营者承担连带责任。

违法使用剧毒、高毒农药的，除依照有关法律、法规规定给予处罚外，可以由公安机关依照第一款规定给予拘留。

第一百二十四条　违反本法规定，有下列情形之一，尚不构成犯罪的，由县级以上人民政府食品药品监督管理部门没收违法所得和违法生产经营的食品、食品添加剂，并可以没收用于违法生产经营的工具、设备、原料等物品；违法生产经营的食品、食品添加剂货值金额不足一万元的，并处五万元以上十万元以下罚款；货值金额一万元以上的，并处货值金额十倍以上二十倍以下罚款；情节严重的，吊销许可证：

（一）生产经营致病性微生物，农药残留、兽药残留、生物毒素、重金属等污染物质以及其他危害人体健康的物质含量超过食品安全标准限量的食品、食品添加剂；

（二）用超过保质期的食品原料、食品添加剂生产食品、食品添加剂，或者经营上述食品、食品添加剂；

（三）生产经营超范围、超限量使用食品添加剂的食品；

（四）生产经营腐败变质、油脂酸败、霉变生虫、污秽不洁、混有异物、掺假掺杂或者感官性状异常的食品、食品添加剂；

（五）生产经营标注虚假生产日期、保质期或者超过保质期的食品、食品添加剂；

（六）生产经营未按规定注册的保健食品、特殊医学用途配方食品、婴幼儿配方乳粉，或者未按注册的产品配方、生产工艺等技术要求组织生产；

（七）以分装方式生产婴幼儿配方乳粉，或者同一企业以同一配方生产不同品牌的婴幼儿配方乳粉；

（八）利用新的食品原料生产食品，或者生产食品添加剂新品种，未通过安全性评估；

（九）食品生产经营者在食品药品监督管理部门责令其召回或者停止经营后，仍拒不召回或者停止经营。

除前款和本法第一百二十三条、第一百二十五条规定的情形外，生产经营不符合法律、法规或者食品安全标准的食品、食品添加剂的，依照前款规定给予处罚。

生产食品相关产品新品种，未通过安全性评估，或者生产不符合食品安全标准的食品相关产品的，由县级以上人民政府质量监督部门依照第一款规定给予处罚。

第一百二十五条　违反本法规定，有下列情形之一的，由县级以上人民政府食品药品监督管理部门没收违法所得和违法生产经营的食品、食品添加剂，并可以没收用于违法生产经营的工具、设备、原料等物品；违法生产经营的食品、食品添加剂货值金额不足一万元的，并处五千元以上五万元以下罚款；货值金额一万元以上的，并处货值金额五倍以上十倍以下罚款；情节严重的，责令停产停业，直至吊销许可证：

（一）生产经营被包装材料、容器、运输工具等污染的食品、食品添加剂；

（二）生产经营无标签的预包装食品、食品添加剂或者标签、说明书不符合本法规定的食品、食品添加剂；

（三）生产经营转基因食品未按规定进行标示；

（四）食品生产经营者采购或者使用不符合食品安全标准的食品原料、食品添加剂、食品相关产品。

生产经营的食品、食品添加剂的标签、说明书存在瑕疵但不影响食品安全且不会对消费者造成误导的，由县级以上人民政府食品药品监督管理部门责令改正；拒不改正的，处二千元以下罚款。

第一百二十六条　违反本法规定，有下列情形之一的，由县级以上人民政府食品药品监督管理部门责令改正，给予警告；拒不改正的，处五千元以上五万元以下罚款；情节严重的，责令停产停业，直至吊销许可证：

（一）食品、食品添加剂生产者未按规定对采购的食品原料和生产的食品、食品添加剂进行检验；

（二）食品生产经营企业未按规定建立食品安全管理制度，或者未按规定配备或者培训、考核食品安全管理人员；

（三）食品、食品添加剂生产经营者进货时未查验许可证和相关证明文件，或者未按规定建立并遵守进货查验记录、出厂检验记录和销售记录制度；

（四）食品生产经营企业未制定食品安全事故处置方案；

（五）餐具、饮具和盛放直接入口食品的容器，使用前未经洗净、消毒或者清洗消毒不合格，或者餐饮服务设施、设备未按规定定期维护、清洗、校验；

（六）食品生产经营者安排未取得健康证明或者患有国务院卫生行政部门规定的有碍食品安全疾病的人员从事接触直接入口食品的工作；

（七）食品经营者未按规定要求销售食品；

（八）保健食品生产企业未按规定向食品药品监督管理部门备案，或者未按备案的产品配方、生产工艺等技术要求组织生产；

（九）婴幼儿配方食品生产企业未将食品原料、食品添加剂、产品配方、标签等向食品药品监督管理部门备案；

（十）特殊食品生产企业未按规定建立生产质量管理体系并有效运行，或者未定期提交自查报告；

（十一）食品生产经营者未定期对食品安

全状况进行检查评价，或者生产经营条件发生变化，未按规定处理；

（十二）学校、托幼机构、养老机构、建筑工地等集中用餐单位未按规定履行食品安全管理责任；

（十三）食品生产企业、餐饮服务提供者未按规定制定、实施生产经营过程控制要求。

餐具、饮具集中消毒服务单位违反本法规定用水，使用洗涤剂、消毒剂，或者出厂的餐具、饮具未按规定检验合格并随附消毒合格证明，或者未按规定在独立包装上标注相关内容的，由县级以上人民政府卫生行政部门依照前款规定给予处罚。

食品相关产品生产者未按规定对生产的食品相关产品进行检验的，由县级以上人民政府质量监督部门依照第一款规定给予处罚。

食用农产品销售者违反本法第六十五条规定的，由县级以上人民政府食品药品监督管理部门依照第一款规定给予处罚。

第一百二十七条　对食品生产加工小作坊、食品摊贩等的违法行为的处罚，依照省、自治区、直辖市制定的具体管理办法执行。

第一百二十八条　违反本法规定，事故单位在发生食品安全事故后未进行处置、报告的，由有关主管部门按照各自职责分工责令改正，给予警告；隐匿、伪造、毁灭有关证据的，责令停产停业，没收违法所得，并处十万元以上五十万元以下罚款；造成严重后果的，吊销许可证。

第一百二十九条　违反本法规定，有下列情形之一的，由出入境检验检疫机构依照本法第一百二十四条的规定给予处罚：

（一）提供虚假材料，进口不符合我国食品安全国家标准的食品、食品添加剂、食品相关产品；

（二）进口尚无食品安全国家标准的食品，未提交所执行的标准并经国务院卫生行政部门审查，或者进口利用新的食品原料生产的食品或者进口食品添加剂新品种、食品

相关产品新品种，未通过安全性评估；

（三）未遵守本法的规定出口食品；

（四）进口商在有关主管部门责令其依照本法规定召回进口的食品后，仍拒不召回。

违反本法规定，进口商未建立并遵守食品、食品添加剂进口和销售记录制度、境外出口商或者生产企业审核制度的，由出入境检验检疫机构依照本法第一百二十六条的规定给予处罚。

第一百三十条　违反本法规定，集中交易市场的开办者、柜台出租者、展销会的举办者允许未依法取得许可的食品经营者进入市场销售食品，或者未履行检查、报告等义务的，由县级以上人民政府食品药品监督管理部门责令改正，没收违法所得，并处五万元以上二十万元以下罚款；造成严重后果的，责令停业，直至由原发证部门吊销许可证；使消费者的合法权益受到损害的，应当与食品经营者承担连带责任。

食用农产品批发市场违反本法第六十四条规定的，依照前款规定承担责任。

第一百三十一条　违反本法规定，网络食品交易第三方平台提供者未对入网食品经营者进行实名登记、审查许可证，或者未履行报告、停止提供网络交易平台服务等义务的，由县级以上人民政府食品药品监督管理部门责令改正，没收违法所得，并处五万元以上二十万元以下罚款；造成严重后果的，责令停业，直至由原发证部门吊销许可证；使消费者的合法权益受到损害的，应当与食品经营者承担连带责任。

消费者通过网络食品交易第三方平台购买食品，其合法权益受到损害的，可以向入网食品经营者或者食品生产者要求赔偿。网络食品交易第三方平台提供者不能提供入网食品经营者的真实名称、地址和有效联系方式的，由网络食品交易第三方平台提供者赔偿。网络食品交易第三方平台提供者赔偿后，有权向入网食品经营者或者食品生产者追偿。

网络食品交易第三方平台提供者作出更有利于消费者承诺的，应当履行其承诺。

第一百三十二条　违反本法规定，未按要求进行食品贮存、运输和装卸的，由县级以上人民政府食品药品监督管理等部门按照各自职责分工责令改正，给予警告；拒不改正的，责令停产停业，并处一万元以上五万元以下罚款；情节严重的，吊销许可证。

第一百三十三条　违反本法规定，拒绝、阻挠、干涉有关部门、机构及其工作人员依法开展食品安全监督检查、事故调查处理、风险监测和风险评估的，由有关主管部门按照各自职责分工责令停产停业，并处二千元以上五万元以下罚款；情节严重的，吊销许可证；构成违反治安管理行为的，由公安机关依法给予治安管理处罚。

违反本法规定，对举报人以解除、变更劳动合同或者其他方式打击报复的，应当依照有关法律的规定承担责任。

第一百三十四条　食品生产经营者在一年内累计三次因违反本法规定受到责令停产停业、吊销许可证以外处罚的，由食品药品监督管理部门责令停产停业，直至吊销许可证。

第一百三十五条　被吊销许可证的食品生产经营者及其法定代表人、直接负责的主管人员和其他直接责任人员自处罚决定作出之日起五年内不得申请食品生产经营许可，或者从事食品生产经营管理工作、担任食品生产经营企业食品安全管理人员。

因食品安全犯罪被判处有期徒刑以上刑罚的，终身不得从事食品生产经营管理工作，也不得担任食品生产经营企业食品安全管理人员。

食品生产经营者聘用人员违反前两款规定的，由县级以上人民政府食品药品监督管理部门吊销许可证。

第一百三十六条　食品经营者履行了本法规定的进货查验等义务，有充分证据证明其不知道所采购的食品不符合食品安全标准，并能如实说明其进货来源的，可以免予处罚，但应当依法没收其不符合食品安全标准的食品；造成人身、财产或者其他损害的，依法承担赔偿责任。

第一百三十七条　违反本法规定，承担食品安全风险监测、风险评估工作的技术机构、技术人员提供虚假监测、评估信息的，依法对技术机构直接负责的主管人员和技术人员给予撤职、开除处分；有执业资格的，由授予其资格的主管部门吊销执业证书。

第一百三十八条　违反本法规定，食品检验机构、食品检验人员出具虚假检验报告的，由授予其资质的主管部门或者机构撤销该食品检验机构的检验资质，没收所收取的检验费用，并处检验费用五倍以上十倍以下罚款，检验费用不足一万元的，并处五万元以上十万元以下罚款；依法对食品检验机构直接负责的主管人员和食品检验人员给予撤职或者开除处分；导致发生重大食品安全事故的，对直接负责的主管人员和食品检验人员给予开除处分。

违反本法规定，受到开除处分的食品检验机构人员，自处分决定作出之日起十年内不得从事食品检验工作；因食品安全违法行为受到刑事处罚或者因出具虚假检验报告导致发生重大食品安全事故受到开除处分的食品检验机构人员，终身不得从事食品检验工作。食品检验机构聘用不得从事食品检验工作的人员的，由授予其资质的主管部门或者机构撤销该食品检验机构的检验资质。

食品检验机构出具虚假检验报告，使消费者的合法权益受到损害的，应当与食品生产经营者承担连带责任。

第一百三十九条　违反本法规定，认证机构出具虚假认证结论，由认证认可监督管理部门没收所收取的认证费用，并处认证费用五倍以上十倍以下罚款，认证费用不足一万元的，并处五万元以上十万元以下罚款；

情节严重的，责令停业，直至撤销认证机构批准文件，并向社会公布；对直接负责的主管人员和负有直接责任的认证人员，撤销其执业资格。

认证机构出具虚假认证结论，使消费者的合法权益受到损害的，应当与食品生产经营者承担连带责任。

第一百四十条　违反本法规定，在广告中对食品作虚假宣传，欺骗消费者，或者发布未取得批准文件、广告内容与批准文件不一致的保健食品广告的，依照《中华人民共和国广告法》的规定给予处罚。

广告经营者、发布者设计、制作、发布虚假食品广告，使消费者的合法权益受到损害的，应当与食品生产经营者承担连带责任。

社会团体或者其他组织、个人在虚假广告或者其他虚假宣传中向消费者推荐食品，使消费者的合法权益受到损害的，应当与食品生产经营者承担连带责任。

违反本法规定，食品药品监督管理等部门、食品检验机构、食品行业协会以广告或者其他形式向消费者推荐食品，消费者组织以收取费用或者其他牟取利益的方式向消费者推荐食品的，由有关主管部门没收违法所得，依法对直接负责的主管人员和其他直接责任人员给予记大过、降级或者撤职处分；情节严重的，给予开除处分。

对食品作虚假宣传且情节严重的，由省级以上人民政府食品药品监督管理部门决定暂停销售该食品，并向社会公布；仍然销售该食品的，由县级以上人民政府食品药品监督管理部门没收违法所得和违法销售的食品，并处二万元以上五万元以下罚款。

第一百四十一条　违反本法规定，编造、散布虚假食品安全信息，构成违反治安管理行为的，由公安机关依法给予治安管理处罚。

媒体编造、散布虚假食品安全信息的，由有关主管部门依法给予处罚，并对直接负责的主管人员和其他直接责任人员给予处分；

使公民、法人或者其他组织的合法权益受到损害的，依法承担消除影响、恢复名誉、赔偿损失、赔礼道歉等民事责任。

第一百四十二条　违反本法规定，县级以上地方人民政府有下列行为之一的，对直接负责的主管人员和其他直接责任人员给予记大过处分；情节较重的，给予降级或者撤职处分；情节严重的，给予开除处分；造成严重后果的，其主要负责人还应当引咎辞职：

（一）对发生在本行政区域内的食品安全事故，未及时组织协调有关部门开展有效处置，造成不良影响或者损失；

（二）对本行政区域内涉及多环节的区域性食品安全问题，未及时组织整治，造成不良影响或者损失；

（三）隐瞒、谎报、缓报食品安全事故；

（四）本行政区域内发生特别重大食品安全事故，或者连续发生重大食品安全事故。

第一百四十三条　违反本法规定，县级以上地方人民政府有下列行为之一的，对直接负责的主管人员和其他直接责任人员给予警告、记过或者记大过处分；造成严重后果的，给予降级或者撤职处分：

（一）未确定有关部门的食品安全监督管理职责，未建立健全食品安全全程监督管理工作机制和信息共享机制，未落实食品安全监督管理责任制；

（二）未制定本行政区域的食品安全事故应急预案，或者发生食品安全事故后未按规定立即成立事故处置指挥机构、启动应急预案。

第一百四十四条　违反本法规定，县级以上人民政府食品药品监督管理、卫生行政、质量监督、农业行政等部门有下列行为之一的，对直接负责的主管人员和其他直接责任人员给予记大过处分；情节较重的，给予降级或者撤职处分；情节严重的，给予开除处分；造成严重后果的，其主要负责人还应当引咎辞职：

（一）隐瞒、谎报、缓报食品安全事故；

（二）未按规定查处食品安全事故，或者接到食品安全事故报告未及时处理，造成事故扩大或者蔓延；

（三）经食品安全风险评估得出食品、食品添加剂、食品相关产品不安全结论后，未及时采取相应措施，造成食品安全事故或者不良社会影响；

（四）对不符合条件的申请人准予许可，或者超越法定职权准予许可；

（五）不履行食品安全监督管理职责，导致发生食品安全事故。

第一百四十五条　违反本法规定，县级以上人民政府食品药品监督管理、卫生行政、质量监督、农业行政等部门有下列行为之一，造成不良后果的，对直接负责的主管人员和其他直接责任人员给予警告、记过或者记大过处分；情节较重的，给予降级或者撤职处分；情节严重的，给予开除处分：

（一）在获知有关食品安全信息后，未按规定向上级主管部门和本级人民政府报告，或者未按规定相互通报；

（二）未按规定公布食品安全信息；

（三）不履行法定职责，对查处食品安全违法行为不配合，或者滥用职权、玩忽职守、徇私舞弊。

第一百四十六条　食品药品监督管理、质量监督等部门在履行食品安全监督管理职责过程中，违法实施检查、强制等执法措施，给生产经营者造成损失的，应当依法予以赔偿，对直接负责的主管人员和其他直接责任人员依法给予处分。

第一百四十七条　违反本法规定，造成人身、财产或者其他损害的，依法承担赔偿责任。生产经营者财产不足以同时承担民事赔偿责任和缴纳罚款、罚金时，先承担民事赔偿责任。

第一百四十八条　消费者因不符合食品安全标准的食品受到损害的，可以向经营者要求赔偿损失，也可以向生产者要求赔偿损失。接到消费者赔偿要求的生产经营者，应当实行首负责任制，先行赔付，不得推诿；属于生产者责任的，经营者赔偿后有权向生产者追偿；属于经营者责任的，生产者赔偿后有权向经营者追偿。

生产不符合食品安全标准的食品或者经营明知是不符合食品安全标准的食品，消费者除要求赔偿损失外，还可以向生产者或者经营者要求支付价款十倍或者损失三倍的赔偿金；增加赔偿的金额不足一千元的，为一千元。但是，食品的标签、说明书存在不影响食品安全且不会对消费者造成误导的瑕疵的除外。

第一百四十九条　违反本法规定，构成犯罪的，依法追究刑事责任。

第十章　附　　则

第一百五十条　本法下列用语的含义：

食品，指各种供人食用或者饮用的成品和原料以及按照传统既是食品又是中药材的物品，但是不包括以治疗为目的的物品。

食品安全，指食品无毒、无害，符合应当有的营养要求，对人体健康不造成任何急性、亚急性或者慢性危害。

预包装食品，指预先定量包装或者制作在包装材料、容器中的食品。

食品添加剂，指为改善食品品质和色、香、味以及为防腐、保鲜和加工工艺的需要而加入食品中的人工合成或者天然物质，包括营养强化剂。

用于食品的包装材料和容器，指包装、盛放食品或者食品添加剂用的纸、竹、木、金属、搪瓷、陶瓷、塑料、橡胶、天然纤维、化学纤维、玻璃等制品和直接接触食品或者食品添加剂的涂料。

用于食品生产经营的工具、设备，指在食品或者食品添加剂生产、销售、使用过程中直接接触食品或者食品添加剂的机械、管道、传送带、容器、用具、餐具等。

用于食品的洗涤剂、消毒剂，指直接用于洗涤或者消毒食品、餐具、饮具以及直接接触食品的工具、设备或者食品包装材料和容器的物质。

食品保质期，指食品在标明的贮存条件下保持品质的期限。

食源性疾病，指食品中致病因素进入人体引起的感染性、中毒性等疾病，包括食物中毒。

食品安全事故，指食源性疾病、食品污染等源于食品，对人体健康有危害或者可能有危害的事故。

第一百五十一条　转基因食品和食盐的食品安全管理，本法未作规定的，适用其他法律、行政法规的规定。

第一百五十二条　铁路、民航运营中食品安全的管理办法由国务院食品药品监督管理部门会同国务院有关部门依照本法制定。

保健食品的具体管理办法由国务院食品药品监督管理部门依照本法制定。

食品相关产品生产活动的具体管理办法由国务院质量监督部门依照本法制定。

国境口岸食品的监督管理由出入境检验检疫机构依照本法以及有关法律、行政法规的规定实施。

军队专用食品和自供食品的食品安全管理办法由中央军事委员会依照本法制定。

第一百五十三条　国务院根据实际需要，可以对食品安全监督管理体制作出调整。

第一百五十四条　本法自 2015 年 10 月 1 日起施行。

国务院办公厅关于加强农产品质量安全监管工作的通知

国办发〔2013〕106 号

各省、自治区、直辖市人民政府，国务院各部委、各直属机构：

近年来，各地区、各有关部门按照党中央、国务院部署，认真落实有关法律法规，不断强化监管措施，农产品质量安全形势总体平稳、逐步向好。但我国农业生产经营分散，监管力量薄弱，农产品质量安全仍然存在较大隐患。为贯彻落实十二届全国人大一次会议审议通过的《国务院机构改革和职能转变方案》和《国务院关于地方改革完善食品药品监督管理体制的指导意见》（国发〔2013〕18 号）的精神，经国务院同意，现就加强农产品质量安全监管工作通知如下：

一、强化属地管理责任

地方各级人民政府要对本地区农产品质量安全负总责，加强组织领导和工作协调，把农产品质量安全监管纳入重要议事日程，在规划制订、力量配备、条件保障等方面加大支持力度。要将农产品质量安全纳入县、乡级人民政府绩效考核范围，明确考核评价、督查督办等措施。要结合当地实际，统筹建立食品药品和农产品质量安全监管工作衔接机制，细化部门职责，明确农产品质量安全监管各环节工作分工，避免出现监管职责不清、重复监管和监管盲区。要督促农产品生产经营者落实主体责任，建立健全产地环境管理、生产过程管控、包装标识、准入准出等制度。对农产品质量安全监管中的失职渎职、徇私枉法等问题，监察机关要依法依纪进行查处，严肃追究相关人员责任。

二、落实监管任务

要加强对农产品生产经营的服务指导和监督检查，督促生产经营者认真执行安全间隔期（休药期）、生产档案记录等制度。加强检验检测和行政执法，推动农产品收购、储存、运输企业建立健全农产品进货查验、质量追溯和召回等制度。加强农业投入品使用指导，统筹推进审批、生产、经营管理，提高准入门槛，畅通经营主渠道。加强宣传和科普教育，普及农产品质量安全法律法规和科学知识，提高生产经营者和消费者的质量安全意识。各级农业部门要加强农产品种植养殖环节质量安全监管，切实担负起农产品从种植养殖环节到进入批发、零售市场或生产加工企业前的质量安全监管职责。

三、推进农业标准化生产

要坚持绿色生产理念，加快制订保障农产品质量安全的生产规范和标准，加大质量控制技术的推广力度，推进标准化生产。继续推进园艺作物标准园、畜禽养殖标准化示范场、水产标准化健康养殖示范场和农业标准化示范县建设，加强对农业产业化龙头企业、农民合作社、家庭农场等规模化生产经营主体的技术指导和服务，充分发挥其开展标准化生产的示范引领作用。鼓励有条件的地方对安全优质农产品生产、绿色防控技术推广等给予支持。强化对无公害农产品、绿色食品、有机农产品、地理标志农产品的认证后监管，坚决打击假冒行为。

四、加强畜禽屠宰环节监管

各地区要按照国务院机构改革和职能转变工作的要求，做好生猪定点屠宰监管职责调整工作，涉及的职能等要及时划转到位，确保各项工作有序衔接。各级畜牧兽医部门要认真落实畜禽屠宰环节质量安全监管职责，强化畜禽屠宰厂（场）的质量安全主体责任，督促其落实进厂（场）检查登记、检验等制度，严格巡查抽检，坚决杜绝屠宰病死动物、注水等行为。切实做好畜禽屠宰检疫工作，加强对畜禽防疫条件的动态监管，健全病死畜禽无害化处理的长效机制，严格执行畜牧兽医行政执法有关规定，严厉打击私屠滥宰等违法违规行为。

五、深入开展专项治理

要深入开展农产品质量安全专项整治行动，严厉查处非法添加、制假售假等案件，切实解决违法违规使用高毒农药、"瘦肉精"、禁用兽药等突出问题。强化农产品质量安全行政执法，加大案件查办和惩处力度，加强行政执法和刑事司法的衔接，严惩违法犯罪行为。及时曝光有关案件，营造打假维权的良好社会氛围。加强农产品质量安全风险监测、评估和监督抽查，深入排查风险隐患，提高风险防范、监测预警和应急处置能力。推进农产品质量安全监管示范县创建活动，建立健全监管制度和模式。

六、提高监管能力

要将农产品质量安全监管、检测、执法等工作经费纳入各级财政预算，切实加大投入力度，加强工作力量，尽快配齐必要的检验检测、执法取证、样品采集、质量追溯等设施设备。加快农产品质量安全检验检测体系建设，整合各方资源，积极引导社会资本参与，实现各环节检测的相互衔接与工作协同，防止重复建设和资源浪费。特别要加强县级农产品质量安全监管体系，将农产品质量安全监管执法纳入农业综合执法范围，确保监管工作落到实处。乡镇农产品质量安全监管公共服务机构以及承担相应职责的农业、畜牧、水产技术推广机构要落实责任，做好农民培训、质量安全技术推广、督导巡查、监管措施落实等工作。

国务院办公厅

2013 年 12 月 2 日

农业部关于加强农产品质量安全全程监管的意见

农质发〔2014〕1号

近年来，各级农业部门全力推进农产品质量安全监管工作，取得了积极进展和成效，农产品质量安全保持总体平稳、逐步向好的态势。但是由于现阶段农业生产经营仍较分散，农业标准化生产比例低，农产品质量安全监管工作基础薄弱，风险隐患和突发问题时有发生，确保农产品质量和食品安全的任务十分艰巨。在新一轮国务院机构改革和职能调整中，强化了农业部门农产品质量安全监管职责，农产品质量安全监管链条进一步延长，任务更重、责任更大。为贯彻落实中央农村工作会议精神和《国务院关于地方改革完善食品药品监督管理体制的指导意见》（国发〔2013〕18号）、《国务院办公厅关于加强农产品质量安全监管工作的通知》（国办发〔2013〕106号）要求，各级农业部门要把农产品质量安全工作摆在更加突出的位置，坚持严格执法监管和推进标准化生产两手抓、"产"出来和"管"出来两手硬，用最严谨的标准、最严格的监管、最严厉的处罚、最严肃的问责，落实监管职责，强化全程监管，确保不发生重大农产品质量安全事件，切实维护人民群众"舌尖上的安全"。现就有关问题提出如下意见：

一、工作目标

（一）工作目标。通过努力，用3～5年的时间，使农产品质量安全标准化生产和执法监管全面展开，专项治理取得明显成效，违法犯罪行为得到基本遏制，突出问题得到有效解决；用5～8年的时间，使我国农产品质量安全全程监管制度基本健全，农产品质量安全法规标准、检测认证、评估应急等支撑体系更加科学完善，标准化生产全面普及，农产品质量安全监管执法能力全面提高，生产经营者的质量安全管理水平和诚信意识明显增强，优质安全农产品比重大幅提升，农产品质量安全水平稳定可靠。

二、加强产地安全管理

（二）加强产地安全监测普查。探索建立农产品产地环境安全监测评价制度，集中力量对农产品主产区、大中城市郊区、工矿企业周边等重点地区农产品产地环境进行定位监测，全面掌握水、土、气等产地环境因子变化情况。结合全国污染源普查，跟进开展农产品产地环境污染普查，摸清产地污染底数，把好农产品生产环境安全关。

（三）做好产地安全科学区划。结合监测普查，加快推进农产品产地环境质量分级和功能区划，以无公害农产品产地认定为抓手，扎实推进农产品产地安全生产区域划分。根据农产品产地安全状况，科学确定适宜生产的农产品品种，及时调整种植、养殖结构和区域布局。针对农产品产地安全水平，依法依规和有计划、分步骤地划定食用农产品适宜生产区和禁止生产区。对污染较重的农产品产地，要加快探索建立重金属污染区域生态补偿制度。

（四）加强产地污染治理。建立严格的农产品产地安全保护和污染修复制度，制定产地污染防治与保护规划，加强产地污染防控和污染区修复，净化农产品产地环境。会同环保、国土、水利等部门加强农业生产用水和土壤环境治理，切断污染物进入农业生产环节的链条。推广清洁生产等绿色环保技术和方法，启动重金属污染耕地修复和种植结构调整试点，减少和消除产地污染对农产品质量安全危害。

三、严格农业投入品监管

（五）强化生产准入。依法规范农药、兽药、肥料、饲料及饲料添加剂等农业投入品登记注册和审批管理，加强农业投入品安全性评价和使用效能评定，加快推进小品种作物农药的登记备案。强化农业投入品生产许可，严把生产许可准入条件，提升生产企业质量控制水平，严控隐性添加行为，严格实施兽药、饲料和饲料添加剂生产质量安全管理规范。

（六）规范经营行为。全面推行农业投入品经营主体备案许可，强化经营准入管理，整体提升经营主体素质。落实农业投入品经营诚信档案和购销台账，建立健全高毒农药定点经营、实名购买制度，推动兽药良好经营规范的实施。建立和畅通农业投入品经营主渠道，推广农资连锁经营和直销配送，着力构建新型农资经营网络，提高优质放心农业投入品覆盖面。

（七）加强执法监督。完善农业投入品监督管理制度，加快农药、肥料等法律法规的制修订进程。着力构建农业投入品监管信息平台，将农业投入品纳入可追溯的信息化监管范围。建立健全农业投入品监测抽查制度，定期对农业投入品经营门店及生产企业开展督导巡查和产品抽检。严格农业投入品使用管理，采取强有力措施严格控肥、控药、控添加剂，严防农业投入品乱用和滥用，依法落实兽药休药期和农药安全间隔期制度。

（八）深入开展农资打假。在春耕、"三夏"、秋冬种等重要农时季节，集中力量开展种子、农药、肥料、兽药、饲料及饲料添加剂、农机、种子种苗等重要农资专项打假治理，严厉打击制售假冒伪劣农资"黑窝点"，依法取缔违法违规生产经营企业。进一步强化部门联动和信息共享，建立假劣农资联查联办机制，强化大案要案查处曝光力度，震慑违法犯罪行为。深入开展放心农资下乡进村入户活动。

四、规范生产行为

（九）强化生产指导。加强对农产品生产全过程质量安全督导巡查和检验监测，推动农产品生产经营者在购销、使用农业投入品过程中执行进货查验等制度。政府监管部门和农业技术推广服务机构要强化农产品安全生产技术指导和服务，大力推进测土配方施肥和病虫害统防统治，加大高效低毒低残留药物补贴力度，进一步规范兽药、饲料和饲料添加剂的使用。

（十）推行生产档案管理。督促农产品生产企业和农民专业合作社依法建立农产品质量安全生产档案，如实记录病虫害发生、投入品使用、收获（屠宰、捕捞）、检验检测等情况，加大对生产档案的监督检查力度。积极引导和推动家庭农场、生产大户等农产品生产经营主体建立生产档案，鼓励农产品生产经营散户主动参加规模化生产和品牌创建，自觉建立和实施生产档案。

（十一）加快推进农业标准化。以农兽药残留标准制修订为重点，力争三年内构建科学统一并与国际接轨的食用农产品质量安全标准体系。支持地方农业部门配套制定保障农产品质量安全的质量控制规范和技术规程，及时将相关标准规范转化成符合生产实际的简明操作手册和明白纸。大力推进农业标准化生产示范创建，不断扩大蔬菜水果茶叶标准园、畜禽标准化规模养殖、水产标准化健康养殖场建设规模和整乡镇、整县域标准化示范创建。稳步发展无公害、绿色、有机和地理标志农产品，大力培育优质安全农产品品牌，加强农产品质量认证监管和标志使用管理，充分发挥"三品一标"在产地管理、过程管控等方面的示范带动作用，用品牌引领农产品消费，增强公众信心。

五、推行产地准出和追溯管理

（十二）加强产地准出管理。因地制宜建立农产品产地安全证明制度，加强畜禽产地检疫，督促农产品生产经营者加强生产标准化管理和关键点控制。通过无公害农产品产地认定、"三品一标"产品认证登记、生产自查、委托检验等措施，把好产地准出质量安全关。加强对产地准出工作的指导服务和验证抽检，做好与市场准入的有效衔接，实现农产品合格上市和顺畅流通。

（十三）积极推行质量追溯。加快建立覆盖各层级的农产品质量追溯公共信息平台，制定和完善质量追溯管理制度规范，优先将生猪和获得"三品一标"认证登记的农产品纳入追溯范围，鼓励农产品生产企业、农民专业合作社、家庭农场、种养大户等规模化生产经营主体开展追溯试点，抓紧依托农业产业化龙头企业和农民专业合作社启动创建一批追溯示范基地（企业、合作社）和产品，以点带面，逐步实现农产品生产、收购、贮藏、运输全环节可追溯。

（十四）规范包装标识管理。鼓励农产品分级包装和依法标识标注。指导和督促农产品生产企业、农民专业合作社及从事农产品收购的单位和个人依法对农产品进行包装分级，推行科学的包装方法，按照安全、环保、节约的原则，充分发挥包装在农产品贮藏保鲜、防止污染和品牌创立等方面的示范引领作用。指导农产品生产经营者对包装农产品进行规范化的标识标注，推广先进的标识标注技术，提高农产品包装标识率。

六、加强农产品收贮运环节监管

（十五）加快落实监管责任。按照国务院关于农产品质量和食品安全新的监管职能分工，抓紧对农产品收购、贮藏、保鲜、运输环节监管职责进行梳理，厘清监管边界，消除监管盲区。加快制定农产品收贮运管理办法和制度规范，抓紧建立配套的管控技术标准和规范。探索对农产品收贮运主体和贮运设施设备进行备案登记管理，推动落实农产品从生产到进入市场和加工企业前的收贮运环节的交货查验、档案记录、自查自检和无害化处理等制度，强化农产品收贮运环节的监督检查。

（十六）加强"三剂"和包装材料管理。强化农产品收贮运环节的保鲜剂、防腐剂、添加剂（统称"三剂"）管理，制定专门的管理办法，加快建立"三剂"安全评价和登记管理制度。加大对重点地区、重点产品和重点环节"三剂"监督检查。强化对农产品包装材料安全评估和跟踪抽检。推广先进的防腐保鲜技术、安全的防腐保鲜产品和优质安全的农产品包装材料，大力发展农产品产地贮存保鲜冷链物流。

（十七）强化畜禽屠宰和奶站监管。认真落实畜禽屠宰环节质量安全监管职责，严格生猪定点屠宰管理，督促落实进场检查登记、肉品检验、"瘦肉精"自检等制度。强化巡查抽检和检疫监管，严厉打击私屠滥宰、屠宰病死动物、注水及非法添加有毒有害物质等违法违规行为。严格屠宰检疫，未经检验检疫合格的产品，不得出场销售。加强婴幼儿乳粉原料奶的监督检查。强化生鲜乳生产和收购运输环节监管，督促落实生产、收贮、运输记录和检测记录，严厉打击生鲜乳非法添加。

（十八）切实做好无害化处理。加强病死畜禽水产品和不安全农产品的无害化处理制度建设，严格落实无害化处理政策措施。指导生产经营者配备无害化处理设施设备，落实无害化处理责任。对于病死畜禽水产品、不安全农产品和假劣农业投入品，要严格依照国家有关法律法规做好登记报告、深埋、焚烧、化制等无害化处理工作。

七、强化专项整治和监测评估

（十九）深化突出问题治理。深入开展专

项整治，全面排查区域性、行业性、系统性风险隐患和"潜规则"，集中力量解决农兽药残留超标、非法添加有毒有害物质、产地重金属污染、假劣农资等突出问题。严厉打击农产品质量安全领域的违法违规行为，加强农业行政执法与刑事司法的有效衔接，强化部门联动和信息共享，建立健全违法违规案件线索发现和通报、案件协查、联合办案、大要案奖励等机制，坚持重拳出击、露头就打。

（二十）强化检验监测和风险评估。细化各级农业部门在农产品检验监测方面的职能分工，不断扩大例行监测的品种和范围，加强会商分析和结果应用，确保农产品质量安全得到有效控制。强化农产品质量安全监督抽查，突出对生产基地（企业、合作社）及收贮运环节的执法检查和产品抽检，加强检打联动，对监督抽检不合格的农产品，依托农业综合执法机构及时依法查处，做到抽检一个产品、规范一个企业。大力推进农产品质量安全风险评估，将"菜篮子"和大宗粮油作物产品全部纳入评估范围，切实摸清危害因子种类、范围和危害程度，为农产品质量安全科学监管提供技术依据。

（二十一）强化应急处置。完善各级农产品质量安全突发事件应急预案，落实应急处置职责任务，加快地方应急体系建设，提高应急处置能力。制定农产品质量安全舆情信息处置预案，强化预测预警，构建舆情动态监测、分析研判、信息通报和跟踪评价机制，及时化解和妥善处置各类农产品质量安全舆情，严防负面信息扩散蔓延和不实信息恶意炒作。着力提升快速应对突发事件的水平，做到第一时间掌握情况，第一时间采取措施，依法、科学、有效进行处置，最大限度地将各种负面影响降到最低程度，保护消费安全，促进产业健康发展。

八、着力提升执法监管能力

（二十二）加强体系队伍建设。加快完善农产品质量安全监管体系，地县两级农业部门尚未建立专门农产品质量安全监管机构的，要在2014年底前全部建立，依法全面落实农产品质量安全监管责任。依托农业综合执法、动物卫生监督、渔政管理和"三品一标"队伍，强化农产品质量安全执法监督和查处。对乡镇农产品质量安全监管服务机构，要进一步明确职能，充实人员，尽快把工作全面开展起来。按照国务院部署，大力开展农产品质量安全监管示范县（市）创建，探索有效的区域监管模式，树立示范样板，全方位落实监管职责和任务。

（二十三）强化条件保障。把农产品质量安全放在更加突出和重要的位置，坚持产量与质量并重，将农产品质量安全监管纳入农业农村经济发展总体规划，在机构设置、人员配备、经费投入、项目安排等方面加大支持力度。加快实施农产品质检体系建设二期规划，改善基层执法检测条件，提升检测能力和水平。强化农产品质量安全风险评估体系建设，抓紧编制和启动农产品质量安全风险评估能力建设规划，推动建立国家农产品质量安全风险评估机构，提升专业性和区域性风险评估实验室评估能力，在农产品主产区加快认定一批风险评估实验站和观测点，实现全天候动态监控农产品质量安全风险隐患和变化情况。

（二十四）加强属地管理和责任追究。各级农业部门要系统梳理承担的农产品质量安全监管职能，将各项职责细化落实到具体部门和责任单位，采取一级抓一级，层层抓落实，切实落实好各层级属地监管责任。抓紧建立健全考核评价机制，尽快推动将农产品质量安全监管纳入地方政府特别是县乡两级政府绩效考核范围。建立责任追究制度，对农产品质量安全监管中的失职渎职、徇私枉法等问题，依法依纪严肃查处。

（二十五）加大科普宣传引导。依托农业科研院所和大专院校广泛开展农产品质量安全科普培训和职业教育，探索建立和推行农产品生产技术、新型农业投入品对农产品质量安全的影响评价与安全性鉴定制度。加强与新闻宣传部门的统筹联动和媒体的密切沟通，及时宣传农产品质量安全监管工作的推进措施和进展成效。加快健全农产品质量安全专家队伍，充分依托农产品质量安全专家和风险评估技术力量，对敏感、热点问题进行跟踪研究和会商研判，以合适的方式及时回应社会关切。加强农产品质量安全生产指导和健康消费引导，全面普及农产品质量安全知识，增强公众消费信心，营造良好社会氛围。

（二十六）加强科技支撑。强化农产品质量安全学科建设，加大科技投入，将农产品质量安全风险评估、产地污染修复治理、标准化生产、关键点控制、包装标识、检验检测、标准物质等技术研发纳入农业行业科技规划和年度计划，予以重点支持。要通过风险评估，找准农产品生产和收贮运环节的危害影响因子和关键控制点，制定分门别类的农产品质量安全关键控制管理指南。加快农产品质量安全科技成果转化和优质安全生产技术的普及推广。

（二十七）强化服务指导。依托农产品质量安全风险评估实验室、农产品质量安全研究机构等技术力量，鼓励社会力量参与，整合标准检测、认证评估、应急管理等技术资源，建立覆盖全国、服务全程的农产品质量安全技术支撑系统和咨询服务平台，全面开展优质安全农产品生产全程管控技术的培训和示范，构建便捷的优质安全品牌农产品展示、展销、批发、选购和咨询服务体系。

（二十八）推进信息化管理。充分利用"大数据""物联网"等现代信息技术，推进农产品质量安全管控全程信息化。强化农业标准信息、监测评估管理、实验室运行、数据统计分析、"三品一标"认证、产品质量追溯、舆情信息监测与风险预警等信息系统的开发应用，逐步实现农产品质量安全监管全程数字化、信息化和便捷化。

当前和今后一个时期，确保农产品质量安全既是农业发展新阶段的重大任务，也是农业部门依法履职的重大责任。各级农业行政主管部门要切实负起责任，勇于担当，加强组织领导，积极与编制、发改、财政、商务、食药等部门加强协调配合，加快建立农产品质量与食品安全监管有机衔接、覆盖全程的监管制度，以高度的政治责任感和求真务实的工作作风，全力抓好农产品质量安全监管工作，不断提升农产品质量安全整体水平，从源头确保农产品生产规范和产品安全优质，满足人民群众对农产品质量和食品安全新的更高要求。

农业部
2014年1月23日

关于进一步推进农业品牌化工作的意见

农市发〔2006〕7号

各省、自治区、直辖市及计划单列市农业（农林、农牧）、农机、畜牧、兽医、农垦、乡镇企业、渔业厅（局、委、办），新疆生产建设兵团农业局，部属有关事业单位：

为贯彻落实党中央、国务院关于"整合

特色农产品品牌，支持做大做强名牌产品"和"保护农产品知名品牌"的要求，积极推进"农产品质量安全绿色行动"，提升农产品市场竞争力，促进粮食增产、农业增效和农民增收，现提出以下意见：

一、充分认识新时期进一步推进农业品牌化工作的重要意义

（一）推进农业品牌化是促进传统农业向现代农业转变的重要手段。贯彻落实科学发展观，创新发展模式，加快传统农业向现代农业转变是新时期农业发展面临的重大任务。农业品牌化是现代农业的一个重要标志，推进农业品牌化工作，有利于促进农业生产标准化、经营产业化、产品市场化和服务社会化，加快农业增长方式由数量型、粗放型向质量型、效益型转变。

（二）推进农业品牌化是优化农业结构的有效途径。随着人民生活水平的提高，社会对农产品品种、质量、安全、功能等提出了更高的要求。推进农业品牌化，以市场为导向，以满足多样化、优质化消费为目标，引导土地、资金、技术、劳动力等生产要素向品牌产品优化配置，有利于推进资源优势向质量优势和效益优势转变，有利于推进农业结构调整和优化升级。

（三）推进农业品牌化是提高农产品质量安全水平和竞争力的迫切要求。加入世贸组织后，我国农业的国际化进程明显加快，面临的国际竞争压力进一步加大。通过推进农业品牌化，重点培育和打造农业名牌，有利于促进农产品质量安全整体水平的提高，有利于形成一批具有国际竞争优势的品牌农产品。

（四）推进农业品牌化是实现农业增效农民增收的重要举措。提高农业效益，增加农民收入，是建设社会主义新农村的重要内容。品牌是无形资产，打造农产品品牌的过程就是实现农产品增值的过程。大力发展名牌农产品，有利于拓展农产品市场，促进农产品消费，促进优质优价机制的形成，实现农业增效，农民增收。

二、明确推进农业品牌化工作的指导思想和工作重点

（一）指导思想。以邓小平理论和"三个代表"重要思想为指导，坚持科学发展观，以全面提高我国农产品质量水平和竞争力为核心，坚持"企业为主、市场导向、政府推动"的方针，发挥产业优势、区域优势和特色优势，培育、整合、保护农业品牌，大力推进标准化生产、产业化经营、市场化运作，支持做大做强名牌农产品，为发展现代农业，建设社会主义新农村提供产业支撑。

（二）工作重点。当前和今后一个时期推进农业品牌化的工作重点是：以龙头企业为依托，发挥专业合作经济组织、行业协会的作用，通过大力实施农业标准化，推进农业产业化，加快发展无公害农产品、绿色食品和有机农产品，鼓励农产品商标注册，开展名牌农产品评选认定，加大营销推介，强化监督管理等工作，提高我国农产品品牌上市率，培育、做强做大一批特色鲜明、质量稳定、信誉良好、市场占有率高的名牌农产品，促进农业品牌化工作的持续健康发展。

三、采取有力措施，全面推进农业品牌化

（一）大力实施农业标准化，夯实农业品牌化基础。质量是品牌农产品的根本，是品牌农业不可动摇的根基。大力推进农业标准化，要突出抓好农业质量标准体系、农产品质量安全检测体系和农业标准推广体系建设。要通过制定和实施农业产前、产中、产后各个环节的技术要求和操作规范，规范生产过程，开展全程质量控制。要着力抓好生产基地建设，把创建农业标准化示范县（农场），建设科技示范场、优粮工程基地和无规定动植物疫病区等与推进农业品牌化有机结合起

来。要大力推行产地标识管理、产品条形码制度，做到质量有标准、过程有规范、销售有标志、市场有监测，打牢农业品牌发展的基础。

（二）着力推进农业产业化，培育农业品牌经营主体。龙头企业、农民专业合作组织和农业行业协会是农业品牌经营的主体和核心。各地要培育、扶持有较强开发加工能力和市场拓展能力的龙头企业，要围绕优势主导产业，建立农民专业合作经济组织，引导企业与农户之间建立更加稳定的产销合同和服务契约，实现小生产与大市场的有效对接。

（三）加快发展无公害农产品、绿色食品和有机农产品，提高品牌农产品质量。开展无公害农产品、绿色食品和有机农产品认证，是农业品牌化工作的重要内容。要在维护信誉的前提下，进一步加大工作力度。要按照"统一规范、简便快捷"的原则，大力发展无公害农产品，加快产地认定和产品认证步伐。要依托优势农产品产业带建设，加快发展绿色食品。有机农产品要遵循国际通行规则，按照有机农业生产方式，根据农业资源优势和国际市场需求健康发展。

（四）鼓励支持农产品商标注册，促进农产品品牌上市。推进农产品商标注册是农业品牌化工作的重要环节。要增强企业、农民专业合作经济组织、经纪人、农户等生产经营主体的商标意识，鼓励支持农产品商标注册。要特别重视拥有自主知识产权和特色农产品的商标注册工作，防止商标的恶意抢注和侵权行为。要增强工作的主动性和预见性，加强与工商部门的协调与沟通，切实帮助农产品生产经营主体解决在商标注册和商标保护中遇到的困难和问题。

（五）积极开展名牌农产品推荐认定，树立品牌信誉和形象。名牌农产品认定工作是现阶段推进农业品牌化工作的重要内容，是支持做大做强名牌农产品和保护知名品牌的重要措施。我部将在各地工作的基础上，组织开展名牌农产品评选认定工作。各地要切实推进省级名牌农产品的评选认定。工作中要遵循无偿、自愿、公开、公平、公正的原则，规范程序，明确资格条件和要求，努力提高名牌农产品评选认定的公信力和权威性。要对现有品牌进行整合，切实解决"多、乱、杂、弱、小、散"的现状，要通过评选认定，推出一批影响大、效益好、辐射带动强的名牌农产品。

（六）加大营销推介力度，提高市场影响力。品牌的营销推介是将品牌优势转变为市场优势，实现品牌效益的重要措施，也是政府部门为农服务的一项重要职责。对认定的名牌农产品，各地要积极主动，通过展示、展销等活动，利用电视、广播、报纸、网络等媒体，推介品牌，宣传品牌，扩大名牌农产品知名度。要加大农产品专业市场建设力度，增强市场服务功能。有条件的地方要推进名牌农产品专销柜、专业市场建设。

（七）强化监督管理，确保农业品牌化工作健康发展。依法保护品牌，维护品牌的质量、信誉和形象，是保障农业品牌化工作健康发展的关键。各级农业部门要建立健全相关法规制度，加强监督检查，对违法违规者要及时曝光，依法惩处，对恪守信用者要表彰奖励。品牌主体要强化自律意识，切实加强品牌质量保证体系与诚信体系建设，不断提高产品质量和经营管理水平，依法经营品牌，自觉维护品牌形象。

四、加强组织协调，落实各项措施

（一）加强领导，提高认识。推进农业品牌化工作是"农产品质量安全绿色行动"的重要内容。各级农业主管部门要从建设社会主义新农村的高度出发，进一步提高认识，转变观念，以提高农产品竞争力和增加农民收入为目标，明确工作机构，改善工作条件，把推进农业品牌化工作纳入工作日程。

（二）强化责任，完善机制。推进农业品

牌化工作是新阶段的一项重要任务。各级农业主管部门要加强政策引导，发挥主动性和创造性，建立完善工作机制，科学规范品牌经营。要创造条件，从人才、资金、税收等方面予以支持，充分调动企业和生产经营者创建农业品牌的积极性和主动性。对业绩突出的地方、单位和个人，要及时给予表彰鼓励。

（三）加强沟通，形成合力。农业品牌化工作是一项系统工程，需要各部门的支持和帮助。各级农业主管部门要主动加强与相关部门之间的沟通与协调，积极争取发改（计划）、财政、科技、工商、税务、质检等部门的理解和支持，充分争取和利用好各种社会力量，尽快形成"政府推动、企业主动、市场拉动"的良性互动格局，共同促进农业品牌化发展。

2006 年 5 月 12 日

农业部办公厅关于推进农业品牌工作的通知

农办市〔2010〕19 号

各省、自治区、直辖市、计划单列市农业（农牧、畜牧、渔业、农垦、乡镇企业）厅（委、局），新疆生产建设兵团农业局：

为培育农业品牌，提升农业产业竞争力，促进现代农业发展，现就做好农业品牌工作通知如下：

一、充分认识培育农业品牌的重要意义

农业品牌是指农业生产经营者在其产品或服务项目上使用的用以区别其他同类和类似产品与服务的名称及其标记。培育农业品牌有利于促进农业规模化、标准化、产业化和市场化，是用工商业理念发展农业、加快传统农业向现代农业转变的重要手段；培育农业品牌有利于建立农产品质量安全与信誉管理的载体和约束机制，促进质量安全责任追溯制度的实行，是提高农产品质量安全水平和市场竞争力的迫切要求；培育农业品牌有利于按照市场需求引导土地、资金、技术、劳动力等生产要素进行优化配置，推动农业生产向优势区域集中，带动产业结构优化升级，是整合并发挥资源优势、促进农业增效、农民增收的重要举措；培育农业品牌是国务院赋予农业部门的重要职责，是各级农业部门整合工作手段，调动各方力量，推动工作落实的重要抓手。各地农业部门要充分认识培育农业品牌的重要意义，切实增强紧迫感和责任感，采取有力措施，进一步加强农业品牌工作，努力做大、做强一批农业品牌，为发展现代农业提供有效支撑。

二、认真组织开展农业品牌工作

今年我部将重点推动开展农业品牌状况调查、第八届农交会品牌产品评选、品牌业务知识培训、农业会展分类认定等工作，各地农业部门要积极参与，共同努力推进农业品牌发展。

（一）农业品牌发展基本状况调查。各地要以县（市）为起报点，调查收集本地已有农业品牌的名称、涵盖品种、持有单位等基本信息要素，填写《农业品牌发展现状调查表》（见附件），由各省级农业部门汇总后，于 8 月底前报送我部市场与经济信息司（电子稿请同时发送至 scsscc@agri.gov.cn 或 nybscc@126.com）。

（二）第八届农交会品牌产品评选。今年 10 月 18～22 日我部将在郑州举办第八届中国国际农产品交易会，组委会将委托相关协

会对参展产品开展品牌产品评选活动并颁发证书，以帮助参展企业扩大品牌宣传，提升市场知名度。各地农业部门要积极支持当地优质涉农企业、优秀品牌农产品参展，充分利用农交会搭建的展示交流与贸易合作平台，搞好市场拓展，同时按组委会要求协助做好本地企业及其展品参加评选活动的申报、审核与材料汇总报送工作。

（三）农业品牌工作业务知识培训。培育农业品牌是农业部门适应形势发展要求开展的一项创新性工作，学习掌握相关专业知识是做好工作的基础。为此，计划今年适当时候举办农业品牌专题培训活动，邀请业内专家讲授农业品牌工作相关基础知识，重点培训农业区域共用品牌建设的相关内容，以推动各地更有效地开展农业品牌工作。同时，鼓励有条件的地方开展农业品牌创建和交流活动。

（四）农业会展分类认定。农业会展已成为展示农业成果、促进农业交流、推动农产品贸易的重要形式。今年中央1号文件提出了"发展农业会展经济，支持农产品营销"的要求，进一步激发了各地区、各行业多种形式举办农业会展活动的积极性。为引导规范农业会展，促进其健康持续发展，中国国际贸易促进会农业行业分会今年将组织开展农业会展分类认定工作。各地要积极支持本地区各类农业会展主办或承办单位参加分类认定活动，引导农业会展规范运作，着力打造品牌农业展会。

三、加强对农业品牌工作的组织协调

（一）加强组织领导。推进农业品牌工作是完善我国现代农业产业体系的重要内容。各级农业主管部门要从发展现代农业、提升产业竞争力的高度出发，进一步提高认识，转变观念，加强对农业品牌工作的组织领导，把推进农业品牌建设和管理纳入工作日程，提出目标任务，着力组织实施，督促检查落实。同时，要加强对农业品牌工作的规范管理，严禁借品牌培育之名的各种乱评奖和乱收费行为。

（二）强化支持手段。各级农业主管部门要发挥主动性和创造性，建立培育农业品牌的工作协调推进机制，完善引导农业品牌建设的政策扶持与利益激励机制，从技术指导、资金资助、媒体宣传、市场推介等方面予以支持，充分调动企业和生产经营者创建农业品牌的积极性，对业绩突出的地方、单位和个人，要及时给予表彰鼓励。

（三）搞好部门协调。农业品牌工作是一项系统工程，需要各部门的支持和帮助。各级农业主管部门要主动加强与相关部门之间的沟通与协调，积极争取发改（计划）、财政、科技、工商、税务、质检等部门的理解和支持，充分争取和利用好各种社会力量，形成"政府推动、企业主动、市场拉动"的良性互动格局，共同促进农业品牌的培育、发展与保护。

联系单位：农业部市场与经济信息司市场流通处

电　　话：010-59193148

传　　真：010-59193147

附件：农业品牌发展现状调查表

2010年6月4日

农业部关于推进"一村一品"强村富民工程的意见

农经发〔2010〕10号

为贯彻落实《中共中央国务院关于加大统筹城乡发展力度进一步夯实农业农村发展基础的若干意见》中关于"推进'一村一品'强村富民工程"的要求，充分发挥"一村一品"在

培育主导产业、促进农民就业增收、建设社会主义新农村等方面的重要作用，现就推进"一村一品"强村富民工程提出如下意见。

一、充分认识推进"一村一品"强村富民工程的重要意义

实施"一村一品"强村富民工程，以现有的专业村镇为基础，整合各类资源要素，整村整乡推进优势资源开发，推行农业规模化、标准化、集约化生产，打造特色优势品牌，促进主导产业优化升级，壮大村级经济实力，带动农民增收致富。实施"一村一品"强村富民工程是创新工作思路、强化工作指导、提升"一村一品"发展质量和效益的重要抓手，是建设现代农业的基础工程。

（一）实施"一村一品"强村富民工程有利于培育农村主导产业，激发区域经济发展活力

发展"一村一品"是推动专业村镇建设的有效途径。实施"一村一品"强村富民工程，可以更好地推动专业村镇发掘优势资源，实行整村推进、整体开发，培育壮大主导产业。通过专业村的辐射带动，一村带多村、多村连成片，促进优势产业集聚。发挥产业的聚集效应，带动相关配套产业发展，延长产业链条，将资源优势转化为产业优势，产业优势转化为经济优势，通过产品的开发生产托起一个产业、振兴一方经济。

（二）实施"一村一品"强村富民工程有利于推进农业专业化、规模化、标准化生产，提高农业整体素质和竞争力

当前，我国农村劳动力转移规模不断扩大，土地流转明显加快，对农户的专业化、规模化生产提出了新要求，为发展"一村一品"创造了有利条件。实施"一村一品"强村富民工程，可以集中整合生产要素投入，更加有效地扩大农户的生产经营规模，推进农业生产的专业化、标准化，推广新品种、新技术，发展特而专、新而奇、精而美的名牌产品，推进品种到品质、品质到品牌的提升，提高农业质量、效益和竞争力。

（三）实施"一村一品"强村富民工程有利于培养新型农民，提高农民自我发展能力

农民是发展"一村一品"的主体。实施"一村一品"强村富民工程，可以进一步激发农民发展生产的热情，让农民更好地认识本地资源优势和发展潜能。农民在开发本地特色产品的过程中，能够学到先进的种养技能、加工技术和营销技巧，使"一村一品"成为农民接受新知识、新技术的重要平台，造就一批有文化、懂技术、会经营的新型农民，增强农民自我发展能力，提高农民的综合素质。

（四）实施"一村一品"强村富民工程有利于开发农业多种功能，拓宽农民就业增收渠道

发展"一村一品"是开发农业多种功能的有效载体。实施"一村一品"强村富民工程，能够更加创造性地利用当地特色资源，宜农则农、宜工则工、宜商则商，开发农业的休闲观光、文化传承、生态保护等多种功能，充分挖掘农业内部发展潜力，做大做强优势产业。大力发展生物质能源等农业新兴产业，提高农业附加值，增强吸纳就业能力，开辟农业增效和农民就业增收新渠道。

二、指导思想和总体目标

（一）指导思想

实施"一村一品"强村富民工程，要深入贯彻落实科学发展观，按照党的十七大、十七届三中全会和 2010 年中央 1 号文件的要求，以培育主导产业和促进农民增收为目标，发挥资源比较优势，坚持市场导向，强化科技、人才支撑，推进农业专业化、规模化、标准化生产，通过规划引导、政策支持、示范带动，充分发挥农民主体作用，促进优质粮食产业、园艺业、养殖业、农产品加工业、乡村旅游和休闲农业全面发展，为发展现代农业、建设社会主义新农村提供坚实基础。

（二）总体目标

通过实施"一村一品"强村富民工程，力争到"十二五"期末，在全国形成一批主导产业更加突出、品牌优势更加明显、农村经济更具活力和农民生活更加富裕的经济强村。

——优势主导产业进一步突出。专业村辐射带动效应更加显著，吸引资本、人才、技术、信息、管理等要素向主导产品聚集，促进主导产业发展壮大，主导产业产值占专业村农业产值的比重达到80%以上，使农民从事主导产业获得的收入有明显增加。

——主导产品档次进一步提升。积极开发品质优良、特色明显、适销对路的产品，以品带村、以村促品、村品互动。"一村一品"覆盖的品种不断增多，专业村基本实现标准化生产，其中通过无公害农产品认证的比重达到35%以上，通过绿色食品认证的比重达到20%以上，部分产品达到有机食品标准。主导产品注明商标，打造一批具有影响力的知名品牌。

——农民自我发展能力进一步增强。围绕贯彻落实《国家中长期人才发展规划纲要（2010—2020年）》，整合资源，积极开展农村实用人才培训，培养一大批有较强市场意识、有较高生产技能、有一定经营管理能力的"一村一品"带头人，增强他们发展生产、创业兴业、带头致富的能力。

——农村经济实力进一步壮大。围绕主导产业，积极开发休闲观光、文化传承、生态保护等农业多种功能，大力发展相关配套产业，延长产业链条，激发村级经济发展活力，使专业村经济实力显著增强，专业村经济总收入高于所在县市平均水平。

三、主要任务

（一）发展优势主导产业，推动产业优化升级

重点发展优质粮食产业、特色种植业、特种养殖业、传统手工业、休闲观光农业、农村服务业、农产品加工业等产业。要发挥专业大户和专业村的辐射带动作用，集中利用生产要素，发展集中连片的专业化生产，形成一批主导产品突出、经营规模适度、经济效益显著的优势产业。围绕主导产业，大力发展加工、储藏、包装、运输等相关产业，构建结构优化、产业延伸、竞争力强的产业体系。

（二）培育市场主体，提高农业组织化水平

加快培育适应"一村一品"区域化、专业化、规模化发展要求的市场主体，协调好各主体间的利益关系，为"一村一品"强村富民工程提供强有力的组织保障。大力发展农民专业合作社，按照市场需求组织农民发展规模化、标准化生产，开展技术、信息等社会化服务，提高农业生产的组织化程度。引导龙头企业把专业村镇作为原料生产基地，与农民签订产销合同，形成有效的利益联结机制，提高农民进入市场的组织化程度。要充分发挥龙头企业、农民专业合作社和专业大户的各自功能，分工协作，整体推进，努力形成"一村一品""一品一社""一乡一业""一业一企"的发展格局。

（三）强化科技支撑，提升持续发展动力

推动专业村镇与科研院所、龙头企业合作，积极研发和推广新技术、新品种、新工艺，实现科研与产业发展的紧密结合，形成"一村一品"产业研发合力，以科技创新推进产业升级。加强与外专局的协作配合，引进国外先进品种、先进技术和专业人才，组织有关人员学习国外发展"一村一品"的先进经验。围绕主导产业开展实用技术、职业技能、经营管理和市场营销等方面的培训，不断提高农民的务农技能和科技文化素质，强化"一村一品"科技人才支撑，增强产业发展后劲。

（四）打造特色品牌，提升产品竞争能力

加强农业投入品管理，推行标准化生

产，建立可追溯体系，提高产品质量安全水平。支持专业村镇申请无公害农产品、绿色食品和有机食品认证，鼓励具有地域特色和文化传统的产品申报驰名商标、农产品地理标志。积极组织专业村镇参加各种农产品展销展示活动，充分利用报刊、电视和网络等媒体，宣传推介"一村一品"产品，提高产品知名度，推进品牌农业建设，提升产品竞争力。

四、当前重点工作

（一）积极推进"一村一品"专业示范村镇建设

在充分调研和深入论证的基础上，抓紧制定"一村一品"专业示范村镇认定办法，明确申报条件、评审标准和认定程序，命名一批特色明显、附加值高、主导产业突出、农民增收效果显著的专业村镇。

（二）指导各地制定"一村一品"发展规划

各地要在全面总结"十一五"期间"一村一品"发展的成效和经验的基础上，结合当地"十二五"农业农村经济发展规划，抓紧制定本地"一村一品"发展规划，理清发展思路，明确发展目标。要积极争取将"一村一品"工作纳入当地国民经济社会发展"十二五"规划。

（三）开展"一村一品"产销对接活动

组织"一村一品"专业村镇参加首届中国农民艺术节和第八届中国国际农产品交易会，为"一村一品"特色产品搭建销售平台，更好地展示"一村一品"发展成果。指导各地开展"一村一品"产品展示展销活动，鼓励和引导专业村镇与龙头企业、农民专业合作社等进行有效对接，提高产品商品化率。

（四）研讨交流"一村一品"品牌建设经验

举办"一村一品"品牌创建座谈会，总结交流专业村镇创建名牌产品的做法和经验，探讨整村整镇推进标准化和品牌创建的模式，推动"一村一品"产品品牌认证工作。收集整理"一村一品"专业村镇获得绿色食品、有机农产品、地理标志产品和名牌产品认证的有关资料，编制专业村镇名牌产品集，推介宣传"一村一品"特色产品。

（五）调查统计全国"一村一品"发展情况

深入专业村镇和农户开展调查，及时了解"一村一品"发展的新情况、新问题，研究解决推进"一村一品"过程中遇到的实际困难，提出发展"一村一品"的具体措施。结合新的形势，修改完善统计调查指标体系，开展统计人员培训，提高统计资料质量，为更好地制定政策和指导工作提供科学依据。

五、保障措施

（一）加强组织领导

各级农业部门要把实施"一村一品"强村富民工程作为当前和今后一个时期的一项重要基础工作，摆上议事日程，明确具体分管部门，建立健全"一村一品"工作协调机制和推进机制。要加强与财政、税务、商务、金融等单位沟通协调，争取各部门支持，形成工作合力，推进工程有序开展。

（二）制定实施方案

实施"一村一品"强村富民工程是一项长期任务，各地要按照本《意见》精神，结合本地实际，制定配套的实施方案，细化工作任务，量化工作目标，完善保障措施，确保本地区强村富民工程各项任务顺利完成。

（三）加大资金投入

各地要积极争取财政专项资金，支持强村富民工程建设。结合实施农机具补贴、良种补贴、生猪补贴、新型农民培训等项目，推进强村富民工程。引导工商资本、外来资本和其他社会资本投入"一村一品"。鼓励金融机构把支持"一村一品"发展作为信贷支农的重点，扩大小额贷款规模，降低门槛，简化手续。各地要对"一村一品"产品申报无公害农产品、绿色食品、有机食品等认证给予补贴支持。

（四）搞好总结宣传

各地要加强对"一村一品"强村富民工程的宣传，重点宣传工程的建设目标、重点任务和取得的成效，以及开发农业多种功能、促进农民就业增收、建设现代农业等方面的重要作用。认真总结各地推进"一村一品"强村富民工程的好做法、好经验，开展典型宣传推广，努力营造"一村一品"发展的良好氛围。

2010 年 8 月 12 日

关于印发《农业部关于加快绿色食品发展的意见》的通知

农市发〔2002〕4 号

各省、自治区、直辖市及计划单列市农业（农林、农牧）、农垦、畜牧兽医、渔业、农机化、乡镇企业、饲料工业主管厅（局、委、办），中国农业（水产、热带农业）科学院，农业系统—各国家级、部级质检中心及有关直属事业单位：

为了充分发挥绿色食品在农业结构调整和农产品质量升级中的示范带动作用，根据 2001 年 11 月中央经济工作会议关于大力发展绿色食品的要求，按照《农业部关于加强农产品质量安全管理工作的意见》的总体部署，我部组织制定了《农业部关于加快绿色食品发展的意见》，并业经 2001 年农业部第 13 次部常务会议审议通过，现印发给你们，请结合本地区、本行业的实际，认真组织实施。

在实施过程中有什么意见和建议，请及时报告我部农产品质量安全管理工作领导小组办公室（市场与经济信息司）。

2002 年 1 月 18 日

附件：

农业部关于加快绿色食品发展的意见

为了落实中央提出的农业和农村经济结构战略性调整的任务，适应农业发展新阶段的需要和市场消费需求的变化，进一步提高食品质量、安全水平，根据中央经济工作会议"要把食品质量、卫生和安全工作放到十分突出的位置"和"大力发展绿色食品"的要求，按照《农业部关于加强农产品质量安全管理工作的意见》的总体部署，现就加快绿色食品发展提出如下意见：

一、加快绿色食品发展的重要性

绿色食品是遵循可持续发展原则，按照绿色食品标准生产，经过专门机构认定，使用绿色食品商标标志的安全、优质食品。开发绿色食品，从保护和改善农业生态环境入手，在种植、养殖、加工过程中执行规定的技术标准和操作规程，限制或禁止使用化学合成物及其他有毒有害生产资料，实施"从农田到餐桌"全过程质量控制，以保护生态环境，保障食品安全，提高产品质量。

10 年来，绿色食品工作结合国情，借鉴国际相关行业的做法，创建了以"技术标准为基础、质量认证为形式、商标管理为手段"的开发管理模式；形成了由各级绿色食品管理机构、环境监测机构、产品质量监测机构组成的工作系统；建立了涵盖产地环境、生产过程、产品质量、包装储运、专用生产资料等环节的技术标准体系，整体水平达到发达国家食品质量安全标准，其中 AA 级绿色食品标准与国际有机农产品标准接轨。已开发的产品涵盖了食用农产品和各类加工食品，实物总量和贸易额逐年增长。绿色食品主要大类产品占全国同类产品实物总量的比重分别为：奶粉 40％，茶叶及饮料 5％，粮油、蔬菜、水果、畜产品等 1％左右。绿色食品证明商标标志在国内外市场有了较高的知名度，品牌形象得到了广大农民、企业和消费者的普遍认可。实践表明，开发绿色食品既是农产品生产、加工组织方式的创新，也是食品质量安全制度的创新。尽管目前产品总量规模还不是很大，区域发展尚不平衡，但是已经显示出强劲的生命力和越来越广阔的市场前景。

农业发展进入新阶段后，对农产品质量安全水平提出了越来越高的要求，加入世贸组织后农产品市场竞争也越来越激烈。在这种形势下，既要高度重视解决农产品和加工食品的基本安全问题，又要参照发达国家标准，努力提高食品质量水平，满足市场多样化的消费需求，扩大出口。发展绿色食品是农产品质量安全工作的重要组成部分，也是推动优质名牌农产品开发的有效措施。各地农业行政主管部门要充分认识到，加快推进这项工作，有利于促进种植业、养殖业和农产品加工业的结构调整，提高农产品生产的组织化、标准化、品牌化程度，增加农民收入；有利于保护农业生态环境，提高食品质量安全水平；有利于打破国际贸易技术壁垒，促进农产品出口。必须采取有力措施，抓紧抓好。

二、加快绿色食品发展的指导思想和目标

今后一个时期，加快绿色食品发展的指导思想是，紧紧围绕农业结构调整和农民增收的基本任务，紧密结合农产品质量安全管理工作，抓住加入 WTO 的有利时机，加快开发，确保质量，提高市场占有率和产品竞争力。当前，要认真贯彻《农业部关于加强农产品质量安全管理工作的意见》，积极支持和引导，全面推动绿色食品各项工作，充分发挥绿色食品在提高农产品质量安全水平、促进农业生态环境建设、实施农产品品牌战略、扩大农产品出口等方面的带动作用。

绿色食品具有广阔的发展前景，是一项长期的工作任务。"十五"期间，绿色食品发展的主要目标是：

（一）进一步扩大品牌影响力，力争绿色食品实物开发总量在现有规模基础上增加两倍，2005 年达到 4 500 万吨。

（二）建立保障体系，加快相关法律、法规建设，完善技术标准、质量监测、质量认证和市场服务。

（三）形成产业链，逐步建设一批大规模、标准化的产品和原料生产基地，培育一批从事生产、加工、贸易、科研开发的产业化龙头企业，建立市场营销网络。

（四）有条件的地区，逐步建立农业、食品加工业和其他相关产业协调发展的绿色食品产业体系。

三、加快绿色食品发展的原则

一是坚持把"质量与发展"作为工作主题，质量是绿色食品的生命和市场价值，发展是进一步满足市场消费的现实要求，产品开发要严格执行标准，确保质量，以质量促发展，二者不可偏废。

二是坚持"政府引导与市场运作"相结合，政府引导就是要在推进农产品质量安全管理工作、提高农产品市场竞争力的大背景下，着力创造有利于绿色食品发展的政策环境，建立规范的市场秩序；市场运作就是要以市场需求为导向，坚持企业和农户自主开发、监测和认证机构公正评价。

三是坚持技术进步和创新。绿色食品是传统农业技术和现代农业技术相结合的产物，技术进步和创新是未来发展的增长点。要在环境保护、生产加工、标准建设等领域更多地研发和采用新技术，在检测、认证、监管等环节不断创新。

四是坚持发挥区域比较优势。开发绿色食品需要适宜的生态环境、农业资源和技术条件，要坚持田地制宜，发挥区域比较优势，实行分类指导，选择重点，集中布局，突出当地资源优势和产品特色。

四、加快绿色食品发展的主要措施

（一）加快产品开发步伐，扩大产品总量规模，提高市场供给能力，是当前绿色食品开发面临的基本任务。各地要根据实际情况，重点抓好基地建设、企业培育、产品开发和市场开拓。

1. 基地建设。各地要规划布局和重点建设一批原料和产品基地。基地建设要坚持因地制宜，采取多样化形式，实行标准化管理，提倡产业化经营，并做好技术推广、生产资料供应和产品销售等服务工作。

2. 企业培育。要注重培育壮大现有的绿色食品企业，吸引上市公司、农业产业化龙头企业和大中型食品加工、商贸企业参与产品开发和经营，重点引导和发挥龙头企业的示范带动作用。

3. 产品开发。要以名特优产品、无公害产品和具有出口优势产品为重点，提倡规模经营。加强安全高效的肥料、农药、兽药、饲料添加剂、食品添加剂等绿色食品生产资料的开发、推广和使用工作。

4. 市场开拓。要加强绿色食品流通和市场培育工作，吸引和鼓励各类企业经营绿色食品，多种形式、多种渠道投入批发市场、配送中心、超市和专卖店的建设。要充分利用绿色食品质量安全标准较高的优势，积极开拓国际市场，扩大出口贸易。

（二）抓紧建立和完善保障体系。建立和完善技术标准、质量监测、质量认证和市场服务体系是加快绿色食品发展的基本保障。

1. 完善技术标准体系。根据国家对食品质量安全标准建设的总体要求，近两年农业部将重点制修定绿色食品生产资料使用准则及技术要求等通用性标准和大类产品质量标准，各地要根据通用性标准加紧制定适合当地特点的生产操作规程。力争到"十五"期末，实现产地环境、生产投入品、产品质量、包装标签、贮运保鲜等方面的标准基本配套，建立起具有国际水准的绿色食品标准体系。

2. 加强质量监测体系建设。按照"择优选用、业务委托、合理布局、协调规范"的原则，在原有基础上，充实一批通过国家计量认证的产品质检中心和通过省级以上计量认证的环境质量监测机构，组成覆盖全国的绿色食品质量监测体系。对这些监测机构的建设要给予重点的扶持，充实仪器设备，完善检测手段，提高检测能力。

3. 健全质量认证体系。绿色食品认证是农产品质量认证体系的组成部分，也是绿色食品证明商标许可使用的重要环节，要借鉴和采用国际质量认证的通行做法，不断改进和优化认证程序和检查制度，保证认证工作的科学性和权威性。要积极推进跨国认证，不断扩大双边及多边认证合作，为扩大国际贸易创造条件。

4. 建立市场服务体系。要重点抓好信息、生产资料供应、技术服务等网络建设。提高绿色食品开发、管理、营销信息化水平，及时向生产者、经营者和消费者提供全方位的信息服务；更多地依靠科研机构、农业技术推广部门和企业，搞好生产资料供应和新技术、新品种的推广服务。

（三）加强监督管理。为了保证绿色食品健康发展，各地农业行政主管部门和各级绿色食品管理机构要切实加强质量监管和规范市场。

1.质量监管。要依据《中华人民共和国商标法》《产品质量法》《农业部绿色食品标志管理办法》等法律法规，加强对绿色食品产品和生产资料的质量监督，加大对生产企业的检查及产品的抽检、公告、处理力度；加强对各类监测机构监管，确保监测结果的公正性和准确性。

2.市场打假。各地农业行政主管部门和各级绿色食品管理机构要积极配合工商管理、技术监督等部门，依法打击各类假冒绿色食品行为，纠正不规范使用绿色食品商标标志的现象，切实保护企业和消费者的合法权益。

（四）增加投入。"十五"期间，是绿色食品发展的关键时期，为了加快发展，要积极争取有关部门对绿色食品工作的支持，重点加大对标准制修订、监测检验体系、质量认证体系、信息服务体系建设，以及示范基地建设的投入。各地可以借鉴一些省区在引导、扶持政策方面好的做法，采取多样化的形式增加投入。要充分利用市场机制，广泛争取和吸引社会各方资源，参与绿色食品开发。

五、切实加强对绿色食品工作的领导

绿色食品工作涉及的部门多、行业广，需要政府有关部门的大力支持。各地农业行政主管部门要在同级政府的领导下，将其纳入农业发展全局，重视和加强各级绿色食品管理机构和队伍的建设，进一步理顺关系，明确职能，充实力量，在工作条件、业务经费等方面予以保障。同时积极争取计划、财政、工商、质检等有关部门的支持，共同推进这项工作。各级绿色食品管理机构要按照江泽民同志"三个代表"重要思想的要求，加强队伍建设，不断提高政治素质和业务素质，确保各项工作措施落到实处。

绿色食品标志管理办法

（2012年6月13日农业部第7次常务会议审议通过）

第一章　总　　则

第一条　为加强绿色食品标志使用管理，确保绿色食品信誉，促进绿色食品事业健康发展，维护生产经营者和消费者合法权益，根据《中华人民共和国农业法》《中华人民共和国食品安全法》《中华人民共和国农产品质量安全法》和《中华人民共和国商标法》，制定本办法。

第二条　本办法所称绿色食品，是指产自优良生态环境、按照绿色食品标准生产、实行全程质量控制并获得绿色食品标志使用权的安全、优质食用农产品及相关产品。

第三条　绿色食品标志依法注册为证明商标，受法律保护。

第四条　县级以上人民政府农业行政主管部门依法对绿色食品及绿色食品标志进行监督管理。

第五条　中国绿色食品发展中心负责全国绿色食品标志使用申请的审查、颁证和颁证后跟踪检查工作。

省级人民政府农业行政主管部门所属绿色食品工作机构（以下简称省级工作机构）负责本行政区域绿色食品标志使用申请的受理、初审和颁证后跟踪检查工作。

第六条　绿色食品产地环境、生产技术、产品质量、包装贮运等标准和规范，由农业部制定并发布。

第七条　承担绿色食品产品和产地环境检测工作的技术机构，应当具备相应的检测条件和能力，并依法经过资质认定，由中国绿色食品发展中心按照公平、公正、竞争的原则择优指定并报农业部备案。

第八条 县级以上地方人民政府农业行政主管部门应当鼓励和扶持绿色食品生产，将其纳入本地农业和农村经济发展规划，支持绿色食品生产基地建设。

第二章 标志使用申请与核准

第九条 申请使用绿色食品标志的产品，应当符合《中华人民共和国食品安全法》和《中华人民共和国农产品质量安全法》等法律法规规定，在国家工商总局商标局核定的范围内，并具备下列条件：

（一）产品或产品原料产地环境符合绿色食品产地环境质量标准；

（二）农药、肥料、饲料、兽药等投入品使用符合绿色食品投入品使用准则；

（三）产品质量符合绿色食品产品质量标准；

（四）包装贮运符合绿色食品包装贮运标准。

第十条 申请使用绿色食品标志的生产单位（以下简称申请人），应当具备下列条件：

（一）能够独立承担民事责任；

（二）具有绿色食品生产的环境条件和生产技术；

（三）具有完善的质量管理和质量保证体系；

（四）具有与生产规模相适应的生产技术人员和质量控制人员；

（五）具有稳定的生产基地；

（六）申请前3年内无质量安全事故和不良诚信记录。

第十一条 申请人应当向省级工作机构提出申请，并提交下列材料：

（一）标志使用申请书；

（二）资质证明材料；

（三）产品生产技术规程和质量控制规范；

（四）预包装产品包装标签或其设计样张；

（五）中国绿色食品发展中心规定提交的其他证明材料。

第十二条 省级工作机构应当自收到申请之日起10个工作日内完成材料审查。符合要求的，予以受理，并在产品及产品原料生产期内组织有资质的检查员完成现场检查；不符合要求的，不予受理，书面通知申请人并告知理由。

现场检查合格的，省级工作机构应当书面通知申请人，由申请人委托符合第七条规定的检测机构对申请产品和相应的产地环境进行检测；现场检查不合格的，省级工作机构应当退回申请并书面告知理由。

第十三条 检测机构接受申请人委托后，应当及时安排现场抽样，并自产品样品抽样之日起20个工作日内、环境样品抽样之日起30个工作日内完成检测工作，出具产品质量检验报告和产地环境监测报告，提交省级工作机构和申请人。

检测机构应当对检测结果负责。

第十四条 省级工作机构应当自收到产品检验报告和产地环境监测报告之日起20个工作日内提出初审意见。初审合格的，将初审意见及相关材料报送中国绿色食品发展中心。初审不合格的，退回申请并书面告知理由。

省级工作机构应当对初审结果负责。

第十五条 中国绿色食品发展中心应当自收到省级工作机构报送的申请材料之日起30个工作日内完成书面审查，并在20个工作日内组织专家评审。必要时，应当进行现场核查。

第十六条 中国绿色食品发展中心应当根据专家评审的意见，在5个工作日内作出是否颁证的决定。同意颁证的，与申请人签订绿色食品标志使用合同，颁发绿色食品标志使用证书，并公告；不同意颁证的，书面通知申请人并告知理由。

第十七条　绿色食品标志使用证书是申请人合法使用绿色食品标志的凭证，应当载明准许使用的产品名称、商标名称、获证单位及其信息编码、核准产量、产品编号、标志使用有效期、颁证机构等内容。

绿色食品标志使用证书分中文、英文版本，具有同等效力。

第十八条　绿色食品标志使用证书有效期三年。

证书有效期满，需要继续使用绿色食品标志的，标志使用人应当在有效期满3个月前向省级工作机构书面提出续展申请。省级工作机构应当在40个工作日内组织完成相关检查、检测及材料审核。初审合格的，由中国绿色食品发展中心在10个工作日内作出是否准予续展的决定。准予续展的，与标志使用人续签绿色食品标志使用合同，颁发新的绿色食品标志使用证书并公告；不予续展的，书面通知标志使用人并告知理由。

标志使用人逾期未提出续展申请，或者申请续展未获通过的，不得继续使用绿色食品标志。

第三章　标志使用管理

第十九条　标志使用人在证书有效期内享有下列权利：

（一）在获证产品及其包装、标签、说明书上使用绿色食品标志；

（二）在获证产品的广告宣传、展览展销等市场营销活动中使用绿色食品标志；

（三）在农产品生产基地建设、农业标准化生产、产业化经营、农产品市场营销等方面优先享受相关扶持政策。

第二十条　标志使用人在证书有效期内应当履行下列义务：

（一）严格执行绿色食品标准，保持绿色食品产地环境和产品质量稳定可靠；

（二）遵守标志使用合同及相关规定，规范使用绿色食品标志；

（三）积极配合县级以上人民政府农业行政主管部门的监督检查及其所属绿色食品工作机构的跟踪检查。

第二十一条　未经中国绿色食品发展中心许可，任何单位和个人不得使用绿色食品标志。

禁止将绿色食品标志用于非许可产品及其经营性活动。

第二十二条　在证书有效期内，标志使用人的单位名称、产品名称、产品商标等发生变化的，应当经省级工作机构审核后向中国绿色食品发展中心申请办理变更手续。

产地环境、生产技术等条件发生变化，导致产品不再符合绿色食品标准要求的，标志使用人应当立即停止标志使用，并通过省级工作机构向中国绿色食品发展中心报告。

第四章　监督检查

第二十三条　标志使用人应当健全和实施产品质量控制体系，对其生产的绿色食品质量和信誉负责。

第二十四条　县级以上地方人民政府农业行政主管部门应当加强绿色食品标志的监督管理工作，依法对辖区内绿色食品产地环境、产品质量、包装标识、标志使用等情况进行监督检查。

第二十五条　中国绿色食品发展中心和省级工作机构应当建立绿色食品风险防范及应急处置制度，组织对绿色食品及标志使用情况进行跟踪检查。

省级工作机构应当组织对辖区内绿色食品标志使用人使用绿色食品标志的情况实施年度检查。检查合格的，在标志使用证书上加盖年度检查合格章。

第二十六条　标志使用人有下列情形之一的，由中国绿色食品发展中心取消其标志使用权，收回标志使用证书，并予公告：

（一）生产环境不符合绿色食品环境质量

标准的；

（二）产品质量不符合绿色食品产品质量标准的；

（三）年度检查不合格的；

（四）未遵守标志使用合同约定的；

（五）违反规定使用标志和证书的；

（六）以欺骗、贿赂等不正当手段取得标志使用权的。

标志使用人依照前款规定被取消标志使用权的，三年内中国绿色食品发展中心不再受理其申请；情节严重的，永久不再受理其申请。

第二十七条　任何单位和个人不得伪造、转让绿色食品标志和标志使用证书。

第二十八条　国家鼓励单位和个人对绿色食品和标志使用情况进行社会监督。

第二十九条　从事绿色食品检测、审核、监管工作的人员，滥用职权、徇私舞弊和玩忽职守的，依照有关规定给予行政处罚或行政处分；构成犯罪的，依法移送司法机关追究刑事责任。

承担绿色食品产品和产地环境检测工作的技术机构伪造检测结果的，除依法予以处罚外，由中国绿色食品发展中心取消指定，永久不得再承担绿色食品产品和产地环境检测工作。

第三十条　其他违反本办法规定的行为，依照《中华人民共和国食品安全法》《中华人民共和国农产品质量安全法》和《中华人民共和国商标法》等法律法规处罚。

第五章　附　　则

第三十一条　绿色食品标志有关收费办法及标准，依照国家相关规定执行。

第三十二条　本办法自2012年10月1日起施行。农业部1993年1月11日印发的《绿色食品标志管理办法》（1993农（绿）字第1号）同时废止。

有机产品认证管理办法

（2013年11月15日国家质量监督检验检疫总局令第155号公布，
根据2015年8月25日《国家质量监督检验检疫总局
关于修改部分规章的决定》修订）

第一章　总　　则

第一条　为了维护消费者、生产者和销售者合法权益，进一步提高有机产品质量，加强有机产品认证管理，促进生态环境保护和可持续发展，根据《中华人民共和国产品质量法》、《中华人民共和国进出口商品检验法》、《中华人民共和国认证认可条例》等法律、行政法规的规定，制定本办法。

第二条　在中华人民共和国境内从事有机产品认证以及获证有机产品生产、加工、进口和销售活动，应当遵守本办法。

第三条　本办法所称有机产品，是指生产、加工和销售符合中国有机产品国家标准的供人类消费、动物食用的产品。

本办法所称有机产品认证，是指认证机构依照本办法的规定，按照有机产品认证规则，对相关产品的生产、加工和销售活动符合中国有机产品国家标准进行的合格评定活动。

第四条　国家认证认可监督管理委员会（以下简称国家认监委）负责全国有机产品认证的统一管理、监督和综合协调工作。

地方各级质量技术监督部门和各地出入境检验检疫机构（以下统称地方认证监管部门）按照职责分工，依法负责所辖区域内有机产品认证活动的监督检查和行政执法工作。

第五条　国家推行统一的有机产品认证制度，实行统一的认证目录、统一的标准和认证实施规则、统一的认证标志。

国家认监委负责制定和调整有机产品认证目录、认证实施规则，并对外公布。

第六条　国家认监委按照平等互利的原则组织开展有机产品认证国际合作。

开展有机产品认证国际互认活动，应当在国家对外签署的国际合作协议内进行。

第二章　认证实施

第七条　有机产品认证机构（以下简称认证机构）应当依法取得法人资格，并经国家认监委批准后，方可从事批准范围内的有机产品认证活动。

认证机构实施认证活动的能力应当符合有关产品认证机构国家标准的要求。

从事有机产品认证检查活动的检查员，应当经国家认证人员注册机构注册后，方可从事有机产品认证检查活动。

第八条　有机产品生产者、加工者（以下统称认证委托人），可以自愿委托认证机构进行有机产品认证，并提交有机产品认证实施规则中规定的申请材料。

认证机构不得受理不符合国家规定的有机产品生产产地环境要求，以及有机产品认证目录外产品的认证委托人的认证委托。

第九条　认证机构应当自收到认证委托人申请材料之日起 10 日内，完成材料审核，并作出是否受理的决定。对于不予受理的，应当书面通知认证委托人，并说明理由。

认证机构应当在对认证委托人实施现场检查前 5 日内，将认证委托人、认证检查方案等基本信息报送至国家认监委确定的信息系统。

第十条　认证机构受理认证委托后，认证机构应当按照有机产品认证实施规则的规定，由认证检查员对有机产品生产、加工场所进行现场检查，并应当委托具有法定资质的检验检测机构对申请认证的产品进行检验检测。

按照有机产品认证实施规则的规定，需要进行产地（基地）环境监（检）测的，由具有法定资质的监（检）测机构出具监（检）测报告，或者采信认证委托人提供的其他合法有效的环境监（检）测结论。

第十一条　符合有机产品认证要求的，认证机构应当及时向认证委托人出具有机产品认证证书，允许其使用中国有机产品认证标志；对不符合认证要求的，应当书面通知认证委托人，并说明理由。

认证机构及认证人员应当对其作出的认证结论负责。

第十二条　认证机构应当保证认证过程的完整、客观、真实，并对认证过程作出完整记录，归档留存，保证认证过程和结果具有可追溯性。

产品检验检测和环境监（检）测机构应当确保检验检测、监测结论的真实、准确，并对检验检测、监测过程做出完整记录，归档留存。产品检验检测、环境监测机构及其相关人员应当对其作出的检验检测、监测报告的内容和结论负责。

本条规定的记录保存期为 5 年。

第十三条　认证机构应当按照认证实施规则的规定，对获证产品及其生产、加工过程实施有效跟踪检查，以保证认证结论能够持续符合认证要求。

第十四条　认证机构应当及时向认证委托人出具有机产品销售证，以保证获证产品的认证委托人所销售的有机产品类别、范围和数量与认证证书中的记载一致。

第十五条　有机配料含量（指重量或者液体体积，不包括水和盐，下同）等于或者高于 95% 的加工产品，应当在获得有机产品认证后，方可在产品或者产品包装及标签上标注"有机"字样，加施有机产品认证标志。

第十六条 认证机构不得对有机配料含量低于95％的加工产品进行有机认证。

第三章 有机产品进口

第十七条 向中国出口有机产品的国家或者地区的有机产品主管机构，可以向国家认监委提出有机产品认证体系等效性评估申请，国家认监委受理其申请，并组织有关专家对提交的申请进行评估。

评估可以采取文件审查、现场检查等方式进行。

第十八条 向中国出口有机产品的国家或者地区的有机产品认证体系与中国有机产品认证体系等效的，国家认监委可以与其主管部门签署相关备忘录。

该国家或者地区出口至中国的有机产品，依照相关备忘录的规定实施管理。

第十九条 未与国家认监委就有机产品认证体系等效性方面签署相关备忘录的国家或者地区的进口产品，拟作为有机产品向中国出口时，应当符合中国有机产品相关法律法规和中国有机产品国家标准的要求。

第二十条 需要获得中国有机产品认证的进口产品生产商、销售商、进口商或者代理商（以下统称进口有机产品认证委托人），应当向经国家认监委批准的认证机构提出认证委托。

第二十一条 进口有机产品认证委托人应当按照有机产品认证实施规则的规定，向认证机构提交相关申请资料和文件，其中申请书、调查表、加工工艺流程、产品配方和生产、加工过程中使用的投入品等认证申请材料、文件，应当同时提交中文版本。申请材料不符合要求的，认证机构应当不予受理其认证委托。

认证机构从事进口有机产品认证活动应当符合本办法和有机产品认证实施规则的规定，认证检查记录和检查报告等应当有中文版本。

第二十二条 进口有机产品申报入境检验检疫时，应当提交其所获中国有机产品认证证书复印件、有机产品销售证复印件、认证标志和产品标识等文件。

第二十三条 各地出入境检验检疫机构应当对申报的进口有机产品实施入境验证，查验认证证书复印件、有机产品销售证复印件、认证标志和产品标识等文件，核对货证是否相符。不相符的，不得作为有机产品入境。

必要时，出入境检验检疫机构可以对申报的进口有机产品实施监督抽样检验，验证其产品质量是否符合中国有机产品国家标准的要求。

第二十四条 自对进口有机产品认证委托人出具有机产品认证证书起30日内，认证机构应当向国家认监委提交以下书面材料：

（一）获证产品类别、范围和数量；

（二）进口有机产品认证委托人的名称、地址和联系方式；

（三）获证产品生产商、进口商的名称、地址和联系方式；

（四）认证证书和检查报告复印件（中外文版本）；

（五）国家认监委规定的其他材料。

第四章 认证证书和认证标志

第二十五条 国家认监委负责制定有机产品认证证书的基本格式、编号规则和认证标志的式样、编号规则。

第二十六条 认证证书有效期为1年。

第二十七条 认证证书应当包括以下内容：

（一）认证委托人的名称、地址；

（二）获证产品的生产者、加工者以及产地（基地）的名称、地址；

（三）获证产品的数量、产地（基地）面积和产品种类；

（四）认证类别；

（五）依据的国家标准或者技术规范；

（六）认证机构名称及其负责人签字、发证日期、有效期。

第二十八条 获证产品在认证证书有效期内，有下列情形之一的，认证委托人应当在 15 日内向认证机构申请变更。认证机构应当自收到认证证书变更申请之日起 30 日内，对认证证书进行变更：

（一）认证委托人或者有机产品生产、加工单位名称或者法人性质发生变更的；

（二）产品种类和数量减少的；

（三）其他需要变更认证证书的情形。

第二十九条 有下列情形之一的，认证机构应当在 30 日内注销认证证书，并对外公布：

（一）认证证书有效期届满，未申请延续使用的；

（二）获证产品不再生产的；

（三）获证产品的认证委托人申请注销的；

（四）其他需要注销认证证书的情形。

第三十条 有下列情形之一的，认证机构应当在 15 日内暂停认证证书，认证证书暂停期为 1 至 3 个月，并对外公布：

（一）未按照规定使用认证证书或者认证标志的；

（二）获证产品的生产、加工、销售等活动或者管理体系不符合认证要求，且经认证机构评估在暂停期限内能够能采取有效纠正或者纠正措施的；

（三）其他需要暂停认证证书的情形。

第三十一条 有下列情形之一的，认证机构应当在 7 日内撤销认证证书，并对外公布：

（一）获证产品质量不符合国家相关法规、标准强制要求或者被检出有机产品国家标准禁用物质的；

（二）获证产品生产、加工活动中使用了有机产品国家标准禁用物质或者受到禁用物质污染的；

（三）获证产品的认证委托人虚报、瞒报获证所需信息的；

（四）获证产品的认证委托人超范围使用认证标志的；

（五）获证产品的产地（基地）环境质量不符合认证要求的；

（六）获证产品的生产、加工、销售等活动或者管理体系不符合认证要求，且在认证证书暂停期间，未采取有效纠正或者纠正措施的；

（七）获证产品在认证证书标明的生产、加工场所外进行了再次加工、分装、分割的；

（八）获证产品的认证委托人对相关方重大投诉且确有问题未能采取有效处理措施的；

（九）获证产品的认证委托人从事有机产品认证活动因违反国家农产品、食品安全管理相关法律法规，受到相关行政处罚的；

（十）获证产品的认证委托人拒不接受认证监管部门或者认证机构对其实施监督的；

（十一）其他需要撤销认证证书的情形。

第三十二条 有机产品认证标志为中国有机产品认证标志。

中国有机产品认证标志标有中文"中国有机产品"字样和英文"ORGANIC"字样。图案如下：

第三十三条 中国有机产品认证标志应当在认证证书限定的产品类别、范围和数量内使用。

认证机构应当按照国家认监委统一的编号规则，对每枚认证标志进行唯一编号（以下简称有机码），并采取有效防伪、追溯技术，确保发放的每枚认证标志能够溯源到其对应的认证证书和获证产品及其生产、加工单位。

第三十四条 获证产品的认证委托人应当在获证产品或者产品的最小销售包装上，加施中国有机产品认证标志、有机码和认证机构名称。

获证产品标签、说明书及广告宣传等材料上可以印制中国有机产品认证标志，并可以按照比例放大或者缩小，但不得变形、变色。

第三十五条 有下列情形之一的，任何单位和个人不得在产品、产品最小销售包装及其标签上标注含有"有机"、"ORGANIC"等字样且可能误导公众认为该产品为有机产品的文字表述和图案：

（一）未获得有机产品认证的；

（二）获证产品在认证证书标明的生产、加工场所外进行了再次加工、分装、分割的。

第三十六条 认证证书暂停期间，获证产品的认证委托人应当暂停使用认证证书和认证标志；认证证书注销、撤销后，认证委托人应当向认证机构交回认证证书和未使用的认证标志。

第五章 监督管理

第三十七条 国家认监委对有机产品认证活动组织实施监督检查和不定期的专项监督检查。

第三十八条 地方认证监管部门应当按照各自职责，依法对所辖区域的有机产品认证活动进行监督检查，查处获证有机产品生产、加工、销售活动中的违法行为。

各地出入境检验检疫机构负责对外资认证机构、进口有机产品认证和销售，以及出口有机产品认证、生产、加工、销售活动进行监督检查。

地方各级质量技术监督部门负责对中资认证机构、在境内生产加工且在境内销售的有机产品认证、生产、加工、销售活动进行监督检查。

第三十九条 地方认证监管部门的监督检查的方式包括：

（一）对有机产品认证活动是否符合本办法和有机产品认证实施规则规定的监督检查；

（二）对获证产品的监督抽查；

（三）对获证产品认证、生产、加工、进口、销售单位的监督检查；

（四）对有机产品认证证书、认证标志的监督检查；

（五）对有机产品认证咨询活动是否符合相关规定的监督检查；

（六）对有机产品认证和认证咨询活动举报的调查处理；

（七）对违法行为的依法查处。

第四十条 国家认监委通过信息系统，定期公布有机产品认证动态信息。

认证机构在出具认证证书之前，应当按要求及时向信息系统报送有机产品认证相关信息，并获取认证证书编号。

认证机构在发放认证标志之前，应当将认证标志、有机码的相关信息上传到信息系统。

地方认证监管部门通过信息系统，根据认证机构报送和上传的认证相关信息，对所辖区域内开展的有机产品认证活动进行监督检查。

第四十一条 获证产品的认证委托人以及有机产品销售单位和个人，在产品生产、加工、包装、贮藏、运输和销售等过程中，应当建立完善的产品质量安全追溯体系和生产、加工、销售记录档案制度。

第四十二条 有机产品销售单位和个人在采购、贮藏、运输、销售有机产品的活动中，应当符合有机产品国家标准的规定，保证销售的有机产品类别、范围和数量与销售证中的产品类别、范围和数量一致，并能够提供与正本内容一致的认证证书和有机产品销售证的复印件，以备相关行政监管部门或者消费者查询。

第四十三条 认证监管部门可以根据国家有关部门发布的动植物疫情、环境污染风险预警等信息，以及监督检查、消费者投诉举报、媒体反映等情况，及时发布关于有机产品认证区域、获证产品及其认证委托人、认证机构的认证风险预警信息，并采取相关应对措施。

第四十四条 获证产品的认证委托人提供虚假信息、违规使用禁用物质、超范围使用有机认证标志，或者出现产品质量安全重大事故的，认证机构5年内不得受理该企业及其生产基地、加工场所的有机产品认证委托。

第四十五条 认证委托人对认证机构的认证结论或者处理决定有异议的，可以向认证机构提出申诉，对认证机构的处理结论仍有异议的，可以向国家认监委申诉。

第四十六条 任何单位和个人对有机产品认证活动中的违法行为，可以向国家认监委或者地方认证监管部门举报。国家认监委、地方认证监管部门应当及时调查处理，并为举报人保密。

第六章 罚 则

第四十七条 伪造、冒用、非法买卖认证标志的，地方认证监管部门依照《中华人民共和国产品质量法》、《中华人民共和国进出口商品检验法》及其实施条例等法律、行政法规的规定处罚。

第四十八条 伪造、变造、冒用、非法买卖、转让、涂改认证证书的，地方认证监管部门责令改正，处3万元罚款。

违反本办法第四十条第二款的规定，认证机构在其出具的认证证书上自行编制认证证书编号的，视为伪造认证证书。

第四十九条 违反本办法第八条第二款的规定，认证机构向不符合国家规定的有机产品生产产地环境要求区域或者有机产品认证目录外产品的认证委托人出具认证证书的，责令改正，处3万元罚款；有违法所得的，没收违法所得。

第五十条 违反本办法第三十五条的规定，在产品或者产品包装及标签上标注含有"有机"、"ORGANIC"等字样且可能误导公众认为该产品为有机产品的文字表述和图案的，地方认证监管部门责令改正，处3万元以下罚款。

第五十一条 认证机构有下列情形之一的，国家认监委应当责令改正，予以警告，并对外公布：

（一）未依照本办法第四十条第二款的规定，将有机产品认证标志、有机码上传到国家认监委确定的信息系统的；

（二）未依照本办法第九条第二款的规定，向国家认监委确定的信息系统报送相关认证信息或者其所报送信息失实的；

（三）未依照本办法第二十四条的规定，向国家认监委提交相关材料备案的。

第五十二条 违反本办法第十四条的规定，认证机构发放的有机产品销售证数量，超过获证产品的认证委托人所生产、加工的有机产品实际数量的，责令改正，处1万元以上3万元以下罚款。

第五十三条 违反本办法第十六条的规定，认证机构对有机配料含量低于95%的加工产品进行有机认证的，地方认证监管部门责令改正，处3万元以下罚款。

第五十四条 认证机构违反本办法第三十条、第三十一条的规定，未及时暂停或者撤销认证证书并对外公布的，依照《中华人民共和国认证认可条例》第六十条的规定处罚。

第五十五条 认证委托人有下列情形之一的，由地方认证监管部门责令改正，处1万元以上3万元以下罚款：

（一）未获得有机产品认证的加工产品，违反本办法第十五条的规定，进行有机产品认证标识标注的；

（二）未依照本办法第三十三条第一款、第三十四条的规定使用认证标志的；

（三）在认证证书暂停期间或者被注销、撤销后，仍继续使用认证证书和认证标志的。

第五十六条 认证机构、获证产品的认证委托人拒绝接受国家认监委或者地方认证监管部门监督检查的，责令限期改正；逾期未改正的，处 3 万元以下罚款。

第五十七条 进口有机产品入境检验检疫时，不如实提供进口有机产品的真实情况，取得出入境检验检疫机构的有关证单，或者对法定检验的有机产品不予报检，逃避检验的，由出入境检验检疫机构依照《中华人民共和国进出口商检检验法实施条例》第四十六条的规定处罚。

第五十八条 有机产品认证活动中的其他违法行为，依照有关法律、行政法规、部门规章的规定处罚。

第七章 附 则

第五十九条 有机产品认证收费应当依照国家有关价格法律、行政法规的规定执行。

第六十条 出口的有机产品，应当符合进口国家或者地区的要求。

第六十一条 本办法所称有机配料，是指在制造或者加工有机产品时使用并存在（包括改性的形式存在）于产品中的任何物质，包括添加剂。

第六十二条 本办法由国家质量监督检验检疫总局负责解释。

第六十三条 本办法自 2014 年 4 月 1 日起施行。国家质检总局 2004 年 11 月 5 日公布的《有机产品认证管理办法》（国家质检总局第 67 号令）同时废止。

无公害农产品管理办法

（2002 年 4 月 29 日）

第一章 总 则

第一条 为加强对无公害农产品的管理，维护消费者权益，提高农产品质量，保护农业生态环境，促进农业可持续发展，制定本办法。

第二条 本办法所称无公害农产品，是指产地环境、生产过程和产品质量符合国家有关标准和规范的要求，经认证合格获得认证证书并允许使用无公害农产品标志的未经加工或者初加工的食用农产品。

第三条 无公害农产品管理工作，由政府推动，并实行产地认定和产品认证的工作模式。

第四条 在中华人民共和国境内从事无公害农产品生产、产地认定、产品认证和监督管理等活动，适用本办法。

第五条 全国无公害农产品的管理及质量监督工作，由农业部门、国家质量监督检验检疫部门和国家认证认可监督管理委员会按照"三定"方案赋予的职责和国务院的有关规定，分工负责，共同做好工作。

第六条 各级农业行政主管部门和质量监督检验检疫部门应当在政策、资金、技术等方面扶持无公害农产品的发展，组织无公害农产品新技术的研究、开发和推广。

第七条 国家鼓励生产单位和个人申请无公害农产品产地认定和产品认证。

实施无公害农产品认证的产品范围由农业部、国家认证认可监督管理委员会共同确定、调整。

第八条 国家适时推行强制性无公害农产品认证制度。

第二章 产地条件与生产管理

第九条 无公害农产品产地应当符合下列条件：

（一）产地环境符合无公害农产品产地环境的标准要求；

（二）区域范围明确；

（三）具备一定的生产规模。

第十条 无公害农产品的生产管理应当符合下列条件：

（一）生产过程符合无公害农产品生产技术的标准要求；

（二）有相应的专业技术和管理人员；

（三）有完善的质量控制措施，并有完整的生产和销售记录档案。

第十一条 从事无公害农产品生产的单位或者个人，应当严格按规定使用农业投入品。禁止使用国家禁用、淘汰的农业投入品。

第十二条 无公害农产品产地应当树立标示牌，标明范围、产品品种、责任人。

第三章 产地认定

第十三条 省级农业行政主管部门根据本办法的规定负责组织实施本辖区内无公害农产品产地的认定工作。

第十四条 申请无公害农产品产地认定的单位或者个人（以下简称申请人），应当向县级农业行政主管部门提交书面申请，书面申请应当包括以下内容：

（一）申请人的姓名（名称）、地址、电话号码；

（二）产地的区域范围、生产规模；

（三）无公害农产品生产计划；

（四）产地环境说明；

（五）无公害农产品质量控制措施；

（六）有关专业技术和管理人员的资质证明材料；

（七）保证执行无公害农产品标准和规范的声明；

（八）其他有关材料。

第十五条 县级农业行政主管部门自收到申请之日起，在10个工作日内完成对申请材料的初审工作。

申请材料初审不符合要求的，应当书面通知申请人。

第十六条 申请材料初审符合要求的，县级农业行政主管部门应当逐级将推荐意见和有关材料上报省级农业行政主管部门。

第十七条 省级农业行政主管部门自收到推荐意见和有关材料之日起，在10个工作日内完成对有关材料的审核工作，符合要求的，组织有关人员对产地环境、区域范围、生产规模、质量控制措施、生产计划等进行现场检查。

现场检查不符合要求的，应当书面通知申请人。

第十八条 现场检查符合要求的，应当通知申请人委托具有资质资格的检测机构，对产地环境进行检测。

承担产地环境检测任务的机构，根据检测结果出具产地环境检测报告。

第十九条 省级农业行政主管部门对材料审核、现场检查和产地环境检测结果符合要求的，应当自收到现场检查报告和产地环境检测报告之日起，30个工作日内颁发无公害农产品产地认定证书，并报农业部和国家认证认可监督管理委员会备案。

不符合要求的，应当书面通知申请人。

第二十条 无公害农产品产地认定证书有效期为3年。期满需要继续使用的，应当在有效期满90日前按照本办法规定的无公害农产品产地认定程序，重新办理。

第四章 无公害农产品认证

第二十一条 无公害农产品的认证机构，由国家认证认可监督管理委员会审批，并获得国家认证认可监督管理委员会授权的认可机构的资格认可后，方可从事无公害农产品认证活动。

第二十二条 申请无公害产品认证的单位或者个人（以下简称申请人），应当向认证机构提交书面申请，书面申请应当包括以下内容：

（一）申请人的姓名（名称）、地址、电话号码；

（二）产品品种、产地的区域范围和生产

规模；

（三）无公害农产品生产计划；

（四）产地环境说明；

（五）无公害农产品质量控制措施；

（六）有关专业技术和管理人员的资质证明材料；

（七）保证执行无公害农产品标准和规范的声明；

（八）无公害农产品产地认定证书；

（九）生产过程记录档案；

（十）认证机构要求提交的其他材料。

第二十三条　认证机构自收到无公害农产品认证申请之日起，应当在15个工作日内完成对申请材料的审核。

材料审核不符合要求的，应当书面通知申请人。

第二十四条　符合要求的，认证机构可以根据需要派员对产地环境、区域范围、生产规模、质量控制措施、生产计划、标准和规范的执行情况等进行现场检查。

现场检查不符合要求的，应当书面通知申请人。

第二十五条　材料审核符合要求的、或者材料审核和现场检查符合要求的（限于需要对现场进行检查时），认证机构应当通知申请人委托具有资质资格的检测机构对产品进行检测。承担产品检测任务的机构，根据检测结果出具产品检测报告。

第二十六条　认证机构对材料审核、现场检查（限于需要对现场进行检查时）和产品检测结果符合要求的，应当在自收到现场检查报告和产品检测报告之日起，30个工作日内颁发无公害农产品认证证书。

不符合要求的，应当书面通知申请人。

第二十七条　认证机构应当自颁发无公害农产品认证证书后30个工作日内，将其颁发的认证证书副本同时报农业部和国家认证认可监督管理委员会备案，由农业部和国家认证认可监督管理委员会公告。

第二十八条　无公害农产品认证证书有效期为3年。期满需要继续使用的，应当在有效期满90日前按照本办法规定的无公害农产品认证程序，重新办理。

在有效期内生产无公害农产品认证证书以外的产品品种的，应当向原无公害农产品认证机构办理认证证书的变更手续。

第二十九条　无公害农产品产地认定证书、产品认证证书格式由农业部、国家认证认可监督管理委员会规定。

第五章　标志管理

第三十条　农业部和国家认证认可监督管理委员会制定并发布《无公害农产品标志管理办法》。

第三十一条　无公害农产品标志应当在认证的品种、数量等范围内使用。

第三十二条　获得无公害农产品认证证书的单位或者个人，可以在证书规定的产品、包装、标签、广告、说明书上使用无公害农产品标志。

第六章　监督管理

第三十三条　农业部、国家质量监督检验检疫总局、国家认证认可监督管理委员会和国务院有关部门根据职责分工依法组织对无公害农产品的生产、销售和无公害农产品标志使用等活动进行监督管理。

（一）查阅或者要求生产者、销售者提供有关材料；

（二）对无公害农产品产地认定工作进行监督；

（三）对无公害农产品认证机构的认证工作进行监督；

（四）对无公害农产品的检测机构的检测工作进行检查；

（五）对使用无公害农产品标志的产品进行检查、检验和鉴定；

（六）必要时对无公害农产品经营场所进

行检查。

第三十四条　认证机构对获得认证的产品进行跟踪检查，受理有关的投诉、申诉工作。

第三十五条　任何单位和个人不得伪造、冒用、转让、买卖无公害农产品产地认定证书、产品认证证书和标志。

第七章　罚　　则

第三十六条　获得无公害农产品产地认定证书的单位或者个人违反本办法，有下列情形之一的，由省级农业行政主管部门予以警告，并责令限期改正；逾期未改正的，撤销其无公害农产品产地认定证书：

（一）无公害农产品产地被污染或者产地环境达不到标准要求的；

（二）无公害农产品产地使用的农业投入品不符合无公害农产品相关标准要求的；

（三）擅自扩大无公害农产品产地范围的。

第三十七条　违反本办法第三十五条规定的，由县级以上农业行政主管部门和各地质量监督检验检疫部门根据各自的职责分工责令其停止，并可处以违法所得1倍以上3倍以下的罚款，但最高罚款不得超过3万元；没有违法所得的，可以处1万元以下的罚款。

第三十八条　获得无公害农产品认证并加贴标志的产品，经检查、检测、鉴定，不符合无公害农产品质量标准要求的，由县级以上农业行政主管部门或者各地质量监督检验检疫部门责令停止使用无公害农产品标志，由认证机构暂停或者撤销认证证书。

第三十九条　从事无公害农产品管理的工作人员滥用职权、徇私舞弊、玩忽职守的，由所在单位或者所在单位的上级行政主管部门给予行政处分；构成犯罪的，依法追究刑事责任。

第八章　附　　则

第四十条　从事无公害农产品的产地认定的部门和产品认证的机构不得收取费用。检测机构的检测、无公害农产品标志按国家规定收取费用。

第四十一条　本办法由农业部、国家质量监督检验检疫总局和国家认证认可监督管理委员会负责解释。

第四十二条　本办法自发布之日起施行。

农产品地理标志管理办法

（2007年12月6日农业部第15次常务会议审议通过）

第一章　总　　则

第一条　为规范农产品地理标志的使用，保证地理标志农产品的品质和特色，提升农产品市场竞争力，依据《中华人民共和国农业法》《中华人民共和国农产品质量安全法》相关规定，制定本办法。

第二条　本办法所称农产品是指来源于农业的初级产品，即在农业活动中获得的植物、动物、微生物及其产品。

本办法所称农产品地理标志，是指标示农产品来源于特定地域，产品品质和相关特征主要取决于自然生态环境和历史人文因素，并以地域名称冠名的特有农产品标志。

第三条　国家对农产品地理标志实行登记制度。经登记的农产品地理标志受法律保护。

第四条　农业部负责全国农产品地理标志的登记工作，农业部农产品质量安全中心负责农产品地理标志登记的审查和专家评审工作。

省级人民政府农业行政主管部门负责本行政区域内农产品地理标志登记申请的受理和初审工作。

农业部设立的农产品地理标志登记专家评审委员会，负责专家评审。农产品地理标志登记专家评审委员会由种植业、畜牧业、渔业和农产品质量安全等方面的专家组成。

第五条　农产品地理标志登记不收取费用。县级以上人民政府农业行政主管部门应当将农产品地理标志管理经费编入本部门年度预算。

第六条　县级以上地方人民政府农业行政主管部门应当将农产品地理标志保护和利用纳入本地区的农业和农村经济发展规划，并在政策、资金等方面予以支持。

国家鼓励社会力量参与推动地理标志农产品发展。

第二章　登　记

第七条　申请地理标志登记的农产品，应当符合下列条件：

（一）称谓由地理区域名称和农产品通用名称构成；

（二）产品有独特的品质特性或者特定的生产方式；

（三）产品品质和特色主要取决于独特的自然生态环境和人文历史因素；

（四）产品有限定的生产区域范围；

（五）产地环境、产品质量符合国家强制性技术规范要求。

第八条　农产品地理标志登记申请人为县级以上地方人民政府根据下列条件择优确定的农民专业合作经济组织、行业协会等组织。

（一）具有监督和管理农产品地理标志及其产品的能力；

（二）具有为地理标志农产品生产、加工、营销提供指导服务的能力；

（三）具有独立承担民事责任的能力。

第九条　符合农产品地理标志登记条件的申请人，可以向省级人民政府农业行政主管部门提出登记申请，并提交下列申请材料：

（一）登记申请书；

（二）申请人资质证明；

（三）产品典型特征特性描述和相应产品品质鉴定报告；

（四）产地环境条件、生产技术规范和产品质量安全技术规范；

（五）地域范围确定性文件和生产地域分布图；

（六）产品实物样品或者样品图片；

（七）其他必要的说明性或者证明性材料。

第十条　省级人民政府农业行政主管部门自受理农产品地理标志登记申请之日起，应当在45个工作日内完成申请材料的初审和现场核查，并提出初审意见。符合条件的，将申请材料和初审意见报送农业部农产品质量安全中心；不符合条件的，应当在提出初审意见之日起10个工作日内将相关意见和建议通知申请人。

第十一条　农业部农产品质量安全中心应当自收到申请材料和初审意见之日起20个工作日内，对申请材料进行审查，提出审查意见，并组织专家评审。

专家评审工作由农产品地理标志登记评审委员会承担。农产品地理标志登记专家评审委员会应当独立做出评审结论，并对评审结论负责。

第十二条　经专家评审通过的，由农业部农产品质量安全中心代表农业部对社会公示。

有关单位和个人有异议的，应当自公示截止日起20日内向农业部农产品质量安全中心提出。公示无异议的，由农业部做出登记决定并公告，颁发《中华人民共和国农产品地理标志登记证书》，公布登记产品相关技术规范和标准。

专家评审没有通过的，由农业部做出不予登记的决定，书面通知申请人，并说明理由。

第十三条　农产品地理标志登记证书长期有效。

有下列情形之一的，登记证书持有人应当按照规定程序提出变更申请：

（一）登记证书持有人或者法定代表人发生变化的；

（二）地域范围或者相应自然生态环境发生变化的。

第十四条　农产品地理标志实行公共标识与地域产品名称相结合的标注制度。公共标识基本图案见附图。农产品地理标志使用规范由农业部另行制定公布。

第三章　标志使用

第十五条　符合下列条件的单位和个人，可以向登记证书持有人申请使用农产品地理标志：

（一）生产经营的农产品产自登记确定的地域范围；

（二）已取得登记农产品相关的生产经营资质；

（三）能够严格按照规定的质量技术规范组织开展生产经营活动；

（四）具有地理标志农产品市场开发经营能力。

使用农产品地理标志，应当按照生产经营年度与登记证书持有人签订农产品地理标志使用协议，在协议中载明使用的数量、范围及相关的责任义务。

农产品地理标志登记证书持有人不得向农产品地理标志使用人收取使用费。

第十六条　农产品地理标志使用人享有以下权利：

（一）可以在产品及其包装上使用农产品地理标志；

（二）可以使用登记的农产品地理标志进行宣传和参加展览、展示及展销。

第十七条　农产品地理标志使用人应当履行以下义务：

（一）自觉接受登记证书持有人的监督检查；

（二）保证地理标志农产品的品质和信誉；

（三）正确规范地使用农产品地理标志。

第四章　监督管理

第十八条　县级以上人民政府农业行政主管部门应当加强农产品地理标志监督管理工作，定期对登记的地理标志农产品的地域范围、标志使用等进行监督检查。

登记的地理标志农产品或登记证书持有人不符合本办法第七条、第八条规定的，由农业部注销其地理标志登记证书并对外公告。

第十九条　地理标志农产品的生产经营者，应当建立质量控制追溯体系。农产品地理标志登记证书持有人和标志使用人，对地理标志农产品的质量和信誉负责。

第二十条　任何单位和个人不得伪造、冒用农产品地理标志和登记证书。

第二十一条　国家鼓励单位和个人对农产品地理标志进行社会监督。

第二十二条　从事农产品地理标志登记管理和监督检查的工作人员滥用职权、玩忽职守、徇私舞弊的，依法给予处分；涉嫌犯罪的，依法移送司法机关追究刑事责任。

第二十三条　违反本办法规定的，由县级以上人民政府农业行政主管部门依照《中华人民共和国农产品质量安全法》有关规定处罚。

第五章　附　　则

第二十四条　农业部接受国外农产品地

理标志在中华人民共和国的登记并给予保护，具体办法另行规定。

第二十五条 本办法自 2008 年 2 月 1 日起施行。

农产品包装和标识管理办法

（2006 年 9 月 30 日农业部第 25 次常务会议审议通过）

第一章 总 则

第一条 为规范农产品生产经营行为，加强农产品包装和标识管理，建立健全农产品可追溯制度，保障农产品质量安全，依据《中华人民共和国农产品质量安全法》，制定本办法。

第二条 农产品的包装和标识活动应当符合本办法规定。

第三条 农业部负责全国农产品包装和标识的监督管理工作。

县级以上地方人民政府农业行政主管部门负责本行政区域内农产品包装和标识的监督管理工作。

第四条 国家支持农产品包装和标识科学研究，推行科学的包装方法，推广先进的标识技术。

第五条 县级以上人民政府农业行政主管部门应当将农产品包装和标识管理经费纳入年度预算。

第六条 县级以上人民政府农业行政主管部门对在农产品包装和标识工作中做出突出贡献的单位和个人，予以表彰和奖励。

第二章 农产品包装

第七条 农产品生产企业、农民专业合作经济组织以及从事农产品收购的单位或者个人，用于销售的下列农产品必须包装：

（一）获得无公害农产品、绿色食品、有机农产品等认证的农产品，但鲜活畜、禽、水产品除外；

（二）省级以上人民政府农业行政主管部门规定的其他需要包装销售的农产品。

符合规定包装的农产品拆包后直接向消费者销售的，可以不再另行包装。

第八条 农产品包装应当符合农产品储藏、运输、销售及保障安全的要求，便于拆卸和搬运。

第九条 包装农产品的材料和使用的保鲜剂、防腐剂、添加剂等物质必须符合国家强制性技术规范要求。

包装农产品应当防止机械损伤和二次污染。

第三章 农产品标识

第十条 农产品生产企业、农民专业合作经济组织以及从事农产品收购的单位或者个人包装销售的农产品，应当在包装物上标注或者附加标识标明品名、产地、生产者或者销售者名称、生产日期。

有分级标准或者使用添加剂的，还应当标明产品质量等级或者添加剂名称。

未包装的农产品，应当采取附加标签、标识牌、标识带、说明书等形式标明农产品的品名、生产地、生产者或者销售者名称等内容。

第十一条 农产品标识所用文字应当使用规范的中文。标识标注的内容应当准确、清晰、显著。

第十二条 销售获得无公害农产品、绿色食品、有机农产品等质量标志使用权的农产品，应当标注相应标志和发证机构。

禁止冒用无公害农产品、绿色食品、有机农产品等质量标志。

第十三条 畜禽及其产品、属于农业转

基因生物的农产品，还应当按照有关规定进行标识。

第四章 监督检查

第十四条 农产品生产企业、农民专业合作经济组织以及从事农产品收购的单位或者个人，应当对其销售农产品的包装质量和标识内容负责。

第十五条 县级以上人民政府农业行政主管部门依照《中华人民共和国农产品质量安全法》对农产品包装和标识进行监督检查。

第十六条 有下列情形之一的，由县级以上人民政府农业行政主管部门按照《中华人民共和国农产品质量安全法》第四十八条、四十九条、五十一条、五十二条的规定处理、处罚：

（一）使用的农产品包装材料不符合强制性技术规范要求的；

（二）农产品包装过程中使用的保鲜剂、防腐剂、添加剂等材料不符合强制性技术规范要求的；

（三）应当包装的农产品未经包装销售的；

（四）冒用无公害农产品、绿色食品等质量标志的；

（五）农产品未按照规定标识的。

第五章 附 则

第十七条 本办法下列用语的含义：

（一）农产品包装：是指对农产品实施装箱、装盒、装袋、包裹、捆扎等；

（二）保鲜剂：是指保持农产品新鲜品质，减少流通损失，延长贮存时间的人工合成化学物质或者天然物质；

（三）防腐剂：是指防止农产品腐烂变质的人工合成化学物质或者天然物质；

（四）添加剂：是指为改善农产品品质和色、香、味以及加工性能加入的人工合成化学物质或者天然物质；

（五）生产日期：植物产品是指收获日期；畜禽产品是指屠宰或者产出日期；水产品是指起捕日期；其他产品是指包装或者销售时的日期。

第十八条 本办法自2006年11月1日起施行。

关于印发《绿色食品年度检查工作规范》、《绿色食品产品质量年度抽检管理办法》和《绿色食品标志市场监察实施办法》的通知

中绿质〔2014〕140号

各省级绿色食品工作机构、各有关绿色食品检测机构：

为进一步加强和规范绿色食品证后监管工作，根据农业部《绿色食品标志管理办法》，中心对绿色食品监督检查相关工作制度进行了修订。现将修订后的《绿色食品年度检查工作规范》、《绿色食品产品质量年度抽检管理办法》和《绿色食品标志市场监察实施办法》印发你们，请遵照执行。

特此通知。

附件：1.《绿色食品年度检查工作规范》

2.《绿色食品产品质量年度抽检管理办法》

3.《绿色食品标志市场监察实施办法》

2014年9月2日

附件1：

绿色食品企业年度检查工作规范

第一章 总 则

第一条 为了规范绿色食品企业年度检查（以下简称年检）工作，加强对绿色食品企业产品质量和绿色食品标志使用的监督检查，根据国家《农产品质量安全法》《商标法》和农业部《绿色食品标志管理办法》等法律法规，制定本规范。

第二条 年检是指绿色食品工作机构对辖区内获得绿色食品标志使用权的企业在一个标志使用年度内的绿色食品生产经营活动、产品质量及标志使用行为实施的监督、检查、考核、评定等。

第二章 年检的组织实施

第三条 年检工作由省级人民政府农业行政主管部门所属绿色食品工作机构（以下简称省级工作机构）负责组织实施，标志监管员具体执行。

第四条 省级工作机构应根据本地区的实际情况，制定年检工作实施办法，并报中国绿色食品发展中心（以下简称中心）备案。

第五条 省级工作机构应建立完整的年检工作档案，年检工作档案至少保存三年。省级工作机构应于每年12月20日前，将本年度年检工作总结和《核准证书登记表》（附表）电子版报中心备案。

第六条 中心对各地年检工作进行指导、监督和检查。

第三章 年检内容

第七条 年检的主要内容是通过现场检查企业的产品质量及其控制体系状况、规范使用绿色食品标志情况和按规定缴纳标志使用费情况等。

第八条 产品质量控制体系状况，主要检查以下方面：

（一）绿色食品种植、养殖地和原料产地的环境质量、基地范围、生产组织结构等情况；

（二）企业内部绿色食品检查管理制度的建立及落实情况；

（三）绿色食品原料购销合同（协议）、发票和出入库记录等使用记录；

（四）绿色食品原料和生产资料等投入品的采购、使用、保管制度及其执行情况；

（五）种植、养殖及加工的生产操作规程和绿色食品标准执行情况；

（六）绿色食品与非绿色食品的防混控制措施及落实情况；

第九条 规范使用绿色食品标志情况，主要检查以下方面：

（一）是否按照证书核准的产品名称、商标名称、获证单位及其信息码、核准产量、产品编号和标志许可期限等使用绿色食品标志；

（二）产品包装设计和印制是否符合国家有关食品包装标签标准和《绿色食品标志商标设计使用规范》要求。

第十条 企业交纳标志使用费情况，主要检查是否按照《绿色食品标志商标使用许可合同》的约定按时足额缴纳标志使用费。

第四章 年检结论处理

第十一条 省级工作机构根据年度检查结果以及国家食品质量安全监督部门和行业管理部门抽查结果，依据绿色食品管理相关规定，作出年检合格、整改、不合格结论，并通知企业。

第十二条 年检结论为合格的企业，省级工作机构应在规定工作时限内完成核准程序，在合格产品证书上加盖年检合格章。

第十三条 年检结论为整改的企业，必须于接到通知之日起一个月内完成整改，并将整改措施和结果报告省级工作机构。

省级工作机构应及时组织整改验收并做出结论。

第十四条　企业有下列情形之一的，年检结论为不合格：

（一）生产环境不符合绿色食品环境质量标准的；

（二）产品质量不符合绿色食品产品质量标准的；

（三）未遵守标志使用合同约定的；

（四）违反规定使用标志和证书的；

（五）以欺骗、贿赂等不正当手段取得标志使用权的；

（六）未使用绿色食品原料的；

（七）拒绝接受年检的；

（八）年检中发现其他违规行为的。

第十五条　年检结论为不合格的企业，省级工作机构应直接报请中心取消其标志使用权。

第十六条　获证产品的绿色食品标志使用年度为第三年的，其年检工作可由续展审核检查替代。

第五章　复议和仲裁

第十七条　企业对年检结论如有异议，可在接到书面通知之日起 15 个工作日内，向省级工作机构书面提出复议申请或直接向中心申请仲裁，但不可同时申请复议和仲裁。

第十八条　省级工作机构应于接到复议申请之日起在规定工作时限内做出复议结论。中心应于接到仲裁申请 30 个工作日内做出仲裁决定。

第六章　附　　则

第十九条　本规范自公布之日起施行，原《绿色食品企业年度检查工作规范》同时废止。

第二十条　本规范由中国绿色食品发展中心负责解释。

附件 2：

绿色食品产品质量年度
抽检工作管理办法

第一章　总　　则

第一条　为了进一步规范绿色食品产品质量年度抽检（以下简称产品抽检）工作，加强对产品抽检工作的管理，提高产品抽检工作的科学性、公正性、权威性，依据《绿色食品标志管理办法》和《绿色食品检测机构管理办法》，制定本办法。

第二条　产品抽检是指中国绿色食品发展中心（以下简称中心），对已获得绿色食品标志使用权的产品采取的监督性抽查检验。

第三条　所有获得绿色食品标志使用权的企业在标志使用的有效期内，应当接受产品抽检。

第四条　当年的产品抽检报告可作为绿色食品标志使用续展审核的依据。

第二章　机构及其职责

第五条　产品抽检工作由中心制定抽检计划，委托相关绿色食品产品质量检测机构（以下简称"检测机构"）按计划实施，省及市、县绿色食品工作机构（以下简称省级工作机构或各级工作机构）予以配合。

（一）中心的产品抽检工作职责：

1. 制定全国抽检工作的有关规定；

2. 组织开展全国的抽检工作；

3. 下达年度抽检计划；

4. 指导、监督和评价各检测机构的抽检工作；

5. 依据有关规定，对抽检不合格的产品做出整改或取消标志使用权的决定，并予以通报或公告。

（二）检测机构的产品抽检工作职责：

1. 根据中心下达的抽检计划制定具体组织实施方案；

2. 按时完成中心下达的检测任务；

3. 按规定时间及方式向中心、相关省级工作机构和企业出具检验报告；

4. 向中心及时报告抽检中出现的问题和有关企业产品质量信息。

（三）各级工作机构的产品抽检工作职责：

1. 配合中心及检测机构开展产品抽检工作；

2. 向中心提出产品抽检工作计划的建议；

3. 根据中心做出的整改决定，督促企业按时完成整改，并组织验收；

4. 及时向中心报告企业的变更情况，包括企业名称、通信地址、法人代表以及企业停产、转产等情况。

第三章 工作程序

第六条 中心于每年 2 月底前制定产品抽检计划，并下达有关检测机构和省级工作机构。

第七条 检测机构根据抽检计划和产品周期适时派专人赴企业或市场上规范抽取样品，也可以委托相关省级工作机构协助进行，由绿色食品标志监管员规范抽样并寄送检测机构，封样前应与企业有关人员办理签字手续，确保样品的代表性。在市场上抽取的样品，应确认其真实性，检验的产品应在用标有效期内。

第八条 检测机构应及时进行样品检验，出具检验报告，检验报告结论要明确、完整，检测项目指标齐全，检验报告应以特快专递方式分别送达中心、有关省级工作机构和企业各一份。

第九条 检测机构最迟应于标志年度使用期满前 3 个月完成抽检。

第十条 检测机构须于每年 12 月 20 日前将产品抽检汇总表及总结报中心。总结内容应全面、详细、客观，未完成抽检计划的应说明原因。

第四章 计划的制定与实施

第十一条 制定产品抽检计划必须遵循科学、高效、公正、公开的原则，突出重点产品和重点指标，并考虑上年度抽检计划完成情况及当年任务量。

第十二条 检测机构必须承检中心要求检测的项目，未经中心同意，不得擅自增减检测项目。

第十三条 对当年应续展的产品，检测机构应及时抽样检验并将检验报告提供给企业，以便作为续展审核的依据。

第五章 问题的处理

第十四条 产品抽检中发现倒闭、停产、无故拒检或提出自行放弃绿色食品标志使用权的企业，检测机构应及时报告中心及有关省级工作机构。

第十五条 企业对检验报告如有异议，应于收到报告之日起（以收件人签收日期为准）5 日内向中心提出书面复议（复检或仲裁）申请，未在规定时限内提出异议的，视为认可检验结果。对检出不合格项目的产品，检测机构不得擅自通知企业送样复检。

第十六条 产品抽检结论为食品标签、感官指标不合格，或产品理化指标中的部分非营养性指标（如：水分、灰分、净含量等）不合格的，中心通知企业整改，企业必须于接到通知之日起一个月内完成整改，并将整改措施和结果报告省级工作机构，省级工作机构应及时组织整改验收并抽样寄送中心定点检测机构检验。检测机构应及时对样品进行检验，出具检验报告，并以特快邮递方式将检验报告分别送达中心和有关省级工作机构各一份。复检合格的可继续使用绿色食品标志，复检不合格的取消其标志使用权。

第十七条　产品抽检结论为卫生指标或安全性指标（如：有害微生物、药残、重金属、添加剂、黄曲霉、亚硝酸盐等）不合格的，取消其绿色食品标志使用权。对于取消标志使用权的企业及产品，中心及时通知企业及相关省级工作机构，并予以公告。

第六章　省级工作机构的抽检工作

第十八条　省级工作机构对辖区内的绿色食品质量负有监督检查职责，应在中心下达的年度产品抽检计划的基础上，结合当地实际编制自行抽检产品的年度计划，填写《绿色食品省级工作机构自行抽检产品备案表》，一并报中心备案。中心接到备案材料后十个工作日内，将备案结果书面反馈有关省级工作机构。经在中心备案的抽检产品，其抽检工作视同中心组织实施的监督抽检。

第十九条　省级工作机构自行抽检产品的检验项目、内容，不得少于中心年度抽检计划规定的项目和内容。

第二十条　省级工作机构自行抽检的产品必须在绿色食品定点检测机构进行检验，检测机构应出具正式检验报告，并将检验报告分别送达省级工作机构和企业。

第二十一条　产品抽检不合格的企业，省级工作机构要及时上报中心，由中心做出整改或取消其标志使用权的决定。

第七章　附　　则

第二十二条　本办法自颁布之日起施行，原2004年4月22日颁布的《绿色食品产品质量年度抽检工作管理办法》和《绿色食品产品质量年度抽检工作管理办法补充规定》同时废止。

第二十三条　本办法由中国绿色食品发展中心负责解释。

附件3：

绿色食品标志市场监察实施办法

第一章　总　　则

第一条　为了加强绿色食品标志使用的市场监督管理，规范企业用标，打击假冒行为，维护绿色食品品牌的公信力，根据国家《商标法》《农产品质量安全法》农业部《农产品包装和标识管理办法》《绿色食品标志管理办法》及有关管理规定，制定本办法。

第二条　绿色食品标志市场监察是对市场上绿色食品标志使用情况的监督检查。市场监察是对绿色食品证后质量监督的重要手段和工作内容，是各级绿色食品工作机构（以下简称工作机构）及标志监管员的重要职责。各级工作机构应明确负责市场监察工作的部门和人员，为工作开展提供必要的条件。

第三条　中国绿色食品发展中心（以下简称中心）负责全国绿色食品标志市场监察工作；省及省以下各级工作机构负责本行政区域的绿色食品标志市场监察工作。

第四条　市场监察的采集产品工作由省及省以下各级工作机构的工作人员完成。市场监察工作可与农产品质量安全监督执法相结合，在当地农业行政管理部门组织协调下开展。

第五条　中心将各地市场监察工作情况定期通报，并作为考核评定工作机构及标志监管员工作的重要依据。

第二章　市场选定、工作任务及采样要求

第六条　监察市场分为固定市场和流动市场。固定市场作为市场监察工作的常年定点监测的市场，由中心在全国范围内选定。流动市场由各省级工作机构安排，在各省级机构辖区内选择1～2家市场，主要采购固定

市场监察点未能采样的标称绿色食品的产品。

第七条　标志市场监察工作的主要任务是：

（一）检查和规范获标企业绿色食品标志的使用；

（二）发现并查处不规范和违规、假冒绿色食品标志的行为；

（三）掌握全国流通市场绿色食品用标产品的基本情况，为中心制定相关决策提供基础数据。

第八条　产品采样要求：

（一）固定市场监察点应对市场中全部标称绿色食品的产品进行采样（限购产品除外）；

（二）流动市场监察点作为固定市场监察点的补充，应避免对同一地区的固定市场监察点的同一样品进行重复采样；

（三）应以最简易、最小包装为单位购买，单价不得超过 200 元；

（四）同一产品的抽样不需考虑年份、等级、规格、包装等方面的区别，只采购一个样品即可；

（五）各省级工作机构应尽量将本省辖区内监察市场上的获证产品采购齐全。

第三章　工作时间、方法及程序

第九条　市场监察工作在中心统一组织下进行，每年集中开展一次，原则上每年监察行动于 4 月 15 日启动，11 月底结束。

第十条　每次行动由各地工作机构按照中心规定的固定市场监察点，以及各地省级工作机构自主选择的流动市场监察点，对各市场监察点所售标称绿色食品的产品实施采样监察。

第十一条　监察采样可采取购买方式。购买样品的费用由中心承担，先由绿色食品工作机构垫付，事后在中心的专项经费预算中列支。具体操作办法另行规定。

第十二条　对监察过程中的问题产品和疑似问题产品的包装应妥善保存，同时对产品相关图片和资料信息拍照、存档。

第十三条　监察采样时应索取购物小票、发票等采样凭证，并尽可能要求监察市场对购物清单予以确认。采样凭证应妥善保存，以备查证。

第十四条　市场监察工作按照以下程序进行：

（一）工作机构组织有关人员根据产品采样要求对各监察点所售标称绿色食品的产品进行采样、登记、疑似问题产品拍照，将采样产品有关信息在"绿色食品审核与管理系统"录入上传；再将采购样品的发票和购物小票的复印件于采样后 1 个月内寄送中心。

（二）中心对各地报送的采样信息逐一核查，对存在不同问题的产品于 6 月底前分别做出以下处理，并通知省级工作机构：

1. 属违反有关标志使用规定的，交由省级工作机构通知企业限期整改；

2. 属假冒绿色食品的，交由省级工作机构提请工商行政管理部门和农业行政管理部门依法予以查处。

（三）各有关工作机构在接到上述通知后，立即部署本省辖区内相关企业的整改工作，企业整改期限一个月；同时有关绿色食品工作机构应联合当地工商行政管理部门和农业行政管理部门落实打假工作。

（四）各有关工作机构对本省整改后的企业进行现场检查，核查整改措施的落实，对整改结果进行验收，并将企业整改措施、绿色食品工作机构验收报告及行政执法部门的查处结果于 9 月底前书面报告中心。

（五）中心在对各地市场监察整改情况进行实地检查、抽查后，于当年 11 月底将市场监察结果向全国绿色食品工作系统通报。

第十五条　同一企业的产品连续两年被查出违规用标，按照绿色食品标志管理的有关规定，由中心取消其标志使用权。

第十六条　企业对市场监察所采样品的

真实性或处理意见持有异议，必须在接到整改通知后（以收件人签收日期为准）15个工作日内提出复议申诉，同时提供相关证据。

关于印发《绿色食品标志使用证书管理办法》和《绿色食品颁证程序》的通知

农绿标〔2014〕21号

为了进一步规范和加强绿色食品证书的颁发和管理工作，促进绿色食品事业持续健康发展，依据《中华人民共和国商标法》、农业部《绿色食品标志管理办法》等法律法规，结合10年来的工作实际，中心对2004年颁布实施的《绿色食品标志商标使用证书管理办法》进行了修订，并单独制定了《绿色食品颁证程序》。

现将修订后的《绿色食品标志使用证书管理办法》和新制定的《绿色食品颁证程序》一并印发给你们，请遵照执行。

特此通知。

附件：

1.《绿色食品标志使用证书管理办法》

2.《绿色食品颁证程序》

2014年12月10日

附件1：

绿色食品标志使用证书管理办法

第一章 总 则

第一条 为规范绿色食品标志使用证书（以下简称证书）的颁发、使用和管理，依据《中华人民共和国商标法》、农业部《绿色食品标志管理办法》、国家工商行政管理总局《集体商标、证明商标注册和管理办法》，制定本办法。

第二条 证书是绿色食品标志使用人（以下简称标志使用人）合法有效使用绿色食品标志的凭证，证明标志使用申请人及其申报产品通过绿色食品标志许可审查合格，符合绿色食品标志许可使用条件。

第三条 证书实行"一品一证"管理制度，即为每个通过绿色食品标志许可审查合格产品颁发一张证书。

第四条 中国绿色食品发展中心（以下简称中心）负责证书的颁发、变更、注销与撤销等管理事项。

省级绿色食品工作机构（以下简称省级工作机构）负责证书转发、核查，报请中心核准证书注销、撤消等管理工作。

第二章 证书的颁发、使用与管理

第五条 证书颁发执行中心的《绿色食品颁证程序》。

第六条 证书内容包括产品名称、商标名称、生产单位及其信息编码、核准产量、产品编号、标志使用许可期限、颁证机构、颁证日期等。

第七条 证书分中文、英文两种版式，具有同等效力。

第八条 证书有效期为三年，自中心与标志使用人签订《绿色食品标志使用合同》之日起生效。

经审查合格，准予续展的，证书有效期自上期证书有效期期满次日计算。

第九条 在证书有效期内，标志使用人

第四章 附 则

第十七条 本办法自颁布之日起施行。

第十八条 本办法由中心负责解释。

接受年度检查合格的，由省级工作机构在证书上加盖年度检查合格章。

第十条　获证产品包装标签在标识证书所载相关内容时，应与证书载明的内容准确一致。

第十一条　证书的颁发、使用与管理接受政府有关部门和社会的监督。

第十二条　任何单位和个人不得涂改、伪造、冒用、买卖、转让证书。

第三章　证书的变更与补发

第十三条　在证书有效期内，标志使用人的产地环境、生产技术、质量管理制度等没有发生变化的情况下，单位名称、产品名称、商标名称等一项或多项发生变化的，标志使用人拆分、重组与兼并的，标志使用人应办理证书变更。

第十四条　证书变更程序如下：

（一）标志使用人向所在地省级工作机构提出申请，并根据证书变更事项提交以下相应的材料：

1. 证书变更申请书；

2. 证书原件；

3. 标志使用人单位名称变更的，须提交行政主管部门出具的《变更批复》复印件及变更后的《营业执照》复印件；

4. 商标名称变更的，须提交变更后的《商标注册证》复印件；

5. 如获证产品为预包装食品，须提交变更后的《预包装食品标签设计样张》；

6. 标志使用人拆分、重组与兼并的，须提供拆分、重组与兼并的相关文件，省级工作机构现场确认标志使用人作为主要管理方，且产地环境、生产技术、质量管理体系等未发生变化，并提供书面说明。

（二）省级工作机构收到证书变更材料后，在 5 个工作日内完成初步审查，并提出初审意见。初审合格的，将申请材料报送中心审批；初审不合格的，书面通知标志使用人并告知原因。

（三）中心收到省级工作机构报送的材料后，在 5 个工作日内完成变更手续，并通过省级工作机构通知标志使用人。

第十五条　标志使用人申请证书变更，须按照绿色食品相关收费标准，向中心缴纳证书变更审核费。

第十六条　证书遗失、损坏的，标志使用人可申请补发。

第四章　证书的注销与撤销

第十七条　在证书有效期内，有下列情形之一的，由标志使用人提出申请，省级工作机构核实，或由省级工作机构提出，经中心核准注销并收回证书，中心书面通知标志使用人：

（一）自行放弃标志使用权的；

（二）产地环境、生产技术等发生变化，达不到绿色食品标准要求的；

（三）由于不可抗力导致丧失绿色食品生产条件的；

（四）因停产、改制等原因失去独立法人地位的；

（五）其他被认定为可注销证书的。

第十八条　在证书有效期内，有下列情形之一的，由中心撤销并收回证书，书面通知标志使用人，并予以公告：

（一）生产环境不符合绿色食品环境质量标准的；

（二）产品质量不符合绿色食品产品质量标准的；

（三）年度检查不合格的；

（四）未遵守标志使用合同约定的；

（五）违反规定使用标志和证书的；

（六）以欺骗、贿赂等不正当手段取得标志使用权的；

（七）其他被认定为应撤销证书的。

第五章　附　则

第十九条　本办法由中心负责解释。

第二十条　本办法自 2015 年 1 月 1 日起

施行，原 2004 年颁布实施的《绿色食品标志商标使用证管理办法》同时废止。

附件 2：

绿色食品颁证程序

第一条　为规范《绿色食品标志使用证书》（以下简称证书）的颁发（以下简称颁证），依据农业部《绿色食品标志管理办法》、国家工商行政管理总局《集体商标、证明商标注册和管理办法》，制定本程序。

第二条　颁证是中国绿色食品发展中心（以下简称中心）向通过绿色食品标志许可审查的申请人（以下简称申请人）颁发证书的过程，包括核定费用、签订《绿色食品标志使用合同》（以下简称《合同》）、制发证书、发布公告等。

第三条　中心负责核定费用、制发《合同》、编制信息码、产品编号、制发证书等颁证工作。

省级绿色食品工作机构（以下简称省级工作机构）负责组织、指导申请人签订《合同》、缴纳费用、向申请人转发证书等颁证工作。

第四条　中心依据颁证决定，按照有关绿色食品收费标准，在 10 个工作日内完成费用核定工作，通过"绿色食品网上审核与管理系统"生成《办证须知》《合同》电子文本，并传送省级工作机构。

第五条　省级工作机构通过"绿色食品网上审核与管理系统"在 10 个工作日内下载《办证须知》《合同》《绿色食品防伪标签订单》等办证文件，并将上述办证文件发送申请人，其中《合同》文本为一式三份。

第六条　申请人收到办证文件后，应按《办证须知》的要求，在 2 个月内签订《合同》（纸质文本，一式三份），并寄送中心，同时按照《合同》的约定，一并缴纳审核费和标志使用费。

第七条　中心收到申请人签订的《合同》后，在 10 个工作日内完成信息码编排、产品编号、证书制作等工作。

证书分中文、英文两种版式，申请人如需要英文证书，应填报《绿色食品英文证书信息表》，中心审核后同时制发英文证书。

第八条　中心在 2 个工作日内完成《合同》、证书、缴费等信息核对工作，核对后将《合同》（一式两份）和证书原件统一寄送省级工作机构，并将《合同》一份、证书复印件一份存档。

第九条　省级工作机构收到中心寄发送的《合同》和证书后，在 5 个工作日内将《合同》（一份）和证书原件转发申请人，并将《合同》一份、证书复印件一份存档。

第十条　中心依据相关规定，对获证产品予以公告。

第十一条　各级绿色食品工作机构应建立颁证工作记录制度，记录颁证工作流程、时间、经办人等情况。建立颁证档案管理制度，加强颁证信息管理。

第十二条　本程序由中心负责解释。

第十三条　本程序自 2015 年 1 月 1 日起施行，2004 年颁布的《绿色食品标志商标使用证管理办法》中有关颁证程序同时废止。

关于印发《绿色食品标志许可审查程序》的通知

农绿认〔2014〕9 号

各省级绿色食品工作机构、绿色食品检测机构：

为推动绿色食品事业持续健康发展，加

强和规范绿色食品标志许可审查管理，提高标志许可审查工作的有效性，根据《绿色食品标志管理办法》（农业部令 2012 第 6 号），有必要对绿色食品相关认证程序进行修订。现将修订后的《绿色食品标志许可审查程序》印发你们，请遵照执行。原《绿色食品认证程序（试行）》《绿色食品续展认证程序》《绿色食品境外认证程序》同时废止。

特此通知。

农业部绿色食品管理办公室

中国绿色食品发展中心

2014 年 5 月 28 日

附件：

绿色食品标志许可审查程序

第一章 总 则

第一条 为规范绿色食品标志许可审查工作，根据《绿色食品标志管理办法》，制定本程序。

第二条 中国绿色食品发展中心（以下简称中心）负责绿色食品标志使用申请的审查、核准工作。

第三条 省级农业行政主管部门所属绿色食品工作机构（以下简称省级工作机构）负责本行政区域绿色食品标志使用申请的受理、初审、现场检查工作。地（市）、县级农业行政主管部门所属相关工作机构可受省级工作机构委托承担上述工作。

第四条 绿色食品检测机构（以下简称检测机构）负责绿色食品产地环境、产品检测和评价工作。

第二章 标志许可的申请

第五条 申请人应当具备下列资质条件：

（一）能够独立承担民事责任。如企业法人、农民专业合作社、个人独资企业、合伙企业、家庭农场等，国有农场、国有林场和兵团团场等生产单位；

（二）具有稳定的生产基地；

（三）具有绿色食品生产的环境条件和生产技术；

（四）具有完善的质量管理体系，并至少稳定运行一年；

（五）具有与生产规模相适应的生产技术人员和质量控制人员；

（六）申请前三年内无质量安全事故和不良诚信记录；

（七）与绿色食品工作机构或检测机构不存在利益关系。

第六条 申请使用绿色食品标志的产品，应当符合《中华人民共和国食品安全法》和《中华人民共和国农产品质量安全法》等法律法规规定，在国家工商总局商标局核定的范围内，并具备下列条件：

（一）产品或产品原料产地环境符合绿色食品产地环境质量标准；

（二）农药、肥料、饲料、兽药等投入品使用符合绿色食品投入品使用准则；

（三）产品质量符合绿色食品产品质量标准；

（四）包装贮运符合绿色食品包装贮运标准。

第七条 申请人至少在产品收获、屠宰或捕捞前三个月，向所在省级工作机构提出申请，完成网上在线申报并提交下列文件：

（一）《绿色食品标志使用申请书》及《调查表》；

（二）资质证明材料。如《营业执照》《全国工业产品生产许可证》《动物防疫条件合格证》《商标注册证》等证明文件复印件；

（三）质量控制规范；

（四）生产技术规程；

（五）基地图、加工厂平面图、基地清单、农户清单等；

（六）合同、协议，购销发票，生产、加工记录；

（七）含有绿色食品标志的包装标签或设计样张（非预包装食品不必提供）；

（八）应提交的其他材料。

第三章　初次申请审查

第八条　省级工作机构应当自收到第七条规定的申请材料之日起 10 个工作日内完成材料审查。符合要求的，予以受理，向申请人发出《绿色食品申请受理通知书》，执行第九条；不符合要求的，不予受理，书面通知申请人本生产周期不再受理其申请，并告知理由。

第九条　省级工作机构应当根据申请产品类别，组织至少两名具有相应资质的检查员组成检查组，提前告知申请人并向其发出《绿色食品现场检查通知书》，明确现场检查计划。在产品及产品原料生产期内，完成现场检查。

第十条　现场检查要求

（一）申请人应当根据现场检查计划做好安排。检查期间，要求主要负责人、绿色食品生产负责人、内检员或生产管理人员、技术人员等在岗，开放场所设施设备，备好文件记录等资料。

（二）检查员在检查过程中应当收集好相关信息，作好文字、影像、图片等信息记录。

第十一条　现场检查程序

（一）召开首次会议：由检查组长主持，明确检查目的、内容和要求，申请人主要负责人、绿色食品生产负责人、技术人员和内检员等参加。

（二）实地检查：检查组应当对申请产品的生产环境、生产过程、包装贮运、环境保护等环节逐一进行实地检查。

（三）查阅文件、记录：核实申请人全程质量控制能力及有效性，如质量控制规范、生产技术规程、合同、协议、基地图、加工厂平面图、基地清单、记录等。

（四）随机访问：在查阅资料及实地检查过程中随机访问生产人员、技术人员及管理

人员，收集第一手资料。

（五）召开总结会：检查组与申请人沟通现场检查情况并交换现场检查意见。

第十二条　现场检查完成后，检查组应当在 10 个工作日内向省级工作机构提交《绿色食品现场检查报告》。省级工作机构依据《绿色食品现场检查报告》向申请人发出《绿色食品现场检查意见通知书》，现场检查合格的，执行第十三条；不合格的，通知申请人本生产周期不再受理其申请，告知理由并退回申请。

第十三条　产地环境、产品检测和评价

（一）申请人按照《绿色食品现场检查意见通知书》的要求委托检测机构对产地环境、产品进行检测和评价。

（二）检测机构接受申请人委托后，应当分别依据《绿色食品 产地环境调查、监测与评价规范》（NY/T1054）和《绿色食品 产品抽样准则》（NY/T 896）及时安排现场抽样，并自环境抽样之日起 30 个工作日内、产品抽样之日起 20 个工作日内完成检测工作，出具《环境质量监测报告》和《产品检验报告》，提交省级工作机构和申请人。

（三）申请人如能提供近一年内绿色食品检测机构或国家级、部级检测机构出具的《环境质量监测报告》，且符合绿色食品产地环境检测项目和质量要求的，可免做环境检测。

经检查组调查确认产地环境质量符合《绿色食品 产地环境质量》（NY/T391）和《绿色食品 产地环境调查、监测与评价规范》（NY/T1054）中免测条件的，省级工作机构可做出免做环境检测的决定。

第十四条　省级工作机构应当自收到《绿色食品现场检查报告》《环境质量监测报告》和《产品检验报告》之日起 20 个工作日内完成初审。初审合格的，将相关材料报送中心，同时完成网上报送；不合格的，通知申请人本生产周期不再受理其申请，并告知理由。

第十五条　中心应当自收到省级工作机

构报送的完备申请材料之日起 30 个工作日内完成书面审查，提出审查意见，并通过省级工作机构向申请人发出《绿色食品审查意见通知书》。

（一）需要补充材料的，申请人应在《绿色食品审查意见通知书》规定时限内补充相关材料，逾期视为自动放弃申请；

（二）需要现场核查的，由中心委派检查组再次进行检查核实；

（三）审查合格的，中心在 20 个工作日内组织召开绿色食品专家评审会，并形成专家评审意见。

第十六条　中心根据专家评审意见，在五个工作日内做出是否颁证的决定，并通过省级工作机构通知申请人。同意颁证的，进入绿色食品标志使用证书（以下简称证书）颁发程序；不同意颁证的，告知理由。

第四章　续展申请审查

第十七条　绿色食品标志使用证书有效期 3 年。证书有效期满，需要继续使用绿色食品标志的，标志使用人应当在有效期满 3 个月前向省级工作机构提出续展申请，同时完成网上在线申报。

第十八条　标志使用人逾期未提出续展申请，或者续展未通过的，不得继续使用绿色食品标志。

第十九条　标志使用人应当向所在省级工作机构提交下列文件：

（一）第七条第（一）、（二）、（五）、（六）、（七）款规定的材料；

（二）上一用标周期绿色食品原料使用凭证；

（三）上一用标周期绿色食品证书复印件；

（四）《产品检验报告》（标志使用人如能提供上一用标周期第三年的有效年度抽检报告，经确认符合相关要求的，省级工作机构可做出该产品免做产品检测的决定）；

（五）《环境质量监测报告》（产地环境未发生改变的，申请人可提出申请，省级工作机构可视具体情况做出是否做环境检测和评价的决定）。

第二十条　省级工作机构收到第十九条规定的申请材料后，应当在 40 个工作日内完成材料审查、现场检查和续展初审，初审合格的，应当在证书有效期满 25 个工作日前将续展申请材料报送中心，同时完成网上报送。逾期未能报送中心的，不予续展。

第二十一条　中心收到省级工作机构报送的完备的续展申请材料之日起 10 个工作日内完成书面审查。审查合格的，准予续展，同意颁证；不合格的，不予续展，并告知理由。

第二十二条　省级工作机构承担续展书面审查工作的，按《省级绿色食品工作机构续展审核工作实施办法》执行。

第二十三条　因不可抗力不能在有效期内进行续展检查的，省级工作机构应在证书有效期内向中心提出书面申请，说明原因。经中心确认，续展检查应在有效期后 3 个月内实施。

第五章　境外申请审查

第二十四条　注册地址在境外的申请人，应直接向中心提出申请。

第二十五条　注册地址在境内，其原料基地和加工场所在境外的申请人，可向所在行政区域的省级工作机构提出申请，亦可直接向中心提出申请。

第二十六条　申请材料符合要求的，中心与申请人签订《绿色食品境外检查合同》，直接委派检查员进行现场检查，组织环境调查和产品抽样。

环境由国际认可的检测机构进行检测或提供背景值，产品由检测机构进行检测。

第二十七条　初审及后续工作由中心负责。

第六章　申诉处理

第二十八条　申请人如对受理、现场检查、初审、审查等意见结果或颁证决定有异议，应于收到书面通知后十个工作日内向中心提出书面申诉并提交相关证据。

第二十九条　申诉的受理、调查和处置

（一）中心成立申诉处理工作组，负责申诉的受理；

（二）申诉处理工作组负责对申诉进行调查、取证及核实。调查方式可包括召集会议、听取双方陈述、现场调查、调取书面文件等；

（三）申诉处理工作组在调查、取证、核实后，提出处理意见，并通知申诉方。

申诉方如对处理意见有异议，可向上级主管部门申诉或投诉。

第七章　附　则

第三十条　本程序由中心负责解释。

第三十一条　本程序自 2014 年 6 月 1 日起施行。原《绿色食品 认证程序（试行）》、原《绿色食品 续展认证程序》、原《绿色食品境外认证程序》同时废止。

关于印发《关于绿色食品产品标准执行问题的有关规定》的通知

中绿科〔2014〕153 号

各地绿办（中心）、各绿色食品检测机构：

为进一步规范绿色食品产品标准执行行为，强化依据标准开展绿色食品标志审查许可工作，保证标准执行层面的统一性，中心结合近几年绿色食品标准变化和具体执行问题，对《关于绿色食品标准执行问题的若干规定（试行）》（中绿科〔2009〕63 号）进行了修订，制定了《关于绿色食品产品标准执行问题的有关规定》。现印发给你们，请遵照执行。

附件：关于绿色食品产品标准执行问题的有关规定

中国绿色食品发展中心

2014 年 10 月 10 日

附件：

关于绿色食品产品标准执行问题的有关规定

为规范绿色食品产品标准执行行为，保证标准的公正性和权威性，现就绿色食品生产、标志审查许可和标志监督管理等工作中产品标准执行的有关问题规定如下：

一、关于绿色食品产品标准的选用原则

（一）初次申报产品应对照《绿色食品产品适用标准目录》（以下简称"产品目录"）选择适用标准，如产品不在"产品目录"范围内的，不予受理。

（二）初次申报产品在"产品目录"范围内，但产品本身或产品配料成分属于卫生部发布的"可用于保健食品的物品名单"中的产品（其中已获卫生部批复可作为普通食品管理的产品除外），需取得国家相关保健食品或新食品原料的审批许可后方可进行申报。

（三）续展产品不在"产品目录"范围内，可按原"申报企业执行标准确认审批通知单"的审批意见执行。

（四）申报产品在"产品目录"范围内，但相应的产品标准中没有明确该产品感官、

理化要求的，其感官、理化要求可依次选用相关的国家标准、行业标准、地方标准或经当地标准化行政主管部门备案的企业标准。

（五）"产品目录"或产品标准中有"其他"表述字样，但没有明确列出产品或类别名称的产品，不可参照执行该项产品标准。

（六）"产品目录"实施动态管理。如申请产品属于"产品目录"涵盖类别，但"产品目录"中没有明确列出，可向中心提交相关证明材料及申请，经确认后可增列至"产品目录"中。

（七）年度绿色食品监督抽检产品按当年《绿色食品产品质量抽检计划项目和判定依据》的规定执行。

二、关于绿色食品产品标准的执行问题

（一）绿色食品产品标准执行过程中与《绿色食品 农药使用准则》（NY/T 393）、《绿色食品 兽药使用准则》（NY/T 472）、《绿色食品 渔药使用准则》（NY/T 755）和《绿色食品 食品添加剂使用准则》（NY/T 392）等绿色食品基本技术准则有冲突时，产品标准服从准则标准。

（二）当绿色食品产品标准中理化要求表述为"应符合产品执行的国家标准、行业标准、地方标准或企业标准的规定"时，理化指标应按照国家标准、行业标准、地方标准或经当地标准化行政主管部门备案的企业标准的顺序依次选用；如同一级别标准同时存在两个或两个以上，按发布时间先后选用最新版的标准。

（三）绿色食品产品标准中引用的标准已作废，且无替代标准时，相关指标可不作检测，但需在检验报告备注栏中予以注明。

（四）国家标准经修订，其相关安全卫生指标如严于绿色食品产品标准，具体项目和指标按照《绿色食品 产品检验规则》（NY/T 1055）的规定执行。

本规定自发布之日起执行，原《关于绿色食品标准执行问题的若干规定（试行）》同时废止。

理 论 探 讨

农业品牌化任重道远

人们常说，品牌是市场的通行证，是产品质量的标志。与工业品牌、商业品牌相比，我国农产品品牌的塑造、推广方面还相对滞后。

在这种背景下，《优质农产品》杂志创刊号集中报道了"2013 中国国际品牌农业发展大会"的重要内容，凸显了农业品牌的重要性。

中国是农业大国，有着悠久的农耕文明历史，丰富的农耕经验，却在发展农产品品牌方面积累不足。须知，农产品品牌化是一个系统工程，包括品牌的塑造、宣传推广等一系列工作。而其中最关键、最核心的是农产品的质量。

要打造优质农产品，进一步创造农业品牌，首先必须发展生态农业甚至有机农业。包括优良的品种、适宜的土壤气候、良好的水利灌溉以及不适用农药、化肥等要素。

众所周知，化肥的使用使土壤结构遭到破坏，土壤有机质含量下降。而农药的使用对农产品和人的身体危害更大。尽管我国早就颁布了《农药安全使用准则》，农业部、卫生部 1982 年就规定农药不准用于蔬菜、茶叶、烟草、中药材，但仍有人违反规定，任意使用，每年农药中毒上万人。继六六六、DDT 禁用后，替代的有机氯农药毒性更大。一些企业还仿制大吨位甲胺磷、呋喃丹等有毒农药。前些年出口蔬菜引发毒菜事件就是使用甲胺磷所致。

此外，粮食保管用磷化锌熏蒸，喂养牲畜、鱼类使用有害药物生长素、抗生素，加工农产品使用有毒化学试剂等，都对农产品、食品造成污染。

农药的毒性渗透到食品内部，清洗没有效果。有机磷在生物体内蓄积，人体内胆碱醋酸活力受抑制，失去分解乙酰胆碱的能力，引发人体植物神经功能紊乱。呋喃丹类农药同样能引起神经功能紊乱。

有篇报道认为，拟除虫菊酯类药，在体内易被氧化酶降解，故毒性较低。实际上，如果使用不当，或直接污染食品，可引起长期食欲不佳，即使服用健胃药也无效。其他品种农药包括除草剂、一些生长素、抗生素等都被证明对人体有不同程度的毒害。

农药的使用不仅毒害农作物，而且直接污染土壤。据国土部统计数据显示，全国 1.2 亿公顷耕地的 1/10 以上或已遭受重金属污染。矿山采冶、工业"三废"、污灌、固废堆放等，导致很多土地成为名副其实的有毒土地。我国每年农药使用量 130 万吨，是世界平均水平的 2.5 倍，其中只有很小部分作用于目标害虫，90% 以上进入生态系统，造成大量土壤污染。

必须指出的是，我们党历来重视民生，重视人民健康。习近平总书记强调："抓民生要抓住人民最关心最直接最现实的利益问题，抓住最需要关心的人群，一件事情接着一件事情办，一年接着一年干，锲而不舍向前走。"老百姓最关心的莫过于米袋子、菜篮子。

2013 年 12 月底召开的中央农村工作会议在公告中几次提到"食品安全"。习近平总书记日前在北京庆丰包子铺就餐时，也不忘叮嘱店长把食品安全放在第一位。中共十八大报告已明确把生态文明建设放在与经济建设、政治建设、文化建设、社会建设同等重要的地位，成为五位一体的社会主义建设基本纲领。

因此，我们要切实重视生态文明建设，抓大气治理、水利治理和土壤治理等。据了解，在生态文明建设方面，一些环保产业发达国家，土壤修复投资已经占到该产业30%～50%的份额。我国在这方面刚刚起步，投入甚微。

让我们沿着十八大指明的道路，抓好米袋子、菜篮子，切实生产出更多的绿色农产品、有机农产品、生态农产品，开创更多国际农业品牌，造福千千万万人民。

（王福如 原载于《优质农产品》2014年第 2 期）

"农业嘉年华"创意与问题并存

缤纷奇异的瓜果，营养神秘的紫蔬，丰登香溢的五谷，让人垂涎欲滴的草莓，这既不是来自游戏中的背景，也不是来自好莱坞的奇幻电影，而是来自第二届北京农业嘉年华农业艺术体验区。

不同角度展示多彩农业

2014 年 3 月 15 日，北京农业嘉年华在北京市昌平区草莓博览园开幕。本届嘉年华以"自然·融合·参与·共享"为主题，以"多彩农业·点亮生活"为宣传口号，以顶尖的专业技术团队为支撑，倾力打造一个突出农业主题元素，体现农业生产、生态、休闲、教育、示范等多功能于一体的都市型现代农业盛会。此次活动持续至 5 月 4 日，为期 51 天。在此期间有近 300 家国内外农业企业参与，500 多种农业优新特品种展示，60 余项先进农业技术，近 700 种优质农产品展销，同时进行 70 余项农业创意体验项目和娱乐游艺活动。

在规划布局上，第二届北京农业嘉年华依托首届场馆建设，按照"一展两区三乐园"的高标准筹办模式，总体规划六大功能板块，即"一展"全国休闲农业创意精品展；"两区"农业艺术体验区、草莓科技博览区；"三乐园"主题狂欢乐园、拓展休闲乐园和农事体验乐园。配合场馆规划，共设计 61 个农业创意景观，70 余项互动体验活动。

按照组委会的预估，本次活动将吸引游客 80 万人次，为生产者和消费者搭建一个交流、互动、发展的良好平台，让市民走进郊区，农民走进城区，同此让到此游玩的每一位游客提早一步沐浴春风、畅享绿色，体验农事乐趣，在轻松欢乐的气氛中增长知识、拓宽眼界，感受不一样的多彩农业世界。

科技农业改善市民生活

相对于首届北京农业嘉年华，本届嘉年华打破了此前全部由静态植物展示的传统，特意加入了蜂彩世界馆，将动态农业完美融入了此次活动中。

同时，为了进一步提升农业嘉年华的影响力，还精心开展了国家级大型活动——2014 全国休闲农业创意精品展。根据记者统计，现场共有北京、河北、安徽、山西、江西、浙江、贵州等 29 个省市地区的参赛队伍在此进行了休闲农业创意精品成果展示。各地风格迥异、特点鲜明的地域农产品亮相伊始就吸引了大量观众驻足观望。

记者在现场能明显感觉到本届嘉年华比上届更加注重趣味性、参与性、互动性和科技性，很多方面一改首届展示内容较多，但互动参与内容较少的问题，几乎每个馆都设置了供市民参与互动的设施。同时还更加注重参展产品的展卖，使市民在参观的同时直接就可以买走自己喜欢的东西。

另外，首届嘉年华人气最高的"创意农业体验馆"在本届嘉年华上改为"农业艺术体验区"，人气依然爆满。不同的是，首届嘉年华以五彩辣椒、拇指西瓜等新奇特"太空蔬菜"品种和科技含量高的瓜果听音乐、薄荷喝雾水等新型栽培技术为卖点，而本届嘉年华则更加注重农业技术进入人们的生活，并帮助人们改善生活。

本届嘉年华农业艺术体验区包括：瓜样年华、紫蔬探秘、幽兰奇境、五谷道场、奇妙乐园、蘑幻王国等主题场馆，突出展示农业的创意性、艺术性，以及生产、生活、生态、休闲的多功能性，既可以参观，又能够休闲互动。而这其中最有特点的就是由北京派得伟业打造的"奇妙乐园"。

奇妙乐园的主题是以各种功能性植物作为载体来对空气进行改善，选取了与生活联系密切的功能性植物作为展示内容。派得伟业董事长杨宝祝介绍道："奇妙乐园共分为吸尘植物区、驱虫杀菌植物区、奇花异草植物区和富氧空间植物区等6大场景区域，通过展示区域的划分更加直观地向游客介绍神奇的多功能植物，以及植物带给我们生活的改变。其布展设计采用园林式的造景方式，以便呈现出功能性植物的用途，使游客可以亲身感受到功能植物带来的清新的空气和宜人的芬芳。而且在观赏的同时，还可以学习、了解功能性植物的特点和功能，整个场馆将传递一种生态、健康、绿色的都市生活理念。"

活动在创新上尚有不足

用了一上午转完整个农业嘉年华后，记者着实感觉到第二届北京农业嘉年华亮点不少，多处都有互动体验。并且以趣味性、知识性、科技性、互动性、参与性为设计原则，具有创新性、紧扣农业主题、可操作性强等特点，展现了节约务实的新风潮，还充分考虑到各个年龄阶层游客的需求。

整体来看，本届嘉年华无论从建馆理念、景观设计、活动策划还是科学技术等方方面面，都是值得肯定的。但是其在活动创新上却仍值得商榷。比如上届利用彩椒、柿子椒

挂满走廊形成的"蔬菜森林"，鲜姜搭成的"江山"、玉米建成的"长城"、黑豆勾勒出砖的轮廓，红尖椒组成的"祥云"送来吉兆，油菜、芹菜、韭菜等叶菜类组成的"树丛"等，在这届嘉年华上重新出现，唯一不同的是道具换成了瓜果。记者相信，相对于这种换汤不换药的行为，观众还是更希望看到"奇妙乐园"和"空谷幽兰"这些更具创意的展示。

记者在现场发现，首届北京农业嘉年华曾出现的"活动外围显著性道路交通导向标较少，场馆主体设施通风效果较差，场馆休憩区较少，卫生间较少，停车场较远，摆渡车少"，以及"特许商品价格较高，餐饮服务较少，能看、能玩、吃得少"等问题，在本届嘉年华依然没有得到很好解决。

农业嘉年华——接轨现实才是目的

事实上，借助"嘉年华"的新模式，创造性地把娱乐体验、园艺观光、博览展销、创意设计等元素融入农业，实现了农业与旅游休闲、文化创意、现代流通等产业相互促进，进一步延长了农业产业链、价值链和就业链，对于探索推进农业现代化具有重要意义。这不仅是北京农业嘉年华将要做的，也是南京农业嘉年华一直在实践的一条路。

民革中央原常务副主席厉无畏也曾表示：创意农业特色及优势在于能够构筑多层次的全景产业链，通过创意把文化艺术活动、农业技术、农副产品和农耕活动，以及市场需求有机结合起来，形成彼此良性互动的产业价值体系，为农业和农村的发展开辟全新的空间，并实现产业价值的最大化。

但仅仅具有想象力是不够的。只有将想象力与商业模式完美结合，才能把一个好创意变成实实在在的创新形式。创意最终能否实现商业化，关键环节在于创意主体是否拥有一个完整的农业产业规划和运营体系，并且通过策划包装，将有价值的项目与金融资

本对接，以获得稳定的资金支持。

在这方面，派得伟业董事长杨宝祝感慨良深。在首届北京农业嘉年华上，其公司主打的阳台农业项目"田立方"家庭农场曾吸引了众多游客眼球，这让他一度对这个项目信心大增，但结果却是"叫好不叫座"。"雷声大，雨点小，嘉年华上有那么多对此赞不绝口的观众，但推广起来却进展不大，这也太矛盾了。"

杨保祝坦言，这种情况的出现确实也和居民的居住条件有关系，不过他也希望国家能有一些政策和资金扶持，帮助他们这些做科技农业创新的企业把项目落到实处。

从记者了解到的情况来看，这不仅是杨宝祝一个人碰到的问题，而是"创意农业"碰到的一个普遍现象。事实上，目前国内创意农业主体与金融机构合作的最大瓶颈，在于农业生产资料不能货币化，农村土地不能确权，使得生产主体无法从银行获得更多资金。对此，需要相关配套政策的完善。为了推动创意农业项目的实施，地方政府应当对创意农业项目给予一定政策倾斜，并通过配套资金扶持和税收减免，引导金融资本关注创意农业项目，促进其良性发展。

从一些已经建成或正在规划的创意农业项目中可以看到，创意农业项目在延伸农业产业链过程中，实际上也包含着新型城镇化开发、新农村建设等内容，资金需求日益加大，而对于金融机构来说，在支持创意农业企业发展的同时，也应该加强对产业链上个体农民的扶持，支持农民参与三产联动，分享产业发展带来的效益。

当然，做创意农业项目的企业若要实现商业模式的可持续，也需要创意企业解放思想，进一步挖掘创意农业的历史价值、文化特质、未来潜力，科学制定项目规划，在金融资本与创意农业项目中间切实发挥桥梁的作用，最终实现需求与供给的完美匹配。

（朱鹤飞 原载于《优质农产品》2014年第3期）

以全程质量控制创优质品牌

作为我国"三品一标"的重要组成部分，绿色食品具有特别的优势。其质量安全标准明显高于无公害农产品，其中双A级标准达到或接近有机标准，而相对于有机产品高昂的价格来说，绿色食品又显得那么平易近人。在食品安全备受关注的今天，绿色食品受到越来越多消费者的关注，在消费者食谱中也具有越来越重要的地位。

食品安全高于一切。中央提出要用最严谨的标准、最严格的监管、最严厉的处罚、最严肃的问责，确保广大人民群众"舌尖上的安全"。

安全优质理念在先

绿色食品遵循"从土地到餐桌"全程质量控制的理念，制定了以全程质量控制为核心的绿色食品标准体系，包含产地环境质量标准、生产过程标准、产品质量标准和包装、贮运标准四大组成部分。绿色食品"安全、优质"的鲜明质量特征和"从土地到餐桌"全程质量控制的管理模式，受消费者的信任和社会的关注。经过10余年的质量控制研究探索，现在，对于绿色食品已逐渐形成了一套基于产品质量安全的质量控制模式和相应的标准体系，创立了特色鲜明的发展模式。

一是绿色食品标准化生产模式。绿色食品实施"环境有监测、操作有规程、生产有记录、产品有检验、上市有标识"的全程标准化生产模式。通过技术服务、专业培训、基地建设、产品认证等方式，落实了统一的管理制度和技术措施，实现了从产地环境、生产过程、投入品使用、产品质量全过程的有效监管，既保障了绿色食品质量安全水平，又提高了农业标准化生产水平。

二是绿色食品质量保障模式。绿色食品建立了"以技术标准为基础、质量认证为形式、商标管理为手段"的质量保障模式。参照发达国家农产品和食品质量安全标准，绿色食品建立起了科学、严格、系统的标准体系，整体达到或超过国际先进水平。目前，由农业部发布的绿色食品行业标准总数达到204项。绿色食品认证主要是依据技术标准和认证程序，对标准化生产和管理体系、产品质量进行规范性检查、有效性审核和公正性评定。为了维护品牌的公信力，绿色食品依法实施标志管理，并推行企业年检、产品抽检、市场监察、产品公告四项基本监管制度。

全社会对绿色食品品牌的关注度和期望值越来越高，绿色食品承担的社会责任越来越大。我们要立足精品定位，坚持"从严从紧、宁缺毋滥"的原则，不降低质量标准，不降低准入门槛，不降低"含金量"，始终保持标准的先进性、认证的规范性和监管的严肃性。通过完善标准体系，落实标准化生产，完善以"坚持标准、规范认证、加强管理、风险预警"为核心的认证制度，加强证后监管，强化淘汰退出机制，确保产品质量稳定可靠，品牌形象令人信赖。要通过坚持不懈的努力，使绿色食品始终成为我国安全优质农产品精品品牌的代表，始终成为引领高端农产品生产和消费的"风向标"。

2014年，整个绿色食品工作系统认真贯彻中央农村工作会议和全国农业工作会议精神，按照国办106号文件和农业部1号文件关于"农产品质量安全监管工作"的总体部署，准确把握"三品一标"在农产品质量安全工作中的基本定位，牢固树立服务全局的"一盘棋"思想，坚持"稳中求进"的方针，继续稳步推进绿色食品、有机食品持续健康发展，树立安全优质农产品品牌，示范农业标准化生产，提升农产品质量安全水平。

全程质量控制

绿色食品实行的是"全程质量控制"，证后监管是其中的一个重要环节，也是农业部《绿色食品标志管理办法》规定的法定职责。多年来，中国绿色食品发展中心主要从四个方面入手：一是建立和实行严格的监管制度，包括用标企业年检、用标产品质量年度抽检、绿色食品标志市场监察与打假以及质量风险预警等工作制度；二是加强认证产品信息公开，通过报纸公告、网站查询等渠道，尽可能让消费者了解、知情，方便社会公众监督；三是主动开展市场监察，一经发现假冒产品，立即移交工商部门查处；四是联合、配合质监、工商等行政执法部门共同打击、依法查处假冒绿色食品，始终保持高压态势，让假冒绿色食品企业付出高昂代价。

为保证以上各项监管制度和工作措施的有效落实，中国绿色食品发展中心还专门组建了绿色食品标志监管员、企业内部检查员和质量安全预警管理专家组等工作队伍。目前全国持有效证书的监管员3 129人，覆盖了全国80％以上的地市、超过50％以上的县市；注册登记并核发证书的企业内检员总计12 351人，基本实现全覆盖。

通过这些制度与措施，有效保证了绿色食品的质量安全水平。2013年，各级农业主管部门共抽检绿色食品产品3 891个，抽检合格率99.3％；全国共检查了近90个城市或地区的187个各类市（商）场，包括135个超市、38个全国主要农产品批发市场或农产品交易中心、12个绿色食品专卖店、2个便利店，发现并依法查处了27个企业生产的39个假冒绿色食品产品。

为加强和规范绿色食品质量安全预警工作，中国绿色食品发展中心成立了绿色食品质量安全预警管理专家组。专家组主要由承担绿色食品产品质量检测的相关机构推荐的专家组成，首批12位专家来自全国不同的农业领域，具有各自的专业特长，基本覆盖了绿色食品各类产品和技术领域。专家组的成立进一步提升了绿色食品质量安全预警工作的能力和管理水平，更加强化了绿色食品质量管控和风险防范的规范性和有效性，也是建立绿色食品证后监管长效机制和贯彻落实农业部农产品质量监管年工作部署的一项重要措施。

专家组作为绿色食品质量监督检查工作的技术支持和保障，主要发挥三方面作用：一是为绿色食品质量安全预警及风险防范及时提供建议，开展信息交流；二是借助专家在不同专业领域的技术优势，帮助中心做好风险信息分析和判断；三是在质量安全应急处理、信息发布、公众释疑解惑等方面发挥独特的技术支撑作用。

除上述制度和措施外，围绕确保质量安全，中国绿色食品发展中心还在很多基础工作上加大了工作力度。一是完善标准体系，2014年再修订15项绿色食品标准，根据实践要求调整完善相关标准的内容，更好地服务于绿色食品的审核与监管工作；二是扎实推进绿色食品原料标准化基地建设，2014年再完成50个基地的创建工作，认真组织落实各项标准化生产管理措施，把好基地产品质量关；三是加强绿色食品检查员、监管员和企业内检员的培训，提高素质，增强质量安全管理能力；四是建立和完善绿色食品、有机食品审核与监管信息系统，提高信息化水平，为提升审核透明度和监管效率提供信息平台支撑；五是加强宣传，多种形式宣传绿色食品理念和质量管理模式，宣传绿色食品信息查询追溯体系，让更多消费者认知绿色食品。

（吴杰　原载于《优质农产品》2014年第4期）

加强无公害农产品认证势在必行

近几年，消费者对吃上放心菜、放心米，保障身体健康和生命安全的需求日益强烈，这无疑对农产品的质量安全提出了更高要求。对农业来说，也经历着一场历史性跨越和转变，不仅要提供数量充足、品种丰富多样的农产品，而且要求提供的农产品要营养、健康、安全。无公害农产品认证是推行绿色农业生产方式，全面提升农产品质量安全水平的有效手段，是实现传统农业生产向现代农业转变的重要推动措施，需要引起更加广泛的重视。

无公害农产品认证，执行的是无公害农产品标准，部分涉及健康安全的指标执行国家强制标准。认证的对象主要是百姓日常生活中离不开的"菜篮子"和"米袋子"产品。无公害农产品认证的目的是保障基本安全，满足大众消费，是一项政府推动的公益性认证。认证模式采取产地认定与产品认证相结合，运用了从"农田到餐桌"全过程管理的指导思想，打破了过去农产品质量安全管理分行业、分环节管理的理念，强调以生产过程控制为重点，以产品管理为主线，以市场准入为切入点，以保证最终产品消费安全为基本目标。产地认定主要解决生产环节的质量安全控制问题，产品认证主要解决产品安全和市场准入问题。无公害农产品认证的过程是一个自上而下的农产品质量安全监督管理行为，产地认定是对农业生产过程的检查监督行为，产品认证是对管理成效的确认，包括监督产地环境、投入品使用、生产过程的检查及产品的准入检测等方面。无公害农产品认证推行"标准化生产、投入品监管、关键点控制、安全性保障"的技术制度，从产地环境、生产过程和产品质量三个重点环节控制危害因素含量，保障农产品的质量安全。

大力发展无公害农产品认证，对建设农业生态文明和保障消费安全有重要意义，符合现代农业的发展要求。自21世纪初开始发展无公害农产品以来，在各级政府和农业部门的积极组织和推动下，无公害农产品产地认定和产品认证数量不断增加，无公害农产品总量已具备一定规模。但还存在以下几方面问题：

一是认知程度不足。无公害农产品消费意识还未深入扎根于每个消费者头脑中，消费群体仍十分有限，导致市场需求量不大。无公害农产品产量少，市场有效供给不足，且产品档次不高，难以刺激消费者的购买和消费欲望，造成无公害农产品没有获得相应的较高收益回报，价格低于价值，挫伤了生产者的积极性。

二是统分经营矛盾突出。无公害农产品标准化生产要求农产品生产、管理、采收、包装等采用统一的标准来组织实施。但是，目前农村实行的是家庭承包经营制，很难把千家万户的生产统一起来，按照一个模式组织生产。"小农户"与标准化生产矛盾突出，单家独户的种养殖方式难以满足标准化的要求，加大了无公害农产品生产的标准实施、日常监管难度。

三是重申报轻管理。部分企业和专业合作社申报了无公害农产品后，疏于管理，缺乏对生产人员进行科学施肥、安全用药、先进栽培技术的培训，不按照标准规范生产，导致由于使用农药、化肥等生产资料不当和生产操作规程执行过程中的失误造成产品污染，生产的产品品质下降，达不到无公害农产品质量标准。

因此，要发挥无公害农产品认证工作在发展现代农业上的积极作用，需要加强以下几方面工作。

一是加大宣传，增强农产品质量安全意识。要采用多种形式宣传农产品生产标准化技术及人们对无公害农产品质量的要求，使农民把发展无公害农产品真正变成自觉行动。要着力培育一大批无公害农产品生产示范带头人，带动千家万户的生产者生产无公害农产品，提高广大农业生产者的科技素质和生产技能。在生产过程中，要严格按标准化生产技术规程组织生产，严格记录生产、加工、包装、生产资料使用和病虫害发生与防治等情况。同时，农业部门要进一步加强无公害农业关键技术的开发，完善农业标准化生产技术和操作规程，努力提高标准化生产的操作水平。

二是加强示范，引领无公害农产品发展。采取示范引路、逐步推进的办法，制定相应的生产操作规程，采用试验示范、以点带面，加快无公害农产品生产技术的推广与普及，通过建设无公害农产品生产试验示范区，进一步推动无公害农产品发展。要大力拓展生产规模，努力增加产品总量，在保证质量的前提下，继续鼓励和支持企业申报无公害农产品，加快无公害农产品生产基地建设和产品认证工作。

三是加强监管，提高质量安全水平。加强执法、监督及检测队伍及基础设施建设，定期和不定期抽检产品质量，确保对产品质量的适时监控。同时要督促生产企业及基地制定并实施自检制度，共同把好产品质量关。实行基地准出制度。基地的农产品必须通过检测，并标明"身份"，包括产地、生产者、生产日期、联系地址、电话和检测合格证明等才能进入市场，检测不合格的农产品禁止走出基地。此外，要加强对生产基地和投入品的管理，防止产地、产品受"三废"和不符合生产要求的农业投入品污染，真正实现产品从田间到餐桌全过程的质量控制。

四是加强体系建设，保障无公害农产品

发展。发展无公害农产品是关系到人民群众身体健康的一项民心工程，是为人民办的最现实、最直接的实事。要拿出真金白银，设立无公害农产品发展专项资金，重点支持农产品基地生态环境改善与建设、无公害农产品生产技术研究与推广、质量保障体系建设等；要引导农业生产者积极开展产地认定和产品认证工作，帮助他们解决认证过程中的困难，并采取以奖代补的措施，将无公害农产品认证的费用纳入支持范围。

五是发挥主体作用，引领无公害农产品发展。通过积极发展、培育、扶持龙头企业、家庭农场和农民专业合作组织来提高生产者的组织化程度，推动无公害农产品发展。通过发挥这些主体的带动作用，把农民组织起来，按照无公害农产品生产要求进行生产，提升规模效应，促进农业增效、农民增收、农村富美。

（王爱华　原载于《优质农产品》2014年第4期）

发展优质农产品需要适度规模

优质农产品通常是依靠产业化经营，提高产量，保证质量，造就品牌，形成气候，获取显著效益。因此，适度规模便成为优质农产品生产必要的条件和基础。

生产优质农产品，粮食、蔬菜、水果……都需要比较多的肥沃土地，几公顷土地无法实现产业化经营。现在一些知名优质品牌，都是由比较大的专业大户、农民合作社、家庭农场、合作企业、农垦农场在几十、几百、几千公顷良田里培育出来的。在几百、几千公顷连片的土地上，他们才能更好地使用先进的滴灌设备，浇灌禾苗茁壮成长；他们才能用先进的农业技术提高农产品质量和产量；他们才能更好地用先进农机具进行耕耘、除草、收割……获得累累的优质硕果。如果只有较少的几公顷，那些先进的滴灌设施、那些先进的技术、那些先进的大型农机具就没有了用武之地，而且会造成严重的浪费，加大了优质农产品的成本。所以，要实现优质农产品产业化经营，生产出又多又好的优质安全农产品，就必须有一定的土地规模。

在发展优质规模经营中，要认真执行国家流转农民土地政策。要稳定农村土地承包关系并保持长久不变，坚持农村土地集体所有权，稳定农户承包权，放活土地使用权，在以家庭承包基础上，允许农民以承包经营权将土地入股，发展集体经营、合作经营、企业经营，从而实现优质农产品产业化、规模化经营。

在发展优质规模经营中，一定要充分尊重农民意愿，保护农民利益。土地是农民的命根子，是农民赖以生存的根本。在流转农民土地过程中，不可行政命令，不可强制推动。如果违背了农民的意愿，侵害了农民利益，挫伤了农民积极性，即使勉强把土地集中起来，把农民拉在一起，这样建立起来的农民合作社、大型农场，生命力也不会长久，规模也是不牢固的，也不会生产出更多的优质农产品。

在发展优质规模经营中，一定要从国情出发，要因地制宜，循序渐进，不能搞大跃进，要防止土地过度集中。农业种植不是规模越大越好，要坚持规模适度，要与农业科技进步和生产手段改进程度相适应，要与农业社会化服务水平提高相适应，要与市场发展需要相适应，这样才能保证优质农产品产业化经营健康发展。

（寒冬　原载于《优质农产品》2014年第4期）

应对农产品质量安全问题的思考

近年来，有关食品、农产品质量安全的事件层出不穷。最近，个别地区又爆发了镉大米、毒淀粉、猕猴桃膨大剂等事件，农产品质量安全事件在任何时间、食品生产的任何环节都有可能滋长，其隐患长、表现多、原因杂，成为有关部门对质量安全监管的重要挑战。

如何更好应对农产品质量安全事件的发生？笔者认为有三个方面：

一、坚持实事求是的科学态度

实事求是，要求我们面对问题、解决问题要从实际出发，进行深入细致地调查和了解，进而做出科学的判断。在具体工作中，更加需要本着实事求是的态度，脚踏实地地解决和处理问题。

一是实事求是地查明事情的来龙去脉。三聚氰胺事件出现在美国宠物食品中的时候，如果当时就重视该事件，实事求是、举全国之力查处"非法添加行为"，就可以更早一步发现奶粉问题，从而采取有效措施，不致酿成后来之祸。瘦肉精事件也是如此，就问题而问题，发生一件就查处一件，没有深入细致地分析事件的产生机制，导致屡禁不止。没有从源头扼杀，带来了不好的社会影响。

二是客观报道事件。在食品安全事件发生以后，要以处理危机事件的严肃态度来对待，高度重视事件的处理态度和各方面的意见。在面对媒体和公众的时候，一定要以客观调查为依据，还原事实的本来面貌，不要加入过多的主观臆测。遮遮掩掩，反而是欲盖弥彰，让媒体和公众去揣度，带来不必要的虚假舆论和炒作空间。

三是主管部门要讲诚信。诚信是应对和处理社会公共危机事件的重要素质，因此政府更要讲诚信。若即若离、闪烁其词的回避态度和"雨过地皮湿"式的处理问题的方式，不仅无法从根源上杜绝农产品质量安全事件的发生，反而会助长失德群体的歪风邪气，并最终导致问题无从解决。

二、普及食品安全知识

农产品质量安全是一门正在发展中的学科。举个例子，从毒性上来说，三聚氰胺的毒性是甲胺磷的 1/150，是敌敌畏的 1/42，但引起全国乳品行业风暴的，正是这看起来微不足道的一类物质。可见，食品安全问题不在于物质本身的毒性，而在于这种物质暴露的量的多少。学过毒理学或者稍微懂一点农药知识的人应该清楚，农残不会彻底消除，蔬菜有少量残留，经过家庭蒸煮处理，农药的残留量会大大降低，不致对人体产生伤害。

普通消费者不具有专业知识，而对事件的认识，恰恰需要掌握科技知识的机构向社会去普及。面对广大民众在科学知识方面的现状，应从以下几个方面做好宣传和贯彻。

一是加大科研、科普投入力度。研发有效鉴别农药残留、重金属检测等技术手段以及便民化应用措施。加大科普教育，从科学的角度，由表及里，由浅入深地向广大社会公众传播食品安全知识。二是推广普及安全食品消费常识。多渠道、全方位开通食品安全信息沟通平台，使民众更好地了解食品安全研究新进展和一些食品消费、农药残留治理等方面的常识。三是科学引导舆论导向。随着新媒体技术的日新月异，信息的传播不是"一日千里"而应该形容为"一秒万里"的速度，在这样的背景下，我们在应对食品安全突发事件时更要通过科学的态度，将危机化解在萌芽状态。通过科学的手段引导媒介和公众，让广大公众了解官方的态度，事件的处理进展，尽可能还原事件的真相，以树立国家食品安全的形象和广大消费者的信心，确保我国食品安全水平稳中求进。

三、健全安全监管机制

从乳品行业"三聚氰胺"和猪肉"瘦肉精"类似事例可以看出，食品行业的监管与产业本身存在"两张皮"现象，政府监管与产业发展之间存在严重的脱节。如果国家对食品的监管措施不能执行，各种监管的手段实施不了，监管的政策不能落地，甚至对产业、行业的发展动向都不了解，何谈有效监管？

这种现象产生的原因是由于信息不对称，导致了监管的低效率甚至无效。信息不对称表现在：第一，监管措施落实不到位，或者是落实性不好，或者是遇到干扰因素很容易受到阻碍。第二，监管层面难以避免地存在寻租、委托代理问题、道德风险等情况。第三，食品安全事件出现毫无规律性可循，而我国目前尚未建立有效有序的应急处理机制，风险预警没有得到更好地应用。因此，笔者建议从三个方面落实监管措施：

一是下大力气寻求监管制度创新的好办法。《中华人民共和国食品安全法》《中华人民共和国农产品质量安全法》等法律法规的颁布出台，食品安全已经且必然成为政府责任，各级政府、农业、工商、质检等执法部门对食品安全越加重视，一系列监督抽检和专项整治行动纷纷开展，从一定程度上扭转了我国食品安全先前的窘局。然而，在任何体制中，决策、执行和监督都是不可或缺的

条件，因此需要设立监督制度，创新现有的监管制度。

为了更好地制约监管部门，需要设置网络化监督机制，形成制约监督者的不正当和不作为行为的长效机制，从而不断完善监督信息，保证监督的效力。

二是运用一切手段努力减少信息不对称。食品安全的信任品特征，导致消费者即使在消费了食品以后，也难以获取和评价有关食品质量安全和营养保健等信息，在传递食品质量的信任品特征方面，市场信息几乎完全失灵，对于食品质量方面的特征状况，消费完全无法获得，这就使得消费者处于一种信息极不对称的状况下，任由食品生产者"摆布"。在这种情况下，应建立通畅的信息沟通渠道，还消费者以足够的食品生产信息知情权。

三是重视以风险分析原则为基础的监管模式的作用。风险分析是针对国际食品安全性应运而生的一种保证食品安全的理论和管理模式，同时也是一门正在发展中的新兴学科。美国是最早将风险分析引入食品安全管理的国家，而英国、德国、日本、澳大利亚等发达国家也相继开展了食品安全风险分析方面的研究和尝试。我们应充分发挥以风险分析为基础的监管体制的作用，投入精力于风险的收集、分析和研判等方面，将监管的重点关口前移至质量安全问题发生之前。这样做一方面，可以为农产品质量安全学科积累大量的可记载性资料，另一方面，可以将农产品质量安全事件发生的频次降低，最大限度地保障人民的生命财产安全。

（杜海洋　原载于《优质农产品》2014年第6期）

快速构建品牌农业营销体系的思维检索

中国是农业大国，但称不上是农业强国。横向环视列国，尽管不是国土广大者，且如

英国、法国、荷兰、日本、以色列、韩国等国土面积基本小于或等于中国一个省的疆域，

但都早已荣居农业强国之列。当然这与他们发达的农业科技、现代化管理、高度机械化、生物技术等因素有关，但最不可忽视的一个因素就是农业的品牌营销。

那么，品牌农业如何多快好省地营销？营销中要注意把握什么核心精髓？做农业品牌营销的步骤是什么？

首先谈下我们应如何在漫无边际的营销理论之海中挖掘并再提升成适合品牌农业框架下的品牌构建思维，并从中找到方法论。

近几年一直致力于涉农企业品牌营销的元创新，其中有三个"舒尔茨"，我称之为品牌农业的三驾马车，从三位巨擘身上能快速检索出涉农企业建树品牌的思维体系。

第一个舒尔茨是西奥多·舒尔茨。他是美国经济学家，因对发展经济学和农业经济学的贡献获得诺贝尔经济学奖。早在20世纪六七十年代就提出改造传统农业的论见，并开创性地把农业发展观从农学领域中划分出来，把之纳入到更广阔的经济学范畴。既然是经济学，自然要关注资源的配置问题，而现代农业面临的不可回避的课题就是：资源有限，需求无限。前半句是数量农业的物理状态，不可能无限扩容；后半句是解决之道，即结合人类的欲求，探讨资源的重新配置。那么这里的资源就要从"有形"走向"无形"，即意识形态的文化价值，以软性的力量来提升有形有限资源的附加价值。比如说从数量农业的角度而言，产能是有限的，功能也是有限的，假设我们讲大兴安岭的蓝莓及其深加工产品，首先它的保健与食养功能非常好，可是有限的，也不可能再延展了，如果大家都卖这有限的功能必然是同质化，同质化的结果是打价格战，两败俱伤。再次这蓝莓因受产地条件所限，产能有限，不可能无限扩容，如果没有很好的溢价理由，整体利润空间将受制于产能。这时解锁之道就是要化"有形"为"无形"，为有形的蓝莓赋予独有价值。所谓"一方水土养育一方人，也

养育一方动植"，就这个定律而言，无论是蓝莓产品还是其深加工的产品就都有了可挖掘的独特空间了，很好地提炼出来，成为自身品牌的差异化价值，以此对应目标消费者某特定需求，我们就有了一对一的购买诱因。西奥多的贡献在于打开了我们的营销视野与格局，让我们暂时放下产品，不要只就产品卖产品。我们必须深刻地洞察到当下物质产品已经不是市场交换的主要对象了，这个对象变为了创意、想法，而产品是承纳它们的载体。

第二个舒尔茨是霍华德·舒尔茨。在发达与发展国家，当我们漫步在主要城市的街头，我们会发现有三种颜色的店面出现的频率最高，分别是大红的麦当劳、西洋红的肯德基、墨绿的星巴克。尤为一提的是，星巴克就是典型农产品咖啡的龙头企业，而霍华德先生就是星巴克的BOSS，可以说是品牌农业的实践代表。20几年前他还是个厨具推销员，之后他用区区25年，令星巴克成为世界品牌价值TOP10的榜上客。他是如何做到的？当人们问他成功的真谛，他说"一切与咖啡无关！"，或许这话有那么一点点言过其实，但也正中要害，纵观星巴克我们会发现咖啡成为了人们在咖啡馆饮用的道具，人们在这里看似喝咖啡，实则是在享受家与公司之外的第三空间。在这里人们的眼耳鼻舌身意六根被体验包裹，优雅享受着美国咖啡大排档的环境布置；小资的虚荣体验、悠闲自得、人文气息；甚至上网打发时间、自娱自乐、观看美女。据说一杯接近40元的咖啡，咖啡豆的成本不过1元而已，这么高的溢价完全超越咖啡本身的价格，而这也正是霍华德的"一切与咖啡无关"，非常值得涉农企业们引以为思。

第三个舒尔茨是唐·舒尔茨。他是美国西北大学商学院的整合营销传播教授，整合营销传播理论的开创者。涉农企业可以从他身上收获营销推广的根本精髓。这个要展开就太占用

篇幅了，简明地讲，他提出的"一致性传播策略"是必须要心领神会，这是整合营销的关键的关键，是品牌建立独特价值的 DNA，企业的人地物货财事信及企业经营的所有资源都受这个 DNA 的遗传代码引领，这样企业各部门不管如何分兵作战，都可以"形散而神不散"，形成合力共生和共同加权这个品牌。另外，他的接触点管理也是极其重要的开示，我们知道一个品牌的成名，推广传播是必须手段，也占用很多预算，实际运作中可能采用公关活动、广告、事件营销、展览展示、社交媒体、促销活动、直效行销等，这其中每一个战术都与目标人群有着不同的接触点，它们直接影响着品牌认知。如何管理这些纷杂的接触点，事实上这是个从源头就要搞定的，否则到了与消费者真正接触时来不及了，那么这个管理其实也要从"一致性策略"找答案，令所有接触点统筹在合一的品牌生态环境之中。其他还有很多受用的思想体系这里不一一展开。

接下来从品牌农业元创新营销的角度，谈下品牌农业营销的八大步骤：

第一是价值重构

以文化产业和创意经济的视角重新进行资源分类和价值评估。从整个地区的物质资源、精神资源、关系资源、经验资源、政治资源、文化资源、经济资源、能量资源等诸多资源进行综合考量。要开发视野，形成一个大的、统筹兼顾、全面协调的资源观，用创产文明的视角、财富 3.0 的眼光，先整理、判断、创新，后连接、转化、整合。这不是一常规意义上的调研，它是在为品牌垄断性价值的挖掘出行铺陈。

第二是零级开发

在一级开发之前（或新产品、或新品牌、或新企业），在动用人地物货财事信之前，先进行策划规划，深入挖掘信息，发掘垄断性价值，先在无的状态中把品牌的 DNA 与更

大溢价空间找出来。

第三是品牌资产规划

品牌资产包括无形资产、象形资产、拟形资产和有形资产。这是未来现在时思维，是品牌的吸引力法则，将为品牌带来三大效应：想什么就吸引什么（意志吸引）——意识；像什么就吸引什么（形象吸引）——物质；做什么就吸引什么（行动吸引）——能量。

第四是产品规划

树立产品"媒介终端为王"观，它是物质，更是信息空间，它虽是使用功能体现者，但更是各种象征性符号的道具。另外，作为系列，产品组合中哪个是形象产品、利润产品、阻击产品……定价策略是什么。

第五是整体品牌形象设计

包括品牌美学标准、视觉识别（VI）、包装、创意设计、海报等宣传物料、终端展示系统，建立标准、实施和相应的保障知识体系。

第六是渠道规划

传统的渠道规划自不必说，电子商务是必须善巧利用的渠道模式，更是大势所趋，大家都站在飓风口，但所有猪都在这里排队，最终能否飞得起来，首先要在众金黑猪白猪之中把自己变成一头紫猪，塑造出自己的绝妙性竞争武器。

第七是整合营销传播

这个在上述讲到的唐·舒尔茨时提及，这里不多说了。

第八是公司内部品牌导向的治理结构

企业的营销主要分为两大板块，即对外营销与企业的对内营销，以奥美传播集团 360 度模型为代表的营销是典型的对外营销，

而内圣才能外王，我们现需要 720 度构建品牌农业的治理结构。

（祁天极　原载于《优质农产品》2014年第 7 期）

让品牌红利回报所有人

为品牌信任支付产品溢价

品牌非常重要。就全球市场而言，品牌实际上是变得日益重要。在荷兰、英国和美国这些国家，甚至单个种植者在蔬菜和观赏植物上都已经创造了自身独特的品牌。他们可以大批量销售自己的农产品，这样他们就会比以前创造更多的利润。

而更多的利润意味着他们可以投资，这不仅关系到他们自身的利益，而且是和所有人的利益息息相关。因为需要投资农业，以养活这个星球上的人类。

品牌红利回报的不只是种植者、种植合作社或贸易公司，最终一定是所有人。

如果某个产品的质量是可靠的和可持续的，消费者将对这个品牌的产品更有信心，品牌也有助于把消费者的钱落袋为安。而种植者和技术公司可以有更多的投资，如果他们的业务是盈利的、创新的、急剧变革的。

农业品牌要强化自身价值，首先和最重要的是要信守自己的承诺。在今天的中国，可以仅使用食品安全这个单一的概念来打造鲜活农产品品牌。食品安全，在每个人的心中，互联网上也到处都是关于食品安全的新闻和讨论。消费者正在为他们所购买的、他们所吃的产品感到担忧。

如果一个品牌能保证和证明（不只是宣称）其产品是安全的，不含有对人体有害的化学物质、激素、抗生素和其他高风险物质，信任将被创建。相比于现在市场上那些存在诸多不可控、危险因素的产品，估计也有一半以上的消费者，将愿意为这个品牌的产品支付溢价。

将食品安全承诺转化为投资

信任是最重要的。为建立值得信任的、确保食品安全的产品，技术是必要的。但信任主要是一个心理和道德层面的问题。生产商和贸易商应该关心客户的健康，并意识到现在一些额外的投资（可靠的饲料，减少化学物质等）将会在未来得到双倍的偿还（长期销售，更高的价格，并最终出口到需要的市场）。如果生产商和贸易商愿意为此这样做，那么技术将会大展宏图。

如果政府或其他组织可以通过提供更好的设备、安全基本材料和培训帮助农民，这样可以加速信任创建的这一过程。

建立信任机制、培养消费者的品牌忠诚度，要信守承诺。应将在最近的政府和人民代表大会的长期计划以及公告中高度重视的食品安全和食品保障转化为具体措施和投资。最好建立某种形式的"购买力平价"或公私合营的伙伴关系，这也意味着政府对私营企业、种植者工会给予补贴、提供便利设施等，并同时监控这些设施用得好而不是消失……

如果缺乏知识或专业人才，制造商也可以通过把更多的精力放在售后服务和针对农民的培训计划、聘请外国专家而受益。再次，这些支持制造商的行动可以由政府通过财政激励措施而促进（比如利用税收工具）。

品牌保护从来都不容易

创建、培育和保护品牌，借鉴国外经验会比较好，也可以以此来看一下如何通过使用中国传统文化元素为中国做出正确的选择。

因为假冒产品仍然猖獗，所以品牌保护从来都不容易。持续信任一个品牌最好的方法，就是对销售渠道制定好的协议（比如只能通过电子商务和选定的超市/经销商进行销售）以及向更多的公众发布这些协议。这也意味着声称有相同品牌产品的其他卖家将自动被视作假冒。

中国很多行业的一大特点是"大"而不强，农业也不例外。多项农产品产量居世界前列，国际性知名品牌却是稀缺资源。

品牌发展是一个长期的事情，不能一蹴而就。遗憾的是，在中国特别是在农业领域，短期利润仍然是领先的原则。结合食品安全和食品生产商对顾客健康责任的欠缺道德的态度，需要的是一个道德活动（由中央政府发起，希望在可能的最高水平），并立即继之以技术、金融和教育项目支持食品生产商（农民、种植者）、批发商、食品加工商（工厂、包装中心等）和零售商/经销商。一开始它并不容易，但这是唯一的出路。

（荷兰英领咨询董事总经理 Oscar Niezen 原载于《优质农产品》2014 年第 8 期）

品牌农业助推服务平台呼之欲出

搭建品牌农业助推平台成为 2014 中国品牌农业发展大会的重要成果。与会专家认为，当前，我国农业品牌建设已经扬帆起航，但尚缺少清晰的思想、理论和政策体系，整体发展水平仍然较低。参会的多家研究机构、众多业内专家经广泛研讨和论证，在中国品牌农业大会执委会指导下，决定共同打造"品牌农业助推服务平台"，为地方农业产业发展、新型农业经营主体提供研究、宣传推介和咨询服务。

据介绍，该平台围绕着"如何提升品牌农业企业竞争力""如何把握产业政策方向""如何整合资本资源""如何开展品牌营销和创新"等问题，将开展以"中国农业品牌竞争力研究"和"中国品牌农业助推工程"为核心的一系列助推服务，从理论和实践的角度，助力地方产业、新型农业经营主体以及农业园区建设，推动品牌农业快速发展。

农业品牌竞争力基础研究启动

当前我国品牌农业的研究多建立在发达国家品牌农业理论和实践的基础上，缺少创新。纵览国内外有关品牌农业研究文献，我们发现当前的研究对象多集中在品牌的内涵、品牌农业战略、品牌农业建设的现状、存在问题与对策举措等方面，缺乏对我国农业品牌竞争力的系统研究。中国人民大学农村发展研究所所长王家华说，农业品牌竞争力研究将着重从理论角度为地方农业产业、新型农业经营主体以及农业园区建设提供智力支持。

科学系统地分析研究农业品牌竞争力对推进我国品牌农业发展，加快农业产业化发展和现代化进程有重要意义。通过梳理国内外企业竞争力研究理论，结合品牌农业企业成长历程，运用专业的指标体系和价值准则，发现、挖掘和弘扬品牌农业的标杆力量，衡量、评判和揭示不同品牌农业企业竞争力差异的原因，为地方产业、农业企业和农业园区提升竞争力，提供理论依据和实践参考。

据介绍，本研究主要围绕企业外部资源、内生要素和品牌与市场三个维度，从产业政策、产业资源、产业资本、人力资本、技术创新、管理能力、品牌和市场八个方面综合衡量一个农业品牌或农业企业的竞争力。同时，将在国家级、省市级农业龙头企业中，按米面粮油、干鲜果蔬、茶产业、肉禽蛋奶、淡海水产、农业服务业六大类，甄选出优秀的品牌农业榜样企业，通过跟踪研究、宣传推介和智力支持，帮助打造品牌企业，增强其带动能力。

品牌建设需求者可获公益服务

为了使基础研究能够真正发挥实效，与会专家认为，必须要把研究和实践结合起来，品牌农业公益助推工程正是题中应有之意。工程将在全国范围内，采取专案、专项的系统跟踪研究，帮助和推动一批农业产业、农业企业和农业园区的健康、快速、发展。品牌农业助推工程突出公益性，强调实效性，致力于全面分析、考察品牌农业企业和区域品牌农业园区在外部资源整合、内生要素潜力和品牌与市场营销实力的优劣势，切合企业和园区发展实际，帮助解决发展过程中遇到的实际问题，推动品牌农业的发展。

为调动社会力量共同参与品牌农业建设，品牌农业助推工程将采取地方政府和农业部门推荐、专家参与评价的方式，在每个产业中选择具有典型地域特色的企业和农业园区作为品牌农业助推工程的帮扶对象。每个省份限5个名额，每个产业1个名额。

品牌农业助推工程是一个集专业咨询、媒体宣传等服务为一体的平台，产学研、政媒智、资介商，资源共享、多维互动，凸显品牌效应。有需要的将享受从产业政策解读到品牌宣传等一揽子整合服务，既有战略定位，也有战术支撑。

产业政策方面，汇集一批卓越的农业产业政策专家和学者，把脉国内、国际农业产业化发展趋势，准确把握农业产业化发展的新形势、新任务、新机遇，把握农业政策的本质。通过解析国家对农业产业发展的战略规划和政策指引，指引品牌农业企业和区域品牌农业园区科学合理利用农业政策。

品牌宣传方面，汇集品牌建设与宣传方面的专业人士，立足品牌战略高度，帮扶品牌农业企业和区域品牌农业园区进行合理规划，从品牌战略定位、品牌价值挖掘、品牌保护等方面，全方位协助地方政府及企业。

我国农业发展已经到了大力加强品牌建设的发展阶段。夯实品牌建设基础支撑、不断创新品牌建设方式方法、优化品牌建设政策环境是紧迫任务。地方政府及农业企业要站在品牌建设战略高度，不断挖掘要素潜力，发挥资源整合能力，才能提升地方产业及企业的综合竞争力。

（尤萱　原载于《优质农产品》2014年第11期）

以科技和金融推动现代农业品牌建设

科技和金融是现代农业品牌建设的核心要素。现代农业的品牌建设，必须科技成果产业化加上金融资本前期的支持投入，缺一不可。

首先，农业科技成果产业化是现代农业品牌树立和建设的基础。农产品的功效和质量是基础，农业产品如果没有科技为依托，没有自己的特性和明显优势，没有过硬的安全品质，也就没有实质基础。

现在农产品一涨价就拉升消费者价格指数（CPI），导致CPI一旦升高，政府马上就开始平抑农产品价格。导致多年来，直到现在农业都是微利、甚至亏损的恶性循环，即使有政府补贴，但限价政策直接对农业行业产生了压抑，导致了长期低迷。解决的方法就是，加快农业高新科技产业化，提高农业生产效率，做出新格局，重铸新产业。

还可以发现，现代农业高新技术改变的不仅仅是数量——虽然可能是以数量的形式表现出来，现代农业高新科技是通过生物、基因、分子等最新科研成果和技术手段，从根本上改变了传统农业的本质，这是最令人激动和振奋的。

这些高新技术的产业化应用，农业生产效率大大提高，传统农业可以焕发出全新光芒！在现代科技力量主导下，农业产业有望迎来脱胎换骨的升级换代。所以，农业品牌建设的基础在于农业科技，只有实实在在地提升，才有宣传推广的资本。

第二，金融资本的加入必不可少。结合农业最新的科技成果，辅以金融资本的慷慨投入和支持。在原有传统农业品牌基础薄弱的基础上，加大营销推介力度，提高品牌影响力。通过各类展示、展销活动，充分运用各种媒体，推介和宣传品牌，形成政府重视、企业主动、消费者认知、多方合力推进品牌农业建设的良好氛围。

金融资本是逐利的，遵守最现实的商业游戏规则。由于农业企业投入周期长，产出少，大部分企业都无法有太多宣传。金融资本的出现改变了这一切，它可以为有发展前景的企业烧钱，做前期铺垫。尤其是有技术核心的，有光明发展前景的，市场资金必定趋之若鹜。

现在资本市场资金多，好项目少。大家投资的方向都是互联网、高科技等，讲个故事就可以有诸多资金飞奔而去，传统农业却极少有人关注。想得到金融资本的青睐和支持，农业行业一定要有故事可讲，要有脱胎换骨的概念。一旦有新技术科研成果做支撑，农业效率有了快速提升，相信嗅觉最敏锐的资本一定会跟上来，心甘情愿为农业烧钱铺垫，自发地为农业品牌做贡献。

（蒋伟诚　原载于《优质农产品》2014年第11期）

加强地理标志保护　推进区域品牌发展

农产品地理标志是我国在长期农业活动过程中形成的区域特色品牌，是重要的农业知识产权和农业文化遗产，也是传统农耕文明的重要体现。对区域特色农产品实施农产品地理标志登记保护，对我国现代农业、特色农业和品牌农业发展具有重要意义。发展农产品地理标志有助于发展区域经济、打造特色品牌、增强农产品核心竞争力；有助于强化监管、维护合法权益，保护农业生物资源多样性和传统优势品种；有助于增加农民收入、满足特色消费需求，促进国际贸易；有助于加快产业发展，提质增效，提升农产品质量安全水平。

一、农产品地理标志发展现状

2007年年底，农业部在全国启动了农产品地理标志登记保护工作。近年来，各级、各部门对农产品地理标志发展的重视程度和积极性明显提升，政策环境不断改善。国家层面，

2007年以来中央1号文件连续对加强农产品地理标志保护做出部署，十七届三中全会和国家知识产权战略纲要也对农产品地理标志保护提出明确要求，中央和国家相关重要规划计划中也纷纷对农产品地理标志保护工作予以强化。农产品地理标志登记保护日益成为新时期我国"三农"工作的一项重要任务。部门层面，农业部门高度重视农产品地理标志工作，在政策规划上有部署，在项目资金上有保障，在绩效考核上有要求，将其作为农产品质量安全、农业知识产权保护、国际交流合作等工作的重要抓手，连续开展了品牌提升、资源普查等促进活动，全力做好审查评审、制度建设、体系构建、证后管理、宣传交流等工作。地方层面，各地纷纷将农产品地理标志作为发展现代农业、打造区域经济、创建特色品牌的抓手，在规划计划、补贴奖励、宣传推广、品牌打造等方面积极推动。

二、农产品地理标志工作取得的成效

经过近年来的努力，农产品地理标志登记保护工作取得了全方位的积极进展，总体发展势头向好。制度建设方面，在《农产品地理标志管理办法》基础上配套制定了 20 多项制度规范，覆盖全部工作环节；产品登记方面，截至目前，已对 1 588 个农产品地理标志实施登记，实现宽领域、广覆盖；体系队伍方面，部省地县四级农产品地理标志工作机构队伍基本建立，聘任农产品地理标志专家评审委员会专家委员 141 名，委托定点检测机构 95 家，培训核查员 5 000 余人次。

纵观农产品地理标志发展，有三个比较直观的成效：一是品牌建设和产业发展提质。农产品地理标志带动了农业区域特色品牌的发展，促进了企业增效和农民增收。根据跟踪评估，登记后平均产品价格有 20%～30% 的提高。产业发展逐步完善，涌现出一批示范样板，并带动了文化、旅游等产业的发展。二是农产品质量安全水平提升。登记产品注重产地自然生态环境和产品全程质量控制，推行标准化、规模化生产，标志授权使用环节将产品安全性作为准入条件，对生产管控有严格限制，确保产品质量安全。三是农业国际交流合作提速。农产品地理标志已成为国际贸易交流和知识产权保护的重要内容，也是双边和多边合作交流、WTO 农业谈判及历届中欧农业农村对话的热点议题。目前正积极与欧盟开展中欧地理标志互认协议谈判。

三、下一步工作的几点考虑

首先，在发展思路上，需要树立三个意识：一是树立精品意识，用好农产品地理标志这块金字招牌，不贪多求快，真正做到登记一个、保护一个、发展一个。二是树立质量意识，将质量安全视为农产品地理标志的生命线，保持特色品质，确保获证产品不发生重大质量安全事件。三是树立全局意识，将农产品地理标志工作放到现代农业、特色农业、品牌农业大局的角度来考虑，发挥功能作用，拓展发展空间。

其次，在发展内容上，需要突出四个重点：一是推进产品登记。扎实做好资源普查工作，制订好发展规划，有计划、有重点地推进农产品地理标志登记的组织申报和审查评审工作。二是加强证后推广监管。促进标志使用推广，规范标志授权使用行为，进一步加强全程质量管控，对伪造、冒用农产品地理标志和登记证书的侵权行为进行严肃查处。三是强化品牌宣传。积极普及知识、传播理念、引领消费，提升品牌的认知度、公信力、竞争力和影响力。四是推动国际合作。抓紧做好中欧互认产品申报，并在宣贯、培训、调研、引进等方面进一步加大力度。

第三，在条件保障上，需要完善三个支撑：一是加强政策扶持，切实将农产品地理标志保护和利用依法纳入各级农业农村经济发展规划，建立完善激励约束机制。二是加强能力建设，健全工作机构，加快制度和能力建设，强化执法手段。三是完善技术支撑，充实专家队伍，加强人员培训，加大对重点领域的研究攻关力度。

（陈思　原载于《优质农产品》2014 年12 期）

品牌农业　渠道为王
——中国农产品流通渠道盘点

一起来分析一下中国农产品渠道到底有多少，每个渠道的现状是什么样子，未来有什么样的发展趋势？

先分类来看一下各个渠道的细分，特别是渠道对运作品牌农产品的机遇是什么。

把渠道分成了批发市场、商超、餐饮、专卖店、电商、会员制等领域。

第一个渠道：批发市场

批发市场的模式非常简单，产地流转到集散地，然后再到农贸市场、餐饮店，最后到消费者的手中。该渠道以大宗农产品为主，如白菜、大蒜、茄子、西瓜、苹果等，交易具有显著的季节性，所供应产品一般以当季蔬菜、水果为主。不能否认的是，批发现在仍然是农产品一个主渠道和基础渠道。目前，农产品主要还是通过这个渠道分销到千家万户中去。比如说北京新发地，新发地2013年交易量1 400万吨，交易额500多亿元，每天有1.6万吨的蔬菜和水果通过新发地流转到北京周边。

未来批发市场和品牌农业结合点在什么地方呢？

整个批发渠道在分化，一方面是渠道的分化，比如说在新发地也好，其他农贸市场也好，能看到一些精品区、专业区出现，比如说加工蓝莓等精品水果区，在新发地也开始有陈列。渠道分化之后一些高端水果专卖店也开始到批发市场来进货，获得这些产品。在批发市场中它的一些商户也在发生分化，过去批发市场中的叫"坐商"，只等别人来提货，不去做主动的推广，现在不少人从坐商转型，主动去拜访下游客户，给下游客户提供选择，走出去之后让这些经销商可以转化成品牌农产品的运营商，这就是对批发市场的判断。

第二个渠道：商超

这无疑是展示农产品的好平台，不论是初加工的产品还是深加工的产品，品牌的产品在这个舞台上呈现的越来越多超市具有规模化、连锁化、集约化的特征，比较适合品牌类产品的销售，除了包装食品之外包括我们一些保留的原生态的农产品也会在这个渠道重视和做一些品牌，那么像米面油也非常成熟，超市成为这些的主要消费渠道。商超有这样一个好处，同样也有一些弊端，就是进入门槛比较高，同样还有一点对运营主体，不论是企业还是商铺，你的运营能力和组织化考验非常大，会很容易陷入隐性亏损。

第三个渠道：餐饮

餐饮实际上是农产品非常主要和非常大众的一个消化渠道，这里有一个数据，比如说以粮食、果蔬、肉类为例，整个粮食果蔬销售量20%的比例，是在餐饮渠道完成的，肉类更高一些，肉类的消费总量40%是在餐饮渠道完成的。2013年3万多亿元，整个农产品在餐饮渠道中的消费占比多么的高。

这里面有很多难题，比如说进入渠道非常难，这个渠道有很多灰色的链条，比如说行政总厨，包括老板、采购经理，需要我们经过一些办法来搞定，难度比较大，因为一个餐饮店需要品种比较多，而且需要周期比较长，大部分企业并不具备这样的能力。第三点就是账款的风险比较大，这里也有一个统计数据，北京每个月有8%的餐馆关门或者是转让。

餐饮渠道本身在需求方面有这样一个发展趋势。第一是不少餐饮企业自建终端，为了保持原料的新鲜和品质，而自建一些基地。第二是严格采购来降低成本。第三是工业初化产品在餐饮业占比越来越大，过去是自己加工，现在大量引进相对标准化的成品半成品，给农业企业带来比较好的机会。

这里举一个企业案例，江苏康达饲料通过给餐饮业供小龙虾、熟食达到了1亿元的规模，企业给餐饮店一个模式，过去餐饮店主要是做生鲜类的产品，引进生鲜的小龙虾加工之后卖给消费者，耗费了很多成本，现在有一个标准化的公司供应标准化的产品，降低餐饮业的采购成本和厨师成本，企业和餐饮店用分成的方式产生1亿多元的销售额。这是从过去单独卖产品到给餐饮店提供一些解决方案。

第四个渠道：专卖店

通过专卖店成就了一些农产品品牌，比如说好想你大枣。

专卖店的特点是什么呢？兼具销售、品牌展示和消费者凝聚等几个功能。比如说这几年比较成功的是壹号土猪，它是用5年期间开了500多家门店，有的是独立的门店，有的是店中店，销售额达到5亿元，壹号土猪成了一个品牌。

好想你大枣也是通过这种占位品牌，通过专卖店打造。好想你的定位是以礼品和女性消费为主，高峰时在全国建立了2 000～3 000家专卖店。但最近几年店的生存力开始下降。比如说它面临这样一些冲击，一个是来自成本的冲击，房价在不断上涨，人力在不断上涨，让单店的产出开始和这个成本相比不成比例，另外一点也是大家习惯的变化，不少白领开始在网络上通过电商渠道来购买大枣，让好想你店的销售下滑。这种情况让我们思考专卖店未来的趋势到底是什么？如何和区域消费者来做进一步的结合？

第五个渠道：电商

这是大家普遍关注的一个渠道，也可以说电商是渠道的下一个发展方向。通过电商售卖农产品的方式主要有B2C和C2C。B2C是企业面向消费者，比如说平台。这个平台受到了销售者和企业的广泛关注，但实际上作为平台盈利有一定的难度，近几年优菜网在经营上出现一些问题，优菜网创始人就说很多农产品电商是败在生鲜电商操作的复杂性上，没有稳定的货源，不能给消费者提供更好的购物体验。

另外一种模式是C2C，作为农户来说自己在网络平台上店，给消费者提供服务，实际上是小农经营方式的网络化体现，也很难解决农产品的标准化、品牌化的问题，投诉率相对比较高。电商线上和线下体验的结合，有可能会解决好农产品的营销，比如说出现产业链上的一些问题。

第六个渠道：会员制

这个渠道重视圈子营销、黏住用户。有一个比较成功的案例，就是北京正谷，它是一网两端的模式，一网就是正谷的交易网，两端是基地端和客户端，那么控制了许多优质的产品生产基地，把这两边掌握了，通过线下的活动，线上的网络广告产生了会员和礼品卡的销售，后台可以进行配送。在比较短的时间内积攒了两到三万的用户，同时正谷这种会员制的模式同样也有瓶颈。就是如何通过成本期，大部分企业在没有足够会员支撑的情况下就倒了。第二点是能不能有真正好产品，往往企业在开发会员时有很多产品，在有了会员之后因为服务质量下降，带来投诉和退出的比例增加。第三点是怎么来提升客户的黏性，管人是最难的事，管人心是难上加难，另外就是大部分会员制的产品价格普遍偏高，因为会员数量有限。

品牌农产品如何选对渠道

为什么有的品牌产品没有好的销量？怎么运用互联网思维来进行渠道选择，什么是互联网思维？简单点就是用户思维，如何根据消费者的习惯结合企业自身资源来决定企业到底采用什么样的渠道模式来完成产品销售？

简单汇总了这样几点，如果企业规模化程度非常高，但是精细化程度比较低，可以定义为某某原料的专业供应商，做这样一个战略，和下一个企业进行深度合作。新疆有不少的种粮大户，一种就是几十万亩的，规模很大，但是缺少深加工的能力，他们想选择跟一个开发商合作，他们做的就是让自己的原料基地尽量规模最大，品质最好，这就是一个出路。

如果企业规模比较大，精细化程度比较高，产品物理特征比较明显，而且目标消费者以城市市民为主，如果是这样的形态建议商超渠道当然是你的首选。

如果企业的规模也不大，但是产品区域特征比较明显，就是一个区域特色的载体，比如说枣，在华北大家对枣喜闻乐见，那么这样的企业就比较适合运作专卖店的模式。

如果产品能够通过策划和产品本质的挖掘，能够讲故事，能够迎合消费者的心理，所以可以在网络上通过网络活动之后，在互联网上进行销售，甚至可以进行预售。

如果打乱这样的思维习惯，拿到菜市场卖能不能卖？即使卖一两块钱跟其他产品没有差异，我们可以用互联网思维来决定你的产品到底选择什么样的渠道。

成长型企业从渠道品牌开始做起

最后展望一下未来渠道到底是什么样子。未来农业企业如何从一个小企业变成一个可以复制的，能够上规模的大企业。

我们提第一点叫成长型企业从渠道品牌开始做起。大部分企业有品牌意识，但是做品牌有时候是个奢侈品，现在没有足够的能力、钱来打造品牌，虽然说互联网可以让我打造品牌成本降低，但还是有很多问题，可以把品牌分成三个层面，第一是老板和员工心中的品牌，很多企业如果你自己都不爱吃，能不能做成全国一流性的产品？很难！第二是渠道合作伙伴心目中的品牌，就是这个品牌合作伙伴愿不愿意卖，愿不愿意冒着亏损的风险。第三是你的产品品牌是消费者心目中的品牌。

如果现在正是处于成长期的企业，可以通过先做渠道品牌来完成自己的战略，科尔沁是一个高附加值牛肉的品牌，在北京的经销商叫许波，这个经销商老板原来是银行经理，她非常认同科尔沁的企业理念，在和科尔沁老板做交流之后对科尔沁产品非常认可，所以义无反顾地代理了科尔沁产品，在运作初期老板每天自己背着牛肉去下游做推销，目前在牛肉行业她只做科尔沁一个品牌，年销售将近1亿元。

如果是一个成长的企业可以通过激发渠道合作伙伴的热情，把他的资源和企业资源进行连接。

农产品渠道的跨界和融合

在未来还会出现一个典型的现象，就是跨界和融合的趋势，很难再分清到底是什么是批发渠道，什么是线上什么是线下，前提是主要能够给消费者提供更好的产品，就可以跟这些渠道进行重组和打包。

比如说獐子岛跨界，2008年提出了跨界营销的理念，把獐子岛这个产品引入到酒类和高端食品的销售领域来，过去的水产和食品是不搭界的，獐子岛销售迅速达到了几十亿元，完成了外销和内销的转型。

另外中国的农产品，或者说食品行业正在完成一个转化，从吃饱到吃好的转化。在吃饱之后消费者希望吃好一些，而且吃出一些情调，这时候就需要对过去的供应链进行一些重构，过去供应链是以吃饱目的来构建的，未来要围绕吃好重新构建供应链，所以提出了"厚力多销"的理念，过去说是薄利多销，"厚利多销"是能够给消费者提供很多价值，消费者愿意为这个价值买单，这个高附加值的品牌塑造重做供应链。这方面国内企业正在进行深入探索，但是国际上也有成型的案例，就是佳沛的案例。

同样是猕猴桃，中国和新西兰差别很大，新西兰猕猴桃5元/个，中国5元/斤，而且新西兰的佳沛，1997年新西兰官方组织更名为新西兰奇异果行销公司，同时它注册了佳沛，作为整个产品唯一的品牌。而且注册了奇异果，让奇异果成为一个新的品类，这个公司开始规划全球的拓展计划，并且规划如何建立全球的供应链和销售链，避免价格战，然后建立一个新的供应链。佳沛有一致性的包装设计，并且在亚洲每年投入到这个品牌建设的费用占到消费的10%。佳沛做了四个统一，统一规划销售渠道，统一种植与研发，统一冷链物流管理和统一果农的共享利益。统一种植是掌握了种植技术和种子资源，统一规划销售渠道，特别是经销商的管理，避免了像国内农产品一样互相杀价，杜绝窜货等行为。统一冷链物流管理，佳沛独自来统一规划控制冷链和冷酷的配比来降低物流的成本。在中国还有一个问题，竞销者和种植者的矛盾无法解决，佳沛和农民的利益一体化。这是2 700多个果农一起组织的，所以说佳沛其实也是为这2 700多个股东打工，解决了经营者和种植者之间的矛盾。

在未来只有掌握了生产和流通两个过程才是真正意义上的大企业。关于品牌农业市场，希望可以结合两点，一个是如果现在销售渠道比较欠缺，想拓展销售渠道，销量翻番的话，可以做进一步的探讨；再一个是向深加工转化，有产品资源，有农业种植资源，想做深加工转化的，可以进一步商讨。

（梁剑　改自《中国农业新闻网》）

好耕地才能产出好"有机"

农业现代化是农业发展的根本方向。现代农业发展有三大目标，即：数量安全、质量安全和生态安全。

现代农业数量、质量、生态"三安全"为有机农业创造条件

数量安全，首要任务是保障粮食等主要农产品有效供给。从2004年起到2014年，我国粮食生产已经连续十一年丰收。"十一连增"是一个奇迹，也是农业农村发展突出亮点。但我们面临的粮食安全形势依然十分严峻。未来7～8年，每年粮食需求增量在100亿千克左右。除了粮食外，还要保障大家吃油、吃菜、吃水果、喝茶、穿衣。2013年的中央农村工作会议明确提出了新形势下的国家粮食安全战略，就是"以我为主、立足国内、确保产能、适度进口、科技支撑"20字方针。因此，保供给仍是农业生产发展的首要目标，中国人的饭碗任何时候都要牢牢端在自己手上，我们的饭碗应该主要装中国粮。

质量安全，关键措施是大力发展优质安全农产品。农产品质量安全的根源和关键都在于生产环节。提高农产品质量安全水平，就要规范农业生产过程，大力发展农业标准化、清洁化生产，发展无公害农产品、绿色食品、有机农产品和地理标志农产品，强化优质农产品品牌培育。近年来我们开展了园艺作物标准园创建，实施了优质农产品"品种、品质、品牌"三品提升行动，在提高园艺作物产品质量安全水平方面起了很好的作用。还要控肥、控药、控添加剂。通过深入开展测土配方施肥、农作物病虫害统防统治、绿色防控，推广农民一看就懂、一学就会、一用就见效的简单易学技术，引导农民科学施肥用药。

生态安全，核心要求是加快推动农业发展方式转变。现代农业不仅要满足当代人的需要，提供更多更好的农产品和良好的生态环境，也要为子孙后代留下生存和发展空间。现在，我们面临的农业资源约束趋紧、生态环境恶化等问题十分突出。但与资源紧缺形成鲜明对比的是，农业生产方式依然十分粗

放，一边日子紧巴，一边大手大脚，长此以往，必将坐吃山空。要抓保护，切实把过大的资源开发强度减下来。实行严格的农业资源开发监管制度、投入品生产使用监管制度、环境污染损害赔偿与责任追究制度；推广高效肥料和低残留农药，发展节水农业、旱作农业、循环农业和标准化规模养殖，用技术促进农业可持续发展。加快治理农业环境突出问题。加大投入，治水治地，改善农业生产环境，让透支的农业资源环境逐步得到休养生息、实现永续利用。

无论是从数量安全、质量安全还是生态安全的角度考虑，现代农业道路的提出，为我国有机农业发展明确了方向、创造了条件。纵观全世界，所有发达国家均经历了一个由传统农业向现代农业转型的过程，中国农业同样绕不过资源、环境、生态制约这道坎。若不从现在就开始主动化解生态环境制约，走可持续发展的道路，就要在今后5～10年的时间里，面对更加严峻的农业资源与生态环境危机。

有机农业要在"四优"上做文章

中国有机农业的发展起始于20世纪90年代初期，经过20年的发展，经历了市场不断拓展、基地及品种不断扩大以及政府和公众逐步认可这样一个变革。总体上讲，中国有机农业正处在一个从依赖出口向立足国内市场，从分散式单一发展向行业整体推动这样一个转折时期，可以预见国内有机农产品在未来5～10年的市场份额将呈快速上升趋势。但目前有机农业发展中仍存在不少问题。由于部分企业急功近利，国内有机食品在近年出现了一些诚信缺失问题，已影响到公众对有机食品的信任。

中国有机农业的发展，应紧紧围绕"数量安全、质量安全、生态安全"的目标，立足农业生产实际，加强技术研发和集成推广，严格生产程序要求，因地制宜探索不同发展模式。重点是要在"四优"上做文章。一是选择优越的生产环境。洁净、安全的土壤、水、空气，是发展有机农业的基础。二是选用优良的品种。通过引进和自主研发相结合，培育和推广适合中国农业生产实际的产品品种，是发展有机农业的关键。三是应用优质的生产技术。全面推广架式栽培、控产提质、果实套袋、病虫绿色防控、完熟采收等生态栽培技术和设施化、机械化、省力化等标准化生产模式。四是培育优秀的品牌。要牢固树立品牌意识，打造一批消费者认可的有机农产品品牌，充分利用各类产销对接会，搭建展示推介平台，加大宣传力度，提升品牌知名度，提高市场占有率。

土壤处于"亚健康"状态

习近平总书记明确指出："土地是农产品生长的载体和母体，只有土地干净，才能生产出优质的农产品。"根据国际土壤学会的定义，土壤健康是土壤生态系统维持生物生产力、改善环境质量和促进动植物健康的能力。健康的土壤就是一个稳定的、有恢复能力的、生物多样性丰富以及可以维持内部养分循环的整体。

"民以食为天，食以土为本"。健康的土壤是保障粮食安全、农产品质量安全、农业生态安全的根基，也是发展有机农业的前提。很难想象，在亚健康、受到污染的土壤中可以生产出高质量的谷物、水果、蔬菜、茶叶等农产品。但目前，我们的耕地、园地等农用地土壤面临着不同程度的污染威胁，以及地力持续下降的挑战，特别是耕地土壤长期处于"亚健康"状态，突出表现在"两大两低"。

"两大"：一是耕地质量退化面积大。目前，我国耕地退化面积占耕地总面积的40%以上。东北黑土层变薄（比开垦之初下降20～30厘米），南方土壤酸化（pH小于5.5的比例由30年前的20%扩大到40%），华北平原耕层变浅（由 30 年前的 22 厘米下降到 17 厘米），西北地区耕地盐渍化、沙化等问题也十分突出。二是污染耕地面积大。全国耕地土壤点位超标率达到 19.4%（主要是重金属和有机污染物），南方地表水富营养化（水体中氮含量高）和北方地下水硝酸盐污染（化肥流失和畜禽粪便排放造成），西北等地农膜残留较多（新疆部分地区每亩耕地农膜残留量达 18 千克，甘肃每亩耕地农膜残留量在 5～15 千克）。

"两低"：一是土壤有机质含量低。土壤有机质是衡量土壤健康状况的一个重要指标，目前，全国耕地土壤有机质含量为 2.08%，比 20 世纪 90 年代初低 0.07 个百分点。东北土壤有机质含量为 3% 左右，比开垦之初下降 5 个多百分点。目前，畜禽粪便等有机肥资源利用率只有 40% 左右。二是基础地力低。专家测算，目前我国的基础地力贡献率为 50% 左右，比发达国家低 20～30 个百分点。同时，耕地占优补劣的问题比较突出，大体上，每年占补平衡耕地 33.3 万公顷。一般来讲，补充耕地与被占耕地地力等级相差 2～3 个等级（1 个等级 100 千克）。

"两大行动"给耕地壮筋骨

耕地作为一种宝贵的资源，既有数量的概念，更有质量的要求。只有加强耕地质量建设，才能保障国家粮食安全和重要农产品的有效供给，真正把中国人的饭碗端在自己手上；才能不断提高农产品质量安全水平，切实保障老百姓舌尖上的安全。为此，农业部 2015 年重点将开展"两大行动"。

第一，组织开展耕地质量保护与提升行动。结合高标准农田建设，大力开展耕地质量保护与提升行动，以"改、培、保、控"为主要内容，着力提升耕地内在质量。

"改"：改良土壤。重点是针对耕地土壤障碍因素，治理水土侵蚀，改良酸化、盐渍化、潜育化土壤，改善土壤理化性状，改进耕作方式。

"培"：培肥地力。通过增施有机肥，实施秸秆还田，开展测土配方施肥，提高土壤有机质含量、平衡土壤养分，通过粮豆轮作套作、固氮肥田、种植绿肥，实现用地与养地结合，持续提升土壤肥力。

"保"：保水保肥。通过耕作层深松耕，打破犁底层，加深耕作层，改善耕地理化性状，增强耕地保水保肥能力。

"控"：控污修复。重点是控化肥农药投入数量，阻控重金属和有机物污染，控制农膜残留。

第二，组织开展化肥农药使用量零增长行动。目前，化肥农药的过量使用和不合理使用，不仅浪费大量的资源，而且对农业生产、农产品质量和农业生态环境都造成了不利影响。特别是由此带来的土壤板结、污染等问题不容忽视。开展化肥农药使用零增长行动，就是要推广先进适用技术，不断提高农民科学施肥用药水平；推广高效缓控释肥料、水溶性肥料、低毒低残留农药，改进施肥用药方式，积极推进水肥药一体化，不断提高化肥农药利用率，改善土壤健康状况，实现农业可持续发展。

（何才文在第四届中国（成都）有机农业论坛上的演讲　原载于《农民日报》2014 年 12 月 20 日）

推进农产品地理标志战略引领农业品牌化发展

——写在第 14 个世界知识产权日

知识产权是国家发展的战略性资源和国际竞争力的核心要素，我国已将知识产权保护上升为国家战略。在农业领域，知识产权越来越成为现代农业建设的重要支撑和掌握农业发展主动权的关键。农产品地理标志作为重要的农业知识产权，是引领我国农业品牌化发展的排头兵，对于提高农产品市场竞争力、推动区域经济发展、保护农耕文明、促进农民增收等方面具有重要意义。自 2007 年末《农产品地理标志管理办法》颁布以来，在农业部农产品质量安全中心等相关单位的大力推动之下，农产品地理标志保护工作得到了长足发展。今天是第 14 个世界知识产权日，我们期待更多的中国地域特色农产品资源得到挖掘和保护，更多的中国名牌农产品走向世界。

很多人都有这样的感受，游览一地，除了看看文物古迹、自然美景，肯定要品一品当地特有的风味。就像到南京，不尝一尝拥有两千多年历史的盐水鸭，实在说不过去。千年古都南京历史底蕴深厚，文化遗存众多，地域环境独特，孕育了以盐水鸭为代表的一大批独具特色的地方名品。前不久，在中欧地理标志产品互认谈判期间，欧盟考察团来到南京。千年的品质和制作经验，加上丰富的文化内涵，南京盐水鸭彻底征服了欧盟专家。

人所共知，我国是传统农业大国，自然生态和资源禀赋多样，具有悠久的农耕文明和深厚的饮食文化。在广阔的国土上，由于独特的自然生态环境、种养方式和人文历史，千百年来形成了众多独一无二的农特产品。人们意识到，这些特色农业资源不仅是大自然的造化，更是一笔珍贵的历史遗产，蕴藏着巨大的经济、社会和文化价值。现在人们不仅在乎食物的"酸甜苦辣"，而是越来越看重其背后历史和文化的味道。在我国加快推进现代农业发展的新阶段，这些特色资源的挖掘、保护和发展，对于转变农业发展方式、提升产业化水平、引领农业品牌化发展具有重要价值。

农产品地理标志正是保护这些地域特色资源优势和农业文化遗产不可或缺的重要载体。作为一种重要的农业知识产权，农产品地理标志既是农产品产地标识，也是重要的农产品质量标志；既是农产品质量安全工作的重要抓手，也是推进特色农业产业发展的重要途径。对区域特色农产品实施农产品地理标志登记保护，对于我国现代农业、特色农业和品牌农业发展具有重要意义。

一

农产品地理标志（早期多使用"原产地"概念）保护起源于国外，在欧洲等国已有一百多年的历史。我国自 20 世纪 80 年代加入《巴黎公约》以来，开始逐步关注和引入该理念，加入 WTO 以后，农产品地理标志保护工作从无到有，经历了快速的发展。《农业法》首次提出了"农产品地理标志"的法定概念。2007 年年底，农业部出台了《农产品地理标志管理办法》，标志着我国专门的农产品地理标志登记管理工作正式启动。经过 6 年多的努力，农产品地理标志登记保护工作在制度建设、产品登记、体系建设、证后监管、国际交流等方面取得了巨大进展。截至 2013 年年底，农业部已对 1 375 个农产品地理标志实施登记保护。

农产品地理标志成为区域产业结构调整和区域经济发展的重要引擎。农产品地理标志的公共属性决定，相关产业往往成为区域内的主导产业，具有产业集聚和集群发展的优势。农产品地理标志本身的历史文化内涵，也有利于拓展农业的多功能性，延长产业链条。这种产业集聚必然会放大区域经济规模，成为区域产业结构调整和区域经济发展的重要引擎。例如宁夏就以地理标志为切入点，挖掘资源优势，逐步形成枸杞、清真牛羊肉等五大战略性主导产业和淡水鱼、葡萄等六大区域性特色优势产业，成为区域经济发展的主动力。

农产品地理标志成为引领农业品牌化发展的排头兵。农产品地理标志是一种区域公用品牌。它要求传统分散的生产者必须联合起来，才能实现特色农业产业的组织化、集约化、标准化发展，为增强农产品核心竞争力、增加农民收入、满足特色消费需求打下基础。实施农产品地理标志登记保护还有助于强化监管、提升农产品质量安全水平，保护农业生物资源多样性和传统优势品种。山西、黑龙江、山东等地形成了一大批以农产品地理标志为基础的知名区域公用品牌，农产品价格普遍提升20%以上，品牌溢价的效应明显。

农产品地理标志成为保护农业文化遗产的重要手段。农产品地理标志是传统农耕文明的重要体现，其与很多农业文化遗产具有相同的地域性和关联性。农产品地理标志的质量、信誉等相关特征主要源于该地区的自然因素和人文因素。农业文化遗产则是在特定的时间和空间中创造并传承，是一种历史记忆和文化认同。云南、陕西等地在探索利用农产品地理标志保护和传承农业文化遗产方面做了诸多有益探索。

农产品地理标志是推广民族精品不可替代的力量，是打造国家品牌的重要载体。农产品地理标志是国际贸易交流和知识产权保护的重要内容，也是双边和多边合作交流、WTO农业谈判的热点议题。加强农产品地理标志保护，既可以充分利用我国已形成的众多特色资源，创建农产品国家品牌，又可以突破技术标准、反倾销等一系列措施所构筑的贸易壁垒。目前，中欧地理标志产品互认谈判工作已进入协议文本确定及交换产品清单阶段。也就是说，以后在欧盟国家老百姓的餐桌上，将更多地出现我国的地理标志农产品，我国的产品在欧洲也将像法国的波尔多葡萄酒、意大利的帕尔玛火腿一样，获得同等的知识产权保护。这对于传播中华文化、提升品牌知名度、实现品牌价值大有裨益。

二

6年多来，我国农产品地理标志登记保护政策环境越来越好。《国家知识产权战略纲要》对农产品地理标志保护做出了顶层规划，《农业知识产权战略纲要（2010—2020年）》则进行了具体部署。连续多年的中央1号文件及中共十七届三中全会等均对农产品地理标志保护工作提出了明确要求。国务院"打击侵犯知识产权和制售假冒伪劣商品专项行动"在全国开展了农产品地理标志打假宣传，起到很好效果。新发布《中国食物与营养发展纲要（2014—2020年）》在发展重点中明确提出，要做好农产品地理标志工作，积极培育具有地域特色的农产品品牌。此外，在国家陆续出台的特色农产品区域布局规划、全国名特优新农产品推荐、农业文化遗产评选等工作中，农产品地理标志均为重要依托或发展重点。农产品地理标志保护日益成为新时期我国"三农"工作、乃至经济民生领域的一项重要任务。

同时，我们也要看到，由于起步晚、基础薄，目前我国农产品地理标志保护工作仍然存在着一些制约因素和不良倾向，笔者认为需要注意处理好几个关系：

正确处理前期登记数量与后续发展质量的关系。农产品地理标志的特性与特定区域的种植管理方式和地理环境密切相关，这个特性决定了其不能盲目无限扩大规模，否则可能损坏自身原有的特性和品牌效应。一些地方在获得农产品地理标志登记证书后，受市场价格看好的驱使，擅自扩大种植养殖面积。由于地理环境相差甚远，产品品质差距很大，直接影响了品牌形象，消费者也会丧失对地理标志产品的信心。因此，要坚决杜绝因追求数量而放松质量的错误行为，坚决防止重登记、轻监管的不良倾向，切实防范简单粗放不可持续的发展方式和昙花一现的假象繁荣。要回归农产品地理标志本源，实现生产过程、产品质量可控与政府授信提升产品形象互相促进、互相融合。不能盲目追求登记的速度，而忽视了发展的质量。

正确处理经济价值与历史文化价值的关系。据跟踪评估，地理标志登记后平均产值或价格有20%～30%以上的提高。经济价值无疑是地方获得农产品地理标志保护的重要动力，是区域经济社会发展的重要增长点。然而，不要忘记，历史人文因素也是农产品地理标志产品的品质和相关特征的主要决定因素之一。独特的历史、文化价值为农产品地理标志带来了较高的知名度、较大的附加值。注重历史文化价值的挖掘是农产品地理标志保护制度的应有之义，也是提升经济价值的核心要素。如果只注重短期利益、经济利益，不注重历史文化价值的挖掘和保护，产业就不可能做得更大、走得更远。随着消费结构的升级，历史文化等软因素往往成为决定市场销售的关键。

正确处理精品化、品牌化与大众化的关系。农产品地理标志是悠久农耕文化和独特地域特色的集中体现，既是优质精品农产品的代表，又是历史地理名片，具有唯一性和不可复制性。这些特点及生产区域的严格限定，决定了地标产品必然是生产规模有限、供应量有限的产品，是主要满足人们对特定产品品质需求的产品。这种差异性正是品牌塑造的核心，农产品地理标志天然地具有品牌化的优势。因此，必须坚决纠正那些把农产品地理标志当作大路货来经营、无限增加产品等级数量的错误做法，切实把发展的重点转移到稳定产品品质、打造精品品牌的轨道上来。

三

品牌农业是加快推进现代农业发展的战略性问题。无论是从市场经济规律本身，还是从国际经验来看，品牌化道路都是驱动农业转型升级、提升产业化水平和产品竞争力、提高农业效益和增加农民收入的必然选择。农产品地

理标志的属性决定其具备品牌农业发展的基础性优势。运用知识产权的理念、推动农产品地理标志战略、引领农业品牌化发展是加快推进现代农业的重要内容。农产品地理标志发展需要不断地积累经验和完善规则，笔者认为，当前应重点把握以下几个方面：

引导新型农业经营主体积极参与农产品地理标志的保护和发展。在农产品地理标志保护发达的欧洲国家，行业协会及引领企业的作用特别突出。优良品质得益于很高的生产组织化程度。农产品地理标志具有公共属性，地方政府应该发挥引导作用，充分发挥包括行业协会、龙头企业、专业合作组织等在内的新型农业经营主体的作用，这是实现农产品地理标志保护和发展的基础。新型农业经营主体也应认识到，农产品地理标志是构建农业品牌化经营的重要手段。

维护和发展好农产品地理标志这一公共品牌。目前，农业部农产品地理标志的权威性已基本建立，品牌公信力和认知度逐步提升。农产品地理标志作为推动特色农业和区域优势经济发展的载体，已成为各级政府保护产地环境、传承农耕文化、彰显区位优势、营销特色产品、壮大产业集群、提升市场竞争力的重要途径，深得广大农产品生产者与消费者的青睐。但是，必须建立维护这一公共品牌的良性机制。农业部每年均采取措施，对获证产品的标志使用、证后管理及知识产权保护等情况进行综合检查，增强品牌公信力。但随着市场竞争的加剧，这一工作还要进一步强化。

充分发挥农业体系在地理标志保护工作中的作用。在提升农业产业化、推进农产品标准化、品牌战略以及提高贸易竞争力等方面，农产品地理标志保护工作都是农业部门一个值得把握运用的切入点。农业主管部门与农业行业协会及农企、农户联系密切，组织协调能力强，各地在农产品地理标志保护的申报工作中，农业部门理应当仁不让发挥

实质性的作用。农业主管部门还应当运用好所掌握的丰富农业资源，通过实施针对性的科研攻关，结合国家、地方规划的科技项目，支持农产品地理标志产业的发展。

2013年，农业部在全国范围内开展了农产品地理标志资源普查工作，正在编制《全国地域特色农产品普查备案名录》，将资源普查名录作为产业发展和品牌培育提升的重要载体。普查显示，符合农产品地理标志特征的农产品达6 000多个，这些资源将在农产品地理标志制度框架下获得知识产权保护。

2014年，农业部还将启动全国农产品地理标志登记保护典型示范样板创建工作，充分发挥示范样板在品牌建设、产业发展中、知识产权保护等方面的示范引领作用。可以说，当前农产品地理标志发展的国内外形势非常有利。我们有理由相信，随着经济社会的发展，农产品地理标志必将成为农业品牌化发展的中坚力量，在加快推进农业现代化进程中发挥重要的作用。

（刘艳涛　曹成毅　原载于《农民日报》2014年4月26日）

完善农业品牌建设的制度保障

农产品质量安全是人类维持健康生活的一种基本权利。农产品质量安全事故的频发使农产品质量安全成为人们关切的话题并受到了社会的广泛关注。中央把能否构建安全农产品供应体系上升到了党的执政能力的高度。2013年12月在北京举行的中央农村工作会议特别强调，能不能在食品安全上给老百姓一个满意的交代，是对我们执政能力的重大考验。2013年11月，习近平总书记在山东考察时指出，要"以满足吃得好吃得安全为导向，大力发展优质安全农产品"。发展优质安全品牌农业被认为是提升现代农业发展水平的重要标志。拥有知名农业品牌的多少，往往标志着一个国家及地区农业发展水平和农业综合竞争力。农产品的品牌化已成为农业现代化的重要特征之一。

品牌的重要性不仅仅是增加农产品的竞争力，也不仅仅表现为增加农民和农业企业的收益，同时也是构建和谐社会，促进人际互信与可持续发展的重要方面。随着消费者生活水平的逐步提高，对农产品的需求已不满足于只停留在物质层面，更多地希望能上升到精神层面上。农产品品牌既能满足消费者精神需求，也是消费者产生信赖的根本。农产品品牌的形成是生产者与消费者相互信赖、信任、引起内心共鸣的过程，因此，没有生产者和消费者参加的农业品牌建设是难以想象的。农产品品牌建设对生产者来说是一份承诺，对消费者来说是一份期待。农产品品牌一头连着生产者，一头连着消费者。作为生产者，得到赞美就要坚守，听到批评就要改进。作为消费者，因为相信，所以愿意支付，帮助生产者呵护培育好品牌农产品的质量，就意味着更放心的享受。优质农产品的品牌不仅保证人们对产品质量的信心，也可以极大促进人与人的信任关系。

如何才能保障农产品的安全，形成优质农产品的品牌，需要通过一系列制度建设予以保障。2013年中央农村工作会议特别指出，食品安全源头在农产品，基础在农业，必须正本清源，关键要把农产品质量抓好。用最严谨的标准、最严格的监管、最严厉的处罚、最严肃的问责，确保广大人民群众"舌尖上的安全"。农产品品牌建设，需要从以下三个方面来构建制度保障体系。

首先，优质安全农产品是"生产"出来的。这不仅需要净化、优化农产品产地环境，切断污染物进入农田的链条，也需要培育新型农业经营主体，构建保障农产品安全优质的生产经营制度。在众多的农业经营主体中，新型职业农民是最为重要的安全优质农产品经营主体。在多种农业经营形式中，家庭农场是最有助于实现安全优质农产品生产的组织形式。原因在于家庭农场是新型职业农民的主要载体，其稳定性、职业性，决定了农业发展的可持续性和农产品生产的责任观念。

其次，安全的农产品也离不开监管。农产品产地环境质量、生产技术、加工、运输、销售以及农业社会化服务的任何一个环节出问题都会影响到农产品的质量安全。目前我国农业生产与市场准入、追溯、召回等制度还不够完善。农产品质量安全的预警和风险评估制度尚未形成，监管部门职能划分也还有待进一步完善。因此，要尽快形成从田间到餐桌过程全覆盖的监管制度，建立更为严格的食品安全监管责任制和责任追究制度，完善农产品安全的法律法规制度。

其三，培养农产品的安全与品牌意识。优质安全农产品品牌的形成不仅是生产者的责任，也是消费者的责任，而且需要政府的支持和扶持，需要社会形成合力才能实现。因此，培养全社会的农产品的安全与品牌意识十分重要。作为生产者，由于农业生产受到自然、生物、生态、社会与

经济等多重因素制约，农产品的品牌培育及维护需要付出更多努力，农业生产者切忌急功近利、急于求成，而是需要尊重农业发展规律，树立可持续发展的理念。作为农产品的消费者，则要树立科学的消费意识，提高自身农业与农产品消费品位，支持安全优质农产品品牌。消费者对农产品安全负有重要责任，没有广大消费者社会责任意识的提高，就难以建立起安全优质的农产品生产供应体系，形成优质安全的农产品品牌也是不可能的。政府在农业品牌建设中至关重要，不仅有制度安排、政策扶持与环境建设的责任，也是农产品质量标准的制定和管理主体，更是农业品牌扶持、监督和保护的主角。我国农业品牌建设还处于起步阶段，农业企业规模还比较小，品牌知名度还不高，更需要政府在战略层面上加强顶层设计，在操作层面给予政策扶持。

我国地大物博，农业自然、历史及文化资源极为丰富，许多农产品都具有独特的品种特点、地域特征、工艺流程、文化内涵，蕴藏着巨大的品牌价值和产业发展空间。农产品质量安全、农产品品牌建设已成为转变农业发展方式、推进农业现代化的重要抓手，是我国未来农业一个重要的发展方向。

（朱启臻 原载于《农民日报》2014 年 1 月 4 日）

独特性是地标产品保护的核心

近年来，农业部农产品地理标志登记保护工作取得重大进步，登记的农产品地理标志已有 1 200 多个，一大批极具地方特色的农产品脱颖而出，平均价格提升 20% 至 30%，成为地方经济社会发展的重要动力。加强农产品地理标志保护已被视为农业增效、农民增收的重要渠道，不仅有助于增强我国农产品的市场竞争力、提高效益，还可以拓

展传统农业功能，对推动农业品牌化发展具有重要意义。

农产品地理标志登记保护只是品牌化的第一步，获得登记保护的农产品，要想成为消费者广泛认知的知名品牌，还必须选择适当的品牌战略，市场化品牌营销与传播策略，强化品牌的内部体系构建和品牌的外部识别。实践中，要防止产品品质特色丧失，避免滥

用，追求数量牺牲质量，为短期利益牺牲长期利益；既要挖掘经济价值，更要重视社会文化和生态环境价值。

地标产品需要品牌化进程

获得地理标志保护的农产品不一定就是品牌农产品。

农产品地理标志产品的一个核心特征就是具有独特的品质，独一无二，不可复制。这种独特品质的形成与当地自然资源（气候、土壤、地形地貌、当地动植物品种、传统工具等）、历史文化因素（文化传统、实用知识和技能等）等关联。离开了这些条件，就没有了独特的品质。这恰恰满足了品牌的差异化要求。品牌的原始动机有三个：一是识别功能，前提是差异化；二是防御，即防止侵权；三是权益，获得收益。品牌是以差异化为基础的，同质化的东西很难做品牌。所以说，地理标志农产品天生就具有成为品牌的优越基础。

地理标志农产品品牌化方向是区域公用品牌。地标农产品有独特的品质，能满足特定的消费需求，有市场知名度。这个知名度可能持续了几十年、几百年，甚至上千年，是老祖宗留下来的物质、文化遗产。比如西湖龙井，出生在西湖茶区的茶农，天然拥有了生产西湖龙井的权利。因此，地理标志农产品是一种知识产权，具有集体性、公有性、永久性特质。它不属于某一个企业或某一个个人，适合作为区域公用品牌来建设。地理标志农产品的集体性、公有性、永久性三个特点决定了它的品牌化模式，即区域公用品牌加上企业产品品牌，也就是"母子品牌"架构。

地标保护价值呈现多样性

农产品地理标志保护的价值具有多样性。一是农产品的品质特色可持续性。地理标志的重要价值就是保护农产品独特的品质个性，防止产品特性丧失，避免滥用，满足多样化需求，增强消费者信心，提高消费者的生活品质。比如苹果，有些人喜欢吃甜中带酸的，有些人就喜欢甜的，有人喜欢清脆不太甜的，有些人可能就喜欢果肉绵一点的。如果产品品质风味都往一个方向走，都是一个风味，从消费多样化需求来说就是灾难了。

二是经济可持续性。农产品地理标志经过品牌化运作，市场价值会提高，生产效益就会提升，让生产者受益，提高生产者的生活品质，有利于农村经济社会保持活力，尤其保护农户和小生产者，利用消费者对此类产品的兴趣改善其生计。有利于农村经济社会的可持续发展。

三是社会文化可持续性。有利于提高地理标志农产品生产者的能力，使之有能力参与地理标志产品的决策和行动，获得公平的利益回报；提高地理标志农产品生产者对自己所从事的工作和文化特点及当地知识和传统的意识，并为之感到骄傲，有利于保护当地传统文化和实用知识。

四是环境可持续性。为子孙后代保护和改进当地的自然资源，保护生物多样性、地貌、土壤和水资源。对产品特定品质有影响的因素都要保护好。当地一条河对产品生产有影响，那这条河就要保护好。如果土壤独特，那就不能破坏土壤。在这个过程中，自然而然就会保护好环境。

综上所述，地理标志保护独特的品质、个性，保护家乡经济社会的可持续性，提高农村活力。农村活力有了，人就不离开家乡，农村的记忆和农耕文化就能传承。农民知道什么环境能出什么样的品质，就会自觉的保护环境。这些都是地理标志产品品牌化过程中具有的额外价值。

品牌的独特个性不能丢

产业化过程中，一些地标产品也出现了只顾数量、忽视质量，无限制扩大规模等现象，在品牌化过程中，存在一些问题。

有的地方混淆了地标产品与优质农产品之间的差别。为了过分追求商业利益，造成地标农产品品质特征丧失。比如原来申报时品质是独一无二的。当时环境、品种、工艺都是独一无二的，最后才形成了一个独特的品质。申报后，过多地开发，破坏了环境，品种换掉了，甚至觉得之前的工艺很土，也丢弃了。最后就完全不是原来那个农产品了。地理标志农产品最核心的灵魂就是独特个性，不能丢，包括与之相关的独特地理环境、气候、土壤、水体，

独特品种、工艺和生产方式等。例如，一些地方看到别人有新的品种，不管是否适合，就引种过来，结果改变了原有地标产品的独特品质个性。所以，如何处理好传承与发展的关系也很重要。

总而言之，独特性是地标产品的核心内容，而地标产品登记成功只是品牌化的第一步，要真正实现对地标产品的保护，还要通过品牌化的运作，让地标产品在发展中得到延续，让农民能够从中受益。

（刘艳涛 曹成毅 原载于《农民日报》2014 年 1 月 11 日）

我国农业正进入品牌营销时代

"品牌"一词源于古斯堪的那维亚语 brandr，意思是"烧灼"，人们用这种方式来标记家畜等需要与其他人相区别的私有财产。到了中世纪的欧洲，手工艺匠人用这种打烙印的方法在自己的手工艺品上烙下标记，以便顾客识别产品的产地和生产者。16 世纪早期，蒸馏威士忌酒的生产商将威士忌装入烙有生产者名字的木桶中，以防不法商人偷梁换柱。到了 1835 年，苏格兰的酿酒者使用了"Old Smuggler"这一品牌，以维护采用特殊蒸馏程序酿制的酒的质量声誉。

随着时间的推移和经济的发展，品牌承载的含义越来越丰富。被誉为"现代营销学之父"的美国西北大学终身教授菲利普·科特勒博士则将品牌定义为一个名称、名词、符号或设计，或者是它们的组合，其目的是识别某个销售者或某群销售者的产品或劳务，并使之同竞争对手的产品和劳务区别开来。到今天，品牌代表着消费者对产品及其服务的认知认可程度，已成为各类企业参与市场竞争的敲门砖和吸金石。有位世界知名广告研究专家曾预言：未来的营销大战将会是品牌争夺市场主导地位的竞争，是一场品牌之

战。企业和投资者都会认识到，品牌才是企业最有价值的资产。这是发展企业、巩固企业、保护企业和管理企业的方法。

有关研究表明，只有短缺和独一无二两种情况无需品牌建设。

农业始终是国民经济的基础。从 1949 年新中国成立开始，我国就在向农产品"短缺"宣战，直到 1998 年党的十五届三中全会做出了"粮食和其他农产品大幅度增长，由长期短缺到总量大体平衡、丰年有余"的重要判断，全国农村总体上进入由温饱向小康迈进的新阶段。这表明，我国农产品供求关系发生了重大变化，主要农产品长期短缺的历史结束了。

随后开始于农业、发端于农村的市场化改革不断深入，农业在国家政策支持与保护中健康发展，粮食等重要农产品连年丰收。而与此同时，我国在 2001 年加入 WTO 后农产品市场开放度大幅提高，国外农产品进口增加。在国内外农产品供给双轮驱动下，我国农产品市场竞争开始加剧。

进入 21 世纪特别是在 2005 年以后，鲜活农产品滞销卖难现象开始常见报端，这是

为什么呢？不得不看到，2000—2012，我国蔬菜面积扩大了 33.6%、水果增产 2.86 倍。而据国家统计局《中国住户调查年鉴 2013》数据，同期城市家庭人均全年鲜菜消费量从 115 千克下降到 112 千克，鲜瓜果消费量从 57 千克下降到 55 千克；农村人均蔬菜消费量从 107 千克下降到 85 千克，只有瓜果及其制品消费量在经过 12 年后提高了 25%。这意味着不断增长的蔬菜瓜果生产能力在很大程度上将依靠新增人口及开拓国际市场来消化。有人据此判断，一些鲜活农产品出现了阶段性、区域性、结构性过剩。无论这个观点准确与否，但有一点是肯定的，"酒好不怕巷子深"的年代确已远去，通过品牌建设引领市场营销，已成为提升现代农业发展水平的重要引擎，成为关乎农业企业、家庭农场、种养大户等新型农业生产经营主体生存的"形象工程"，成为广大市民放心消费农产品的信心基石。

正是在这个大的背景下，近十多年来我国也出现了一些知名度比较高的农产品品牌，但是总体上品牌影响力还很有限，最多是"小荷才露尖尖角"，而且这些年成也品牌、败也品牌的故事并不少见。这是因为我国从 1992 年确立社会主义市场经济体制目标不过 20 余年的时间，农业生产者、经营者和管理者适应与驾驭市场经济的能力都还处在成长期，对农产品品牌创建还处于重视而懵懂的探索期，尚没有形成系统的理论可以指导，能够经得住时间检验的经典案例更是寥若晨星，所以"也爱她也恨她也怕她"是不少农业经营主体对品牌的心态。

但不管怎么说，我国农业正进入品牌营销时代。2013 年 12 月召开的中央农村工作会议指出，要大力培育食品品牌，用品牌保证人们对产品质量的信心。这是基于农业乃至整个国家经济社会发展阶段做出的重大判断，也是对农业及整个食品行业发出的动员令和冲锋号，更昭示着农业生产经营者必须在新形势下在自身发展战略中把品牌放到应有的位置。

实际上，美国在 20 世纪 30～40 年代，欧盟和日本在 50～60 年代，韩国在 80 年代，农产品供求关系、市场结构及有关制度安排都发生了重大变化，农业品牌也大体在那个年代开始培育与起步。很多情况表明，我国农业也正处于类似的关键节点上。因此，我们试图通过"品牌之道"，为那些在实践中因创建品牌而摸爬滚打的农业企业精英以及在理论界苦苦追求的人们，添上一把柴，推开一扇窗……

（张兴旺　原载于《农民日报》2014 年 2 月 13 日）

品牌意味着什么

人参是百草之王，自古就被誉为滋补佳品。什么参是世界上最好的？很多人会不假思索地回答：高丽参。这一观念在国际甚至中国都被广为接受，韩国的高丽参一直占据产业高端，其整体销售价格比起中国人参一度高出 10 倍以上。同科同属而且都长在长白山脉的高丽参与人参差距怎么这样大，闻名遐迩的吉林人参在市场上怎么卖的却是"白菜价"？业界人士最后发现根本原因是我国没有一个可以和韩国正官庄高丽参抗衡的大品牌。即便是白菜，在市场上响当当的山东"胶州大白菜"在集中上市期两棵装的精品白菜也卖到每箱 60 元，而普通白菜要每棵要卖到 6 元钱也不容易。那么，品牌对于不同主体究竟意味着什么呢？简单说，就意味着"价值"。

品牌能为客户创造价值。随着我国经济社会的发展和人民生活水平的提高,"安全、放心、优质"已经成为绝大多数消费者选购农产品的核心标准,而当食用过农产品、熟悉品牌及其特点后,品牌往往就是衡量信任度的重要指标,成为影响顾客购买决策的关键要素。可以说,我国的消费者从来没有像今天这样在意农产品品牌,很多人选购农产品往往是慕"名"而来,价格并非是考虑的第一要素,"因为信任,所以愿意支付"。选购品牌农产品,不仅可以让消费者在琳琅满目的农产品市场上减少"乱花渐欲迷人眼"的困惑,大大降低选购搜寻成本,提高采购效率,节约时间和精力,降低潜在的食用安全风险,而且会让消费满意度大幅度提高。想想看,如果家里招待客人的是云南普洱茶、陕西洛川苹果,对消费体验就会产生不一样的影响,往往会有"真不一样"的美好感觉。

品牌能为企业创造价值。品牌是一个企业产品质量、科技含量、管理水准乃至企业文化等综合因素的形象代表。而且,在企业发展到一定规模后,品牌营销战略往往就成为企业发展战略。一是可以帮助企业巩固和扩大市场份额。如果顾客对某一农产品品牌比较熟悉并认可,而且对品牌质量也充分信任,不仅会产生一种购买惯性,持续反复购买这种农产品,而且还会以口口相传等形式不经意间成为企业的义务宣传员,扩大顾客群体。在这种情况下,如果推出新产品并进行促销推广活动,这些老顾客也会乐于尝试新口味,这将成为一个企业在日益激烈的农产品市场上拥有"山头"的核心"外援"。二是可以帮助企业取得丰厚利润回报。这些年有关部门的统计监测表明,从事农业生产的利润率是比较低的。现在辛辛苦苦一年到头种 10 亩粮的纯收益和外出打工一个月的收入经常不相上下。而农业企业如果培育出市场认可度比较高的品牌农产品,也就意味着在很大程度上取得了高价优势。目前市场上"有名有姓"的绿色食品、有机食品、无公害农产品价格比大路货一般要高一半左右,而有些名气的品牌农产品售价则更高,甚至通过"会员制"锁定的高端客户则要支付十数倍的价格,而且"一个愿打,一个愿挨"。甚至有人近来在这一视角上呼吁重新审视农业的"弱质性",否则为什么外部资本进入农业的冲动如此强烈呢!三是可以帮助企业提高在分销渠道中的谈判能力。目前,我国农产品生产经营规模总体偏小、成本偏高、利润偏低,而农产品柜台往往是超市"赔本赚人气"的买卖,因此进门费、店庆促销等名目让农业企业叫苦不迭,尽管国家出台了有关监管措施,但远水解不了近渴。相当一部分缺乏实力、缺乏品牌的中小农业生产经营者依然在超市门外徘徊。而具有一定品牌知名度的农业企业则会在这方面变被动为主动,有"硬要"到"应邀",在进超市、铺货架等一系列问题上取得营销支持。四是可以帮助企业在遏制竞争对手上形成"品牌壁垒"。而对手要消除这一壁垒,所需要付出的代价和时间都绝非易事。因此,农业企业要"逐利",必须先"争名"。

同时,品牌也能为产业乃至国家创造价值。农产品品牌的多少和强弱,代表着农业全产业的发展水平和市场认可程度,也是一个国家农业竞争力的象征。双汇、蒙牛、伊利、汇源等一批农业企业品牌和五常大米、定西马铃薯等一批区域公用品牌的崛起,表明我国农业在市场化国际化的进程中正快速发展,但与美国、法国等农业强国比较,我们的农产品品牌建设则还处于起步期,还有太多的功课要做。

(张兴旺 原载于《农民日报》2014 年 2 月 15 日)

你重视品牌吗

对于这个问题，每个稍稍有点规模的农产品生产经营者都会有自己的看法。我听到最多的是两种声音：那些规模偏小的农业专业大户、农民合作社、家庭农场和农业企业负责人，有的甚至会笑出声来，什么，品牌？我想倒是想，有品牌当然好了，可我这点规模还用得着下功夫培育品牌吗！另一种是那些有了一定规模的，其中不乏农业产业化龙头企业负责人，他们说得较多的是，当然重视了，我们已经注册了好几个商标，还请了某某代言呢，广告也花了我不少钱！首先，必须坦言，小农户由于生产经营规模的限制，产品很难实现差异化，即便有差异化，没有规模支持的品牌建设也难以在经济上获得丰厚回报，从这个意义上说，我们也要避免"泛品牌化"。但是对于上述新型农业经营主体，要想增强市场竞争力，并壮大可持续发展的能力，不管你现在规模多大，在直面农产品市场竞争中，自觉树立品牌意识并在品牌建设上有所动作才是明智的选择。可是，作为新型农业经营主体负责人，是否真正重视品牌问题，"说了不算，做了才算"，不妨问自己这样几个问题：

首先，是否会从两个视觉理解和欣赏自己的品牌。一方面，作为品牌的持有和培育者，对自己所生产农产品的品质优势、品牌所传递的信息等，必须有十分清楚的认知。这其中包括品质特征、适宜人群、食用方法、延伸服务等一系列有助于体现此农产品与彼农产品差异化的东西，也包括品牌符号、形象乃至质量安全追溯信息及内涵。这是培育和张扬品牌的基础，也是锁定和扩大目标细分市场的前提。不仅要知其然，而且要知其所以然。要想感动别人（客户），必须首先认识自己（产品及服务）、感动自己。另一方面，对于现有客户和潜在客户的选择决策行为必须有十分清楚的认知。对这类农产品，客户最关心什么问题，最担心什么问题；最在意哪些产品特性，对哪些并不看重；除了产品自身，还希望提供哪些服务；喜欢什么样的营销方式，讨厌哪些营销行为；会考虑哪些品牌，最终为什么选择或放弃你的品牌……对这些情况都应该眼观耳听心思，说到底是要读懂客户。否则，即便一段时期自己的农产品热销，也难以逃脱"知其爱不知其所以爱"境地，"糊涂的爱"自然难以持久。

第二，是否有跟踪客户满意度和忠诚度的生产经营制度安排。在消费者对食品安全高度敏感的今天，品牌已经成为农产品质量安全与消费者信心保障的一个契合点。任何一个相关社会热点话题或事件都可能成就一个农产品品牌，从而帮助农业生产经营主体迅速扩大市场占有率，提升品牌影响力；也可能在一夜之间摧毁一个知名品牌，致农业企业于死地。因此，可以说，农业生产经营主体发展到一定水平后，尤其是那些农业产业化龙头企业，品牌战略往往就是企业发展战略的核心。所以，管理者必须像重视农业企业内部管理一样，高度重视外部客户关系的管理，及时捕捉客户对自己的品牌产品及服务满意度与忠诚度的动态变化，建立准确的分析评估机制。在此基础上，建立与企业内部经营管理的联动机制，听到赞扬就坚守，听到批评与期许就改进，恰如其分地改进产品质量、规格、包装、服务、分销等一系列客户所希望改进的方面，肯于"为悦己者容"，才能增强客户粘性和吸引力，从而立于不败之地。

第三，是否把品牌培育与短期经营业绩

直接挂钩。严格意义上讲，品牌是企业的无形资产，她贯穿在整个生产经营过程中，与企业的长期发展与成功密切相关，但往往又不能以短期市场份额和企业利润来简单衡量。也正因为如此，不少农业企业负责人对品牌培育缺乏耐心，今天为培育品牌增加了预算，明天就想获得超额回报。所以，农产品品牌培育中急功近利的做法并不少见，有的甚至把品牌建设与年度、季度甚至月度经营业绩直接挂钩，总想取得立竿见影的效果，结果导致半途而废甚至"自寻短见"的例子可不少。有关研究表明，品牌建设要有个培育期，对企业利润的"正能量"有个滞后期。而农产品由于更接近完全竞争市场，加之自然再生产与经济再生产相互交织的特点，在培育品牌过程中则需要更多地付出与耐心。也可以说品牌建设是农业企业长期发展的一份大额保单，而非随用随取的"小金库"。

还有，是否会评估营销活动对品牌的影响。由于农业生产周期长，占用资金多，目前我国面向"三农"的金融服务能力和水平有限，农业企业运营融资困难的情况较为普遍。所以，农业企业产品库存对运营产生直接压力，降价促销是经常采取的办法，而"甩卖"的过程往往会忽视对品牌的负面影响。例如，以中高收入群体为目标客户的品牌农产品，如果经常大范围降价促销，甚至走入低端大卖场，会让老客户和潜在客户产生怎样的感受和联想，这种做法对长期品牌培育有益吗！一个成熟的企业在制定营销方案时，就必须充分评估对品牌可能产生的影响。

当然，衡量一个企业是否重视品牌的标准肯定不只这些。即使用以上几个办法来评价，不少农业企业都有可能得出让人紧张的结论！但是，要发展壮大现代农业企业，要发挥新型农业生产经营主体在现代农业建设中的积极作用，难道不需要这些吗？显然不是。

（张兴旺　原载于《农民日报》2014 年 2 月 18 日）

怎么评估品牌价值

上世纪 80 年代开始，世界范围内特别是市场经济发达国家的一批知名企业出现了品牌收购热潮，开始让整个企业界对品牌价值刮目相看。在 1998 年几个月的时间里，美国、法国、英国、瑞士四国就出现了四起大宗品牌收购交易，而且都与食品品牌相关，交易总额超过 500 亿美元。其中，美国食品和烟草巨人菲利普．莫里斯公司（Philip Morris Companies Inc. 简称 PM）收购了拥有众多著名品牌的奶酪制品生产商卡夫公司，收购价 129 亿美元，是当时卡夫公司有形资产价值的 4 倍。而 2013 年 9 月尘埃落定的中国双汇收购美国食品巨头史密斯菲尔德食品公司，则让世界的目光穿越了太平洋。

必须看到，近十几年来，随着我国农业市场化改革不断深入和产业化水平不断提升，品牌在企业经营活动中的作用不断凸显，围绕品牌进行的并购、特许经营等相关运作正进入活跃期，不少农业企业负责人发现品牌价值的评估及量化已经不是可有可无的事情了。但截至目前，无论是学术界还是企业界，对于怎样合理评估品牌价值并没有形成统一的意见，有学者认为：不同的人处于不同的目的和个人背景的限制，赋予其不同的含义，给出了不同的评价方法。对农产品品牌进行估值，可以考虑以下几种方法：

市场法。品牌农产品必然表现为价格优势。所以，评估品牌价值的一个简单方法就是直接观察市场的价格水平。品牌农产品与非品牌农产品价格相差多少，不同品牌的农产品之间价格又相差多少，相互之间有什么关系和内在规律？例如，有典型调查表明，超市中有绿色食品、有机食品和无公害农产品认证标识的农产品比普通农产品价格要高50%～100%，而知名品牌绿色食品价格比一般品牌绿色食品又要高出30%左右，而这种价差是消费者所能够接受的。实际上，一位家庭主妇在前往超市购买牛奶、鸡蛋等日常农产品时，往往在内心已经作出了是否愿意为购买品牌农产品支付更多的大体决策。这种方法也可以称为"价格剩余法"，即通过品牌农产品与普通农产品的价格差额来衡量品牌价值。这种方法简单直观，但难以反映通过技术进步和管理改进所驱动的品牌内在增值潜力。

偏好法。农产品品牌影响力一旦形成，就会成为左右顾客购买农产品数量、频率及愿意支付价格水平等消费习惯的重要因素。因此，可以通过顾客对品牌名称的偏好程度来衡量品牌价值。对于农业经营主体来讲，可以假设失去某一农产品品牌后对顾客作一消费意向调查，把对销量和价格的影响综合起来，估算一下比拥有品牌名称时所减少的利润就是品牌价值。但这种方法更多反映的是品牌当前的价值，而缺乏对未来潜力的判断。

成本法。又分为两类：最直接的就是历史成本法，通过计算对该品牌的投资，包括设计、创意、广告、促销、研究、开发、分销、商标注册等一系列开支进行估价。这种方法是"过去式"，既不能反映现在的价值，也没有涵盖品牌的未来获利能力。另一种是重置成本法，也就是通过研究建立同一行业同类产品类似品牌所需要的成本对自己的品牌进行估值，这也不能反映品牌的获利能力。值得注意的是，近十多年农产品品牌迅速发展，为新进入行业者通过这一法估算品牌建设成本提供了重要参考依据。

收益法。就是通过估算未来的预期收益，并采用适宜的贴现率折算成现值，然后进行累加从而确定品牌价值的一种方法。因为对于品牌拥有者来说，未来的获利能力才是真正的价值，试图计算品牌的未来收益或现金流量。因此该种方法通常是根据品牌的收益趋势，以未来每年的预算利润加以折现，具体则是先制订业务量（生产量或销售量）计划，然后根据单价计算出收入，再扣除成本费用计算利润，最后折现相加。这也是目前用得较多的方法，又称收益现值法。

但也有人认为，收益法没有从消费者角度考察品牌的价值，因此以上几种方法都不够科学，并且分别尝试利用企业的财务数据和品牌的市场表现来从企业角度和根据品牌与消费者的关系从消费者的角度来研究新的品牌价值评估方法。

但不管怎么说，农产品品牌价值评估对农业企业等新型农业生产经营主体发展是有重要而现实意义的。一方面，在我国农业企业迅速发展、并购经营活跃的现阶段，只有对持有品牌价值有个清晰的认识，才有可能在参与品牌并购、品牌特许等经营活动中未雨绸缪、心中有数，并进而为提升企业商誉、寻求未来潜在经济价值提供有力支持。另一方面，通过照照镜子审视自己，主动"体检"，既可以有针对性地改进品牌经营管理，又可以帮助树立和增强投资者的信心，形成有利于发展的市场环境和氛围。

（张兴旺　原载于《农民日报》2014年3月12日）

品牌忠诚度有多重要

品牌忠诚度是指顾客通过购买与消费实践逐渐累积的对特定品牌的偏好程度，是市场营销领域的核心指标。有不少农业企业，最关心的问题是卖了多少农产品、以什么价位卖的，而对于是谁购买、哪个群体在反复购买等问题并不在意，这就很容易导致事关企业品牌价值和长远利益的品牌忠诚度被善意地忽视。

如果顾客购买农产品时只考虑价格、外观和品质等因素，而对品牌并不在乎，就表明这个品牌几无价值可言；而与此相对应，即使竞争对手在价格、外观、品质等方面看似更有吸引力，顾客仍然将此品牌作为不二选择，这就意味着品牌蕴含着可观价值。品牌忠诚度反映顾客转向其他品牌的可能性，代表着拥有品牌的企业巩固和扩大产品市场份额及空间的难度和潜力。品牌忠诚度越高，顾客受其他企业竞争行为的影响就越弱。

因此，必须把培育、挖掘和管理品牌忠诚度作为农业企业营销的一项战略重点，因为她具有不可忽视的价值：

一是可以大幅降低营销成本。我们在日常生活中作为消费者，大都有这样的体会，如果习惯了购买某一品牌的农产品或食品，一般不会冒风险轻易改换购买其他品牌，也懒得花精力去寻找挑选其他没用过的品牌。即便有再多的替代品牌上架，也不会轻易出手。对于老顾客而言，购买使用熟悉的产品决策简单、省时间，而且食用得放心。也就是说，如果企业具有较高的品牌忠诚度，就意味着相对稳定的销售量、市场份额和较低的营销费用。因此，农业企业需要做的，就是维持产品质量和服务水准，让老顾客高兴远比争取新顾客容易得多。营销学中"二、八原则"，即80%的业绩来自20%经常惠顾的顾客，说的就是这个道理。有调查表明，维系一个老客户的成本仅为开发一个新客户的七分之一。

二是可以有效吸引新顾客。我曾数次在超市农产品和食品货架旁边，佯装顾客观察采购者的挑选决策过程。前来采购的顾客大体可以分为三类：一类是低价偏好，专门挑便宜的买；第二类是早有中意的品牌，直奔主题；第三类犹豫不决，左顾右盼。有意思的就是第三类顾客，他们中相当比例会看似无心其实有意地注意其他顾客所挑选的品牌，而那个品牌往往也会成为他们的最终选择。既有顾客群对品牌表示满意甚至喜欢，可以增强潜在客户的信心，尤其是潜在客户对产品心存疑虑时，老顾客的购买行为就是一针"强心剂"。而且，很显然，如果一家企业拥有相当规模的品牌"粉丝"，老顾客本身就是活广告，品牌认可度和穿透力会大大提高，自然会吸引新客户。有研究表明，一个满意的顾客会引发8笔潜在的生意；一个不满意的顾客会影响25个人的购买意愿，因此一个满意的、愿意与企业建立长期稳定关系的顾客会为企业带来相当可观的利润。

三是可以为应对竞争赢得时间。农产品品牌的忠诚度往往是以放心的品质和独特的营养为前提的。如果老顾客满意现有品牌，就不会轻易转向其他品牌，其他竞争对手要进入这个市场就必须面对品牌忠诚度这个巨大障碍，除非他愿意额外投入大量资源和时间，并甘愿承担长期微利甚至亏损的风险。而且，向竞争者适当传递品牌忠诚度信息往往会给新进入者以压力，给自己赢得维护老顾客、开发新产品、搞好品牌服务的宝贵时间，从而在应对竞争者进攻中掌握主动。

四是可以增强销售渠道话语权。农产品进超市难曾一度被业界和媒体诟病，国家有关部门几年前还专门出台过指导性意见，以期避免农产品价格在最后一公里被抬高。不少农业企业对超市也是望而却步。但是，拥有高忠诚度的品牌农业企业在与销售渠道成员谈判时，则会处于相对主动的地位。在极端情况下，品牌忠诚度甚至可以左右商店的采购决策。现在有的超市为维护自身客户群的消费信心，甚至直接规定了准入门槛。因此，品牌忠诚度高的农产品在拓展销售渠道时更容易获得优惠的贸易条款，比如先打款后发货，最佳的陈列位置等。有人把这一作用比喻为交易杠杆，因为品牌忠诚度在扩展品牌、改善产品或推出新产品时能发挥很明显的"领跑"功能。

简言之，由于品牌忠诚度代表着未来销量，因而直接影响未来收益，所以关乎农业企业生存与发展。

（张兴旺 原载于《农民日报》2014年3月17日）

怎么评估品牌忠诚度

这几年，宁夏的硒砂瓜名气越来越大。2013年3月，笔者在宁夏海原县农村调查，有一天来到一个田头市场，和负责人聊起了确定硒砂瓜种植面积和出售价格的决策问题。这位负责人告诉我，其实这个问题挺简单：我们这里硒砂瓜的名气很大，每年都是坐等老板（采购商）上门收购，而且在种瓜季节到来之前，他们一般都会先打电话过来问问大家的种植意向，如果打电话来问情况的人多，我们觉得市场可能就会好，一般就适当扩大些面积；同样，在上市的时候，那天老板来得多，我们就会把价格提高一点，否则就得压点价。

这件事说起来很轻松，其实蕴含着品牌忠诚度的朴素评估过程，宁夏那么多地方产硒砂瓜，为什么人家来这买，这本身也可以说是一种原始状态的品牌忠诚度。然而，这样一个看似简单的过程，却让我们体会到了评估品牌忠诚度对于农产品生产与市场经营决策的价值所在。评估农产品品牌忠诚度，可以采取以下几种方法：

购买行为调查法。要测定品牌忠诚度，最直接的方法就是对顾客的实际购买行为模式进行调查统计，在取得足够样本数据的基础上再进行综合分析。一是重复购买次数。在一定时期内，顾客对某一品牌农产品重复购买的次数越多，表明对这一品牌的忠诚度越高，反之则越低。二是同类产品购买比例。例如，一位顾客在最近十次购买面粉中，有几次购买了"古船"，并照此调查一定时期内

顾客群购买"古船"面粉的比例。三是品牌集中度。还是以购买面粉为例，只购买"古船"一种品牌的顾客有多大比例，购买两种甚至三种品牌的顾客又分别占多大比例。在此基础上，如果对顾客购买决策过程和其他品牌产品作进一步调查分析，就有可能找到巩固并提高品牌忠诚度的方向和路径。当然，由于人们对于粮油、肉蛋奶、蔬菜和水果产品的消费需求不同，同类产品的供求关系和相互竞争的品牌数量不同，不同产品的品牌忠诚度也必然存在很大差别，所以不能简单用一个标准来衡量各类农产品的品牌忠诚度是高还是低。从理论上看，这种方法比较科学，但存在的问题是数据获取十分困难，而且难以预测未来趋向。一个浅显的例子是，对于同一品牌产品，这次可能是这个家庭成员来买，而下次是另一个家庭成员来买，而对于调查者而言，这是难以区分的。

购买时间观察法。简单地说，就是通过观察顾客在货架挑选品牌农产品的时间长短来推测品牌忠诚度。由于信赖程度和消费习惯不同，对不同农产品，顾客购买挑选时间长短也存在明显的差异。我们都会有这样的心路历程，自己作为消费者采购农产品时，甚至可能还没出家门，很多时候内心早就想好了要买什么品牌，这种情况下找到货架就不会再犹豫，所以现场决策时间看似很短。一般来说，顾客挑选时间越短，说明他对某一品牌商品形成了偏爱，对这一品牌的忠诚度越高，反之则说明他对这一品牌的忠诚度

越低。这种方法简便易行，如果派人在主要商场摆放品牌农产品货架前，同期观测一定时间，就能够对品牌忠诚度有个基本判断，但必须剔除产品结构、用途等自身差异造成的影响。

购买压力测试法。压力测试原本是个物理学概念，后来用到金融领域，是指将整个金融机构或资产组合置于某一特定的（主观想象的）极端市场情况下，然后测试该金融机构或资产组合在这些关键市场变量突变的压力下的表现状况，看是否能经受得起这种市场的突变。这一思路完全可以借用到农产品市场营销中，用以衡量品牌忠诚度。一个办法是测试顾客对品牌农产品价格的敏感程度。对于喜爱和信赖的产品，消费者对其价格变动的承受能力强，即敏感程度低；而对于不喜爱的产品，消费者对其价格变动的承受能力弱，即敏感度高。另一个办法是测试顾客对竞争产品的态度。根据顾客对竞争对手产品的态度，可以判断顾客对其他品牌的产品忠诚度的高低。如果顾客对竞争对手产品兴趣浓，好感强，就说明对某一品牌的忠诚度低。如果顾客对其他的品牌产品没有好感，兴趣不大，就说明对某一品牌产品忠诚度高。前一种办法可以选择核心卖场进行短期测试，后一种办法可以采用类似购买时间观测法的方式进行。这种方法的好处是更能反映品牌忠诚度的弹性，并且可以将测试结果直接作为制定营销方案的重要依据。

购买情感反馈法。有很多时候，顾客选择哪个品牌，看似没有更多理由，对于同质化很严重的农产品，可能就是"这个品牌感觉好"、"对这家企业的印象不错"、"身边不少人都在用"……而这些充满感性的理由，在很多时候就是顾客选择这个品牌的原因。而在深层次上，一定是这个品牌更够向顾客传递着喜欢、尊敬、友好、信任等一些看似简单的词汇，恰恰却能在特定场合激发人们心灵的情感，让人们对这些普通而美好的向往最终变现为"愿意支付"，而市场竞争则无时无刻不再提醒我们要回归这一本质。这种方法可以通过问卷调查、上门访问等方式进行，不仅能够对品牌忠诚度有个客观判断，而且往往会发掘出品牌培育与发展的建设性意见。

（张兴旺　原载于《农民日报》2014年3月20日）

怎么巩固与提高品牌忠诚度

最近，微信"朋友圈"有篇短文《习惯了得到，便忘了感恩》引发了我的强烈共鸣与高度认同：很多时候，我们总是希望得到别人的好，一开始感激不尽，可是久了，便成了一种习惯。习惯了一个人对你的好，便认为是理所应当的。有一天不对你好了，自然抱怨就跟着来了。其实，不是别人不好了，而是我们的要求变多了。习惯了得到，便忘记了感恩。其实，以此类推，如果"我们"是品牌农产品生产经营者，把"别人"理解为顾客，就能找到巩固和提高品牌忠诚度的路子。

一定要知道顾客到底喜欢你什么。这是巩固和提高品牌忠诚度的前提。可口可乐公司在30年前曾演绎了一个令人惊心动魄而又耐人寻味的真实故事：从1886年美国亚特兰大药剂师约翰·潘伯顿发明神奇的可口可乐配方之后，这一产品在全球饮料市场一路高歌猛进，直到1975年百事可乐从达拉斯开始发起"口味挑战"。1976—1979年，可口可乐在市场上的增长速度从此前的13%跌至2%。于是，公司决定从产品自身找原因。经过几年的准备，1985年4月23日，可口可乐公司董事长在纽约宣布了一项惊人决定：放弃行销99年的独特传统配方，迎合消费者偏好更甜软饮料的市场变化，停止传统可乐生产和销售，更改其配方调整口味，推出新一代可口可乐。然而意想不到的事情发生了，在新可乐上市4小时内，就接到了650个抗议电话，到5月中旬时每天抗议电话多达5 000个。有的顾客称，可口可乐是美国的象征，是美国人民的老朋友，如今却被抛弃了，可口可乐公司把一个神圣的形象给玷污了。当然更糟糕的是销量远没有预期的好。于是，可口可乐公司高管于7月11日集体站在可口可乐标志下向公众道歉，并宣布立即恢复传统配方可口可乐生产。消息传来，美国上下一片沸腾，甚至有参议员发表演讲称：这是美国历史上一个非常有意义的时刻，它表明有些民族精神是不可更改的。随后当然是可口可乐公司力挽狂澜，再创辉煌。这场品牌忠诚漩涡，肯定让可口可乐公司明白了，对于客户而言，可口可乐品牌已不只是一种历史悠久软饮料的象征，而是"老朋友"、"民族精神"、"神圣的形象"。对于农业企业而言，一定要搞清楚客户究竟看重什么，才会明白应该坚守和努力的方向。

千万别不把顾客真当回事儿。这是巩固和提高品牌忠诚度的核心。我们在日常生活中大都喜欢熟悉的农产品，相信熟悉的品牌，在选购农产品时存在极大的惯性。改换品牌不仅需要增加时间成本，也会带来消费风险。因此，在很多情况下，如果不是"迫不得已"，老顾客往往不会放弃"忠诚"，因为继续选购这个品牌，也是对自己此前决策的充分肯定。所以，从理论上看，留住老顾客并不是一件难事。可是，现阶段优质农产品市场中不经意间对顾客的"带搭不理"并不少见。不耐心待客，不关心顾客，不尊重顾客，在本质上就是"送客"的代名词。要留住顾客，就应该多从顾客角度考虑问题：一是亲近顾客。想方设法与顾客保持密切关系，使其全方位了解品牌农产品生产加工的环境、过程、管理等信息，增加顾客体验，为品牌培育注入情感因素。高管到营销一线"微服私访"听取意见，或者邀请有代表性的顾客群体深入农业生产加工一线实地观光，都是不错的办法，并且会传递放大重视顾客的信号。二是延伸服务。例如，农业企业在面向顾客提供品牌农产品的同时，还能够通过互联网技术提供产品生产加工过程视频以及相关营养知识、烹饪技巧等，就会让顾客觉得放心、贴心、温馨。三是增强粘性。航空公司通过建立常旅客俱乐部已成为留住顾客的有效方法，这一理念当然也可以用到品牌农产品营销中。现在更多的农产品企业只是着眼短期，通过礼品卡提前锁定现金流，对长期善待顾客、留住顾客想得不多、做得不够。四是真心倾听。建立顾客信息系统，完善顾客意愿反映渠道和机制，掌握客户的变化、个性化需求，定期开展满意度调查，要"绞尽脑汁"从顾客的角度改进产品及服务。

要提高品牌忠诚度先培养员工忠诚度。品牌忠诚度是顾客通过与员工的接触体验中培养出来的，各个层面团队的态度、知识、素养等，都在传递着品牌的内涵和企业的文化。因此，提高品牌忠诚度要从员工开始。全球知名酒店万豪集团有20多种针对管理者和普通员工的培训项目，以此提供更好的酒店服务并鼓励员工发展。他们被广为传颂的一个服务理念是，"我们是淑女和绅士，给来酒店的淑女和绅士们提供服务"。该集团创始人威拉德·马里奥特（J. Willard Marriott）曾不止一次地说过，"人才的发展、忠诚度、利益和团队精神永远都应该被放在第一位。"，"我们应该照顾好我们的每一个员工，这样他们才能照顾好我们的每一个客户，而我们的客户才会不断地给我们带来收入"。不难想象，如果我们的员工在接触顾客过程中，表现出来的是不尽如人意的生存状态、缺乏专业水准的咨询回复，再好的高端产品与品牌都会在顾客的心中大打折扣。

（张兴旺　原载于《农民日报》2014年3月24日）

怎么看待品牌知名度

1997年，英国电视台第五频道曾推出一档颇受欢迎的访谈节目《名声与财富》（Fame And Fortune），主持人通过带领观众去参观有声望人的生活起居，并通过与这些富人们的对话，介绍他们的生活品位以及人生态度，其中不乏知名企业家，揭示了一个十分朴素的人生道理，就是美名与财富常常相拥而行。同样，品牌知名度、美誉度对于企业生存与发展乃至财富积累的意义也不言而喻。

从顾客角度讲，品牌知名度是指潜在顾客认出或想起某类产品中某一品牌的能力；从企业角度讲，品牌知名度就是某一品牌在同类产品顾客群体中的知晓程度或覆盖比例。按照品牌知名度由高到低，可以将其划分为四个层级：

最高级是主导级品牌。即在未经提示的情况下，调查对象中很大一部分都主动记忆并且只想到了一种品牌，也就是"唯一提及率"很高，这样的品牌一般就可以认为是主导品牌。在很多情形下，有了主导品牌，顾客大多不会再考虑购买其他品牌。但这样的情况，目前只是在我国一些区域性农产品市场中存在，打造全国农产品主导品牌还只是少数大型农业企业努力的方向，能够问鼎"第一提及率"的企业已是难能可贵了。

其次是重量级品牌。即在提及某类产品时，顾客不用提示就能一口气说出三五个主打品牌，这样的品牌就可以认为是重量品牌。例如，在我国大中城市超市，蒙牛、伊利、三元、光明就是这样的重要牛奶品牌。而顾客往往难以再说出多少其他奶类饮品品牌的名称。重量品牌在市场竞争中具有强大的优势，可以理解为同类产品的"第一方阵"，顾客在购买时经常是非此即彼，如麦当劳与肯德基的门店总是相邻而居一样，几个重量品牌之间在市场空间拓展过程中实际上也是抱团取暖，但谁要想成为主导品牌就愈发不易。

第三个层级是回想级品牌。即在提及某类产品时，顾客知道这类产品的品牌很多，不用提示也能说出某些品牌的名字，但对于哪个品牌更"好"这类的问题也很迷茫。一些营销领域的专家常讲这一情况称为"无提示的回想"。这种情况表明，品牌在顾客的心中也有较高的位置，而且很可能就是这一品牌的忠实粉丝。

最低层级是认出级品牌。即在提及某类产品时，一些顾客并不能够主动想起品牌名称，但是在给出若干选择或提示的情况下，调查对象能够说出自己曾经听说或购买过的品牌，这也是品牌传播的第一步。这虽然是品牌知名度的最低层级，但是想想我们到超市购买农产品的决策心理吧，如果不是事前已经有了中意的品牌，在货架前挑选过程中，一旦发现曾经买过的品牌，往往会眼前一亮。由于农产品同质化程度高，产地分散，价格总体偏低，顾客很多时候不会再去具体评估产品特性，只要觉得"知道"、熟悉，就会直接购买。所以，认出品牌在顾客作出购买农产品品牌选择时的作用极其重要。

实践表明，任何一种新产品或服务上市，想方设法让顾客从认识品牌到认可品牌的过程，都是事关成败的关键营销策略。而且，尽管现代营销理念强调亲近客户和顾客体验，但能够参观体验产品生产过程的顾客显然是极少一部分，而绝大部分顾客会通过品牌知名度，感受企业的规模大小、历史长短、专业水准、实力厚薄及公众评价好坏。由于农业是自然再生产与经济再生产相互交织的过程，农产品产加销链条长，应该说更需要通过培育扩大品牌知名度拓展市场、提升价值、服务顾客。而且，在品牌知名度提高后，随着市场和社会认可度的增加，资本、人才、技术等资源都会向企业倾斜，出现破解农业企业人财物诸多制约的资源聚合效应。

在品牌知名度问题上，还必须充分重视和理解农产品品牌的特殊性，特别是要正确处理农产品区域公用品牌和企业自有品牌的关系。有人把区域公用品牌形象地比喻为伞，而企业自有品牌则受到这把"伞"的提携和庇护，当然更要靠后者来支撑"伞"的高度。现实情况是，由于农业生产受土壤、气候等自然条件的限制很大，所以人们往往对笼统表征地域特点的农产品印象更深，例如东北大米、山西杂粮、陕西苹果、江西赣南脐橙、云南普洱等农产品区域公用品牌知名度较高，而我们农业新型主体还处于发育发展期，在知名度较高的区域公用品牌之下，目前还大多缺乏担纲主演、能够独立"撑伞"的企业自有品牌，而且在农业各产业之间、各环节之间和各区域之间都很不平衡，这是一个很大的问题。农产品区域公用品牌与企业自用品牌如果不能协调发展、相得益彰，就会在整体上削弱农产品品牌知名度和市场竞争力，对优质农产品及产业发展都是另一种伤害。

（张兴旺　原载于《农民日报》2014 年 3 月 27 日）

怎么提高品牌知名度

新疆巴州（即巴音郭楞蒙古自治州）驻京办的羊肉串在首都很有名儿，库尔勒香梨在全国乃至世界的名气都不小。然而，这两者之间有什么渊源呢？相信不少人对这一问题都会无言以对。2013 年 8 月，新疆的瓜果又是一个丰收季，我应邀带领一些内地的采购商到库尔勒搞产销对接活动，同行的好几个人才知道库尔勒市原来是巴州的首府，大家都充满了惊讶和感叹，因为香梨的缘故，库尔勒的知名度不知道要比巴州大多少！品牌知名度的力量竟然如此强大。必须看到，对于绝大多数农业生产经营主体和区域性品牌，如何建立、保持和提高农产品品牌知名度，都是一件十分重要的事情。

虽然最佳方案肯定要根据产品特性及市场环境谋划，但从有关研究和实践看，至少应注意五个问题：

第一，要把保证农产品优质安全作为前提。无论是哪种农产品，要提高品牌知名度，都必须把优质、安全、放心作为起点。农产品作为人们生活必需品，其品牌知名度在很大程度上是口口相传的，消费者会"用嘴投票"。20 世纪 90 年代有两种水果在市场上广受欢迎，一种是种植在黄河故道沙质土壤之上的酥梨，一种是来自雪峰山脉的冰糖橙，都是因为其独特的品质营养而博得了消费者的厚爱。但是近些年，这两种水果的知名度已经风光不再，一些人认为不仅是因为水果产业发展使人们有了更多选择，而且与其内在品种品质变化有本质关系。因此，要提高品牌知名度，就要把保证和提高农产品品质作为内功下真力气。

第二，要给品牌插上联想的翅膀。产品是品牌的主角，"优质安全"内化在农产品中，为消费者提供的是"口感"和"安全感"，因此决不能为了创意而忽视产品本身，尤其是新产品打市场时，更要对产品进行全方位的立体展示，把产品作为创意的核心予以放大。当然，这可不是说像有的广告一样，只是让产品及其生长环境在屏幕上飞来飞去。要让农产品令人难忘、众所周知，就必须通过综合运用品牌名称、品牌标志和符号等外在"塑形"的元素，给品牌插上想象的翅膀，让消费者在视觉、听觉和想象等多维空间中打下深刻烙印。

很多农产品品牌的传播方法非常相近，让品牌难以脱颖而出。例如，大多数都宣传的是优质环境、自然生长、不加农药化肥，而对于产品自身在品质营养及适用人群等方面则很少涉及。这种模式化的广告给人们勾画的是自然美景，而此品牌与彼品牌产品的区别在哪里呢，消费者常会一头雾水，很多时候记住了画面之美，而品牌的名字却想不起来了。运用简单、直接、出奇的口号或标志，建立品牌与产品门类的联想，是一些成功企业屡试不爽的经验之一。例如，最近几年北京郊区的草莓发展很快，我常常看到高挂"音乐草莓"、"奶油草莓"标语招揽采摘游客的种植大棚，这种没有任何差异化的口号作用肯定有限，而如果冠以"老王头草莓"、"二丫草莓"这样的名称恐怕吸引力就会大一些。正像"王麻子剪刀"、"张小泉剪刀"一样，因为它不仅是品质的象征，还代表着差异化、个性化。

第三，要巧于"独闯天涯"。尤其是处于品牌创建初期的农产品，必须在深入研究市场定位的基础上，再选择适合选择平面、立体、网络等不同的推介渠道或渠道组合，不能试图为了把产品卖给所有消费者而在宣传媒介上遍地撒网，否则会造成大量投入而没有回响的沉没成本。例如，你的目标客户如果是空中飞人，那就可以考虑在航班杂志及空中影像节目中去宣传；如果只是局限于某一区域市场，则完全没必要在全国提高知名度。当然，这些年迅速兴起的各种农产品展销推介活动，对于提升中小企业及区域农产品品牌的影响力是值得关注和重视的。

第四，学会"借船出海"。农产品不同于大多其他消费品，每个人都注定是消费者，只是因为消费习惯、生活水平差异而导致了市场细分。所以，借助一些有影响力的平台提高品牌知名度是个不错的选择。一是公共宣传。前几年，一个优质农产品基地曾经在北京王府井步行街搞过一次现场品牌推介，效果就非常好。二是活动赞助。根据目标市场，有选择地赞助关注度高的活动，不少时候比直接打广告更有效。很早以前，几个啤酒品牌就发现了这一"秘密"，你会发现体育赛事与他们联系那样紧密，而耐克、阿迪等运动品牌就更无需多说了。三是植入广告。如果在充满"白富美"和"高富帅"的都市剧中植入高端农产品品牌推介元素，肯定能让一些品牌有以外的收获与惊喜。

还有，要讲好品牌故事。中国农耕文化源远流长，每种优质农产品都源自不一样土壤、气候及劳作技术，每个品牌都有不一样的故事。品牌，不仅意味着品质，还应该是文化的盛宴，是生产者与消费者之间情感互动的高地。绿箭口香糖，用唱歌这个故事表达了口臭带来的尴尬，展现了"亲近自然"的品牌主张。今天，驰名中外的胶州大白菜价格不菲，虽然没多少人能说清楚其汁白、味鲜甜、纤维少、营养丰富、产量高等特点，但1926年鲁迅先生笔下"运往浙江便用红头绳系住菜根，倒挂在水果店头"的描述，在今天说来仍栩栩如生、令人垂涎。有家地方电视台财经节目办得很好，前几天专门就"红枣"做过一档节目，节目的核心人物只有一个，整个节目都是在讲这个红枣品牌的故事，感人至深、印象挥之不去，我想这是一种360度的品牌放送，是更高层次的品牌营销。

（张兴旺 原载于《农民日报》2014年3月31日）

你的竞争对手是谁

这些年，鲜活农产品生产发展速度很快，即便是有些名气的品牌，也必须面对日益激烈的市场竞争。特别是随着新型农业生产经营主体快速发育，生产经营规模不断扩大，正在推动市场结构、主体、运行等发生着新的变化，农产品市场环境充满变数。在这种情况下，农业专业大户、家庭农场、合作社和企业等要进入新的区域市场或新的产品市场，必须破解市场信息非对称传播带来的困扰，充分了解同类及相关产品细分市场竞争状况及发展前景，找准同台竞技的竞争对手，知彼知己，才能做出正确决策。

谁是你的密切竞争对手？这个问题对有些农产品品牌如乳业的几个大品牌已经不难回答，或者说在当下已不是问题。但是，对于绝大多数处于品牌培育期成长期的农业生产经营主体而言，则是必须面对的，即便你只是在较小的区域市场中竞争。那么，怎样找准竞争对手并且有效排除那些非主流的竞争品牌呢？可以尝试进行两种方法：

一种是筛选法，就是调查顾客在进行购买决策过程中会考虑哪些相关品牌。最简单的办法就是派出营销人员，前往主要卖场的销售柜台，在给顾客提供服务的过程中，以聊天的方式进行随机访问，但要看似无心其实有意，包括访谈时间、样本数量及群体分布等，都要精心设计和考虑。例如，也可以询问：如果没有这个品牌的产品，你会买什么品牌的？在此基础上，进行分析比对，不难找出主要竞争对手。

另一种是情境法，就是调查顾客对于特定消费情境都能想起哪些品牌。例如，做方便休闲食品的企业，可以组织调查对象回想武汉久久鸭品牌的消费情境，并且要求尽可能多地罗列在这一情境中可能消费的休闲食品品牌；也可以事先设计好调查问卷，将该品类具有一定知名度的品牌列出，之后逐一询问被调查者对不同品牌消费情境和消费倾向的看法。在取得足够调查数据的基础上，把与自有品牌使用情境一致或相近的品牌挑选出来，就是主要竞争对手。这一方法需要调查对象要有足够数量，而且被调查者的身份也要具有代表性。最大的好处是能够在更加细分的市场上挑出竞争品牌。

分析竞争对手则有多种方法，用得较多的是商业管理界公认的"竞争战略之父"、哈佛商学院迈克尔·波特（Michael Porter）教授于20世纪80年代初提出的竞争对手分析模型，从企业的现行战略、未来目标、竞争实力和自我假设四个方面分析竞争对手的行为和反应模式。一是分析其现行战略，弄清楚竞争对手目前正在做什么，将来会做什么，做到自己心中有数。二是分析其未来目标，不仅要分析财务目标，还要了解企业技术创新、管理架构、环境保护、社会责任等全方位的发展目标，弄清楚竞争对手发展路线设计及驱动力量。三是分析其竞争实力，包括产品质量、营销服务、运营成本、人力资源等方面的情况，找出在市场竞争中的优势和劣势，弄清楚与竞争对手的差距。四是分析其对自身和产业的假设，包括对行业前景及市场走向等的基本判断，实际上也就能清楚地看到竞争对手自身的战略定位，从而寻找本企业的发展契机和市场切入点。

从实践看，一些大型企业已经越来越多地利用专业咨询机构开展上述调查分析，作为制订自身品牌竞争战略的重要依据。新型农业生产经营主体受到经营规模、经济实力等限制，即便不聘请专业机构进行调查分析，也应该运用这一理念做些分析研究，这对于科学确定自有品牌的市场定位和竞争策略必不可少。

（张兴旺 原载于《农民日报》2014 年 4 月 11 日）

怎么搞好品牌定位

前些日子与商学院的同学聚会，一位电商领域的领军人物刚落座一会儿，就迫不及待地问大家，你们预订到特斯拉了吗？这款定位于有环保意识的高收入人士和社会名流，由总部设在美国加州硅谷的特斯拉汽车公司（Tesla Motors）生产的纯电动汽车在风靡了北美之后，2014 年一进入中国首秀，就引爆了中国高端车市场，不仅预订要排队，而且提车还要等一年。在得知几位同学还在观望后，他别有意味地说，我们搞 IT 的人，如果不订一辆特斯拉，人家会以为你落伍了。而无独有偶，当朋友聚会点饮料时，服务生经常是推荐一两个大众品牌，而如果有酷爱橙汁的朋友在场，他们往往会问，有没有派森百？派森百宣称拥有加工期长达七个月的 15 万亩早、中、晚熟配套的优质柑橘加工原料基地，在果实吸收阳光精华之巅峰期采摘，并于 24 小时内完成加工，橙汁 100％天然、100％鲜榨、100％纯正，近几年其品牌影响力在橙汁市场上声名鹊起。知不知道、是否饮用过派森百，有时候会成为生活品位的一个小标签。汽车与橙汁，两个看似不相干的故事，却在告诉我们同一个道理：商业运作要成功，品牌定位很重要。

品牌定位不仅关系生产经营者配置资源、统筹运行，也是在竞争中确立比较优势、争取主动地位的核心要件。理解品牌定位，要有三维视角。一是从农业生产经营主体自身看。作为农产品生产经营者，到底希望该品牌在哪个细分市场上占据怎样的地位，特别是传递该产品及服务的哪些特征和属性，进而塑造其与众不同、个性鲜明的市场形象，从而找准在市场上的合适位置。二是从顾客角度看。品牌所有者通过品牌定位及营销组合，潜在消费者在心里对该品牌形成了怎样的印象，接收到了哪些品牌讯息，而这些是否足以满足其对此类产品的需求。三是从竞争对手角度看。能否使该品牌与其他相关品牌严格区分开来，使顾客很容易感觉和认识到这种差别，从而在顾客心目中形成独特的位置和价值。高水准的品牌定位，必须注重以上三维视角的协调和匹配。如果目标客户接受的品牌信息既是自身所看重的产品价值，又是品牌所有者想要传递的信息，这个品牌定位无疑会取得成功。

研究品牌定位，有多个切入点：一是根据产品特点定位。特别是由于农产品受到光、热、水、气等自然条件的限制，不同区域、不同品种的农产品在外观、品质、上市期等方面的差异较大，所以品牌定位首先必须考虑和张扬农产品的区域特点和品质特性。例如，由于土质和温差等因素，新疆的瓜果糖分含量就比较高。二是根据特定的适用场合定位。长期以来，人们已经形成了一些具有广泛共识的生活习俗，并赋予很多农产品以美好联想，如花生代表多子多福，芝麻开花节节高，牡丹意味着大富大贵……从这些人们乐于接受的观念出发，也是农产品品牌定位的一个实用技巧。三是根据消费者类型定位。中国有句老话，药补不如食疗。特别是随着人们生活水平的提高，诸多养生节目都在介绍不同农产品的养生功用，在品牌定位上应该利用好这一大的趋势。例如，五谷杂类有利于给人体提供多种维生素，黑木耳对于"三高"人群是个好选择，等等。事实上，不同农产品品牌面对不同的顾客，所处的竞争环境也不同，所以品牌定位的切入点不可能是单一的，而更应该是多个角度的立体组合。

确定品牌定位，至少面临两种选择。一种是搞错位竞争还是"正面强攻"。错位竞争定位策略，即避免与强有力的竞争对手发生直接竞争，而找出自己产品的差异化特征，将品牌定位于另一个细分市场内。这种做法风险较小，成功率较高。"正面强攻"定位策略，即不惜与市场上占支配地位、实力最强或较强的竞争对手直接竞争，从而使自己的产品进入与对手相同的细分市场。这一做法容易引起社会关注和议论，品牌能较快地被消费者了解，达到树立市场形象的目的，但也具有较大风险，必须建立在正确判定对手和自身实力较量的基础上。另一种是搞"一马当先"还是"借船出海"。"一马当先"定位策略，即力争使自己的产品品牌第一个进入消费者视野，抢占市场第一的位置。而且人们一旦对某一品牌形成消费习惯，此种关系是不会轻易改变的。但选择这一策略的前提是产品要有独到之处，对细分市场的拿捏必须到位。"借船出海"一般用在同类产品已有品牌具有较高市场占有率的情况下，巧妙地借助于某品类的第一品牌的影响力，从而达到攀龙附凤而"搭顺风车"的目的。比如七喜，它发现美国的消费者在消费饮料时，三罐中有两罐是可乐，于是它说自己是"非可乐"。当人们想喝饮料时，第一个马上会想到可乐，然后有一个说自己是"非可乐"

的品牌与可乐靠在一起，那就是七喜。"非可乐"的定位使七喜一举成为饮料业第三品牌。

一般来说，品牌定位有三个步骤：首先要发现潜在竞争优势领域。主要是通过充分调研分析，弄清楚三个问题，一是竞争对手品牌定位是什么，二是目标客户的具体需求以及满足程度如何，三是针对竞争者的市场定位和潜在顾客尚未满足的需要自己还能做什么。回答了这些问题，就不难从中筛选自己的品牌定位方向。第二步是锁定品牌定位。这种能力既可以是现有的，也可以是潜在的，核心是在某一类产品中选定具有目标客户需要而竞争对手尚未提供的重要特征的产品及服务。一般有两种基本类型：一是价格竞争优势，就是在同样的条件下比竞争者定出更低的价格。二是偏好竞争优势，即能提供特色来满足目标顾客群体的特定偏好。第三步是确定市场定位战略并组织实施。主要通过一系列宣传促销活动，将其独特的竞争优势准确传播给潜在顾客，并在顾客心目中留下深刻印象，使品牌所传递的正是目标客户所需要的，在顾客心中建立与该定位相一致的形象。当然，面对千变万化的市场，任何一个品牌在竞争对手推出的新产品侵占本品牌市场份额和消费者的需求或偏好发生了变化导致销量骤减时都必须及时调整或优化自己的品牌定位。

（张兴旺　原载于《农民日报》2014 年 4 月 21 日）

怎么成为贴心品牌

美国著名社会心理学家亚伯拉罕·马斯洛把人类的需求由低到高，依次分成生理需求、安全需求、社交需求、尊重需求和自我实现需求五类。从满足不同层次需求的角度，品牌可以划分出不同的目标市场：

满足生理需求的市场，品牌只要具有一般功能即可；满足有安全需求的市场，品牌要体现对身体的呵护；满足有社交需求的市场，品牌要有助于提高使用者的交际形象；满足有尊重需求的市场，品牌的个性化和象征意义更加重要；而满足有自我实现要求的市场，品牌要能体现和张扬消费者个人的价值取向，这一群体品牌固化的倾向明显。需求层次越高，消费者就越不容易被满足。

必须看到有这样一个基本规律，在不同供求关系下，消费者对产品的要求是有很大差别的。当供不应求时，人们更多地注重其满足生理需求的基本功能；而当供过于求时，则更加注重其满足心理需求的程度。有关数据表明，随着我国农业生产持续健康发展，农产品市场供给充足、品种齐全，主要农产品供求关系已经发生了根本性变化。在这种情况下，消费者在关注产品具备基本品质、满足基本生理需求的基础上，选择品牌的标准越来越注重感情上的满足、心理上的认同。因此，一个品牌要想在日益激烈的农产品市场竞争中立于不败之地并发展壮大，就必须真心实意地以消费者为本，学作目标客户的贴心品牌。

一是术业有专攻，不要想着"通吃"。我国优质农产品的种类十分繁多，可是受到自然条件及储运水平等因素限制，在生产规模上能够不断扩大、在市场供给上能够一年四季均衡上市的则很有限。因此，在目标市场确定过程中贪多求大、试图"通吃"的想法既不符合农产品自身特点，也不符合现代营销的基本理念。一方面，有的品牌农产品生产经营者在遇到大额订单时，由于难以足量按时供应只能扼腕叹息；另一方面，有的对于产品的基本功效及适用人群过度宣传，甚至自相矛盾、混淆视听，市场定位指向性模糊，让潜在消费者感觉"乱花渐欲迷人眼"，无从把握品牌的核心价值所在，自然会失去亲近和信任的基础。

二是感觉很重要，不要太过"技术"。心理学有个名词叫情感依赖症。英国生物学家查尔斯·罗伯特·达尔文说过，物种均有依赖，以促其生长。我们有不少农业生产经营者即便在创建品牌的过程中，也愿意陶醉在自己的世界里，譬如喋喋不休地试图通过光照、积温等专业术语赢得青睐，本质是显得我这个品牌技术上多么强。而实际上，我们每个人都是消费者，哪个消费者愿意或者有能力成为每个领域的技术专家呢？这不可能，也不是消费者所希望的状态。人们在内心深处都有情感依赖症，消费者希望的是因为信赖品牌，所以能够让购买决策的过程和消费的体验变得简单而有趣，而不是试图成为多个领域的专家去"找累"。有人把这种情况概括为消费者的"感性利益"有很多时候重于"理性利益"。

三是定价需谨慎，不要轻易"跨界"。由于人们生活水平的不断提高，有越来越多的消费者为了健康和放心愿意支付更多。因此，高端农产品是非常诱人的品牌领域。因为如果这一身份标签一旦被消费者所认可，就意味着规模高增长、利润可期待，而且成本和价格方面的双重压力在短期内都会变得不值一提。然而，必须要清楚，一个品牌要进入高端市场，那就必须拿出让人信服的理由，是质量、服务，还是其他的什么?！而且必须有一点清醒的认识，不要轻易既要"高端"，也要"大众"，这种"跨界"的定位与营销会让人怀疑，你究竟是谁，你是否可信？价格在很多时候是消费层次的代名词，要通过界定价格水平差异，进而解释自己是高品质低端产品和高品质高端产品几乎是不可能的。因为，向低端调整品牌而要保持高端的质量想象是一道不好接受的难题。

四是感情靠烙印，不要离开"朋友圈"。在每个人的成长过程中，总会留下挥之不去的记忆，发小、乡音、玩伴、童趣……一个细节和场景都可能成为一生美好的记忆，而这个记忆有时候是很具体、很直观甚至没有价值含量而只是一个符号烙印而已。而善于在国家、区域、民族、个性等具体特征中赋予品牌这种感情的烙印，有很多时候不需要多少经济成本，而只需要独特的眼光，这种眼光就是朋友的赞赏和牵挂，一旦拉入"朋友圈"，就不要轻易离开"朋友圈"，"朋友圈"的朋友一般不会只有一个，但不会很多，因为"朋友圈"意味着信赖、担当与付出，而品牌的追求有比这更高的境界吗！

（张兴旺 原载于《农民日报》2014年4月24日）

怎么理解品牌人格化

最近，有档知名的电视财经节目先后把"好想你"枣业和"一贯好奶粉——飞鹤乳业"创办人，请到节目现场中央的红沙发，让他们在聚光灯下讲述品牌故事，几十分钟的节目下来，让人感受最深的就是，"好想你""飞鹤"可不仅仅是"枣""奶粉"这种"物"的品牌，而它们更是这两家企业"人"的形象代表：充满感情而又个性鲜明。而从客户角度看，在很多时候，我们谈到一个品牌就像提起一个人一样，脑海中立即会浮现出对其的基本印象：活力四射还是暮气沉沉、体格强健还是弱不禁风、温柔体贴还是粗枝大叶……当然，喜欢或者反感、接受或者排斥的情感也会油然而生。简单地说，这就是所谓的品牌人格化。

品牌人格也称品牌个性，是现代营销学、心理学研究领域的一个焦点。20世纪50年代，随着对品牌内涵的不断挖掘，美国Grey广告公司提出了"品牌性格哲学"的理念，日本小林太三郎教授则提出了"企业性格论"，从而形成了广告创意策略中的品牌个性论，其核心思想认为广告不只是说好处、说形象，而更要说个性，品牌应该人格化，即由品牌个性来促进品牌形象的塑造，通过品牌个性吸引特定人群。

尽管人们在实践中已经越来越意识到品牌人格化的重要意义，但是对于品牌人格与品牌形象关系的认识还存在较大分歧。有的认为品牌人格就是品牌形象，并将品牌形象定义为"购买者人格的象征"，甚至有一部分学者直接将品牌人格与品牌形象统称为"品牌性格"，特别强调品牌人格与品牌形象的一致性，而没有加以区别。有的认为品牌人格是品牌形象的一个重要构成维度，而非唯一构成维度。有的从企业视角进行定义，认为品牌人格是指品牌所具有的人类特征，既包括可靠、时尚、成功等个性特征，又包括性别、年龄、社会地位等人口统计特征。有的从消费者视角进行定义，认为品牌人格是消费者所感知到的品牌所表现出来的个性特征。无论是哪个视角，都认为品牌个性创造了品牌的形象识别，把一种品牌当作有个性的人看待，使品牌人格化，恰恰是品牌塑造、市场定位与战略营销的精髓所在。

品牌人格就像人的个性一样，它是通过品牌传播赋予品牌的一种拟人化特征。第一，品牌人格化可以有效锁定目标客户类型，如针对性别（男性或女性）、年龄（年轻或年老）、收入或社会阶层（金领、白领或蓝领）等标准进行市场定位甄别。早市的农产品会让人想到"便宜"，超市的品牌会让人觉得"大众化"，而能够摆上北京燕莎商城农产品货架的品牌肯定代表着时下的网络语言"高大上（高端大气上档次）"。第二，品牌人格化可以有效挖掘目标客户情感附加值，呼唤和激发客户群体对品牌的浓厚兴趣和情感依赖。如"好想你"在作为礼品赠送时则承载着人们之间的多种美好情感，"一贯好奶粉—飞鹤乳业"则是质量与信心的庄严承诺。第三，品牌人格化可以有效体现价值取向，在满足不同需要时开拓市场。特别是在现阶段人们健康饮食意识不断增强的情况下，通过赋予农产品品牌鲜明的人格化特征，可以与某一特定价值观建立强有力的联系，并成功吸引那些对该价值观高度认同的目标客户和潜在客户。如火龙果品牌应该关注担心血糖偏高的人群，香蕉品牌不妨强调其高钾调节情绪的作用，等等。

要通过品牌人格化令人心动、独具一格、历久不衰，就必须真正把品牌想象成为一类人，它的价值观、外表、行为等方面应该具备什么特征，并将之贯穿到品牌建设与维护的全过程。同时，还要注意以下三个问题：一是差异性。只有突出品牌个性，才可能在同类产品中脱颖而出。二是一致性。当品牌人格与目标客户的个性能够相互吻合、双向互动时，品牌的市场表现必然可观并值得持续期待。三是稳定性。物以类聚，人以群分。人的个性具有相当的稳定性，品牌就像老朋友，不能轻易改变形象。如果品牌人格"朝令夕改"，就难以产生品牌形象与消费者体验间的共鸣，被市场淘汰就是不远的事了。

（张兴旺　原载于《农民日报》2014 年 5 月 4 日）

怎么提高感知质量

这几年接触的不少农业基地、合作社和企业负责人都不约而同地反映一个十分郁闷的问题：我们在培育农产品品牌的过程中，可没少在产地环境、生产加工等方面下功夫，为了确保农产品质量可以说下了血本，但产品一投放市场，却无法实现优质优价，结果是左右为难，坚持吧，高成本压力太大，可不坚持，又担心砸了牌子！导致农产品不能优质优价的原因很多，其中很重要的一条就是，顾客感受到的农产品质量与品牌拥有者如数家珍的优质农产品水准经常不对等，前者往往少于甚至是严重少于后者，也就是你所自信并引以为豪的农产品质量参数顾客可能远未感受得到，他（她）怎么会愿意出高价而觉得物有所值呢?！为此，我们必须认识一个在农业领域很少提及的品牌概念：感知质量。

感知质量，有的也称为市场感知质量，是指顾客在购买消费某一品牌农产品后，心里对该品牌相对于其他同类农产品质量或优势的整体感受。在现实农产品营销中经常会出现这样的情况：从技术角度分析，甲品牌农产品与乙品牌农产品在质量及营养参数上旗鼓相当，甚至略逊于乙品牌，可顾客却认为甲品牌的农产品高于乙品牌，因此对甲品牌情有独钟甚至愿意高价购买。因此，感知质量并非农产品真实的质量，而只是顾客对品牌的一种感性认识、总体感觉，往往带有顾客个人的情感因素。在农业生产经营和市场运作中，高度重视农产品的客观质量，而严重忽视顾客的感知质量，是现阶段各类农业生产经营主体在品牌营销中的一个软肋，所以绝大多数农产品品牌的感知质量要大大低于产品质量。而有关实证研究表明，从长远看，影响经营业绩最重要的因素就是相对于竞争对手感知质量的高低。

当然，提高感知质量的基础是品牌农产品质量确实过硬。难以想象劣质产品却能让顾客产生很高的感知质量。只有顾客消费的亲身感受与品牌质量定位相吻合时，才有可能产生美好的印象和感觉。从实践看，要提高农产品品牌感知质量，应该避免三个误区：一是不要让品牌承载过多。同类农产品必然有很多相似之处，但是你最想向消费者传递这个品牌的最大优势或者不同之处是什么，最想让消费者在感知质量方面接受什么信息，必须在品牌内涵方面有个性鲜明的表达方式，而千万不可以面面俱到。二是不要在促销时忽视对品牌的负面影响。在没有充分信息的情况下，价格是判断质量的信号。但不少商家为加快出货速度和数量，把降价作为促销的常用手段，同一品牌产品的价格忽上忽下，很容易导致市场定位紊乱，进而让消费者的质量感知大打折扣。三是品牌形象多变。有的品牌设计一味追求社会潮流，"超短裙"和"职业装"、"典雅"与"艳丽"等形象大角度穿插，无法持续传递品牌核心价值，容易造成消费者的"视觉"混乱。

提高感知质量，至少可以做三件事：一是细微处入手，传播高质量信号。有的在品牌推介过程中，为了证明自己产品的"优秀"，一味引用相关专业报告中的技术参数。但是对于大多数消费者而言，是不可能花费大量时间和精力去研究各类农产品专业知识的，否则他们不都变成农业专家或营养专家

了吗！例如，在推介猪肉品牌的时候，如果能够展示下洁净的猪舍、洁净的活猪，远比只展示青山绿水强，因为越看似微不足道的细节，往往就是可观察可信赖的特征。二是组织用户体验，把顾客变成品牌传播者。现在多数农产品品牌企业组织的用户体验方式过于狭隘和单一，除了品尝还是品尝。如果能以适当方式有目的地分地域、分行业海选一批顾客，请他们实地考察感受农产品产地环境和生产细节等打造品牌的流程，并以新媒体直播报道，本身就是一种品牌宣传，而且顾客在身临其境中更容易获得有趣和美妙的感知质量。三是用好"旁白"，用足第三方信息。现在，独立调查机构对农产品品牌的关注度在增加，例如有的协会近两年就在组织开展消费者最喜欢的农产品品牌调查活动并会公布调查结果。农业生产经营主体应学会借力打力，用好用足有关方面的品牌评价信息，靠外力提高感知质量的水平。

（张兴旺　原载于《农民日报》2014年5月7日）

怎么建立品牌联想

我们作为消费者，每当看到或听到某些特定品牌时，脑海中会本能地出现一些对该品牌的印象，包括态度、评价、定位等等，这就是品牌联想。品牌联想的产生和形成是多方位、立体化的，既可能来自自己的消费体会、亲朋好友的口口相传，也可能来自该品牌的各种营销推介活动或者广告宣传，等等。日常生活消费中各个层面传播的品牌信息，都有可能在不经意间累计和转化为消费者心中的品牌形象，进而直接影响消费者对该品牌产品的购买决策。

对于品牌创建者而言，首先必须研究清楚究竟要建立什么样的品牌联想，这是推开各项营销活动的前提条件，特别是新产品、

新服务或者是老品牌进入新市场时，这一点都十分重要。对于农产品来说，购买的便利性、低廉的价格等当然重要，但是很容易被复制，而独特的质量和传承的文化则是彰显竞争优势的核心竞争力，不仅关系到短期的成败，也能够左右长期的发展。因此，品牌联想也要分分层次，希望消费者产生的主要联想是什么，次要联想是什么，关联效果是什么？这些问题都要想明白，并且恰如其分地植入到品牌形象设计的各个元素中去。

要选择合适的品牌联想，必须做好三件事：一是认识自己。对自己的产品和服务，要有客观的估计和评价，没有的功能和兑现不了的承诺，都是品牌联想的禁忌。如果让

消费者感到品牌名不符实，品牌宣传超出实际水准，那样的品牌联想对企业不但无益而且有损。二是比照他人。竞争对手的品牌联想是什么，必须进行深入研究和分析，进而在此基础上开发自己与众不同的特殊联想。如果品牌没有鲜明的"个性"，那就无法获得消费者的青睐，也就没有选择购买该品牌的理由。三是紧盯目标。只有把目标市场吃准看透，才能锁定和开发引起市场正向反应的差异化联想，进而形成支持消费者购买决策的独特卖点，更加巩固品牌的市场优势。

要建立积极有效的农产品品牌联想，可以考虑以下几种办法：首先要甄别和管理好联想信号。每个人的精力和时间是有限的，面对品类众多的农产品，消费者不可能去一一研究不同产品的各种技术参数，也不可能都成为农产品领域的专家。一般消费者不愿意也没有能力去处理复杂信息，更倾向于通过品牌联想信号去判别和筛选产品。因此，应该开展有关消费者行为调查，消费者更关注哪些品牌信息，让顾客产生品牌联想的关键信号是什么，懂得这些关键信号如何影响顾客感知。二是持续不断地讲好品牌故事。品牌故事是品牌与消费者互动的情感通道，她能够让顾客得到产品以外的情感体验和相关联想，而且有助于引发好奇心和认同感，从而形成购买冲动。一个成功的品牌就是由无数个感人至深的故事所构成的，没有故事

就没有品牌。相对于工业品，很多优质农产品背后都散发着泥土的清新和感人至深的故事，更容易形成品牌感动。备受市场推崇的"褚橙柳桃"就很好地嫁接了褚时健和柳传志的影响力和亲和力。三是巧妙地开展公共宣传。有很多情况下，花太多钱去打广告，对于建立品牌联想、提高知名度并不一定取得好的效果，因为消费者总是更愿意对商业广告持怀疑态度。比较而言，一些科学设计的公共宣传反而会取得意想不到的可喜效果，当然这要依托具有新闻价值的事件和活动。例如，福建有家本来并不太知名的茶叶企业，连续几年在国家农业展会中最具影响力的中国国际农产品交易会上，与主办方合作，免费开设茶叶品尝休闲区，把国际级展会的信誉和观众在展会中小憩的愿望有机结合，极大提高了品牌影响力。四是学会"让大家告诉大家"。最挥之不去的印象莫过于亲眼所见、亲身经历、感同身受。农产品品牌创建离不开生产加工过程，如果让消费者能够实地感受并参与某些环节，这种愉快的体验将成为品牌联想的美妙源泉。当然，如果能够运用信息化手段，通过网络视频或微电影等新媒体方式，让消费者便捷地获得农产品生产、加工等实时影像信息，也将是一个很有创意的品牌联想。

（张兴旺　原载于《农民日报》2014年5月15日）

怎么保持品牌联想

有句老话：创业难，守业更难。这个道理对于品牌也同样适用，可以说：创建品牌联想难，保持品牌联想更难。一个积极导向品牌联想的形成，不仅需要企业产品质量管控、营销促销推广等一系列生产经营行为的同向运动、综合集成，而且需要时间的长期累积和口碑效应的逐步发酵，

难度是可想而知的。从这个意义看，品牌联想实质上是一个企业生存发展"内化于心、外化于形"的精神内核。但是，要保持品牌联想则面临更多挑战：一方面，企业内部运行特别是面向市场的营销活动能否始终与既有的品牌联想保持"共振"，从而使之得到强化而不是弱化，就是一个高

难度的命题；另一方面，千变万化的市场竞争造成的外部冲击自然是"来得没商量"。所以，不仅要重视品牌联想，而且要把保持品牌联想作为企业生产经营活动的一种制度安排，应贯穿以下基本理念：

不要轻易改变市场认可度高的品牌联想。人活一张脸，树活一张皮。在人们的日常生活中，有时候我们需要根据出席社会活动的不同场合，适当改变一下自己的"行头"，但一定是"形散神不散"，不同装束下的气质应该是一贯的。如果一个人每天都变换造型，人家会以为是个演员，到底他（她）哪个形象是真的呢？结果必然是，怀疑由此产生，信任开始缺失。对于品牌联想也一样。有的时候，刻意调整联想甚至大胆改变联想是必要的，但是必须清楚地认识到，要改变那些顾客喜欢、市场认可的联想必须小心翼翼、慎之又慎。因为，在这种情况下改变联想，成本可能很高、费时可能很长、效果可能很差。品牌个性或者说差异化在相当程度上是通过品牌联想体现和实现的，就像人的形象一样，"日久见人心"，保持言行一致和表里如一，对于一个人或一个品牌的形象都具有恒久价值。我们身边的例子比比皆是，那些常青树般的大品牌广告形象往往多年不变，而每年"城头变幻大王旗"的品牌孵化有几个是成功的呢?! 很多人都知道"今年过节不收礼，收礼就收脑白金"，但很少人注意到这一广告语曾因为语病而广受诉病，并且连续多年入选"中国10大最差广告"，可就是这样十几年一成不变的形象设计，在多年前将默默无闻的脑白金产品推上了国内保健品市场龙头位置。它告诉了我们品牌联想"坚持的价值"。

不要轻易改变营销活动的关键要素。品牌联想的形成与营销活动的各个要素息息相关，因此要营销活动的关键要素必须充分考虑对品牌联想可能带来的影响。例如，几乎全世界年轻人熟悉的麦当劳、肯德基快餐在营销活动上"万变不离其宗"，动感、年轻、"酷"等品牌联想持续不断地通过营销细节向消费者放送。而日本的7—11便利店虽然非常小，但干净、整洁、花色繁多，真的"便利"，使其品牌联想经久不衰。可以想象，那些通过直营店、专卖店渠道投放市场的高端农产品品牌，如果一下子大量进入大卖场，原本具有高端联想的客户会对这些品牌产生怎样的感受和猜想。有人可能会认为，是不是产品原本就没那么"高端"，我原来支付那样的价格值得吗？必须认识到，销售渠道、营销人员甚至包括货架摆放等一系列细节，都可能极大地改变人们的品牌联想。因此，如果试图改变一些营销活动的关键要素，应该在一定范围内进行必要的压力测试，结果对品牌联想是正向的就果断行动，而结果是负面的则要慎重。而且，可以在此基础上，经过一段时间的检验，输理研究出营销促销活动的负面清单，即搞清楚哪些活动会伤害品牌联想，而那样的活动则应予以禁止。

不要忘了开展品牌联想保持状况的定期评估。长期保持品牌联想和短期营销业绩之间有时候会出现矛盾，所以很多时候营销部门在短期压力驱动下，在研究提出各种促销计划时往往忽视对品牌联想的影响。因此，企业应该建立由多方管理人员组成的品牌联想评估制度。一方面，定期对品牌联想创建、保持等情况进行全面分析评估，及早发现品牌联想弱化情况，及时对品牌战略及营销方案做出主动优化。另一方面，从战略层面审查营销部门提出的营销计划，避免出现饮鸩止渴的现象，防患于未然。通过这一办法，在企业经营制度层面确保一系列生产经营活动为保持品牌联想注入的都是正能量。

（张兴旺　原载于《农民日报》2014年5月19日）

怎么应对品牌危机

一家企业通过打造品牌走向成功，往往需要几年、十几年甚至几十年的持续努力；而一个品牌在出现危机后，如果不能实施有效管理，往往在几十天、十几天乃至几天内，就能使企业遭受重创甚至一蹶不振。

近几年，信息化浪潮在丰富和冲击人们日常生活的过程中，也不容分说地极大地改变着市场环境，使品牌尤其是农产品品牌危机进入了易发多发阶段。特别是随着信息技术不断发展，网络环境出现了很多新变化，博客、微博、微信、网络社区等自媒体的迅速膨胀，极大降低了信息传播与获取成本。在这种更加扁平化的压缩虚拟空间里，"好事不出门"的情况终于有所改变，口碑效应会把很多正能量注入品牌；而"坏事传千里"的速度更是几何级增长，自身管理粗放、缺乏危机管理能力的农业企业，很容易因为某一导火索"躺着中枪"，在引爆媒体后陷入品牌危机而难以自拔。

品牌危机的种类很多，有质量问题引发的，有虚假宣传引发的，有产权纠纷引发的，也有商标被抢注或被仿冒等引发的。在社会信任严重缺失和人们高度关注健康的今天，质量安全问题可以说是农产品品牌危机的第一杀手。2006 年的山东多宝鱼事件、2007 年的海南毒香蕉事件、2008 年的三鹿毒奶粉事件和四川广元柑橘长蛆事件等，无一例外地都给有关企业及产业带来了造成了巨大损失。因此，学会应对品牌危机是企业生存与发展的一项重要基本功。

应对品牌危机必须未雨绸缪。有人曾对美国《财富》杂志排名前 500 强的企业高管做过调查，结果显示，企业陷入危机的平均周期是八周半，而有危机预警机制的企业出现危机的周期要比没有这一机制的企业长

2.5 倍。亡羊补牢效果再好，也不如不出现危机。英国危机管理专家迈克尔·里杰斯特认为：预防是解决危机的最好办法。一是要有危机管理架够构。多大规模的企业都应该有危机管理措施，可以通过设立危机管理小组研究制定危机处理方案及有关安排。不少国际大企业都有首席风险官，国内农业企业可以根据各自实际灵活安排，但必须有一支训练有素的"灭火队"。二是要有危机监测评估机制。绝大多数危机是有征兆的，而且问题由出现到演化为危机必然有一个发生发展的过程。所以，一定要有对危机苗头的监测机制，力争做到早发现、早处置、早主动，把危机化解在萌芽状态。三是要有危机应对预案。要预判可能出现的情况，研究出现危机后应该采取的措施、程序及分工，制定详细的品牌危机管理计划及媒体沟通渠道，避免出现危机后手忙脚乱、贻误"战机"。

出现品牌危机必须尽可能缩短持续时间。如果确实出现了对品牌的负面宣传，品牌本身确实存在瑕疵，关键是要老老实实承认问题，并且真心实义纠正问题，如果无法在短时间内纠正，也必须在短时间内让消费者感到和相信纠正问题的态度和行动。一旦危机发生，企业的态度决定一切。应该必须迅速启动品牌危机处理机制，避免事态扩大化。一是敢于担当，闻过则喜，知错就改，该承担的责任决不推脱；二是真诚沟通，正视自身存在的问题，不要"顾左右而言他"，赢得市场和消费者的信赖；三是快速出手，第一时间回应，第一时间发布整改措施，第一时间惩处有关责任人员，尽快为危机划上"休止符"；四是科学切割，是什么问题就说什么问题，是哪一批次产品的问题就说哪一批次的问题，把危机核心的时间、产品或环节

向公众描述得越具体，越容易建立信任感，越容易缩小负面影响；五是系统应对。出现危机后，要从企业内部、公共关系和行业认同三个角度同时采取行动，形成良性互动呼应的一体化应对格局。有些情况下，还应考虑化"危"为"机"、"借鸡生蛋"、"借船远行"，不但巧妙化解危机，还能通过应对危机，重拾消费者信心，提升品牌影响力。

化解品牌危机后必须及时反思。从品牌意识、品牌扩张、商标注册、公共关系等不同视角，重新评估企业发展的品牌战略，优化、细化有关设计方案和营销措施，加强品牌导向的企业管理基础性工作，进一步提升企业品牌管理水平及危机应对能力。

（张兴旺 原载于《农民日报》2014年5月22日）

怎么设计品牌名称

对于能源行业，创建于1881年的美国埃克森（EXXON）标准石油公司并不陌生，因为这是世界上最大的石油公司。在最初的很长一段时间内，用的是新泽西州埃索标准石油公司的名字，但公司为了在美国及其他各国名称的统一，决心改头换面。他们组织心理学、语言学、社会学、统计学等方面的专家，调查了世界上55个国家的语言，走访了7 000多人，对一般用户作了心理、感情等方面的全方位调研，检索了15 000个电话指南，通过计算机程序生成了约1万个名称，经过淘汰只剩下8个；这8个词再用100种以上语言进行搜索，以保证没有特指的意思。最后花6年时间和10亿美元的代价，确定了埃克森（EXXON）这个名字。据说这是历史上最昂贵的品牌名称，但实践证明，这是埃克森走向成功关键的一步。

为了品牌名称如此兴师动众值得吗？品牌名称真的这样重要吗？品牌名称是品牌中能够读出声音的部分，它可能是企业名称，也可能是商标名称，虽不属于企业的视觉识别系统，却是品牌的核心要素，是品牌显著特征的浓缩，是形成品牌概念的基础。在市场经济运行中，各种产品种类繁多，价格也各不相同，品牌的存在就有其特殊的意义。一个品牌成功的第一步，就是要起个好名。一个音节响亮、易读易记、意象美好的品牌

名字能够使企业与消费者同时受益。品牌名称设计得好，容易在消费者心目中留下深刻的印象，也就容易打开市场销路，增强品牌的市场竞争能力；品牌名称设计得不好，会使消费者看到品牌就产生反感，降低购买欲望。正如孔子所说："名不正则言不顺，言不顺则事不成。"有的品牌因名得福，而有的品牌也会因名败落。

品牌名称多种多样。根据名称本身的含义可以将其划分为明喻式、隐喻式和空瓶式（中性）三类；根据名称内容中所反映事物的不同，可以分为企业式名称、数字式名称、时间式名称、动物式名称、植物式名称和地名式名称等；根据产品生产地或品牌来源地差别，又可以分为国产式名称和外语式名称两种。品牌名称设计应该注意遵守以下原则：

一是简单易记好传播。这是品牌设计的最根本要求，只有易读易记才能充分发挥其识别功能和传播功能。具体要求是简洁明快，音节响亮，个性独特，新颖别致，高雅出众。简洁明了 单纯、简洁、明快的品牌名易于形成具有冲击力的印象，名字越短，就越有可能引起公众的遐想，构成更宽广的概念外延。日本《经济新闻》披露的一个调查结果显示，企业名称字数为4个字、5～6个字、7个字、8个字以上的企业名称，其平均认知度分别为 11.3%、6.0%、4.9%、2.9%。可见，

名称简洁有利于传播，其认知度往往就高。今天，我们耳熟能详的一些品牌，如青五常大米、西湖龙井、燕京啤酒、汇源果汁等等，都非常简单好记。不少研究机构认为，品牌名称一般不超过三个汉字，英文长度一般不超过八个字母，发音呈现上扬的风格，发出的音调洪亮清晰，有气魄、有气势，且产业发音在结构上相互对称，大有豪情万丈、一览众山小的文字韵味。而且要考虑国内商标注册在先的法律原则，最好用未来是否参与国际化流通的发展趋势来衡量。当然，就算给产品取一个再好听的名字，如果传播力不强、不能在目标消费者的头脑中占据一席之地，消费者记不住、想不起来，也只能算是白费心机。在网络传播有增无减的今天，当然还要考虑到 Internet 的网站域名注册问题。

二是亮明身份有个性。很多时候，品牌名称的作用还在于直截了当地告诉消费者产品的门类，如赣南脐橙、洛川苹果、吉林人参……而这些只是区域品牌的概念，如果没有企业、合作社等新型经营主体的名字去体现"身份"的不同，将是十分危险的，因为"一条鱼会腥了一锅汤"。同时，品牌名称会不会让消费者想到竞争对手的产品，对这一点也必须心中有数。对于新进入市场的品牌，如果在特定时期内能够酷似某一知名品牌，让人分不清彼此，就会获得另一种优势。

三是积极联想有文化。品牌名称要富有寓意，能让消费者产生丰富、愉快、积极的联想。金字招牌金利来，原来取名"金狮"，在香港人说来，便是"尽输"，香港人非常讲究吉利，面对如此忌讳的名字自然无人光顾。后来，曾宪梓先生将 Goldlion 分成两部分，前部分 Gold 译为金，后部分 lion 音译为利来，取名"金利来"之后，情形大为改观，吉祥如意的名字立即为金利来带来了好运，可以说，"金利来"能够取得今天的成就，其美好的名称功不可没。不同地区有不同的文化价值观念，有不同的风俗习惯、宗教信仰、价值观念、文化特点等，品牌名称要适应地域文化价值观念，不能和它相冲突。例如，我国南方和北方、东北与西南都有着较大的文化差异和生活习俗；而从世界上看，加拿大忌讳百合花，英国人忌讳山羊和橄榄绿色，法国人忌讳孔雀和核桃，这些都是品牌名称的禁忌之地。

四是依法保护可进退。在给品牌命名时，最好采用注册商品名来给产品命名。脑白金、泰诺这些成功的品牌都是以注册商品名来给产品命名的。所以，给品牌命名不能只讲传播力、亲和力，能否不被仿效、侵犯也是品牌命名重中之重的问题。同时，在给品牌命名时也要考虑到，即使品牌发展到一定阶段时也要能够适应，对于一个多元化的品牌，如果品牌名称和某类产品联系太紧，就不利于品牌今后扩展到其他产品类型。通常，一个无具体意义而又不带任何负面效应的品牌名，比较适合于今后的品牌延伸。此外，品牌命名要有超前眼光，在国内外市场大环境中去把握和选定品牌的名称，使自己的产品不仅成为某一地区的名牌，为成为全国名牌乃至世界名牌留有发展空间。

如果清楚了上述原则，为品牌选个好名字并不难，大体有这样几个步骤：首先是生成备选名称库。一个办法是自己的管理层开动脑筋，提出若干名称来；更聪明的办法是邀请目标客户动动脑筋，甚至就凭直觉给出一些建议。其次是根据以上原则做初步评估筛选，最好把备选名压缩至 10 个左右，再进行法律、语言、文化等方面地专业评估和审查。第三是进行必要测试。总体上，功效性的命名适合于具体的产品名，情感性的命名适合于包括多个产品的品牌名，无意义的命名适合产品众多的企业名，人名适合于家族式传统行业，地名适合于以产地闻名的品牌；动植物名给人以亲切感；新创名则适用于各类品牌尤其是时尚、科技品牌……当然，在未正式定名之前，应将筛选出的名称，对目标人群进行测试，根据测试结果，选择出比较受欢迎的 2～5 个名称。最后是从几个名称中决定出最终的命名。当然，品牌名称必须注重维持或刺激标志物的识别功能，品牌的整体效果才能得到加强。

（张兴旺 原载于《农民日报》2014 年 6 月 4 日）

怎么设计品牌标志与口号

近些年，随着农业生产连年丰收，很多农产品的供求关系发生了较大变化，市场竞争也自然一天比一天激烈起来，卖得出去而且要卖个好价钱，这种压力让稍有点儿规模的农业生产经营主体都开始把目光向市场和品牌聚焦。因此，农产品包装上各色品牌标志与口号让人目不暇接。可是回响起来，能够留下深刻烙印的并不多。因为在现实生活中，大多数同类农产品的外观和产地环境都是非常相似的，如果再以大红的苹果、粉红的樱桃等农产品原型去作品牌标志，如果再简单地以源自自然生态环境等作为品牌口号，怎么才能体现这个品牌与那个品牌的差异呢？对于创建农产品品牌来说，品牌标志和品牌口号的设计确实是块短板。

实际上，我们回味一下那些在日常生活中耳熟能详的知名品牌就会发现，麦当劳、可口可乐、耐克等的品牌影响力所以能够超越国家、民族、年龄的界限，不可小视它们都有由一个恒久的名字、一个简单的造型和一句简单的口号所形成的神奇组合，这些品牌在很大程度上就是依靠这个组合向市场释放着无穷魅力和想象空间。可以说，品牌标志、品牌口号与品牌名称一起构成了名牌形象三要素。如果这三个要素都设计科学并且能够相得益彰，就会成为支撑品牌的三根擎天柱。

怎么设计品牌标志，设计农产品品牌标志应注意哪些问题呢？品牌标志是一种"视觉语言"，往往被赋予独特的文化内涵，它通过一定的字符、图案、颜色向消费者传输品牌信息，以此创造品牌认知、品牌联想和品牌依赖。它的第一作用是识别品牌，标志设计得再好，如果起不到这个作用也是失败的。设计农产品品牌标志，应该坚持"三要三不要"：

一是要简洁明了，不要过于写"实"。耐克的品牌标志不是一双鞋子，而是一个对勾。苹果公司的品牌标志并未勾勒网络生活，而仅是一个被咬了一口的苹果。在各类商品如此丰富的年代，品牌多如牛毛，只有那些别具匠心、简单明快的品牌标志才有可能让人过目不忘。而如果我们还是习惯于用原始的农产品造型去作为品牌标志，就大大压缩了品牌联想空间，而且哪个消费者能看出这个苹果和那个苹果的区别呢！而符号的交际功能则赋予其强大的生命力和想象力。

二是要准确表达，不要流于雷同。品牌标志必须有自己的特色，其首要任务是要让人们感知这个品牌是干什么的，它能给消费者带来什么利益。安全、营养、美味、美味、自然……这样的农产品品牌标志，才能给人以正确的联想。M 只是个非常普通的字母，但是在许多小孩的眼里，它不只是一个字母，更代表着麦当劳，代表着美味、干净、舒适。

三是要有延展性，不要经常变脸。品牌标志要兼具时代性与持久性，如果不能顺应时代，就难以产生共鸣，如果不能持久，经常变脸，就会给人反复无常的混乱感觉，还容易出现"左手打右手"的尴尬。同时，农产品品牌标志还要特别注意色彩的运用，避免简单地大红大紫，那样容易破坏传递品牌价值主基调的形成。

设计农产品品牌口号，则应该浓缩企业文化精华，渗透企业发展战略，倡导健康生活理念，旗帜鲜明地张扬和宣传自己的价值观。同时，必须以短小、清新、务实的方式表达，并且要学会站在消费者的角度向市场多角度放送。美国迪斯尼公司（Walt-Disney）的"人人都开心"，麦当劳（Mcdonalds）的"我就喜欢"等著名品牌的口号都具有这样的特点。优秀的品牌口号总能巧妙传递企业的独特价值，总能贴近消费者的内心世界，而这需要设计者对企业、对产品、对市场有深刻的理解和把握，需要非凡的创意。在确定品牌口号后，也不要随意变动，才有可能为品牌价值注入持久动力。

（张兴旺 原载于《农民日报》2014 年 6 月 11 日）

怎么把握品牌扩展

据估算，在欧美市场经济发达国家某些消费品市场中，培育一个新品牌一般需要 0.5～1.5 亿美元。而在我国创建一个成功的农产品品牌的投资需求也将达到上千万甚至过亿元人民币。但实际上，即使在巨额资金支持下，新品牌的成功率也十分有限，秦池酒、太子奶等名噪一时而又昙花一现的例子可不少。比较而言，如果使用市场认可度高的品牌名称推出新产品，所需要的投资就会大大降低，取得成功的可能性也会大大提高。

因此，当一个企业的品牌在市场上取得成功后，顾客经过长期接触和使用，会产生带有强烈感情色彩的品牌依赖，所以再推出新产品时，利用既有品牌的市场影响力进行品牌扩展，就成为一条顺理成章的路径选择。事实上，将在某类产品中成功的品牌名称应用到其他类别的产品中，已成为许多企业实现增长的核心战略。

品牌扩展的方法有两种：一种是将品牌名称应用到新的产品门类中，或者将品牌名称许可给其他公司，允许其在该类产品中使用。另一种是并购其他公司，然后通过其品牌名称进行品牌扩展，蒙牛乳业、伊利乳业、燕京啤酒、汇源果汁等一批国内知名农业企业，都用这种办法成功实现了品牌扩展及企业扩张。

但也必须清楚地认识到，品牌扩展并不是企业发展的"万能钥匙"，而更多时候是一把双刃剑。有的品牌名称扩展后与扩展前比较，并没有多少帮助，反而可能产生微妙的乃至负面的联想。有时甚至会出现扩展后品牌的存活与成长以牺牲原有品牌的市场份额和影响力为代价，把品牌扩展建立在原有产品的萎缩与"痛苦"之上，结果往往得不偿失。因此，在进行品牌扩展决策评估过程中，不只要看品牌的市场影响力对新产品上市的推动作用，同时也必须分析该产品的市场与社会定位是否有助于品牌市场和社会地位的稳固，两者能否相得益彰，而决不可以顾此失彼甚至饮鸩止渴。

为此，在进行品牌扩展决策的过程中，必须反复从两个角度拷问：一方面，品牌名称对要扩展的品牌有帮助吗？这其中可以从消费品位、质量联想等多个角度去衡量。例如，新奇士推出新奇士维生素 C 片后，就强化了新奇士在橘子、健康和生命力方面的联想。蒙牛的"不是所有牛奶都叫特仑苏"则把"特仑苏"与内蒙古大草原、优质牧场、金牌牛奶自然地联系起来。另一方面，扩展的品牌对提升核心品牌形象有帮助吗？例如，假设核心品牌定位于大中城市高收入群体对高端农产品的需求，在向工薪阶层进行大众化农产品品牌扩展时就必须小心翼翼。因为原来的目标客户很自然地质疑：是不是产品质量一般化了呢，否则怎么会进入大卖场。

说到底，扩展的品牌与原来的品牌要相匹配，消费者才会把对原来品牌好的印象和联想自然转移到扩展后的品牌上来。有研究表明，要提高这种匹配度有两种途径：一是技能可转移。例如，海底捞不仅在大众化火锅餐饮市场大获成功，而且由此扩展出的一系列海底捞调味料、火锅底料、炒料在百姓超市调料货架上也大行其道。因为人们很容易相信，味道那么好的海底捞不仅是因为肉好，调料当然也好。二是功能可互补。譬如，市场认可度高的鲜奶品牌向酸奶、奶粉品牌延伸，旅游食品品牌向饮料品牌延伸，等等。

进行品牌扩展可以采取以下步骤：一是开展品牌识别调查。就是在提及品牌名称时，消费者都会想到什么。例如，提到"稻香村"，人们可能联想到北京、礼品、糕点、食品、老字号、宫廷、美味、放心。二是开展产品识别调查。就是在提及品牌名称时，消费者都会想到什么产品。关于"稻香村"，可能联想到点心、薄饼、月饼及其他甜点品种。三是确定备选产品门类。按照前两步列出的范畴，依据扩展品牌与核心品牌相匹配的原则，确定几个备选的扩展品牌。四是进行尝试采购。向目标市场投放少量扩展品牌的产品，取得尝试购买率，在此基础上最终确定扩展品牌方案。

目前，我国农业生产经营主体规模总体偏小，或者说市场认可度高的强势品牌还不多。因此，对于相当多的农业企业而言，在主打品牌没有足够强大以前，对于是否进行品牌扩展、怎样进行品牌扩展等事关品牌战略全局的问题，都应该慎之又慎。

（张兴旺　原载于《农民日报》2014年6月16日）

怎么保持品牌活力

十年前的一首流行歌曲《上紧发条》中唱到，爱情的脚步不能松，松了它就不会成功。这些年来，在我国不断增长的农产品市场上，名噪一时而后如流星般陨落的农产品品牌可不少，称得上是"你方唱罢我登场"，能够连续几年乃至十几年站在舞台中央、让消费者聚焦的则少得可怜。但是，来自国外的可口可乐、新奇士等却在包括中国在内的国际市场上经久不衰、历久弥新，国内也有个别品牌赢得了消费者十几年甚至更长时间的"爱情"。国内外一些企业的成功实践表明，打造农产品品牌的"脚步"在哪个阶段都"不能松"，关键是要"两手抓，两手都要硬"：一方面要抓紧产品质量及服务不放松，提高农产品"品位"及"气质"，增强对消费者的魅力指数，这是"内功"；一方面要紧盯时代潮流、消费习惯、市场环境不放松，顺势而为，闻风而动，为品牌持续注入活力。否则，再有名的品牌也会让消费者"视觉疲劳"从而无法摆脱被市场淘汰的命运。

第一，可以引导消费者增加使用频率。有一年，我在一家高层次的培训机构参加学习，去了不久就发现一个有趣的现象：每天早晨的自助餐十分丰富，可是放在某知名品牌鲜牛奶旁边的同样知名的某品牌蜂蜜却少有人问津。一天早餐时，一位同学看到我把牛奶和蜂蜜调在一起喝，充满疑惑地质疑：蜂蜜和牛奶能放到一起吃吗，不会产生化学反应吧?！于是，我开始有意传播蜂蜜加牛奶的好处，两者的分子结构不会相互抵抗，反而能血融于水的结和，有效提高红血球及血红蛋白的数目，产生酵素来分解体内有害菌，增强免疫力，延年益寿……并且每天早餐时注意观察牛奶和蜂蜜的取用情况。大约一个月后，我惊讶地发现，经过这样的口口相传，"牛奶＋蜂蜜"已经成了很多同学的消费习惯。这让我意识到，如果品牌蜂蜜除了说明"清热解毒、润肺止咳、润燥、补中"的基本功用外，只要再加上一点和牛奶一起食用好处的说明，就能够大大增加消费者的食用频率，购买量自然会相应增加。实际上，帮助消费者增加使用频率的五花八门，例如，可以增加消费提示性指南；改变包装让食用更便利更优雅；建立会员制使消费不断得到激励并获得亲切感；改变产品定位，把很多人对于蜂蜜的"想起来才吃"逐步固化为"每天早餐吃一点"……都可能对品牌"保鲜"产生意想不到的作用。而要准确拿捏这一点，在制定行动方案之前必须反复追问：是哪些因素在影响目标客户的消费行为，为什么这个品牌的农产品没有被高频率使用？

第二，可以尝试推荐新的消费方式。在家里如果不小心擦破了皮，顺手掰断一片芦荟叶子就可以用来消炎；薄荷不仅可以在家里作绿色植物摆放，还可以时不时地凉拌一盘，清凉去火。其实，我们用心去观察，或者干脆去做一下专门市场调查，往往能发现农产品的多种消费方式及应用领域，而这类目前尚未被广泛关注和使用的处女地，就有可能成为激发品牌活力的源泉。当然，要通过新的消费方式开辟品牌新领域仅仅靠一点思想火花是不够的，还必须进行科学的评估与测算，这包括：这种新的消费市场潜力及成长性有多大，用户群体规模及其消费水平如何；开发推介新的消费方式可行性及成本如何；预计竞争对手会有怎样的反应以及竞争优势如何，等等。

第三，可以积极挖掘新的细分市场。目前，我国农产品市场正进入激烈竞争和逐步分化的阶段。人们消费水平的提高、健康意识的增强和生活方式的改变等因素，无时无刻不在对农产品市场产生一轮又一轮的冲击波，同时也在为细分市场开疆辟土。年龄档次、收入水平、生活习惯、消费目的等从不同角度提供着挖掘细分市场的视角。因此，如果切割界定得当，用好品牌定位、品牌扩展等手段，就有可能找到一份回报丰厚的市场机遇。

第四，可以开发有价值的新服务。现代营销学奠基人之一的西奥多·莱维特（Theodore Levitt）认为，世界上没有什么大众化商品，差异化——万物皆可行。如果企业尝试从用户解决什么问题的角度去理解产品，那么产品差异化的空间就会大大拓展。在开发这个空间的时候，必须把服务这个因素考虑进去。在核心品质与竞争产品同等水平的情况下，企业不妨设想如何帮助用户更好地解决问题，哪怕是着眼于一个微不足道的细节创新，细心的客户都能感受得到。不要小瞧这看似简单的感受，它将在很大程度上建立客户与产品之间的亲近关系。而要达到这个效果，一个重要的途径就是让目标顾客提早参与到产品及服务的设计中来，因为我们应该相信"顾客最知道顾客想要的产品及服务是什么"。所以，可以通过不同类别的用户回访、用户体验等方式，捕捉分析目标顾客对产品服务的期待，进而学会站在消费者角度开发出新的服务项目，我们可以把这种方法称之为"满意度前置"。

（张兴旺 原载于《农民日报》2014 年 6 月 24 日）

怎么把握品牌生命周期

一些细心的人发现，不少自然界的法则都会在经济社会领域再现。譬如，春天播撒的一粒农作物种子，经过孕育、发芽、出苗、生长、成熟及老去，到秋天就结束了一个完整的生命过程。而从长期看，尽管少数品牌能够在几年、十几年、几十年甚至上百年长盛不衰，但也可以肯定地说，所有品牌同样也要在市场的选择中，经历孕育、幼稚、成长、成熟直至衰退的过程。当然，品牌从诞生哪天起，她就必须听从市场的召唤，不可能一成不变地按照以上过程刻板地发展。而无论如何，对于企业家而言，需要做的就是，如何准确把握品牌所处的各个生命周期，科学高效地配置投资、研发、营销等各方面资源，尽量缩短孕育期和幼稚期的时间，加速品牌成长的过程，拉长品牌成熟期，在品牌出现衰退倾向时能够出奇复兴，在品牌衰退无法挽回时能够理性获益与止损。

孕育期。这一时期是培育品牌的起点，也是决定品牌生命周期的关键阶段，可以说处于"一招不慎，满盘皆输"的关节点上。这一时期的重点有两个：一是产品评估。对农产品生产能力、质量控制、营养特质、食用方式以及适宜人群等有关生产与消费的指标，必须进行全面系统科学地测算和权威检验检测。二是市场调研。通过经销商调查、消费者调查等各种形式，对农产品消费需求情况进行摸底调查及分类，进而锁定拟创建品牌产品的目标市场，要细化到地域、人群、习俗等。同时对现阶段潜在需求及未来走势都要进行量化测算与分析。在此基础上，研究制定具有战略性的品牌规划及具有操作性的品牌方案。目前的情况是，优质农产品很多，而培育品牌不可缺少的产品评估及信息传播不够；市场需求很旺，而培育品牌所必需的营销战略不配套。

幼稚期。处于孕育期和成长期之间，开始进入市场"小试牛刀"，也是培育品牌过程中最"烧钱"的阶段。一是农产品质量安全必须有根本保障。在人们对食品安全信心严重缺失的年代，谁如果触动了消费者这根神

经，就注定在品牌创建之路上为自己画上了句号。这是农产品品牌走向成功的底线思维。二是打造品牌形象必须包括延伸服务。就产品自身而言，农产品同质化现象较为普遍，因此培育农产品品牌也必须在延伸服务上下工夫，例如赋予品牌"健康而有品位的生活方式"新概念，向目标客户提供包括产品、贮藏、烹饪以及营养指导等方面的"一揽子"解决方案，而非简单地提供物化的农产品。三是要综合运用营销手段烘托市场"人气"。农产品有其特殊性，人们对大自然有天然的亲近感，因此农产品品牌营销应顺势而为，善于在巧妙地张扬这些特性中实现感情营销、自然营销，例如邀请或随机抽选少数消费者代表，通过到产地一游甚至在名义上赠养一块地、一棵树、一头牛等参与感强的活动，就很可能培养一批出"铁杆"用户，并成为品牌的免费形象大使。由于品牌在这个阶段还没有获得市场普遍认可，产品少量地进入市场，常常是那些"挑剔"的消费者才会有兴趣，把价格定得高一些（价格学上称之为"凝脂定价"），为以后采取灵活的定价策略留有空间，更符合农产品品牌的特点。

成长期。这个时期老顾客对品牌已经产生了一定忠诚度，新顾客在老顾客的信心传递下正加入购买者行列，消费者群体逐渐形成，品牌知名度不断上升，市场占有率不断提高。在成长期，广告对品牌价值的影响将更为明显，此时应进一步加大促销与宣传攻势，突出产品特色和使用价值，并着力突出品牌形象，而不是拘泥于具体农产品本身。这时要更加注意产品及服务创新，巩固和扩大品牌在新老消费群体中的口碑效应；要更加注意市场调查，及时改进营销及定价策略；要更加注意与消费者的互动和感情沟通，梳理高品质、高品位、重情义、负责任的农产品品牌形象。还有，从现实情况看，一旦某个农产品品牌开始在市场上崭露头角，就会有不良同类竞争者投放假冒产品，所以必须

在品牌营销的多个角度考虑防范办法，便于消费者甄别。

成熟期。这一时期消费者群体已经趋于稳定，品牌的市场地位已经确立，战略重点应该转移到维持品牌影响力上来，也就是尽量拉长品牌成熟期，这是决定品牌生命力的一个转折点。有三件事必须重视：一是要努力降低成本。由于潜在客户已经被挖掘差不多了，广告在品牌成熟期的作用已经相当有限，广告的重点已经不必再聚焦于农产品本身，而应突出品牌差异化和企业整体文化上，以此吸引和稳定消费群体。进入成熟期后，农产品生产规模、分销渠道、物流方式等都已相对稳定，应该在节约成本、降低费用上多花精力。事实上，绝大多数消费者在认可一个品牌后，紧接着就会对价格水平提出要求，尤其是对每天都要消费的农产品。二是要努力发掘新市场。哪个时期都不能忽视市场调查，成熟期很重要的一个任务就是寻找新的细分市场，从而通过产品及服务的组合，增加市场销量。三是努力稳定现有客户。稳定客户群体、增加客户消费时成熟期品牌战略的核心内容，这可以通过提高农产品等级、丰富产品类别及提供延伸服务等方式实现。因为，维护一个老客户的成本远比吸引一个新客户的成本要低，而且更有价值。所以，无论什么时候，都不要忘了"老朋友"。

衰退期。任何品牌的前景都取决于市场需求、竞争程度、品牌影响等多重因素。当一个主要因素或多个因素同时由好转坏时，我们必须警惕品牌的衰退期是否悄然到来。如果答案是肯定的，就必须考虑三种应对办法：一是品牌复兴。可否通过产品升级、服务升级或开辟新市场等措施，在品牌定位、品牌形象等品牌战略上实现华丽转身，从而振兴品牌。二是慢速退市。尽管品牌市场影响力下降趋势明显，但下行速度稳定，而且价格稳定在一定水平上，一批忠诚度较高的客户仍"滞留"在目标市场不愿离去。如果出现这种情况，可以采取缓慢退市的办法，一些人称之为"吸脂策略"，就是不再为该品牌注入资金，而仍保持一定市场投放以回收现金流。三是快速退市。如果品牌市场颓势明显，继续经营该品牌不但难以维持合理利润而且会殃及企业其他品牌运营，则应果断退出市场，主动终结品牌，从而将资源转向新的品牌。

（张兴旺 原载于《农民日报》2014 年 7 月 18 日）

怎么搞好品牌促销

无论是我们爱吃的真正"苹果"，还是我们爱用的手机"苹果"，只要降价促销，都会受到消费者的青睐，而且销量的增加往往立竿见影。其实，从街头巷尾的早市，到大名鼎鼎的家乐福超市蔬果区，快到打烊的时候也都会演绎同样的故事，然而这些大多与出货止损有关，与品牌增值无关。实际上，对品牌而言，降价促销可不一定都是好消息。因为大多数促销活动很容易被人复制，并且降价促销一旦开始就难以停止。而且，这种促销方式对品牌农产品来说，很容易提高消费者的价格敏感度和价格诉求，甚至直接降低品牌忠诚度。但是，由于促销活动受到市场欢迎，效果又可以直接衡量，在短期内市场购买的热情和卖家销量的增加的双重胁迫下，很容易让人们把降价促销对品牌可能造成的损害抛到脑后，从而大大高估促销的作用。而实际上，只要方法得当，降价促销也可以提高品牌资产。在农产品品牌促销活动设计上，应特别考虑以下几点：

第一，促销是否有利于增强品牌联想和知名度。实际上，在风云变幻的市场竞争中，不断调整营销策略是完全必要的，但要万变不离其宗，这个"宗"就是促销要与品牌一起考虑，即促销活动必须与品牌、品牌标志及品牌联想密切相关。2013年在高端农产品市场上卖得很火的"褚橙柳桃"就是个很好的例子，这一促销宣传不仅在张扬四川浦江猕猴桃和云南脐橙的自然、优质特色，而且把褚时健、柳传志的商界神话也嫁接上来，这种联想的效果已经突破产品，而提升到文化甚至人生层面，让人久久回味。当然，时下一些优质农产品品牌通过支持厨艺大赛、健康节目等办法进行的品牌促销也很不错。而有些过于笼统宽泛的促销活动不但让人难以识别自己的品牌，反而有可能为别人做嫁衣裳。例如，某一农产品品牌打出的促销噱头是，与某旅行社合作，被抽中的购买者赠送价值多少元的新马泰七日游，就是一个与品牌促销背道而驰的败笔。

第二，促销是否有利于提高忠诚度。无论怎样的促销活动，如果冷落了老顾客甚至客观上成了"撵走"老顾客的活动，对于品牌而言都是不能容忍和接受的，因为把老顾客牢牢"捧"在手里就稳住了市场大头，也就保住了基本利润。可以设计一些促销活动，用以巩固和和奖励老顾客，吸引新顾客。例如，在品牌年庆时向积攒一定数量品牌标识的老顾客实行限量限时赠送活动，对新顾客实行"买十增一"活动等，都可能在品牌忠诚度和销量增长两个层面上获得积极效果。从这个角度上讲，品牌促销也必须关注顾客的情感因素，品牌高手大多善于站在顾客的角度，以老朋友的身份推出富有人文精神的情感促销，让顾客感受一种暖意，因而会"屡屡得手"，常常是老友新朋"双丰收"。

第三，促销是否有利于提高感知质量。有调查表明，在眼花缭乱的促销活动中，大部分消费者会把赠送产品的质量与品牌产品质量"一视同仁"，并且把赠品质量的好坏直接记在品牌产品的"账"上，赠品实际上成了品牌产品的质量感知载体。一个好的促销活动会给市场以优质放心的暗示，而考虑不周的促销活动则由可能使优质农产品"掉价"。例如，西部地区某著名羊肉品牌赠送的是利用优质原料特制的该品牌专用调料，在减少消费者配料烦恼的同时，提高了自身的品位；某脐橙品牌赠送的是小巧实用堪称艺术品的"手指刀"，成本低廉而匠心独具，曾一度成为脐橙爱好者之间的小礼品。当然，也可以利用身份因素如学生、肥胖者、老人等作一些定向促销，从而在促销活动中进一步强化品牌的市场定位。

当然，再精心设计的促销活动也未必能够吸引各种各样消费者的眼光。而且市场上最受欢迎而且最多的还是降价促销，农产品尤其如此。所以，明智的选择是提供多个促销选择，而且把品牌联想、感知质量、品牌忠诚度等因素植入进去。一个最根本的出发点就是，不要把促销与品牌孤立起来背对背地设计，而且为了农产品品牌长期发展，要为促销活动限定一定的禁区，尽量避免在促销中伤及品牌，努力通过促销提升品牌价值。

（张兴旺　原载于《农民日报》2014年7月22日）

怎么打好区域品牌"保护伞"

2012年3月"两会"期间，河南省委主要负责人在代表团驻地，饱含深情地向媒体人员介绍信阳红来龙去脉并共品信阳红的故事曾被广为传颂。这几年，随着人们生活水平和生活品位的提高,红茶在我们这个茶文化历史悠久的大国闪亮登场,日益受到消费者青睐和推崇。浙江的绿茶、福建的红茶在不知不觉中主导着高端茶叶市场,甚至掌握着定价权。但来自"绿茶之王"信阳毛尖产地的"信阳红"却有些喧宾夺主,不仅在郑州、北京、武汉、福州的红茶市场上异军突起,甚至有"热度"赶超本家信阳毛尖的苗头。千百年来,以绿茶立命的信阳毛尖对采摘和工艺要求都非常高,一般只采春茶,而夏秋茶基本都扔掉了,每年茶叶的利用率不到60%。采摘夏秋茶加工成高品质的信阳红,不仅结束了茶叶大量浪费的历史,也为农产品区域公用品牌注入了新的生机和活力。

近年来,由于农业生产的特殊性和消费者对农产品质量安全的格外关注,灿若星辰的众多企业品牌很难在顾客心中留下烙印,而东北木耳、吉林人参、哈密瓜、阳澄湖大闸蟹等总能让人停下脚步,具有鲜明地域特色的区域公用品牌成了农产品品质与信誉的象征。因此,农产品地理标志产品登记工作受到农业主产区重视和广大市民认同,怎样处理企业自有品牌与公用品牌的关系,同时还要避免"一颗老鼠屎坏了一锅汤",就成了很现实的问题,也成了不少地方政府的难题。其实,这对于着力于打造品牌的农业企业,确是一个难得的发展机遇期。

据我观察,现在各地探索农产品区域公用品牌发展过程中大体出现了三种模式:一是以企业为主导的信阳红模式。事实上,在当地省市政府及有关部门支持下,信阳茶产业在突破"围着绿茶转"的发展思路中,茶叶骨干企业功不可没,可以说是政府把方向、出政策,企业树品牌、创市场,企业在与政府、茶农的互动中开辟了一条新型品牌营销之路。二是以协会为主导的胶州大白菜模式。胶州生产的大白菜不一定都叫"胶州大白菜"。在当地政府及农业、工商、公安、质检、文化、旅游等有关部门支持下的胶州大白菜协会,负责培育和管理这一区域品牌,实行"生产基地认证制,产品质量追溯制"的品牌管理模式,只有经过该协会认定和授权农户及组织生产的大白菜才能加贴"胶州大白菜"标识,否则只能说是胶州"的"大白菜,而且决不允许擅自加贴标识。在基本导向上,协会负责人表示,还是希望大户、合作社及企业等能够尽快成长,在唱响品牌中"担纲主演"。三是以政府为主导的洛川苹果模式。陕西省洛川县为了苹果产业发展,专门成立了一个副县级的洛川苹果产业办公室,统筹洛川苹果产业及品牌培育等一系列事宜,出政策、颁标准、搞协调、促营销,实际上也越来越倚重当地及引进的农业企业,"企业在市场中长大了,我们的工作就好做了",这就是管理者的心态。因此,无论是哪种发展区域公用品牌的方式,地方政府都对企业保持积极态度,盼望随着一些农业企业的成长壮大,可以在市场化浪潮中为区域品牌发展中撑起一片天。

俗话说,大树底下好乘凉。也有人把区域公用品牌形象地比喻为伞,而企业自有品牌则受到这把伞的提携和庇护。而我们也必须清楚地意识到,理论上讲,如果把一个区域品牌比作一把伞,那么共用这把伞的也只能是一两人,众多人同举一把伞是难以遮雨的。从长期看,一个农产品区域品牌要获得持久成功,同样必须依靠一个或少数几个核心企业的支撑,这也是世界上其他一些国家走过的路子。有人形容面对区域品牌的困惑时说:听着响亮,近看迷茫,究竟哪个是正宗的呢?从这个角度也可以说,现阶段正是有眼光企业家借势做大品牌的好机会。

要更多分享区域公用品牌的无形资产,有基础的农业企业必须多方入手:一是以争当区域品牌"伞""旗手"的心态,认真分析自己的企业定位及营销战略,在人力、物力、财力等资源配置上做出必要调整,制定基于区域品牌上的企业品牌战略路线图、实施方案及重要措施。二是按照区域品牌"嫡传"甚至"当家人"的要求，脚踏实地提高农产品质量，同时在包装、标识及延伸服务上下工夫，使感知质量、市场知名度与影响力与之相匹配。三是努力把自身产品特质赋予品牌，把品牌特质转化为标准，把标准转化为区域品牌的精神内核，为引领区域品牌发展打造制度基础。四是有意识地组织区域品牌论坛、联盟、协会等活动，为唱响品牌搭建凝聚人气、共识和市场的载体及平台。

（张兴旺　原载于《农民日报》2014 年 7月 30 日）

区域公用品牌（选登）

- 关于"2012 最具影响力中国农产品区域公用品牌"的通报
- 辽宁盘锦大米
- 江西万年贡米
- 江苏射阳大米
- 山东阳信肉牛
- 黑龙江五常大米
- 河北宣化牛奶葡萄
- 浙江天台黄茶
- 宁夏中宁枸杞
- 河南洛阳牡丹
- 辽宁盘锦河蟹
- 湖北武当道茶
- 西藏拉萨净土
- 江苏恒北早酥梨
- 北京安定桑葚
- 浙江安吉冬笋

关于"2012 最具影响力中国
农产品区域公用品牌"的通报

中优协（秘）〔2013〕7 号

各有关单位：

按照农业部要求，在农业部优质农产品开发服务中心组织下，中国优质农产品开发服务协会联合中国绿色食品协会、中国农产品市场协会、中国国际贸易促进委员会农业行业分会、中国水产学会、中国畜牧业协会和中国农业展览协会等六家协（学）会共同完成了"2012 中国农产品区域公用品牌影响力调查"活动。

根据《关于开展"2012 中国农产品区域公用品牌影响力调查"活动的通知》（中优协（秘）〔2012〕19 号）和《中国农产品区域公用品牌影响力调查管理办法》规定的范围和程序，100 个农产品区域公用品牌获得"2012 最具影响力中国农产品区域公用品牌"（名单见附件），现予以通报。

希望各地加大对"2012 最具影响力中国农产品区域公用品牌"的宣传，努力推动本地区农业品牌建设工作。希望有关单位以此为契机，在行业协会的指导下，创造各种条件，提升地位，扩大影响，做大做强。

我们将继续一如既往地支持各地各有关单位的品牌建设工作，提升和扩大农产品区域公用品牌知名度，增强区域公用品牌的市场竞争力。

有关证书和牌匾事宜，请与中国优质农产品开发服务协会副会长单位——中国品牌农业网联系。

联系人及联系方式：

1. 中国优质农产品开发服务协会秘书处
薛砚青：010-64949037
　　　　转 609-18610478602

2. 中国品牌农业网
潘益：010-64820270
　　　转 611-13858336015

附件：100 个"2012 最具影响力中国农产品区域公用品牌"名单

中国优质农产品开发服务协会
2013 年 3 月 8 日

附件：

100 个"2012 最具影响力中国
农产品区域公用品牌"

大米：盘锦大米、蕲春珍米、仙桃香米、射阳大米

苹果：烟台苹果、洛川苹果、花牛苹果、沂源苹果、文登苹果、平凉金果、荣成苹果、秦安苹果、盐源苹果

柑橘：秭归脐橙、赣南脐橙、宜昌蜜桔、奉节脐橙、恭城椪柑、黄岩蜜桔、蒲江杂柑、安岳柠檬、衢州椪柑、普宁蕉柑

葡萄：福安巨峰、吐鲁番葡萄、灞桥葡萄、璜土葡萄、阿图什木纳格葡萄、宣化牛奶葡萄

特色果品：烟台大樱桃、和田玉枣、眉县猕猴桃、吐鲁番葡萄干、东港草莓、王莽鲜桃、旅顺洋梨、若羌红枣、龙滩珍珠李、福洪杏、灞桥樱桃、蒲江猕猴桃、精河枸杞、蒙阴蜜桃、稷山板枣、恭城月柿、秦安蜜桃

蔬菜：韩城大红袍花椒、胶州大白菜、宜兴百合、滕州马铃薯、随州泡泡青、平遥长山药、龙王贡韭、溧阳白芹、太白甘蓝、

板桥白黄瓜、庄河山牛蒡

西甜瓜：吐鲁番哈密瓜、双墩西瓜、哈密瓜、砲里西瓜、昌乐西瓜、阎良甜瓜

茶叶：武当道茶、安顺瀑布茶、天山绿茶、信阳毛尖、恩施玉露、祁门红茶、秦岭泉茗、紫阳富硒茶、越乡龙井、太平猴魁、石阡苔茶、大佛龙井、松阳银猴、霍山黄芽、崂山茶、永春佛手、南江大叶茶、马边绿茶、蒲江雀舌、阳羡茶

食用菌：庄河滑子蘑、庆元香菇、金堂姬菇、临川虎奶菇、康县黑木耳

畜牧水产品：南川鸡、双阳梅花鹿、威海刺参、固始鸡、平凉红牛

其他：卫辉卫红花、东姚洪河小米、文登大花生、文登西洋参、连城红心地瓜干、甘洛黑苦荞、大竹苎麻

辽宁盘锦大米

2011 和 2012 年，盘锦大米连续两年获得中国农产品区域公用品牌第一名。在 2013 年农业部召开的中国国际品牌农业发展大会上，盘锦大米获"中国优质农产品区域公用品牌"称号。盘锦大米这个区域公用品牌的形成，既有历史的传承，也是盘锦市政府大力宣传推介的结果。凭着过硬的质量，盘锦大米赢得众多消费者的青睐，成为很多中国人餐桌上必不可少的主食。

将区位优势转化为经济优势

"湿地之都"——辽宁盘锦地处辽河下游、渤海之滨，辽河三角洲核心地带，地面覆盖着深厚的淤积物，是在河流冲积和海洋沉积交替作用下形成的特殊地表，构成了滨海湿地复合生态系统。被称为地球之肾的湿地面积3 150平方公里，占全市总面积80%。良好的生态环境孕育了优质生态的稻米，铸就出中国名牌——"盘锦大米"。

先有盘锦大米后有盘锦城。据史料记载，1907 年盘锦开始种植水稻，之后种植面积不断扩大。1928 年，张学良创办了"营田股份有限公司"，开创了东北地区水稻生产机械化的先河。从那时盘锦大米就有了一定的知名度。1948 年，盘锦解放后，政府开始了大规模垦荒造田，兴修灌溉网，改良土壤，尤其是以国营农场为单位进行农田开发建设，为

盘锦成为国家重要的商品粮基地和盘锦大米的"成名"奠定了坚实的基础。盘锦城是在盘锦垦区的基础上成立的。

在盘锦水稻种植历史上，独特的"移民文化"促进了稻作文化的发展。20 世纪 60 年代末，数以万计的"五七大军"和知识青年从祖国的四面八方来到盘锦，开发"南大荒"。他们参与农村生产建设，以自己的智慧和辛勤推动了盘锦水稻耕种技术的进步。在他们与当地农民的共同努力下，长满蒿草的盐碱地变成了大片的稻田。随着 70 年代末知识青年陆续返回家乡，"盘锦大米好吃"这句话传遍了全国，盘锦大米逐渐开始"名声在外"。

如今，盘锦市水稻种植面积已发展到 168 万亩，年产优质水稻 100 多万吨，成为我国著名的优质稻米高产区。盘锦大米的"名声"越来越大。盘锦市政府分管农业工作的市领导孙占明对记者说："盘锦大米好是客观的，但好的区位优势能不能转化为经济优势？盘锦大米也需要打造品牌，将区位优势转化为经济优势。"

产业化经营推动品牌提升

优越的生态环境，适宜的气候条件，富含有机质的土壤，使盘锦大米浓缩了水、气、土之精华，成为天然的生态佳品。盘锦因此被誉为"中国生态稻米之乡"。如何让更多的

人知道盘锦大米？孙占明告诉记者："我们坚持把目光投向全国，投向海外，在提高盘锦大米的影响力和竞争力上，着力做精、做强，不求最大。"

围绕提升盘锦大米、河蟹等主要农产品国际化品牌进程，目前盘锦市在建和投产的超10亿元的重大农业产业化项目有12个，超亿元农业产业化及农产品加工项目35个，市级以上农业产业化重点龙头企业123个，带动农户20万户。发展各类农民专业合作社795个。"市场牵龙头、龙头带基地、基地连农户"的产业化经营格局已初步形成。

盘山县沙岭镇四合村农民孙宪录家有20亩地，去年种了企业订单品种，企业收购时一斤要比市场价多2毛钱。虽然产量低，但仍比种普通水稻一亩地要多收入200多元。到2012年底，盘锦市农民人均纯收入13 493元，同比增长17.5%，居全省第三位。

盘锦大米在2011中国粮油榜推介活动中，被评为"中国十佳粮食地理品牌"。在2012中国优质稻米（盘锦）交易会上，盘锦正式被中国粮食行业协会授予"生态稻米之乡"称号。在2013年中国优质稻米（盘锦）交易会上，盘锦被中国粮食行业协会命名为"中国北方粮食城"称号，并成功在北京举办了大米河蟹展销会，在国际、国内产生了极大的影响。

盘锦大米在市政府的推动下进入高端市场。已与北京首农集团签署合作协议，确定盘锦大米为首农集团大米类唯一保供粮，并采用质量可追溯二维码准入制度，进入首农集团北京连锁超市。与中国饭店集团签订了盘锦大米供货协议，与北京家乐福商业有限公司签订了盘锦河蟹供货协议等。盘锦市委市政府已经决定，今年继续在北京举办大米河蟹展销会，扩大盘锦大米的影响力。

质量赢得品牌生命力

"质量决定品牌，打品牌关键抓什么？抓品牌质量，靠质量赢得品牌的生命力。"孙占明向记者阐述了他对品牌质量的认识。目前，盘锦市水稻种植面积168万亩，其中无公害、绿色食品、有机农产品认证面积130余万亩，占种植总面积近80%。

如何种好水稻？盘锦市政府前几年一直在搞"四子工程"，第一项就是稻子工程。注重高产生态栽培，大力推进百万亩优质水稻工程，2013年全市共落实农业部水稻高产创建示范区58个，全省承担创建任务最多。全市水稻优质品种种植面积达到95%以上，水稻生态栽培和单季水稻产量均居全国领先水平。注重推进规模经营，制定推进农民土地流转专项鼓励政策，大力推进家庭农场和土地托管模式，全市土地流转达到62.1万亩，占家庭承包总面积的37.6%，土地流转率居全省首位，水稻生产全程机械化率达到85%以上，居全国领先水平。

盘锦市农委主任梁建柏向记者介绍，他们采用农业新技术，推广了水稻新品种，盘锦水稻种植质量达到了很高的水平。盘锦紧紧依托"国家级生态示范区"和"国家有机食品生产示范基地"的优势，建有机大米、绿色大米、无公害大米三大生产基地，同时创造性地实施"稻田养蟹"模式，实现了"用地不占地、用水不占水、一地两用、一季双收"最佳的生态农业种养模式。如今，"大垄双行、早放精养、种养结合、稻蟹双赢"的稻田养蟹新技术已在全市农村全面铺开。

据统计，目前盘锦全市河蟹养殖规模达152万亩，其中稻田养蟹75万亩。河蟹是生态的标识，因为它对化学品非常敏感，化肥、农药的使用会影响河蟹脱壳，因此养殖河蟹的稻田不能打农药和除草剂。河蟹在对稻田环境起到监控作用的同时，也抑制了病害发生，稻田养蟹采用宽窄行增加了通风效果，减少了发生稻瘟病，同时河蟹可起到除草作用。河蟹的粪便还能成为水稻的有机肥料。稻蟹共生形成一条完整的生物链，不仅提高了资源利用率，增加了农民收入，而且生态环境得到改善，为生产优质稻米提供了良好的条件。配合稻田养蟹工程，盘锦在水稻、河蟹主产区，全面推广高留茬、稻草还田的生态种养方法，大范围推广生物、矿物源农药，减少化学农药使用量，严格禁止使用剧毒、高毒、高残留农药。盘锦无公害大米、绿色大米、有机大米的生产面积比重逐年增加，盘锦大米越来越生态优质。

源头可追溯杜绝假冒

为了保证消费者能够吃到真正的盘锦大米，保证盘锦大米"高品位"地位，2013年4月，盘锦市政府全面启动稻米质量安全追溯工程，成为国内首家直接对稻米进行质量追溯的地方政府。建立了盘锦大米质量安全追溯体系，加强盘锦大米质量安全管理，严格规范"盘锦大米"证明商标的使用和管理。

盘锦柏氏米业有限公司董事长柏明玉说，柏氏人始终以"弘扬盘锦稻作文化，发展柏氏大米品牌"为使命，以"公司＋农户＋基地"的订单农业为模式；通过集约化经营、规范化管理，构造企业竞争优势，为广大消费者提供安全、健康、美味的盘锦大米。

盘锦鼎翔米业有限公司的副总经理蒋建炜向记者介绍说，质量安全追溯系统将水稻的种植、收购、储存、加工等环节的信息通过二维码技术记录下来，制成标签，贴在盘锦大米终端产品上，每品一签，数据具有唯一性，不能假冒。消费者可以通过手机扫描标签上的二维码或者通过盘锦大米质量保障公共服务网站等多种方式对所购大米的生产加工信息进行查询，并可通过刮开防伪码查询盘锦大米的真伪，实现了盘锦大米质量"源头可追溯、流向可跟踪、信息可查询、责任可追究、产品可召回"。

（于险峰　张仁军　原载于《农民日报》2014年1月4日）

江西万年贡米

一亩稻花香十里，一家煮饭百家香。

从1 000年前万年香米入贡，到如今走上百姓餐桌；从推着板车叫卖，到打进沃尔玛、麦德龙等大型超市，再到在北京等大城市开旗舰店，创出驰名商标……江西省万年县演绎了米业品牌化、跨越式发展的传奇。

万年稻米的新闻不断。1995年，考古学家在万年县仙人洞与吊桶环两处遗址的洞穴内，发现了距今1.2万年前的栽培水稻植硅石，把世界栽培水稻的历史推前了5 000年，成为现今世界上年代最早的水稻栽培稻遗存之一。

前不久，"万年稻作文化系统"被联合国粮农组织授牌为全球重要农业文化遗产（GIAHS）保护项目试点，为"中国贡米之乡"又添一块金字招牌。

万年县是如何坚守贡米这块阵地，如何传承稻作文化、做大做强贡米品牌的？最近，记者深入鄱阳湖畔，走访这个世界稻作起源地之一的县一探究竟。

整合发展叫响"贡米"名号

万年贡米是江西省有特色、有规模、前景好的品牌农业资源，但过去却长期埋没在普通的大米市场里。

近年来，当地农业部门加大对万年贡米产业的扶持力度，指导企业进行整合。经过万年贡米集团有限公司"大刀阔斧"的改革，创意营销，万年贡米的名号响彻全国。

原来，江西万年贡米集团公司是在2000年挂牌成立的，那时的江西万年贡米集团和万年县的粮食局是"两块牌子一套人马"，对粮食实行统购统收，然后再进行简单的加工销售。这样的经营模式致使江西万年贡米集团旗下的32家粮食加工厂拳脚施展不开，整体陷入了困境。于是，原江西皇阳米业厂厂长蔡阳厚在2008年时，花费860多万竞购"万年贡"商标，组建起以皇阳公司为核心的万年贡米集团，并把公司定位在发展中高端大米品牌。江西万年贡米集团公司完成了从国营企业到民营企业的转变。

据该公司副总经理施国照介绍，新成立的万年贡米集团整合当地32家粮食加工企业，确立集团品牌经营战略，推进体制机制创新，把"小、弱、低、散"的加工企业资源整合起来，形成"联合舰队"。

改制后的万年贡米集团采取灵活的经营方式，在北京建立了营销公司，并进行研发深加工，打造粮食加工全产业链，使万年贡米成为家喻户晓的品牌。目前，万年贡集团与裴梅镇龙港村、上坊乡港边村农户签订了300多公顷有机水稻种植协议，带动辐射该县建立了近1万公顷优质稻生产基地，万年贡米集团年销售额达20亿元以上。

各种殊荣纷沓而来："万年贡"成为中国驰名商标；江西万年贡米集团成为"第五批农业产业化国家重点龙头企业"；集团基地成为鄱阳湖生态农业示范基地……

差异化经营卖的是文化

"现在最贵的万年贡米为每千克100元。我们公司还将通过科研创新，开发更高档的稻米品种。"万年贡米集团董事长蔡阳厚说。

万年贡米为什么能卖出高价？它到底有何不同？据了解有以下三点：

贵在贡品。万年贡米，自南北朝时期就专供皇室。明朝正德七年皇帝下令新建万年县，县令将县里特有大米进贡，皇帝御膳后传旨"代代耕种，岁岁纳贡"。清时各州县纳粮送京，必待万年贡米运到，方可封仓。此米至今仍是钓鱼台国宾馆指定国宴用米。

贵在养生。万年贡米生长在山脚下的水田里，属野生稻，生育期175天。此米粒细体长，形状如梭，质白如玉，煮后软而不黏，味美醇香。蛋白质是普通米的2倍，富含维生素B和铁、钙、锌、铜、锰等元素。在万年县，一直有用贡米熬粥为儿童止泻的传统。

贵在个性文化。粮食加工企业多如牛毛，如何体现竞争的差异化？蔡阳厚提出，要从稻谷加工的大海里跳出来，做高端产品，突出文化的支持和引领。而万年贡米亮出的"进贡"身份，在众多大米企业的文化较量中，优势非常明显。

万年贡米集团大打"稻作发源地，万年贡米及绿色有机米"这张王牌。这样的理念下，蔡阳厚利用稻作文化把"万年贡"做成高端礼品米，多次出现在各省份的展销会上，引领了大米销售的时尚潮流。

除了研发高端产品，万年贡米集团还独创了旅游销售模式，将其3 000亩水稻种植基地零散地有偿出租给城市中高收入人群，使他们利用旅游、度假期栽秧、收割，公司负责日常的田间管理服务。蔡阳厚认为，这种以旅游观光、休闲娱乐带动稻米产业延伸发展模式，能使稻米产业适应变幻莫测的市场规律，打造一种独特的稻米文化样本。

"一粒米"带富千万家农户

万年贡米的价值不在于它的稀少，而在于它能让人们的餐桌质量得到提高，能够使万年的农民增加收入。

万年县农业局局长陈章鑫介绍，该县通过宣传贡稻种植的效益，鼓励农民种植贡稻；落实惠农政策、规范土地流转、建设农田基础设施；推广农业技术、实施标准化生产。为提高贡米的产量，万年县还实行订单农业，采取"龙头企业＋合作社＋基地（农户）"的运作模式，实现户均增收3 000余元。

以万年贡米集团为例，他们不仅引进先进的生产设备和工艺，制定统一的生产标准，而且在生产经营模式上大胆创新。集团采取"公司＋基地＋农户"的模式，和农民签订购销合同，集团为农民提供种子和技术，并按每千克高于市场价0.2元的保护价收购。在生产模式上，集团开发新产品，把3 500亩的野生优质水稻经过深加工和细化市场包装成高端大米，每千克售价达到200元。在销售模式上，改变以往固步自封，大胆走出万年，打进沃尔玛、麦德龙等大型超市，远销北京、上海、浙江、广东、福建等省（直辖市）。

记者在万年贡米集团加工厂看到，先进的稻米加工机器高速运转，统一着装的工人们忙碌在各自的流水线岗位上。稻谷在这里进行去壳、打磨等一系列精加工程序之后，装袋送往全国各地。

100千克的贡稻可卖到280元，说出来可能很多人都不会相信，但在万年县却很平常。裴梅镇上程村农民程记粟告诉记者，他家本来只有10来亩地，但现在又承租了村里其他人的田地，一共种了57亩，2万千克贡稻由江西万年贡米集团包销，每100千克280元。他今年买了约45千克种子，市价每千克30元，而江西万年贡米集团每千克只收他10元，今年种贡稻可净赚3万多元。

多方联手保护贡米品牌

"稻作文化"不仅是万年的标志，也是江西的骄傲、世界的财富。传承"稻作文化"，打响贡米品牌，是万年人努力的目标和责任。

近年来，万年贡米销量逐年增加，声誉看涨。但是，在万年县内，数十家大米加工厂规模参差不齐，周边县市也纷纷效仿，市场上真真假假的"万年贡米"泛滥。如何对万年贡米生产厂家及万年贡米质量进行有效监管？

该县成立万年贡米地理标志保护产品管理委员会，并成立了贡米产业发展领导小组。严格生产许可，加强监督检查。2003年以前，万年县区域内有70余家大、中、小型大米加工企业，至2005年底，质监部门帮助32家大米企业取得生产许可证，近年来通过监管和市场竞争，又有10家大米企业被注销食品生产许可证。质监部门对获证企业每年至少巡查4次，巡查过程中发现问题责令企业限期整改。同时，健全服务体系，积极帮扶指导，将江西万年皇阳贡米实业有限公司等6家重点企业作为重点服务项目的服务对象。积极推进"万年贡米"标准化体系建设，制定"万年贡米"专用的产品标准。

工商部门依托12315举报投诉平台，健全商标维权网络；与有关部门配合，全面建立联合打假机制；对涉及"万年贡"商标权的举报和投诉案件，依法快速处理。

作为正在发展壮大的龙头企业，万年贡米集团董事长蔡阳厚表示："万年贡米的生产企业有很多家，不同生产企业制定的质量标准也不尽相同。针对这一问题，我们打算逐步兼并小米厂，使万年贡米最后集中到几个核心米厂生产加工，有了统一管理，统一标准，万年贡米的质量就能得到有效保证。"

以文化为灵魂，以品牌为战略，以品质为保证，以农民和企业双赢为根本。万年贡米的发展模式，为各地加快农业现代化和农业产业化发展，推进品牌农业建设积累了宝贵经验。

（程天赐　文洪瑛　原载于《农民日报》2014年1月11日）

江苏射阳大米

在中国南北分界线的东部起点，有一块　神奇的土地，相传因精卫填海而成陆，因后羿射日而得名。这就是江苏射阳。

神奇的还有这个历史上曾经的全国棉花产量九连冠、吃粮靠国家供应的"棉花生产状元县"，经过十多年嬗变，转身为"全国粮食生产先进县"，粮食产量跻身江苏省头三甲。

转身成功的一个重要原因，就是射阳稻米产业实施商标、品牌战略，实现了注册一枚商标，培育一个品牌，振兴一片产业，致富一方百姓的目标。

抢抓机遇全面展开品牌建设

2000年，国家粮食全面放开实行市场化经营。当年，射阳县政府将水稻定位为特色产业，第二年成立了大米协会。

面对传统而普通的稻米产业，与周边地区相比并无多少优势。如何做大做强，做出特色？协会经过对稻米产业的认真调研，对上海、苏州等目标市场的实地考察，对全国稻米产业状况及相关政策的综合分析，最终确定实施品牌战略。

一是宏观经济环境要求必须实施品牌战略。时值中国加入WTO，世界经济进入品牌时代，没有品牌谈不上特色，难以参与竞争，求得发展。

二是全国米业状况为实施品牌战略提供良机。当时国内米多，品牌太少，中国大米品牌建设处于混乱的"战国"时代，谁先创出品牌，谁就可争得主动。必须抓住这个机遇。

三是从射阳县基础条件，看实施品牌战略的可能。射阳县气候环境独特，水土资源丰富，栽培技术先进，稻米品质较好，在上海等地已小有名气，县委、政府已将稻米列为特色产业之一。综合上述观点，该县大米协会确立了实施品牌战略的指导思想。

他们在全国首家注册了大米集体商标，开了江苏集体商标的先河。并对"射阳大米"商标进行认真培育。提出"射阳大米，天、地、人合一，江苏一绝"宣传语，注入人文地理因素，丰富米文化，提升美誉度。推行射阳大米包装标准化、系列化，统一使用"射阳县大米协会推荐产品"标志。

他们建立射阳大米网站，宣传、提升射阳大米知名度。在中央和地方主流媒体、经济、商贸媒体开展大米品牌宣传活动，推介射阳大米的产业发展、品牌建设活动情况。参加中国粮食行业协会"放心粮油"评审，有十个企业品牌获得中粮协"放心米"称号，为全国县份之最。

通过多年的商标品牌建设，射阳大米先后被认定为江苏省著名商标和中国驰名商标，先后取得江苏名牌产品、中国名牌产品认定，八次蝉联上海食用农产品十大畅销品牌（粮油类）称号，荣登中国粮油榜·全国十佳粮食地理品牌，获得2011消费者最喜爱的中国农产品区域公用品牌，2012最具成长力中国农产品区域公用品牌称号，获得江苏品牌紫金奖·25年最具成长力品牌称号。射阳大米产业集群成为江苏品牌培育基地。

稻米产业链健全发展

品牌战略促进了稻米种植、加工业快速发展，也带动了相关产业，由此推动着产业结构的不断改善。

随着品牌战略的实施，射阳大米的市场信誉和美誉度不断提升，销售范围不断扩大，销售总量逐年递增。

射阳大米协会成立之初共有会员35家，其中加工企业28家，而真正正常运营较具规模的只有16家。现在发展到55家规模企业，达到日处理原料9 200吨的产能，是协会成立初的5.6倍。大米产销量从原来的不足10万吨，发展到56万吨，形成26亿规模的产业群体。

品牌战略提高了水稻种植的比较效益，调动了农民的种植积极性。2013年水稻面积（含境内农场）已突破125万亩，较协会成立初期实现翻番增长，由于该县稻谷产量剧增，粮食总产不断提升，2010年开始，射阳县连续被表彰为"全国粮食生产先进县"。

品牌，促进了效益提升。由于品牌信誉的提升，射阳大米销售价格高出周边地区，原料价格每千克提高0.20～0.30元，射阳粮农因此可增收超亿元。大米加工业的效益也相应提升，能在"稻强米弱"的大环境下取得较好效益。

品牌还推动了二三产业，带动了公路运输业。射阳大米主销区为沪、苏、杭等长三角地区，使得公路汽车配载、运输业务迅速发展，每年50万吨大米、近20万吨副产品，加之部分原料集并，年运输产值超亿元；随着用量增加，射阳彩印包装业应运而生，初具规模的主要为大米生产包装袋的印彩厂已有两家企业，数千万产值。孕育了经纪人产业。随着粮食流通的市场化进程不断加快，新兴的粮食经纪人产业逐步形成，已成为不可或缺的粮食流通、收储力量。启动了现代物流业。联结生产加工与销售终端的产品配送、物流业务已经启动，随着产业日趋成熟而发展壮大。

品牌维护开启新征程

随着"射阳大米"的市场信誉不断提升，假冒产品也大量出现。记录在案的假冒企业名称有227个，有的是虚构厂名，有的是使用射阳已歇业的厂名，也有外地真实厂名，有的厂名被几家、十几家同时冒用。恶意模仿的近似商标，如射汤大米、射场大米、射阴大米、谢阳大米、射阳雪大米、射阳人米、皇金射阳大米等有47种，有的近似商标如射阴大米遭遇10多家企业同时使用。且均为模仿射阳大米的商标文字和图识。甚至有几种近似商标已经注册。

一个时期，假冒的区域不断扩大，售假的区域从原来上海、苏州扩大到苏沪浙许多地区，制假的源头从原来的某市粮食批发市场扩散到苏沪许多地区；假冒的数量迅速增加，假冒射阳大米的销售窗口和经营量超过正宗产品的2倍以上；假冒的手段不断翻新，从生产厂家制假，到经销商委托厂家灌假，直到经销商自己印假包装售假；假冒的行为日益公开，开始查处假冒产品时，售假者惊慌失措，关门、转移以逃避，几次检查，由于未能严肃处理，后来则若无其事，甚至反唇相讥，形成法不责众。

假冒射阳大米危害甚烈：危害食品安全，危害产业发展，危害品牌建设，危及商业形象，危及各方权益。假冒射阳大米屡打不止的原因有多方面：一是利益驱动，每吨假冒产品多卖100元，年产5 000吨小厂就多收入50万元；二是疏于监管，经营监管者对索证制度执行不力；三是处罚不力，多种原因导致未能严肃查处。

在各地工商部门的配合下，射阳大米协会打假工作常抓不懈。一抓源头，釜底抽薪；二抓窗口，净化市场；三抓规范，强化管理。十年来，每年都在目标市场、制假源头打假。

进入2014年，射阳开启商标、品牌维护的新征程。主要从三个方面突破：一是检查范围上突破。"射阳大米"商标的维护已得到各级工商管理部门的重视和支持，已被江苏省工商局列入重点保护的30个商标范围。而且在2013年，在射阳召开了"品牌护航·全省商标案件研讨会"，部署各地工商部门主动强化"射阳大米"商标监管工作。新的一年，将在沪、苏、浙三地重点开展维权活动。二是对近似商标查处上的突破。依照法律，恶意模仿的近似商标，同样是侵权行为。这样，对过去很少触及的这类侵权问题有了明确介定，为品牌维护工作对近似商标的查处提供了依据。三是对商标维权的司法方面的突破。射阳大米协会已被盐城市中级人民法院确定为"知识产权司法保护信息点"。充分利用好这个平台，新的一年，将选择典型案例，对侵权者追究法律责任，同时在诉赔方面取得新的突破。

（崔丽　原载于《农民日报》2014年1月18日）

山东阳信肉牛

最近几年，全国肉牛存栏量下降明显，但山东阳信县的肉牛存栏量、屠宰量却逆势上扬。如今，阳信牛肉已在京津等地占据了高档牛肉市场的半壁江山，在全国县域单位内，阳信的宰杀量和运销量都是第一。阳信先后培育了"鸿安牌"冷冻分割牛肉等1个中国名牌，5个国家A级绿色食品认证，4个全国优秀牛肉产品品牌。

阳信肉牛产业为何这么牛？这源于其不仅步入了生态养殖、标准化生产、精细化加工、冷链物流配送、皮革加工提档、沼气循环利用的现代化发展轨道，而且以肉牛为主的畜牧业已成为富裕农民、推动农业农村经济发展的支柱产业。

"养"出好肉牛

阳信本地养殖的肉牛以鲁西黄牛、渤海黑牛为基础，这些品种是公认的优质肉食品种，是适合于牛排料理、涮羊肉等高档餐饮的食材。

在山东阳信亿利源清真肉类有限公司的养殖厂里，牛舍干净整洁，黄牛、黑牛或坐或卧，悠闲自在。"每头肉牛所占的空间约为5平方米，以保证它们适度运动。"亿利源董事长杨振刚介绍。

为了养出高档肉牛，亿利源请专家为牛开出了"营养套餐"：90%的精料加10%的草料。为了给牛提供更好的营养，还时常添加些枣粉。而对于人工饲料中缺乏的微量元素，亿利源是这么解决的：用微量元素做成的特质砖块，当牛身体里缺乏某种微量元素时，它会自觉地舔舐砖块以达到身体的营养均衡。

亿利源只是阳信县众多肉牛养殖、加工企业之一。作为全国农业标准化肉牛示范县、全国适度规模化母牛养殖示范县，阳信县近年来已建立了38个优质肉牛养殖、繁育基地。通过科学化的精细化养殖，使肉牛的品质不断提高。

好牛肉和普通牛肉有多大差别？"一头高档育肥牛的价格是一头普通育肥牛的十三四倍，而饲养成本只是两倍多。所以说，我们应该提升产业研发水平，既要满足大众需求，又要满足高端需求。"阳信县委书记马福祥说。

"宰"出鲜美肉

肉牛业养殖周期长、投入大、见效慢，尤其是养殖高档牛，除产出45%的高档肉外，余下的55%高成本的牛肉只能以普通牛肉的价格销售。另外，养高档牛对技术的要求很高，牛胴体有110块肌肉，分割工艺要求也很高。

对此，阳信肉牛企业没有望而生畏。广富畜产品有限公司成功"牵手"中国农业大学后，真正走上了产学研一体化发展的道路，其对生产的牛肉进行精细化分割，极大地提升了利润空间，成为了小肥羊、海底捞、顺风肥牛、老北京火锅、翠竹苑等著名企业的供货商。

阳信的肉牛加工企业还在屠宰过程中增加了排酸环节，经过排酸后的牛肉，口感得到了极大的改善，肉的新陈代谢产物被最大程度地分解和排出，同时改变了肉的分子结构，有利于人体的吸收和消化。

冷链仓储设施也是阳信肉牛企业近年发力之处。鸿安公司按照出口欧盟食品生产企业标准建设的牛肉冷链物流基地，能容纳9万头肉牛屠宰及20万吨牛肉，达产后将成为华北最大的牛肉产品仓储物流中心。

同时，能带动增加规模养殖场 10 个以上，增加肉牛养殖户 20 万户，户均收入增加额 3 万元。

"用"出高价值

"阳信的牛产业形成了完整的产业链，使牛产业价值得到了充分体现。"据阳信县畜牧兽医局局长马文健介绍，全县目前光从事皮革等周边产业的就超万人。

阳信人对牛的利用，已达到了"敲骨吸髓"的地步。在阳信，牛身上的任何部位，从皮革、牛角、内脏，到牛血、牛粪，都有收购、加工企业。阳信广富畜产品有限公司

常务副总经理闫洪涛说，"我们刚在生产车间杀完牛，后面就有多个不同厂家的车在等着收牛头、牛皮、牛下货。"而位于流坡坞的亘嘉皮革制品有限公司，正在完成由生产蓝湿皮向生产成品皮革、箱包生产的转变。

在这里，牛粪也可以被回收发酵，做成饲料。牛血，则可以提取 SOD，有较高的药用价值。"牛，在阳信真正实现了'浑身是宝'。"马文健说，一头 1 000 斤的牛在阳信卖出，能比在其他地方多卖出 100 元。阳信肉牛业真的"牛"了起来。

（李雅芹　刘浩洋　原载于《农民日报》2014 年 1 月 18 日）

黑龙江五常大米

如果你随便问起一个国内的消费者，你最熟知的大米品牌是什么？十有八九他会说：五常大米。五常大米就有这么大的名气。早春时节，记者慕名来到"五常大米"的种植地黑龙江省五常市一探究竟。

五常是全国"水稻生产五强县"之一，水稻栽培历史悠久，水稻总产和种植面积均列全国县级第一。近年来，五常市在尊重经济规律、市场规律、产业发展规律的基础上，充分发挥政府引导和市场调节的作用，抓产业基础，抓主体培育，走出品牌整合升级，推动五常稻米产业发展的新路径。

政府发力推动品牌升级

安家镇民乐乡是五常大米的核心产区，发源于黑龙江省最高峰凤凰山的拉林河流淌到这里河面变宽，温度提高，所以这里产的水稻是五常地区品质最好的。依托安家粮库的仓储，常信食品有限责任公司就建在这儿。公司总经理孟宪成曾任五常市主管农业的副市长，长期从事农业工作，他说："五常大米的知名度高，是有综合因素的，同样的品种，

种到五常周边地区，就不一样了。"他把五常稻米的发展脉络、特异之处娓娓道来。

"五常大米是上天赐给五常的宝贵资源。五常历届市委、市政府都想把五常稻米产业做大做强，使稻米产业成为五常的主体资源，立市产业。"五常市副市长杜泽春说，五常大米品牌经过几十年的市场培育，已经名声在外。但就是这样的一个好产业，在上个世纪末本世纪初也面临着一些问题：加工企业过多、经济成分复杂、规模大小不一、品牌意识淡薄、发展思路迥异等。

面对这些问题，十多年来，五常市在尊重经济规律、市场规律、产业发展规律的基础上，充分发挥政府引导和市场调节的作用，抓产业基础，抓主体培育，把五常大米品牌整合升级作为推动五常稻米产业发展的重要途径来抓。目前，稻米运输物流、水稻插秧收割、农资生产经销、栽培科技创新等方面均已形成体系和规模，走出了一条以"品牌带产业"的发展之路。2011 年五常市被中国粮食行业协会命名为"中国优质稻米之乡"，2012 年被国务院授予"国家现代农业示范区"。

良种良法打牢根基

"五常在水稻育种过程中定期与日本的专家进行技术交流，日本专家评价说：世界同纬度地区水稻生产中五常处于领先地位。"说起这个孟宪成很自豪："稻花香就是五常米业的支撑，是农民收入的支撑，也是打品牌的支撑。"

五常依托农业技术推广中心、黑龙江省第二水稻研究所、葵花阳光米业研究所等9家农技推广和科研机构，推广水稻新品种、新技术的应用，在民乐、营城子、志广、龙凤山乡建设3万亩良种繁育基地，提纯复壮稻花香2号，培育水稻新品种，解决水稻品种老化问题。连续几年投资1.25亿元，在民乐、卫国、志广、杜家、龙凤山乡新建14处全国最先进的大型智能化育秧工厂及基地，一次可完成浸种催芽3 300吨，可为130万亩水田提供优质芽种。

五常市农业局局长伊彦臣拿出了一本《"稻花香2号"生产技术标准》，边翻边讲："这是我们制定的'稻花香2号'生产规程，从选种、浸种、育苗、插秧，到病防、田管、收割一系列环节，都有详细的操作规定，照着做生产出好稻子绝对没问题。"他介绍，推广水稻种植标准很受农民和企业欢迎，因为这是种子专家、技术专家总结出来的精华。

"这样标准化生产有两方面好处，对农民合作社、米业企业来说，规范生产能保证产品质量；对市场和消费者来说，能了解五常大米生产情况，增强接受度和信任度。我们现在正在把这个标准上网，让大家一点击就能看到我们五常大米是咋种出来的。"伊彦臣信心满满。

新型主体挺起米业脊梁

打造品牌不仅是五常市政府的首要职责，也成了农民、合作社和米业企业的共识。现在全市成立农民水稻专业合作社为主的新型农民专业合作组织近千个，大多数米业企业使用的水稻均与稻农签订订单，订单面积近10万公顷。

在金禾米业水稻生产基地，厚厚的积雪还未消融，金禾智能化水稻催芽育秧基地，由金禾香有机水稻种植专业合作社负责具体工作。走进催芽库，看到里面排列着14个大水池，合作社总经理张国军介绍说："这一个池能催1万千克水稻种子，目前启用5个就够用了。我们合作社起初是由金禾米业公司组织成立的，现在已经独立了，合作社经营土地5万亩，现有社员700多户，严格按照有机标准种植水稻，实行质量标准、栽培技术、操作规程、生产资料、收购加工及销售'五统一'，现在想入社的农民越来越多了。"

王振富就是金禾香合作社的元老社员之一，他是草庙村民，家有45.2亩地，合作社刚成立他就入社了。说起入社他眉开眼笑："好处太多了，去年入合作社给分了8万多元，除去合作社提供的种子、肥料、机收、机耕等近1万元的成本，纯收入7万多元。"

"我们种好稻谷，就是米业打品牌的坚强后盾。"王振富认真地说。金禾米业有限责任公司销售部总经理王国良在旁边风趣地接话："我们米业现在是合作社的下游单位了。"

"政府的资金和政策支持推动着企业的发展。"金福粮油有限公司副总刘桂田介绍，金福现代农业产业园是国家发改委扶持的项目，也是哈尔滨市的重点项目，受到了五常市政府多个部门的大力支持。该公司是五常规模最大的水稻加工民营企业，集稻米种子研发、种植、仓储、产品深加工、销售等于一体。乔府大院品牌的稻米油、稻鸭米等系列高新技术产品相继开发出来。刘桂田说："今年是公司的品牌建设年，我们新成立品牌运营中心，要在销售渠道和人才队伍建设上有更大投入，真正成为五常米业品牌的先行实践者和引领者。"

品牌保护和推介促进发展

在走访的几家米业公司五常大米产品的包装上，笔者都看到了产地证明商标和地理标志产品数码防伪标贴。

对于产地证明商标，五常绿色食品办公室主任姜大伟介绍，五常大米品牌是 20 多年来一点一滴积累打造起来的，2001 年获得国家工商总局注册产地证明商标，2004 年获得中国名牌，2012 年获得中国驰名商标，这些对五常大米的品牌保护起到决定性作用。上世纪 90 年代，五常有 450 多家米企，经过市场整合淘洗，现有 271 家。

而对于地理标志产品数码防伪标贴，五常质量技术监督局局长程二雪解释，五常所有获证米业生产和销售的成品五常大米，均需要加贴数码防伪标贴，消费者可以通过五常大米防伪管理系统进行查询。从数码防伪系统反馈信息来看，消费者的查询量成逐年上升趋势。2013 年质监局共发放了 1 000 万个防伪贴，查询率达到 20％。"这些年随着市场对安全农产品的需求增强，消费认知度、维权意识的提高，加上政府的监管，企业自律加强，违规情况逐年减少。"程二雪介绍，"深圳市计量质量检测研究院正在这里调研做一个课题，研究五常大米特异性，等检测结果出来，五常大米的特异性就有了科学依据。"

据五常市商务粮食局领导介绍，目前，五常大米通过各种方式在全国设立了 1 000 多家大米经销点，直接从事销售人员大约为 1 万人。随着品牌的市场接受度和信任度增加，五常大米已经挺进高端市场，成为中国高端大米的一面旗帜。

（崔丽 许庆宽 李晓冬 原载于《农民日报》2014 年 3 月 22 日）

河北宣化牛奶葡萄

春暖花开时节，记者与河北省宣化葡萄研究所所长张武走在宣化牛奶葡萄种植核心区春光乡观后村的街道上，他指着街道两边庭院内的牛奶葡萄树说，这条街道准备建成葡萄观光文化一条街，集葡萄文化展示、观光采摘于一体，将是集中展示宣化葡萄文化的窗口。就在去年 6 月，宣化城市传统葡萄园戴上了"全球重要农业文化遗产"的桂冠，宣化牛奶葡萄扬名世界。"这只是一个开始，更艰巨的任务还在后面。"张家口市宣化区副区长孙辉亮说。如何保护好宣化牛奶葡萄这张珍贵的城市名片，发挥其应有的品牌效应，正是宣化人日思夜想的课题。

好地域出产好葡萄

宣化古城的历史很厚重，宣化牛奶葡萄的荣光很耀眼。宣化区是中国最古老的葡萄产区之一，也是牛奶葡萄的主产区，相传汉朝张骞出使西域时，通过"丝绸之路"从大宛引来葡萄品种，经过当地果农世代精心栽种，繁衍至今。据史料记载，明、清时代，它被视为"珍果"，列为皇家贡品。1905 年曾在巴拿马国际物产博览会上获奖。1988—1994 年，宣化连续举办七届葡萄节，招商引资，促进了宣化的经济发展。2007 年，宣化牛奶葡萄喜获国家质量监督检验检疫总局地理标志产品保护和国家工商总局"宣化牛奶葡萄"地理标志证明商标的"双地标"。2013年 5 月，宣化城市传统葡萄园成功入选全球重要农业文化遗产，这是第一个、也是目前唯一的城市农业文化遗产。

特殊的地域特征和气候条件决定了宣化牛奶葡萄的优良品质。宣化区地处冀西北山间盆地至宣化盆地的北缘，北纬 40°31′，东经 115°2′，具有优良的葡萄生长条件，柳川河，洋河、泡沙河三条河将其环绕，水源丰富，灌溉条件良好。种植葡萄的土壤为褐土，质地偏沙。而且气候四季分明、光照充足、无霜期短、光照时间比较集中、降雨普遍低、昼夜温差较大等。这些有利条件孕育了宣化牛奶葡萄的粒大、皮薄、肉厚、味甜、品质好、酸甜比适中的独有品质。最大特点是能剥皮切片，素有"刀切牛奶不流汁"的美誉，主要用作鲜食。其营养价值很高，有健脾和胃、利尿清血、除烦解渴、帮助消化的作用。

漏斗型种植架型世所罕见

如今，葡萄园成为宣化城区中的乡村，高楼下的绿洲，城市文明与农耕文明融合无间。每年中秋前后，满城葡萄飘香，串串晶莹剔透的牛奶葡萄吸引着八方来客。

宣化牛奶葡萄以庭院式栽培为主，至今仍大量沿用传统的漏斗架及多株穴植栽培方式，大多是百年以上的老架，这在中国乃至全世界都是独一无二的。这些漏斗架型的葡萄树就像平地撑起来的一把把巨伞，从城中心的钟楼到城外的盆窑村，举目皆是。主蔓有碗口粗细，藤蔓从主根出发以锥形向四周均匀分布，整架葡萄形如一个大漏斗，故此得名。这种架势具有肥源集中、水源集中、光源集中以及抗风、抗寒等优点。中国科学院地理科学与资源研究所研究员闵庆文评价，宣化古葡萄园"内方外圆"优美独特的漏斗架，体现了"天圆地方"的文化内涵，是宣化的先人为后代留下的宝贵遗产。

宣化葡萄古园，穿越千年的岁月，依旧能为古城子民遮阳蔽日甚至成为"衣食父母"，与当地政府高度重视对葡萄的发展和保护息息相关。1976 年，宣化成立了河北省唯一一家葡萄研究所，多年来，研究所在葡萄的催熟、保鲜、病害防治以及增加含糖量等方面进行了大量的科学研究，已取得初步成果。从 2001 年开始，宣化区全面启动了牛奶葡萄提纯复壮工程，努力恢复品性，提高品质。近年来又与中国农业大学园艺系葡萄教研组的教授和科技人员合作，对传统的漏斗型架和修剪方法进行改造试验，使单位面积产量明显提高。宣化区还特聘请韩国农业专家对宣化葡萄的栽培技术给予指导，建设"宣化无公害精品葡萄生产出口基地"，并积极研究、推广应用葡萄的保鲜和深加工技术，投资建成了观后村、研究所两个葡萄恒温储藏库，使得葡萄保鲜期可达到 4 个多月。

葡萄的保护在与城市建设赛跑

荣光之下，宣化葡萄也面临着保护和发展的严峻现实。城市化的步伐正在大踏步地侵蚀古葡萄园，葡萄的保护在与城市建设赛跑。春光乡的一位负责人坦言，宣化牛奶葡萄种植区域性很强，最适宜种植区域全都处于城市发展建设用地规划中，原来春光乡的古葡萄园有近 6 000 架，短短几年仅剩 2 600多架。更紧迫的是，年轻人放弃了葡萄园，园里已经没有 40 岁以下的种植者了。在生产上，管理葡萄费时费工，这里的农民收入以打工、经商和出租房屋为主，葡萄种植已经成为一项副业，农民传统观念强，不接受新技术，不愿在葡萄管理上过多投入，导致管理不经心，也就无法带来更好的品质和效益。在销售上，市场化、组织化程度较低，未能与大市场接轨，没有形成优质优价的良性市场体系。

62 岁的观后村果农李本明一辈子种葡萄，是张家口兴功葡萄种植专业负责人，他与葡萄有很深的感情，他说，这是祖宗留下的挺好的牌子，挺响的名声，现在关键是要精心管理，把葡萄质量抓好。他希望政府要下大力气，采取办法保护葡萄，尤其对于葡萄种植合作社能有更多的优惠政策。

孙辉亮说，现在区里大力宣传保护葡萄树，最缺的就是资金，如果能有高补贴来调动果农种植积极性，就能有效保住葡萄种植面积。只有提高并保证农户的利益，才能从根本上保护我国这个重要的农业文化遗产。

寻求品牌突破提升附加值

把握历史之根，文化之脉，城市之魂，从根本上解决农民的增收，农业的可持续发展和文化遗产保护问题。

如何保护这份遗产，实现文化遗产与城市现代化和谐共生？如何把传统技术和当代科学结合起来，为宣化区域经济发展增加后劲？如何调动葡萄农户的积极性，对传统葡萄园进行规划和保护，发展观光旅游，把葡萄产业发展壮大？一系列的问号，是宣化区政府面临的命题。

30多年与宣化牛奶葡萄为伍，张武对葡萄的感情可以用如若亲人来形容。他认为，宣化葡萄产业所面临的困境，最根本的原因在于各方面没有完全认识到宣化牛奶葡萄所具有的潜在而无比强大的品牌优势，更没有把这种品牌优势充分发挥出来，致使宣化葡萄产品附加值不高，没有对地方经济产生应有的推动作用。通过建立"宣化传统葡萄园世界农业文化遗产永久保护区"，争取政府资金投入，融入企业、民间资本，进行市场化运作，将宣化葡萄产业做大做强，将会使之真正成为富民强区的绿色支柱产业。

2013年，宣化传统葡萄园的保护与发展规划被写进了新一届政府工作报告中。区委书记岑万俊表示，历经千百年的风霜雪雨，葡萄文化已经融入宣化百姓生活的方方面面，成为宣化人共有的精神家园。遗产保护，功在当代，利在千秋。区长王小军表示，必须把握历史之根，文化之脉，城市之魂，在保护上做文章，文化内涵发掘上下功夫，通过生物多样性的恢复、传统葡萄栽培技艺的文化传承以及与休闲农业的结合，从根本上解决农民的增收，农业的可持续发展和文化遗产保护问题。

孙辉亮介绍，政府正在整合各方面资金，加大补贴力度，1个葡萄标准架1年补贴2 000元钱，建成葡萄种植标准园的再补贴30％。目前，区里有6家葡萄种植合作社，区里以及种植能人对果农进行技术培训，大力推进葡萄标准化种植。在葡萄研究所内有2个大棚正在试种错季葡萄，延长葡萄的上市期，保鲜技术也正在攻关。

"通过标准化种植，每架葡萄产量控制在1 000斤左右，提高葡萄的外观及品质，分等级分价格销售，这样要比产量大但卖一个价格效益好。同时，统一包装销售。我们的精品葡萄去年参加国际农产品交易会时每千克能卖到60元。"孙辉亮说。除了规划建设葡萄文化一条街，宣化区正在与天津泰达公司洽谈合作，准备建450亩的葡萄园观光采摘庄园，用工业化运作的方式打响葡萄品牌。

"相信宣化牛奶葡萄的未来会更好。"孙辉亮充满信心，"这将成为宣化的一张金名片。"

（崔丽 原载于《农民日报》2014年4月12日）

浙江天台黄茶

浙江是国内的名茶大省，品牌多，效益高，其中"龙井茶""白茶""温州早茶"等三大优势产业带更是称雄至今。然而，随着2013年底，茶树新品种"中黄一号"在浙江天台县通过省级鉴定，一个以黄化茶树为母本培育的珍稀茶叶新品牌——"天台黄茶"正式进入了世人的视野，浙江茶产业的基本格局开始面临"变局"。

天台县是一个传统的茶产区，文字记载最早则在三国吴赤乌元年（238）道士葛玄"植茶之圃已上华顶"，是浙江最早的产茶之地，距今已有1 700多年的历史，现有茶园面积约为7万多亩，当地所产的"天台云雾茶"为浙江省著名商标。但在名茶如林的浙江，并无太多的市场优势，与一山之隔的新昌、磐安等"龙井茶"优势产区相比，品牌影响力较小，产业发展始终不温不火。

天台县县长徐森坦承，天台茶产业的优势不明显，根本原因就是缺少一个强势的、具有一定震撼力的高端品种和品牌，而"天台黄茶"的培育成功，为全县茶产业的崛起，提供了一个保障。

记者获悉，传统的黄茶只是以特殊的"杀青、焖黄"等加工工艺来制作黄茶，而"天台黄茶"则是以黄化茶树——这一珍稀树种的芽叶来生产黄茶，其内在品质、口感并不逊于西湖龙井、安吉白茶等国内顶级名茶，目前在国内仅此一家，是一个不可多得的高端茶叶品种，市场售价高达万元。

据了解，为加快"天台黄茶"的产业化进程，县政府连续2年出台优惠政策，并设立专项基金，从基地建设、品种繁育、茶叶加工、质量标准控制体系、指纹品种鉴别、产品防伪等多个方面进行扶持。至目前，全县已新建"天台黄茶"示范基地3 500多亩。

徐森还透露，为打造高端品牌，政府还准备设立"天台黄茶"悬赏金，对打假举报者予以巨额现金奖励。

在当今茶界，名茶如林，市场竞争日趋激烈，品牌化、规模化已是产业发展的新趋势。以浙江为例，现有茶园种植面积277万亩，其中以"龙井茶""白茶""温州早茶"为主导的三大优势产业带，即占全省总面积的五分之四。而三大优势产业带之外的茶产区，则往往受制于产业特色不明显、产业规模零散等先天不足的制约，沦为三大品牌名茶的配角，一些产区甚至成了这些品牌名茶的廉价原料供应地，被戏称为"非主流茶产区"。

俗话说，"深山出好茶"，许多茶产区往往又是经济欠发达的山区，可供当地农民选择的致富门路和产业并不多，"天台黄茶"的问世，无疑为这类仍在"夹缝"中谋发展的茶产区提供了一个差异化竞争的新契机。

据"天台黄茶"茶苗繁育基地的陈明介绍，前来购买茶苗的，除了周边县区，还有来自四川广元的茶农，他们已经买去了可种几千亩茶园的茶苗。

中国茶叶研究所"中黄一号"课题组的专家认为：独特的品质特征是品牌的核心，而拥有独特的品种则是独特品质的基础。国内许多茶产区，之所以难以做大做强，其根本原因，是缺乏自身茶产业的品质特征。从"安吉白茶"的成功经验来看，一个高端的茶树新品种，选择差异化竞争的市场路子，可以优化、改变一个县乃至一个大区域的茶产业。

（柯丽生　蒋文龙　原载于《农民日报》2014年4月12日）

宁夏中宁枸杞

◆枸杞在杞乡人民心中不仅是一种古老植物的存在，而是一种精神的向往和寄托。

◆枸杞是中宁的文化名牌，在文化传承、产业基础等方面有比较优势。

◆中宁放弃只卖原料的粗放型经营，打破同质化竞争进行差异化经营。

"春天杞园花儿香，奴家赏花心舒畅。手拿花针刺绣布，杞花蜜蜂上画图。夏天来了日头高，奴家杞园歇阴凉。颗颗玛瑙红果甜，尝上几颗护心肝。秋天来了秋果闹，今年的收成实在好。情哥诚心来帮忙，晾晒的枸杞一院场。冬天来了雪花飘，奴家为哥做棉袄。一针一线都是情，来年果月满了咱成亲。红果是咱俩的命根根，未来的日子红彤彤，鸳鸯戏水对对行，一生一世不变心。"这一首《枸杞歌》，在宁夏回族自治区中卫市中宁县传唱了几百年，枸杞的生命和中宁人的生活紧紧连在一起。

文化为魂中宁枸杞甲天下

枸杞自古就被誉为生命之树，伴随着华夏文明从4 000多年前的殷商文化走来，是中华民俗文化八大吉祥植物之一。目前，全世界枸杞植物约有80种，欧亚大陆约有10种。中宁是世界枸杞的发源地和正宗原产地，也是中国枸杞主产区和新品种选育、新科技研究推广开发区，有600余年的枸杞栽种历史，被誉为"中国枸杞之乡"。

中宁地处宁夏回族自治区中部，地属北温带大陆季风气候，干旱少雨、蒸发强烈，有效积温高，昼夜温差大，枸杞生长地带为清水河与黄河交汇的黄河冲积平原，土壤矿物质含量极为丰富，腐殖质多，熟化度高，独特的地理环境为枸杞生长提供了世界最优越的自然环境，所产枸杞品质超群，富含人体所需的铁、锌、钙、锂、硒等多种微量元素，是举世公认的绝品，也是唯一被载入新中国药典的枸杞品种，因此，素有"天下枸杞出宁夏，中宁枸杞甲天下"的美誉。

中宁县委书记陈建华这样谈中宁枸杞："枸杞是中宁的文化名牌，有600多年的历史，虽说青海、新疆等地种植的枸杞有后来居上之势，但是在文化传承、产业基础、种苗繁育、种植加工等方面，中宁枸杞还是很有优势。"目前全县枸杞产业从业人员20余万人，农民人均来自枸杞产业的现金收入达3 000元以上，产品畅销国内136个大中城市，远销英、美、日、新加坡及中国台湾、香港、澳门等28个国家和地区。

在中宁县文联会议室的会议桌兼书柜里，记者看到满满当当陈列着有关中宁枸杞研究的书籍、期刊等百余种，县文联主席王海荣专注枸杞研究几十年，说起中宁枸杞自豪之情溢于言表："中宁枸杞是世界上最好的枸杞，与其他地方枸杞的文化传统、生产方式等都不一样，枸杞文化是枸杞产业的灵魂。"在长期的生产实践中，生活在这片土地上的人民，与枸杞相生相伴、共存共荣、繁衍生息，结下了深厚的情缘。枸杞在杞乡人民心中不仅是一种古老植物的存在，而是一种精神的向往和寄托。枸杞药食兼用的医疗保健功效和其耐贫瘠、耐干旱、不择地而生的强大生命力深深地影响着人们的生活。

在漫长历史中，枸杞融入了诗文化、酒文化、茶文化、养生文化等文化特质。21世纪初，随着中宁枸杞种植基地、市场销售、品牌效应、精深加工的规模扩张和大幅提升，县委、政府适时举办了第一届枸杞节，截至目前共举办枸杞节6次，枸杞节已经成为杞乡经典节庆文化和群众文化。在2013中国—阿拉伯国家博览会上，宁夏中宁枸杞文化节首次纳入，通过中国枸杞论坛、中国枸杞产业博览会、枸杞书画摄影展、中华杞乡·枸杞美食节、招商引资签约仪式等系列活动，充分展示枸杞文化魅力，彰显中宁枸杞品牌优势。

特色发展突围同质化竞争

记者在2月隆冬时节来中宁时，竟然品尝到了这里反季节枸杞暖棚生产基地生产的鲜食枸杞，皮薄肉厚、甘甜爽口。3月初，宁夏回族自治区农科院在中宁县举办了"反季节中宁枸杞首次上市新闻发布会暨产品推介会"，反季节鲜食枸杞以上市价2 400元/千克的价格卖出，标志着中宁枸杞跨入高端行列，拉长了枸杞产业链。

600多年的枸杞栽培驯化过程，也是人

们对中宁枸杞品种选育、栽培技术、病虫害防治技术、灌溉技术、采收制干加工技术的发展史。中宁枸杞由于有一大批科技人员和父授子承、师授徒承的坚韧不拔的传承人和守护者，才留下了中宁枸杞永续发展的根和魂，使中宁枸杞发展保持着旺盛的生命力。

中宁注重顶层设计，县财政每年拿出2 000万元扶持枸杞产业发展，推进枸杞良种繁育、科技研发、质量检测、市场交易、人才培养，力争把中宁枸杞打造成"产业航母"。县委、县政府"主动出击"与多家科研机构开展合作，用"求贤若渴"来形容中宁对人才的渴求一点都不为过。"我们希望依靠科技提升中宁枸杞的品质，助推整个枸杞产业的升级。"陈建华说。

在规范枸杞生产方面，中宁制定完善枸杞质量检测检疫标准，推进标准化生产；完善和严格执行出口枸杞规范化栽培、烘干技术规程；在鸣沙镇小盐池等地区新建出口枸杞生产等规范化生产基地，促进中宁枸杞标准化生产。农药等投入品必须建档登记，产品一律实行追溯制度。目前，中宁县枸杞种植面积22万亩，分别占宁夏枸杞种植面积的近40%，全国枸杞种植面积的23%，其中，创建全国绿色食品原料标准化生产基地10.41万亩。

面对青海、新疆、甘肃等省（自治区）快速的枸杞产业扩张，中宁放弃只卖原料的粗放型经营，打破同质化竞争进行差异化经营。中宁县政府投资建设了全国最大最集中的枸杞深加工园区——占地600亩的中国枸杞加工城，目前县内从事枸杞深加工的企业达21家，开发生产出枸杞酒、籽油、花蜜、芽茶等6大类30余种枸杞系列产品，其中宁夏红枸杞酒、枸杞清汁饮料等处于领先地位。

靓化品牌再造产业新优势

陈建华和枸杞有很深的感情，说起枸杞眉飞色舞，他向记者介绍，由于受政策、人才、科研和资金等因素的制约，一些长期制约枸杞产业发展的诸如基地建设、品牌创建、质量安全、加盟销售、科技研发、机械装备、文化推介和精深加工等"瓶颈"问题很难得到根本解决，这也是中宁枸杞产业面临的诸多困境。"为了应对国内枸杞产业发展新形势、新变化，提振中宁枸杞产业，我们的策略是核心抓基地建设、科技研发、品牌文化、枸杞交易等建设全面突围。我县率先提出了建设国字号'一乡''一园''六中心'的战略目标，并举全县之力切实加以实施，进一步巩固了中宁乃至宁夏在产业发展中的领军地位。"

"一乡"即以农业部规划设计研究院编制的《宁夏中宁枸杞产业中长期规划》为统领，举全县之力组织实施，着力打造"中华杞乡"。"一园"即以同济大学建筑工程设计院编制的《中国枸杞旅游文化产业园建设规划》为基础，在中宁黄河南岸、县城新区以北建设占地6平方公里的中国枸杞文化旅游产业园。"六中心"即打造全国枸杞良种苗木繁育中心、枸杞科技研发中心、枸杞质量检测中心、枸杞人才培养中心、国家级枸杞交易中心、枸杞文化推介中心。

"中宁枸杞有较强的品牌优势，提升空间很大，按照打造'中华杞乡'的战略定位和建设全国枸杞'六个中心'的战略目标，以创新产业发展机制为突破，以适度规模经营为前提，以标准化生产为基础，以科技创新为支撑，以提质增效和农民增收为目标，实现'适度规模经营、统防统治、设施烘干、高效节水、标准化种植'五个全覆盖，优化基地，靓化品牌，再造中宁枸杞产业发展新优势。"陈建华信心满满。

（崔丽　张国凤　原载于《农民日报》2014年5月10日）

河 南 洛 阳 牡 丹

荷兰的郁金香、新西兰的猕猴桃、法国的波尔多葡萄酒、意大利的帕尔玛火腿……这些农产品品牌让世界人们耳熟能详，有的品牌甚至可以代表国家形象，成为国家品牌。

洛阳牡丹拥有这样的梦想——洛阳牡丹：千年牡丹走向"国家品牌"

大约420年前的一天，在位于欧洲西北部的荷兰，一位商人引进试种的第一朵郁金香优雅地吐出芬芳。此时，在相近的纬度上——中国十三朝古都洛阳城内，千年牡丹相约怒放……

400多年过去了，如今的世界谈起郁金香，怎能不提荷兰。郁金香已成为荷兰的"国家品牌"。2012年，洛阳牡丹"应约"踏上了这个郁金香的国度，作为中国花卉的唯一代表，在世界园艺博览会上，与郁金香竞相绽放，华美、高贵、典雅……引来无数欧洲人的赞叹。

牡丹，被视为国花；洛阳，牡丹之花魁集聚地。有1 500多年的历史底蕴，有"花开时节动京城"的华丽，有"洛阳地脉花最宜"的优越，有现代科技统领的产业支撑，更有其扎根国人心中的地位，"洛阳牡丹"何以不能成为"荷兰郁金香"一样的国家品牌？

来自历史深处的品牌呼唤——"洛阳牡丹"品牌给人无限想象空间

走进洛阳，才能体会到牡丹已经融入这座千年帝都的血液，牡丹情结已经成为世代洛阳人的精神共鸣。

天下名园重洛阳。一进入洛阳城内，机场、车站、街边、巷角，到处充满牡丹的味道。十几个现代化的牡丹园更是这座城市不可缺少的部分。牡丹花以各种不同形式装饰

着城市的每一个细节，牡丹元素符号的运用甚至成为这座城市的经营之道。

牡丹，自古就有富贵吉祥、繁荣昌盛的寓意。在国人心中，似乎没有其他花类可以替代，就连老百姓被子、枕头上，往往都绣着盛开的牡丹。早在1 500年前隋炀帝时期，洛阳牡丹便由原生态进入人工栽培的历史。洛阳成为牡丹的原产地和传播地。

"洛阳地脉花最宜，牡丹尤为天下奇"。牡丹兴于洛阳，与独特的自然条件密不可分，但洛阳牡丹成名天下，则得益于千年帝都厚重的历史与文化了。

以洛阳为中心的河洛地区是华夏文明的重要发祥地，洛阳牡丹文化是河洛文化的重要组成部分。丰富的文化遗产赋予了洛阳牡丹以"灵魂"。宋李格非在《书〈洛阳名园记〉后》中这样感慨："洛阳之盛衰，天下治乱之候也"，"园囿之废兴，洛阳盛衰之候也"。可见，洛阳牡丹之所以扎根人们的心里，绝不仅因其惹人怜爱的花开，更是因其背后壮丽的历史画面。洛阳牡丹也自然具有了国花的气魄。

看着洛阳博物馆里陈列的武则天时期的物件，想象着一千多年前，武则天捧着一朵牡丹花是何等的欣喜。不知道武则天看到如今牡丹花的绚丽演绎后，有何感想！

清新的牡丹花香皂、时尚的牡丹花茶、栩栩如生的牡丹瓷……今天的洛阳牡丹已经化身现代产业，牡丹产业精深加工涉及食品、保健品、药品、化妆品等众多领域。

"牡丹，从根到茎，到花，到叶，到籽，无不是宝。历史文化要素更是成为洛阳牡丹不可比拟的品牌优势。"牡丹花茶的研发人詹建国告诉记者，他已经注册"武皇牡丹"商标，其创意便是基于一代女皇武则天的历史

故事。

"洛阳牡丹就像一棵枝繁叶茂、根系发达的大树，根植国人心中。我们这些企业及牡丹产品无不是从大树上吸取营养，并通过这棵大树浸入人们的心理。"詹建国说，洛阳牡丹文化作为一笔珍贵的历史遗产，如何传承和挖掘，是塑造品牌的关键，也给人们以无限的想象空间。经营牡丹的历史和文化，已经成为洛阳牡丹品牌打造的核心。

洛阳市委常委、农工委书记史秉锐认为，品牌化可以充分发挥产地资源特色和优势，提高产品附加值和竞争力，实现牡丹从单纯市区观赏向加工和生态旅游转变。品牌化战略是洛阳牡丹产业现代化的必然选择。

融入城市品质，多层品牌推广——"洛阳牡丹"全方位品牌价值提升

洛阳牡丹花开花落1 500年，已经成为这个十三朝古都最耀眼的符号，承载着这座城市的精神气质。"牡丹为媒"被确定为城市发展的重要思路。这也使得洛阳在整个中原经济区中独树一帜。

拥有32年历史的洛阳牡丹花会是"牡丹为媒"最好的诠释。自1982年开始，洛阳每年举办牡丹花会，2010年更名为中国洛阳牡丹文化节，从此升格为国家级节会。

从一个城市的节会升格为国家级，绝不仅仅是名称上的改变。对洛阳人来说，每年一度的牡丹文化节已经成为生活的一部分，似乎整座城市都动了起来。今年第32届中国洛阳牡丹文化节共接待游客1 970.56万人次，旅游总收入152.93亿元。各项主要旅游经济指标较往年增幅明显。

在香港澳门回归交接仪式上、在中央电视台春节联欢晚会上、在北京奥运会和上海世博会上，总是可以看到洛阳牡丹盛开的身影；洛阳与北京、上海等大城市每年联办牡丹花展……洛阳牡丹已经成为国内重大庆典活动的尊贵用花，又通过一系列展览展示，进一步擦亮了"洛阳牡丹甲天下"的品牌形象。

洛阳牡丹瓷股份有限公司副总经理林峰认为，就冲"洛阳牡丹"这金字招牌，就有大量社会资本进入牡丹产业，推动产业不断延伸、拓展。林峰所在公司以牡丹文化为依托，以洛阳本土且有牡丹纹饰的三彩陶器和瓷器为载体，开发了极具创新性和传承性的牡丹瓷，打开了牡丹文化创意产业的新视野。

"洛阳牡丹"下的子品牌犹如雨后春笋，牡丹深加工产品种类400余种，很多已经形成产业规模和品牌知名度，这极大丰富了这一区域品牌的内涵。牡丹产品的知识产权层出不穷，为形成多层次的品牌体系奠定坚实基础。但是，洛阳牡丹的子品牌尚处于初级阶段。用史秉锐的话说，政府要推它一把。于是统一打造洛阳牡丹产品销售品牌提上议程。按照洛阳市政府的统一部署，"牡丹花都特产专卖场"成立。通过招标程序，政府确定2家连锁企业作为牡丹花都特产专卖授权运营商，专卖场经营范围包括牡丹深加工产品、牡丹文化产品、牡丹工艺品和洛阳名优特产品等，经营产品经过严格评审，实行准入制度。史秉锐认为，牡丹花都特产专卖场是洛阳牡丹品牌战略的重要步骤。在子品牌尚未壮大的阶段，通过打造牡丹产品营销平台，可以有效规范和引导众多洛阳牡丹产品品牌建设，整合分散的弱小子品牌，形成品牌建设的合力，利于整体推广洛阳牡丹品牌形象，也会倒逼牡丹产业现代化进程。

科技引领，集群效应——雄厚产业根基让品牌走向世界

走进洛阳神州牡丹园鲜切花保鲜大棚，凉意扑面而来，棚中只有10℃。工作人员正将牡丹鲜切花逐一插放在盛有水的塑料箱中，有白色的杨妃出浴、红色的大富贵……

"这些牡丹鲜切花将被运往新加坡。要确保每枝牡丹鲜切花有5厘米左右的茎部浸入

水中。"该园负责人付正林介绍。牡丹鲜切花作为上游产品，对牡丹产业整体发展尤为重要，洛阳实现了这一关键技术的突破。牡丹鲜切花相继出口美国、韩国、澳大利亚等国，提升了洛阳牡丹在世界上的影响力。

没有雄厚的产业基础，洛阳牡丹品牌将失去根基。洛阳每年各方面有十几亿元投入产业发展。洛阳牡丹的规模化、标准化生产一直处于行业的领先地位。早在 2006 年，洛阳牡丹就有了国家级农业标准化示范区项目。《洛阳牡丹种苗质量标准》和《洛阳牡丹盆花质量标准》结束了牡丹产品无标准的历史。市、县、乡三级培训推广体系更是对提高生产、经营和管理水平大有裨益。目前，全市建成各类规模化牡丹生产基地 160 多个，年产盆花 100 万盆，建立了世界唯一的牡丹种质资源迁地保护区。

为了推动产业进一步升级，洛阳市抛出发展现代牡丹产业的大手笔——牡丹花都产业示范园。牡丹食品、牡丹食用油、牡丹茶、牡丹精油等各类牡丹深加工企业将入驻，形成产业集聚效应。示范园还将建设牡丹花卉交易中心，集物流、交易、拍卖为一体。产业示范园的目标是打造成世界一流的牡丹产业龙头和物流中心。

"洛阳牡丹之所以敢于描绘出如此蓝图，科技实力带来的信心尤为重要。"洛阳市农工委副书记智万一说，洛阳拥有国家牡丹基因库、国家花卉工程技术研究中心牡丹研发与推广中心、国家牡丹种质资源鉴定及检疫重点试验室等多家牡丹科研机构。在标准化生产、产品加工、四季开花、切花保鲜、新品种引进、资源保护等方面都保持国内领先水平。

"洛阳牡丹"沉淀着自身的品质，积蓄着走向世界的力量。2013 年 4 月，洛阳遇上西雅图。双方协议，西雅图将建面积约 400 公顷的洛阳牡丹文化产业园。洛阳牡丹还相继在英、法、德、荷兰等 20 多个国家生根开花。我们期待洛阳牡丹带来更多惊喜，真正成为人们心中的"国家品牌"。

（刘艳涛　原载于《农民日报》2014 年 6 月 7 日）

辽宁盘锦河蟹

中华绒螯蟹俗称河蟹、毛蟹、大闸蟹、螃蟹，因原产自我国而得名，数长江水系和辽河水系最为出名。辽宁省盘锦市地处辽河三角洲中心地带，是中华绒螯蟹繁衍生息的主要区域之一，河蟹在盘锦地区繁衍生息不知已有多少年。

辽河水系盘锦河蟹的地域品牌已在全国叫响，深受广大消费者的青睐。盘锦河蟹上市早，比长江水系早一个半月，9 月中旬即可上市；盘锦河蟹体健、凶猛、保质期长、耐运输。在 10 月份以后，自然环境下可保鲜（活）7～10 天；盘锦河蟹肥满度好，个大体肥、膏满黄多、野味十足、营养好吃，较其他水系河蟹及海蟹有独特的口感。

突破制约创新养殖模式

盘锦，被誉为"湿地之都"，芦苇湿地世界最大，红海滩天下奇观，是河蟹（辽蟹）的发源地，是天然的繁殖地、索饵场。丰富的海淡水资源，为盘锦市河蟹产业发展提供了先决条件。20 世纪 60 年代，曾流传"棒打獐子瓢舀鱼，螃蟹爬到饭锅里"。70 年代随着工农业开发，河蟹天然洄游通道堵塞，野生河蟹资源锐减。从 80 年代初开始，盘锦市倾力研究开发河蟹种苗繁育与繁殖技术，经过二十多年不断实践，河蟹种苗孵化和养殖技术取得突破并日臻完善。

近年来，全市利用海淡水资源，大力发展生态蟹苗孵化，不断创新稻田养蟹、蟹田种稻、苇田养蟹、坑塘养蟹、水库养蟹、沟渠养蟹、河流养蟹等多种养殖模式，盘锦河蟹产业得到迅速发展和壮大。

随着河蟹养殖规模、产量的不断增加，盘锦市河蟹规格偏小、效益较低的问题，已成为全市"蟹经济"持续发展的制约因素。这种情况也引起了省、市领导的高度重视，省长和主管副省长多次要求盘锦市加强对养大蟹的领导和技术攻关，真正把盘锦的河蟹养大、做大，使河蟹产业成为农民致富的支柱产业。

对此，盘锦市政府提出从"大养蟹"到"养大蟹"战略性转变，使盘锦河蟹健康又不失野性，质量、产量、效益快速提升，决定利用三年时间，组织人力、物力、财力，对养大蟹进行科研攻关，完善一套适合本地区特点的养大蟹的技术规范，使大规格河蟹产出率达80%以上，争取三年内产值效益翻一番。

盘锦市政府分管农业工作的领导孙占明向记者介绍说，盘锦市坚持大力推进立体生态养大蟹工程，创新形成了多种养殖模式，实现了"用地不占地，用水不占水、一地两用、一季双收"的生态农业种养模式。稻田养蟹模式被农业部确定为盘山模式在全国推广。

今年全市规划养大蟹示范面积20万亩（核心区），主推三种模式：一是"盘山模式"，推广大垄双行、早放精养、种养结合、稻蟹双赢，以种稻为主栽培模式，面积16万亩；二是"水库模式"（大水面围栏养殖示范区），选择水质清爽、水源流畅、水草茂盛、天然饵料丰富的水库，进行大水面围栏养蟹，面积1万亩；三是"苇田模式"，建设开发高标准蟹田工程，投放大规格蟹种，稀放精养，面积3万亩。目标是平均亩产量在25千克以上，大蟹产出率达到82%以上（雌蟹125克/只，雄蟹175克/只）。

全产业链搞活做大"蟹经济"

盘山县胡家镇田家村杨百成兄弟4人养河蟹远近闻名，他们一共有700来亩稻田用来养扣蟹，一亩地产扣蟹50～60千克，全部卖给盘锦旭海河蟹有限公司用于出口。盘锦旭海河蟹有限公司负责人向记者介绍，他们每年从8月一直收购到来年7月，去年公司出口1 100多吨扣蟹与成蟹。

河蟹养殖是盘锦的优势产业。近年来，盘锦市委、市政府不断更新观念，提出由"稻田养蟹"到"蟹田种稻"，由"大养蟹"到"养大蟹"，把"蟹争霸"提升为"蟹文化"。盘锦河蟹产业从小到大，从弱到强，由一个试验项目发展到一个朝阳产业，现已成为辽宁乃至全国农产品中影响力最大、优势最突出、市场竞争力最强的产业之一。

截止到2013年年底，盘锦河蟹养殖面积155万亩，占全国12.8%、全省86%；产量6.5万吨，占全国8.8%、全省91%；产值35亿元，占全国8%、全省91%；蟹种产量1.5万吨，占全国65%；河蟹出口1 740吨，创汇1 370万美元；商品蟹价格同比上涨20%以上，最高价达480元/千克。

河蟹产业的兴起，为全市带来了可观的经济效益，初步形成了苗种繁育、蟹种养殖、成蟹养殖、饵料生产、交通运输、加工销售和餐饮服务等诸多环节的产业链条，为全市城乡提供了10万个就业岗位。目前这一产业已发展为继盘锦水稻之后的又一农村比较成熟的，为农民致富提供主要途径的重要产业。

盘锦市海洋与渔业局局长史伟介绍说，目前全市养蟹万亩乡（镇）18个，养蟹10亩以上农户2.86万户，从业人员达12.2万多。建立养大蟹示范区30个，河蟹养殖专业合作社58家，产值千万以上龙头企业8家。仅河蟹一项全市农业人口人均纯收入达1 650

元，养殖规模、产量、产值、效益均保持国内领先优势。

早上盘锦田中蟹午间京津盘中餐

2013 年的国庆前夕，盘锦市在北京成功举办了 2013 盘锦河蟹（北京）展销会，扩大了"河蟹第一市"的影响力，提升了盘锦河蟹在国内外的影响力和知名度，为全市河蟹企业提供了展示的空间和广阔的宣传平台，促进了盘锦河蟹品牌知名度的再提升，文化品位的再创造，产业链的再延长。盘山县秀玲河蟹专业合作社理事长孙秀玲告诉记者："去年北京展销会之后，盘锦河蟹在全国的名气越来越大了、我们合作社的河蟹还被评为中国十大名蟹，现在省内的周边城市、省外北京、天津、黑龙江等都有我们的客户。"

河蟹养殖面积全国最大，自然吸引了众多的经纪人前来寻觅"商机"。目前，盘锦市的胡家河蟹市场已发展成为我国北方地区最大的河蟹交易集散地。胡家镇与港商合作，将市场建设成为集河蟹冷藏、储存、加工、销售、餐饮、服务于一体的现代化全国最大河蟹综合批发市场。河蟹销售现已形成了"早上盘锦田中蟹、午间京津盘中餐"的局面。

每到河蟹收获的金秋时节，来自全国各地的数十万河蟹经销商云集于此，将大批的河蟹销往全国各地。目前，盘锦河蟹除销往全国各地外，还出口到日本、韩国、泰国、新加坡、美国等国。盘锦，已成为中国北方河蟹生产与销售最大基地，"横行天下"的盘锦河蟹为盘锦百姓带来了滚滚财源。

盘锦市海洋与渔业局副局长冯大庆说，在今年年初召开的盘锦市第七届人民代表大会第一次会议上，新一届市政府已经确定要进一步叫响盘锦河蟹品牌，建设全国河蟹销售集散地。拓展河蟹销售渠道。继续办好北京河蟹展销会等活动，让盘锦河蟹走向全国、走向世界。

（于险峰　张仁军　原载于《农民日报》2014 年 6 月 21 日）

湖北武当道茶

中国古时植茶、制茶、饮茶多在道观寺庙，由此出现了名山道观出名茶的现象，碧螺春、武夷岩茶等均出自于名山道观寺庙。

在我国茶叶发源地之一湖北省十堰市境内，世界文化遗产、道教圣地武当山上也出产一种茶叶，其历史可追溯至 2 500 多年前的道家鼻祖老子。《道经·天皇至道太清玉册》记载："老子出函谷关，令尹喜迎之于家首献茗，此茶之始"。老子曰："食是茶者，皆汝之道徒也。"老子第一个将道茶作为道家待礼之物，并纳入道的范畴、礼的规范。这便是武当道茶。

沧海桑田。武当道茶由道人最先种植、制作、饮用，发展到今天十堰山区大面积种植开发。2013 年，全市茶叶面积 63 万亩，总产值 23.3 亿元，茶叶从业人员达到 100 万人以上，畅销国内十几个大中城市，远销东南亚。然而，有识之士明白，具有独特品质功效和浓厚道教文化底蕴的武当道茶之发展空间绝不限于此。

我国茶产业整体呈现大变局、大调整、大整合、大提升的趋势。武当道茶产业同样面临重大机遇和挑战。于是，品牌与产业整合的大战略应运而生。

倾听历史呼唤与现实诉求

很多人说，武当道茶的产地是难得的一

方净土，好山、好水孕育好茶，并非虚言。

这里是我国内陆腹地重要生态功能区，南水北调中线核心水源区丹江口水库就在武当山脚下。十堰市副市长张歌莺不无幽默地对记者说，按照工程计划，2014年北京人就可以喝上丹江口水库的水了。好茶用产地水冲泡最好，如此看来很多北方人更适合喝武当道茶了。

武当山区南北气候兼备，已探明生物资源达3 100多种。李时珍《本草纲目》中70％的药材源自于此。这里已经被农业部划定为优势茶叶区域，也是湖北省著名的高香绿茶和有机茶区。武当道茶在省内第一个通过欧盟有机认证，有机茶品牌达38个。独特的地理区位，突出的原生态生产方式，孕育了"武当道茶"出类拔萃的内在品质。

卖茶要先卖文化。中国优质农产品开发服务协会常务副会长黄竞仪说，道教源于道家，道家钟爱道茶。道家与道教一脉相承，道教与道茶相伴相生，孕育了博大精深的武当道茶文化。一杯道茶的清香静静地浸润你的心田和肺腑，在虚静中与大自然融涵玄会，达到"天人合一"的道家境界。

尽管武当道茶的名称、工艺等发生了多次变迁，但道茶与道教密不可分，一脉相承的历史演进脉络依然清晰可见。"武当道茶"被湖北省政府授予"湖北第一文化名茶"称号。

可以说，茶产业已成为十堰市农业转型升级同时兼顾南水北调生态保护的支柱产业。随着茶产业的迅速发展，当地政府及茶企都越来越深刻感到，由于品牌林立，普遍规模小、市场知名度低，严重制约了茶产业盘大做强。不论是自身资源优势还是与先进茶区相比，武当道茶产业开发还有很大空间，同时存在不少问题。

十堰市农业局相关负责人分析说，全市上百家茶企，上规模的很少。企业各自为阵，分散经营，与全国大型茶企相比，发展相对滞后，辐射带动乏力。"武当道茶"虽然名气大幅提升，但由于缺乏有实力的龙头企业运作，与"西湖龙井""信阳毛尖"等知名品牌相比，影响力、竞争力和市场占有率相对较低，极大地制约了十堰茶产业效益的发挥。

纵观国内及湖北省茶产业发展现状，在市场竞争日趋激烈的现实背景下，标准化生产、规模化经营、集团化发展、系列化开发已成主流，特别是茶企兼并重组及资本运作，实现大企业、大品牌、大产业开发的趋势尤为强劲。张歌莺说，茶叶企业集团化发展，对于品牌打造、延伸产业链条、提升企业知名度和竞争力，发挥着越来越显著的作用。武当道茶产业及品牌要有大发展，也必须走产业集团化道路。

品牌整合与产业整合同步

实践证明，茶产业整合，实现集团化发展，必须要按市场方式操作，政府只能引导。武当道茶文化底蕴深厚，特质鲜明，通过道教文化与茶文化有机融合，创新产业开发机制，文化价值在全国独一无二，其品牌号召力不言而喻。这一区域性品牌得到域内茶叶企业普遍认可，品牌和产业整合也自然容易获得认同。

"小富即安的思想是做不大武当道茶产业和品牌的，必须要有大气魄、大战略。"十堰玄岳武当道茶（集团）公司董事长张恋华说，十堰最大的三家茶叶龙头企业最终达成一致，以"武当道茶"品牌为纽带，通过参控股的形式，组建十堰玄岳武当道茶（集团）公司，集茶叶种植、加工、销售、茶叶产业园区建设运营、商贸物流、生态文化旅游等于一体。湖北省武当道茶产业协会将武当道茶品牌全权委托给集团公司进行管理运作。武当道茶品牌整合与产业整合同步进行。

张恋华说，武当道茶既是集团公司及其成员公司使用的品牌商标，也是湖北武当道茶协会管理武当山地域内的品类商标。这有别于其他茶产区区域品类商标与品牌商标不统一、品类商标强、品牌商标弱的情况，而是实现了同步管控。这将更有利于茶品牌价值的挖掘、保护和提升。

集团公司计划用三年左右的时间，通过兼并、收购等方式，成为湖北省最大的茶叶龙头企业、全国茶叶企业前三强，并启动上市。张恋华坦言，实现这一目标，必须要有大投入支撑。集团公司管理团队具有娴熟的资本运作和产业运作经验，充分利用信托、基金等新型融资手段，为将来证券市场融资打下坚实基础。在政府层面，湖北省确定举全省之力支持武当道茶品牌打造。十堰市更是在政策资金和武当道茶产业园区建设用地方面给予大力支持。

十堰茶品牌与茶产业的同步整合，大大提升了武当道茶在国内外的竞争力，拓宽了每个成员公司价值增长空间，既分散了企业经营风险，又提升了茶叶附加值、创造了新的盈利增长点，使得茶产业现代化建设成为可能。

目前，集团公司拥有茶叶基地57.6万亩，辐射茶农70万人、茶叶从业人员85万人。全市春茶鲜叶价格达80元/斤左右，同比提高35%，直接带动茶农增收5亿元以上。

培育品牌价值多个增长极

产品同质化是当前国内茶产业和茶企业面临的普遍问题。同一区域企业所生产的茶叶区别不大，不仅使消费者无所适从，也增加了企业的经营风险。

十堰茶产业重组后，集团公司改变了传统茶叶企业单一的业务范围，以资本高投入为基础，以工业化生产手段、超前的文化理念和先进科学技术为支撑，与社会化服务体系相配套，向农工商服文旅为一体的综合型产业发展方向迈进。

张歌莺说，市政府支持集团公司建设武当道茶城产业园区。按照市政府要求，茶产业与旅游业有机结合，打造一个在十堰市主城区完整体现武当文化元素的建筑体系。业态功能辐射引领鄂豫陕渝周边城市，并按照"一城四区"进行布局，即茶产品贸易区、茶产品精深加工区、武当文化观光旅游区、茶叶综合服务区。产业园区项目总投资15亿元。

张恋华说，通过建设武当道茶城、武当道茶肆，实现武当道茶城、茶肆与国内外茶城、茶肆之间互动、交流、交易，进一步巩固拓展武当道茶国内外销售通道，同时作为武当道茶流向市场的唯一出口，确保武当道茶流通规范。

好茶叶从种植开始。茶园是武当道茶产业和品牌的根基。然而，整个茶叶产业薄弱环节往往是茶企规模偏小、茶园基地分散、面积太小。整合后的集团公司自己建设茶园基地，或者采取公司＋茶叶专业合作社、公司＋农户、公司＋家庭农场等方式建设茶园。在茶叶综合服务方面，通过武当道茶服务中心，为广大茶农提供农资、为茶叶从业人员进行技术培训和指导、为茶企和茶农提供贷款、保险、投资金融服务。此外，依托实力雄厚的华中农大、湖北省农科院等科研院所，已形成"武当道茶"产业开发共同体，掌握了茶产业核心技术，构建了茶产业标准化体系。

全产业链的集约化经营模式有助于分散经营风险。张恋华说，每年集团都会从工业—商贸—综服—文旅产业上获取的利润拿出30%补贴给茶农，确保茶农每年都实现盈利，这样集团公司全产业链的基础才能稳定，培育武当道茶品牌价值多增长极的目标才能实现。

（刘艳涛　原载于《农民日报》2014年7月9日）

西藏拉萨净土

特色产业需要精准市场切入口

拉萨农牧业优良的生态环境和特色鲜明的藏文化具有明显的比较优势，这成为拉萨最大的发展优势。然而，这片净土上产出的高品质特色农牧产品，内地消费者却很少知晓，也很难买到，这不能不说是个遗憾。

记者走在拉萨街头，发现两件小事却说明大问题：一是当地出售的用来应对高原反应的保健药品"红景天"，虽然外包装极具藏地特色，但基本产于内地企业；二是拉萨街头大大小小藏式酸奶店里的酸奶，独具风味，然而在当地超市，货架上基本都被蒙牛、伊利或是产自青海的酸奶制品占领。

近年来，拉萨吸引了全世界的目光，仅今年上半年，拉萨接待国内外游客就超过200万人次，实现旅游总收入27.78亿元。但相比旅游文化产业，生物产业和农牧产业却显得黯淡许多。

如何能从低附加值的初级原材料供应地转变为高附加值的高新产品出产地，从小规模作坊式生产到大规模现代化运营，是拉萨生物产业及农牧产业迫切需要解决的问题。

拉萨市委书记齐扎拉说，立足于拉萨的比较优势，提炼相关传统产业价值，找到更为精准的市场切入口，是拉萨净土健康产业发展的逻辑起点，传统产业的价值已经被重新评估。

拉萨净土健康产业就是以推进高原有机农牧业生产为基础，通过先进技术改造、提升传统产业、聚合多种独特资源，重点开发高原有机健康食品、高原有机生命产品、高原地道保健药材、休闲养生旅游和清洁能源。

齐扎拉分析说，受市场和资源的双重约束，拉萨农牧业发展还存在生产规模较小、产业带动能力较弱、组织化程度较低等问题，突破这些瓶颈制约，必须依托资源禀赋，发挥自身优势，以净土健康产业发展为突破口。这样有利于形成特色鲜明、分工合理、优势互补的主要农产品优势区域，实现规模化、专业化、标准化生产；有利于资源、政策、资金、人才等生产要素的合理集聚，为早日实现拉萨农牧业现代化奠定坚实基础。

净土健康产业是一个关联度很高的产业，与现代农业、制造业、文化旅游业及其他产业都能够融合发展。向下延伸至特色养殖、特色种植、农副产品加工等行业，向上带动旅游产业、藏传佛教文化产业、健康休闲旅游业、健康娱乐业、文化创意产业、现代服务业等第三产业的发展。净土健康产业就业弹性系数大，就业方式灵活多样，可以拓宽多元化的就业空间，吸收大量不同层次的劳动力就业。

净土概念具有无限想象空间

拉萨健康产业加上"净土"二字，不仅是自身优势的体现，更是把住了经济社会发展的脉络。继信息技术革命成就IT产业之后，以生物技术为背景的新技术革命序幕正徐徐拉开，其对应的主导产业正是健康生物技术产业。国际经济学界把健康产业确定为一种市场前景"无限广阔的兆亿产业"。特别是在发达国家，健康产业已经成为带动整个国民经济增长的强大动力。据调查，我国健康产业每年蕴含15 000亿元的市场份额。我国已经把健康产业作为国家支柱型战略产业，在未来8年，将投入4 000亿元，作为国家最重要的战略性投资。

拉萨高原独特的地理环境、气候条件，孕育了以青稞、牦牛为主的生物品种，食用和药用植物资源极其丰富，天然食用菌资源较多，造就了非常丰富的休闲养生旅游资源，有以羊八井、日多温泉为代表的温泉养生资源、以藏传佛教为代表的禅修养生资源、以当吉仁赛马节为代表的体育养生资源。

拉萨市委常委、副市长周普国介绍，拉萨净土产品具有无污染、纯天然、口味好、营养丰、极稀缺的特点，如果把这些产品与有机、生命、健康紧紧结合，那么"拉萨净土"区域品牌价值就具有无限的想象空间。"拉萨净土"品牌完全契合了市场需求与区域产业优势。特色鲜明的藏民族文化底蕴更会让这一品牌形象在市场竞争中脱颖而出。

然而，长期以来，西藏因地域偏远，与内地及国外信息交流相对滞后，如何让区外市场及时充分了解净土健康产品，是品牌建设的头等大事。这不仅需要迎合市场需要的品牌内涵和市场营销，而且作为一个区域公共品牌，如何统筹区域内的资源，发挥众多市场主体的力量，共同打造这一品牌，考验管理者智慧。

产业的发展也面临一系列问题亟待解决。拉萨净土产品志在全国乃至世界，但物流运输一直是拉萨产品走出去的一大障碍，囿于特殊的地理位置，物流网络建设相对落后；高原有机农牧业被视为拉萨净土健康产业发展的基础，然而有机定位决定了其不能依赖化肥等现代投入品，外加地处雪域高原，生态环境本身较为脆弱，动植物生长对生态环境的要求也较为苛刻……

健康产业布局初步形成

如今，藏鸡、藏香猪、食用菌、郁金香、玛咖、藏药材、高原水等净土健康产业在拉萨各地已基本完成布局。部分先期投产的项目，在促进农牧业生产集约化、现代化，带动农牧民增收致富及农村剩余劳动力转移等方面成效明显。

记者在堆龙德庆县看到，占地1 600多亩，有1 200多栋温室大棚的岗德林蔬菜、花卉示范基地，种植有藏红花、玫瑰、香辣椒等高原绿色作物。依托净土健康产业，2013年岗德林农牧民合作社实现收入1 078万元，给村民分红平均5 000多元/户。种植蔬菜的农户，平均每栋（占地一亩）大棚收入15 000多元，收入大幅提高。

作为健康产业发展的基础，拉萨种植、养殖业根据已有特色农业资源分布，编制完成了发展规划。在种植业方面，确定了青稞、蔬菜、藏药材、食用菌、特色林果和特种经济作物6大产业；在养殖业方面，确定了三大板块：林周县为主的半细毛羊养殖板块，以当雄县为主的牦牛养殖板块，以墨竹工卡县为主的斑头雁养殖繁育板块。

在做大基础产业的同时，提升产业化经营水平也在有条不紊地进行。由政府出资组建的拉萨净土产业投资开发有限公司，通过兼并重组、收购控股等方式整合现有优质产业资源，以快速培育大型企业。目前，拉萨下辖的8个县区均成立了净土产业公司，对其所在县区净土产业生产基地的生产、销售、规划及品牌经营进行统一管理。

为了招商引资，企业改造升级资金贴息、种养基地建设补贴、市场开拓补助等一系列针对净土健康企业的扶持政策陆续制定。此外，一支专业科技服务团队也被组建起来，将担负制订产业发展技术规划，遴选产业主推技术、主导品种，指导企业、示范基地开展产前产中产后关键技术集成推广等各项工作。

拉萨市净土健康产业发展领导小组办公室的数据显示，截至目前，拉萨市净土健康产业公司达88家，其中年产值过亿的企业有7家，年产值过5 000万元的企业有5家。冠以"拉萨净土"品牌的健康产品已经形成系列，包括青稞米、青稞酒、青稞茶、青稞葡聚糖、牦牛乳制品、藏香鸡等。其中，部分产品进驻江苏苏果超市等内地市场。

拉萨市政府提出，2016年，净土健康产业年产值达到300亿元。2020年，成为世界知名、国内领先的净土健康产业基地，健康产业年产值达到1 000亿元，成为支柱产业。

在这个繁华浮躁的世界，多少人向往心中的那片净土。从青藏高原走来的"拉萨净土"品牌，给了人们太多的想象。

纯净的云、纯净的水，还有纯净的心灵——拉萨，让多少人心驰神往、流连忘返。作为藏传佛教的圣地，在1 400多年的历史进程中，拉萨沉淀了丰厚的佛教文化，形成了独特鲜明的民族风情，越来越多来自世界各地的游客到这里寻找心中的那片"净土"。

如果说"净土"可以触碰灵魂，那么"拉萨净土"品牌所蕴含的行净、身净、缘净、心净、智净的核心理念，就能够更加贴近心灵，形成品牌信仰、提升品牌忠诚度。

在扬名海内外的八角街，据说一个几十平方米的西藏特产店转让费高达上百万。在这里，你可以买到西藏原汁原味的农牧产品、手工艺品和藏民族文化产品。这其中不少特产都印有"拉萨净土"品牌标志。作为实现经济社会跨越式发展的切入点，抓住自身差异化优势，找准农牧产业转型升级的关键，拉萨去年提出打造以"拉萨净土"区域品牌为引领的净土健康产业。拉萨特色农牧产业发展正式进入品牌时代。

（刘艳涛　原载于《农民日报》2014年8月9日）

江苏恒北早酥梨

薄衣初试，绿蚁新尝，这个时节的恒北村有独特的韵味。望不到边际的梨树林里，落叶铺满了青苔小路，枝头挂着红笼般柿子的柿子树间杂其中，时时可见满载游客的观光车从身边驶过，留下一地欢声笑语。

不靠山，不靠海，恒北村却在昔日的盐碱地上写出了以梨为媒旅游兴村的好文章。恒北村是如何做到的？近日记者深入江苏省大丰市恒北村调研，寻找答案。

擦亮"早酥梨"名片，做精产业链条

若是初春时节，恒北整个村庄漫山遍野都是盛开的梨花，可谓"梨花淡白柳深青，柳絮飞时花满城"。

恒北村种植早酥梨不过几十年的历史。改革开放前大丰还是粮食和棉花主产地。为了强农富村，改变农业产业结构，恒北村到外地引进了早酥梨苗穗。据恒北村旅游公司负责人夏俊明介绍，引进过程并不顺利，外地人并不愿意外传早酥梨种植技术，更不愿意售出树苗。没办法，同去的大中镇农技站农技员杨进宝偷偷截取了几条苗穗带回恒北村尝试嫁接，这才有了后来的恒北村早酥梨。

几十年过去了，恒北村早已是远近闻名的果树种植专业村，是全国最大的早酥梨商品生产基地。基于良好的区域资源优势，恒北村开始着力挖掘梨园风光特色文化内涵，打造"恒北恒美梨缘天下"的旅游品牌，创建全国最美乡村和旅游景区。为了打响恒北梨园的知名度，每年四月份，恒北村都会举办一年一度的梨花摄影节，吸引大批的游客和摄影爱好者到来。特别是今年新开通了上海至恒北、南京至恒北的直通车，大量的游客和参观团体开始慕名而来。

低垂的房檐，镂花的门板，梨树叶轻扫游客肩头。疏朗的梨园，静谧的湖水，"黄昏的恒北像一幅浓墨重彩的画卷。"摄影节获奖者史维感慨道。

随着恒北村乡村旅游开发日益红火，旅游商品的需求也在不断增加。恒北村借鉴已发展成熟的旅游景点的经验，以"乡村旅游、梨园风光"为特色，开发了运动水壶，手机壳、茶杯等一系列创意产品，这些具有独特苏北梨园风味的创意产品刚一问世，就在网络上得到了众多的关注和认可，进一步提高了恒北村的知名度。

拓宽旅游概念打造养生基地

面对成绩，恒北人并没有满足。恒北村党委书记李晓霞认为，自然资源终归是有限的，梨花的花期短、恒北村景点少，游客更多的是观光客，来了就看，看了就走，很难对本村的经济发展起到拉动作用。

李晓霞对记者表示，时至今日，人们对旅游内涵的理解早已发生改变，除了赏景，他们更希望知景、懂景、做景，在短短的时间内形成景与人的交融。

恒北把目光投向了乡村体验式旅游。乡村旅游这些年在全国风生水起，但多数地方仅以吃农家饭、采摘果蔬、农事体验等简单经营模式为主，一家一户"分立山头"的经营格局没有形成规模、集聚效应。如何更好地利用市场资源，如何以有限的投入撬动更多的社会资本，这是恒北人在思考的问题。

恒北不仅果树丰美，更有河流穿村而过，沿河的农户房前屋后都安装了篱笆墙，既整洁优美又不失农家气息。最近，恒北村跟携程网签订合作协议，租用村民闲置的房子，利用房前屋后的梨园和围墙，打造梨园小镇度假村，以满足大城市人群享受慢生活的需求。村民不仅可以收取房租，还可以继续在自家的房屋内参与经营工作。

今年8月份，上海交通大学几名老教授组团来恒北，参加"来恒北做果农"活动，一行人到了果园顿时变得年轻起来，"像是一群老顽童"。

一位来自北京的老爷子到了恒北，优哉游哉地在梨园花海中住了几天，吃到了自己亲手摘的新鲜果子，嗅到了难得的新鲜空气，笑言："在恒北，今天一只鸡，明天一只鸭，后天一盘小龙虾，来到这儿真的不想走了。"

依靠梨园风光和水果采摘的乡村旅游，难免产生季节性波动。为了解决这个问题，填补恒北村冬季旅游淡季的空缺，今年八月底，恒北村的美满1号温泉酒店破土动工，将为来访的游客提供生态温泉服务。夏俊明表示，未来的恒北不仅仅是一个简单的乡村旅游点，人们来恒北，除了观赏梨花，还能放松、喝茶、疗养，目标是将恒北打造成"老年养生健康基地"。

探索农耕内涵重塑乡土文明

"如何引导和利用都市人群亲近乡土的潜在需求，是决定恒北村能否在乡村旅游竞争大潮中胜出的关键。"大丰市旅游局副局长陶茸说。

恒北村正在筹建农耕文化体验园，包括民俗馆、农耕体验园、儿童青少年活动中心和野外拓展基地四个部分。这个动议源自今年四月份的一次活动。恒北村与市区数家幼儿园联合，组织孩子们对果树进行认养。来自城市的孩子到了果林中像是被放生的麋鹿，欢声笑语让整个果园都温暖热闹起来。"总以为孩子不能适应乡村、不会热爱乡村，现在看来，孩子对泥土和草木的热爱是天生的。"一位参与活动的家长表示。

"随着城市的发展，越来越多的人对传统的农耕文明已经不了解，农耕文明所传承的农业文化也在慢慢地萎缩消逝。"李晓霞不无惋惜地说。农耕文化体验园的设计原则，就是在尽可能保留原有地形肌理的前提下，将农耕文化融入景观当中，让人们亲身体验播种、采摘的乐趣，熟悉各种瓜果蔬菜，对农耕文化形成崭新的认识与了解。夏俊明说："我们相信，除了观光和游览，人们对乡土会有一种更高层次的精神追求，会创造出前所不同的旅游业态。"

咬定旅游不放松的恒北村，步伐和心态并不着急。李晓霞表示，恒北村即将被打造成春有花，夏有荫，秋有果，冬有泉的四季旅游产业链条，村庄美了，游客多了，老百姓致富增收就水到渠成。从当年的盐碱地到如今的梨园风光，恒北村已经获得了足够多的赞美；未来，恒北村人将以梨为媒，在旅游兴村之路上越走越远。

夕阳西下，晚风轻抚。踏出恒北之际，再回首，见那梨枝迭迭，树影幢幢，又是一阵无言之美。

（王小川　原载于《农民日报》2014年11月15日）

北京安定桑葚

深冬的北京，空气中弥漫着浓浓寒意。大兴区安定镇的古桑园里空无一人，只有一棵棵百年以上的桑树在风中轻抖着枝桠。这里是一年一度"安定桑葚节"的主会场，桑葚节期间，这里人山人海，熙熙攘攘。在持续一个月的热闹之后，随着桑果的凋零，这里又会重归寂静。

这份轮回同样体现在安定桑产业的发展轨迹上。在这个全国桑葚种植最集中的地区，作为地理标志产品的"安定桑葚"，在经历了快速发展的时期后，又处在新的十字路口。

千年桑果渴望市场

桑树在安定这片土地上扎根繁衍已有千年之久。民间还流传着"安定桑葚救刘秀，恢复汉朝江山"的故事。

我国桑葚种植面积不大，散布各地。安定是主要集中种植区域，拥有华北最大的千亩古桑园。特殊的地理气候条件使得安定桑葚口感独特、营养极为丰富，具有补肝益肾、补血明目等功效。在明清时期，安定出产的白色腊皮桑椹就曾作为进奉皇宫大内的"贡品"出现在皇家的餐桌上。老百姓都说，这是老天赐予的一份独特资源。

为了将这独一无二的地理标志资源转化为产业优势、市场优势，将"安定桑葚"打造成知名区域公用品牌，大兴区及当地政府自2001年开始，提出发展桑产业化，制定桑产业化扶持政策。充分发挥农户及各种经济组织的积极性；引进扶持桑产品深加工企业，开发研制了桑葚果汁、桑葚醋、桑叶茶等10余种桑深加工产品；结合大兴古桑森林公园的开发和建设，举办安定桑葚文化节，展示桑土文化，塑造安定绿色健康的品牌形象。

安定桑葚的独特品质也受到了各方的认可与肯定。安定桑葚先后通过了有机食品及加工认证，以及农业部农产品地理标志登记保护。

这些年，一年一次的安定桑葚节成为桑产业的一大亮点。2013年桑葚节的游客达到了10万人次。"安定桑葚是一个宝贝，将它真正变成知名的区域公用品牌，是政府和老百姓一直以来的愿望。"安定镇政府相关人员表示。

桑产品市场认知度有待提高

在政府的鼓励和引导下，安定桑树种植面积迅速扩大，已经达4 000余亩。随之而来的是如何提升产业化水平以及区域公用品牌价值。安定镇政府相关负责人对记者说，产业发展滞后曾经是安定桑葚品牌化一大困境。如果这个问题解决不了，这份宝贵资源就难以实现应有价值。

安定桑葚产业的发展模式以"公司＋合作社＋农户"为主。很多农民采摘桑葚后，通过合作社统一卖给加工企业。"收获季是最辛苦的时候。早上四点多就得起床爬到树上摇果子，摇下来的果子在 6 小时内就得拉到企业去卖，否则就会生毛变质。"安定镇桑葚农老张表示，有时候一天得摇十几棵树，实在累得够呛。如果雇人，费用非常高。因此，提高科技支撑力、降低生产的劳动强度及成本，成为下一步安定桑葚产业发展的着力点之一。

由于桑葚不耐储藏，只能存放几个小时，这种特性决定了产业的主攻方向只能是深加工。因此安定镇引进数家大型桑葚深加工企业。其中，绿康源公司的规模是最大的。

"桑葚种植规模以及市场开发非常关键。"绿康源公司相关负责人对记者说，刚开始公司面临加工原料不足、消费者对桑葚认知度不高、企业融资困难、产品研发滞后等难题，这些都是关系安定桑葚产业化发展的重要因素。在政府的推动下，这些问题逐一得到了很好的解决。

目前，绿康源公司收购加工的鲜果量占到安定桑葚产量的一半。企业现有 8 条生产线，加工能力为每小时 30 吨。公司负责人表示，产业规模和质量是安定桑葚品牌的基础，产业基础不牢固，就谈不上做大品牌。

据调查，目前，国内消费者对桑葚营养价值认知程度不够，造成相关产品市场认可度不高。加工企业普遍认为，必须提高大众对桑产品的了解，而这需要企业和政府共同来完成。

依托发展延续保护

农产品地理标志资源必须发展才能得到更好的保护和延续，尤其要注重独特性的保护。这一点在安定桑葚产业的发展中得到充分体现。

产业化伊始，安定大量引进外省高产桑树品种，种植面积迅速扩张。然而，出乎大家意料的是这些树结出的桑果出汁率很低，口感也不好，无论鲜食还是加工，都不如本地桑葚品种。独特性是地理标志资源的核心，失去了这份独特性，就失去了地理标志产品的价值，也满足不了品牌对差异化的要求。

随后，安定镇政府通过建古桑园、奖励桑农嫁接等方式，较好地保存和改良了安定本地桑葚品种。目前，由政府直接管理的 300 亩古桑园不仅很好地保存了当地桑葚品种，还为积极进行新品种的培育、产业的后续发展提供了便利条件和储备了更加高效的品种资源。

专家认为，提高桑葚相关产品的研发水平，进行深度市场开发，是未来安定桑葚的发展方向。目前，深加工产品主要是以饮料和桑葚醋为主，定位在中低端，走经销商渠道，还没有完全体现安定桑葚应有的品牌价值。

企业普遍看好安定桑葚的市场前景，但认为安定桑葚深加工的产业方向应该是多元化的。现在缺少的是新品研发和资金投入，一些企业正在筹划与科研院所合作，研发"健字号"新型桑葚产品，提高桑葚产品的科技含量和附加值。随着桑葚产业化水平的提升，这一珍贵的地理标志资源必将得到更好的保护和延续，走出一条精彩的品牌化之路。

（刘艳涛 曹成毅 原载于《农民日报》2014 年 1 月 4 日）

浙江安吉冬笋

"客中常有八珍藏，那及山家野笋香。"清末民初艺术大师、安吉人吴昌硕对安吉冬笋一生念念不忘，特题诗《咏竹》抒发心中的钟爱。安吉冬笋作为一种富有特色的农产品，受到了众多消费者的青睐，享誉全国，千百年来魅力不减。

由于品质高、产量低，一到收获时节，安吉冬笋通常被作为走亲访友的首选礼品，炙手可热。然而，这两年来，安吉冬笋原先所依托的高端销售渠道却受到了阻塞，在不得已进行的"平民化"推广过程中，由于不具有价格优势，市场份额不断缩减，遭遇到了前所未有的市场认同危机。

竹林之乡的独特资源

安吉冬笋备受追捧的魅力来自其独特的生长环境、口感和高营养价值。

"冬笋"是指毛竹鞭上已发育膨大的笋芽，在立冬至翌年立春间挖掘，以供食用，"安吉冬笋"则为浙江省安吉县县境范围内所产生的冬笋。

安吉县林业用地面积达207.5万亩，其中，竹林面积104.5万亩，名列全国十大竹乡之首。土壤中有机质含量高，保水、保肥能力强，极适宜毛竹生长，毛竹面积达82.9万余亩，所产冬笋个体丰满、色泽黄亮、壳薄、肉色白、肉质嫩、味鲜，不仅含有人体所需的糖类、蛋白质、脂肪和纤维素，还含有9种人体必需的氨基酸，各种维生素和磷、铁、钙、镁等元素。

"靠山吃山，靠水吃水"。20世纪90年代起，安吉县就大力挖掘竹林生产力，推广冬笋采挖培育技术。近年来，安吉十分重视对冬笋的生产、加工、包装、运输、储藏环节的规范化、标准化的管理工作，同时通过加大"安吉冬笋"品牌化运作力度，使得安吉冬笋的社会声誉和影响力不断得到提升。1998年，"安吉冬笋"被评为"浙江省优质农产品"；2011年，"安吉冬笋"成功注册地理标志证明商标。

在政府的带动下，冬笋产业得到了极快的发展。2011年，安吉县竹业产值突破135亿元，平均为每位农民增收6 500元，占到农民人均纯收入的一半以上。竹产业成为了安吉的一个支柱产业，超过20万农民靠挖竹笋为生。

高端渠道不通，低端渠道遇冷

安吉冬笋由于产量少、品质好，过去在销售方面主要走包装送礼和酒店成批量购买的渠道，个人购买只占少数。特级的冬笋经过包装后，一斤可以卖上70元的高价。价格虽然高一点，但是还是供不应求。

近两年笋农们却发现这种"请客送礼"式的高端销售渠道走不通了。2012年，安吉冬笋还遭到大面积退单，酒店消费额也大幅削减，让笋农伤心不已。

为了应对这种形势，从去年起，安吉冬笋确定了以居民消费作为销售的主要方向，走"平民化"路线。但是，这种"贵族"产品在零售市场的表现却不尽如人意，并没有受到普通消费者的追捧。

"市场遇冷的一个原因在于安吉冬笋的价格比较高。"安吉县林业局技术推广中心主任李雪涛告诉记者。

2013年冬天，安吉冬笋抢鲜上市时，过高的价格把安吉市民吓了一跳。

"一般的安吉冬笋连壳卖到20元左右一斤，笋肉卖到40元左右一斤，外地笋大概要比安吉本地的冬笋一斤便宜5元，高价上市影响了消费者对安吉冬笋的购买欲望。"县城中心农贸市场冬笋批发商朱宝伟说。

据记者调查，安吉冬笋的高价背后有着产量有限、用工成本高的客观原因，如果为了抢占市场而随意降价，则会打击笋农的生产积极性，不利于安吉笋产业的发展。

"去年安吉天气较为干旱，导致冬笋产量降低。在风调雨顺的年份，安吉冬笋产量大约有1万吨，2013年安吉冬笋产量下降了两成多，只有7 000余吨。"安吉县林业服务总站站长汪建明说，"此外，用工人手紧缺、雇人费用高，也增加了安吉冬笋的生产成本。现在是安吉冬笋的收获期，雇一个挖笋小工的价格最高已经涨到了一个人一天300元。"

李雪涛介绍道，市场遇冷的另一个原因，是在安吉居民品牌消费意识还不高的情况下，大量外地笋产品涌入安吉，以较低的售价抢占了市场份额。"市面上还出现了很多外地笋假冒安吉冬笋的名义，以低价吸引消费者的情形。而消费者在购买过程中，往往更加关心产品的价格，而没有过多地询问和留意这些笋产品是不是安吉本地的，导致了安吉冬笋陷入了'劣币驱逐良币'的境地。"

向外扩张争取发展空间

安吉冬笋这么独特的资源，下一步怎么打响品牌、抢占市场？安吉县长王树说："如果能够跳出地域限制，安吉冬笋的发展空间是很大的。"

向安吉境外扩张，是一项看起来很美的规划。可是，安吉冬笋在保鲜方面具有一定的难度，冬笋是一个活体，挖出来后还在呼吸，最好的储藏方法就是埋在沙里。长时间的运输会造成冬笋发黑、发干，口感和卖相变差。

就近发展深加工也是一个不错选择，不过安吉冬笋产量低、价格高的现状，让不少有意对其进行深加工的企业望而却步。"安吉冬笋发展深加工的局限在于缺乏产业化的基础。目前安吉林地面积为 185.2 万亩，森林覆盖率达 71.1%，很难再找到适宜大面积栽培的地域，只能通过追肥来提高冬笋产出率，产业化难度重重。"汪建明说。

中国农业科学院农业知识产权研究中心研究员王志本表示，平民路线不一定是安吉冬笋的最好发展方向。产品差异化是市场结构的一个主要因素，不同的顾客有不同的偏爱，安吉冬笋产量低、品质高的特性完全符合差异化的要求。重要的是，要创造条件让安吉冬笋走出安吉，通过品牌化运作使其更加广为人知。说白了，就是让有消费条件和需求的人来购买安吉冬笋。

"此外，充分利用现代营销手段，例如与大型电商合作，来为安吉冬笋开拓、抢占高端市场，在全国范围内找到适合的买家，也是一条出路。"王志本说。

（曹成毅 原载于《农民日报》2014 年 1 月 11 日）

品牌主体（选登）

农民专业合作社（选登）

- 黑龙江省肇源县三农粮食种植专业合作社
- 福建南靖县高竹金观音茶叶专业合作社
- 江西金山食用菌专业合作社
- 新兴县五谷丰农产品专业合作社
- 天峨县威冠三特水果合作社
- 河南延津县贡参果蔬专业合作社
- 重庆市云阳县上坝乡巾帼辣椒种植股份合作社
- 重庆市奉节县铁佛脐橙种植专业合作社
- 重庆蜀都农产品股份合作社
- 普洱市宁洱县漫崖咖啡种植专业合作社

优质农产品生产企业（选登）

- 秦岭鲜都生态农业股份有限公司
- 美庭集团
- 广东荣诚食品有限公司
- 宁波市明凤渔业有限公司
- 洛川美域高生物科技有限责任公司
- 上海丰科生物科技股份有限公司
- 浙江枫泽园农业科技开发公司
- 河北企美农业科技有限公司

优质农产品批发市场（选登）

- 北京新发地农产品批发市场
- 天津何庄子农产品批发市场
- 包头市友谊蔬菜批发市场有限责任公司
- 哈尔滨哈达农副产品股份有限公司
- 南京农副产品物流中心
- 合肥周谷堆农产品批发市场
- 济南堤口果品批发发展有限责任公司
- 武汉白沙洲农副产品大市场有限公司
- 广州江南果菜批发市场有限责任公司
- 云南龙城农产品经营股份有限公司

农民专业合作社（选登）

黑龙江省肇源县三农粮食种植专业合作社

【合作社法人代表】　张玉军

【成立时间】　2011年4月2日

【所在地点】　黑龙江省大庆市肇源县大兴乡

【基本情况】

黑龙江省大庆市肇源县三农粮食种植合作社位于肇源县大兴乡，成立于2011年4月2日，法定代表人张玉军，注册资金1 186.2万元。占地面积1万平方米，办公楼面积4 000平方米。合作社社员350人，2011年12月29日合作社成立了大庆市乾绪康米业有限公司，注册资金500万元。设有基地部、生产部、销售部、财务部、还设有展厅、化验室等，共有管理人员35人。该合作社与公司以农业种植、加工、销售为主，现有基地面积7 000亩。

【运行机制】

公司采用"合作社＋龙头企业＋基地＋农户"的运作模式，走"合作社连基地，基地连农户"的路子。实行统一品种、统一操作规程、统一技术指导、统一收购、统一加工、统一品牌、统一销售"七统一"服务原则。合作社与公司现有职工200人，带动农户1 200户，种植有机谷子、高粱、糜子、红小豆、绿豆等10多个有机系列杂粮产品。2011年注册了乾绪康商标，同时安装最新的粮食加工生产线，配有先进的生产工艺流程，年可加工成品粮5 000吨左右，实现销售收入5 000万元。

【生产经营】

"乾绪康"有机小米产自肇源县大兴乡，地处世界驰名的三大寒地黑土带之一的松嫩平原、黑龙江省第一积温带上。这里特有的土质、适宜的积温、优越的环境，使所种植的谷物米质优良，色泽金黄，味道甘甜。产品拥有自主的生产基地，从土地整理、选种、种植、田间管理、收割、加工、包装等环节严格按照国家有机标准进行操作。以优质农家肥做底肥，人工薅草、间苗，不用任何化肥和农药，是真正的无污染、无公害、纯天然、原生态的有机食品，有很高的食疗效果。在食用上，蒸、煮、焖、捞均可，熬粥更佳。2014年2月产品打入香港市场。其质型优美、馨香养人，乃米中珍品，曾为御中贡米。

【主要成效】

"乾绪康"小米在2012年被农业部中绿华夏有机食品认证中心认证为有机农产品；企业产品通过ISO9001：2008国际质量管理体系认证，通过ISO 2200：2006国际食品安全管理体系认证。2012年被黑龙江省评为"全省消费者满意产品""大庆市名牌产品"；2013年企业被评为"黑龙江省诚信企业""大庆市产业化龙头企业""黑龙江省名牌产品"；被黑吉辽三省评为"东北特产食品"。2014年被黑龙江省品牌战略促进会评为百姓信赖品牌暨"3·15"推荐品牌单位；黑龙江省著名商标；第八届中国国际有机食品博览会Bio Fach China 2014产品金奖，第九届中国国际有机食品博览会BioFachChina2015产品金奖。

（中国优质农产品开发服务协会供稿）

福建南靖县高竹金观音茶叶专业合作社

【合作社法人代表】　赖玉春

【成立时间】 2012年

【所在地点】 福建省南靖县南坑镇葛竹村

【成立背景】

福建省南靖县茶叶栽种历史悠久、源远流长，源于1733年，据《漳州历史人物》《南靖县志》记载：清朝雍正十年（1733年），世居福建省南靖县葛竹村的赖翰林为发展家乡农业，于1733年从外地引进铁观音品种让当地农民种植，数百年过去了，铁观音这一优质茶品种促进了山区经济的发展，为农户带来了经济收入，所以被沿袭和保存发展下来，直至今天。南靖县高竹金观音茶叶专业合作社的前身是高港、葛竹、金竹茶场，合作社地处闽南的最西部，九龙江西溪的发源地，处于高海拔（最低海拔826米，最高海拔1 440米）地区，空气清新，气候温和，水源无污染的南靖县（福建省十大产茶大县）南坑镇（福建省生态乡镇）葛竹村。合作社是2012年在南靖县委、县政府、县委宣传部、县供销社、工商局、农业局、质监局等单位的共同支持下成立。

【基本情况】

南靖县高竹金观音茶叶专业合作社现有成员109个、合作农户1 000多户，拥有茶园1.2万亩，年产茶叶1 000多万斤。近年来合作社不断壮大，还注册成立了"漳州市高竹茶叶有限公司"，合作社资产逾4 000万元，并于2013年投资300万元兴建1 200平方米全新、高标准生产厂房一座。

【生产经营】

南靖县高竹金观音茶叶专业合作社所在地是祖国大陆的高山茶主产区之一，所种茶株整体比较年轻、茶枝粗壮、叶底肥厚，深得九龙溪水、钟灵神秀的孕育，独具特色。目前合作社的生产经营方式是每5～8户茶农成为一个小组，然后由合作社派下技术力量，在劳动生产过程中，给予技术支持，在制作生产加工当中，帮助他们提升茶产品的技术含量。在当地农业部门的帮助下，合作社从带动农民增收、促进茶叶增效出发，采用公司化运作模式，以发展现代茶叶为方向，吸纳种茶、制茶能手，茶农以技术形式入股，明晰股权，明确职责，从而大大提升茶农的生产积极性，从而提高茶叶品质。

【主要成效】

近年来，高竹金观音茶叶专业合作社先后成为农业部"优质农产品生产基地"示范单位和联络点，农业部优质农产品开发服务协会会员；2014年被第五届"爱我中华·奉献农业"全国农科教推活动授予"百佳诚信农民合作示范社"，合作社理事长赖玉春被授予"农民专业合作社百佳理事长"，合作社茶品荣获"第五届中国农科教推高层论坛唯一指定用茶"；在2013中国茶博会厦门新闻发布会上被推荐为"福建最具发展潜力的茶企业"；在2013中国茶博会上合作社又被授予"极具发展潜力品牌"和"优质茶园"殊荣。合作社的茶叶是2013第二十九届中国植保信息交流暨农药械交易会唯一指定用茶，合作社也成为2013"中国茶叶博览会"贵宾饮用茶指定生产商；迄今，合作社是福建省茶叶协会集体会员，福建省农村合作经济组织协会第一届理事会理事单位，漳州市茶叶协会副会长单位，是漳州市农民专业合作社示范单位，南靖县茶叶协会会长单位以及南靖县农业产业化龙头企业。

（中国优质农产品开发服务协会供稿）

江西金山食用菌专业合作社

【合作社法人代表】 方金山

【成立时间】 2007年

【所在地点】 江西省抚州市临川区罗针镇

【基本情况】

江西金山食用菌专业合作社成立于2007年，近年来合作社在社长方金山的带领下，注重高效，无公害食用菌种植业的发展工作。现有社员 161 人，注册资金 228 万元。目前食用菌种植面积 120 余亩，种植的珍稀及常规食用菌品种 20 余个，年销售收入达 1 800 余万元，合作社社员食用菌年纯收入达 6.5 万元。同时带动 1 000 余户菇农走上发家致富之路。

【生产经营】

长期以来，金山食用菌专业合作社本着"诚信、科学、质优、高效"的经营理念，致力于珍稀食用菌资源的开发、无公害、高效食用菌栽培模式的探索工作，驯化出临川虎奶菇优良新品种，该品种已申报了专利保护，也获得了江西省科学技术进步三等奖、抚州市科学技术一等奖。研究出一系列食用菌高效无公害栽培模式，并得到广泛的运用与推广，为广大菇农提供系统食用菌优良新品种，培训食用菌专门人才，也向社会提供了系列无公害食用菌产品，还为广大菇农提供了多种技术服务。同时，合作社也十分注重产品质量及品牌建设，近年来，合作社先后申报了茶树菇、黑木耳、虎奶菇等多个无公害产品。近年临川虎奶菇又获得了农业部地理标志保护产品。"方金山"牌商标也先后获得"江西省名牌农产品""抚州市知名商标""江西省著名商标""中国著名品牌""全国 50 佳农产品"，临川虎奶菇还获得第九届"中国国际农产品交易会金奖"，第十届"中国（衢州）粮交会金奖"、第七届"江西省名优农产品（上海）展示展销会金奖""江西省十大最受欢迎的农产品"称号。

【主要成效】

"科学、诚信、守法"一直是金山食用菌专业合作社的立社之本，坚持科学管理、合法经营的原则，多年来，合作社在上级有关部门的关心和指导下，获得了骄人的业绩。2007、2009、2011 年获得江西省优秀农民专业合作社、抚州市优秀农民专业合作社、江西省农民专业合作社示范社等荣誉称号。

社长方金山先后获得江西省劳动模范，江西省首届十大杰出青年农民，全国食（药）用菌先进工作者，全国农村科普带头人，全国科普惠农农村科普带头人，享受抚州市政府特殊津贴专家，江西省科教人员突出贡献奖——农村创业人才奖。

（中国优质农产品开发服务协会供稿）

新兴县五谷丰农产品专业合作社

【成立时间】　2014 年 11 月 14 日
【所在地点】　广东省新兴县天堂镇
【成立背景】

广东省新兴县天堂镇位于粤西地区，是一个四面环山的盆地环境，区域内没有工业污染，是一个纯净的小环境气候，十分适宜农作物生长，灌溉基地的都是大山流出的泉水。新兴县五谷丰农产品专业合作社成立于 2014 年，合作社位于天堂镇，主要功能是生产销售绿色、安全、优质的农作物。合作社成立以来，借助当地的生态优势，以当地优良的非转基因的传统品种美微牌紫米为生产结合点，以"合作社＋农户"的方式进行组合操作，全程选种、播种、生产、管理、收获、加工，由合作社统一进行技术指导和规划。

【基本情况】

合作社的社员发展已由当初成立时的 10 户，经过几次扩大，入社社员已经达到百户。合作种植面积由 20 亩，发展到现在的数百亩。现在种植基地分三个片区进行管理，每个片区设立懂技术的管理区负责人实行"片长负责制"，由合作社技术部制定技术措施，以"五统一"为模式，以"水稻绿色栽培技术规程"为标准。全面实行统一种植技术标准。

【生产经营】

五谷丰合作社依托"北京新禾丰公司"的先进技术对紫米品质进行了有效的改良，以新禾丰绿色生产技术为指导，从土壤提质、种子优化、营养配方、关键技术集成等，达到高产优质的目标，经过多年的技术优选，目前产量已达到优质稻中上水平。剔除了原来的苦涩味道变得清香柔软，营养更加丰富更健康，尤其是富含的花青素是第三代抗氧化剂，各种微量元素营养含量明显提高，口感更柔软更适合大众口味。经过几年的探索实践，合作社开始批量化种植生产。目前市场以南方为主，辐射全国，也得到了海外客户的关注。对比一般的大米，美微紫米特点鲜明：①营养更丰富，比一般的大米营养高十倍以上；②含有大量的花青素，具有很好的抗氧化作用；③具有保健价值，《本草纲目》有记载其良好的功效；④口感清香，有其他精米所不具备的独特味道；⑤老少咸宜，紫米浆、紫米粥、紫米糖水味道极佳，特别适合老人、女人、儿童。现在人们对身体健康更加重视，不断寻求更安全、更健康、更有营养的食用产品，而美微紫米正好符合这些要求。

【未来规划】

五谷丰合作社将会继续扩大种植规模，总计划量在5 000亩以上，而且还大力引种"名优特"品种进行试种，吸引更多的合作农户加入合作社，在科学技术的指导下科学种植，以此带动当地农户致富。五谷丰合作社的紫米项目取得的成功，得到了政府以及农业部门的高度重视，未来合作社还计划完善更多紫色系列农产品生产，希望在政府的帮助和支持下，把天堂镇的紫色系列特色农业做出来，成为一个集优质农产品生产、加工、观光、科研于一体、多元化发展的现代农业实体，成为带动当地经济发展和社会和谐的优良典范。

（中国优质农产品开发服务协会供稿）

天峨县威冠三特水果合作社

【合作社法人代表】 谭美文

【成立时间】 2013年10月

【所在地点】 广西天峨县下老乡罗宜村当阳屯

【基本情况】

广西天峨县威冠三特水果合作社成立于2013年10月，位于天峨县下老乡罗宜村当阳屯，乐天罗二级公路旁。现有职工12人，理事长1名，副理事长1名，理事2名，监事1名，社员31户，选派自治区农村科技特派员1名；基础设施有办公楼1栋，果蔬预冷冻库1座日处理量120吨，分级包装车间及场地1 000多平方米；会员出资129.56万元，主要经营项目包括：龙滩珍珠李等特色苗木的培育，天峨县三特水果种植基地建设及销售，会员生产农资统一采购，水果品牌建设等。

【生产经营】

目前，合作社建设有龙滩珍珠李等无病健康苗圃基地10亩，培育优质果苗30万株；龙滩珍珠李系列（青脆李、朗脆李等）生产基地600亩。龙滩珍珠李是从天峨县本地野生李中选育出的一个李品种，一般适宜在海拔500米以上区域种植，该品种具有特晚熟（8月上中旬成熟）、自花结实、丰产性强、果肉离核、耐贮运、果香味浓、品质特佳等特点，其果实近圆形至扁圆形，果实大小适中，平均单果重21克；果面深紫红色，外观美；果肉淡黄至橙黄色，酸甜适中，肉质细嫩脆爽，风味佳，口感好，维生素C含量4.17毫克/100克，可溶性固形物含量13.8%，总糖含量9.3克/100克，总酸含量0.73克/100毫升，可食率高达97.8%，被誉称为"李中之王"。此外，还有早熟油桃200亩，秋蜜桃20亩，蓝莓10亩，新品种引种试验基地1个，自治区科技厅标准化生产基地1个。合作社基地主要分布在下老乡罗宜村当阳屯的威冠坡、安外坡、威包坡，当阳坡及向阳镇加朗屯威旺坡等地。

【主要成效】

通过示范基地建设实施，带动了天峨县向阳、下老两个乡镇种植三特水果板栗、核桃等共10 000多亩，并通过无公害基地认定和产品认证。合作社按照章程运行，运转良好，财务状况良好，合作社年销售收入200多万元。合作社成立以来，积极配合天峨县水果局等有关部门做好特色优势水果新品种选育、无公害水果生产基地认定和产品认证、农产品地理标志登记申报、优质农产品申报，为天峨县三特水果发展提供可靠的基地建设。

（中国优质农产品开发服务协会供稿）

河南延津县贡参果蔬专业合作社

【成立时间】 2005年5月

【所在地点】 河南新乡市延津县小潭乡

【基本情况】

延津县贡参果蔬专业合作社位于新乡市延津县小潭乡，成立于2005年5月，由新乡市潭参蔬菜加工有限责任公司转制建成，是新乡市农业产业化重点龙头企业、河南省农民专业合作社示范社。合作社注册资金500万元，其中固定资产353万元。合作社成立时共有设立人129人，其中包括恒温冷库、延寿酱菜、广顺构件厂、胡萝卜醋厂、油制品厂等5位农民企业家，现已发展社员1 128人，辐射带动20 000多户当地农民，大规模种植以胡萝卜为主的各类蔬菜。

【生产经营】

合作社面向国际、国内两个市场需求，采用订单经济模式，带领广大社员大面积种植日本"黑田五寸参"胡萝卜、韩国"小金塔"大板椒、日本"中甲高"黄皮洋葱、荷兰"必久"甘蓝等出口型蔬菜，种植总面积已超过150 000亩。产品除在郑州、新乡、开封、洛阳等省内城市销售外，还广泛销往北京、广州、青岛、武汉、西安、连云港、深圳、虎门等大中城市，并通过广州越秀蔬菜批发市场、广西凭祥外贸、青岛斗元集团、连云港口福集团等间接出口各类蔬菜2 000多吨。多年来，合作社以"为农业增产服好务，为农民增收铺好路"为宗旨，重点围绕蔬菜生产的产前、产中和产后销售，为社员提供一系列周到详实的服务活动，不仅彻底改变了当地传承数百年的传统种植模式，而且极大地提高了日益减少的人均土地上的净收益，从而使老百姓的亩均收入由原来的600～700元升至6 000～7 000元，实现了由"勤劳致富"向"科技致富"的跨越。

【主要做法】

1. 联合农户，找准方向。随着市场经济的快速发展，农民比以往任何时候都想致富，但他们一缺资金二缺信息，不知道路该往哪里走。如何让农民不离家就能致富？如何提高老百姓越来越少的土地上的收益？针对这些问题，合作社每年都派出大批工作人员出外考察农副产品市场，并从网站上搜集大量涉农信息。在此基础上，合作社决定带领农户种植出口蔬菜，发展外向型农业经济。然而选准了方向，路却很难走，让老百姓改变传承几千年的种粮模式的确是一件十分困难的事情。为此，合作社专门购置了电视机、影碟机和大量涉及蔬菜种植方面的影碟，一个村一个村地向农民免费播放，同时还走家串户发放宣传画和种植技术资料。临近种植前，合作社还专门从省农科院和市农科所请来蔬菜种植专家集中为种植农户进行技术培训和实地指导。由于合作社为群众提供了一系列产前服务，老百姓手拿订单又不用为卖菜去作难，所以很快为越来越多的农户所接受。

2. 同种同收，统一管理。种植蔬菜与种植粮食作物是有很大区别的，它不仅需要大水大肥，而且还要科学用药。尤其是种植出口蔬菜，既要用药杀虫治菌治疫，又不能使产品有药物残留，而这就需要科学用药，规范施治。为此，合作社专门派人与省农科院、河南农大、新乡市农科所一些专家教授建立联系，聘请他们前来为种植农户讲课、培训、深入田间地头进行实地技术指导。为了进一步规范种植农户的操作方式，合作社还专门印制了《出品蔬菜无公害操作规程》，对育苗、浇水、施肥、用药等多个环节都作了详细规定。近两年来，合作社与大多数农户签订了订购蔬菜种子和种苗协议，统一供应种子和种苗，统一技术指导，统一供肥（专用复合肥），统一供药（生物农药），统一价格收购、销售。由于采取了以上科学管理措施，农户按要求规范运作，农户与合作社都取得了可喜的收益。

3. 科学种植，追求效益。合作社的主营产品是"贡参"胡萝卜，其他蔬菜品种如辣椒、洋葱、甘蓝等虽有一定的种植规模，但其总面积不及胡萝卜种植面积的1/5。为切实提高蔬菜产品的产值和收益，合作社曾专门派出工作人员赴河北、山东等地参观学习，并从农业部购置了《胡萝卜高效栽培技术》光盘。合作社用影碟机和投影仪逐村向菜农反复播放光盘，引导当地群众放弃传统的畦种方式，改用先进的"打埂种植"新技术。2008年7月，在合作社的大力支持下，小吴村中心社员李海州专程跑到开封购置了一部起垄耕种胡萝卜机器，专门为困难社员机播胡萝卜种子，很受当地群众好评。为真正确保蔬菜品质，合作社按照农业部门推行的农业标准化生产要求，专门制定了一套《无公害食品标准化生产操作规程》，不仅严禁使用氯化铵化肥和高毒农药，而且还对所有的生产环节如施肥、用药、采收和贮运等都进行了专门记录。采取这些措施是积极有效的，其直接效益是产品品质的提升，产量高，售价高，经济收入增加；其潜在效益是：好品质带来好口碑，好口碑创出好品牌。2005年，合作社蔬菜基地生产的"贡参"牌胡萝卜被评为首批"河南省名牌农产品"。自此之后，国内外客商每年纷纷慕名前来抢购"贡参"牌胡萝卜，几度出现"量地查钱"（不用

户主动手采收，采购商丈量过胡萝卜地块就随即付给农户现款）和"包袋销售"（在田间地头根据胡萝卜包装袋估产收购）现象，这与合作社积极打造靓丽农业品牌不无关系。

4. 建设基地，闯出品牌。作为一个大型蔬菜生产基地，要想取得长足发展，必须盯准国内外市场需求。为此，合作社除了在生产的各个环节严格按标准化要求规范操作外，同时还在积极打造响亮农业品牌，争取无公害蔬菜基地和绿色食品基地认证。

5. 利益联结，帮带致富。合作社良好的信誉每年还是吸引了不少农户放弃种粮而改种蔬菜。尤其是在近两年，合作社发展的日本"黑田五寸参"胡萝卜种植面积不断扩大，相邻的原阳县阳阿乡、路寨乡也有了不小的种植规模。这一项目不仅带动了延津县十个乡镇的发展，而且还引来不少周边县（市）区的群众租大客车前来参观。2012年封丘县有两个乡镇的数批群众来基地参观后陆续开始试种日本胡萝卜。2013年，合作社组建了胡萝卜机械化种植专业队，为全县多个地方服务种植胡萝卜3万多亩。

【主要成效】

近年来，延津县贡参果蔬专业合作社通过多方努力先后向上级部门进行了大量的认证申报工作，现已取得的荣誉有：全国科普惠农兴村先进单位（2009年10月）；河南省名牌农产品（2005年9月）；河南省农村科普示范基地（2007年12月）；新乡市农业产业化市重点龙头企业（2008年5月）；新乡市知名商标（2008年9月）；河南省无公害农产品产地（2008年11月）；农业部无公害农产品（2008年12月）；河南省农业标准化生产示范基地（2008年12月）；河南省出口植源性食品原料种植备案基地（2009年1月）；中华人民共和国农产品地理标志保护产品（2009年5月）；国家级农民专业合作社示范社（2009年10月）；河南省著名商标（2010年4月）；2011年最受消费者喜爱的中

国著名农产品区域公用品牌（2012年5月）。以上这些珍贵荣誉的取得非常不易，它不仅可以提高合作社产品的商品化率，切实增加合作社及其广大社员的经济收入，而且还有利于打造世界知名农业品牌，有利于招商引资，带动当地蔬菜加工业的兴起。

（中国优质农产品开发服务协会供稿）

重庆市云阳县上坝乡巾帼
辣椒种植股份合作社

【合作社法人代表】　陈海燕
【成立时间】　2010年12月9日
【所在地点】　重庆市云阳县上坝乡之岸村2组
【成立背景】

重庆市云阳县上坝乡，位于云阳县最北端的山区，平均海拔1 200米左右，土壤肥沃、阳光充沛、雨量充足；昼夜温差大，立体气候明显，森林覆盖广，远离城镇无污染，在这个独特的环境里生产出的辣椒，色泽鲜红，个头大，营养丰富，有较高的市场经济价值；这里的农民多年来有种植辣椒的习惯，因此，天时地利人和，发展辣椒产业，势在必行。

【基本情况】

云阳县上坝乡巾帼辣椒种植股份合作社，位于云阳县最边远的山区——上坝乡，组建于2006年，2010年在云阳县工商局注册登记。合作社现有入社农户207户，带动农户3 785户，辣椒种植面积10 000亩，以上坝乡5 000亩辣椒基地为中心不断发展，现已覆盖了12个乡镇，销售收入2 500万元。已有固定资产627.4万元，全自动烘干设备、厂房、科普惠农兴村专用宣传车、基地、办公设备、流动资金等。注册资金1 138.46万元，自有无公害辣椒种植示范基地500亩。

【生产经营】

上坝乡巾帼辣椒种植股份合作社在因地制宜，打造特色产业——辣椒的过程中，采取了几项有效措施：一是坚持"四统一"，即统一购买生产资料，由合作社统一垫资购买肥料、种子、农药等生产资料，解决了山区种植户"资金难"的问题，对部分贫困户，则免费提供农用物资，让"家家有产业，户户能增收"；统一病虫害防控，保证了辣椒产品的品质；统一技术培训和服务，由合作社常年对种植户免费进行产前、产中、产后的技术培训，合作社以科学带动农户增收为目的，力争做到人人懂技术，合作社有24小时开通的技术服务电话，种植户随喊随到，优质、快速的技术后盾，让种植户吃了一颗"定心丸"；统一收购、统一销售，合作社与农户签订"最低保护价＋市场调节价"、且全部收完的合同，统一销售到超市和大型厂家，将农民的风险降低到零，解决了农民"卖不出去"的后顾之忧，提高了农户种植辣椒的积极性。二是科学引领，带动农民增收致富。第一，实现农业产业结构调整，上坝乡是个农业大乡，主要种植玉米、红薯、土豆"三大坨"，在合作社多年的引导下，现有辣椒种植面积5 000亩，全乡71.8%的农户以种植辣椒为业，辣椒产业成为全乡的主要经济增长点，村民的主要经济来源。第二，促进农产品的升级，合作社采用测土配方、统防统治等技术，控制化肥使用量、防治病虫害，使辣椒无农药残留、无化肥残留，提升了产品质量，进一步提高了产品市场竞争力。第三，提高农民组织化程度，合作社统一提供产、供、销等服务，加速了农业产业化经营的进程；通过教育和培训，增强了农民的市场观念和合作意识，锻炼了农民在科技推广、组织管理、市场营销、民主决策等能力，成为培养有文化、懂技术、会经营的新型农民的有效载体。第四，加强品牌建设，提高品牌知名度，合作社每年投入5万元，在县境内AAAA景区沿线投入大量的广告牌，云阳电视台、重庆电视台多次播放合作社的辣椒产业，扩大了品牌的影响力和知名度，建立了与"恒顺""饭遭殃"等多个厂家长期合作关系，保证了产品的固定市场。

【主要成效】

上坝乡巾帼辣椒种植股份合作社近些年先后获得全国"科普惠农兴村"先进单位；"国家农民专业合作社示范社""科技专业合作社"等多种奖项。注册商标"上坝红"，2014年评为县级"知名商标"；2011年9月，被认定为"重庆市无公害农产品产地"。

【未来规划】

为了加快合作社发展，更好地"贴近市场、贴近资源"，合作社"富规划，穷建设"，力争在2016—2018年间建成一个储藏、加工、包装为一体的豆瓣深加工厂，吸收农民50人就业，每年为这些农民增加150万元的工资收入，解决农村剩余劳动力向第二、三产业的转移，带动相关产业的发展，为此，计划投资500万元、征地25亩，并完善前期设计、实施方案等准备工作。

（中国优质农产品开发服务协会供稿）

重庆市奉节县铁佛脐橙种植专业合作社

【合作社法人代表】 马后明
【成立时间】 2009年3月
【所在地点】 重庆市奉节县康乐镇铁佛村

【成立背景】

铁佛脐橙种植专业合作社所在的重庆市奉节县地处三峡库区腹心地带，具有冬暖、少雾、长日照的立体气候和无台风、无冻害、无检疫性病虫害的柑橘生态环境，拥有有效积温高、接近积雪线下的斜坡逆温层、中等空气相对湿度、富含钾、硒元素并呈散射状分布在土地中的火山胶泥岩四大独特自然资源。县域柑橘产业历经近40年的发展，种植规模已达28万亩，年产量20多万吨，产值

接近10亿元。但随着市场经济体系的建立和发展，农户分散经营、产品结构单一、集中上市明显，不能适应现代市场需求，为破解果农与市场的有效联结、产品结构多元、延长上市周期等问题，在县农委指导下，以马后明为首的新型农民，依托当地特色产业——晚熟脐橙，于2009年3月依法组建了按标准化生产、品牌化营销、规范化管理的奉节县铁佛脐橙种植专业合作社，开辟了一条一主多副，拓展合作空间的循环农业合作探索之路。

【基本情况】

铁佛脐橙种植合作社所处位置距奉节县城以北奉溪路18公里处，合作社核心产业——晚熟脐橙分布于海拔180～500米，是奉节县晚熟脐橙发展示范区。合作社注册资金1 200万元，现有资产总额1 770万元，有管理人员12人，其中专业技术人员3名，本科学历2人，聘请专家和技术顾问3人，常年雇工50人。合作社成员共748户，拥有晚熟脐橙基地2 800余亩，清脆李子果园500亩，年出栏生猪1 500头养殖场一个，已投入680万元建成年经营规模10 000吨铁佛晚熟脐橙加工运销中心及单次储藏能力1 000吨的冷藏保鲜库一座，已注册铁佛春橙产品商标，并已申报铁佛春橙绿色食品认证。2010年被县政府命名为"农业产业化县级龙头企业"，同年被评为"重庆市农民专业合作社示范社"，2014年被农业部评为"国家农民合作社示范社"，同年被中共重庆市委农村工作领导小组评为"重庆市农业产业化市级龙头企业"，其生产基地被农业部命名为"柑橘甜橙综合试验示范基地"，重庆市科委、奉节县科协认定为"农村科普示范基地"。

【运行机制】

1. 合作社成员结构：所有成员按自愿申请、入退自由的原则，共吸纳成员748户，其成员身份全部为农民。

2. 组织机构：设立了社员大会、理事

会、监事会，理事会内设四部一室，即：办公室、财务部、营销部、技术部、项目部，在实践中完善了行政、基建、培训、营销、财务等规章制度，使之更具科学性和操作性。

3. 管理决策：严格按照"民办、民管、民受益"和"服务系列化、经营实体化、形式多样化"的原则，实行理事会统一领导，监事会民主监督，重大事项民主决策的运行机制，做到理事会理事有章程、监事会监事有事可监，内设部门及工作人员职责明确，目标具体，做到有章可循。

4. 财务管理：合作社聘有专业财会人员持证上岗，会计和出纳互不兼任，实行独立的会计核算，严格按照合作社会计制度核定生产经营和管理服务过程中的成本与费用，实行每月 30 日财务定期公开制度，成员与合作社的所有业务交易，实名记载于该成员的个人账户中，非成员与合作社的所有业务交易，实行单独记账，分别核算。会计年度终了时，编制本社年度业务报告、盈余分配方案、亏损处理方案以及财务会计报告，经监事会审核后，于成员大会召开 15 日前，置备于办公地点，供成员查阅并接受成员的质询。

5. 盈余分配：合作社从当年盈余中提取 10% 的公积金，用于扩大生产经营、弥补亏损等，提取 10% 的公益金，用于成员的技术培训、合作社知识教育以及文化、福利事业和生活上的互助互济。可分配盈余按照下列顺序分配：一是按成员与本社的业务交易量（额）比例返还，返还总额不低于 60%。二是返还后的剩余部分，以成员账户中记载的出资额和公积金份额，以及本社接受国家财政直接补助和他人捐赠形成的财产平均量化到成员的份额，按比例分配给本社成员，并记载在成员个人账户中。

【生产经营】

1. 完善基础设施，保证园区"血流通畅"。自建社以来，为构建种植晚熟脐橙的必要环境，治理水土流失，在得到农业、财政等部门的大力支持下，多方筹集资金共 200 多万元，新修果园机耕道 6.5 公里，人行梯道 8 000 多米，整修防旱水池 16 口，安装灌溉管道 25 000 余米，基本满足了果园管理的现实需要。

2. 引进优良品种，优化产品结构。按照主业多品、一主多副的结构调整思路，在主业拥有 95-1 晚熟脐橙、奉园 72-1 中熟脐橙的基础上，新引进了奉园 91 早熟脐橙和鲍威尔、班菲尔、切斯列特晚熟脐橙品种，形成了 2 老带 4 新的主业结构。同时，在合作社所在区域海拔 400～600 米内新建清脆李子基地 500 亩，利用畜牧业与果树业共生性强的特点，新建年出栏生猪 1 500 头的养殖场一个，完善了生猪粪便无害化处理和利用工程，形成了猪-沼-果的循环农业模式。

3. 强化技术培训，提高科技水平。合作社以重庆市农技总站和县脐橙研究所作为技术依托单位，常年聘请专家 1 名、技术人员 2 名，按照农业部《绿色食品柑橘生产技术规程》（NY/T 5015—2002），主推"树开窗、园生草、有机肥、生物药、杀虫灯、粘虫板、捕食螨、喷大生、冬防冻"九项综合配套实用技术，实行定期培训与常年驻点指导相结合的方法，同时培养技术能手，赴外交流学习，搞好科技培训。2013 年，合作社先后在保花保果、疏花疏果、修枝整形、测土配方施肥、病虫防治等方面进行了 10 次实用技术培训，共培训成员 3 221 人次。合作社种苗统繁统育达 100%、农资统采统供达 100%、病虫害统防统治达 100%，降低了生产成本。

4. 严格标准化管理，建立质量追溯体系。合作社制定了"投入品监管制度、生产档案制度、产品检测制度、基地准出制度、质量追溯制度"的产供销全程质量监管体系，实施了"十个一"工程，即"技术规程一本书，生产档案一套账，园区通畅一条路，肥水保果一口池，果实增甜一包肥，预冷预贮一间房，理化诱杀一张板，无疫栽植一个罐，以螨治螨一袋虫，绿色防控一盏灯"，确保了产品质量。

5. 注册商标搞认证，创建自有品牌。合作社注册了"铁佛春"产品商标，2013 年申报了 1 000 亩"铁佛春"晚熟脐橙绿色食品认证，并已认证，各项环境检测和产品检测，各项指标均达到了绿色食品标准，形成自有品牌。

6. 兴建储流平台，延长上市周期。除通过早、中、晚熟品种配置外，建社以来一直谋求兴建冷链物流平台，并申报了相关项目，2011—2012 年在市县多部门的支持下，建成了一个占地 2 500 平方米，总投资 680 万元，单次冷储能力达 1 000 吨，集脐橙收购、包装、冷藏、配送、销售为一体的冷链物流中心，确保了脐橙鲜果 1 年达 8 个月的上市周期。

7. 强化市场营销，拓宽市场渠道。合作社坚持以市场为导向的营销理念，贯彻"走出去、引进来"的营销战略，按照依质论价、分级包装的原则，针对不同消费群体，推出精品礼盒、普通礼盒等 3 款 9 个规格的不同外包，与沈阳乾仓农牧开发有限公司，北京新发地农产品交市场签订了长期合同，在重庆、成都、西安、天津、广州设立了奉节脐橙直销点，成功实现了与家乐福、沃尔玛等商业连锁企业的"农超对接"，同时依靠现代网络优势，利用淘宝网开辟了自己的网络销售平台，拓宽了销售渠道。形成了"礼品果＋超市果＋网络果＋散果"的市场营销体系，构建了横贯南北、竖连东西的销售网络。

【主要效果】

成员收入明显增加，合作社通过标准化的生产管理，致使产品外观形象好、口感风味佳，再加统一包装、统一品牌，适销对路，成员产品销售一空，产品销售价格创历史新纪录，2014 年礼品果均价 8.00 元/千克，超市果均价 5.00 元/千克，网络果最高价 16.00 元/千克，散果均价 3.00 元/千克。

2012 年销售脐橙 3 500 余吨，销售收入 1 540 万元，利润 108 万元，2013 年销售脐橙 4 000 吨，销售收入 2 235 万元，利润 168.5 万元，2014 年销售脐橙 4 800 余吨，销售收入 2 835 万元，利润 208.5 万元，户均增收 7 800 元。带动周边农民致富，合作社在带领成员增收的同时，还带动了 1 513 个农户种植脐橙 3 000 亩以上，年产量近 4 000 吨，并在品种更新、常规技术、标准化管理等环节上建立定期现场交流机制，充分发挥辐射带动作用，据测算：被带动农户年户均可增纯收入 1 200 元左右。果农利益得到保护，合作社通过订单销售，统一了销售指导价，形成了鲜果及时销售的良性营销机制，提供了外地客商良好的收果环境，避免了无序竞争和烂果现象的发生，保护了果农和客商利益。同时，合作社形成了"二次返利"机制，重庆日报记者在采访本社成员袁作凤时如是说："过去，我们的农产品苦于卖不出去，自从加入了农民合作社，我们就不愁了。社里收购我们的脐橙每斤 1.5 元，返利分红每斤 0.3 元，7 亩地的'二次返利'让我多收入 6 000 多元。"产业结构得到调整，合作社所在地脐橙生产虽有明显的产业优势，但可发展空间仍然很大，其通过标准化生产、品牌化经营带来的红利促进了产业结构的进一步优化，同时还带动了商贸流通、运输、加工、服务等产业的发展，使资源优势变为了经济优势。合作意识显著增强，合作社建立后，通过培训，合作的意识在加强，互帮互助传统在发扬，生产合作的范围在扩大，共闯市场的氛围在形成，密切了成员与成员、成员与合作社、合作社与政府之间的关系，形成了良性社会合作机制。

（中国优质农产品开发服务协会供稿）

重庆蜀都农产品股份合作社

【合作社法人代表】 吴书柱

【成立时间】　2010 年 8 月

【所在地点】　重庆市璧山区委党校

【基本情况】

重庆蜀都农产品股份合作社于 2010 年 8 月，在重庆市有关部门和璧山区有关部门支持下，由 5 名在职大学生、29 户蔬菜种植户和 5 名西南大学、新疆农业大学教授联合注册成立，注册资金 264 万元，发展社员 1 000 多户，辐射种植面积 50 000 余亩。

【生产经营】

合作社主营三个方面。

一是"农超对接"。重庆蜀都农产品股份合作社的社员种植的蔬菜品种齐全、丰富多样，包括丁家镇的儿菜，璧城街道的番茄、黄瓜，健龙镇的莲藕，大兴镇的食用菌，七塘镇的方家苕尖，大路镇的黑色蔬菜等。在公司技术指导和合作社的帮扶下，蔬菜产品在不断做大做强，影响力也在不断扩大，为当地超市源源不断地提供新鲜蔬菜，大大丰富了当地市民的菜篮子。二是"农校对接"。合作社成立后，重庆市时任副市长马正其召开落实农校对接会议后，合作社在璧山县政府的指导支持下进一步开展了农校对接。至 2012 年 6 月，合作社与重庆大学、重庆师范大学、第三军医大学、中国人民解放军后勤工程学院、重庆警官职业学院、重庆城市管理职业学院、重庆医药高等专科职业学院、重庆电子工程职业学院等 12 所高校的后勤食堂进行相关合作，现每日供销量 20 000 斤左右，每月在 400 吨以上，年供应 6 000 余吨。农校对接优势显著：首先是蔬菜质量，蔬菜无比新鲜，相当于基地直接到饭堂，更营养可口；然后价格，农校对接相当于直销，减少了诸多中间环节，集中规划销售，极大降低了成本提高效率，更能为食堂提供物美价廉的菜品，0.4～0.5 元钱的菜比市场一元多的还好。安全和货源都有保障，安全方面：蜀都合作社有专门的采购流程，配送全程视频监控，设有样品室和农药超标检测室，确保质量安全。货源方面：璧山县政府对菜篮子工程十分重视，基地投入不断加大完善，有基地作为保障，季节菜生长快、挂果时间长、产量大，为高校食堂持续提供蔬菜起了保障作用。由于农校对接的成效和作用，更多的学校，不但是高校，许多中专院校、高初中学校、幼小学都主动联系我们蜀都合作社进行对接。三是"农社对接"。建立东方锄禾农产品社区连锁直营店，"公司＋合作社＋农户＋社区"模式充分体现了社区支持型农业核心，有效地将种植农户与社区住户直接联系起来，充分保证了两者利益，实现两稳，"农民收入稳，市民菜价稳！"在重庆市、璧山区农委、商委、工商局等部门指导下大力开展农产品直营店建设，于 2013 年年底在沙坪坝区和璧山城区建成直营店 15 家，充分体现了"东方锄禾"农产品连锁直营超市"生态、自然、健康"的经营宗旨，展示地道农耕风格，逐步实现卖场农产品可追踪和标识，让市民吃上可追溯源头的放心农产品。

（中国优质农产品开发服务协会供稿）

普洱市宁洱县漫崖咖啡种植专业合作社

【成立时间】　2012 年 3 月 29 日

【所在地点】　云南省普洱市宁洱哈尼族彝族自治县普义乡

【基本情况】

云南普洱市宁洱县漫崖咖啡种植专业合作社，于 2012 年 3 月 29 日在普洱市宁洱哈尼族彝族自治县工商行政管理局登记注册，社员户数已经发展到 127 户，社员出资总额 700 万元，共有种植面积 7 674 亩。合作社成立以来，按照章程的业务范围组织开展服务，供应成员所需的生产资料；组织采购、收购、销售生产的产品；开展成员所需的运输、贮藏、加工、包装等服务；引进新技术新品种、开展技术培训、技术交流和咨询服务。

【生产经营】

合作社基地位于宁洱县东部、海拔800～1 200米的北回归线旁、美丽的李仙江畔、生态优美、植被丰厚的普义乡境内。经过10多年的咖啡种植经历，咖啡场在不断地发展，拥有全套国际先进水平的咖啡鲜果加工流水线和完善的管理体系，是宁洱农业支柱产业的龙头企业。现已拥有一个原料级咖啡初级加工厂，年产小粒咖啡鲜果6 000余吨，原料级咖啡豆1 000余吨；一个精深加工车间，年产精加工烘焙咖啡豆（粉）160吨、拼配三合一速溶咖啡80余吨，10个种植管护生产队，1个种植试验片区，4条咖啡鲜果脱皮农业初级加工生产流水线和1个养殖分厂。经过长期的经营探索，咖啡场现已有10年以上理论与实际工作经验的专业技术人员20余人，拥有完善的管理体系，合作社于2013年申请中国国标有机咖啡、欧盟有机咖啡认证，已获得国标有机咖啡、欧盟有机咖啡转换证。合作社咖啡基地被评为农业部热作标准化生产示范园、云南省农业科技示范园、云南省休闲农业与乡村旅游示范基地。

合作社成立以来，按照章程的业务范围组织开展服务，建立健全了组织机构、民主管理和财务管理制度。对社员开展了种植技术培训，培训达到600余人次，提高了社员的合作意识、经营素质与生产水平，对社员的咖啡进行统一销售，提供运输、加工、储藏、包装等服务。

合作社的主要产品是咖啡豆、焙炒咖啡豆（粉）。通过近年的发展，合作社的咖啡产品除销往省内各洲（市）外，还远销深圳、上海、北京等城市。"漫崖"咖啡于2013年12月获得云南省著名商标称号。

【经营成效】

宁洱县漫崖咖啡种植专业合作社，累计开展技术培训600多人次，主要培训咖啡种植、生产、管理技术、病虫害防治，把科学技术成果有效地转化为生产力。提高了社员的合作意识、经营素质与生产水平。合作社对社员开展了运输、加工服务，统一了产品标准，增强合作社的凝聚力和社员对合作社的向心力。对社员采取统一供苗、统一技术指导、统一病虫害防治、统一销售价格、统一技术培训，实现栽培、管理、销售"一条龙"服务，对产品进行最低保护价，保护社员利益，消除后顾之忧。在市场价格不稳定时，按高于市场的价格收购。合作社组建以来，社员人均收入从4 000元增至6 000元，增速远远高于当地农民人均纯收入增长幅度。2014年，合作社实现销售收入306.06万元，利润52.32万元，社员人均纯收入6 000元，比2013年社员人均纯收入4 000元高出33.33%。

【未来规划】

在未来的几年中，合作社会加强自身建设、健全完善合作社的科学管理机制，全面提升合作社的生产能力。严格按照"分散经营、集中管理、统一营销"的原则，认真履行服务、教育、宣传、协调、管理、监督等职责，充分发挥桥梁和纽带作用，促进当地咖啡产业持续健康发展。

（中国优质农产品开发服务协会供稿）

优质农产品生产企业（选登）

秦岭鲜都生态农业股份有限公司

【法定代表人】 宋元

【成立时间】 2011年7月4日

【企业注册地址】 西安市凤城二路经发大厦1幢1单元11层11101室

【基本情况】

秦岭鲜都生态农业股份有限公司是致力于秦岭猕猴桃产业发展与品牌运营的旗舰企业。秦岭鲜都天然野生猕猴桃是秦岭地区纯天然长成的佳果，是源于自然、科学生产、生态安全的特色果品，是传递健康、高值营养、享用品质的尊贵商品。西安市猕猴桃产业技术创新战略联盟理事长、秦岭鲜都生态农业股份有限公司董事长宋金典认为，将发展天然野生有机食品作为发展新策略具有重要性和紧迫性。为此，秦岭鲜都生态农业股份有限公司大力推进天然野生有机食品生产安全体系建设，提出了"天然野生猕猴桃"的产品定位，并以发展天然野生的有机水果，改善果品品质为宗旨，大力推进秦岭猕猴桃产业发展。

产品是品牌的载体，优秀的品质是品牌坚实的基石。对于一个品牌来说，尤其是农产品品牌，最重要最关键的就是质量问题。现在国内水果市场，鱼目混珠、以次充好的果品太多，尤其是猕猴桃，很多使用了"双剂"，早采果、残次果遍及市场。消费者很难吃到高档次、优品种、好质量的天然野生猕猴桃。其实，这对于秦岭鲜都而言，是一个机遇。本着对百姓食品安全负责任的态度，提出"天然野生"的市场定位，就是要严抓质量，保障天然野生的产品品质。从品种的研发、接穗、剪枝、销售等全产业链各环节严格把关，保证进入消费者手中的猕猴桃是绿色的、无污染的、健康的、优质的、好吃的、不含任何化学添加剂的。随着人民生活水平的提高，对绿色有机水果的需求日益增大，只有把果品质量抓好，才有更大的施展风采的空间。

在人们越来越重视天然绿色食品的当下，保证果品的品质尤为关键。天然野生有机食品在生产加工过程中绝对禁止使用农药、化肥、激素等人工合成物质，并且不允许使用转基因工程技术。秦岭鲜都天然野生猕猴桃较之一般的养殖猕猴桃在种植过程中有很大的区别。养殖猕猴桃会喷洒农药、使用化肥，秦岭鲜都天然野生猕猴桃是纯天然长成的，绿色无污染，不含任何化学添加剂。从种子选育、生产基地、采摘时间、农残检测、果品筛检、运输、储存、包装层层把控，以近似苛刻的要求保证天然野生的纯正味道。五大独特因素也造就秦岭鲜都天然野生猕猴桃的优良品质。一是品种稀有。二是得天独厚的地理优势。三是先进的科学技术。四是万吨有效的储备实力。五是全产业链的发展实力。

随着我国农业和农村经济进入新的发展阶段，农产品质量问题已成为农业发展的主要矛盾之一。在现代农业中，农药、兽药、饲料、动植物激素等农资使用不断增加，确实为农业生产的发展发挥了积极作用。然而，这些物资的不规范使用，由此而引发的农业水土流失、土壤生产力下降、果品与农业环境污染、生态环境破坏等问题也不容忽视。农产品质量安全问题的存在，不仅危害人们的身体健康，损害消费者的合法权益，而且还严重影响农产品的出口，损害我们的国际形象。人们的食品安全意识、环保意识正在不断提高，对日常生活中的食品质量提出了新的要求，需要更接近自然、更为安全、优质的农产品以满足人们对健康的追求。

对于农产品面临的产品安全问题，秦岭鲜都生态农业股份有限公司采取政府主导、企业带动、市场拉动和农民合作经济组织合伙推动四种模式相结合的方式，建立了高产、优质、高效和特色农产品绿色种植基地。在农业的生产、加工、包装、运输等环节，秦岭鲜都积极推广实施标准化，确保食品安全，在大自然的生态环境中，秦岭鲜都选择最佳生态环境建立基地、选取最优质品种，科学规范管理，按照绿色有机农产品良好操作规范栽培管理，实现全程可追溯的产业链技术体系，形成了独具特色的开发经营模式。秦岭鲜都猕猴桃是源于自然、科学生产的有机果品，无公害产地环境是秦岭鲜都猕猴桃的根，营养健康品质优异是秦岭鲜都猕猴桃的魂，消费者信赖是秦岭鲜都猕猴桃的本。

注重品牌的打造是中国果品流通的发展趋势。想要在大的市场中站稳脚跟，促进猕猴桃产业大发展就必须要有品牌意识。秦岭鲜都不断提高猕猴桃果品质量、开辟高端市场，通过科技支持和人才提升，来打造、叫响秦岭鲜都品牌。同时，研究栽培优质果树苗木，在发展高端果品种植上下功夫。第一，果品生产由数量扩张向质量品牌提高转变。水果生产重点围绕标准化、市场化、品牌化、产业化和组织化，进行产业科学发展。大力实施水果品牌创优工程，大面积提高水果种植技术含量，引导果农逐步实现生产规范化运作。第二，果品生产向优势区域集中。水果种植向优势产区集中，通过合理的区域布局，形成优势产业带。第三，优质及优势品种推广。优质及优势水果品种广泛受到消费者的欢迎，并形成了较高的市场价值，给果农带来丰厚的收益。秦岭鲜都以创立品牌来推广优质及优势水果品种，进一步优化树种结构、品种结构。

猕猴桃是我国特色的民族产业，是一座巨大的财富金矿。秦岭鲜都生态农业股份有限公司经营团队博观而约取、厚积而薄发，誓做行业国际品牌航母。

（中国优质农产品开发服务协会供稿）

美 庭 集 团

【企业注册地址】西安市科技路 209 号新西蓝 3 号楼 1 单元 2 层 10207 室

在西安，"找有机，就找美庭"众口相传，让美庭集团每一个为之付出心血的员工感到欣慰。在美庭人看来，有机不仅是安全的象征，而且代表着一种生活态度。源于此，因绿建筑生态规划知名的美庭集团近年来开始发力有机农业。短短几年就确立了在西北

地区有机蔬菜领域的领先地位，知名度和美誉度俱佳。这不得不说是一个商界传奇。有机农业美庭集团在中国内地的事业起步于东部沿海，涵盖制造业与国际商贸。

2008 年，美庭响应中国政府西部大开发的号召，以"西安美庭建筑环保科技有限公司"（以下简称"西安美庭"）为平台进驻西安，将屡获奖项的绿建筑生态规划实践与思考引入中国内地。翟所强兴奋于中国新农村建设的倡导与规划，同时也敏锐地意识到：如果终端没有产业的支撑，新农村建设便无法落到实处。在与西安市城乡建设规划局讨论新农村建设方案的过程中，美庭集团灵敏地嗅到了大陆有机农业市场的天赐良机，由此坚定了打造国际标准的中国品牌农业领头企业的决心。

翟所强深知未来农业需要专业知识与技术、科学及创新做后盾，而美庭在农业领域恰恰属于空白，毫无基础可言。为此，翟所强四处邀贤访才，终于换来了现任"台湾农委会"主委、台湾大学生物资源暨农学院院长陈保基教授以及历届院长的鼎力支持。不得不说，美庭集团最终确立投身中国有机农业的决心，并选择在杨凌作为起始点，完全受益于陈保基教授具有战略高度的点拨：中国西北干旱及半干旱地区占中国土地 2/3 的比例，只要能解决这片土地的种植难题，就将为解决全球的粮食危机做出重大贡献。而解决种植难题，要做就要做最高标准的有机农业。于是，就有了杨凌美庭两岸农业开发有限公司，也是第一家进入杨凌国家农科城的台资企业。

2010 年春节前夕，西安某单位的一位负责人偶然接触并品尝到美庭有机蔬菜，便找到美庭的一位市场代表，称其单位需要 500 盒有机蔬菜礼盒，问美庭是否能供应。这位市场代表当即回答说："由于今年是试种，恐怕无法提供。"该负责人听完后不禁感叹："如果所有企业都这么诚信，中国就不会有这

么多食品安全问题，也不会有假冒伪劣的产品了。太多的企业过于注重订单，而忽略质量与安全的保证。"

（中国优质农产品开发服务协会供稿）

广东荣诚食品有限公司

【法定代表人】　刘维雄
【成立时间】　2000 年 2 月 1 日
【企业注册地址】　广东省汕头市升平工业区沿河路 40 号
【基本情况】

荣诚食品有限公司是汕头市一家企业，有生产规模却没有知名度与销量，典型的大企业小品牌。为"荣诚"创造品牌的故事是从标志开始的，标志对于品牌而言意义非同一般，它作为一种特定的符号，实际上已经成为品牌文化、个性、联想等综合与浓缩，可谓小中见大，微中见著。"荣诚"品牌的标志如能深刻反映品牌的策略与内涵，并与消费者心理产生共鸣，就能为品牌的发展起到积极的推动作用。

"祖传家业"可以是一种体现市场传统，实现品牌价值的差异化方法。一个产品被公认为"祖传家业""历史悠久"的时候，就意味着这种产品经受住了考验，在长期的"投票选举"中获得了消费者的认同，当然也是正宗的。然而，荣诚成立于 2000 年，没有什么历史可言。因为任何广告传播的首要目标都是提高人们的期望值，造成一种假象，即该产品或服务会产生你期望看到的奇迹，而且奇迹转眼之间就会出现了。于是，荣诚食品的形象定位为：传承百年老店，缔造经典传奇。

以"荣诚月饼坊"来为荣诚食品打上"老字号"的标记，在"荣诚月饼坊"，有百年的金字招牌，有印制月饼的模具，有名家的提字，有小徒弟，更有头发花白的老师傅，你看他手执模具认真地制作月饼的样子，就

像在雕琢一件工艺品，各式各样色泽鲜艳月饼外形精致，图案精美如"嫦娥奔月""银河夜月""三潭印月"等，以月之圆及人之团圆，以"荣诚月饼坊"把消费者带回手工作业时代。这时候手工制作的好过机器生产，有传统有历史的生产方法也起到很好的品牌差异化的作用。

荣诚食品的标志以"荣诚月饼坊"中那些古朴的道具中跃然纸上。标志中古褐色背景代表荣诚的历史悠远和追求圆满的企业精神，两个古典的嗣童与一个古远的月饼模传承着经典，略微跳跃的古典嗣童形象显示企业向上的勃勃生机。标志外围的方正符号象征了荣诚遵循公正、公平、诚信的企业理念，与"诚信立业　荣耀百年"的品牌口号相呼应；打开的方正符号突显了荣诚锐意进取，四通八达，缔造经典传奇的信念。整个标志以历史、方正、通达、创新为品牌定位核心，在遵循空间美学原则的基础上，合理组构主要概念元素，并以此演绎出设计走向，奠定了标志的整体视觉基调。英文命名为"WINSOME"。中文释义为"引人注目的、迷人的、可爱的"，具有积极向上的意义，它的发音与"荣诚"的粤语发音相近。

如果仅停留在那些古朴元素层面，要消费者付出高价格，诱惑力是不够的，因为那只是些浅层次的品牌价值。那么，什么地方制作的月饼最有高级感？是北京的生产的"京"式的还是广州制作的"广"式的；是天津制作的"津"式的还是香港生产的"港"式的……经过分析人们觉得来自香港生产的月饼价值最高，他们愿为此付出最高的价钱，这样广东汕头荣诚食品公司便注册了一个香港的背景作为品牌背书。可是，品牌形象有这些硬性的基础视觉元素支持还不够丰满生动，一些人会出于品牌的创意而购买这个牌子的月饼，好奇心不能形成固定的消费群，还需要赋予品牌以个性和理念，并编造一些关于荣诚的动人故事，来增加文化感染力。

例如，肯德基除了好吃的鸡翅与鸡块外，也联想起 Sanders 上校 65 岁创业的故事……使得消费者在购买荣诚月饼时，产生品牌联想，在感觉上获得一种附加值。

围绕这一品牌感动策略，一个动人的品牌故事的诞生了：1911 年，刘德荣先生在香港的古寺街，觅地建号"荣诚月饼坊"。在月圆之时开业，聚才子佳人举行了吟诗月的活动，一时被传为美谈。当时物资紧缺，但刘先生以精湛的技艺，揉搓细面尘，点缀胭脂迹，制造出可口的月饼及杏仁饼……20 世纪四五十年代，"荣诚月饼坊"已初具雏形，刘德荣在传统月饼口味上不断创新，率先制作出果馅料的月饼，使月饼品种更加丰富……及至 80 年代，"荣诚月饼坊"注册为荣诚食品有限公司，在港澳以及全国各地成为知名品牌，并远销东南亚……名师巨匠的作品犹如天籁，可以穿越世俗的防线，沁润人的心灵。精品犹如艺术，是感性与理智的结晶。荣诚食品以精致的工艺，优雅的外观设计，绿色的天然材料，使食品成为璀璨的珍品。

一百年，对于生命，已完成了一个轮回，对于荣诚，却是一笔日益增值的品牌资产，当传统美德旁落时，当人文素养贫乏时，一个传承经典的百年老店愈发弥足珍贵。故事营销通过运用故事来演绎"品牌价值"，通过故事情节的生动性、感染性、流传性来传播品牌，利用演义后的企业相关事件、人物传奇经历、历史文化故事或者杜撰的传说故事，激起消费者的兴趣与共鸣，是提高消费者对品牌关键属性的认可度的一种营销方式。发生在"荣诚月饼坊"的品牌故事，感动了我们，也感动了客户，以传统的怀旧情调，在企业网站、手册、广告传播、终端形象中从容展开画面：糅进了中国式的浓郁文化，古朴的真挚的乡里亲情，似流淌的清泉，滋润着人们的心田。荣诚食品的品牌价值也在怀旧中创出新意，在传统中创造出价值。

（中国优质农产品开发服务协会供稿）

宁波市明凤渔业有限公司

【法定代表人】 沈岳明
【成立时间】 2011 年 12 月 25 日
【企业注册地址】 浙江省余姚市黄家埠镇横塘村
【基本情况】

"明凤"甲鱼这个品牌，在浙江耳熟能详。经过 20 多年的发展，沈岳明所创办的宁波市明凤渔业有限公司已形成了科研、生产、销售一条龙产业化体系，现拥有中华鳖核心基地 1 300 多亩（余姚产业园 800 余亩，姚江产业园 500 多亩），野外基地 3 000 亩，联营基地 10 000 亩，具有从孵化到养成的一流中华鳖繁育、生产设施。"明凤"品牌，已先后被评为中国驰名商标、国家无公害农产品（浙江水产品首家）、浙江名牌产品等。沈岳明也从一个曾经的门外汉变为当地有名的"甲鱼司令"。

沈岳明不仅准备延长甲鱼行业的产业链，对甲鱼进行食品精加工，提取精华，做背甲、骨头等衍生产品，还准备进一步弘扬和宣传甲鱼文化，使人们对甲鱼的营养价值有更深的认识。沈岳明说："希望到 2030 年，让 60% 的华人都能吃上'明凤'甲鱼，让他们更健康、更长寿。"为了达到这一目标，主要从三方面着手：首先，扩良种，建良种基地。目前正在向政府争取租赁 3 万亩杭州湾新围涂地，前期实行虾鳖模式生产野长甲鱼，在实现土质改良的同时，建立农渔生态示范产业园；后期将其改为良种基地，通过供应优质苗种与农户合作，带动宁波甲鱼产业整体发展。把宁波打造成为中国名品甲鱼主产地和名品甲鱼集散地。其次，建团队，做销售。为做好明凤甲鱼公司种业、生产、市场、加工、文化等产业链深化工作，企业将采取柔性人才引进办法。积极吸收刚退休的专家级领导以专家顾问团形式加盟企业，且积极与各类人才院校、专业公司开展合作，并建立企业培训中心。三是做好甲鱼产业链深化、延长工作，注重市场营销网络建设，以"专卖树形象，餐饮做拉动，特通搞突破，零售建网络，贸易上规模"作为核心渠道。

"明凤"甲鱼强调原生态的成长环境，在养殖生产过程中不施用任何药物，全过程均在野外越冬、生长，采取物竞天择，适者生存原则，强制淘汰病弱甲鱼。与此同时，利用生物食物链原理，将甲鱼放养于滨海基地，采用虾鳖套养模式，以活虾为饵，让甲鱼在虾塘里自寻抢食活虾，优胜劣汰，这样出产的甲鱼，活力足，质量好，价值高、口感好。至于优势，首先是鳖种好，一般亲种 5 年就能繁育，而"明凤"甲鱼要求 8 年以上的亲种繁育的苗鳖才用于培育。同时，还强调活水源和活饵料，不使用抗生素药物，以零添加、零药物、零激素的三零标准追求甲鱼适者生存的自然规律，强制淘汰病弱甲鱼，让"明凤"甲鱼自身增强体质抵抗病害。因为，自然选择的甲鱼色泽光亮，裙边宽厚韧度好，脂肪少、肉质多，口感也好很多。

目前，采取的方式主要是企业的养殖基地一直是常年对外部开放，消费者可以随时来参观。同时，公司也策划组织"明凤甲鱼基地一日游"活动，邀请消费者和居民免费到基地参观。至于全程追溯系统，是下一步的准备，力争使生产过程的每一环节都实现透明化，并借助信息化手段，实现全程追溯。确保上市的每一只"明凤"甲鱼都有源可寻。

"余姚甲鱼"已成浙江余姚首个通过农业部认证的国家地理标志农产品，同时"明凤"商标也获得了"中国驰名商标"的称号。区域品牌具有集聚效应、经济效应和品牌效应，可以推动产业结构优化和增强产业竞争力，借助区域品牌形象的提升，带动余姚甲鱼整体形象提升。通过对区域品牌开展营销活动，并借助余姚文化气息浓厚，让余姚甲鱼走出余姚，走向全国。"余姚甲鱼"这个区域品牌

也需要全体甲鱼企业共同维护，在基础上又百花齐放，因各企业生产规模、生产方式、经营理念、资源优势等各有千秋，各方各显其能，分占这个大蛋糕的份额。因此，未来企业会坚定不移地支持和拥护余姚地理标志品牌，同时将按照既有的品牌策划持续前进。

浙江甲鱼产量虽然居全国接近一半，但多以温室甲鱼为主，且集中在杭嘉湖一带。由于前几年甲鱼行情较好，致使大量的散户及跨行业投资者纷纷介入甲鱼养殖，致使甲鱼供过于求，价格猛降。而且，随着消费者对品牌意识和保健意识的增强，越来越多的消费者已从关注产品价格转为追求质量，进一步加剧了甲鱼库存积压，价格下跌。不过，对"明凤"甲鱼来说，价格波动丝毫不受影响，因为有自己固有的销售渠道和目标消费群体。

目前，"明凤"甲鱼面临最大的问题是土地空间发展受限，这制约了明凤甲鱼的发展规模。另外，产销连接有待加强、市场营销也有待提升。同时，挖掘甲鱼浓郁文化，扩大区域品牌影响力。以中国甲鱼文化节品质提升为切入点，从历史文化传承角度，挖掘宁波中华鳖捕捞和饮食文化内涵，提升宁波市中华鳖休闲渔业的文化含金量。

（中国优质农产品开发服务协会供稿）

洛川美域高生物科技有限责任公司

【法定代表人】　薛云峰
【成立时间】　2010 年 12 月 15 日
【企业注册地址】　陕西省延安市洛川县凤栖镇苹果产业园区
【基本情况】

洛川位于陕西省延安市南部，210 国道穿境而过，地理位置优越，交通四通八达。洛川是世界最佳苹果优生区和中国苹果优生区的核心地带，迄今已有 50 多年的苹果栽培历史，素有"苹果之乡"的美誉。

洛川县民营科技企业——美域高生物科技有限责任公司创建于 2011 年。公司位于洛川县苹果产业园区，占地约 19 亩，目前已经发展为集苹果苗木繁育、苹果种植、加工、冷链储藏、销售为一体的综合性企业，是延安市第五批市级农业产业化龙头企业。公司主要生产美域高果维素功能性饮品、美域高苹果醋、苹果脆片等苹果加工品。美域高全系列产品是以美域嘉合作社苹果基地生产的鲜苹果为原料，以农产品质量安全体系为保障的天然加工品。公司以西北农林科技大学为技术依托，并拥有先进的水果加工、饮料罐装生产线和领先国内的酿造工艺流程。美域高在北京、广州、西安设有分公司，在上海、北京、杭州、西安等城市拥有 16 个直营延安洛川苹果专卖店。

公司旗下的洛川美域田园苗木繁育有限责任公司，是一家集生态观光、苗木、花卉生产、科研、销售及绿化工程设计施工为一体的大型现代化苗木繁育企业。繁育基地现有管理及专业技术人员 15 人，经营面积 200 余亩。其中科研试验区 10 亩、示范推广区 50 亩、生产区 150 亩和其他 40 亩。规划建设温室 2 000 平方米，组培室、科研楼 1 500 平方米，总投资达 600 万元。目前，已繁育苗木 20 多个品种，数量 100 多万株。基地以西北农林科技大学作为科技依托，按照现代企业运行机制，利用区位优势，建成集引进、试验、示范、繁育、推广为一体的全省一流、西北领先的苗木繁育中心和生态观光园。建成后，预计年生产各类优质苹果苗木 1 000 万株，届时一个集花、草、苗、种、鱼等生产、销售、观光为一体的多功能、生态型高科技林业园区与旅游观光区将展现在世人面前。

为促进洛川苹果产业发展，实现苹果标准化生产，规模化经营，提高果农的务果水平，按照"合作社＋基地＋农户""龙头企业＋专家指导＋种植基地＋订单"的经营模式，和"政府引导、产业带动、农民自愿、市场调节、依法规范、有序流转"的要求，在稳定和完善农民果园生产管理形式、土地所有权不变的基础上，在老庙镇化石村组建了美域嘉苹果专业合作社，通过果园全程技术托管式流转果园 1 200 亩。合作社下设生产基地部、农资供应部、财务部、技术培训服务部、苹果营销部等。美域嘉苹果专业合作社的成立，不但提高了农民组织化程度、提升了苹果产业化经营水平，而且在促进农民增产增收等方面发挥了积极作用。合作社负责人表示，合作社以民办、民管、民受益为宗旨，以统一技术托管服务为基础，以统一物资供应为手段，以统一苹果销售为重点，以提高果农收入为目的，引导果农走"果畜结合、有机栽培"之路，全力搞好果农苹果的产前、产中、产后服务。

2014 年，上海美域高农产品有限公司在上海注册成立，它是美域高生物科技有限责任公司全产业链发展的重要环节之一，公司主要负责市场调研、市场开发战略规划、品牌战略的推进、销售体系的构建、服务系统的完善等工作。

公司负责人表示，在市场开发过程中，公司始终坚持以市场为导向，以消费者为中心，实时研究市场，洞察发现市场机遇，勇于突破自我，不断创新销售方式，丰富服务内涵。

目前，"美域高"品牌已经在以上海为中心的华东苹果市场初具影响力，在上海、北京、广州等一线城市已经有 16 家洛川苹果直营店，同"北京本来生活、上海城市超市"等 20 家大型知名电商、超市建立了直通车合作关系，与上海东方 CJ 电视购物、中粮我买网、民生银行积分商城的合作谈判已经完成，2014 年 10 月新苹果上市后，双方将进入实际运作阶段。

精益求精，追求卓越。洛川美域高在不断发展壮大的过程中，摸索经验、探索创新，制定科学合理的发展规划，续写美域高自己的华彩篇章。

（中国优质农产品开发服务协会供稿）

上海丰科生物科技股份有限公司

【法定代表人】　吴惠敏
【成立时间】　2001 年 12 月 17 日
【企业注册地址】　上海市奉贤现代农业园区高丰路 968 号
【基本情况】

作为中国珍稀食药用菌驯化培植的领导者，上海丰科生物科技股份有限公司（以下简称为丰科）就一直以"健康为民"的核心价值观服务于社会，积极倡导"菇道养生"文化。如今，这家 2001 年在上海成立的企业，已成为国内最大、最先进的珍稀食药用菌驯化培植企业。

13 年来，丰科积极响应政府从"米袋子"到"菜篮子"再到"餐桌子"的民生工程，推动国人膳食结构的合理化。以"新鲜、安全、营养、珍贵"的产品理念，先后成功驯化御茸菇、珍茸菇、鹿茸菇等高档珍稀食药用菌，满足了市场的需求。不过，丰科这 13 年的历程却走得并不顺畅，毕竟当年食用菌行业在我国还属于新兴行业，还存在生产规模小，产业化经营程度低，产品质量档次不高，标准化生产、加工、包装、保鲜、运销跟不上，科技开发力量薄弱，生产方式落后等问题。

从日本和韩国引进了当时国内最先进的食用菌工厂化生产设备以及现代化控制系统，开辟了约 30 亩的食用菌工厂化厂区，开始了对珍稀食用菌蟹味菇等进行大规模工厂化栽培与研发的艰难历程。由于大部分生产设备都是由日本引进，很多细节与中国的生产工艺并不匹配，说明书又全部是日文，这给丰科的技术人员增加了极大的困扰。由于设备价值昂贵，在摸索的过程中他们承受着巨大的心理压力，每一个细节都必须考虑周全，

每一次操作都必须经过缜密的分析。同时，制度如何完善、管理流程如何规范、人员分工如何明确等一些经营管理问题都摆在眼前，都需要探索。

由于前期资金基本上全部都投入到设备引进、厂房建设等项目中，办公条件十分简陋，没有空调，仅一台电脑、一辆货车，总经理、副总经理等高层领导经常要亲自上阵。工人数量并不多，冯志勇便带领其他几位领导亲自上阵，终于使第一批蟹味菇成功产出，并于 2002 年 12 月 31 日获得由上海市农产品质量认证中心颁发的上海市安全卫生优质农产品标志使用证书。

不过让人遗憾的是蟹味菇产品虽然于早些时候已在日本开始流行，但中国老百姓们却知之甚少，如何打开国内市场，如何让大众们接受，成为丰科首要考虑的问题。营销副总刘建雄不负众望，做出"我们的蟹味菇走进超市"的决定，丰科在易初莲花超市悬挂统一展板、发放配套菜谱，开创了农业企业在超市进行系列宣传的先河。而为了一步一步打开市场，刘建雄坐着公交车、靠着双腿跑遍了上海各大繁华路段的酒店，他们带着菜谱、带着产品挨家挨户地推销，送样品、试吃、回访、调查、分析。靠着这种精神，丰科的产品逐渐从卖不掉发展到卖掉 70%～80%。

经过多年艰苦卓绝的奋斗，丰科终于探索出了一条具有中国特色的珍稀食用菌产业化道路。丰科食用菌生产基地成为了全国蟹味菇最大的生产基地，从创建之初的日产 0.5 吨发展到现在的日产 78 吨，占据了国内 85% 以上的市场份额。丰科自创建之初，就明确了"充分利用科研平台，加大科研力度，创建高科技的食用菌生产基地，以信誉树形象，以质量创品牌"的战略目标，在发展过程中高度重视品牌的运作与建设。随着公司的快速发展，以质量为核心的品牌方针在公司中的地位显得更加重要，已成为丰科总的

行为准则。

因此，丰科把品牌战略作为他们的首选战略来支撑公司的发展：不仅是生产一种菌类的产品，更多的是提供一种健康的产品，提供一种健康的生活方式来引导大家进行消费，满足人们对健康生活的更高需求，与消费市场的直接对接，推动健康产业的发展。他们把打造中国珍稀食药用菌第一品牌作为第一使命，确立了"鲜菇道，养生道"的品牌主张。

丰科还积极承担国家、市级各类科研项目，不断提升企业的研发水平和技术攻关能力。先后荣获"全国绿色食品示范企业""全国食用菌行业最具影响力企业""中国名牌农产品""国家农业综合开发项目""跨国采购中心食用菌生产基地""国家农业科技成果转化项目"等国家级荣誉。

作为一家生产蟹味菇的领先企业，丰科10多年来的优秀品质已经深入人心，这得益于丰科在配方改良方面的侧重。一直以来都有其他公司出于成本方面考虑缩短生产周期，丰科却并没有完全走这条路。丰科曾对产品的周期方面有过慎重的考虑，由于达到一定周期的产品，往往品质会更加稳定，消费者也是非常认同，所以他们更多考虑的是产品原生态方面，比如在丰科蟹味菇的配方里面还是会适当地使用一些木屑的产品等，这进一步提升了产品的品质。

如今，丰科以信誉树形象，以品质创品牌，不断开拓市场。丰科产品享誉海内外，赢得了良好口碑。在国内市场，丰科以上海为营销总部，构建起以长三角、珠三角、环渤海为中心，辐射全国的营销网络。丰科营销强调生产商与分销商的纽带联系，提倡"价值链共享"理念，构建区域营销价值链，培养稳固的分销团队，并为其经营管理和市场开拓提供全方位的服务支持。丰科在行业内率先实践通路精耕的销售模式，以稳固并不断提高丰科产品的市场占有率。在国际市场，丰科作为中国首家通过 GAP 认证的企业，产品远销北美、欧洲、东南亚等 20 多个国家和地区。

（中国优质农产品开发服务协会供稿）

浙江枫泽园农业科技开发公司

【法定代表人】 陈杰
【成立时间】 2012 年 10 月
【基本情况】

浙江省台州市黄岩城区往西 23 千米处，有一座名为长潭水库的秀丽景区，水库当中有座桃花岛，岛上林木苍郁，植物丛生，植物种类达 78 科、850 多种，被当地人称之为"海岛植物园"。从 2014 年春天开始，桃花岛又迎来了它的新伙伴，位于台州市路桥区的浙江枫泽园农业科技开发公司（以下简称枫泽园公司），他们利用岛上橘林遍山、梯次排列的自然优势，在桃花岛上开始了铁皮石斛的大规模原生态立体种植，使原本就很秀美的小岛更显妖娆。

提起石斛，人们并不陌生，它是名贵的中药材，而铁皮石斛又是石斛类药材中最为名贵、药用价值最高的一个品种。3 年前，铁皮石斛被枫泽园公司选作进军农业领域的切入点。在此之前，陈杰的公司经营范围一直是开矿、仓储、物流等，从来没有涉足过农业。到 2011 年前后，铁皮石斛在温州、台州甚至在浙江、江苏、上海一带都炒得很热，很多人都看出种植铁皮石斛是条致富之路，陈杰也没有例外，也将目光盯住了铁皮石斛。以工商资本投资农业行业，是民营经济发达的台州一带发展农业的一大特色。2011 年，陈杰注册成立了浙江枫泽园农业科技有限公司，直接开始经营种植铁皮石斛的项目。

种植铁皮石斛对技术的要求非常高，庆幸的是，枫泽园虽然起步晚，但一入门起点却并不低，因为铁皮石斛的人工种植技术就是在 2011 年前后才逐步成熟起来，而他们也正是在这一年跻身这个行列的。随着生物技术的发展，人工种植铁皮石斛已经发展到通过组培育苗来进行。

应该说，把橘子树下的空地作为铁皮石斛的林下基地是枫泽园公司的首创，陈杰坦言：在当地，别的铁皮石斛种植企业不是不知道橘子树下可以种植铁皮石斛，而是不愿意贸然尝试这项技术，不愿意承担由此带来的风险。其实，人们对铁皮石斛种植技术一直在进行着探索，一开始把种苗从组培瓶中取出来后直接就种在泥巴地里，结果往往因为根部不透气而死亡，由此，人们知道了应该放在花盆里种植，里面不能放泥土，而要放上营养基质，因为石斛最大的特性就是根部要透气，哪怕是将其直接捆绑在树上，根部裸露在外，没有土壤也没有关系。如果用土将土壤围起，根部不能透气，反而会死掉，这是铁皮石斛与一般植物不同的地方。

经过向农业专家请教，陈杰和他公司同事们明白了一件事，橘子树下其实是铁皮石斛最佳的生长之所，其最大好处是橘子树树冠形状像雨伞，正好可以为下面遮住阳光。枫泽园公司的铁皮石斛通常是在组培室里生长9个月后，再在大棚里生长一年，然后运到桃花岛进行原生态种植。铁皮石斛每年有两个种植季节，3月和9月。相比较，3月份种植比9月份为佳，这2个季节温度差不多，但3月份种下去的到第二年的春天可以发芽，而9月种下去的春天里不能发芽。铁皮石斛生长3年后就开始收获，第一次种下去的种苗一般只负责扎根和发芽，长到一定高度就不再生长了，将其像割韭菜一样一次性割掉后，新发的芽到次年会长得更高，效益也更为可观。

铁皮石斛的立体种植方式早已有之，通常是将石斛直接绑于树干上，效果也不错。而枫泽园公司目前正在着手进行的工作，是将铁皮石斛种植在垒梯田所用石壁上的缝隙中。

桃花岛上修建的梯田已有几十年历史，当年垒起的石壁，在库区潮湿气候的小环境下，早已布满了斑斑绿色苔藓。农业专家看到后告诉陈杰，能长苔藓的地方一定能生长铁皮石斛，两者所要求的光、水、气条件差不多。于是，他把眼光又投向满山遍野数不胜数的一道道石壁上。人工要做的事情就是安装好喷灌、滴灌设备，毕竟岩壁上没有充足的水分，必须进行人为的滴灌保水。与林下相比，石壁上种植的石斛更为耐水，如果给林下筐盘里的铁皮石斛浇水过多，里面的基质过湿会引起根部霉变，而石壁上，甚至绑在树上的都不存在这个问题。

一旦立体种植计划实现，届时，桃花岛上的橘树下、石壁上、树干上，将会到处都是铁皮石斛，桃花岛将会变成名副其实的"铁皮石斛岛"。2014年，枫泽园公司被台州市评为市级农业龙头企业，被中国中医药协会评为"优质道地药材（铁皮石斛）示范基地"。目前，铁皮石斛年销售额约1 500万元，石斛鲜条、石斛枫斗、玛卡及其他保健品年销售额达2 000万元。

（中国优质农产品开发服务中心供稿）

河北企美农业科技有限公司

【法定代表人】 赵鱼企
【成立时间】 2004年5月29日
【企业注册地址】 河北省永年县临洺关镇建安东街52号
【基本情况】

16年前，当赵鱼企创立河北企美农业科技有限公司（以下简称"企美"）时，她从没想过有一天企美会成为一家大规模的企业。但是，从做有机芦笋那一天开始，她就坚持认为一定要以食品安全为己任，以环境保护为使命。以技术做支撑用良心做好有机食品，这是赵鱼企一直以来要做的事情。于是，12次从邯郸到北京的奔走，她终于取得了芦笋生产开发的专家、北京市农林科学院叶劲松教授的信任和技术支持。

企美从美国、新西兰引进了优质芦笋品种；治理了5 000多亩没有污染的沙荒地；并带领600家农户按照欧美有机标准建立了姚村芦笋、花生基地、洺阳村草莓基地，其中紫芦笋占全国种植面积的1/5，终于走出了一条以国际标准为依托、以有机食品为方向的创业之路。16年后，专业从事有机农业的河北企美农业科技有限公司现已发展成为集有机果蔬种植、有机果蔬加工、有机养殖、有机肥生产为一体的闭合式有机大产业。16年来，企美不仅实现了从无到有的突破，还形成了成熟的"公司＋有机标准化＋基地＋农户＋加工＋市场"的运作模式。同时，还形成保鲜、速冻、冻干3大系列等40多个优良品种。企美能有这样的快速发展无疑得益于国内外有机领域专家团队的热情关注和悉心帮助。而除了北京市农林科学院、天津大学、南京农业大学有机食品研究所和美国康奈尔大学专家组都相继与其建立合作并长期提供技术指导。特别是康奈尔大学专家组每年定期驻扎参与企美基地和工厂生产，对企美有机产品生产和加工给予了强有力的技术支持。与此同时，企美产品在闭合式有机产业中，严格按照国际有机标准生产，建立了完善的产品质量可追溯体系，保证了企美有机产品的安全品质。

16年来，在这片原本荒芜的沙滩上，有机产品不仅生根发芽，而且越长越大。曾经员工不足10人的企美，如今已成长为一家拥有基地10 000余亩、年产10 000吨速冻果蔬和200吨冻干果蔬的国际型农业科技企业。与此同时，企美还大力发展农业生产基地，不仅带动了当地农户致富，还从源头上保证了蔬菜的品质。企美还专门建立了"公司＋基地＋农户"的生产模式，通过订单式生产，避免市场价格波动给菜农带来损失。

2013年伊始，企美在众多欲进行合作的农户中筛选出永年县大北汪镇柳村、西辛寨、邀彰村的农户，发展了有机芦笋、花生、菠菜、胡萝卜生产基地。同时，这些基地也规划了有机柴鸡养殖，为基地的有机肥供应提供了保障。为确保有机生产基地的持续性和农作物的有机品质，企美在基地建设中首选善良、人品好的有志于从事有机产业的农户，之后看基地周边是否有污染源，检测土壤、水源是否符合有机基地的发展；在上述各方面均符合有机基地发展的条件下，再选择试验品种，对农户进行培训，严格按照国际有机标准进行生产。基地内的蔬菜不使用任何化学合成的农药、化肥、除草剂、生长调节剂等，全部施用沼渣沼液等有机肥，防治病虫害也采用物理杀虫等方法。

在企美的带动下，当地许多昔日围着锅台转的留守妇女也成了在家门口就业的"上班族"。同时，为了带动更多农户发展有机农业，企美公司投资5亿元建设了占地350亩的有机产业加工园，包括有机杂粮、食用油、面粉、果汁等十几个有机加工车间和相关配套设施。时至今日，企美有机生产基地已经发展到10 000多亩，带动了3 900多个农户通过有机种植走上了富裕道路。用顾客体验扩展销售企美的所作所为使其相继被评为"河北省农业产业化重点龙头企业""河北省著名商标企业""河北名牌产品企业"，被环境保护部授予"有机生产示范单位"。

2008年，企美公司作为唯一一家取得国际有机认证的企业，以安全、安心的有机产品品质成为全国12家奥运蔬菜直供企业之一。成功供奥的口碑效应和品牌效应，使企美有机产品品质得到更加广泛的传扬，国内外订单纷至沓来。产品畅销欧美、日本、韩国、东南亚等国家和地区，海内外销售网络与售后服务体系得到进一步扩展和增加。2011年，企美在美国成立了分公司。国内市场同时起步，同时，为了进一步扩大产品的销量和消费者对有机的信任度，企美还将每月的最后一个周末设为"企美有机食品体验日"，每次邀请 20 位消费者代表来到公司的有机种植基地，让他们亲眼看一看真正的有机食品究竟是如何种植出来的，消费者还可以与农户一道，播种、耕耘、浇水、施肥，过一把瘾。有机食品体验日不仅让普通的消费者体验到了种植的感觉，还让他们知道了真正的有机食品有一套严格的认定程序。生产者凭良心生产，消费者靠信任埋单，企美的这次尝试很好地诠释了生产与信任的良性循环。

如今，为满足国内外市场对企美有机产品日益增长的需求，扩大企美有机产业，企美进一步制订了有机大产业发展规划。企美有机产品加工园项目也已经开始建设，该加工园包括有机杂粮、有机面粉、有机面点、有机饲料加工等 11 个有机加工厂和单元，投产后将需要 35 万亩有机种植基地来满足加工园原料需求，可带动 70 000 农户通过有机种植实现年增收 3 亿元。该项目为丰富企美有机产品种类，进一步扩大企美闭合式有机大产业发展成果，拓展国内外市场，满足国内外消费者需求，促进农民增收致富奠定坚实基础。

（中国优质农产品开发服务中心供稿）

优质农产品批发市场（选登）

北京新发地农产品批发市场

北京新发地农产品批发市场成立于 1988 年 5 月 16 日，市场建设初期只是一个占地 15 亩、管理人员 15 名、启动资金 15 万元，连围墙都是用铁丝网围起来的小型农贸市场。经过 27 年的建设和发展，现已成为首都北京，乃至亚洲交易规模最大的专业农产品批发市场，在世界同类市场中具有很高的知名度和影响力。

市场现占地 1 620 亩，管理人员 2 700 名，固定摊位 3 000 个、定点客户 4 000 多家，日吞吐蔬菜 1.6 万吨、果品 1.6 万吨、生猪 3 000 多头、羊 3 000 多只、牛 300 多头、水产 1 800 多吨。近年来，市场本着"扶大、扶强、扶优"的原则，拥有年交易额过 19 亿元的商户刘志等一大批商户群，目前，市场过亿以上的商户有 32 家，年交易额过千万的 1 000 多家。形成了以蔬菜、果品批发为龙头，肉类、粮油、水产、调料等十大类农副产品综合批发交易的格局。

市场成立 27 年来，始终秉承"让客户发财，求市场发展"的宗旨，以"服务首都、服务三农"为己任，坚持以道德和责任做好首都农产品安全供应这个天大的事；用讲良心，守诚信，为百姓，承担了首都 80% 以上的农产品供应。2014 年交易量 1 450 万吨，交易额 535 亿元人民币。在全国 4 600 多家农产品批发市场中，新发地市场交易量、交易额已连续十三年双居全国第一，是首都名副其实的大"菜篮子"和大"果盘子"。"新发地"品牌已成为中国农产品的代名词，新发地市场的农产品价格指数成为引领中国农产品市场价格的风向标和晴雨表。

近年来，为构筑首都农产品安全稳定供应的"护城河"，市场实施了"内升外扩，转型升级"的发展战略，业务正在稳步向生产源头和零售终端同步延伸。目前，新发地市场已在全国农产品主产区投资建设了 10 家分市场和 200 多万亩基地，在北京市区内建立了 150 多家便民菜店，300 多辆便民直通车，有效平抑了市场物价，方便了社区居民，保障和满足了首都农产品的安全稳定供应。

27 年来，新发地农产品批发市场从无到有，从小到大，不仅成为带动中国农产品大流通的超级绿色航母，而且直接和间接带动近百万农民就业，为服务首都的四个中心，保障和满足首都农产品供应，维护首都稳定，促进中国农业增产、农民增收作出了重大贡献。为此，新发地市场先后荣获全国文明市场、国家农业产业化重点龙头企业等 200 余个荣誉称号，"新发地"也连续多年被评为北京市十大商业品牌。

天津何庄子农产品批发市场

天津何庄子农产品批发市场始建于 1986 年，经过近 20 年的滚动发展，现已形成以蔬菜、副食品为主的大型综合性批发市场，是天津市乃至华北地区大型蔬菜购销基地和集散中心。1993 年经农业部、国内贸易部批准为国家鲜活农产品定点批发市场。

市场现有场地 10 万平方米，建有大型交易厅两座计 5 000 平方米、建有 23 000 平方米的水产肉类交易大楼一栋，还建有 1 700 平方米的冷库、500 间营业用房、2 100 平方米的办公楼和招待所，已形成购、销、储、运一条龙服务设施和组织网络。近年来，市场日上量始终保持在 110 万千克左右，节假日和高峰季节日上市量可达到 150 万千克以上，年成交量 5 亿~6 亿千克，年成交额 13 亿元左右。市场货源充足、品种齐全、价格稳定，已和全国 20 多个省份的 200 多个县市的生产基地和交易市场建立了产销关系和业务联系。何庄子市场自建场以来，极大地促进了本地区农业的发展和农产品种植结构的调整，为本地区农民及外埠农产品提供了方便快捷的交易场所。连续多年担负着天津市 1/4 市民的吃菜重任。自建场以来，曾连续 10 年被评为市级文明市场，连续两年被评为国家级文明集贸市场，连续多年被评为天津农业和商业龙头企业和支柱企业，连续三届被评为市级劳动模范集体，被授予市级特等劳模集体一次。

按照市政府有关建设国家标准化市场的要求，市场先后共投资 1.3 亿元，分三次对市场基础设施进行了大规模的改扩建工程。今年又投资 300 万元对市场进行了电子商务管理工程建设，现已建成电子结算系统、计算机信息网络系统、大屏幕显示系统、闭路电视监控系统、IC 卡收费系统、农药残留检测系统。多年来通过连续的基础设施改扩建工程和电子化建设、绿色市场建设等，极大地提高了市场的规模档次和现代化水平。市场全体员工决心以发展大市场、搞活大流通、实现大繁荣为己任，努力为发展市场经济做出应有的贡献。

包头市友谊蔬菜批发市场有限责任公司

包头市友谊蔬菜批发市场位于包头市昆都仑区友谊大街 18 号，占地面积 5 万平方米，设有肉食水产厅、糖酒副食厅、蔬菜瓜果交易区、地下交易厅、仓储库房和冷库。年交易额突破 4 亿元，交易量达 4 亿千克，其中蔬菜 2.5 亿千克，日人流量 5 万人次。经过几年的启动、建设、发展，现已成为以蔬菜批发为主的综合性批零市场，解决了蔬菜产、供、销衔接不合理，农民卖菜难和城镇居民吃菜难问题，起到了稳定菜价、调剂余缺的作用，是包头市"菜篮子"工程的龙头企业。被农业部和中国蔬菜流通协会评为全国农产品定点市场，是全国百强蔬菜批发交易市场，是自治区人民政府和包头市工商局命名的"文明市场"和自治区第一家"放心菜""放心肉"市场，是包头市食品购物"放心市场"、获包头市综合治理先进单位、卫生先进单位等多项荣誉，为丰富包头市人民的"菜篮子"、搞活流通、繁荣市场做出了积极的贡献。

市场综合服务设施齐全，有蔬菜农药残留检测中心，大型电子信息显示屏，全市场实行电视监控。管理规范、服务优良、辐射面广，是中国蔬菜流通协会成员单位和定点市场，全国菜篮子办、农业部确定的农副产品定点市场和信息采集点，成为全国百强蔬菜批发交易市场，被自治区、包头市两级政府命名的"文明市场"，是自治区第一家"放心肉""放心菜"市场，为丰富包头市人民的"菜篮子"、搞活流通、繁荣市场做出了积极的贡献。

市场对进入市场的经营户实行百分制管理，在服务质量、卫生状况、计量器具等方面进行考核。在市场内设立了消费者监督站、投诉台、公平秤等。得到了广大客商和消费者的认可，受到上级有关部门和新闻媒介的好评。

哈尔滨哈达农副产品股份有限公司

哈尔滨哈达农副产品股份有限公司（以下简称哈达股份）创建于2002年，是黑龙江省农业产业化重点龙头企业。作为国家批准立项的省、市"十五"期间市场设施建设重点项目，担负着全省人民"菜篮子""米袋子""果盘子"的供应工作，享有市政府"凡是通过铁路、公路运输到达哈市的果品、蔬菜实行归口到达"等各项优惠政策，作为哈尔滨市唯一一家大型农产品批发市场、东北三省最大的农副产品集散中心，除为本埠八区十县提供交易平台外，农产品销售还辐射齐齐哈尔、牡丹江、佳木斯、大庆、黑河等省内市场，以及吉林、内蒙古等周边省份及俄罗斯远东地区，是黑龙江省首家通过 ISO 9001：2000 国际质量管理体系认证的农产品批发市场。哈达股份总占地面积14.1万平方米，建筑面积30万平方米，经营项目涵盖果品、蔬菜、粮油、绿色食品、海产品、小食品、干果和干调等。市场设施完备、功能齐全，设有面积12万平方米的超大型一体化果菜交易库、精品水果交易厅、小食品批发大厅、万米海鲜批发大厅、通透式绿色食品交易展示大厅、3万吨超大型恒温库及低温库，辅助设施有智能化写字楼、商务公寓楼、宾馆酒店、洗浴中心、餐饮服务中心、超市、大型停车场等，配套系统有信息采集发布中心、监控指挥中心、检验检测中心、物流配送中心、电子结算中心等，可为各地客商提供全方位的服务。自2002年以来，市场先后被农业部批准为"全国定点市场"，被中国果品流通协会授予"优秀果品批发市场""全国10大果品批发市场"，2006年、2007年和2009年连续被商务部批准为实施"双百市场工程"项目建设单位，2009年被评为哈尔滨市精神文明单位，2010年获得哈尔滨市"最具社会责任感品牌奖""哈尔滨市保供稳价突出贡献批发企业"和"全国诚信经营示范单位"等荣誉称号。2012年获评哈尔滨市"市级文明单位标兵"。经过多年发展，哈达股份已经成长为黑龙江省最大的农产品批发市场。迅猛的发展势头，来源于超前的经营理念；优秀的服务品质，出自先进的管理模式；和谐的市场环境，得力于不断强化的服务意识。作为农产品流通行业的龙头企业，哈达股份在实施发展战略中，把丰富"菜篮子""果盘子"和保障消费安全作为重要经营策略，恪守"诚信、严谨、高效、务实"的经营宗旨，以顾客需求为导向，不断提高管理和服务水平，为实现"建设一流市场，实施一流管理，奉献一流服务，创造一流环境，实现一流效益，成为全国农产品流通市场龙头企业"的战略目标而不懈努力。

南京农副产品物流中心

南京农副产品物流中心坐落在南京市江宁区高桥门地区，为政府主导、企业化运作的特大型"菜篮子"工程。该项目规划占地3 000亩，概算投资30亿元，总建筑面积约150万平方米。园区分设展示、交易、冷藏物流配送、综合商务配套三大功能区，集农副产品检验检测、电子信息结算、食宿娱乐于一体。功能定位：面向中国东部地区，高集聚、强辐射、现代化的"中国长三角菜篮子中心"。

南京农副产品物流中心区位、交通优势得天独厚，地处省会南京最重要的交通枢纽。项目东临南京绕越公路（二环）0.5 公里，西接绕城公路（一环）3.5 公里，南至新的宁杭高速 1 公里，北靠纬七路东沿线。依托绕越、绕城公路可连通南京火车南站、禄口国际机场高速、南京长江二、三、四桥及全国高速公路网；距双桥门内环高架 7 公里，经新宁杭高速、纬七路直通主城仅 6 分钟车程。项目周边基础设施完善，综合配套等成熟，有城北污水处理厂、南京轿子山垃圾处理厂以及 22 万伏变电站等。

整个项目分两期建设，一期占地约 1 000 亩，建设 50 万平方米农产品展示（拍卖）、蔬菜、果品、水产、副食（干货）、肉食等六大专业市场（物流）交易区，配套建设 10 万吨冷库。二期主要建设粮油、蔬菜加工区、综合物流区（农副产品的深加工、配送、仓储）、配送中心和商务配套设施。目前一期市场已初步建成，2009 年 5 月底蔬菜、果品专业市场率先投入试运营。

项目以南京为轴心，辐射半径 300 公里，范围包括苏州、上海、浙江等长江中下游大部分地区。预计初期年交易额为 150 亿元，中期为 300 亿元，远景目标是 500 亿元以上。

合肥周谷堆农产品批发市场

合肥周谷堆农产品批发市场坐落于安徽省会合肥市东南边的一环和二环之间，自 1992 年 12 月建成开业以来，先后经过了五期工程的滚动发展建设，市场规模由最初的占地 10 亩发展为 280 亩，职工 340 人，并从单一的水果交易发展成为集蔬菜、水果、水产品、畜禽肉类、粮油、禽蛋干调等交易为一体的综合型农产品批发市场，成为安徽省规模最大的农产品集散中心，农产品交易辐射周边城市乡镇半径 400 千米范围，是国家发改委、商务部、农业部重点支持的全国定点市场之一，2003 年和 2012 年经国家统计局经贸司和中国商业联合会认定在全国农产品批发市场中排名第七位，也是安徽省和合肥市两级政府审定的带动农业产业化发展的龙头企业；2012 年场内农产品交易额 169 亿元，2013 年实现 175 亿元，以促进农产品大流通、带动农户发展 50 万户；为新农村建设、农业崛起和满足城市农副产品市场需求发挥了重要作用。周谷堆市场的经营机制和管理体制、团队建设发展模式在全国同行业中排名前十强之中，企业发展前景广阔。

以农为主，立足安徽，面向全国，合肥周谷堆农产品批发市场以本省特色农产品品种加外省调入的品种形成多品种、价格平稳、交通便捷、服务周到、收费低廉等优势，使市场辐射范围不断扩大，场内农产品平均日成交量超 750 万千克、成交额 4 700 多万元，并形成了"买全国、卖全国"的流通局面，成为区域重要的农产品集散中心、价格形成中心、信息发布中心，作为踞皖之中的"大菜篮子"，合肥周谷堆农产品批发市场在推动农产品大流通，丰富城市农副产品供应等方面发挥着重要作用。2002 年市场经过资产重组，成为由合肥百货大楼集团股份有限公司控股、深圳农产品股份有限公司为第二大股东的股份制企业，发展步伐进一步加快。

近年来，随着合肥市现代化大城市建设的快速推进，现周谷堆市场所在区域已成繁华的城市中心商业区，加上市场农产品交易业务的不断拓展，市场内固定经营户已发展至 1 万多户，每日人流量超过 5 万人次，车流量已超 1 万辆，拥堵不堪，给市政交通带来较大的压力，且周边已无发展空间，农产品交易辐射受到局限。因此，周谷堆市场迫切需要寻找新的发展空间，拓展市场规模，增强辐射能力，以适应合肥市现代化滨湖大城市的发展需求。周谷堆市场的搬迁已属必然。2010年，在合肥市委、市政府的高度重视及大力支持下，经过多方调研论证，周谷堆农产品批发市场选址于合肥瑶海区大兴镇，投资建设中国合肥农产品国际物流园（合肥周谷堆大兴项目），并注册资金1亿元，成立了合肥周谷堆大兴农产品物流园有限责任公司。

中国合肥农产品国际物流园（合肥周谷堆大兴项目）总占地1 262亩，总建筑面积96万平方米，总投资34亿元，分三期4年建成。建设内容包括蔬菜、水果、水产品、畜禽肉类、粮油、土特产、冷冻品、干果等交易中心和仓储中心、加工配送中心等，同时建立配套的农产品信息系统、检验检测系统、质量安全可追溯体系等。按功能共划分为五大功能区域：农产品交易集散中心、农产品展示拍卖中心、加工配送中心、冷库仓储中心、交易配套服务中心。项目建成运营后，将实现农产品年成交额500亿元，进入全国前三大市场行列，带动专业化生产基地2万个，生产农户100万户，满足2 000万城镇人口农产品需求，带动20万人就业，年创利税2亿元。物流园项目于2010年开工建设，截止到2013年年底已完成投资13.3亿元。

济南堤口果品批发发展有限责任公司

济南堤口果品批发市场位于济南市堤口路西首，毗邻京沪铁路、胶济铁路两大铁路干线交汇处的济南铁路枢纽，与京福高速公路、济德、济青、绕城高速公路相接，交通便利、区位优越。

市场始建于1986年，现已发展成为占地面积10万平方米，总资产达1.2亿元，经营业户1 100多户，经营品种300多个，年成交量100多万吨、交易额16亿元、交易收入过千万元，业务辐射30多个省市、700多个市县和20多个国家（地区），山东省规模最大、全国知名的果品专业批发市场。被列入农业部"定点市场"、全国"菜篮子"工程重点扶持单位、商务部"双百市场"重点建设项目，先后被评为全国文明集贸市场、全国百强市场、全国果品专业批发市场十强和山东十大市场、山东省省级标准化农产品批发市场等。

近几年来，市场坚持"立足山东，服务济南，建设面向国内和国际的农产品市场"的发展战略，"抓质量管理、重诚信经营，争一流服务，创品牌市场"的经管理念，投资1 100多万元，进行了基础设施改造升级，建成了20 000平方米的开放式钢结构交易大棚、容量达1 000多吨的恒温库及30余套香蕉保鲜库房，整个市场形成大宗果品交易区、精品商铺区、干货交易区、仓储加工配送区、商户服务区等五大功能区域。同时，投资1 800多万元对市场七大中心实施升级换代：市场交易中心，120台国内最先进的农产品电子交易一体机，为公平安全快速交易提供了方便，也为建立果品质量可追溯体系创造了条件。电子结算中心，实现了商户之间"一卡通"电子交易。信息网络中心，"济南堤口果品批发市场网站"成为全国重要的果品行情价格中心和信息交流中心。质量检测中心，先进的检验检测设备，切实保障了市民"果盘子"的安全。监控中心，整个市场实行了24小时电子监控，为客商和商品安全提供了保障。废弃物处理中心，能够及时处理腐烂果品及污物。加工配送中心，开辟了一条快捷便利为全市各大超市、餐饮企业、社区商业网点和企事业单位加工配送各种各样果品的绿色通道。七大中心的建成，为努力打造成山东省首家"市场规模化、管理科学化、交易规范化、包装标准化、加工配送一体化、信息管理网络化"，集果品集散、财务结算、信息发布和价格形成四大功能于一体的现代化果品专业批发市场奠定了坚实基础。

武汉白沙洲农副产品大市场有限公司

武汉白沙洲农副产品大市场是商务部、农业部重点支持的市场，是全国"十强市场"，是农业产业化国家重点龙头企业。大市场地处武汉市的南大门，拥有公路、铁路、水运、航空绝佳的交通优势，承东启西、接南转北，具有九省通衢的优势，是构成华中地区农产品现代化物流的重要组成部分。

大市场占地 700 亩，经过分期不断的开发、投入、建设，现已形成蔬菜、水产、粮油、干菜调料等交易经营区域及服务配套区域，设置有冷藏加工、物流配送、电子结算与监控系统及信息收集与处理、残留农药检测等六大系统。

现在白沙洲大市场已成规模，蔬菜、水产、粮油、干菜调料副食品市场交易繁忙、一片欣欣向荣的景象，已成为华中地区名副其实的物流中心、信息中心、价格中心和集散中心。市场的建设规模、市场的交易量和市场的辐射范围，在全国同类市场中位居前列，是一个布局合理、设施先进、功能齐全、效益明显、完全实现"买全国、卖全国"的一流农产品大市场。

2014 年交易总量 420 万吨，销售总额 300 亿元。

未来，白沙洲大市场将继续努力、不断创新，奉行"以诚强农、以信惠农、高效管理、长效回报"的经营宗旨，初步搭建农产品电子商务平台；开拓新思路，加大对农副产品交易流通渠道上下游资源的整合力度，打造中国绿色农产品最具活力企业！

广州江南果菜批发市场有限责任公司

作为全国乃至东南亚果菜销量最大的批发市场之一的广州江南果菜批发市场，创建于 1994 年。市场现位于广州市白云区增槎路 926 号，占地面积 40 万平方米，主要从事蔬菜和水果产品的批发经营。为响应国家关于农副产品批发市场改制和升级改造政策，江南市场在国家和省市领导及有关部门的大力支持下，从 2002 年起投资了近 8 亿元对市场进行全面的升级改造。目前建成信息中心、结算中心、检测中心、办公大楼、冷库、废弃物处理中心、银行、酒店等较为完备的配套设施，同时，有完善的信息发布系统、监控系统、财务结算等系统，这些为市场的果农、菜农、果菜经销商提供了国内同行更为优越的交易环境。

市场 2014 年果菜交易量 49.39 亿千克，交易额达到 233.65 亿元，每天成交量达 1 353.25 万千克，果菜交易量占广州市 80%，进口水果交易量占全国进口水果的 85% 左右。我们江南市场也连续十年全国蔬菜十强排名第一，连续十年全国水果批发市场十强市场排名第一。目前市场获得了亚太地区知名市场、农业部定点批发市场、商务部双百工程市场、全国绿色批发市场以及省、市农业龙头企业、广东省流通龙头企业、广州市优秀民营企业等众多荣誉。

"为农民增收服务，为市民生活服务"是我们公司的宗旨。如何把市场做大、做强，如何在竞争中增强自身优势是我们江南市场不断追寻的目标！

云南龙城农产品经营股份有限公司

云南龙城农产品经营股份有限公司始建于 1993 年，其前身是云南龙城农产品批发市场，初期建设规模为 60 余亩，经过 10 年多的建设和规模化发展，现已形成占地 160.68 亩，上市产品批量大，品种多，成交金额大，全方位开放的集生产、批发、销售于一体的农产品批发交易市场，固定资产 1.62 亿元。2006 年市场蔬菜交易量约 22.7 亿千克，交易额为 20.6 亿元，带动全省各地的农产品生产基地达 40 万亩，带动从事农产品种植、生产、加工农户 15 万户，2005 年公司营业额达到 5 600 万元。

龙城批发市场现在可常年销售各类蔬菜，共 12 大类 100 余种，近 300 个系列品种，其中主要外销精细特色菜 20 种，如：西芹、西兰花、生菜、荷兰豆，甜脆豌豆等品种，产量高、品质好，深受菜商及消费者欢迎，上市蔬菜 47% 保证昆明市区的供应，其余销往北京、黑龙江、西安、浙江、海南、广西、广东、贵州等省、市。一些精细菜还远销日本、加拿大、泰国、新加坡以及我国香港、澳门和台湾地区，是目前云南乃至西南地区最大和具有一定规模的蔬菜集散地之一。

公司 2001 年 10 月份组建了营销公司，负责组织名特蔬菜的生产和外销，为市场和公司的发展拓展新的路子。在营销方面积极致力发展基地生产，实施订单农业，走农业产业化的路子，公司现已在海口、马龙等地建有蔬菜基地 5 000 亩，专门生产荷兰豆、西生菜等名特出口产品，其中生菜获得了麦当劳公司颁发的亚太地区优秀供应商的奖牌。

2006 年综合出口精细特色蔬菜 2 500 吨。

根据市场特点，为保证市民吃上放心蔬菜，在各级政府的支持下，公司投资近百万元建立了农残检测中心，对进场蔬菜实施抽检抽测，拒绝农残超标蔬菜进场。

2005 年在曲靖马龙基地投资 150 万元新建了一个冷库，实行就地收购、就地加工，方便了农户，降低了费用，也提高了公司和农户的效益。

2005 年 6 月在呈贡县洛羊镇大新册居委会黑龙潭投资 813 万元建造了现代化蔬菜、花卉育苗温室基地，预计年生产种苗 6 810 万株，实现销售额 545 万元。

公司 2002 年被省消协评为诚信单位，同时被省市政府命为省市龙头企业，2003 年被农业部命名为全国农业产业化优秀龙头企业，居二十强综合批发市场第十八名，2004 年被商务部授予市场监测信息报送先进单位，2005 年被昆明市人民政府授予先进企业称号。2005 年被农业部、商务部等九部委联合认定为国家级农业产业化重点龙头企业。2005 年"龙城"蔬菜商标获得"云南省著名商标"荣誉。

品牌农业服务平台

中国优质农产品开发服务协会
- 中国优质农产品开发服务协会介绍
- 中国优质农产品开发服务协会章程

媒体
- 中国品牌农业网介绍
- 品牌农业周刊介绍
- 优质农产品介绍

中国优质农产品开发服务协会

中国优质农产品开发服务协会介绍

中国优质农产品开发服务协会（简称"中国优农协会"）成立于1993年，是农业部主管、民政部注册的全国性一级农业行业协会，接受农业部和民政部的业务指导和监督管理。2011年8月换届以来，中国优农协会准确把握发展机遇，勇于肩负社会担当，准确对接会员需求，在立会的理念、强会的思路和兴会的举措上开拓创新，突出为政府决策服务，为会员经营服务，积极承接政府职能转移，努力搭建会展、融资和走出去"三个平台"，拓展标准制订、企业培育、质量监管"三个领域"，建设创新、服务、廉洁"三型协会"，取得了初步成效。

一、协会概况

（一）协会性质和管理体制

中国优农协会是由国内从事优质农产品开发、管理、服务的政府机构与从事优质农产品生产、加工、经营、技术推广、科研、管理的企事业单位、经济组织和有关人员自愿联合组成的全国性、行业性、非营利性社会组织。

协会的宗旨是：为农业、农村和农民服务；为高产、优质、高效农业发展服务；为提高农产品质量安全水平和增加农民收入服务；为提高优质农产品竞争力服务。

协会建立了科学民主的内部管理机制，会员代表大会是最高权力机构，理事会是决策机构，秘书处是理事会领导下的执行机构和日常办事机构。秘书处设立办公室、财务部、会员部、信息部、品牌部、法律事务部、项目部、国际合作部、会展部、电子商务部、期刊编辑部等办事机构，并设立了农业品牌

发展扶持基金管理委员会、枸杞产业分会等2个分支机构和上海办事处1个代表机构。拟设立的分支机构还包括：专家咨询委员会、文化推进委员会、优质稻米产业分会、农产品加工业分会等。

（二）协会的主要职能和业务范围

1. 行业协调。贯彻执行国家发展优质农产品事业的有关政策，调查研究行业内出现的新情况、新问题，反映会员诉求，强化行业自律与协调，为政府提供本行业发展现状、问题和对策等方面的参考意见。

2. 综合服务。为全国名特优新农产品的基地建设、项目开发、商品营销、市场策划等提供政策指导、评估论证、技术支持和信息服务。

3. 业务培训。支持优质农产品开发系统的人力资源建设，开展人才培训及技术培训，提高行业内从业人员的业务水平和专业素质。

4. 展览展示。利用各种媒体宣传推广我国名特优新农产品，引导优质农产品生产经营单位树立市场观念和全球化意识。推进我国优质农产品品牌建设。受政府委托承办或根据市场和行业发展需要举办展览会、展销会、贸易洽谈会、招商引资会、产销见面会、研讨会、新产品发布会等，促进我国优质农产品的流通。

5. 标准化建设。受政府有关部门委托推进优质农产品行业标准的制定、完善和实施，对一些重点农产品实施质量评定和质量监控，推进农产品质量方面的行业标准和国家标准的实施。

6. 信息交流与刊物编辑。收集国内外优质农产品开发信息，了解与分析国际市场优质农产品发展动态，交流开发服务经验，有针对性地发布优质农产品产销形势报告、国

内外市场预测等研究报告，依照有关规定编辑发行行业性指导信息刊物。

7. 国际合作。加强同国际组织以及其他国家和地区同类组织的交流与合作，加强同科技、教学、推广等单位和大中型企业集团的沟通和合作，为推动优质农产品发展服务。

二、主要工作开展情况

2011年召开的中国优农协会第五届会员代表大会，通过了协会五年工作规划，提出了坚持"四个服务"的宗旨和"四个一批"的工作目标，"四个服务"即为农业、农村和农民服务；为高产、优质、高效、生态、安全农业发展服务；为提高农产品质量安全水平和增加农民收入服务；为提高优质农产品竞争力服务。"四个一批"的目标是：通过推进区域化布局，认定一批优质农产品生产基地；促进标准化生产，开发一批优质农产品；实施品牌化战略，打造一批知名品牌；推动产业化经营，培育一批骨干合作社（企业）。

在实践中，协会工作围绕"主攻流通，主打品牌"的主线，开展了一系列工作。

（一）创新方式方法大力推进农业品牌建设

1. 组织开展了2011和2012两届中国农产品区域公用品牌影响力调查。按照农业部要求，在农业部优质农产品开发服务中心组织下，由中国优农协会牵头联合中国绿色食品协会等农业部主管的六个社团，共同开展了2011和2012两届"中国农产品区域公用品牌影响力调查"活动。活动经过组织征集、申报初审、专家审定、网络调查、公证公布的程序，分别产生了100个"最具影响力中国农产品区域公用品牌"。调查结果均在中国农业电影电视中心举办的"农产品嘉年华"晚会上由农业部领导发布。经过连续两年举办农产品区域公用品牌影响力调查活动，提高了社会"创品牌、育品牌、推品牌、管品牌、用品牌"意识，推动了区域优质特色农产品的发展和农业品牌战略的实施。

2. 成功举办了2012中国农业品牌发展推进会和2013中国国际品牌农业发展大会。两次会议均经过农业部批准，由中国优农协会牵头组织，农业部主管的七家社团联合主办，来自全国各地农业产业化龙头企业、专家、媒体、政府部门以及相关会员单位代表参加。

2012中国农业品牌发展推进会以"品牌战略：提升理念打造品牌"为主题，认真分析农业品牌发展面临的新形势和新要求，深入探讨如何进一步推动我国农业品牌持续健康发展，加快发展现代农业，积极推进优势农产品、特色农产品和农产品加工业的品牌建设，提高农产品市场竞争力的主体地位，提升品牌价值和效应，促进农业增效和农民增收。会议达到了分析我国农业品牌发展形势、总结交流经验、研究今后一个时期推进农业品牌工作思路与措施的目的。农业部常务副部长余欣荣出席，副部长陈晓华致辞，党组成员、中纪委驻部纪检组组长兼中国优农协会会长朱保成做了题为《努力开创我国农业品牌新局面》的讲话。

2013中国国际品牌农业发展大会是在2012中国农业品牌发展推进会之后，又一次以农业品牌建设为核心内容进行广泛交流和深入探讨的会议，并且首次提升到国际会议层面。会议以"品牌之道：挖掘价值，探索途径"为主题，紧密结合经济全球化的背景、世界农业品牌发展的形势和中国农业品牌建设的实际，从更高的视点、更宽的视野和更专业的视角，审视品牌农业，使会议具有积极的建设性和长远的前瞻性。会议分别安排了开幕式、"龙头中国"对话和品牌价值与资本市场三个板块。农业部副部长牛盾和联合国粮农组织驻华代表处项目官员戴卫东先后致辞，朱保成会长代表主办单位发表了主旨演讲，举行了"2012最具影响力中国农产品区域公用品牌"授牌仪式；"龙头中国"对话板块中，安排了"美丽云南'高原牌'、'特色路'品牌建设""品牌的营销时代""中国优质农产品信任系统及智慧电子商务平台助推品牌农业发展"等互动对话内容；"品牌价值与资本市场"板块中，与会代表就品牌农业发展的投融资问题展开了对话和对接。

会议邀请了英国柴姆（Chime）公关集团总监、哈佛公共关系学院创始人西蒙·琼斯，台湾植物病理学会理事长、原台湾大学农学院院长吴文希等进行了主题演讲。经济日报社原总编辑、品牌中国产业联盟主席、中国发展研究院院长艾丰，《小康》杂志社社长兼总编辑舒富明等国内外专家学者以及中金公司、联想控股、光明集团、罗克佳华公司、吉列公司、依文公司、天士力集团等知名企业负责人参加了演讲和对话，既扩展了会议的信息量，也提高了会议的含金量。

3. 承担了第九届和第十届农交会"金奖"产品评选。该活动是受农业部市场司、优农中心和中国国际农产品交易会组委会的委托，由中国优农协会等七家协（学）会承担，成立了评奖委员会，来自全国31个省（自治区、直辖市）、新疆建设兵团和水产展团的1 243个产品材料，经专家审定，813个农产品获得"金奖"称号。

为了组织好这项活动，协会投入了一定的人力和物力，组织制定了评奖办法，确定了申报和评审工作流程，规范了工作程序，提高了透明度；开发了评奖软件系统，采取网上申报，提高了效率。保证了工作顺利完成，也提升了协会的影响力和知名度。

4. 开展了优质农产品示范基地等认定工作。通过在会员中开展优质农产品示范基地和优质特色农产品认定工作，打造一批具有健全的组织管理制度、良好的开发服务功能、完善的生产设施设备、可靠的产品质量保证体系的优质农产品示范基地和优质特色农产品，通过示范作用，在全国推广先进的管理经验、生产技术、运作模式和市场营销手段，打造更多农业品牌，扩大和提高优质农产品

的市场占有率。制定了相关的实施方案和管理办法，本着成熟一个认定一个的原则开展认定工作。北京天安农业发展有限公司、北京康鑫源生态观光园有限公司等会员单位被认定为中国优质农产品示范基地。2013年在农业部优质开发服务中心举办的第七届全国名优果品交易会和2013中国茶叶博览会上，分别在会员中认定了一批"优质果园"和"优质茶园"。

5. 加强品牌宣传工作。中国优农协会重视宣传在推进品牌建设各项工作中的重要地位，努力创造条件创建宣传阵地。

（1）2012年10月向新闻出版总署申请创办《优质农产品》月刊。新闻出版广电总局2013年4月23日正式批复同意创办。该月刊由农业部主管，中国优质农产品开发服务协会主办，中国农业出版社为出版单位。《优质农产品》期刊的办刊宗旨是：围绕宣传国家"三农"政策，推广先进农业产业化管理经验，报道新型农业产业发展模式，介绍国内外优质农产品产业建设方法和成果，促进农村产业升级，提高农产品国际市场竞争力。自2013年10月创刊以来，办刊质量稳步提高，得到了从事农业管理、科研、生产、经营等领域从业者的好评，获得了广大读者的肯定。

（2）2013年4月1日，中国优农协会联合农民日报社共同在《农民日报》上开设了"品牌农业特刊"。每月出版两期，每期四版。该特刊于2014年1月1日改版为"品牌农业周刊"，每周出版一期，每期三版。协会共采写各类新闻稿件80余篇，"品牌农业特刊"和"品牌农业周刊"刊登了40篇。特刊专题报道了"强农兴邦中国梦·品牌农业中国行"走进普洱、成都、拉萨、兴安盟等地活动，报道了会员单位开展品牌建设工作情况。宣传了协会、宣传了会员，为推广和宣传先进的品牌经验，传播品牌理念，打造知名的农业品牌提供了阵地，发挥了作用。

6. 支持农业部优质农产品开发服务中心和浙江大学中国农业品牌研究中心举办了中国农产品包装设计大赛。2012年和2013年，连续两年，中国农产品包装设计大赛以"绿色、创新、发展"为主题，旨在搭建我国农产品包装设计的公益性交流平台，助力我国农产品包装设计的科学化发展，提升包装设计为我国农产品的品牌化、市场化、国际化的专业服务水平。2012年大赛结果在第十届农交会上发布并展示，在浙江农业博览会等地进行了巡展，同时还编辑出版了《符号的力量》一书，在社会上引起了积极反响。

7. 设立了农业品牌发展扶持基金。为了支持会员单位打造品牌、创新发展，按照社会团体分支机构登记管理的有关规定，通过会员捐助，中国优农协会2013年6月28日登记设立了农业品牌发展扶持基金管理委员会，通过公益性的品牌扶持基金的资助，引导企业打造知名农业品牌。该基金专款专用。

（二）以促销为平台促进优质农产品产销衔接

1. 通过支持市县产销活动促进优质农产品市场营销。2012年8月，农业部办公厅召开了"农业部支持中国优农协会推进市县优质特色农产品会展"新闻发布会，明确了由中国优农协会承担支持市县举办优质农产品会展活动。朱保成会长出席了"海南热带作物博览会"、福建"海峡两岸现代农业博览会"、哈尔滨"世界农业博览会"等活动。协会先后联合主办了第三届、第四届"中国余姚河姆渡农业博览会""哈尔滨世界农业博览会"和"第八届中国（平和）蜜柚节"等活动，连续支持了"中国（盘锦）优质稻米交易会"，支持山东肥城和苍山蔬菜交易会等，促进了优质农产品的品牌推介和市场营销，为优农协会会员现场展示推介了企业和产品，开拓区域市场提供了机会。

2. 支持农业部优质农产品开发服务中心开展全国名优果品交易会和中国茶叶博览会。

2013年10月中国优农协会与农业部优质农产品开发服务中心等单位在山东省济南市举办了中国茶叶博览会，并在参展会员中组织了"优质茶园"评选活动。

2013年12月中国优农协会支持农业部优质农产品开发服务协会在浙江省杭州市主办了全国名优果品交易会，组织了一批会员单位参展，并在参展会员中开展了"优质果园"评选活动。

3. 组织农产品"走出去"，参加柏林国际绿色周。为充分利用好"两种资源、两个市场"，加快实施"走出去"战略，中国优农协会加强与有关国际交流机构合作，建立协作机制，推动"走出去"工作。2013年1月和2014年1月，连续两年组团参加柏林国际绿色周，弘扬中华农耕文明，展示中国现代农业发展成果，农业部副部长牛盾、中国驻德国大使馆大使史明德参加了2013年中国优质农产品推介活动，德国农业部副部长，巴西、拉脱维亚等国家农业部官员参观了中国展台，给予了高度评价。

（三）推进优质农产品信任系统和智慧电子商务平台建设

优质农产品信任系统及智慧电子商务平台是集优质农产品信任咨询与服务、农产品物联网技术服务为一体的农产品信息技术咨询与服务系统。该系统由中国优农协会与会员单位中优农科技有限公司共同建设。目前，项目云平台已经上线试运行。该系统被列为农业部农业物联网发展试点示范项目。山西省太原市、朔州市、运城市成为首批应用试点地区。

该系统采用云计算技术及传感器技术等现代信息技术，进行农产品信息数据采集、分析、检测等工作，有利于政府决策、区域优质农产品开发及保护、农产品质量问题溯源，实现对优质农产品的信任背书，解决因信任问题带来的卖难，并实现优质优价。实现优质农产品电子信任、质量溯源与监管，缩短生产者、供应商与消费者之间的时空距离，节省交易时间和流通成本，通过电子交易促进销售，降低成本。以云计算的方式为政府、农产品代理商、分销商、仓储物流、门店、客户等提供服务。

（四）践行"中国梦"，开展"强农兴邦中国梦·品牌农业中国行"活动

中国优农协会率先在农业系统开展"中国梦"实践，从2013年4月开始组织开展"强农兴邦中国梦·品牌农业中国行"系列活动，目前已经在云南普洱、四川蒲江、山西太原、宁夏中宁、山东济南、江西赣州、湖北十堰、西藏拉萨等地开展了相关活动。该活动通过实地调查深入了解各地农业品牌建设情况，特别是区域公用品牌建设情况；通过专家讲堂和座谈传播品牌理念和方法，交流品牌创建、培育和推广经验；通过宣传推介挖掘农业品牌文化内涵，弘扬中华农业文化；通过论坛和展会营销推进实施农业品牌化战略，着力提升农业品牌价值。"强农兴邦中国梦·品牌农业中国行"活动从实际出发，到实际中去，就地、就近解决各类农业经营主体在品牌发展中遇到的现实问题，得到了各媒体盛誉、各地响应和会员大力支持。中央和地方的新闻媒体——《人民日报》《农民日报》《云南日报》《成都日报》、人民网、中国网、中国日报网、和讯网、中国网络电视台、云南卫视、山西电视台等对活动进行了新闻报道，其中"走进云南普洱""走进四川蒲江""走进宁夏中宁"和"走进西藏拉萨"等地活动在《农民日报》进行了专题报道。该活动得到了社会广泛关注，获得了农业部领导的肯定。

（五）深入学习贯彻十八大、十八届三中全会和全国"两会"精神，不断增强责任感，努力做好优农事业

中国优农协会认真组织学习贯彻十八大、十八届三中全会和全国"两会"精神，不断增强做好优农事业的责任感、紧迫感。2013年第3次会长办公会决定，协会要创新工作就要加强学习，要坚持把学习贯彻党的十八大精神作为一项基础性、经常性、实践性活动突出出来，不断提高联系实际、解决问题、落实执行的能力水平。

一是密切联系理论政策发展实际，注重学以致用。2013年6月25日，中国优农协会专门组织了一次以"个人梦""品牌梦""中国梦"为主题的深入学习党的十八大精神交流会，包括副会长、分支机构、代表机构和秘书处各部门负责人等11位工作人员结合业务工作，集体交流学习十八大精神的心得体会。

为深入学习领会党的十八届三中全会和习近平总书记系列讲话精神，进一步明确工作思路、创新工作方式、提升协会工作水平，推动现代农业和优质农产品发展，2014年2月20日在北京举行了"深入学习十八届三中全会精神交流座谈会"。

二是密切联系政府职能转变实际，探索服务方式方法。2013年全国"两会"通过的国务院机构改革和职能转变方案，明确要求政府部门职能将进一步从微观管理向宏观管理、从直接管理向间接管理转变，更多群众性、社会性、公益性、服务性职能将交给各类相关社团来承担，社团的桥梁纽带功能、行业联系指导功能、社会服务支持功能将进一步增强。中国优农协会积极探索，努力在资金扶持、市场营销、品牌推广和宣传推介等方面建立工作基础，为优质农产品开发服务工作提供支撑，协会新设立了扶持基金管理委员会、期刊编辑部、电子商务部、国际合作部等部门，为会员提供专业优质服务。

（六）加强协会自身建设，实施廉洁从业风险防控管理

"打铁还得自身硬"。中国优农协会以"争创一流协会"为目标，不断探索，创新加强自身建设工作方法。

一是在农业部主管的60多个社团中较早

成立了党支部。2013 年 3 月，中国优农协会制定了《贯彻落实农业部社团管理培训班精神的实施意见》，提出了筹建协会党支部，和挂靠单位一起成立党总支的设想，得到了农业部机关党委的重视、支持和批准，4 月 2 日，中国优农协会党支部和农业部优质农产品开发服务中心党总支正式成立。

二是实施廉洁从业风险防控管理。为贯彻落实党的十八大精神，根据《农业部推进社会团体廉洁从业风险防控管理实施方案》，结合中国优农协会工作实际，围绕中国优农协会业务范围，以核心业务、重点岗位和关键环节为重点，逐一排查具体工作中可能产生的廉洁从业风险点，针对业务管理、人事管理、财务管理和内部管理等 4 大类 16 项主要工作的每个风险点制定了防控措施，编制了管理手册，绘制了 15 张流程图，包括了 40 个实施阶段和 64 个具体工作环节。排查出廉洁从业风险点 30 个，按照三级风险点分类方法，制定相应防控措施 37 条。协会按照学习动员、风险排查、应对整改和审核评估四个阶段组织落实廉洁从业风险防控管理。

三是加强规范化建设。协会重点在职能、机构、人员、文秘和财务等方面加强规范，制定规章制度和管理办法。对协会会议制度、印章管理办法、秘书处工作规则、财务管理办法、农业品牌发展扶持基金管理办法等规章制度进行了制定、修订和完善。

协会严格按照民政部关于社团管理的规定确定的程序开展工作，2012 年召开了 8 次、2013 召开了 8 次，2014 年上半年召开了 5 次会长办公会，研究部署协会日常工作。2011 年 8 月换届以来，召开了 6 次常务理事会和 7 次理事会，吸纳了 268 个会员加入协会。增补 10 位副会长、29 位常务理事和 87 位理事，并审议通过了设立分支机构和代表机构，任命了各机构负责人。

四是加强工作协调落实。协会各机构各部门之间充分发挥各自优势，同时又主动协作，形成合力，积极推进工作，保证各项工作有序高效地开展。同时也切实加强了与其他兄弟协会协调沟通，加强了与挂靠单位、主管司局以及主管单位的工作沟通汇报。其中与农业部属协会单位开展合作的项目包括品牌发展大会、品牌调查和"金奖"评选。与商务部主管的土畜进出口商会开展展会合作项目一个。与部队、部属单位、会员企业等十余家达成战略合作意向，签订了 12 份合作备忘录。在分支机构设置、年度审计等工作中得到了挂靠单位、主管司局和主管单位的指导和帮助。

中国优质农产品开发服务协会章程

（经 2011 年 8 月 25 日第五届会员代表大会审议通过）

第一章 总 则

第一条 协会名称：中国优质农产品开发服务协会。英文译名为 China Good Agri-Products Development&Service Association，缩写为 CGAPA。

第二条 中国优质农产品开发服务协会（以下简称"本协会"），是由中国境内从事优质农产品生产、加工、技术推广、教学、科研、管理的企事业单位、经济组织和有关人员自愿联合组成的全国性、行业性、非营利性社会组织，具有社会团体法人资格。

第三条 本协会宗旨：以中国特色社会主义理论为指导，以中华人民共和国宪法为根本准则，遵守国家的法律、法规和政策，遵守社会道德风尚，紧紧围绕"三农"中心工作和加快转变农业发展方式、发展现代农业这个重点，以推动优质农产品发展为宗旨，坚持为农业、农村和农民服务；

为高产、优质、高效、生态、安全农业发展服务；为提高农产品质量安全水平和增加农民收入服务，为提高优质农产品竞争力服务。

第四条　本协会接受业务主管单位中华人民共和国农业部和登记管理机关中华人民共和国民政部的业务指导和监督管理。

第五条　本协会住所：北京市

第二章　业务范围

第六条　本协会的业务范围是：

（一）行业协调。贯彻执行国家发展优质农产品的有关政策，调查研究行业内出现的新情况、新问题，反映会员诉求，强化行业自律与协调，为政府提供本行业发展现状、问题和对策方面的决策依据。

（二）综合服务。为全国名特优新农产品的基地建设、项目开发、商品营销、市场策划等提供政策指导、评估论证、技术支持和信息服务。

（三）业务培训。支持优质农产品开发方面的人力资源建设，开展人才培训与智力合作及技术培训，提高会员的业务水平和专业素质。

（四）展览展示。利用各种媒体宣传推广我国的名特优新农产品，引导优质农产品生产经营单位树立市场观念和全球化意识。受政府委托承办或根据市场和行业发展需要举办展览会、展销会、贸易洽谈会、招商引资会、产销见面会、研讨会、新产品发布会等，促进我国优质农产品流通。

（五）标准化建设。受政府有关部门委托，逐步推进优质农产品行业标准的制定、完善和实施，对一些重点农产品实施规范化的质量监控。积极推进农产品质量方面的行业标准和国家标准的实施。

（六）信息交流与刊物编辑。收集国际国内优质农产品开发信息，了解与分析国际市场优质农产品发展动态，交流开发服务方面经验，有针对性地发布优质农产品的产销形势报告、国内外市场预测等研究报告，依照有关规定开办网站和编辑发行行业性指导信息刊物。

（七）国际合作。加强同国际组织以及其他国家和地区同类组织的交流与合作，加强同科技、教学、推广等单位和大中型企业集团的沟通和合作，为推动优质农产品发展服务。

（八）组织开展农产品品牌建设推进工作。

第三章　会　员

第七条　本协会的会员分为单位会员和个人会员。

第八条　申请加入本协会的会员，必须具备下列条件：

凡在中华人民共和国境内从事优质农产品生产、加工、管理、科研、推广等相关业务的具有法人资格的企事业单位、社会团体或公民，承认和遵守本协会章程，按照规定程序提出申请，经本协会批准后均可成为会员。

（一）单位会员

1. 具有一定生产、经营规模和良好业绩，具有独立法人资格的企业；

2. 具有一定代表性的区域性协会、合作社、科研教学、推广单位及有关单位和组织。

（二）个人会员

1. 从事优质农产品生产的公民；

2. 有关专家学者或管理人员等。

第九条　会员入会的程序是：

（一）提交入会申请书；

（二）秘书处审核后提交理事会或常务理事会讨论通过；

（三）由理事会或常务理事会授权秘书处发给会员证书。

第十条　会员享有下列权利：

（一）本协会的选举权、被选举权和表

决权；

（二）参加本协会的有关活动；

（三）享有本协会服务的优先权；

（四）对本协会工作的批评建议权和监督权；

（五）入会自愿，退会自由。

（六）本协会的其他权利。

第十一条 会员履行下列义务：

（一）执行本协会的决议；

（二）维护本协会的合法权益；

（三）完成本协会交办的工作；

（四）按规定交纳会费；

（五）向本协会反映情况，提供有关资料；

（六）遵守本协会章程和有关法规。

第十二条 会员退会应书面通知本协会，并交回会员证。会员如果连续两年不交纳会费或不参加本协会活动的，视为自动退会。

第十三条 会员如有严重违反本协会《章程》或损害本协会合法权益的行为，经本协会理事会或常务理事会表决通过，予以除名。

第四章 组织机构和负责人产生、罢免

第十四条 本协会的最高权力机构是会员代表大会。其职权是：

（一）制定和修改章程；

（二）选举和罢免理事；

（三）审议理事会的工作报告和财务报告；

（四）制定和修改会费标准；

（五）审议理事会、分会或五分之一以上会员代表联名提出的提案；

（六）决定终止事宜；

（七）决定其他重大事宜。

第十五条 会员代表大会须有 2/3 以上的会员代表出席方能召开，其决议须经到会会员代表半数以上表决通过方能生效。

第十六条 会员代表大会每届任期 5 年。

因特殊情况需提前或延期换届的，须由理事会表决通过，报业务主管单位审查并经社团登记管理机关批准同意。但延期换届最长不超过 1 年。

第十七条 理事会是会员代表大会的执行机构，在会员代表大会闭会期间领导本协会开展日常工作，对会员代表大会负责。

第十八条 理事会的职权是：

（一）执行会员代表大会的决议；

（二）选举和罢免会长、副会长、秘书长，常务理事；

（三）筹备召开会员代表大会；

（四）向会员代表大会报告工作和财务状况；

（五）决定会员的吸收或除名；

（六）决定办事机构、分支机构、代表机构和实体机构的设立、变更和注销；

（七）决定副秘书长、各机构主要负责人的聘任；

（八）领导本协会各机构开展工作；

（九）制定内部管理制度；

（十）决定其他重大事项。

第十九条 本协会的理事必须具备下列条件：

（一）坚持党的路线、方针、政策，政治素质好；

（二）以发展中国优质农产品为己任，具有推动中国优质农产品发展的愿望和责任心；

（三）在优质农产品产业相关领域或地区有较强影响力；

（四）积极支持本协会工作；

（五）身体健康，能坚持正常工作；

（六）未受过剥夺政治权利的刑事处罚；

（七）具有完全民事行为能力。

第二十条 本协会理事的产生办法：

本协会的理事从会员中产生，理事候选人可由各省、自治区、直辖市、新疆生产建设兵团相关业务主管部门提名，也可由会员推荐，理事候选人须经协会秘书处资格审查

后方可进入候选人正式推荐名单再提交会员代表大会选举产生，由当选的理事组成本协会理事会。

第二十一条 理事会须有 2/3 以上理事出席方能召开，其决议须经到会理事 2/3 以上表决通过方能生效。

第二十二条 理事会每年至少召开一次会议，情况特殊的，可采用通讯形式召开。

第二十三条 本协会设立常务理事会，在理事会闭会期间行使第十八条第一、三、五、六、七、八、九、十项的职权，对理事会负责。

第二十四条 本协会的常务理事必须具备下列条件：

（一）坚持党的路线、方针、政策，政治素质好；

（二）以发展中国优质农产品为己任，具有推进中国优质农产品发展的强烈愿望和维护本行业发展利益的进取精神；

（三）在优质农产品发展方面有很强的影响力和号召力，有较强的维权意识；

（四）为优质农产品发展做出重要贡献，积极支持本协会工作；

（五）身体健康，能坚持正常工作；

（六）未受过剥夺政治权利的刑事处罚；

（七）具有完全民事行为能力。

第二十五条 本协会常务理事的产生办法：

本协会的常务理事从协会理事中产生，常务理事人数不超过理事人数的 1/3。常务理事候选人可由本协会业务主管单位提名，也可由协会理事推荐，候选人须经协会秘书处资格审查后方可进入候选人正式推荐名单，再提交理事会选举产生，由当选的常务理事组成本协会常务理事会。

第二十六条 常务理事会须有 2/3 以上常务理事出席方能召开，其决议须经到会常务理事 2/3 以上表决通过方能生效。

第二十七条 常务理事会至少半年召开一次会议；情况特殊的，可采取通讯形式召开。

第二十八条 本协会的会长、副会长、秘书长必须具备下列条件：

（一）坚持党的路线、方针、政策，政治素质好；

（二）在本协会业务领域有较大影响；

（三）最高任职年龄不超过 70 周岁，秘书长为专职；

（四）身体健康，能坚持正常工作；

（五）未受过剥夺政治权力的刑事处罚；

（六）具有完全民事行为能力。

第二十九条 本协会会长、副会长、秘书长如超过最高任职年龄的，须经常务理事会表决通过，报业务主管单位审查并经社团登记管理机关批准同意后，方可提交理事会选举。

第三十条 本协会会长、副会长、秘书长任期 5 年，连任不得超过两届。因特殊情况需延长任期的，须经会员代表大会 2/3 以上会员代表表决通过，报业务主管单位审查并经社团登记管理机关同意后，方可提交理事会选举。

第三十一条 会长为本协会法定代表人。法定代表人代表本协会签署有关重要文件。因特殊情况，经会长委托、理事会同意，报业务主管单位审查并经社团登记管理机关批准后，可以由副会长或秘书长担任法定代表人。

协会法定代表人不得兼任其他社会团体的法定代表人。

第三十二条 本协会会长行使下列职权：

（一）召集和主持理事会和常务理事会；

（二）检查会员代表大会、理事会和常务理事会决议的落实情况。

第三十三条 本协会秘书长行使下列职权：

（一）主持办事机构开展日常工作，组织

实施年度工作计划；

（二）协调各分支机构、代表机构、实体机构开展工作；

（三）提名副秘书长及各机构主要负责人，交理事会或常务理事会决定；

（四）决定办事机构、分支机构、代表机构专职人员的聘用；

（五）完成理事会、常务理事会交办的各项工作；

（六）处理其他日常事务。

第五章 经费及资产管理、使用原则

第三十四条 本协会经费来源：

（一）会费；

（二）捐赠；

（三）政府、企业、事业单位资助；

（四）在核准的业务范围内开展活动或服务的收入；

（五）利息；

（六）其他合法收入。

第三十五条 本协会按照国家有关规定收取会员会费。

第三十六条 本协会经费必须用于本章程规定的业务范围和事业的发展，不得在会员中分配。

第三十七条 本协会建立严格的财务管理制度，保证会计资料合法、真实、准确、完整。

第三十八条 本协会配备具有专业资格的会计人员。会计不得兼任出纳。会计人员必须进行会计核算，实行会计监督。会计人员调动工作或离职时，接受离职审计并与接管人员办理交接手续。

第三十九条 本协会的资产管理必须执行国家规定的财务管理制度，接受会员代表大会及财政、税务等部门的监督。资产来源属于国家拨款或者社会捐赠、资助的，必须接受审计机关的监督，并将有关情况以适当方式向社会公布。

第四十条 本协会换届或更换法定代表人之前必须接受业务主管单位组织的财务审计。

第四十一条 本协会的资产，任何单位、个人不得侵占、私分和挪用。

第四十二条 本协会专职人员的工资和保险、社会福利等待遇，参照国家对事业单位的有关规定执行。

第六章 章程的修改程序

第四十三条 本协会章程的修改，须经理事会讨论通过后报会员代表大会审议。

第四十四条 本协会修改的章程，须在会员代表大会通过后 15 日内，报业务主管单位审查，经同意，报社团登记管理机关核准后生效。

第七章 终止程序及终止后的财产处理

第四十五条 本协会完成宗旨或自行解散或由于分立、合并等原因需要注销的，由理事会或常务理事会提出终止决议。

第四十六条 本协会终止决议须经会员代表大会表决通过，并报业务主管单位审查同意。

第四十七条 本协会终止前，须在业务主管单位指导下成立清算组织，清理债权债务，处理善后事宜。清算期间，不开展清算以外的活动。

第四十八条 本协会经社团登记管理机关办理注销登记手续后即为终止。

第四十九条 本协会终止后的剩余财产，在业务主管单位和社团登记管理机关的监督下，按国家有关规定，用于发展与本协会宗旨相关的事业。

第八章 附 则

第五十条 本章程经 2011 年 8 月 25 日本协会第五届会员代表大会表决通过。

第五十一条 本章程的解释权属本协会的理事会。

第五十二条 本章程自社团登记管理机 关核准之日起生效。

媒　　体

中国品牌农业网介绍

中国品牌农业网（域名：www.zgppny.com）由北京中农信文化交流有限公司承办，是宣传、保护和发展品牌农业的第一个权威的品牌农业类门户网站，这一原农业部信息中心和北京中农信文化交流有限公司共同打造的、中国农业品牌化发展的产业互动平台，有利于进一步培育农业信息服务市场主体、促进农业信息服务市场的成长，引导社会力量进入农业信息化服务领域，为农业领域的商品生产、市场经营和农产品的社会消费提供切实有效的信息服务。中国品牌农业网的建立，适应了当前的社会需求，对宣传、保护和发展我国品牌农业发挥着重要作用。

党中央、国务院将发展现代农业列为"加强'三农'工作，推进社会主义新农村建设，全面落实科学发展观，构建社会主义和谐社会"的中心工作。农业的品牌化发展是建设现代农业的必经之路。中国品牌农业网依托农业组织系统和全球最大的农业官方网站——中国农业信息网，将各级政府职能体系、专家研究机构、企业事业团体、域外农业组织等优势资源整合，全力构建政府咨询指导、专家技术顾问、品牌农业联盟、国际交流合作等综合性、多元化、全方位的强势产业互动平台。

中国品牌农业网所肩负使命和社会责任是：网聚品牌农业资源，打造品牌农业门户；服务品牌农业产业，构建品牌农业联盟。

中国品牌农业网是中国品牌农业产业领域最高端的发布平台，其涵盖中国品牌农业建设领域：官方发布的、专家校验的、域外领先的、企业践行的，是权威播报、信息交流、资源共享、功能互动集大成者，所编发的内容具有权威！

中国品牌农业网是中国品牌农业产业领域专业的门户网站，其关注中国品牌农业建设及相关领域，做专业网站、并且只做品牌农业方面的专业网站！紧扣品牌农业这一专属领域，把握核心特色、做足个性文章、实现最终愿景！

中国品牌农业网是中国品牌农业产业领域最实用的产业平台，其整合中国品牌农业产业所有相关资源、涵盖中国品牌农业建设所有相关领域，倾力服务所有目标及潜在受众，籍综合服务功能各模块之协调有效运营、使其在实用效能方面达到极致，全力构建中国品牌农业之强势产业互动平台！

品牌农业周刊介绍

在我国"三农"事业蓬勃发展的大背景下，《农民日报》作为党和政府指导"三农"工作的重要舆论工具，其全国发行量已经超 70 万份，覆盖率在中央级报刊中名列前茅。《农民日报》营造我国"三农"发展的良好氛围、服务各级政府的能力进一步增强。

党的十八届三中全会、中央农村工作会议、中央 1 号文件，以及习近平总书记关于"三农"问题系列指示精神，都着重强调了加快推进现代农业发展的重要性和紧迫性，尤其是把农产品的质量安全以及品牌问题提到了前所未有的高度。毫无疑问，我国优质农产品生产和品牌农业的发展迎来重大发展机遇。这是新形势下我国经济社会发展阶段性特征的体现。发展优质安全品牌农业已经成为现代农业发展的战略问题，是转变我国农业发展方式、提升产业化水平、实现可持续发展的必然要求。

为深入贯彻中央精神以及习近平总书记系列重要指示精神，自2014年1月起，农民日报设立"品牌农业周刊"，加强对优质特色农产品和农业品牌的宣传力度。"品牌农业周刊"以"打造中国农业品牌"为宗旨，努力构建农业品牌的交流平台、展示平台、营销平台，服务农业品牌的运营者、服务者和管理者。周刊着重宣传推广先进的品牌建设理念和方法；提供品牌策划、品牌营销、品牌培训等服务，以市场理念指引农业生产、经营和管理；推介农业品牌，引导消费；关注农业领域资本投资、并购、重组、IPO等财经新闻。

《优质农产品》介绍

民以食为天，随着人们生活水平的提高，人们已不满足于吃饱，而是追求吃得健康、吃得安全。《优质农产品》是一本以"吃得好吃得安全"为导向、服务于优质农产品及品牌农业发展的权威期刊。

《优质农产品》杂志为优质安全农产品的发展提供政策和理论宣传阵地，为从事优质安全农产品经营的企业和组织提供互相交流的空间，为提高优质安全农产品的市场竞争力提供科学的渠道，为广大消费者提供信息沟通的平台。

《优质农产品》是展示我国优质特色农产品的重要窗口和舞台。杂志从多方位、多角度宣传我国优质农产品。大力加强农业品牌主题宣传，挖掘品牌故事，努力营造"创品牌、育品牌、推品牌、管品牌用品牌"的良好氛围。

《优质农产品》植根于大地，传达的是付出与收获的伦理，凝聚的是创业与创造的精神。

《优质农产品》杂志由中华人民共和国农业部主管，中国优质农产品开发服务协会、中国农业出版社主办，每月5日出版。

一、办刊宗旨

以满足吃得好吃得安全为导向，大力发展宣传优质安全农产品，加快我国农业现代化步伐。

二、读者对象

《优质农产品》是一本以"吃得好吃得安全"为导向、服务于优质农产品及品牌农业发展的权威期刊，旨在以国际化的理念、时代前沿的"三农"视角，集理论性、新闻性、服务性、趣味性为一体，引导优质农产品的生产和消费、传播农产品理念、弘扬我国灿烂的农耕文明。

三、主要栏目

主要设置"本期特稿""特别关注""论坛""品牌史话""品牌案例分析""锵锵三人行""品牌推荐""舌尖上的美食""品牌史话""本期人物""农耕文明""春华秋实""时尚与养生""大视野"等栏目。

四、栏目介绍

本期特稿

系每期杂志的头条深度报道，主要通过宏观和微观的结合，解读或述评近期有关农业或优质农产品生产与消费的重要政策或事件。

特别关注

主要瞄准优质农产品领域里热点事件和焦点问题，追踪报道消费者普遍关注的优农产品新问题、价格问题、伪劣问题，以及品牌重大事件、品牌案例内幕，进行深入报道和透视，直接触击优质农产品前沿。

品牌史话

主要介绍品牌发展史以及品牌的轶闻、典故、趣闻、奇闻和故事，开阔眼界，增长知识，提高对品牌的兴趣、认同度。

品牌案例分析

主要报道著名品牌诞生、发展、成长、辉煌的故事，帮助读者寻求发展和成功的秘诀，编制和完成人生的梦想。

锵锵三人行

定位于农业营销领域最有影响力的头脑风暴栏目。每期有两位固定的品牌专家和媒体人会同一位涉农企业家或相关农业主管部门领导，就商业模式、品牌建设、产品创新、渠道规划、整合推广等不同角度进行掷地有声的论见激荡。

品牌推荐

主要向广大的读者介绍我国丰富多彩的优质农产品，以及这些优质农产品的独特性能和营养价值，从而引起购买和使用的欲望。

舌尖上的美食

为美食连载栏目，主要介绍各地美食动态。通过中华美食的多个侧面，来展现食物给中国人生活带来的仪式、伦理等方面的文化；见识中国特色食材以及与食物相关、构成中国美食特有气质的一系列元素；了解中华饮食文化的精致和源远流长。

春华秋实

以散文、诗词、书画等艺术形式，着力反映从农者，创新农业品牌，生产优质农产品，辛勤耕耘并享受收获喜悦等方面的人和事。

他山之石

主要报道海外研究、培育、发展优质农产品可供借鉴的经验，从而使国人扬长避短，创造出更多的中国优质农产品品牌。

多棱镜

本栏目主要是博采中外有看点的新闻资讯，荟萃其精华，开拓读者眼界。

寻找品牌

主要报道在一定区域和群体内具有影响力和知名度的农产品品牌，引领消费者选择和享受。

统 计 资 料

- 2014 年绿色食品发展总体情况
- 2014 年分地区绿色食品有效用标企业与产品
- 2014 年当年分地区绿色食品获证企业与产品
- 2014 年绿色食品产品结构
- 2014 年绿色食品产地环境监测面积
- 2014 年分地区绿色食品产地环境监测面积
- 2014 年绿色食品产品类别数量与产量
- 2014 年绿色食品产品出口额
- 2014 年分地区绿色食品原料标准化生产基地面积与产量
- 2014 年绿色食品原料标准化生产基地产品结构
- 2014 年分地区绿色食品生产资料获证企业与产品
- 2014 年全国绿色食品生产资料发展总体情况
- 国家现代农业示范区绿色食品、有机食品产量统计（2014 年）
- 2010—2013 年新申报国家现代农业示范区绿色食品、有机食品产量统计表
- 2012—2014 年无公害农产品有效产品统计表
- 2012—2014 年无公害农产品产地认定备案统计表
- 2008—2014 年农产品地理标志登记产品统计表

2014 年绿色食品发展总体情况

指　　标	单位	数量
当年获证企业数	个	3 830
当年获证产品数	个	8 826
企业总数①	个	8 700
产品总数②	个	21 153
国内年销售额	亿元	5 480.5
出口额	亿美元	24.8
产地环境监测面积③	亿亩	3.4

注：①指 2011—2014 年三年有效使用绿色食品标志的企业总数。
②指 2011—2014 年三年有效使用绿色食品标志的产品总数。
③包括农作物种植、果园、茶园、草场、水产养殖及其他监测面积。

2014 年分地区绿色食品有效用标企业与产品

地　区	企业数（家）	产品数（个）	地　区	企业数（家）	产品数（个）
全国总计	8 700	21 153	湖北	445	1 419
北京	67	288	湖南	286	824
天津	64	176	广东	345	735
河北	308	930	广西	91	171
山西	63	147	海南	17	25
内蒙古	148	394	重庆	243	637
辽宁	335	740	四川	354	1 029
吉林	182	355	贵州	12	44
黑龙江	597	1 459	云南	235	512
上海	165	234	西藏	5	5
江苏	922	2 159	陕西	85	204
浙江	814	1 276	甘肃	233	462
安徽	450	1 406	宁夏	76	1 708
福建	347	593	青海	37	97
江西	203	527	新疆	172	327
山东	1 235	3 370	境外获证	5	33
河南	159	405			

2014 年当年分地区绿色食品获证企业与产品

地区	企业数（家）	产品数（个）	地区	企业数（家）	产品数（个）
全国总计	3 830	8 826	湖北	192	603
北京	30	101	湖南	117	305
天津	34	78	广东	154	324
河北	90	222	广西	37	77
山西	36	72	海南	9	12
内蒙古	59	136	重庆	140	350
辽宁	137	306	四川	168	429
吉林	65	137	贵州	2	2
黑龙江	258	601	云南	106	224
上海	72	109	西藏	4	4
江苏	453	988	陕西	32	62
浙江	341	514	甘肃	79	167
安徽	203	628	宁夏	40	96
福建	168	257	青海	21	40
江西	97	249	新疆	89	181
山东	537	1 397	境外获证	2	2
河南	58	153			

2014 年绿色食品产品结构

（按产品类别）

产品类别	产品数（个）	比重（%）
农林及加工产品	15 703	74.2
畜禽类产品	1 095	5.2
水产类产品	698	3.3
饮品类产品	1 946	9.2
其他产品	1 711	8.1
合计	21 153	100.0

2014 年绿色食品产地环境监测面积

产地	单位	面积	比重（%）
农作物种植	万亩	20 784.81	60.36
粮食作物	万亩	14 135.00	41.05
油料作物	万亩	3 389.00	9.84
糖料作物	万亩	767.73	2.23
蔬菜瓜果	万亩	1 876.30	5.45
其他农作物	万亩	616.78	1.79
果园	万亩	1 139.40	3.31
茶园	万亩	265.20	0.77
草场	万亩	10 393.00	30.18
水产养殖	万亩	380.81	1.11
其他	万亩	1 470.90	4.27
合计	万亩	34 433.66	100.00

2014 年分地区绿色食品产地环境监测面积

单位：万亩

	农作物种植					果园	茶园	草场	水产养殖	其他	合计
	粮食作物	油料作物	糖料作物	蔬菜瓜果	其他农作物						
北京	8.22	0.25		0.97		6.16					15.60
天津	12.50	45.00		2.03	0.04	2.61					62.18
河北	8.00	32.00	43.00	162.00							245.00
山西	58.20	16.70	8.50	1.50	25.50	2.40				23.90	136.70
内蒙古	2 218.70	18.00		184.70		18.90		7 603.00			10 043.30
辽宁	184.58	14.22		46.80		51.01			39.60	10.22	346.43
吉林	2 200.00	50.00			20.00					950.00	3 220.00
黑龙江	4 719.00	2 100.00	80.00	150.00	160.00						7 209.00
上海	52.75			2.53	0.00	3.82			1.33		60.43
江苏	73.45			4.39	0.00	2.42	0.47		0.08	2.11	82.92
浙江	21.86	4.01		31.51	15.10	26.48	10.14		37.43	1.85	148.38
安徽	1 700.90	92.80		122.60	44.50	23.70	45.30	3.00	93.80	53.40	2 180.00
福建	17.50	4.70		11.50	4.50	38.10	49.90	0.60	3.20	45.30	175.30
江西	515.94	159.00		20.87	46.50	126.00	15.47		17.60	39.64	941.02
山东	433.14	69.25		195.90	16.00	236.90	11.10	4.00	39.00	10.44	1 015.73
河南	152.31	28.10		13.56	12.40	7.40	4.83		0.19	51.70	270.49
湖北	516.26	318.85		109.44	35.15	45.06	15.70		41.25	26.69	1 108.40
湖南	179.84	55.68		13.14	10.52	48.97	10.76		42.23		361.14
广东	17.60	1.49	132.80	11.60		34.00	3.50		0.50	5.50	206.99
广西	77.09	1.03	372.78	0.84	0.01	60.19	2.17		0.08	14.47	528.66
海南			5.30	3.22	1.10	1.17	0.56				11.35
重庆	19.66	2.30		17.06	1.75	21.18	2.49		0.76	1.11	66.31
四川	160.00	70.00		459.00		80.00	54.00	427.00		165.00	1 415.00
贵州	262.00			3.00	8.70	2.00	0.30	15.00			291.00
云南	25.03	13.70	28.90	30.50	56.40	81.95	28.02		0.11	11.93	276.54
西藏	0.80				0.05						0.85
陕西	57.96	11.80		7.30	11.15	63.77				7.88	159.86
甘肃	59.40	97.80		123.90	76.60	61.70	10.50	1.70			431.60
青海		62.95		4.72	35.78			2 244.93	62.35	39.27	2 450.00
宁夏	129.32	31.40		107.08	14.36				1.30	2.08	285.54
新疆	252.50	87.94	96.45	34.60	20.67	93.50		93.90		8.38	687.94
合计	14 134.51	3 388.97	767.73	1 876.26	616.78	1 139.39	265.21	10 393.13	380.81	1 470.87	34 433.66

2014 年绿色食品产品类别数量与产量

产品	数量（个）	产量（万吨）	产品	数量（个）	产量（万吨）
农林产品及其加工产品	15 703		禽蛋	196	15.17
小麦	55	117.94	蛋制品	76	3.51
小麦粉	919	475.16	液体乳	35	18.56
大米	2 804	1 302.94	乳制品	100	9.12
大米加工品	57	12.12	蜂产品	118	1.40
玉米	158	269.28	水产类产品	698	
玉米加工品	157	41.89	水产品	520	21.22
大豆	92	70.90	水产加工品	178	5.48
大豆加工品	270	72.04	饮品类产品	1 946	
油料作物产品	62	17.96	瓶装饮用水	70	170.54
食用植物油及其制品	361	122.34	碳酸饮料	0	0.00
糖料作物产品			果蔬汁及饮料	121	23.26
机制糖	81	408.20	固体饮料	22	0.32
杂粮	140	56.42	其他饮料	51	26.89
杂粮加工品	173	22.43	冷冻饮品	14	0.50
蔬菜	5 919	1 873.92	精制茶	1 119	7.72
冷冻蔬菜	78	9.74	其他茶	79	0.92
蔬菜加工品	136	17.21	白酒	191	10.69
鲜果类	2 901	1 093.46	啤酒	69	203.97
干果类	204	23.47	葡萄酒	125	4.32
果类加工品	187	22.37	其他酒类	85	6.47
食用菌及山野菜	541	90.28	其他产品	1 171	
食用菌及山野菜加工品	67	7.05	方便主食品	146	18.49
其他食用农林产品	166	145.49	糕点	132	6.03
其他农林加工品	175	140.18	糖果	61	1.97
畜禽类产品	1 095		果脯蜜饯	83	4.88
猪肉	175	9.64	食盐	548	1 686.72
牛肉	71	5.24	淀粉	127	185.20
羊肉	30	1.36	调味品	608	98.39
禽肉	175	14.24	食品添加剂	6	6.35
其他肉类	11	0.15	总计	21 153	
肉食加工品	108	1.42			

2014 年绿色食品产品出口额

出口产品	出口额（万美元）	占出口总额的比重（%）	出口产品	出口额（万美元）	占出口总额的比重（%）
大米	1 406.2	0.6	食用菌及山野菜	8 453.0	3.4
大米加工品	5 505.4	2.2	山野菜加工品	3 500.0	1.4
玉米	1 322.0	0.5	其他农林产品	10 264.0	4.1
玉米加工品	1 495.0	0.6	禽肉	41 800.0	16.8
食用油及制品	5 349.0	2.2	水产品	6 418.3	2.6
油料作物产品	11 462.0	4.6	水产加工品	5 173.0	2.1
杂粮	2 046.0	0.8	精制茶	10 357.0	4.2
蔬菜	61 182.0	24.6	果蔬饮料	1 051.0	0.4
蔬菜加工品	7 195.0	2.9	调味品	1 960.0	0.8
冷冻保鲜蔬菜	5 293.0	2.1	食盐	2 581.0	1.0
鲜果	39 856.0	16.1	其他	2 722.0	1.2
干果	1 485.0	0.6	合计	248 000.9	100.0
果类加工品	10 125.0	4.1			

2014 年分地区绿色食品原料标准化生产基地面积与产量

地区	基地数（个）	面积（万亩）	产量（万吨）	地区	基地数（个）	面积（万亩）	产量（万吨）
全国总计	635	16 005.5	10 118.2	江西	41	791.6	528.6
北京	2	10.1	27.5	山东	20	327.8	358.1
天津	3	34.9	16.1	河南	2	50.2	30.4
河北	13	158.6	100.3	湖北	18	242.9	233.2
山西	3	37.1	29.5	湖南	43	604.9	573.4
内蒙古	48	1 747.4	1 032.6	广东	4	40.7	53.0
辽宁	20	360.4	199.5	广西	3	28.4	38.9
吉林	19	301.4	187.8	四川	50	781.2	761.3
黑龙江	157	6 594.3	3 090.9	陕西	1	27.0	14.0
江苏	47	1 854.3	1 251.0	甘肃	14	140.8	95.0
安徽	46	702.0	393.0	宁夏	14	196.7	151.6
浙江	2	10.0	7.5	青海	7	105.4	71.5
福建	14	153.0	107.0	新疆	44	704.4	766.5

2014 年绿色食品原料标准化生产基地产品结构

类别	基地数（个）	面积（万亩）	产量（万吨）
粮食作物	324	10 275.9	5 986.7
油料作物	115	3 341.3	573.9
糖料作物	3	85.0	107.0
蔬菜	77	1 202.8	2 052.4
水果	77	865.0	1 250.7
茶叶	27	80.3	79.5
其他	12	155.2	67.8
总计	635	16 005.5	10 118

注：其他类包括枸杞、金银花、坚果和苜蓿等产品。

2014 年分地区绿色食品生产资料获证企业与产品

地区	企业（家）	产品（个）	地区	企业（家）	产品（个）
北京	6	18	湖北	3	4
天津	3	3	湖南	4	4
河北	5	6	广东	4	7
山西	2	4	广西	3	3
内蒙古	5	12	海南		
辽宁	3	9	重庆	1	3
吉林	1	1	四川	7	30
黑龙江	2	2	贵州		
上海	1	1	云南	5	40
江苏	12	26	西藏		
浙江	3	7	陕西	3	9
安徽			甘肃		
福建	1	2	宁夏	1	6
江西	1	1	青海	7	12
山东	7	14	新疆	2	12
河南	5	7	总计	97	243

2014 年全国绿色食品生产资料发展总体情况

产品类别	企业（家）	产品（个）
肥料	53	99
农药	7	21
饲料及饲料添加剂	18	92
兽药		
食品添加剂	18	30
其他	1	1
总计	97	243

国家现代农业示范区绿色食品、有机食品产量统计（2014 年）

省份	示范区名称	绿色食品产量（吨）	有机食品产量（吨）
北京市	北京市	1 320 444.25	74 021.27
	北京市顺义区	819 067.15	317
	北京市房山区	1 535	162.5
天津市	天津市	981 738.88	433.95
	天津市西青区	26 448.5	0
	天津市武清区	69 598	0
河北省	玉田县	24 500	0
	定州市	770	0
	武强县	0	0
	肃宁县	10 000	0
	武安市	15 265	1 075
	昌黎县	103 400	320
	张家口市塞北管理区	0	0
	围场县	104 000	0
	永清县	7 830	0
	唐山市曹妃甸区	13 000	0
	威县	1 800	0
	石家庄市	246 582.7	632.6
	石家庄市藁城市	104 904	0
	石家庄市创建区域：晋州市、藁城区、新乐市、鹿泉区、井陉县、元氏县、高邑县、栾城区、赵县、无极县、深泽县、正定县、平山县、井陉矿区	136 384.7	1 657.6
山西省	运城市盐湖区	0	0
	大同市南郊区	1 800	0
	定襄县	13 000	0
	高平市	10 000	0
	曲沃县	0	0
	长治市	31 873	991.99
	长治市创建区域：郊区、长治县、长子县、屯留县、襄垣县、潞城市	9 230	0
	晋中市	12 207.5	0
	晋中市创建区域：榆次区、太谷县、祁县、平遥县、寿阳县、昔阳县	12 207.5	0
	晋中市太谷县	10 000	0

（续）

省份	示范区名称	绿色食品产量（吨）	有机食品产量（吨）
内蒙古自治区	扎赉特旗	28 700	1 120
	西乌珠穆沁旗	0	33 146
	鄂温克旗	30 950	0
	开鲁县	2 000	1 618
	赤峰市松山区	0	602
	巴彦淖尔市临河区	47 900	76 924.5
	阿荣旗	21 250	8 319
	达拉特旗	0	99 896.3
	土默特左旗	912	0
	包头市九原区	0	0
辽宁省	辽中县	72 760	0
	台安县	39 100	0
	沈阳市于洪区	68 600	0
	海城市	78 690	0
	开原市	8 775	155
	盘山县	26 200	0
	北镇市	476 475	0
	东港市	30 004	0
	昌图县	29 130	0
	铁岭县	20 080	0
	绥中县	47 831	0
	凌源县	30 300	0
	辽阳市	45 500	78
	大连市	829 955.36	1 290.17
	大连市瓦房店市	307 078	260
	大连市庄河市	52 590	1 035
吉林省	公主岭市	5 300	255.2
	榆树市	30 000	0
	永吉县	22 000	661
	农安县	3 900	0
	前郭县	47 850	5 298.83
	敦化市	6 980	0
	梅河口市	35 288	0
	洮南市	1 385	0
	梨树县	5 000	0
	东辽县	0	0
	抚松县	300	0

（续）

省份	示范区名称	绿色食品产量（吨）	有机食品产量（吨）
黑龙江省	五常市	316 855	9 729.5
	富锦市	278 830	19 107
	双城市	30 721.3	0
	宝清县	226 700	0
	宁安市	8 150	4 429.8
	克山县	291 620	0
	密山市	202 660	0
	逊克县	208 000	0
	萝北县	41 755	0
	铁力县	53 372	0
	桦川县	180 260	578
	绥化市	1 224 026	12 626.2
	绥化市肇东市	57 760	4 618.2
	绥化市安达市	80	0
	绥化市庆安县	316 966	4 930
	绥化市创建区域：肇东市、安达市、庆安县、青冈县、明水县、望奎县、绥棱县、北林区	1 012 896	12 575.2
	大庆市	228 143.8	648
	大庆市创建区域：肇州县、肇源县、大同区、萨尔图区、让胡路区、龙凤区、红岗区	150 433.8	448
	黑龙江垦区	3 915 670.2	36 666.6
上海市	上海市	320 539.3	7 967.6
	上海市浦东新区	11 276.2	0
	上海市崇明县	219 192.1	5 801
江苏省	昆山市	44 465.2	0
	铜山县	145 499	0
	太仓市	30 106	0
	东台市	131 801.76	0
	沛县	37 880	0
	苏州市相城区	4 679	85.35
	建湖县	45 570.3	360.35
	句容市	7 511.8	587
	连云港市赣榆区	12 755	0
	扬州市江都区	34 470	0
	洪泽县	10 650	0
	苏州市吴江区	71 997.84	0
	泰州市	390 082.9	152.34
	无锡市	238 991.16	264
	南通市	200 284	122.5
	南通市海安县	60 402	122.5
	常州市	601 230.75	420.24
	南京市	416 745.23	900.36

（续）

省份	示范区名称	绿色食品产量（吨）	有机食品产量（吨）
浙江省	平湖市	6 127	0
	诸暨市	4 515	0
	杭州市萧山区	26 459.57	0
	金华市婺城区	14 720	259
	温岭市	31 424.5	0
	三门县	12 650	0
	乐清市	135	0
	嘉兴市秀洲区	12 250	0
	衢州市衢江区	11 727	744.67
	遂昌县	4 217.8	0
	湖州市	54 885.55	0
	宁波市	278 961.46	380
	宁波市慈溪市	37 391.5	0
安徽省	宿州市埇桥区	20 000	0
	南陵县	111 660	0
	颍上县	31 000	0
	涡阳县	30 470	0
	庐江县	180 195	1 174.98
	六安市金安区	22 050	0
	当涂县	9 629	0
	全椒县	18 450	0
	黄山市黄山区	15	10.4
	太和县	173 600	0
	郎溪县	11 945	0
	桐城市	118 352	0
	铜陵市	5 800	520
福建省	福清市	85 781	0
	永安市	4 126	1 350
	仙游县	2 893	0
	上杭县	1 450	0
	建瓯市	13 124	0
	福安市	1 792	0
	安溪县	2 362	513.18
	尤溪县	20 819	0
	漳州市	81 260	629.59
	漳州市漳浦县	7 770	0

（续）

省份	示范区名称	绿色食品产量（吨）	有机食品产量（吨）
江西省	南昌县	35 168	116.01
	吉安县	49 630	0
	万载县	2 560	0
	赣县	0	0
	分宜县	200	0
	抚州市临川区	30 400	0
	贵溪市	37 500	0
	万年县	7 440	0
	信丰县	0	0
	芦溪县	16 800	71.64
	乐平市	1 862	0
山东省	莱州市	73 421.5	81.7
	泰安市岱岳区	406 393	0
	沂水县	83 269	91
	章丘市	7 738	0
	金乡县	61 163.2	821
	莒县	133 447.4	0
	淄博市临淄区	263 406.27	115
	巨野县	24 000	0
	滨州市滨城区	92 710	850
	博兴县	99 550	0
	招远市	96 350	0
	威海市	334 605.45	916.5
	东营市	523 445	73.2
	聊城市	1 875 673.6	0
	潍坊市	1 972 960.1	450
	潍坊市寿光市	711 315.5	0
	德州市	1 871 843	1 430
	德州市陵县	238 000	0
	青岛市	69 580	1 366.3
	青岛市平度市	25 310	0
	青岛市莱西市	18 500	1 916
	枣庄市	207 445	0
	枣庄市滕州市	54 990	0

（续）

省份	示范区名称	绿色食品产量（吨）	有机食品产量（吨）
河南省	济源市	7 356	0
	许昌县	14 500	0
	固始县	1 165	850
	中牟县	2 700	68
	永城市	1 000	0
	新野县	9 500	0
	泌阳县	0	0
	渑池县	0	0
	叶县	3 220	0
	温县	24 203	0
	新郑市	43 026.8	0
	新乡县	0	0
	安阳县	0	0
	漯河市	25 600	1 500
	鹤壁市	600	0
	鹤壁市浚县	0	0
湖北省	监利县	52 014	588
	宜昌市夷陵区	102 896	0
	仙桃市	37 205	0
	孝感市孝南区	350 840	0
	天门市	155 548	460
	潜江市	50 482	125
	随县	0	6 720
	鄂州市梁子湖区	0	0
	荆门市	426 951	2 642
	武汉市	598 096.5	5 148
	武汉市黄陂区	3 795	0
	襄阳市	416 142	2 138
	襄阳市枣阳市	245 219	0
湖南省	长沙县	47 893	0
	屈原管理区	0	0
	永州市冷水滩区	5 000	0
	华容县	0	0
	常德市西湖西洞庭管理区	51 540	0
	株洲县	12 186	0
	衡南县	45 180	0
	洞口县	16 915	0
	临武县	0	0
	涟源市	5 800	0
	靖州县	9 000	0
	桃源县	38 630	300
	湘潭市	57 839	0
	益阳市	143 770.43	380
	益阳市大通湖区	0	0

（续）

省份	示范区名称	绿色食品产量（吨）	有机食品产量（吨）
广东省	开平市	25 560	0
	湛江垦区	86 100	812.4
	仁化县	2 200	0
	梅州市梅县区	52 074.2	0
	汕头市澄海区	0	0
	佛山市顺德区	150	0
	阳江市阳东县	10 850	0
	廉江市	51 555	1 007.1
	徐闻县	220 650	0
	河源市灯塔盆地创建区域：东源县、连平县、和平县	12 335	63
	河源市灯塔盆地	13 650	0
广西壮族自治区	合浦县	90 000	1 300
	田东县	0	899
	兴业县	0	0
	贵港市港北区	0	0
	全州县	0	5 720
	横县	73 200	81
	武鸣县	0	0
海南省	乐东黎族自治县	23 685	0
	澄迈县	0	0
	屯昌县	0	0
	南田农场	0	
	琼海市	1 500	0
	海口市	90 728	0
重庆市	潼南县	21 441.5	0
	南川区	20 990.5	0
	荣昌县	17 960	0
	忠县	31 069.5	400
	江津区	26 000.3	0
四川省	眉山市东坡区	39 284	0
	苍溪县	10 000	0
	江油市	62 717	40
	蓬溪县	435	100
	大竹县	34 700	0
	安岳县	37 750	0
	红原县	1 424.3	0
	犍为县	0	0
	成都市	732 582.5	409.9
	广安市	59 557	0
	广安市创建区域：广安区、前锋区	28 610	0
	南充市	94 104	1 047.87
	南充市创建区域：顺庆区、高坪区、嘉陵区、西充县	63 000	1 053.93
	攀枝花市	27 710	0
	攀枝花市创建区域：仁和区、米易县、盐边县	25 770	0
	泸州市	28 900.66	11 853
	泸州市创建区域：江阳区、龙马潭区、纳溪区	12 187	11 853
	泸州市江阳区	0	11 853

（续）

省份	示范区名称	绿色食品产量（吨）	有机食品产量（吨）
贵州省	湄潭县	0	0
	清镇市	250	0
	松桃县	0	0
	兴义市	0	0
	龙里县	0	0
	金沙县	0	0
云南省	宣威市	0	0
	嵩明县	0	0
	砚山县	9 086	0
	石林县	27 592	50
	保山市隆阳区	1 735	0
	新平县	100 557	0
	红河州	266 517.5	0
	红河州创建区域：蒙自市、开远市、建水县、弥勒市	79 650	0
西藏自治区	曲水县才纳乡	0	0
	白朗县嘎东镇	0	0
	乃东县	0	0
陕西省	长安区	42 958	0
	富平县	10 800	0
	安康市汉滨区	0	0
	宝鸡市陈仓区	9 000	0
	西咸新区泾河新城	0	
	西咸新区泾河新城泾阳	0	
	平利县	0	0
	延安市	137 997.5	0
甘肃省	张掖市甘州区	60 290	0
	酒泉市肃州区	7 000	0
	定西市安定区	587 795	18 750
	武威市凉州区	230 069.9	18 869
	敦煌市	83 500	0
青海省	大通回族土族自治县	135 035	0
	互助县	20 004	0
	海晏县	0	0
	门源县	10 000	0
宁夏回族自治区	贺兰县	30 115	31 070.2
	永宁县	2 080	9 347
	吴忠市利通区	116 644	0
	中卫市沙坡头区	800	0
	宁夏农垦	26 780	0

（续）

省份	示范区名称	绿色食品产量（吨）	有机食品产量（吨）
新疆维吾尔自治区	呼图壁县	29 300	0
	沙湾县	25 229.6	0
	沙雅县	315	0
	泽普县	0	0
	玛纳斯县	29 800	0
	博乐市	107 850	0
	克拉玛依市克拉玛依区	30 240	0
新疆兵团	农一师阿拉尔垦区	22 000	0
	第三师图木舒克市	12 000	755
	第八师石河子垦区	40 500	0
	农六师	26 250	0
	农六师五家渠垦区	26 250	0

2010—2013 年新申报国家现代农业示范区绿色食品、有机食品产量统计表

序号	省份	示范区名称	统计范围	2010 年		2011 年		2012 年		2013 年	
				绿色食品产量(吨)	有机食品产量(吨)	绿色食品产量(吨)	有机食品产量(吨)	绿色食品产量(吨)	有机食品产量(吨)	绿色食品产量(吨)	有机食品产量(吨)
1	北京市	北京市	省级	1 360 133.5	31 297.32	1 219 837.92	48 206.78	1 355 564.42	7 485.677	1 380 567.62	14 903.325
2	天津市	天津市	省级	832 431.75	11 738.93	806 484.75	12 576.05	1 140 989.13	2 443.8	951 592.88	1 619.686
3	河北省	石家庄市	地级市(扩面)	112 429.4	10 459	259 436.4	1 016	262 428.2	2 305	311 791.7	85
		昌黎县	县级	4 414	413	157 714	413	167 615	0	169 100	320
		塞北管理区	县级	0	141.45	84 900	177.495	84 900	0	84 900	0
		围场县	县级	3 000	0	3 000	0	3 000	0	3 000	0
		永清县	县级	30 209	0	51 969	0	50 595	0	24 440	0
		曹妃甸区	县级	13 000	0	13 000	0	13 000	0	13 000	0
		威县	县级	0	0	6 800	0	6 800	0	6 800	0
4	山西省	长治市	地级市	16 345	931	17 300	559	20 300	943	22 135	1 130.5
		定襄县	县级	0	0	0	0	13 000	0	13 000	0
		高平市	县级市	10 000	0	10 000	0	10 000	0	10 000	0
		曲沃县	县级	0	0	0	0	0	0	0	0
		大同市	地级市(扩面)	12 785	0	15 310	375	12 310	760	12 330	0
		晋中市	地级市(扩面)	25 745	11 766.17	19 939	9 794.27	20 239	600	20 239	1 000
		运城市	地级市(扩面)	10 735	9 000	3 070	11 469	1 770	9 000	19 810	0

（续）

序号	省份	示范区名称	统计范围	2010 年		2011 年		2012 年		2013 年	
				绿色食品产量(吨)	有机食品产量(吨)	绿色食品产量(吨)	有机食品产量(吨)	绿色食品产量(吨)	有机食品产量(吨)	绿色食品产量(吨)	有机食品产量(吨)
5	内蒙古自治区	临河区	县级	41 730	71 152.6	59 940	68 774.6	69 510	97 028.9	70 410	143 997
		阿荣旗	县级	7 700	0	8 900	2 865	13 500	3 149	14 750	8 025
		达拉特旗	县级	2 700	0	2 700	0	0	0	0	36 331.9
		土默特左旗	县级	1 000	0	1 000	160	700	160	700	0
		包头市九原区	县级	0	2 088.6	0	2 088.6	0	0	0	0
6	辽宁省	北镇市	县级市	281 065.5	0	252 575	0	258 475	0	418 100	0
		东港市	县级市	43 780	0	48 804	0	44 804	0	30 500	0
		昌图县	县级	3 940	0	3 487	0	3 597	0	26 897	0
		铁岭县	县级	10 113.15	0	12 225.08	0	8 025.08	0	3 025.08	0
		绥中县	县级	41 050	0	35 521	0	42 591	0	17 091	0
		辽阳市	地级市	168 100	882.5	135 100	63	28 800	0	48 600	76
		大连市	地级市（扩面）	800 107.66	7 127.76	820 187.66	42 509.96	872 180.66	6 188.57	788 064.66	690.17
		朝阳市	地级市	55 280	15 874.85	74 660	8 906.35	67 140	3 285.1	68 140	0
7	吉林省	梅河口市	县级市	19 713	0	22 580	0	23 228	0	23 288	143
		洮南市	县级市	7 820	0	4 120	0	4 465	0	2 685	0
		梨树县	县级	9 707.35	0	11 000	0	15 000	0	12 000	0
		东辽县	县级	0	0	0	0	0	0	0	0
		抚松县	县级	7 000	2 109	7 000	2 240	0	26	0	0
8	黑龙江	大庆市	地级市	94 318.8	9 000	186 510.8	13 064	205 188.8	7 303.02	130 908.8	7 152.34
		克山县	县级	460 620	0	532 120	0	532 120	0	65 200	0
		密山市	县级	104 800	1 261.96	55 500	1 391.7	85 130	0	85 130	0
		逊克县	县级	5 000	0	14 500	840	20 8000	840	198 500	0
		萝北县	县级	21 995	0	21 995	0	11 995	0	46 625	0
		铁力县	县级	36 832	0	6 507	0	41 332	0	46 972	0
		绥化市	地级市（扩面）	1 031 310	500	1 229 500	2 199	1 194 840	3 712	1 033 136	20 231.2
		佳木斯市	地级市（扩面）	551 890	0	691 815	4 305	703 415	4 025	711 615	7 275
		桦川县	县级	135 400	0	190 400	724	124 400	724	188 800	578
		龙江县	县级	390 650	0	407 150	1 285	399 400	1 285	397 900	750

（续）

序号	省份	示范区名称	统计范围	2010 年		2011 年		2012 年		2013 年	
				绿色食品产量(吨)	有机食品产量(吨)	绿色食品产量(吨)	有机食品产量(吨)	绿色食品产量(吨)	有机食品产量(吨)	绿色食品产量(吨)	有机食品产量(吨)
9	上海市	上海市	省级	291 172.37	3 643.45	328 758.25	3 219.41	338 367.55	5 481.4	314 222.3	5 888.4
10	江苏省	常州市	地级市	424 503.12	0	459 566.42	0	625 360.8	128.6	375 899.55	129.8
		句容市	县级市	0	632.7	4 421.8	463.88	5 151.8	462.2	6 651.8	577.4
		连云港市赣榆区	县级	0	0	197	0	197	0	197	0
		南京市	地级市	153 938.45	5 112.91	253 667.9	3 940.87	306 866.4	549.04	237 407.4	887.76
		扬州市江都区	县级	52 840	0	39 310	0	16 823	0	31 153	0
		洪泽县	县级	6 000	0	16 000	0	20 000	0	4 000	0
		苏州市吴江区	县级	90 624.3	0	94 873.3	0	63 825.39	0	72 591.39	0
		南通市	地级市(扩面)	171 433.62	0	163 889.62	200	281 533	0	206 663	122.5
11	浙江省	宁波市	地级市(扩面)	187 404.4	1	237 399.1	380.5	255 453	17 571.7	265 097.5	192
		余姚市	县级市	42 666.5	0	29 530	0	33 630	0	44 120	0
		乐清市	县级市	0	0	132	0	132	0	132	0
		嘉兴市秀洲区	县级	8 145	0	6 502.5	0	7 877.5	0	10 037.5	0
		衢州市衢江区	县级	3 573	0	3 715	216	4 525	1 174	10 607	1 179.95
		遂昌县	县级	1 943.5	0	3 129	0	2 107	0	2 813	0
12	安徽省	六安市金安区	县级	37 700	0	16 500	0	16 500	0	21 400	0
		当涂县	县级	14 842.5	0	6 752.5	0	10 063	0	10 229	0
		全椒县	县级	43 500	0	42 100	0	40 800	0	40 800	0
		黄山市黄山区	县级	25.5	0	0	0	0	0	15	10.4
		太和县	县级	64 000	0	102 000	0	114 500	0	147 500	0
		郎溪县	县级	14 490	940	4 518	940	7 318	940	14 753	0
		桐城市	县级市	93 330	0	92 000	0	45 247	0	114 882	0
13	福建省	建瓯市	县级市	6 562	0	5 965	0	7 777	0	10 731	0
		福安市	县级市	8 415	0	825	0	1 738	0	1 630	0
		安溪县	县级	1 914	105.8	1 950	144.8	1 500	10	1 511	520.58
		尤溪县	县级	15 062	5 621	18 681	4 077.1	18 651	4 067.1	4 919	0
		漳州市	地级市(扩面)	78 002	6 893.5	86 735	6 888.24	94 093	764.06	81 143	10 988.88
14	江西省	贵溪市	县级市	38 500	355	37 500	355	37 500	355	37 500	0
		万年县	县级	209	0	4 000	0	4 000	0	4 000	0
		信丰县	县级	1 580	3 500	1 580	3 500	30	0	30	0
		芦溪县	县级	6 800	139 012.35	5 400	139 012.35	5 400	74	15 400	71.64
		乐平市	县级市	600	318	600	0	600	0	600	0

（续）

序号	省份	示范区名称	统计范围	2010 年		2011 年		2012 年		2013 年	
				绿色食品产量(吨)	有机食品产量(吨)	绿色食品产量(吨)	有机食品产量(吨)	绿色食品产量(吨)	有机食品产量(吨)	绿色食品产量(吨)	有机食品产量(吨)
15	山东省	滨州市	地级市	239 158	670	635 516	4 184	657 776	1 820	726 613	1 500
		章丘市	县级市	9 900	5 088.75	11 300	12 061	15 848	0	15 848	50
		金乡县	县级	160 550.4	21 009	87 063.2	20 611	47 834	927.25	60 283.2	1 340
		聊城市	地级市	597 134	0	752 559	0	562 775	0	829 214	338
		莒县	县级	35 240	2 655	114 840	2 363	109 600	0	124 780	100
		淄博市临淄区	县级	350 690	5 834	397 900	3 244	514 290	115	532 115.97	115
		巨野县	县级	23 800	0	23 800	0	23 800	0	24 000	0
		莱芜市	地级市	18 000	5 655	28 850	5 655	28 870	205	28 525	120
		潍坊市	地级市（扩面）	1 361 749.8	11 262.5	1 909 553.8	9 880	1 883 983.2	4 814	2 032 907.1	983.8
		德州市	地级市（扩面）	562 761	0	698 666	10 650	535 816	10 744	1 032 644	2 788.24
		烟台市	地级市（扩面）	709 734	7 443	755 280.5	11 278	878 499.5	403.9	751 906	267.3
		青岛市	地级市（扩面）	66 447	9.6	65 981	5 011.4	71 959	5.405	63 659	193.625
		枣庄市	地级市（扩面）	122 124	10 783	294 844	7 902	283 954	4 032	350 945	0
16	河南省	渑池县	县级	0	0	0	0	0	0	0	0
		叶县	县级	0	0	0	0	0	0	0	0
		温县	县级	29 440	0	29 515	0	15 423	0	12 113	0
		漯河市	地级市	17 725	6 600	134 975	1 500	240 325	100	236 600	0
		新郑市	县级市	34 470	1 975	35 270	2 650	34 970	0	43 696.8	0
		新乡县	县级	1 500	0	1 500	0	1 500	0	1 500	0
		安阳县	县级	0	0	0	0	0	0	0	0
		清丰县	县级	1 245	0	11 245	0	11 245	0	15 970	0
		鹤壁市	地级市（扩面）	0	1 045	0	1 036	0	0	0	412.5
17	湖北省	仙桃市	县级市	30 965	0	39 385	0	39 241	0	29 285	0
		鄂州市	地级市	430	0	654	0	374	0	374	0
		孝南区	县级	276 150	0	302 190	0	39 910	0	301 700	0
		天门市	县级市	90 750	220	127 200	220	118 250	0	95 598	0
		潜江市	县级市	11 950	0	11 950	0	14 450	0	17 500	125
		随县	县级	0	0	0	0	0	0	0	1 200
		蕲春县	县级	820	0	820	0	820	0	820	0
		武汉市	地级市（扩面）	425 364.75	16 963	363 972.75	11 243.6	514 813	7 123	395 555	5 850
		襄阳市	地级市（扩面）	202 006	0	381 488	853	409 330	853	470 082	70

（续）

序号	省份	示范区名称	统计范围	2010 年		2011 年		2012 年		2013 年	
				绿色食品产量(吨)	有机食品产量(吨)	绿色食品产量(吨)	有机食品产量(吨)	绿色食品产量(吨)	有机食品产量(吨)	绿色食品产量(吨)	有机食品产量(吨)
18	湖南省	株洲县	县级	850	0	21 350	0	26 250	0	31 986	0
		衡南县	县级	60 000	0	60 000	0	25 000	0	45 000	0
		洞口县	县级	4 800	0	4 800	0	148 000	0	14 800	0
		临武县	县级	3 073	0	3 073	0	3 073	0	3 073	0
		涟源市	县级市	415	0	3 915	0	4 515	0	4 400	0
		靖州县	县级	0	0	17 000	0	17 000	0	17 000	0
		花垣县	县级	0	0	0	0	0	0	0	0
		湘潭市	地级市	51 140	27	77 885.5	45	69 928.5	0	44 162.5	0
		常德市	地级市（扩面）	392 537.7	5 260.2	1 060 637.7	5 263.1	1 002 450	2 421.25	923 030	1 225.2
		益阳市	地级市（扩面）	161 140.43	566	144 824.43	697	188 904	550	199 514.43	380
19	广东省	梅州市梅县区	县级	10 382	0	11 812.2	0	9 794.2	0	43 484	0
		惠州市惠城区	县级	10 045	0	10 045	0	4 400	0	8 045	0
		湛江市	地级市	824 296.5	123	939 031	7 750	596 331	0	635 060	793
		汕头市澄海区	县级	0	0	0	0	0	0	0	0
		佛山市顺德区	县级	1 549	0	170 000	0	1 549	0	1 199	0
		阳江市阳东县	县级	1 400	0	1 555	0	2 755	0	8 100	0
20	广西壮族自治区	贵港市港北区	县级	3 602	0	3 600	0	3 600	0	0	0
		全州县	县级	0	0	0	1 749	0	5 210.4	0	5 425
		横县	县级	145 000	0	145 000	0	65 000	0	71 500	122
		武鸣县	县级	0	0	0	0	0	0	0	0
21	海南省	屯昌县	县级	0	0	0	0	0	0	0	0
		农垦南田农场	县级	0	0	0	0	0	0	0	0
		琼海市	县级市	1 500	203	1 500	0	1 500	216	0	239
22	重庆市	忠县	县级	600	0	14 600	0	15 740	390	23 428.5	400
		江津区	县级	24 020	77.6	24 865	77.6	24 365	0	24 645	0
23	四川省	江油市	县级市	31 730	8	35 730	8	35 730	16.1	47 730	40
		蓬溪县	县级	435	0	435	0	435	0	435	0
		大竹县	县级	500	0	500	0	10 500	0	34 700	0
		安岳县	县级	39 750	0	61 750	0	62 750	0	53 750	0
		红原县	县级	1 424.3	0	1 424.3	0	1 424.3	0	1 424.3	0
		犍为县	县级	0	0	0	0	0	0	0	0
		泸州市	地级市（扩面）	4 713.66	14 758	5 262.66	14 758	5 262.66	12 651	19 562.66	12 767.5

(续)

序号	省份	示范区名称	统计范围	2010 年		2011 年		2012 年		2013 年	
				绿色食品产量(吨)	有机食品产量(吨)	绿色食品产量(吨)	有机食品产量(吨)	绿色食品产量(吨)	有机食品产量(吨)	绿色食品产量(吨)	有机食品产量(吨)
24	贵州省	兴义市	县级市	0	0	0	0	0	0	0	0
		龙里县	县级	0	0	0	0	0	0	0	0
		金沙县	县级	0	0	0	0	0	0	0	0
25	云南省	红河州	地级市	274 725	0	291 425	600	178 660	600	237 425	0
		石林县	县级	6 450	250	24 450	250	18 050	0	19 970	50
		保山市隆阳区	县级	1 310	0	6 670	5	6 870	0	6 845	0
		新平县	县级	90 542	0	95 942	0	95 492	0	97 352	0
26	西藏自治区	乃东县	县级	0	0	0	0	0	0	0	0
27	陕西省	宝鸡市陈仓区	县级	0	0	25 500	0	25 500	0	25 500	0
		铜川市	地级市	270 000	0	220 000	0	211 600	0	221 600	0
		西咸新区泾河新城（泾阳）	县级	0	0	0	0	0	0	0	0
		平利县	县级	0	0	0	0	0	0	0	0
28	甘肃省	武威市凉州区	县级	389 200	9 090	273 660.5	59 670	284 510.5	55 080	232 335.5	30 580
		敦煌市	县级市	74 500	0	74 500	0	74 500	0	56 500	0
29	青海省	海北藏族自治州	地级市	13 000	0	10 000	0	10 000	1 741.68	13 200	1 741.68
30	宁夏回族自治区	吴忠市利通区	县级	112 150	0	119 460	133.25	127 510	0	118 510	0
		中卫市沙坡头区	县级	10 275	0	10 275	1 719	10 275	0	0	0
		青铜峡市	县级市	16 600	790.5	16 600	50	22 800	960.5	20 800	2 165.99
31	新疆维吾尔自治区	玛纳斯县	县级	36 000	0	200	0	20 200	0	26 200	0
		博乐市	县级市	89 810	0	89 000	3 559.36	89 810	0	93 810	0
		克拉玛依	地级市	36 210	0	35 960	0	30 000	0	1 422	0
32	新疆生产建设兵团	第三师图木舒克市	县级	0	0	10 000	706	10 000	0	10 000	0
		第八师石河子垦区	县级	0	0	30 800	0	30 800	0	41 500	0

2012—2014 年无公害农产品有效产品统计表

省（自治区、直辖市）	合计			种植业			畜牧业			渔业		
	企业数	合格产品数（个）	总产量（万吨）	企业数	合格产品数（个）	总产量（万吨）	企业数	合格产品数（个）	总产量（万吨）	企业数	合格产品数（个）	总产量（万吨）
合计	31 748	73 660	19 670.92	16 130	50 489	17 126.98	10 160	11 150	1 990.74	5 458	12 021	553.21
北京市	930	2 240	324.77	490	1 717	258.38	219	228	65.10	221	295	1.28
天津市	321	866	57.12	144	541	38.93	35	36	7.94	142	289	10.24
河北省	646	1407	305.61	302	956	236.95	249	260	54.45	95	191	14.22
山西省	553	1 336	1 162.85	425	11 90	1 150.38	101	107	12.23	27	39	0.24
内蒙古自治区	258	751	389.23	135	525	377.75	64	98	9.76	59	128	1.72
辽宁省	1 204	1 842	2 144.84	600	1 163	1 985.88	461	461	117.92	143	218	41.03
吉林省	694	1 270	178.47	86	395	80.09	410	423	96.08	198	452	2.30
黑龙江省	1 036	4 754	3 258.33	878	4 146	3 247.68	24	24	1.81	134	584	8.83
上海市	1 336	6 968	406.25	1 008	6 403	367.67	157	169	32.44	171	396	6.14
江苏省	5 064	16 546	2 312.83	3 263	13 390	2 075.97	953	1 311	149.12	848	1 845	87.74
浙江省	3 564	4 649	363.39	2 266	3 053	272.43	729	823	76.48	569	773	14.49
安徽省	554	1 533	235.95	265	759	194.22	154	192	34.71	135	582	7.02
福建省	1 491	2 102	190.05	395	787	124.73	841	890	55.65	255	425	9.67
江西省	897	1 482	176.07	362	769	90.33	315	334	74.15	220	379	11.59
山东省	2 998	4 995	1 818.73	751	1 959	1 252.83	1 695	1 732	420.91	552	1 304	144.98
河南省	1 330	1 927	959.51	624	1 109	875.11	583	585	76.78	123	233	7.62
湖北省	1 065	2 600	503.72	237	1 001	295.05	438	480	112.41	390	1 119	96.27
湖南省	477	1 387	200.29	224	962	117.16	175	184	76.17	78	241	6.96
广东省	1 156	1 867	275.89	474	982	141.00	490	524	119.49	192	361	15.40
广西壮族自治区	421	854	521.51	182	553	472.71	159	167	44.90	80	134	3.90
海南省	79	148	28.96	29	80	21.31	5	8	2.85	45	60	4.80
重庆市	484	1 516	154.38	283	1145	129.22	133	163	21.10	68	208	4.06
四川省	1 416	3 119	1 244.95	569	1 691	1 058.63	707	754	172.71	140	674	13.61
贵州省	531	1 056	222.40	326	831	202.83	195	207	19.20	10	18	0.37
云南省	337	737	254.01	187	520	227.93	140	174	22.57	10	43	3.52
西藏自治区	21	97	28.27	15	86	27.74	6	11	0.54	0	0	0.00
陕西省	783	1 321	315.22	490	936	288.43	254	269	25.35	39	116	1.44
甘肃省	251	445	481.17	129	306	449.86	110	121	30.90	12	18	0.41
宁夏回族自治区	167	415	215.18	96	311	197.92	60	70	12.83	11	34	4.43
青海省	51	145	48.75	24	107	46.43	27	38	2.31	0	0	0.00
新疆维吾尔自治区	322	1 158	447.55	182	807	436.92	53	60	5.95	87	291	4.68
大连市	395	712	235.92	182	432	200.66	64	72	17.85	149	208	17.41
青岛市	184	269	21.16	119	191	19.98	0	0	0.00	65	78	1.18
厦门市	17	33	1.61	9	24	0.61	3	3	0.12	5	6	0.89
宁波市	669	995	114.77	351	591	98.74	143	160	12.52	175	244	3.52
新疆生产建设兵团	46	118	71.24	28	71	64.51	8	12	5.46	10	35	1.27

2012—2014 年无公害农产品产地认定备案统计表

省（自治区、直辖市）	产地总数	种植业		畜牧业		渔业	
		个数	面积（公顷）	个数	万头（万只）	个数	面积（公顷）
北京市	953	589	24 139	230	7 209	134	495
天津市	2 330	2 151	131 512	98	3 817	81	19 052
河北省	1 194	491	315 078	521	8 504	182	91 575
山西省	228	174	164 314	24	51	30	1 240
内蒙古自治区	277	163	508 892	64	1 146	50	268 690
辽宁省	597	250	689 631	347	8 116		
吉林省	613	120	122 018	393	17 729	100	39 689
黑龙江省	2 536	2 407	8 298 739	13	70	116	167 331
上海市	814	614	82 451	97	1 241	103	4 695
江苏省	7 265	4 551	3 203 695	1 258	38 318	1 456	571 981
浙江省	2 861	2 085	234 870	535	14 173	241	13 164
安徽省	750	424	367 150	160	11 479	166	57 905
福建省	384	133	9 065	49	495	202	9 880
江西省	1 007	474	121 966	324	8 322	209	34 836
山东省	2 054	1 363	822 824	472	29 111	219	86 322
河南省	1 033	878	793 408	23	1 066	132	44 402
湖北省	880	231	332 511	355	23 233	294	177 568
湖南省	372	199	19 955	113	6 750	60	8 951
广东省	1 490	932	89 296	558	33 978		
广西壮族自治区	801	591	1 343 742	136	15 429	74	3 279
海南省	31	19	4 173			12	708
重庆市	156	115	50 374	20	366	21	9 861
四川省	276	46	538 999	170	6 591	60	11 703
贵州省	477	304	91 812	164	2 357	9	501
云南省							
西藏自治区	11	8	5 075	3	87		
陕西省							
甘肃省							
宁夏回族自治区	62	35	275 744	21	355	6	12 960
青海省	45	18	11 054	27	100		
新疆维吾尔族自治区	251	227	424 158	24	50		
深圳市							
大连市	179					179	198 069
青岛市							
厦门市	7	7	109				
宁波市	693	368	70 068	127	500	198	13 544
新疆建设兵团	11	6	19 629	4	44	1	330
合计	30 638	19 973	19 166 452	6 330	240 687	4 335	1 848 729

2008—2014 年农产品地理标志登记产品统计表

单位：个

省（自治区、直辖市）	产品数	种植业	畜牧业	渔业
北京市	9	9		
天津市	5	5		
河北省	24	23		1
山西省	90	81	8	1
内蒙古自治区	57	33	15	9
辽宁省	37	28	6	3
吉林省	11	10	1	
黑龙江省	94	71	5	18
上海市	7	3	4	
江苏省	41	28	8	5
浙江省	26	23	3	
安徽省	27	21	2	4
福建省	48	46	1	1
江西省	65	45	15	5
山东省	218	147	31	40
河南省	55	50	2	3
湖北省	78	60	10	8
湖南省	37	27	9	1
广东省	8	5	2	1
广西壮族自治区	57	33	15	9
重庆市	42	35	6	1
四川省	135	106	29	
贵州省	20	13	7	
云南省	63	44	19	
西藏自治区	8	6	1	1
陕西省	42	40	2	
甘肃省	44	32	12	
宁夏回族自治区	50	35	13	2
青海省	31	12	19	
新疆维吾尔自治区	59	53	6	
大连市	26	11		15
青岛市	43	37		6
宁波市	9	6		3
新疆建设兵团	22	19	1	2
合计	1 588	1 197	252	139

大事记

大　事　记

2013 年

1 月

6 日，农业部党组成员、中国农产品市场协会会长、中国水产流通加工协会会长、调查活动组委会主任张玉香在中国农业电影电视中心举办的"魅力农产品嘉年华"晚会上，发布了盘锦大米、烟台苹果、秭归脐橙等11 类 100 个荣获"2012 最具影响力中国农产品区域公用品牌"称号的农产品区域公用品牌。

14 日，中国优质农产品开发服务协会与会员单位寿光地利集团有限公司、北京鼎绅投资有限公司和太原罗克佳华工业有限公司签署合作备忘，共同构建优质农产品信任系统及智慧电子商务平台。农业部党组成员、驻部纪检组组长、中国优质农产品开发服务协会会长朱保成，农业部市场与经济信息司副司长李昌健，农业部优质农产品开发服务中心副主任、中国优农协会常务理事陈金发等出席签约仪式。农业部巡视组组长、中国优农协会副会长兼秘书长王春波，寿光地利集团有限公司总裁栾元伟，北京鼎绅投资有限公司负责人黄竞仪，太原罗克佳华工业有限公司董

事长李玮分别代表合作各方签字。

20 日，德国柏林当地时间 1 月 20 日上午，"中国优质农产品推介活动"亮相第 78 届柏林国际绿色周。农业部副部长牛盾和中国驻德国大使史明德参加了当天的活动并致辞。来自中国十多家企业的数十种优质特色农产品参加了展销推介等活动。

25 日，第四届中国余姚·河姆渡农业博览会在浙江省余姚市中塑国际会展中心举行，本届博览会的主题为"健康、生态、精致、创新"。农业部优质农产品开发服务中心主任、中国优质农产品开发服务协会副会长张华荣，中国品牌农业网主任、中国优质农产品开发服务协会副会长黄竞仪，以色列艾利集团高级经理帅·莱威汀等出席了开馆仪式。

3 月

8 日，国家重点食品质量安全追溯物联网应用示范工程启动会在贵阳举行。重点食品质量安全追溯是国家发展和改革委员会和财政部2012 年 7 月确定的国家物联网重大应用示范工程的 7 个领域之一。国家标准委员会主任陈钢出席会议并讲话。

6 月

20 日，农业部组织开展"全国食品安全宣传周"主题日活动，广泛普及农产品安全消费知识，集中展示农产品质量安全工作进展及成效，营造全社会共同关注、推动农产品质量安全工作的和谐氛围，实现农产品质量安全科学管理、明白生产、放心消费。

7 月

9 日，"强农兴邦中国梦·品牌农业中国行——走进山西"活动在太原市开幕，并启动了"中国优质农产品信任系统和智慧电子商务基础云平台"。"中国优质农产品信任系统和智慧电子商务基础云平台"是由中国优质农产品开发服务协会和罗克佳华工业公司共同研发。通过物联网和云计算技术，重点解决农产品买卖信息不对称、优质不优价、食品质量难以溯源等问题，对农资、农田和农产品生产、经营、管理、服务全过程实时监测、采集数据、定性分析，实行智慧生产和智能管理。已经建立了一个拥有5 000 台服务器（全面建成后为 2 万台）的数据中心，山西省太原市、朔州市、运城市将成为首批试点地区。

22 日，农业部党组副书

记、副部长余欣荣，农业部党组成员、驻部纪检组组长、中国优质农产品开发服务协会会长朱保成等一行，到太原罗克佳华公司调研指导"中国优质农产品信任系统及智慧电子商务平台"建设。

10月

12～13日，"2013中国国际品牌农业发展大会"在北京举行。农业部副部长牛盾出席会议并致辞，农业部党组成员、驻部纪检组组长、中国优质农产品开发服务协会会长朱保成作了题为《为实现中国农业品牌梦而努力奋斗》的主旨演讲，农业部原党组成员、中国农产品市场协会会长张玉香主持会议开幕式。

23日，2013中国茶叶博览会在山东省济南市举行。本届茶博会由农业部优质农产品开发服务中心、中国优质农产品开发服务协会、中国茶学协会、山东省农业厅和济南市政府等单位共同主办，旨在搭建优质茶产业展销平台，展示我国茶产业发展成就，培育遴选优质茶产业品牌，开展茶产业活动，普及茶叶知识，推动我国茶产业持续健康发展。

12月

15日，2013年中国（海南）国际热带农产品冬季交易会（简称"冬交会"）在海口正式落幕。本届"冬交会"共有2 252家知名企业参展，展出农产品6 000多种，所有农产品均凭"身份证"入场。本届冬交会共签约农产品订单2 234宗，成交金额308亿元，比上届增加17.54亿，增长6.0%。

23～24日，中央农村工作会议在北京举行，中共中央总书记、国家主席、中央军委主席习近平，中共中央政治局常委李克强、张德江、俞正声、刘云山、王岐山、张高丽出席会议。会议强调，能不能在食品安全上给老百姓一个满意的交代，是对我们执政能力的重大考验。食品安全源头在农产品，基础在农业，必须正本清源，首先把农产品质量抓好。用最严谨的标准、最严格的监管、最严厉的处罚、最严肃的问责，确保广大人民群众"舌尖上的安全"。食品安全，首先是"产"出来的，要把住生产环境安全关，治地治水，净化农产品产地环境，切断污染物进入农田的链条。食品安全，也是"管"出来的，要形成覆盖从田间到餐桌全过程的监管制度，建立更为严格的食品安全监管责任制和责任追究制度，使权力和责任紧密挂钩。要大力培育食品品牌，用品牌保证人们对产品质量的信心。

2014年

1月

15～26日，中国优质农产品开发服务协会组织中宁枸杞、盘锦大米等区域公用品牌与数十家单位到柏林国际绿色周开展中国优质农产品推介活动。

19日，国务院发布《关于全面深化农村改革加快推进农业现代化的若干意见》。这份2014年中央1号文件提出，坚决破除体制机制弊端，坚持农业基础地位不动摇，加快推进农业现代化。文件确定，以解决好地怎么种为导向加快构建新型农业经营体系，以解决好地少水缺的资源环境约束为导向深入推进农业发展方式转变，以满足吃得好吃得安全为导向大力发展优质安全农产品。

2月

25日，根据农业部统一部署，由农业部优质农产品开发服务中心组织编制的"2013年度全国名特优新农产品目录"正式发布，确定了粮油、蔬菜、果品、茶叶和其他等5大类679个产品、820家生产单位的全国名特优新农产品。中心负责人告诉记者，经过县级推荐、省级初核和专家审核，目录基本上优选出了当前我国较有影响的种植业食用农产品。其中，有相当部分是历史悠久的地方特产和名产，有3/4通过了"三品一标"和良好农业规范（GAP）等认证，质量安全可靠。

5月

20日，农业部优质农产品开发服务中心在北京召开全国优质农产品开发暨名特优新农产品目录编发工作座谈会。农业部副部长余欣荣对会议做出重要批示，大力发展优质农产品，是顺应时代要求、建设现代农业的重要任务，对于提振消费信心、确保"舌尖上的安全"意义重大，其中关键一环是做好名特优新农产品开发工作。要通过名特优新农产品目录编发，确立优质农产品在人们心目中信誉度和认同感，使之真正成为质量的象征、安全的象征，让老百姓吃得放心、吃出品味。

22日，第八届中国国际有机食品博览会在上海国际展览中心开幕。目前，该博览会已经成为亚洲地区有机食品行业中规模和影响力最大、海内外买家最多的专业展会。本次展会有德国、法国、美国等16个国家和地区的325家生产企业参展，展出面积达1万平方米，展出了28个大类142个小类上千种有机产品。博览会现场气氛热烈，商贸洽谈活跃。"低碳"概念近几年深受消费者欢迎，本届博览会上，组委会专门提供了300多平方米的"有机低碳生活

推广区"。

6月

18日，中国优质农产品开发服务协会枸杞产业分会成立大会暨分会一届一次会员大会在宁夏回族自治区中宁县召开。中国优农协会副会长兼秘书长王春波宣读了中国优农协会关于成立枸杞产业分会的决定；按程序以无记名投票方式选举张华荣为分会会长，宁夏回族自治区农牧厅副厅长王凌、林业厅副厅长平学智、中宁县委书记陈建华、新疆维吾尔自治区精河县委常委院柱、河北省巨鹿县人大副主任李步信、青海省诺木洪农场场长党永忠、内蒙古自治区巴彦淖尔市乌拉特前旗枸杞协会会长王亮为分会副会长；选举陈建华为秘书长，岳春利、陆友龙、武文诣等为副秘书长。宁夏回族自治区民间组织管理局局长马希林出席会议并讲话，王春波代表中国优农协会讲话，会议由王凌副厅长主持。

21日，由中国优质农产品开发服务协会、中国农产品市场协会、农民日报社主办，十堰市政府协办，十堰市农业局、中国品牌农业网承办的"强农兴邦中国梦，品牌农业中国行"活动在武当山的所在地——十堰正式启动。

农业部党组成员、中央纪委驻农业部纪检组组长、

中国优质农产品开发服务协会会长朱保成出席活动并讲话，中国优质农产品开发服务协会执行副会长黄竞仪参加活动并发言，十堰市委副书记郭俊苹、市政府副市长张歌莺、市政协副主席杨立志等市政府领导参加此次活动。

23日，盱眙龙虾品牌与产业发展战略研讨会在北京江苏大厦举行，来自农业系统的有关领导、专家学者与江苏省盱眙县有关部门共商盱眙龙虾品牌和产业发展大计。

中国优质农产品开发服务协会执行副会长黄竞仪、中国水产学会渔业发展战略研究中心主任陈述平，农业部全国水产技术推广总站副站长王德芬等从品牌的打造和维护、品牌与产业发展、如何发挥品牌溢出效应等方面进行了阐述。中国传媒大学文化发展研究院党总支书记卜希霆从生态龙虾、创意龙虾、数字龙虾、美学龙虾等角度进行品牌营销提出了建议。花家怡园餐饮有限公司董事长花雷、盱眙满江红龙虾产业园有限公司总经理陆伟作为盱眙龙虾品牌与产业发展的受益者，从营销创新、科技创新、标准化建设等角度发了言。

7月

19日，"强农兴邦中国梦·品牌农业中国行——走

进拉萨"活动正式开幕。此次活动由拉萨市人民政府、农业部优质农产品开发服务中心、中国优质农产品开发服务协会、中国农产品市场协会、农民日报社主办，由中共拉萨市委办公厅、拉萨市人民政府办公厅、中国品牌农业网承办，旨在深入贯彻落实党的十八大、十八届三中全会精神，全面深化改革，促进拉萨产业转型升级，推动拉萨净土健康产业区域公共品牌建设大发展。

国务院参事室特约研究员、原农业部党组成员、农业部市场协会会长张玉香出席开幕式并讲话。拉萨市委副书记、常务副市长陈勇代为宣读西藏自治区党委常委、拉萨市委书记齐扎拉的书面致辞。

西藏自治区党委政研室（农工办）副主任陈凡彦、农牧厅厅长次旺多布杰、农业部优质农产品开发服务中心副主任金文成、中国优质农产品开发服务协会执行副会长黄竞仪出席开幕式。

9月

4日，"2014品牌农业发展国际研讨会"在北京举行。农业部副部长陈晓华、联合国粮食与农业组织助理总干事王韧等出席研讨会并致辞。中国优质农产品开发服务协会会长朱保成作了题为《把品牌建设作为提升现代农业的重大战略》的主旨演讲。

10月

25～28日，第十二届中国国际农产品交易会暨山东第三届农交会在山东省青岛国际会展中心举办。本届农交会展出总面积6万多平方米，其中室内展区5.6万平方米，室外农机展区约4 000平方米，共有2 000余家境内外企业参展。

31日，2014中国茶叶博览会在山东济南举行。中国优质农产品开发服务协会会长朱保成、中国农产品市场协会会长张玉香、中国工程院院士陈宗懋出席了开幕式。

附

录

- 2013 年度全国名特优新农产品目录
- 中绿华夏有机产品认证证书清单（截止到 2014 年年底）
- 2014 年农产品地理标志登记产品公告信息
- 关于第十二届中国国际农产品交易会参展产品金奖评选结果的通报
- 中国优质农产品开发服务协会关于发布第一批优质茶园认定结果的通知
- 关于发布 2014 "优质茶园"认定结果的通知
- 关于发布 2013 "优质果园"认定结果的通知
- 关于发布 2014 "优质果园"认定结果的通知
- 农业部办公厅关于调整 2015 年农业部百家重点批发市场采集点的通知

2013 年度全国名特优新农产品目录

农业部优质农产品开发服务中心公告（第 02 号）

为发挥我国农业资源丰富和地域特色农产品众多的优势，发掘、保护、培育和开发一批名特优新农产品，推进农产品品种改良、品质改进和品牌创建，促进农业增效和农民增收，满足广大消费者对优质安全农产品的消费需求，按照农业部种植业管理司印发的《关于征集全国名特优新农产品目录的函》（农农（经作）〔2013〕125 号）的要求，农业部优质农产品开发服务中心对申报材料组织了专家审核，提出了包括粮油、蔬菜、果品、茶叶及其他等 5 个类别、679 个产品、820 家生产单位的"2013 年度全国名特优新农产品目录"（附件 1～5），并经公示且无异议，现予以发布。

全国名特优新农产品目录每两年发布一次。本次目录有效期自公告之日起至下次发布之日止。目录实行动态管理，如发现不符合规定要求的，将予以公告退出。

特此公告。

附件：1. 2013 年度全国名特优新农产品目录（粮油类）

2. 2013 年度全国名特优新农产品目录（蔬菜类）

3. 2013 年度全国名特优新农产品目录（果品类）

4. 2013 年度全国名特优新农产品目录（茶叶类）

5. 2013 年度全国名特优新农产品目录（其他）

2014 年 2 月 25 日

附件 1：

2013 年度全国名特优新农产品目录（粮油类）

序号	申报产品	申报单位	申报单位推荐的生产单位
1	金北联红小豆	北京市房山区农村工作委员会	北京凯达恒业农业技术开发有限公司
2	宝坻大米	天津市宝坻区种植业发展服务中心	金宝地庄园（天津）农业科技有限公司
3	津沽小站米	天津市宁河县农业局	天津市津沽粮食工业有限公司
4	靖康红薯	河北省秦皇岛经济技术开发区农村工作局	秦皇岛经济技术开发区靖康红薯种植专业合作社
5	蔚县豌豆	河北省蔚县农牧局	张家口萝川贡米有限公司
6	蔚州贡米	河北省蔚县农牧局	张家口萝川贡米有限公司
7	仙凤园红薯	河北省灵寿县农业畜牧局	河北凤凰山薯业开发有限公司
8	武安小米	河北省武安市农牧局	武安市绿禾谷物专业合作社
9	磁山粟	河北省武安市农牧局	河北仓盛兴粮油工贸有限公司
10	孤竹小金米	河北省卢龙县农牧局	卢龙县中强孤竹小金米种植专业合作社
11	八旗贡米	河北省青龙满族自治县农牧局	青龙满族自治县八旗贡米有限公司
12	胭脂稻	河北省玉田县农牧局	唐山胭脂稻粮食种植农民专业合作社
13	井陉红小豆	河北省井陉县农业畜牧局	井陉县天山绿色食品有限公司
14	黄粱梦小米	河北省邯郸县农牧局	河北黄粱美梦米业有限公司
15	龙兴贡米	河北省行唐县农业局	行唐县龙兴贡米专业合作社
16	肃宁黑花生	河北省肃宁县农业局	肃宁县益源种植专业合作社

（续）

序号	申报产品	申报单位	申报单位推荐的生产单位
17	汾州香小米	山西省汾阳市农业委员会	山西汾州香米业有限公司
18	西回小米	山西省平定县名优产品开发中心	阳泉西回小杂粮基地有限公司
19	河峪小米	山西省榆社县农业局	榆社县河峪小米专业合作社
20	娄烦土豆	山西省娄烦县农业委员会	娄烦县荣丰马铃薯协会
21	蒙天绿豆	内蒙古自治区阿鲁科尔沁旗农业局	赤峰市蒙天粮油购销有限责任公司
22	蒙田小米	内蒙古自治区阿鲁科尔沁旗农业局	赤峰市蒙天粮油购销有限责任公司
23	老哈河大米	内蒙古自治区奈曼农牧业局	内蒙古老哈河粮油工业有限责任公司
24	库伦荞麦	内蒙古自治区库伦农牧业局	内蒙古荞田生态科技有限责任公司
25	二龙屯小米	内蒙古自治区科尔沁右翼中旗农牧业局	内蒙古二龙屯有机农业有限责任公司
26	绿雨黑豆	内蒙古自治区科尔沁右翼前旗农业局	科尔沁右翼前旗巴拉格歹绿雨稻米种植加工农民专业合作社
27	扎鲁特小米	内蒙古自治区扎鲁特旗农牧业局	扎鲁特旗金德农牧业科技发展有限公司
28	扎鲁特绿豆	内蒙古自治区扎鲁特旗农牧业局	扎鲁特旗正达粮油贸易有限公司
29	太和小米	内蒙古自治区突泉县农牧业局	突泉县太和米业有限公司
30	岭南香大米	内蒙古自治区乌兰浩特市农牧局	兴安盟岭南香农产品开发有限责任公司
31	绰勒银珠大米	内蒙古自治区扎赉特旗农牧业局	扎赉特旗绰勒银珠米业有限公司
32	保安沼大米	内蒙古自治区扎赉特旗农牧业局	内蒙古保安沼农工贸责任有限公司
33	海拉尔啤酒大麦	内蒙古自治区海拉尔农牧场管理局	海拉尔农垦（集团）有限责任公司
34	海拉尔油菜籽	内蒙古自治区海拉尔农牧场管理局	海拉尔农垦（集团）有限责任公司
35	富尔江大米	辽宁省桓仁满族自治县农村经济发展局	桓仁富尔江米业有限公司
36	东港大米	辽宁省东港市农村经济局	辽宁鸭绿江米业（集团）有限公司
37	舒兰大米	吉林省舒兰市农业局	舒兰市永丰米业有限责任公司
38	玄武稻米	吉林省柳河县农业和畜牧业局	吉林省柳河国信社稷尚品农业开发有限公司
39	倒淌河大米	吉林省德惠市农业局	德惠市山河米业有限公司
40	乾安黄小米	吉林省乾安县农业和畜牧业局	乾安县泥林有机食品有限公司
41	红石砬小米	吉林省农安县农业局	长春市圣泉春实业有限责任公司
42	顺山堡子葵花籽	吉林省长岭县农业局	长岭县顺山卜家辉葵花种植农民专业合作社
43	他拉哈大米	黑龙江省杜尔伯特蒙古族自治县农业局	杜尔伯特蒙古族自治县睿思香水稻种植专业合作社
44	桦川大米	黑龙江省桦川县农业局	黑龙江华康米业有限公司
45	延寿大米	黑龙江省延寿县农业局	延寿县亮珠粮油贸易有限公司
			延寿县加信米业有限公司
			延寿县信和有机稻米专业合作社
46	庆安大米	黑龙江省庆安县农业局	庆安县东泉米业有限责任公司
			庆安双洁天然食品有限公司
			庆安鑫利达米业有限公司
47	绥滨大米	黑龙江省绥滨县农业局	绥滨县和田水稻种植专业合作社
48	托古小米	黑龙江省肇州县农业局	肇州县托古小米专业合作社
49	古龙小米	黑龙江省肇源县农业局	肇源县古龙农业股份有限公司
50	巴彦大豆	黑龙江省巴彦县农业局	巴彦县农产品质量安全协会
51	熙旺小米	黑龙江省肇东市绿色食品领导小组办公室	肇东市黎明镇熙旺谷物种植专业合作社

（续）

序号	申报产品	申报单位	申报单位推荐的生产单位
52	黎明香谷小米	黑龙江省肇东市绿色食品领导小组办公室	肇东市俐江谷物种植专业合作社
53	宝泉小米	黑龙江省宾县农业局	宾县宝泉谷物专业合作社
			宾县宝泉米粉加工厂
54	老五屯小米	黑龙江省双城市农业局	双城金土地农产品有限公司
55	八家子小米	黑龙江省双城市农业局	黑龙江省双城富馨米业有限公司
56	岗子峪贡米	黑龙江省双城市农业局	双城市雨润粮食种植业专业合作社
57	穆棱大豆	黑龙江省穆棱市农业委员会	穆棱市康天源农产品专业合作社
58	克山大豆	黑龙江省克山县农业局	庆丰集团克山昆丰农业生产资料有限公司
59	梧桐河大米	黑龙江省农垦宝泉岭管理局农业局	黑龙江省宝泉岭农垦金鑫米业有限公司
60	界江红红小豆	黑龙江省农垦宝泉岭管理局农业局	黑龙江北大荒农业股份有限公司二九〇分公司
61	小金黄芽豆	黑龙江省农垦红兴隆管理局农业局	黑龙江红兴隆农垦昱威谷物种植农民专业合作社
62	建湖大米	江苏省建湖县农业委员会	建湖县爱华米业有限公司
63	泗洪大米	江苏省泗洪县农业委员会	泗洪县虹乡稻谷种植专业合作社
			泗洪县蟹田粮油食品有限公司
			泗洪县益康农副产品销售有限公司
64	八集小花生	江苏省泗阳县农业委员会	江苏八集花生制品有限公司
65	洪泽湖大米	江苏省洪泽县农业委员会	江苏维尔食品有限公司
66	金坛大米	江苏省金坛市农林局	金坛市江南春米业有限公司
			金坛市金土地有机稻米专业合作社
67	新昌小京生花生	浙江省新昌县农业局	新昌县小京生花生行业协会
68	缙云薏米仁	浙江省缙云县农业局	浙江省缙云县康莱特米仁发展有限公司
69	天目小香薯	浙江省临安市农业局	临安群意甘薯专业合作社
70	墩华花生	安徽省泗县农业委员会	泗县墩花农副产品有限公司
71	大龙泉寺香稻米	安徽省宿州市埇桥区农业委员会	宿州市埇桥区镇头寺香稻米种植专业合作社
72	南陵大米	安徽省南陵县农业委员会	南陵县兴农优质米有限公司
			芜湖市宏顺粮油有限公司
			安徽省南陵县金穗农业有限公司
73	永安大米	安徽省无为县农业委员会	安徽永安米业购销有限公司
74	鑫安大米	安徽省无为县农业委员会	无为县有为米业有限责任公司
75	天裕大米	安徽省六安市裕安区农业委员会	安徽天裕米业股份有限公司
76	明光绿豆	安徽省明光市农业委员会	明光酒业有限公司
77	汉白玉贡米	安徽省五河县农业委员会	安徽省汉白玉米业有限公司
78	沱河大米	安徽省五河县农业委员会	安徽省东博米业有限公司
79	板桥大米	安徽省绩溪县农业委员会	绩溪县板桥绿色农产品开发有限公司
80	芜湖大米	安徽省芜湖县农业委员会	芜湖良金优质稻米专业合作社
81	乔亭小籽花生	安徽省旌德县农业委员会	旌德县乔亭小籽花生专业合作社

（续）

序号	申报产品	申报单位	申报单位推荐的生产单位
82	桐城大米	安徽省桐城市农业委员会	安徽省桐城青草香米业集团有限公司
			安徽省绿福米业有限公司
83	赖坊红衣花生	福建省清流县农业局	清流县金土地花生专业合作社
84	连城红心地瓜干	福建省连城县农业局	连城红心地瓜干集团有限公司
85	宁化大米	福建省宁化县农业局	宁化县河龙贡米米业有限公司
86	金沙薏米	福建省仙游县农业局	福建省仙游县金沙食品有限公司
87	漳平青仁乌豆	福建省漳平市农业局	漳平市双和蔬菜专业合作社
88	井冈红米	江西省井冈山市农业局	井冈山市井竹青实业有限公司
89	金畈大米	江西省鄱阳县农业局	鄱阳县金田米业有限公司
90	鹅湖香米	江西省铅山县农业局	江西省江天农业科技有限公司
91	武功紫红米	江西省芦溪县农业局	芦溪县一村食品有限责任公司
92	柘山花生	山东省安丘市农业局	安丘市柘山镇山货协会
93	荣成大花生	山东省荣成市农业局	荣成市副食品有限公司
94	文登大花生	山东省文登市农业局	威海中粮花生食品有限公司
95	滕州马铃薯	山东省滕州市农业局	滕州市泓安马铃薯专业合作社
96	八斗贡米	山东省东阿县农业局	东阿县房奇大米种植专业合作社
97	席庄大米	山东省济南市槐荫区农业经济发展局	济南席庄大米专业合作社
98	明水香稻	山东省章丘市农业局	章丘市名优农产品协会
99	龙山小米	山东省章丘市农业局	章丘市名优农产品协会
100	黄河口大米	山东省垦利县农业局	垦利县民丰社大米农民专业合作社
			东营市一邦农业科技开发有限公司
101	青州红豆	山东省青州市农业局	青州市一正农牧开发有限公司
			青州东峪生态农业开发有限公司
102	青州绿豆	山东省青州市农业局	青州市一正农牧开发有限公司
			青州东峪生态农业开发有限公司
103	胶河土豆	山东省高密市农业局	高密市凯丽农产品专业合作社
104	梅园大米	湖北省南漳县农业局	湖北梅园米业有限公司
105	竹溪贡米	湖北省竹溪县农业局	湖北双竹生态食品开发有限公司
106	三斗银大米	湖北省监利县农业局	湖北华田农工贸实业有限公司
107	金鲲大米	湖南省衡阳县农业局	湖南金鲲米业科技发展有限公司
108	生平贡米	湖南省安仁县农业局	安仁县生平米业有限公司
109	永农生态香米	湖南省永顺县农业局	永顺县粮油作物技术服务站
110	瑶珍红水晶米	湖南省江华瑶族自治县农业局	江华瑶族自治县同丰粮油食品有限责任公司
111	万家香大米	广东省和平县农业局	河源市万家香实业有限公司
112	那湖五彩薯	广东省阳西县农业和水务局	阳西县溪头镇那湖惠民五彩薯专业合作社
113	蕉岭黑花生	广东省蕉岭县农业局	蕉岭县延源长寿食品实业有限公司

（续）

序号	申报产品	申报单位	申报单位推荐的生产单位
114	增城丝苗米	广东省增城市农业局	增城市优质米生产基地公司
115	南丹巴平米	广西壮族自治区南丹县农业局	南丹县瑶家生态农业专业合作社
116	樵坪贡米	重庆市巴南区农业委员会	重庆粮食集团巴南区粮食有限责任公司
117	东坡阴米	重庆市忠县农业委员会	重庆源源龙脉食品有限公司
118	夜郎贡米	重庆市万盛经济技术开发区农林局	重庆市万盛区贵先米业有限责任公司
119	夔门红土米	重庆市奉节县农业委员会	奉节县红土米业有限责任公司
120	巫溪洋芋	重庆市巫溪县农业委员会	巫溪县薯光农业科技开发有限公司
			巫溪县薯源马铃薯股份专业合作社
			巫溪县农科马铃薯专业合作社
121	仪陇香米	四川省仪陇县农牧业局	四川仪陇县大山米业有限公司
122	西充黄心薯	四川省西充县农牧业局	西充县洞滨山农民薯业专业合作社
123	上水大米	四川省阆中市农牧业局	阆中市上水大米专业合作社
124	江安红高粱	四川省江安县农业局	江安县利民红粮专业合作社
125	广安香米	四川省广安市广安区农业局	广安区金锄头农机农艺专业合作社
126	黄溪贡米	四川省南充市高坪区农牧业局	南充市高坪区黄溪乡优质水稻繁育种植协会
127	凉山苦荞	四川省西昌市农业局	四川环太实业有限责任公司
128	会东七彩洋芋	四川省会东县农业与科学技术局	会东县粮油收储公司
129	惠水大米	贵州省惠水县农村工作局	惠水县粮食购销公司
130	惠水黑糯米	贵州省惠水县农村工作局	惠水县粮食购销公司
131	郭家湾贡米	贵州省玉屏县农牧科技局	玉屏郭家湾米业有限公司
132	摆洗贡米	贵州省平塘县农村工作局	平塘县粮油购销有限责任公司
133	锡利贡米	贵州省榕江县农业局	贵州省榕江县盛泰农产品开发有限公司
134	白果贡米	贵州省遵义县农牧局	贵州卓豪农业科技有限公司
135	大凉山大米	贵州省余庆县农牧局	余庆县大凉山米业有限责任公司
136	茅贡大米	贵州省湄潭县农牧局	贵州茅贡米业有限公司
137	乌江大米	贵州省思南县农牧科技局	思南南江粮食购销有限责任公司
138	黔丰苦荞	贵州省赫章县农牧局	赫章县黔丰荞业有限公司
139	珠市马铃薯	贵州省赫章县农牧局	赫章县珠市韭菜坪马铃薯专业合作社
140	紫云红心红薯	贵州省紫云苗族布依族自治县农业局	紫云自治县文烁植保农民专业合作社
141	广南八宝米	云南省广南县农业和科学技术局	广南县八宝贡米业有限公司
142	佤寨荞	云南省西盟佤族自治县农业和科学技术局	西盟县佤寨食品有限责任公司
143	摩梭红米	云南省宁蒗彝族自治县农业局	宁蒗彝族自治县永祥野生食用菌贸易有限公司
144	高良苡仁	云南省师宗县农业局	师宗星发种养殖专业合作社
145	黑尔糯米	云南省师宗县农业局	师宗龙庆绿色食品开发中心
146	定边马铃薯	陕西省定边县农业局	定边县白泥井镇恒圣农业专业合作社
			定边县山虎马铃薯专业合作社
			定边县安边镇龙飞马铃薯专业合作社

（续）

序号	申报产品	申报单位	申报单位推荐的生产单位
147	横山大明绿豆	陕西省横山县农业局	陕西省横山进出口有限责任公司
148	横山香谷米	陕西省横山县农业局	横山县通远综合服务有限责任公司
149	延安小米	陕西省延安市农业局	延安市光华农业科技开发公司
			延安市土产公司
150	米脂小米	陕西省米脂县农业局	榆林市王成商贸有限责任公司
151	瓜坡洋芋	陕西省华县农业局	华县兴隆洋芋专业合作社
152	永昌啤酒大麦	甘肃省永昌县农牧局	永昌县金穗麦芽有限责任公司
153	丰源马铃薯	甘肃省民乐县农业委员会	民乐县丰源薯业有限责任公司
154	花寨小米	甘肃省张掖市甘州区农牧局	张掖市花寨小米种植专业合作社
155	兴唐贡米	宁夏回族自治区灵武市农业局	宁夏兴唐米业集团有限公司
156	沙湖大米	宁夏回族自治区银川市西夏区农牧水务局	宁夏农垦沙湖农业开发股份有限公司
157	金夏贡米	宁夏回族自治区银川市西夏区农牧水务局	宁夏金夏米业有限公司
158	平度大花生	青岛市平度市农业局	平度市蓼兰镇花生购销协会
159	胶西马铃薯	青岛市胶州市农业局	胶州市出口马铃薯协会

附件2：

2013 年度全国名特优新农产品目录（蔬菜类）

序号	申报产品	申报单位	申报单位推荐的生产单位
1	沙窝萝卜	天津市西青区农业技术推广服务中心	天津市曙光沙窝萝卜专业合作社
2	围场胡萝卜	河北省围场满族蒙古族自治县农牧局	围场满族蒙古族自治县新鑫胡萝卜生产经营合作社
3	玉田包尖白菜	河北省玉田县农牧局	玉田县黑猫王农民专业合作社
4	山海关五色韭菜	河北省秦皇岛市山海关区农牧局	秦皇岛市山海关区忠伟蔬菜专业合作社
5	隆尧鸡腿大葱	河北省隆尧县农业局	河北省隆尧县大葱协会
6	滏河贡白菜	河北省平乡县农业局	平乡县滏河贡蔬菜种植协会
7	文水长山药	山西省文水县农业局	山西仙塔食品工业集团有限公司
8	长凝大蒜	山西省晋中市榆次区农业委员会	晋中市榆次区金鑫种植专业合作社
9	大同黄花菜	山西省大同县农业委员会	山西省大同县黄花总公司
			大同县三利农副产品有限责任公司
10	五原黄番茄	内蒙古自治区五原县农业局	内蒙古民隆现代农业科技有限公司
11	北票红干椒	辽宁省北票市农村经济局	北票市农业技术推广中心
12	耿庄大蒜	辽宁省海城市农村经济局	海城市宏日种植专业合作社
13	呼兰韭菜	黑龙江省哈尔滨市呼兰区农业局	哈尔滨市呼兰区蒲井蔬菜专业合作社
14	呼兰大葱	黑龙江省哈尔滨市呼兰区农业局	哈尔滨市呼兰区利农蔬菜种植专业合作社
			哈尔滨市呼兰区伟光全福蔬菜种植专业合作社
			哈尔滨市呼兰区宏盛蔬菜种植专业合作社
15	练塘茭白	上海市青浦区农业委员会	上海练塘叶绿茭白有限公司

（续）

序号	申报产品	申报单位	申报单位推荐的生产单位
16	靖江香沙芋	江苏省靖江市农业委员会	靖江市红芽香沙芋专业合作社
			靖江市祖师香沙芋专业合作社
17	邳州大蒜	江苏省邳州市农业委员会	徐州黎明食品有限公司
			邳州恒丰宝食品有限公司
18	南阳辣根	江苏省大丰市农业委员会	盐城南翔食品有限公司
19	淮安红椒	江苏省淮安市清浦区农业委员会	淮安市清浦区宝成蔬菜种植专业合作社
20	如皋香堂芋	江苏省如皋市农业委员会	南通乡土情贸易有限公司
			如皋市高明镇新颖香沙芋专业种植合作社
21	太湖莼菜	江苏省苏州市吴中区农业局	苏州市东山东湖莼菜厂
22	宝应慈姑	江苏省宝应县农业委员会	扬州裕源食品有限公司
23	宝应核桃乌青菜	江苏省宝应县农业委员会	宝应县东湖水产养殖有限公司
			宝应县黄塍农工商实业总公司
24	宜兴百合	江苏省宜兴市农林局	宜兴市湖滨百科科技有限公司
25	余姚茭白	浙江省余姚市农林局	余姚市河姆渡农业综合开发有限公司
26	同康竹笋	浙江省绍兴县农业局	绍兴县同康竹笋专业合作社
27	龙泉黑木耳	浙江省龙泉市农业局	浙江天和食品有限公司
			浙江晨光食品有限公司
			浙江聚珍园食品有限公司
28	帽山青萝卜	安徽省萧县农业委员会	萧县龙城镇帽山蔬菜协会
			萧县诚心蔬菜种植农民专业合作社
29	老集生姜	安徽省临泉县农业委员会	临泉县老集镇生姜协会
30	舒城黄姜	安徽省舒城县农业委员会	安徽省舒城县舒丰现代农业科技开发有限责任公司
31	舒城黄心乌塌菜	安徽省舒城县农业委员会	安徽省舒城县舒丰现代农业科技开发有限责任公司
32	花香藕	安徽省庐江县农业委员会	庐江县永义莲藕种植专业合作社
			庐江县汉田莲藕种植专业合作社
			合肥田源生态农业科技有限公司
33	岳西茭白	安徽省岳西县农业委员会	安徽省岳西县高山果菜有限责任公司
34	桐城水芹	安徽省桐城市农业委员会	桐城市牯牛背农业开发有限公司
35	黄山徽菇	安徽省祁门县农业委员会	黄山山华（集团）有限公司
36	黄山黑木耳	安徽省祁门县农业委员会	黄山山华（集团）有限公司
37	铜陵白姜	安徽省铜陵县农业局	铜陵县方仁生姜专业合作社
			铜陵市和平姜业有限责任公司
38	涡阳贡菜苔干	安徽省涡阳县农业委员会	安徽省义门苔干有限公司
			涡阳绿野食品有限公司
			涡阳县永恒苔干专业合作社
39	武平西郊盘菜	福建省武平县农业局	武平县农欣果蔬专业合作社

（续）

序号	申报产品	申报单位	申报单位推荐的生产单位
40	福鼎槟榔芋	福建省福鼎市农业局	福鼎市福鼎槟榔芋协会
41	明溪淮山药	福建省明溪县农业局	明溪县绿海淮山专业合作社
42	德化黄花菜	福建省德化县农业局	德化县十八格农产品有限公司
43	涂坊槟榔芋	福建省长汀县农业局	长汀县启煌槟榔芋专业合作社
44	上高紫皮大蒜	江西省上高县农业局	上高县绿野紫皮大蒜专业合作社
			上高县永盛种植专业合作社
			上高县锦田蔬菜种植专业合作社
45	泰和竹篙薯	江西省泰和县农业局	泰和县万合竹篙薯专业合作社
			泰和县曙一农业有限公司
46	临川虎奶菇	江西省抚州市临川区农业局	江西金山食用菌专业合作社
			抚州市临川金山生物科技有限公司
			抚州市临川方金山生态农场
47	广昌白莲	江西省广昌县白莲产业发展局	广昌莲香食品有限公司
			江西连胜食品有限公司
			广昌县菜单王食品贸易有限公司
48	鲁村芹菜	山东省沂源县蔬菜产销服务中心	沂源安信农产品开发有限公司
49	瓦屋香椿芽	山东省邹城市林业局	邹城市瓦屋香椿芽技术开发有限公司
			邹城市仁杰香椿芽种植专业合作社
50	池上桔梗	山东省淄博市博山区农业局	淄博山珍园食品有限公司
51	微山莲子	山东省微山县农业局	微山县远华湖产食品有限公司
52	微山芡实米	山东省微山县农业局	微山县远华湖产食品有限公司
53	微山湖菱米	山东省微山县农业局	微山县远华湖产食品有限公司
54	泰安黄芽白菜	山东省泰安市岱岳区农业局	泰安市岱绿特蔬菜专业合作社
55	花官蒜薹	山东省广饶县农业局	广饶县花官大蒜协会
56	前岭山药	山东省高密市农业局	高密市新纺山药专业合作社
57	惠和金针菇	山东省高密市农业局	高密市惠德农产品有限公司
58	堤东萝卜	山东省高密市农业局	高密市柏城胶河农产品专业合作社联合社
59	高密夏庄韭菜	山东省高密市农业局	高密市张家村蔬菜专业合作社
60	荆家四色韭黄	山东省桓台县蔬菜办公室	桓台县东孙绿海四色韭黄农民专业合作社
61	新城细毛山药	山东省桓台县蔬菜办公室	桓台县新城细毛山药农民专业合作社
62	新泰芹菜	山东省新泰市农业局	新泰市新特农产品经贸有限公司
			新泰市顺鑫芹菜专业合作社
63	明水白莲藕	山东省章丘市农业局	章丘市名优农产品协会
64	鲍家芹菜	山东省章丘市农业局	章丘市名优农产品协会
			章丘市鲍芹产销专业合作社

（续）

序号	申报产品	申报单位	申报单位推荐的生产单位
65	赵八洞香椿	山东省章丘市农业局	章丘市名优农产品协会
			章丘市锦屏山农业开发有限公司
66	章丘大葱	山东省章丘市农业局	章丘市名优农产品协会
			章丘市万新富硒大葱专业合作社
67	安丘大姜	山东省安丘市农业局	安丘市瓜菜协会
68	安丘大葱	山东省安丘市农业局	安丘市瓜菜协会
69	莘县蘑菇	山东省莘县食用菌管理办公室	莘县富邦菌业有限公司
			莘县共发果蔬制品有限公司
			莘县源远菌业有限公司
70	莱阳芋头	山东省莱阳市农业局	莱阳恒润食品有限公司
71	白塔芋头	山东省昌乐县农业局	昌乐县仙月湖芋头购销专业合作社
72	平阴鸡腿菇	山东省平阴县农业局	平阴菌发蘑菇专业合作社
73	泌阳花菇	河南省泌阳县农业局	泌阳县食用菌开发办公室
74	小河白菜	河南省浚县农业局	浚县农丰种植合作社
75	淮阳七芯黄花菜	河南省淮阳县农业局	淮阳县金农实业有限公司
76	延津胡萝卜	河南省延津县农业局	延津县贡参果蔬合作社
77	孟州铁棍山药	河南省孟州市农业局	河南省康宝食品有限责任公司
78	博爱清化姜	河南省博爱县农业局	博爱县中原种植专业合作社
79	芝麻湖藕	湖北省浠水县农业局	浠水县巴河水产品专业合作社
80	云梦花菜	湖北省云梦县农业局	湖北省云梦县白合蔬菜种植专业合作社
			湖北省云梦县清明河乡桂花蔬菜种植合作社
			湖北省云梦县邱吴蔬菜种植合作社
81	樟树港辣椒	湖南省湘阴县农业局	湘阴县樟树港镇辣椒产业协会
82	龙山百合	湖南省龙山县农业局	龙山县喜乐百合食品有限公司
83	阳山淮山药	广东省阳山县科技和农业局	阳山县七拱镇新圩金丰淮山农民专业合作合作社
84	三水黑皮冬瓜	广东省佛山市三水农林渔业局	佛山市三水区白坭镇康喜菜蔬专业合作社
85	荷塘冲菜	广东省江门市蓬江区农林和水务局	江门市蓬江区荷塘镇冲菜加工协会
86	金田淮山药	广西壮族自治区桂平市农业局	桂平市家春金田淮山专业合作社
87	青草坝萝卜	重庆市合川区农业委员会	重庆市合川区龙市镇农业服务中心
88	石柱红辣椒（干）	重庆市石柱土家族自治县农业委员会	石柱土家族自治县科兴农业开发有限责任公司
89	永川莲藕	重庆市永川区农业委员会	重庆市民友蔬菜种植股份合作社
90	罗盘山生姜	重庆市潼南县蔬菜产业发展局	重庆旭源农业开发有限公司
91	垫江蜜本南瓜	重庆市垫江县农业委员会	重庆市江滨果蔬专业合作社
			重庆市桂花岛瓜果专业合作社
			垫江县宇珂食用菌种植专业合作社
92	青川黑木耳	四川省青川县农业局	四川省青川县川珍实业有限公司

（续）

序号	申报产品	申报单位	申报单位推荐的生产单位
93	西昌洋葱	四川省西昌市蔬菜事业管理局	西昌市金地绿色蔬菜有限公司
			西昌洋葱协会
94	双流二荆条辣椒	四川省双流县农村发展局	双流县胜利牧山香梨种植专业合作社
95	木龙观胡萝卜	四川省绵阳市游仙区农业局	绵阳市木龙观胡萝卜种植专业合作社
96	曾家山甘蓝	四川省广元市朝天区农业局	广元市朝天区平溪蔬菜专业合作社
97	西充二荆条辣椒	四川省西充县农牧业局	西充县金铧寺绿色辣椒农民专业合作社
98	龙王贡韭	四川省成都市青白江区农村发展局	成都市齐盈韭黄农民专业合作社
99	水城小黄姜	贵州省水城县农业局	水城姜业发展有限公司
100	遵义朝天椒	贵州省遵义县农牧局	贵州省遵义县贵三红食品有限责任公司
			贵州旭阳食品（集团）有限公司
101	织金竹荪	贵州省织金县农牧局	织金县果蔬协会
			织金县王氏竹荪销售有限责任公司
			织金县天洪种养殖农民专业合作社
102	建水小米椒	云南省建水县农业局	红河州和源农业开发有限公司
103	大荔黄花菜	陕西省大荔县农业局	陕西大荔沙苑黄花有限责任公司
104	华州山药	陕西省华县农业局	华县国营原种场
105	民乐紫皮大蒜	甘肃省民乐县农业委员会	民乐县洪水大蒜种植专业合作社
106	永昌胡萝卜	甘肃省永昌县农牧局	永昌金农农业园有限责任公司
107	金川红辣椒	甘肃省金昌市金川区农牧局	金昌市源达农副果品有限责任公司
108	嘉峪关洋葱	甘肃省嘉峪关市农林局	甘肃嘉峪关益农谷物种植农民专业合作社
			嘉峪关市新城鸿运洋葱专业合作社
109	秦安花椒	甘肃省秦安县果业管理局	秦安县盛源菊香农业发展有限公司
110	循化线辣椒	青海省循化县农业和科技局	青海仙红辣椒开发集团有限公司
			循化县仙红辣椒种植专业合作社
111	大通鸡腿葱	青海省大通回族土族自治县农牧和扶贫开发局	青海老爷山蔬菜科技开发有限公司
112	盐池黄花菜	宁夏回族自治区盐池县农牧局	盐池县阳春黄花菜购销有限公司
113	古宅大蒜	厦门市翔安区农林水利局	厦门齐翔食品有限公司
114	翔安胡萝卜	厦门市翔安区农林水利局	厦门市翔安区蔬菜协会
115	马家沟芹菜	青岛市平度市农业局	青岛琴香园芹菜产销专业合作社
116	胶州大白菜	青岛市胶州市农业局	胶州市大白菜协会
			青岛绿村农产品专业合作社
			青岛盛河蔬菜专业合作社
117	店埠胡萝卜	青岛市莱西市农业局	青岛永乐农业发展有限公司
			青岛西张格庄蔬菜专业合作社

附件 3：

2013 年度全国名特优新农产品目录（果品类）

序号	申报产品	申报单位	申报单位推荐的生产单位
1	东凤山枣枣枣	北京市怀柔区农村工作委员会	北京凤山谷大枣专业合作社
2	张坊磨盘柿	北京市房山区农村工作委员会	北京张坊联农磨盘柿产供销合作社
3	京白梨	北京市房山区农村工作委员会	北京琉璃河贾河果品专业合作社
		北京市门头沟区农业局	北京市门头沟区军庄镇孟悟村股份经济合作社
4	门头沟纸皮核桃	北京市门头沟区农业局	北京大山鑫港核桃种植专业合作社
5	平谷鲜桃	北京市平谷区农业局	北京市平谷区农产品产销服务中心
6	宋宝森西瓜	北京市大兴区农村工作委员会	北京老宋瓜果专业合作社
7	延庆国光苹果	北京市延庆县农村工作委员会	延庆县果品服务中心
8	延庆葡萄	北京市延庆县农村工作委员会	延庆县果品服务中心
9	茶淀葡萄	天津市滨海新区农业局	天津滨海茶淀葡萄科技发展有限公司
10	崔庄冬枣	天津市滨海新区大港农业服务中心	天津惠民冬枣种植专业合作社
11	曙春葡萄	天津市武清区种植业发展服务中心	天津市曙春蔬果专业合作社
12	百草洼西瓜	河北省文安县农业局	文安县兴隆果蔬专业合作社
13	蝉房香板栗	河北省沙河市农业局	沙河市蝉房板栗专业合作社
14	富岗苹果	河北省内丘县农业局	河北富岗食品有限责任公司
15	井日升苹果	河北省井陉县农业畜牧局	井陉县金树岭果品专业合作社
16	圆景苹果	河北省井陉县农业畜牧局	井陉县圆景果品种植专业合作社
17	塞北龙珠葡萄	河北省涿鹿县农牧局	涿鹿龙珠葡萄专业合作社
18	上寨大枣	河北省鹿泉市农业畜牧局	鹿泉市瑞鑫果木种植专业合作社
19	深州蜜桃	河北省深州市农业局	深州市益农果品专业合作社
20	肃美皇冠梨	河北省肃宁县林业局	肃宁县金波果品专业合作社
21	泊头鸭梨	河北省泊头市农业局	泊头亚丰果品有限公司
22	龙浪酥梨	山西省平遥县农业委员会	平遥县龙浪果业储运有限公司
23	汾州核桃	山西省汾阳市农业委员会	汾州裕源土特产品有限公司
24	绛县山楂	山西省绛县农业委员会	山西维之王食品有限公司
25	临猗苹果	山西省临猗县果业发展中心	临猗县万腾果业开发有限公司
26	柳林红枣	山西省柳林县农业委员会	柳林县亿利天然食品有限责任公司
27	灯笼红香瓜	内蒙古自治区五原县农业局	五原县胜丰镇新红村晏安和桥香蜜瓜农民专业合作社
28	保康香瓜	内蒙古自治区科尔沁左翼中旗农牧业局	科左中旗惠农高效种植专业合作社
29	风水沟葡萄	内蒙古自治区赤峰市元宝山区农牧业局	赤峰市元宝山区风水沟设施葡萄专业合作社
30	宁城寒富苹果	内蒙古自治区宁城县农牧业局	宁城县百氏兴林果专业合作社
31	居延蜜瓜	内蒙古自治区额济纳旗农牧业局	额济纳旗硕丰农业专业合作社
32	沙日浩来香瓜	内蒙古自治区奈曼旗农牧业局	奈曼旗宝丰盈种植专业合作社
33	东港草莓	辽宁省东港市农村经济局	丹东东大食品有限公司

（续）

序号	申报产品	申报单位	申报单位推荐的生产单位
34	东港寒富苹果	辽宁省东港市农村经济局	东港市永盛果树专业合作社
35	凌海寒富苹果	辽宁省凌海市农村经济发展局	凌海市老沟果树专业合作社
36	海城南果梨	辽宁省海城市农村经济局	海城市天鹰果业有限责任公司
			海城市祝家南果梨种植专业合作社
37	金红苹果	黑龙江省宁安市农业委员会	宁安市东安果业专业合作社
38	兰岗西瓜	黑龙江省宁安市农业委员会	宁安市兰岗镇西瓜协会
39	仓桥水晶梨	上海市松江区农业委员会	上海仓桥水晶梨发展有限公司
			上海仓桥水晶梨专业合作社
40	奉贤黄桃	上海市奉贤区农业委员会	上海锦香桃业种植专业合作社
41	马陆葡萄	上海市嘉定区农业委员会	上海马陆专业葡萄合作社
42	农灯草莓	上海市嘉定区农业委员会	上海农灯草莓生产专业合作社
43	平棋葡萄	上海市浦东新区农业委员会	上海平棋葡萄种植专业合作社
44	南汇水蜜桃	上海市浦东新区农业委员会	上海桃咏桃业专业合作社
45	白沙杨梅	江苏省苏州市吴中区农业局	苏州西山国家现代农业示范园区有限责任公司
46	宜兴脆梅	江苏省宜兴市农林局	宜兴市明珠食品有限责任公司
47	海密甜瓜	江苏省海门市农业局	海门市农业科技开发公司
48	马山杨梅	江苏省无锡市滨湖区农林局	无锡市马山林特产公司
49	上塘贡枣	江苏省泗洪县农业委员会	泗洪县原生大枣种植专业合作社
50	泗洪大枣	江苏省泗洪县农业委员会	泗洪县团圆大枣种植专业合作社
51	神园葡萄	江苏省张家港市农业委员会	张家港市神园葡萄科技有限公司
52	高淳夏黑葡萄	江苏省南京市高淳区农业局	高淳县东坝红岗经济林果专业合作社
53	谢湖大樱桃	江苏省赣榆县农业委员会	赣榆县谢湖有机大樱桃合作社
54	阳山水蜜桃	江苏省无锡市惠山区农林局	无锡阳山水蜜桃有限公司
55	大丰早酥梨	江苏省大丰市农业委员会	大丰市麋鹿早酥梨专业合作社
56	定海草莓	浙江省舟山市定海区农林局	舟山市定海里钓山果蔬专业合作社
57	定海晚稻杨梅	浙江省舟山市定海区农林局	舟山市定海区农业投资开发有限公司
58	凤桥水蜜桃	浙江省嘉兴市南湖区农业经济局	嘉兴市凤桥水蜜桃专业合作社
59	江南葡萄	浙江省嘉兴市南湖区农业经济局	嘉兴市绿江葡萄专业合作社
60	黄岩东魁杨梅	浙江省台州市黄岩区林业特产局	台州市黄岩名果专业合作社联合社
61	黄岩蜜桔	浙江省台州市黄岩区林业特产局	台州市黄岩名果专业合作社联合社
62	衢州椪柑	浙江省衢州市柯城区农业局	衢州市柯城区新奥利水果专业合作社
63	山娃子香榧	浙江省绍兴县农业局	绍兴县山娃子农产品开发有限公司
64	嵊县桃形李	浙江省嵊州市林业局	嵊州市羲之桃形李专业合作社
65	舜阳红心猕猴桃	浙江省上虞市农林渔牧局	上虞市小草湾果业专业合作社
66	天堂山锥栗	浙江省庆元县农业局	浙江万成食业有限公司
67	桐江蜜梨	浙江省桐庐县农业局	桐庐钟山蜜梨专业合作社

（续）

序号	申报产品	申报单位	申报单位推荐的生产单位
68	阳山畈蜜桃	浙江省桐庐县农业局	桐庐阳山畈蜜桃专业合作社
69	余姚杨梅	浙江省余姚市农林局	余姚市大自然果蔬有限公司
70	玉麟西瓜	浙江省温岭市农林局	浙江省温岭市玉麟果蔬专业合作社
71	长丰草莓	安徽省长丰县农业委员会	长丰县草莓协会
72	大圩葡萄	安徽省合肥市包河区农业综合服务中心	合肥市包河区大圩镇葡萄专业合作社
73	砀山酥梨	安徽省砀山县农业委员会	安徽省砀山果园场
74	怀远石榴	安徽省怀远县农业委员会	怀远县涂山石榴专业合作社
75	沈弄无籽西瓜	安徽省繁昌县农业委员会	繁昌县繁华生态农业科技有限公司
76	烈山石榴	安徽省淮北市烈山区农林水利局	淮北市烈山镇塔仙石榴专业合作联社
77	相山石榴	安徽省淮北市相山区农林水利局	淮北市相山区黄里石榴农民专业合作社
78	萧县葡萄	安徽省萧县农业委员会	安徽省萧县园艺总场
79	长乐青山龙眼	福建省长乐市农业局	长乐市青山贡果龙眼专业合作社
80	福安芙蓉李	福建省福安市农业局	福建润林农业发展有限公司
81	福安葡萄	福建省福安市农业局	福安市葡萄协会
82	穆阳水蜜桃	福建省福安市农业局	福安市水蜜桃协会
83	苏阳梅	福建省福安市农业局	福安市屏中种植专业合作社
84	福鼎四季柚	福建省福鼎市农业局	福鼎市四季柚协会
85	建阳桔柚	福建省建阳市农业局	建阳市玉女桔柚生态示范场
86	闽侯橄榄	福建省闽侯县农业局	福建绿百合现代农业有限公司
			闽侯县东洋橄榄专业合作社
87	古田脐橙	福建省古田县农业局	古田县天坤农场
88	顺昌芦柑	福建省顺昌县农业局	顺昌县金水农场有限公司
89	天宝香蕉	福建省漳州市芗城区农业局	漳州万桂农业发展有限公司
90	三明夏黑葡萄	福建省三明市梅列区农业局	福建省源丰农业科技有限公司
91	鑫星源火龙果	福建省福清市农业局	福建省星源农牧科技股份有限公司
92	岩溪晚芦	福建省长泰县农业局	长泰县岩溪镇五四农场
93	永春芦柑	福建省永春县农业局	永春县日升农副产品科技咨询有限公司
94	赣江天韵蜜桔	江西省新干县农业局	江西省宏冠绿色农庄有限公司
95	南丰蜜桔	江西省南丰县蜜桔产业局	南丰县丰裕果业有限公司
			南丰县聚源果业有限公司
			南丰县兄弟果业有限公司
96	新余蜜桔	江西省新余市渝水区农业局	江西珊娜果业有限公司
			江西惠民果业有限公司
97	信丰脐橙	江西省信丰县果茶局	信丰县果业协会
98	蓬莱红富士苹果	山东省蓬莱市农业局	蓬莱泰雨祥果业有限责任公司
99	曹范核桃	山东省章丘市农业局	章丘市名优农产品协会

（续）

序号	申报产品	申报单位	申报单位推荐的生产单位
100	册山草莓	山东省临沂市罗庄区农业局	临沂京都果品开发有限公司
101	长沟葡萄	山东省济宁市任城区林业局	济宁市任城区长沟镇葡萄协会
102	金丝枣	山东省宁津县林业局	宁津县红枣协会
103	茌平圆铃大枣	山东省茌平县林业局	茌平县鑫岳生态果蔬农民专业合作社
104	肥城桃	山东省肥城市林业局	山东省肥城桃开发总公司
105	费县山楂	山东省费县果业管理局	费县红山前山楂种植专业合作社
106	福山大樱桃	山东省烟台市福山区农业局	烟台市福山区大樱桃专业合作联合社
107	冠州鸭梨	山东省冠县林业局	山东冠县沙鑫果品专业合作社
108	临沂大樱桃	山东省临沂临港经济开发区农业工作办公室	临沂临港经济开发区好例樱桃专业合作社
109	金亭岭葡萄	山东省招远市农业局	招远市孟家果业专业合作社
110	金源薄皮核桃	山东省宁阳县农业局	宁阳县金源薄皮核桃种植专业合作社
111	九山板栗	山东省临朐县农业局	临朐县九山镇果业协会
112	孔府冬枣	山东省曲阜市林业局	曲阜市圣仙果品有限公司
113	孔府樱桃	山东省曲阜市林业局	曲阜市圣仙果品有限公司
114	魁王小枣	山东省商河县农业局	商河县高坊金丝魁王小枣专业合作社
115	莱阳梨	山东省莱阳市农业局	莱阳宏达食品有限公司
116	狼山沙窝西瓜	山东省嘉祥县农业局	嘉祥县狼山沙窝西瓜种植专业合作社
117	李家埠葡萄	山东省高密市农业局	高密市胜一设施农业有限公司
118	连发草莓	山东省东阿县农业局	山东省东阿连发果蔬专业合作社
119	麻湾西瓜	山东省东营市东营区农业局	东营市东营区麻湾西瓜种植农民专业合作社
120	蒙阴蜜桃	山东省蒙阴县果业局	蒙阴县果业协会
121	蒙阴苹果	山东省蒙阴县果业局	蒙阴县宗路果品专业合作社
122	孟子居红枣	山东省邹城市农业局	邹城市绿奥土特产品加工厂
123	富东草莓	山东省邹城市农业局	邹城市中心店镇林果协会
124	灰埠大枣	山东省邹城市农业局	邹城市鸿山源农贸有限公司
125	青州蜜桃	山东省青州市农业局	青州市邵庄镇曹家沟村冬雪蜜桃专业合作社
126	枣庄石榴	山东省枣庄市薛城区农业局	枣庄市张庄石榴专业合作社
127	双堠西瓜	山东省沂南县农业局	沂南县双堠西瓜种植专业合作社
128	郎部无籽西瓜	山东省昌乐县农业局	昌乐县兆田西瓜产销专业合作社
129	昌乐西瓜	山东省昌乐县农业局	昌乐县瓜菜协会
130	文登苹果	山东省文登市农业局	威海佳农果蔬有限公司
131	勾勾吉蟠桃	山东省文登市农业局	文登市勾勾吉果品专业合作社
132	徐庄板栗	山东省枣庄市山亭区农业局	枣庄市山亭区永发板栗种植专业合作社
133	长红枣	山东省枣庄市山亭区农业局	枣庄长红果品开发有限公司
134	阳信鸭梨	山东省阳信县农业局	阳信金地果蔬食品有限公司
135	沂水苹果	山东省沂水县农业局	沂水县果品产业协会

（续）

序号	申报产品	申报单位	申报单位推荐的生产单位
136	沂源苹果	山东省沂源县农业局	沂源县双义果蔬有限公司
137	淄博池梨	山东省淄博市淄川区林业局	淄博春森农业发展有限公司
138	津思味树莓	河南省封丘县农业局	封丘县青堆树莓合作社
139	灵宝苹果	河南省灵宝市园艺局	灵宝市永辉果业有限责任公司
140	内乡核桃	河南省内乡县农业局	内乡县林丰果茶果种植专业合作社
141	上戈苹果	河南省洛宁县园艺局	洛宁县上戈绿色果品开发有限公司
142	石瓶仙桃	河南省卫辉市农业局	卫辉市欣欣种植专业合作社
143	宁陵酥梨	河南省宁陵县农业局	宁陵县金桥酥梨专业合作社
			宁陵县刘花桥酥梨农民专业合作社
144	荥阳柿子	河南省荥阳市农业农村工作委员会	荥阳市富民柿子专业合作社
145	汉水砂梨	湖北省老河口市果品办公室	湖北仙仙果品有限公司
146	流水西瓜	湖北省宜城市农业局	宜城市流水镇西瓜协会
147	桃花源早蜜桃	湖北省孝感市孝南区农业局	孝感市鸿丰早蜜桃种植农民专业合作社
148	晓曦红宜昌蜜桔	湖北省宜昌市夷陵区农业局	宜昌市晓曦红柑桔专业合作社
149	宜都蜜柑	湖北省宜都市农业局	湖北宜都蜜柑集团合作社
150	衡山猪血桃	湖南省衡山县农业局	衡山县富平水果种植专业合作社
151	泸溪椪柑	湖南省泸溪县农业局	泸溪县椪柑有限公司
152	三益葡萄	湖南省湘潭市雨湖区农业局	湘潭三益生态农业有限公司
153	仙碧葡萄	湖南省衡阳市珠晖区农业局	衡阳市仙碧果蔬专业合作社
154	湘鲁脐橙	湖南省安仁县农业局	安仁县东南阳光发展有限公司
155	湘南脐橙	湖南省道县农业局	道县绿源果业开发有限公司
156	湘西椪柑	湖南省永顺县农业局	永顺县长官果王专业合作社
157	瑶山雪梨	湖南省江华瑶族自治县农业局	江华瑶族自治县六月香果业有限公司
158	宜章脐橙	湖南省宜章县农业局	宜章县加法果业发展有限公司
159	潮州柑	广东省潮州市湘桥区农林水局	潮安县朝阳农业开发有限公司
160	德庆砂糖桔	广东省德庆县农业局	德庆县腾龙果品农民专业合作社
161	桂康荔枝	广东省高州市农业局	高州市丰盛食品有限公司
162	海皮西瓜	广东省阳西县农业和水务局	阳西县上洋镇惠农西瓜荔枝专业合作社
163	阳西红心火龙果	广东省阳西县农业和水务局	阳西县西荔王果蔬专业合作社
164	妃子笑荔枝	广东省阳西县农业和水务局	阳西县西荔王果蔬专业合作社
165	马水桔	广东省阳春市农林水产局	阳春市水果生产服务中心
166	梅州金柚	广东省梅县农业局	梅州市木子金柚专业合作社
			梅龙柚果股份有限公司
167	新会柑	广东省江门市新会区农业局	江门市新会区金稻田农业专业合作社
168	郁南无核黄皮	广东省郁南县农业局	郁南县富康农业发展有限公司
169	恭城月柿	广西壮族自治区恭城瑶族自治县农业局	恭城县杨溪朝川水果专业合作社

（续）

序号	申报产品	申报单位	申报单位推荐的生产单位
170	灌阳黑李	广西壮族自治区灌阳县农业局	桂林市灌阳千家峒水果产销专业合作社
171	灌阳雪梨	广西壮族自治区灌阳县农业局	桂林市灌阳千家峒水果产销专业合作社
172	永福罗汉果	广西壮族自治区永福县农业局	永福县林中仙罗汉果有限责任公司
173	沙糖桔	广西壮族自治区荔浦县农业局	荔浦亮靓果园种植专业合作社
174	阳朔金桔	广西壮族自治区阳朔县农业局	阳朔遇龙河生态农业发展有限责任公司
175	资源红地球葡萄	广西壮族自治区资源县农业局	资源县兴农农业有限责任公司
176	丹霞脐橙	广西壮族自治区资源县农业局	资源县兴农农业有限责任公司
177	资源红阳猕猴桃	广西壮族自治区资源县农业局	资源县兴农农业有限责任公司
178	福松珍珠番石榴	海南省琼海市农林局	琼海福松实业有限公司
179	琼海火龙果	海南省琼海市农林局	琼海鹏业红龙果农民专业合作社
180	奉节脐橙	重庆市奉节县脐橙产业发展中心	奉节县铁佛脐橙种植专业合作社
			铭阳水果种植有限公司
			奉节县蜀东门脐橙种植股份合作社
181	古楼枇杷	重庆市合川区农业委员会	重庆市骑乡枇杷种植股份合作社
182	梁平柚	重庆市梁平县农业委员会	重庆市龙滩梁平柚开发有限公司
183	土老坎葡萄	重庆市璧山县农业委员会	璧山县腾飞葡萄种植股份合作社
184	万县红桔	重庆市万州区农业委员会	重庆市万州区古红桔专业合作社联合社
185	万州玫瑰香橙	重庆市万州区农业委员会	重庆市万州区西部农业开发有限责任公司
186	万州柠檬	重庆市万州区农业委员会	重庆市万州区白羊双龙柠檬专业合作社
187	茅山贡桃	重庆市万州区农业委员会	重庆市万州区茅谷桃果专业合作社
188	三峡虹猕猴桃	重庆市万州区农业委员会	重庆市大山农业（集团）有限公司
189	五间西瓜	重庆市永川区农业委员会	重庆益保西瓜种植专业合作社
190	武隆猪腰枣	重庆市武隆县农业委员会	武隆县远达枣业发展有限公司
191	渝北梨橙	重庆市渝北区农业委员会	重庆市渝北区果品营销协会
192	渝北歪嘴李	重庆市渝北区农业委员会	重庆市渝北区果品营销协会
193	云阳纽荷尔脐橙	重庆市云阳县农业委员会	云阳县活龙柑桔专业合作社
			重庆千庄农业有限公司
194	苍溪红心猕猴桃	四川省苍溪县农业局	苍溪红果猕猴桃专业合作社
195	苍溪雪梨	四川省苍溪县农业局	苍溪县优质农产品开发服务中心
196	涪源龙门山核桃	四川省平武县农业局	平武县石坎核桃专业合作社
197	贵妃枣	四川省罗江县农业局	罗江县宝峰山枣子专业合作社
198	合江荔枝	四川省合江县农业局	合江县荔枝产业协会
199	会理石榴	四川省会理县农业局	会理县润物农业开发有限责任公司
			凉山新兴农业生物科技有限公司
200	简阳冬草莓	四川省简阳市农业局	成都瑞之源农业开发有限公司
201	简阳晚白桃	四川省简阳市农业局	四川省天保果业有限公司

（续）

序号	申报产品	申报单位	申报单位推荐的生产单位
202	江安夏橙	四川省江安县农业局	江安县果品协会
203	汉源雪梨	四川省汉源县农业局	汉源县黄家沟水果种植专业合作社
204	金花梨	四川省汉源县农业局	汉源县九洪水果农民专业合作社
205	龙安柚	四川省广安市广安区农业局	广安市广安区正红柚业联合合作社
206	龙门山脉猕猴桃	四川省彭州市农村发展局	成都佳惟他农业有限公司
207	龙泉驿水蜜桃	四川省成都市龙泉驿区农村发展局	成都龙泉长松水蜜桃专业生产合作社
208	龙泉驿巨峰葡萄	四川省成都市龙泉驿区农村发展局	成都蒲草葡萄专业合作社
209	龙泉驿枇杷	四川省成都市龙泉驿区农村发展局	成都龙泉东山果业专业合作社
210	茂县李	四川省茂县农业局	茂县罗山脆红李专业合作社
211	茂县甜樱桃	四川省茂县农业局	茂县九顶山农牧产业开发有限责任公司
212	攀枝花莲雾	四川省攀枝花市东区农业水务局	攀枝花市大祥果品开发有限责任公司
213	青皮软子石榴	四川省攀枝花市仁和区农牧局	攀枝花市田远现代农业开发有限责任公司
214	攀枝花芒果	四川省攀枝花市农牧局	攀枝花市锐华农业开发有限责任公司
215	攀枝花枇杷	四川省攀枝花市农牧局	米易县攀越枇杷种植专业合作社
216	蓬安锦橙	四川省蓬安县农牧业局	蓬安县优质果品开发服务公司
217	蓬溪水蜜桃	四川省蓬溪县农业局	蓬溪仙桃水果专业合作社
218	青神椪柑	四川省青神县农业局	青神县椪柑专业合作社
219	荣州椪柑	四川省荣县农牧业局	自贡市顺大农业科技有限公司
220	桑之玉桑果	四川省绵阳市涪城区农业局	绵阳天虹丝绸有限责任公司
221	文宫枇杷	四川省仁寿县农业局	仁寿县文宫枇杷专业合作社
222	盐源苹果	四川省盐源县农业和科学技术局	盐源县联谊苹果专业合作社 盐源县金红苹果专业合作社 盐源县诚信苹果专业合作社
223	越西苹果	四川省越西县农业和科学技术局	越西县甜樱桃苹果农民专业合作社
224	越西甜樱桃	四川省越西县农业和科学技术局	越西县甜樱桃苹果农民专业合作社
225	资中血橙	四川省资中县农业局	资中县塔联果业有限公司 资中县归德镇翠溪血橙农民专业合作社
226	安岳柠檬	四川省安岳县柠檬产业局	四川省安岳县绿峰柠檬产业有限责任公司 安岳县宏发果业有限公司 安岳县瑜华种养发展有限责任公司
227	从江椪柑	贵州省从江县农业局	从江县果树开发公司
228	惠水金钱桔	贵州省惠水县农村工作局	惠水县茂发水果农民专业合作社
229	荔波蜜柚	贵州省荔波县农村工作局	荔波县拉岜蜜柚专业合作社
230	茂兰血桃	贵州省荔波县农村工作局	荔波县生态农业开发专业合作社
231	绿化桃	贵州省黔西南州义龙新区农业局	贵州顶效经济开发区绿化绿色产业水果有限公司
232	沙子空心李	贵州省沿河土家族自治县农牧科技局	沿河土家族自治县天然富硒绿色食品开发有限公司

（续）

序号	申报产品	申报单位	申报单位推荐的生产单位
233	水晶葡萄	贵州省三都水族自治县农村工作局	三都水族自治县交梨乡山野水晶葡萄农民专业合作社
234	五榕脐橙	贵州省榕江县农业局	贵州省榕江县万亩林场
235	华宁柑桔	云南省华宁县农业局	新村柑桔有限责任公司
236	阿贝楚柿子	云南省华宁县农业局	云南省华宁县阿贝楚农艺有限公司
237	建水早熟葡萄	云南省建水县农业局	建水县南庄镇葡萄产销专业合作社
238	建水早熟脐橙	云南省建水县农业局	建水县红森生态有限责任公司
239	和源酸石榴	云南省建水县农业局	红河州和源农业开发有限公司
240	蒙自石榴	云南省蒙自市农业局	蒙自市蒙生石榴产销专业合作社
241	瑞丽水晶蜜柚	云南省瑞丽市人民政府农业局	瑞丽市柚子研究协会
242	红瑞柠檬	云南省瑞丽市人民政府农业局	云南红瑞柠檬开发有限公司
243	河口香蕉	云南省河口瑶族自治县农业局	河口云山农业科技有限公司
244	云冠冰糖橙	云南省新平彝族傣族自治县农业局	新平金泰果品有限公司
245	贡布千年核桃	西藏自治区朗县农牧局	朗县郎敦辣椒专业合作社
246	高石脆瓜	陕西省大荔县农业局	大荔县高明东高城高石脆瓜专业合作社
247	华县大接杏	陕西省华县农业局	华县绿晖蔬菜专业合作社
248	慧照红地球葡萄	陕西省渭南市临渭区农业局	渭南三贤友邦果业农业专业合作社
249	九州龙红富士苹果	陕西省铜川市印台区果业管理局	陕西九州果业有限公司
250	延川红枣	陕西省延川县农业局	延川县锦春枣业有限责任公司
251	御亨苹果	陕西省铜川市耀州区果业局	铜川市金圣果业有限公司
252	甘旭红富士苹果	甘肃省镇原县林业局	镇原县甘旭果品专业合作社
253	陇宝核桃	甘肃省清水县果业局	清水县陇华核桃种植专业合作社
254	宋川苹果	甘肃省清水县果业局	天水四方达园林果业有限责任公司
255	陇蜜红富士苹果	甘肃省正宁县果业局	正宁县果品公司
256	宁县曹杏	甘肃省宁县农牧局	宁县果业局
257	宁州九龙金枣	甘肃省宁县农牧局	宁县果业局
258	磐红新红星苹果	甘肃省甘谷县果业局	甘谷县花牛王果品农民专业合作社
259	双湾西瓜	甘肃省金昌市金川区农牧局	金昌市金福祥农产品产销农民专业合作社
260	西峰华泰红富士苹果	甘肃省庆阳市西峰区果业生产管理局	庆阳市西峰华泰果业有限公司
261	下曲葡萄	甘肃省天水市麦积区果品产业局	天水市麦积区绿旺葡萄种植专业合作社
262	春雪毛桃	宁夏回族自治区永宁县农牧局	宁夏小任果业发展有限公司
263	永宁红地球葡萄	宁夏回族自治区永宁县农牧局	宁夏小任果业发展有限公司
264	中宁枸杞	宁夏回族自治区中宁县农牧局	宁夏早康枸杞股份有限公司
265	硒砂瓜	宁夏回族自治区中宁县农牧局	宁夏杞乡硒砂瓜产销专业合作联社
266	阿克苏红枣	新疆维吾尔自治区温宿县农业局	温宿县天山红林果业农民专业合作社

（续）

序号	申报产品	申报单位	申报单位推荐的生产单位
267	宝圆核桃	新疆维吾尔自治区温宿县农业局	温宿县木本粮油林场
268	柯柯牙红枣	新疆维吾尔自治区温宿县农业局	阿克苏地区柯柯牙恒隆园艺场
269	达瓦昆沙漠甜瓜	新疆维吾尔自治区岳普湖县农业局	岳普湖县农产品进出口有限公司
270	伽师瓜	新疆维吾尔自治区伽师县农业局	伽师县兴民农产品购销有限责任公司
271	精河枸杞	新疆维吾尔自治区精河县农业局	新疆鸿锦枸杞实业有限公司
272	木纳格葡萄	新疆维吾尔自治区阿图什市农业局	阿图什纳格尔果业开发有限责任公司
273	阿图什无花果	新疆维吾尔自治区阿图什市农业局	阿图什纳格尔果业开发有限责任公司
274	吐鲁番葡萄	新疆维吾尔自治区吐鲁番市农业局	吐鲁番市红柳河林场
275	付家村巨峰葡萄	大连市金州新区农林水利局	大连东大山果蔬专业合作社
276	老虎山大樱桃	大连市金州新区农林水利局	大连老虎山水果专业合作社
277	老虎山黄桃	大连市金州新区农林水利局	大连老虎山水果专业合作社
278	旅顺大樱桃	大连市旅顺口区农林水利局	大连春园水果专业合作社
			大连仙缘果业产销专业合作社
279	东马屯红富士苹果	大连市瓦房店市农村经济发展局	大连东马屯果业有限公司
280	福来宝蓝莓	大连市庄河市果业管理局	大连来宝现代农业科技有限公司
281	金线沟草莓	大连市庄河市果业管理局	大连金线沟草莓专业合作社
282	大黄埠西瓜	青岛市平度市农业局	青岛奥森农产品有限公司
283	大泽山葡萄	青岛市平度市农业局	平度市大泽山葡萄协会
284	旧店苹果	青岛市平度市农业局	青岛旧店果品专业合作社
285	佳沃蓝莓	青岛市黄岛区农业局	青岛沃林蓝莓果业有限公司
286	姜格庄草莓	青岛市莱西市农业局	青岛东山泉草莓专业合作社
287	南山荔枝	深圳市南山区经济促进局	深圳市南荔王果业中心

附件4：

2013 年度全国名特优新农产品目录（茶叶类）

序号	申报产品	申报单位	申报单位推荐的生产单位
1	洞庭山碧螺春	江苏省苏州市吴中区农业局	苏州市吴中区洞庭（山）碧螺春茶业协会
			苏州市东山茶厂
			苏州市洞庭山碧螺春茶业有限公司
2	金坛雀舌	江苏省金坛市农林局	江苏鑫品茶业有限公司
			金坛市方麓茶场有限公司
3	茅山青锋	江苏省金坛市农林局	江苏茅山青锋茶叶有限公司
			金坛市御庭春茶业有限公司
4	太湖翠竹茶	江苏省无锡市锡山区农林局	无锡太湖翠竹茶业有限责任公司

（续）

序号	申报产品	申报单位	申报单位推荐的生产单位
5	天目湖白茶	江苏省溧阳市农林局	江苏天目湖生态农业有限公司
			溧阳市玉莲生态农业开发有限公司
			溧阳市天目湖茶叶研究所
6	无锡毫茶	江苏省无锡市滨湖区农林局	无锡市茶叶品种研究所有限公司
7	雨花茶	江苏省南京市浦口区农业局	南京市浦口区石佛茶林果园
			南京茶棚茶叶专业合作社
8	安吉白茶	浙江省安吉县农业局	安吉白茶协会
			安吉县女子茶叶专业合作社
			浙江安吉宋茗白茶有限公司
9	大佛龙井	浙江省新昌县农业局	新昌县红旗茶业有限公司
			新昌县雪溪茶业有限公司
			浙江南瑞茶业有限公司
10	更香绿茶	浙江省武义县农业局	浙江更香有机茶业开发有限公司
11	江山绿牡丹茶	浙江省江山市农业局	江山市花山茶场
12	缙云黄茶	浙江省缙云县农业局	缙云县上湖茶业专业合作社
			缙云县日月盛农产品开发有限公司
13	绿剑茶	浙江省诸暨市农业局	浙江省诸暨绿剑茶业有限公司
14	莫干黄芽茶	浙江省德清县农业局	德清莫干山黄芽茶业有限公司
15	平水日铸茶	浙江省绍兴县农业局	绍兴县茶叶产业协会
16	千岛玉叶龙井茶	浙江省淳安县农业局	淳安县千岛湖睦州茶业有限公司
			杭州千岛玉叶茶业有限公司
17	松阳银猴茶	浙江省松阳县农业局	浙江振通宏茶业有限公司
			浙江越玉兰茶叶有限公司
			松阳县神农农业发展有限公司
18	天目青顶	浙江省临安市农业局	临安市天目青顶茶业有限公司
			临安市东坑有机名茶专业合作社
			临安市大洋茶业有限公司
19	天台黄茶	浙江省天台县农业局	浙江天台九遮茶业有限公司
20	乌牛早茶	浙江省永嘉县农业局	浙江乌牛早实业股份有限公司
21	婺州举岩茶	浙江省金华市婺城区农林局	浙江采云间茶业有限公司
22	余姚瀑布仙茗	浙江省余姚市农林局	余姚市屺立茶厂
23	越乡龙井	浙江省嵊州市林业局	浙江华发茶业有限公司
24	黄山毛峰	安徽省黄山市徽州区农业委员会	谢裕大茶叶股份有限公司
		安徽省黟县农业委员会	黄山市黟县五溪山茶厂有限公司
		安徽省歙县农业委员会	黄山市汪满田茶业有限公司
25	云谷大方茶	安徽省歙县农业委员会	黄山茶业集团有限公司

（续）

序号	申报产品	申报单位	申报单位推荐的生产单位
26	霍山黄芽	安徽省霍山县农业委员会	霍山抱儿钟秀茶业有限公司
			霍山汉唐清茗茶叶有限公司
27	金山时雨	安徽省绩溪县农业委员会	绩溪县瀚徽农业开发有限公司
28	六安瓜片	安徽省金寨县农业委员会	金寨县安态特色农产品有限责任公司
		安徽省六安市裕安区农业委员会	安徽省六安瓜片茶业股份有限公司
			安徽皖云茶业有限公司
29	祁门红茶	安徽省祁门县农业委员会	安徽省祁门红茶发展有限公司
		安徽省池州市贵池区农业委员会	安徽双园集团有限公司
30	舒城小兰花茶	安徽省舒城县农业委员会	安徽兰花茶业有限公司
			安徽舒绿茶业有限公司
31	太平猴魁	安徽省黄山市黄山区农业委员会	黄山市猴坑茶业有限公司
			黄山六百里猴魁茶业有限公司
			黄山新明茶业有限公司
32	汀溪兰香茶	安徽省泾县农业委员会	安徽兰香茶业有限公司
33	涌溪火青	安徽省泾县农业委员会	安徽省泾县火青茶叶专业合作社
34	屯溪绿茶	安徽省黄山市屯溪区农业委员会	黄山一品有机茶业有限公司
35	新安源绿茶	安徽省休宁县农业委员会	黄山市新安源有机茶开发有限公司
36	休宁松萝	安徽省休宁县农业委员会	黄山市松萝有机茶叶开发有限公司
37	岳西翠兰茶	安徽省岳西县农业委员会	岳西县茶业协会
			安徽翠兰投资发展有限公司
38	安溪铁观音	福建省安溪县农业与茶果局	福建安溪铁观音集团股份有限公司
			福建八马茶业有限公司
			安溪县龙涓乡举源茶叶专业合作社
39	大红袍	福建省武夷山市茶业局	武夷星茶业有限公司
			福建省武夷山市永生茶业有限公司
			武夷山市岩上茶业有限公司
40	金骏眉	福建省武夷山市茶业局	福建武夷山国家级自然保护区正山茶业有限公司
			武夷山梁品记茶业科技有限公司
			武夷山市骏德茶厂
41	建阳白茶	福建省建阳市农业局	福建省建阳市漳墩兴业茶厂
42	闽南水仙	福建省永春县农业局	永春县魁斗莉芳茶厂
			福建永春县万品春茶业有限公司
43	永春佛手	福建省永春县农业局	福建永春县万品春茶业有限公司
44	松溪绿茶	福建省松溪县茶叶管理总站	松溪县龙源茶厂
45	武平绿茶	福建省武平县农业局	武平县年年春茶业有限公司
			福建鑫宏峰茶业有限公司

（续）

序号	申报产品	申报单位	申报单位推荐的生产单位
46	漳平水仙茶	福建省漳平市农业局	漳平市九鹏茶叶有限公司
47	政和白茶	福建省政和县茶业管理中心	福建省政和县白牡丹茶叶有限公司
			福建省隆合茶业有限公司
48	政和工夫红茶	福建省政和县茶业管理中心	福建茂旺茶业有限公司
			福建省政和县茗香轩茶厂
49	浮瑶仙芝	江西省浮梁县茶业局	浮梁县浮瑶仙芝茶业有限公司
50	井冈翠绿	江西省井冈山市农业局	江西井冈山茶厂
51	井冈红	江西省井冈山市农业局	江西井冈红茶业有限公司
52	豫北茶	河南省罗山县茶产业办公室	信阳申林茶业开发有限公司
53	信阳毛尖	河南省固始县特产管理局	河南青峰云雾茶业有限公司
			固始县皇姑山茶业有限公司
		河南省信阳市浉河区茶产业发展服务局	信阳市龙潭茶叶有限公司
		河南省信阳市平桥区农业局	信阳佛灵山生态茶叶有限公司
54	信阳红茶	河南省信阳市平桥区农业局	信阳佛灵山生态茶叶有限公司
55	邓村绿茶	湖北省宜昌市夷陵区农业局	湖北邓村绿茶集团有限公司
56	龙峰茶	湖北省竹溪县农业局	湖北龙王垭茶业有限公司
57	恩施富硒茶	湖北省恩施市农业局	恩施市花枝山生态农业开发有限责任公司
58	水镜毛尖	湖北省南漳县农业局	湖北水镜茶业发展有限公司
59	宜红工夫茶	湖北省宜都市农业局	湖北宜红茶业有限公司
60	英山云雾茶	湖北省英山县农业局	英山县志顺茶业有限公司
			湖北英山云雾茶业有限公司
61	保靖黄金茶	湖南省保靖县农业局	湘西自治州吕洞山茶业有限公司
62	古丈毛尖	湖南省古丈县农业局	湘西自治州牛角山生态农业科技开发有限公司
63	江华苦茶	湖南省江华瑶族自治县农业局	江华瑶族自治县九龙井茶业有限责任公司
64	兰岭绿茶	湖南省湘阴县农业局	湖南兰岭绿态茶业有限公司
65	千两茶	湖南省安化县农业局	湖南华莱生物科技有限公司
			湖南省白沙溪茶厂股份有限公司
66	金茯茶	湖南省安化县农业局	湖南华莱生物科技有限公司
67	天尖茶	湖南省安化县农业局	湖南华莱生物科技有限公司
68	韶峰毛尖	湖南省湘潭市雨湖区农业局	湖南韶峰生态茶业有限公司
69	单丛茶	广东省大埔县农业局	广东飞天马实业有限公司
70	伏虎绿雪	广西壮族自治区柳城县农业局	柳城县国营伏虎华侨农场茶厂
71	桂花茶	广西壮族自治区龙胜各族自治县农业局	桂林漓江茶厂有限公司
72	桂林毛尖	广西壮族自治区桂林市七星区人民政府农村工作局	桂林茶叶科学研究所茶叶技术咨询服务部
73	桂平西山茶	广西壮族自治区桂平市农业局	广西桂平市西山碧水茶园有限责任公司
			广西桂平市国营金田林场

（续）

序号	申报产品	申报单位	申报单位推荐的生产单位
74	灵山绿茶	广西壮族自治区灵山县农业局	广西正久茶业有限公司
			灵山县桂灵茶业有限公司
			灵山县石瓯山茶场
75	水融香	广西壮族自治区融水苗族自治县农业局	融水苗族自治县水融香茶业有限公司
76	白沙绿茶	海南省白沙黎族自治县农业局	海南农垦白沙茶业股份有限公司
77	巴南银针	重庆市巴南区农业委员会	重庆市二圣茶业有限公司
78	永川秀芽	重庆市永川区农业委员会	重庆市玉琳茶业有限责任公司
			重庆云岭茶业科技有限责任公司
79	北川苔子茶	四川省北川羌族自治县农业局	北川羌族自治县景家苔子茶种植专业合作社
80	筠连红茶	四川省筠连县农业局	宜宾市双星茶业有限责任公司
81	龙都香茗	四川省荣县农牧业局	四川龙都茶业（集团）有限公司
82	马边绿茶	四川省马边彝族自治县农业局	四川森林茶业有限公司
			马边永绿茶业有限公司
			马边金星茶业开发有限责任公司
83	蒙顶甘露	四川省雅安市名山区茶业发展局	四川蒙顶山跃华茶业集团有限公司
			四川禹贡蒙顶茶业集团有限公司
84	米仓山茶	四川省旺苍县农业局	四川米仓山茶业集团有限公司
85	纳溪特早茶	四川省泸州市纳溪区农业局	四川纳溪特早茶有限公司
86	七佛贡茶	四川省青川县农业局	广元市白龙茶叶有限公司
			青川县仙雾茶场
87	青城雪芽	四川省都江堰市农村发展局	四川都江堰青城茶叶有限公司
88	都匀毛尖茶	贵州省都匀市农村工作局	都匀供销茶叶有限责任公司
			都匀市螺丝壳河头茶叶农民专业合作社
			都匀市艺峰茶叶商贸有限公司
89	雷公山银球茶	贵州省雷山县茶叶发展局	雷山县茶叶协会
90	纳雍仙茗	贵州省纳雍县农牧局	纳雍县贵茗茶业有限责任公司
			纳雍县雍熙茶叶有限责任公司
91	晴隆绿茶	贵州省晴隆县农业局	晴隆县茶业公司
92	石阡苔茶	贵州省石阡县茶叶管理局	贵州和鑫农业发展有限公司
			贵州石阡苔茶有限责任公司
			石阡县夷州贡茶有限责任公司
93	遵义红茶	贵州省湄潭县农牧局	贵州湄潭盛兴茶业有限公司
			贵州湄潭百道茶业有限公司
94	湄潭翠芽	贵州省湄潭县农牧局	贵州四品君茶业有限公司

（续）

序号	申报产品	申报单位	申报单位推荐的生产单位
95	昆明十里香茶	云南省昆明市农业局	石林十里香茶业有限公司
96	宜良宝洪茶	云南省昆明市农业局	云南宝洪旅游开发有限公司
97	巴达高山青饼	云南省勐海县农业和科技局	勐海茶业有限责任公司
98	昌宁红	云南省昌宁县农业局	保山昌宁红茶业集团有限公司
99	高黎贡山普洱茶	云南省腾冲县农业局	腾冲县高黎贡山生态茶业有限责任公司
100	黄梨坡红茶	云南省腾冲县农业局	腾冲县黄梨坡生态普洱茶业有限责任公司
101	清凉山曲峰茶	云南省腾冲县农业局	云南省腾冲清凉山茶厂有限责任公司
102	广南底圩茶	云南省广南县农业和科学技术局	广南县凯鑫生态茶业开发有限公司
103	苦聪普洱茶	云南省镇沅彝族哈尼族拉祜族自治县农业和科学技术局	镇沅彝族哈尼族拉祜族自治县金阳茶业有限公司
104	苗岭碧芽	云南省盐津县农业局	盐津茶叶有限责任公司
105	岩冷普洱茶	云南省澜沧拉祜族自治县茶产业发展办公室	澜沧古茶有限公司
106	林芝春绿	西藏自治区林芝地区行政公署国有资产监督管理委员会	林芝地区易贡珠峰农业科技有限公司
107	崂山茶	青岛市崂山区农林局	青岛万里江茶业有限公司 青岛崂山云雾茶场有限公司 青岛北崂茶业有限公司

附件5：

2013 年度全国名特优新农产品目录（其他）

序号	申报产品	申报单位	申报单位推荐的生产单位
1	红兴隆南瓜籽	黑龙江省农垦红兴隆管理局农业局	黑龙江红兴隆农垦垦威谷物种植农民专业合作社
2	宝清大白板南瓜籽	黑龙江省宝清县绿色产业办公室	宝清县宝青红绿色产业有限责任公司
3	杭白菊	浙江省桐乡市农业经济局	桐乡市同新食品有限公司 桐乡新和保健品有限公司
4	滁菊	安徽省滁州市南谯区农业委员会	安徽菊泰滁菊草本科技有限公司 滁州市滁菊研究所
5	黄山贡菊	安徽省歙县农业委员会	黄山市歙县雅氏茶菊精制厂
6	筠连苦丁茶	四川省筠连县农业局	筠连县青山绿水茶叶专业合作社 宜宾醒世茶业有限责任公司
7	余庆小叶苦丁茶	贵州省余庆县农牧局	贵州余庆小叶苦丁茶业股份有限公司
8	塔城瓜子（西瓜籽）	新疆维吾尔自治区塔城市农业局	新疆塔城市张新生打瓜籽加工专业合作社
9	雪菊	新疆维吾尔自治区乌恰县农业局	新疆乌恰县斯姆哈纳志成农产品农民专业合作社

中绿华夏有机产品认证证书清单（截止到2014年年底）

省份	企业名称	有机证书编号	有效期限	项目名称
北京市	正谷（北京）农业发展有限公司	100OP1200568	2014-12-26	稻谷
北京市	正谷（北京）农业发展有限公司	100OP1200569	2014-12-26	大米
北京市	北京长子营昌兴种植园	100OP1301021	2014-12-15	梨
北京市	北京兴农泰华生物科技有限公司	100OP1200439	2015-10-10	杂粮
北京市	北京兴农泰华生物科技有限公司	100OP1200440	2015-10-10	杂粮
北京市	北京兴农泰华生物科技有限公司	100OP1200441	2015-10-10	杂粮
北京市	北京兴农泰华生物科技有限公司	100OP1300006	2014-12-29	脐橙
北京市	北京兴农泰华生物科技有限公司	100OP1300052	2015-10-30	苹果
北京市	北京兴农泰华生物科技有限公司	100OP1300201	2014-12-19	杂粮
北京市	北京兴农泰华生物科技有限公司	100OP1300202	2014-12-19	杂粮
北京市	北京兴农泰华生物科技有限公司	100OP1300203	2014-12-19	杂粮
北京市	北京兴农泰华生物科技有限公司	100OP1300284	2014-12-19	水稻
北京市	北京兴农泰华生物科技有限公司	100OP1300285	2014-12-19	大米
北京市	北京兴农泰华生物科技有限公司	100OP1300286	2014-12-19	杂粮
北京市	北京鑫园汇通生态农业发展有限公司	100OP1200197	2015-5-30	水果
北京市	北京西马樱桃种植专业合作社	100OP1200195	2015-5-30	樱桃，梨
北京市	北京泗家水香椿种植专业合作社	100OP1400263	2015-8-7	香椿
北京市	北京市延庆县大庄科乡板栗产销协会	100OP1200342	2014-12-21	板栗、核桃、红果
北京市	北京三成玉米种植专业合作社	100OP1300132	2015-1-21	玉米
北京市	北京启新伟业生物制品技术开发有限公司	100OP1300874	2015-10-23	梨
北京市	北京莲顺农业开发有限公司	100OP1200198	2015-9-15	蔬菜、水果、杂粮
北京市	北京聚陇山生态农业开发有限公司	100OP1200141	2015-5-23	大樱桃、黄豆
北京市	北京九城天时生态农业有限公司	100OP1200246	2015-10-25	蔬菜
北京市	北京黄安坨科技开发有限公司	100OP1300612	2015-2-1	苹果
北京市	北京德青源农业科技股份有限公司	100OP1200436	2015-8-3	蔬菜、水果
北京市	北京波龙堡葡萄酒业有限公司	100OP1200565	2014-12-20	葡萄
北京市	北京波龙堡葡萄酒业有限公司	100OP1200566	2014-12-20	葡萄酒
北京市	北京百年栗园生态农业有限公司	100OP1200532	2014-12-22	鸡蛋
北京市	北京百年栗园生态农业有限公司	100OP1200533	2014-12-22	鸡
北京市	北京百年栗园生态农业有限公司	100OP1301025	2014-12-22	鸡
天津市	天津盛福源有机农业发展有限公司	100OP1300133	2015-1-15	蔬菜等
天津市	天津蓟州绿色食品集团有限公司	100OP1300058	2015-11-28	板栗、核桃、苹果
河北省	中粮长城桑干酒庄（怀来）有限公司	100OP1400162	2015-3-11	酿酒葡萄
河北省	中粮长城桑干酒庄（怀来）有限公司	100OP1400163	2015-3-11	葡萄酒
河北省	中粮华夏长城葡萄酒有限公司	100OP1300706	2015-4-1	酿酒葡萄
河北省	中粮华夏长城葡萄酒有限公司	100OP1300707	2015-4-1	红葡萄酒

（续）

省份	企业名称	有机证书编号	有效期限	项目名称
河北省	张北宝得康食品有限公司	100OP1300363	2014-12-21	沙棘
河北省	文安县绿珠有机食品有限公司	100OP1200001	2015-1-14	杂粮
河北省	文安县绿珠有机食品有限公司	100OP1200003	2015-1-14	杂粮
河北省	文安县绿珠有机食品有限公司	100OP1400008	2015-1-14	杂粮
河北省	唐山珍珠甘栗食品有限公司	100OP1200184	2015-9-13	板栗
河北省	唐山珍珠甘栗食品有限公司	100OP1200185	2015-9-13	板栗
河北省	唐山尚禾谷板栗发展有限公司	100OP1300350	2015-2-1	板栗
河北省	唐山尚禾谷板栗发展有限公司	100OP1300351	2015-2-1	板栗
河北省	沙河市蝉房板栗专业合作社	100OP1300535	2015-10-8	板栗
河北省	秦皇岛市信享贸易有限公司	100OP1300634	2015-3-20	板栗
河北省	迁西县胡子工贸有限公司	100OP1300641	2015-3-20	杂粮
河北省	平山县葫芦峪农业科技开发有限公司	100OP1300658	2015-11-7	核桃、花生
河北省	宁晋县思农伟业有机农业专业合作社	100OP1300813	2015-5-6	小麦
河北省	宁晋县思农伟业有机农业专业合作社	100OP1300814	2015-5-6	小麦粉、麦麸
河北省	隆尧怡东农牧有限公司	100OP1300426	2015-2-4	蔬菜
河北省	隆化县绿源米业有限责任公司	100OP1300758	2015-11-29	大米
河北省	隆化县绿源米业有限责任公司	100OP1300759	2015-11-29	大米
河北省	衡水山枝保健饮料有限公司	100OP1300849	2015-9-20	大麦苗粉等
河北省	衡水山枝保健饮料有限公司	100OP1300850	2015-9-20	大麦苗粉等
河北省	河北南沟绿森林果有限公司	100OP1300271	2015-1-19	苹果
河北省	河北栗源食品有限公司	100OP1400158	2015-3-11	板栗
河北省	河北栗源食品有限公司	100OP1400159	2015-3-11	坚果粒、冷冻板栗
河北省	河北老区人食品有限公司	100OP1400117	2015-1-22	花生
河北省	河北老区人食品有限公司	100OP1400118	2015-1-22	杂粮
河北省	河北老区人食品有限公司	100OP1400119	2015-1-22	杂粮
河北省	河北康源生态林业发展有限公司	100OP1200572	2015-9-27	核桃
河北省	河北晶品果业有限公司	100OP1300011	2014-12-21	核桃
河北省	河北晶品果业有限公司	100OP1300012	2014-12-21	核桃油
河北省	河北富岗食品有限责任公司	100OP1300097	2015-11-17	苹果
河北省	河北仓盛兴粮油工贸有限公司	100OP1300819	2015-5-9	谷子
河北省	河北仓盛兴粮油工贸有限公司	100OP1300820	2015-5-9	小米
河北省	邯郸市天盈畜牧养殖有限公司	100OP1400209	2015-4-21	饲料
河北省	邯郸市天盈畜牧养殖有限公司	100OP1400260	2015-7-28	猪
河北省	邯郸市天盈畜牧养殖有限公司	100OP1400261	2015-7-28	猪肉
河北省	承德神栗食品有限公司	100OP1200558	2015-12-21	板栗
河北省	承德神栗食品有限公司	100OP1200559	2015-12-21	板栗

（续）

省份	企业名称	有机证书编号	有效期限	项目名称
河北省	承德神栗食品有限公司	100OP1400046	2015-1-14	板栗
河北省	承德神栗食品有限公司	100OP1400047	2015-1-14	坚果粒
河北省	保定莲旺农业开发有限公司	100OP1200374	2015-12-22	大樱桃等
山西省	山西沁州黄小米（集团）有限公司	100OP1200328	2015-11-4	杂粮
山西省	山西沁州黄小米（集团）有限公司	100OP1200329	2015-11-4	杂粮
山西省	山西沁州黄小米（集团）有限公司	100OP1200330	2015-11-4	杂粮
山西省	山西广灵荞宝生物科技有限公司	100OP1300230	2015-11-9	苦荞产品
山西省	山西广灵荞宝生物科技有限公司	100OP1300231	2015-11-9	苦荞产品
山西省	山西丰田食品有限责任公司	100OP1200338	2015-8-30	食用菌
山西省	山西丰田食品有限责任公司	100OP1200339	2015-8-30	食用菌
山西省	山西汾州裕源食品有限公司	100OP1300473	2014-12-12	核桃
山西省	山西汾州裕源食品有限公司	100OP1300474	2014-12-12	核桃
山西省	山西汾州裕源食品有限公司	100OP1301027	2014-12-12	核桃
山西省	山西汾州香米业有限公司	100OP1200425	2014-12-22	谷子
山西省	山西汾州香米业有限公司	100OP1200426	2014-12-22	小米
山西省	陵川县喜禾金小米专业合作社	100OP1300299	2015-2-4	谷子
山西省	陵川县喜禾金小米专业合作社	100OP1300300	2015-2-4	小米
山西省	陵川县喜禾金小米专业合作社	100OP1400210	2015-2-4	杂粮
山西省	汾州裕源土特产品有限公司	100OP1200262	2015-10-29	核桃
山西省	汾州裕源土特产品有限公司	100OP1200263	2015-10-29	核桃仁
山西省	汾州裕源土特产品有限公司	100OP1300936	2015-10-29	核桃
山西省	汾阳市乐龙核桃专业合作社	100OP1300401	2014-12-19	谷子
山西省	汾阳市乐龙核桃专业合作社	100OP1300402	2014-12-19	小米
山西省	汾阳市乐龙核桃专业合作社	100OP1301032	2014-12-19	杂粮
内蒙古自治区	扎兰屯市达斡尔鸿巍农畜有限责任公司	100OP1300323	2014-12-22	杂粮
内蒙古自治区	扎兰屯市达斡尔鸿巍农畜有限责任公司	100OP1300324	2014-12-22	杂粮
内蒙古自治区	扎赉特旗绰勒银珠米业有限公司	100OP1300604	2015-3-20	稻谷
内蒙古自治区	扎赉特旗绰勒银珠米业有限公司	100OP1300605	2015-3-20	大米
内蒙古自治区	兴安盟岭南香农产品开发有限责任公司	100OP1300885	2015-5-5	稻谷
内蒙古自治区	兴安盟岭南香农产品开发有限责任公司	100OP1300886	2015-5-5	大米
内蒙古自治区	兴安盟草原盛业米业有限公司	100OP1300798	2015-1-19	稻谷
内蒙古自治区	兴安盟草原盛业米业有限公司	100OP1300799	2015-1-19	大米
内蒙古自治区	锡林浩特市毛登牧场	100OP1300421	2015-8-30	青干草
内蒙古自治区	锡林郭勒盟蒙之原牧业有限公司	100OP1300971	2015-11-13	羊
内蒙古自治区	锡林郭勒盟蒙之原牧业有限公司	100OP1300972	2015-11-13	羊排、羊杂等
内蒙古自治区	锡林郭勒盟蒙之原牧业有限公司	100OP1400285	2015-10-21	羊草

（续）

省份	企业名称	有机证书编号	有效期限	项目名称
内蒙古自治区	内蒙古正隆谷物食品有限公司	100OP1200210	2015-9-3	小米、辣椒等
内蒙古自治区	内蒙古正隆谷物食品有限公司	100OP1200211	2015-9-3	小米、辣椒等
内蒙古自治区	内蒙古正隆谷物食品有限公司	100OP1300922	2015-9-3	小米、辣椒等
内蒙古自治区	内蒙古云海秋林畜牧有限责任公司	100OP1300001	2014-12-19	奶牛、牛乳
内蒙古自治区	内蒙古云海秋林畜牧有限责任公司	100OP1300002	2014-12-19	杂粮
内蒙古自治区	内蒙古云海秋林畜牧有限责任公司	100OP1300003	2014-12-19	饲料
内蒙古自治区	内蒙古云海秋林畜牧有限责任公司	100OP1301018	2014-12-19	奶牛、牛乳
内蒙古自治区	内蒙古宇航人高技术产业有限责任公司	100OP1200046	2015-4-7	沙棘籽油等
内蒙古自治区	内蒙古宇航人高技术产业有限责任公司	100OP1200048	2015-4-7	沙棘
内蒙古自治区	内蒙古四季春饲料有限公司	100OP1200019	2015-4-18	饲料
内蒙古自治区	内蒙古圣牧控股有限公司	100OP1200139	2015-7-20	牛乳
内蒙古自治区	内蒙古圣牧控股有限公司	100OP1200140	2015-7-20	牛乳
内蒙古自治区	内蒙古圣牧控股有限公司	100OP1300941	2015-10-30	奶牛
内蒙古自治区	内蒙古圣牧控股有限公司	100OP1400259	2015-7-22	饲料
内蒙古自治区	内蒙古圣牧高科奶业有限公司	100OP1300114	2015-1-14	牛奶
内蒙古自治区	内蒙古圣牧高科奶业有限公司	100OP1400234	2015-4-29	酸奶
内蒙古自治区	内蒙古塞宝燕麦食品有限公司	100OP1200212	2015-9-2	燕麦
内蒙古自治区	内蒙古塞宝燕麦食品有限公司	100OP1200213	2015-9-2	燕麦
内蒙古自治区	内蒙古蒙清农业科技开发有限责任公司	100OP1200199	2015-8-30	杂粮等
内蒙古自治区	内蒙古蒙清农业科技开发有限责任公司	100OP1200200	2015-8-30	杂粮等
内蒙古自治区	内蒙古蒙清农业科技开发有限责任公司	100OP1300921	2015-8-30	杂粮等
内蒙古自治区	内蒙古蒙牛乳业（集团）股份有限公司	100OP1200468	2015-12-4	牛奶
内蒙古自治区	内蒙古蒙牛乳业（集团）股份有限公司	100OP1200511	2015-12-22	牛奶
内蒙古自治区	内蒙古蒙牛乳业（集团）股份有限公司	100OP1400228	2015-5-18	牛奶
内蒙古自治区	内蒙古蒙都羊业食品有限公司	100OP1300712	2015-10-23	羊
内蒙古自治区	内蒙古蒙都羊业食品有限公司	100OP1300713	2015-10-23	羊
内蒙古自治区	内蒙古粮王食品有限责任公司	100OP1400137	2015-1-19	杂粮
内蒙古自治区	内蒙古老哈河粮油工业有限责任公司	100OP1300840	2015-10-12	杂粮
内蒙古自治区	内蒙古老哈河粮油工业有限责任公司	100OP1300841	2015-10-12	杂粮
内蒙古自治区	内蒙古老哈河粮油工业有限责任公司	100OP1300842	2015-10-12	杂粮
内蒙古自治区	内蒙古禾华农牧林综合开发有限公司	100OP1200136	2015-7-29	生鲜牛奶
内蒙古自治区	内蒙古禾华农牧林综合开发有限公司	100OP1200137	2015-7-29	饲料作物
内蒙古自治区	内蒙古汉森酒业集团有限公司	100OP1200222	2015-2-11	葡萄
内蒙古自治区	内蒙古汉森酒业集团有限公司	100OP1200223	2015-2-11	葡萄酒
内蒙古自治区	内蒙古汉森酒业集团有限公司	100OP1400199	2015-4-8	酿酒葡萄
内蒙古自治区	内蒙古哈素海水库有限责任公司	100OP1300173	2015-11-7	鱼、蟹

（续）

省份	企业名称	有机证书编号	有效期限	项目名称
内蒙古自治区	内蒙古谷道粮原农产品有限责任公司	100OP1300684	2014-12-20	小麦、大麦
内蒙古自治区	内蒙古谷道粮原农产品有限责任公司	100OP1300686	2014-12-20	稻谷
内蒙古自治区	内蒙古谷道粮原农产品有限责任公司	100OP1300691	2014-12-20	杂粮
内蒙古自治区	内蒙古谷道粮原农产品有限责任公司	100OP1300694	2014-12-20	杂粮
内蒙古自治区	内蒙古谷道粮原农产品有限责任公司	100OP1400043	2015-1-9	稻谷、花生
内蒙古自治区	内蒙古谷道粮原农产品有限责任公司	100OP1400044	2015-1-12	杂粮
内蒙古自治区	内蒙古谷道粮原农产品有限责任公司	100OP1400067	2015-1-19	杂粮
内蒙古自治区	内蒙古谷道粮原农产品有限责任公司	100OP1400068	2015-1-19	杂粮
内蒙古自治区	内蒙古高原杏仁露有限公司	100OP1300864	2014-12-21	杏
内蒙古自治区	内蒙古高原杏仁露有限公司	100OP1300866	2014-12-21	杏仁露
内蒙古自治区	内蒙古巴图湾渔业有限责任公司	100OP1300905	2015-8-4	鱼
内蒙古自治区	莫力达瓦达斡尔族自治旗富方水稻种植农民专业合作社	100OP1300416	2015-2-4	稻谷
内蒙古自治区	莫力达瓦达斡尔族自治旗富方水稻种植农民专业合作社	100OP1300418	2015-2-4	大米
内蒙古自治区	科右前旗森森水产有限责任公司	100OP1300603	2015-3-11	鱼
内蒙古自治区	呼伦贝尔市阳光农牧场	100OP1300344	2015-9-8	牛、羊
内蒙古自治区	呼伦贝尔市金禾粮油贸易有限责任公司	100OP1400169	2015-3-16	稻谷
内蒙古自治区	呼伦贝尔市金禾粮油贸易有限责任公司	100OP1400170	2015-3-16	大米
内蒙古自治区	呼伦贝尔市恒屹祥霖生态科技农业发展有限公司	100OP1400009	2015-1-1	小麦
内蒙古自治区	呼伦贝尔绿祥清真肉食品有限公司	100OP1300364	2015-9-2	牛羊肉
内蒙古自治区	海拉尔农垦（集团）那吉屯农牧有限责任公司	100OP1300138	2014-12-21	杂粮
内蒙古自治区	海拉尔农垦（集团）那吉屯农牧有限责任公司	100OP1300139	2014-12-21	杂粮
内蒙古自治区	海拉尔农垦（集团）那吉屯农牧有限责任公司	100OP1300512	2015-3-18	玉米
内蒙古自治区	海拉尔农垦（集团）那吉屯农牧有限责任公司	100OP1301017	2014-12-21	杂粮
内蒙古自治区	富源牧业宿迁有限公司	100OP1400266	2015-8-7	饲料
内蒙古自治区	鄂托克旗圣牧欣泰牧业有限公司	100OP1300800	2015-8-3	牛乳
内蒙古自治区	鄂托克旗圣牧欣泰牧业有限公司	100OP1300950	2015-10-23	青贮玉米
内蒙古自治区	鄂尔多斯市骑士牧场有限责任公司	100OP1300192	2015-1-29	牛乳
内蒙古自治区	鄂尔多斯市骑士牧场有限责任公司	100OP1301007	2015-12-4	玉米、苜蓿等
内蒙古自治区	大兴安岭诺敏绿业有限责任公司	100OP1300954	2015-11-3	木耳
内蒙古自治区	大兴安岭诺敏绿业有限责任公司	100OP1300955	2015-11-3	木耳
内蒙古自治区	达拉特旗宝丰生态有限责任公司	100OP1300982	2015-11-18	玉米、苜蓿
内蒙古自治区	达拉特旗宝丰生态有限责任公司	100OP1300983	2015-11-21	牛乳
内蒙古自治区	赤峰市蒙天粮油购销有限责任公司	100OP1300395	2015-2-4	杂粮
内蒙古自治区	赤峰市蒙天粮油购销有限责任公司	100OP1300396	2015-2-4	杂粮

（续）

省份	企业名称	有机证书编号	有效期限	项目名称
内蒙古自治区	赤峰市蒙天粮油购销有限责任公司	100OP1400045	2015-2-4	杂粮
内蒙古自治区	赤峰神农工贸有限公司	100OP1300272	2015-1-27	杂粮
内蒙古自治区	赤峰神农工贸有限公司	100OP1300273	2015-1-27	杂粮
内蒙古自治区	赤峰神农工贸有限公司	100OP1300274	2015-1-27	杂粮
内蒙古自治区	包头骑士乳业有限责任公司	100OP1400218	2015-4-23	牛奶
内蒙古自治区	巴彦淖尔市圣牧新禾牧业有限公司	100OP1400239	2015-6-5	牛乳
内蒙古自治区	巴彦淖尔市圣牧套海牧业有限公司	100OP1400235	2015-6-5	牛奶
内蒙古自治区	巴彦淖尔市圣牧盘古牧业有限责任公司	100OP1300801	2015-8-3	牛乳
内蒙古自治区	巴彦淖尔市圣牧六和牧业有限公司	100OP1400236	2015-6-5	牛乳
内蒙古自治区	巴彦淖尔市圣牧哈腾牧业有限公司	100OP1400237	2015-6-5	牛乳
内蒙古自治区	巴彦淖尔市圣牧高科生态草业有限公司	100OP1200214	2015-7-31	牧草
内蒙古自治区	巴彦淖尔市圣牧高科生态草业有限公司	100OP1200215	2015-10-9	饲料
内蒙古自治区	巴彦淖尔市圣牧高科生态草业有限公司	100OP1300894	2015-7-31	牧草
内蒙古自治区	巴彦淖尔市圣牧高科生态草业有限公司	100OP1400254	2015-6-29	苜蓿
内蒙古自治区	巴彦淖尔市圣牧高科生态草业有限公司	100OP1400262	2015-7-21	玉米、葵花籽
内蒙古自治区	巴彦淖尔市圣牧高科生态草业有限公司	100OP1400276	2015-9-28	燕麦草
内蒙古自治区	巴彦淖尔市圣牧高科生态草业有限公司	100OP1400277	2015-9-28	苜蓿
内蒙古自治区	巴彦淖尔市圣牧高科生态草业有限公司	100OP1400278	2015-9-28	苜蓿
内蒙古自治区	巴彦淖尔市圣牧高科生态草业有限公司	100OP1400288	2015-10-22	大豆
内蒙古自治区	巴彦淖尔市圣牧高科生态草业有限公司	100OP1400308	2015-12-9	羊草
内蒙古自治区	阿拉善盟圣牧五星牧业有限公司	100OP1400238	2015-6-5	牛乳
内蒙古自治区	阿拉善盟圣牧高科生态草业有限公司	100OP1300932	2015-10-11	饲料
辽宁省	沈阳市北源米业有限公司	100OP1300506	2014-12-13	稻谷
辽宁省	沈阳市北源米业有限公司	100OP1300507	2014-12-13	大米
辽宁省	清原满族自治县汇鑫食品有限公司	100OP1300223	2015-10-18	食用菌
辽宁省	清原满族自治县汇鑫食品有限公司	100OP1300224	2015-9-18	食用菌
辽宁省	辽阳亿达对外贸易有限公司	100OP1300447	2015-2-25	苣仁
辽宁省	辽阳亿达对外贸易有限公司	100OP1300448	2015-2-25	薏米
辽宁省	辽宁震瀚渔业集团有限公司	100OP1300171	2014-12-22	鱼
辽宁省	辽宁长白仙子生物科技有限公司	100OP1400076	2015-1-21	山核桃
辽宁省	辽宁长白仙子生物科技有限公司	100OP1400077	2015-1-21	核桃油
辽宁省	辽宁营口鹏昊实业集团有限公司	100OP1300328	2015-11-2	大米
辽宁省	辽宁营口鹏昊实业集团有限公司	100OP1300329	2015-11-2	大米
辽宁省	辽宁铁岭市文选葡萄专业合作社	100OP1400221	2015-4-23	鲜食葡萄
辽宁省	辽宁省大伙房水库养殖总场	100OP1200364	2015-11-20	鱼
辽宁省	辽宁绿色芳山有机食品有限公司	100OP1300066	2014-12-21	杂粮

（续）

省份	企业名称	有机证书编号	有效期限	项目名称
辽宁省	辽宁绿色芳山有机食品有限公司	100OP1300067	2014-12-21	杂粮
辽宁省	辽宁绿色芳山有机食品有限公司	100OP1300068	2014-12-21	粮油
辽宁省	开原鹤采谷业有限责任公司	100OP1300508	2015-10-18	大米
辽宁省	开原鹤采谷业有限责任公司	100OP1300509	2015-10-18	大米
辽宁省	丹东市东漈板栗食品有限公司	100OP1300180	2014-12-22	蓝莓
辽宁省	大洼县疙瘩楼有机鱼养殖场	100OP1300318	2015-10-24	鱼
辽宁省	大连上品堂海洋生物有限公司	100OP1400223	2015-4-23	海参
辽宁省	大连上品堂海洋生物有限公司	100OP1400224	2015-4-23	海参
辽宁省	大连绿嘉侬农业发展有限公司	100OP1300124	2014-12-14	红薯
辽宁省	大连海晏堂生物有限公司	100OP1200403	2015-11-15	海参
辽宁省	大连海晏堂生物有限公司	100OP1200404	2015-11-15	海参
辽宁省	大连富甲蓝莓有限公司	100OP1200209	2015-7-19	蓝莓
辽宁省	大连棒棰岛海产股份有限公司	100OP1300111	2014-12-22	海参
辽宁省	大连棒棰岛海产股份有限公司	100OP1300112	2014-12-22	海参
吉林省	延边月晴有机大米有限公司	100OP1400065	2015-1-16	稻谷
吉林省	延边月晴有机大米有限公司	100OP1400066	2015-1-16	大米
吉林省	延边绿农产业发展有限公司	100OP1300870	2014-12-22	稻谷
吉林省	延边绿农产业发展有限公司	100OP1300871	2014-12-22	大米
吉林省	延边高丽有机大米开发有限公司	100OP1300444	2014-12-22	稻谷
吉林省	延边高丽有机大米开发有限公司	100OP1300445	2014-12-22	大米
吉林省	松原市二马泡有机农业开发有限公司	100OP1200348	2015-11-1	杂粮
吉林省	松原市二马泡有机农业开发有限公司	100OP1200349	2015-11-1	杂粮
吉林省	松原市二马泡有机农业开发有限公司	100OP1200350	2015-11-1	杂粮
吉林省	前郭尔罗斯查干湖旅游经济开发区查干湖渔场	100OP1300113	2014-12-22	鱼
吉林省	盘锦光合蟹业有限公司	100OP1400102	2015-1-22	河蟹、鲢鱼
吉林省	柳河县柳俐粮油有限公司	100OP1300912	2015-8-4	水稻
吉林省	柳河县柳俐粮油有限公司	100OP1300913	2015-8-4	大米
吉林省	柳河百粟旺粮食经销有限公司	100OP1400182	2015-3-30	稻谷
吉林省	柳河百粟旺粮食经销有限公司	100OP1400183	2015-3-30	大米
吉林省	吉林祥裕食品有限公司	100OP1300311	2014-12-21	玉米
吉林省	吉林祥裕食品有限公司	100OP1300312	2014-12-21	甜玉米粒等
吉林省	吉林天景食品有限公司	100OP1300468	2015-3-14	糯玉米
吉林省	吉林天景食品有限公司	100OP1300469	2015-3-14	糯玉米
吉林省	吉林市宇丰米业有限责任公司	100OP1300872	2014-12-21	稻谷
吉林省	吉林市宇丰米业有限责任公司	100OP1300873	2014-12-21	大米
吉林省	吉林市东福米业有限责任公司	100OP1300062	2014-12-15	大米

（续）

省份	企业名称	有机证书编号	有效期限	项目名称
吉林省	吉林市东福米业有限责任公司	100OP1300063	2014-12-15	大米
吉林省	吉林省新开河米业有限公司	100OP1300726	2014-12-13	稻谷
吉林省	吉林省新开河米业有限公司	100OP1300727	2014-12-13	大米
吉林省	吉林省天河渔业有限公司	100OP1300531	2015-8-18	鱼
吉林省	吉林省农业高新技术研究开发有限公司	100OP1300878	2014-12-22	蔬菜
黑龙江省	肇东思膳源食品加工有限公司	100OP1400052	2015-1-14	稻谷
黑龙江省	肇东思膳源食品加工有限公司	100OP1400053	2015-1-14	大米
黑龙江省	肇东思膳源食品加工有限公司	100OP1400071	2015-1-19	食用菌
黑龙江省	肇东思膳源食品加工有限公司	100OP1400072	2015-1-19	食用菌
黑龙江省	肇东思膳源食品加工有限公司	100OP1400096	2015-1-19	杂粮
黑龙江省	肇东思膳源食品加工有限公司	100OP1400097	2015-1-19	杂粮
黑龙江省	肇东思膳源食品加工有限公司	100OP1400098	2015-1-19	杂粮
黑龙江省	肇东市长富米业有限公司	100OP1200126	2015-4-29	杂粮
黑龙江省	肇东市长富米业有限公司	100OP1300772	2015-4-29	杂粮
黑龙江省	肇东市长富米业有限公司	100OP1300773	2015-4-29	杂粮
黑龙江省	肇东市王老宝粮食种植专业合作社	100OP1200553	2014-12-21	杂粮
黑龙江省	肇东市王老宝粮食种植专业合作社	100OP1200554	2014-12-21	杂粮
黑龙江省	肇东市王老宝粮食种植专业合作社	100OP1301028	2014-12-21	杂粮
黑龙江省	肇东市黎明镇熙旺谷物种植专业合作社	100OP1200282	2015-10-27	谷子
黑龙江省	肇东市黎明镇熙旺谷物种植专业合作社	100OP1200283	2015-10-27	小米
黑龙江省	肇东市黎明镇熙旺谷物种植专业合作社	100OP1300940	2015-10-27	杂粮
黑龙江省	肇东市黎明镇金钊谷物种植专业合作社	100OP1400093	2015-1-20	谷子
黑龙江省	肇东市黎明镇金钊谷物种植专业合作社	100OP1400094	2015-1-20	小米
黑龙江省	肇东市黎明镇金钊谷物种植专业合作社	100OP1400095	2015-1-20	杂粮
黑龙江省	伊春市雪中王山特产品有限公司	100OP1200485	2015-11-23	食用菌
黑龙江省	伊春市雪中王山特产品有限公司	100OP1200486	2015-11-23	食用菌
黑龙江省	伊春市森骄山特产品有限责任公司	100OP1300028	2014-12-14	野生榛子等
黑龙江省	伊春市森骄山特产品有限责任公司	100OP1300029	2014-12-14	野生榛子等
黑龙江省	五大连池市山口湖鑫生富有绿色渔业开发有限责任公司	100OP1400073	2015-1-19	鱼
黑龙江省	五常市田源绿色米业有限公司	100OP1300228	2014-12-21	稻谷
黑龙江省	五常市田源绿色米业有限公司	100OP1300229	2014-12-21	大米
黑龙江省	五常市常信食品有限责任公司	100OP1300162	2014-12-20	稻谷
黑龙江省	五常市常信食品有限责任公司	100OP1300163	2014-12-20	大米
黑龙江省	五常葵花阳光米业有限公司	100OP1300032	2015-11-20	大米
黑龙江省	五常葵花阳光米业有限公司	100OP1300033	2015-11-20	大米

（续）

省份	企业名称	有机证书编号	有效期限	项目名称
黑龙江省	五常哈哈龙农业发展有限公司	100OP1400086	2015-1-19	稻谷
黑龙江省	五常哈哈龙农业发展有限公司	100OP1400087	2015-1-19	大米
黑龙江省	汤原县金富源水稻种植专业合作社	100OP1400069	2015-1-19	稻谷
黑龙江省	汤原县金富源水稻种植专业合作社	100OP1400070	2015-1-19	大米
黑龙江省	绥化市畅源米业有限责任公司	100OP1300209	2014-12-20	稻谷
黑龙江省	绥化市畅源米业有限责任公司	100OP1300210	2014-12-20	大米
黑龙江省	尚志市河东东安水稻种植专业合作社	100OP1400074	2015-1-19	稻谷
黑龙江省	尚志市河东东安水稻种植专业合作社	100OP1400075	2015-1-19	大米
黑龙江省	庆安鑫利达米业有限公司	100OP1300050	2015-11-19	稻谷
黑龙江省	庆安鑫利达米业有限公司	100OP1300051	2015-11-19	大米
黑龙江省	庆安鑫利达米业有限公司	100OP1300301	2015-2-4	稻谷
黑龙江省	庆安鑫利达米业有限公司	100OP1300302	2015-2-4	大米
黑龙江省	庆安县小渔儿米业有限公司	100OP1200504	2014-12-20	大米
黑龙江省	庆安县小渔儿米业有限公司	100OP1200505	2014-12-20	大米
黑龙江省	庆安县宝丰米业有限公司	100OP1200429	2014-12-20	稻谷
黑龙江省	庆安县宝丰米业有限公司	100OP1200430	2014-12-20	大米
黑龙江省	庆安双洁天然食品有限公司	100OP1200502	2014-12-20	大米
黑龙江省	庆安双洁天然食品有限公司	100OP1200503	2014-12-20	大米
黑龙江省	齐齐哈尔市铁锋区查罕诺水稻种植专业合作社	100OP1200463	2014-12-14	大米
黑龙江省	齐齐哈尔市铁锋区查罕诺水稻种植专业合作社	100OP1200464	2014-12-14	大米
黑龙江省	齐齐哈尔市宏河米业有限公司	100OP1200506	2014-12-18	大米
黑龙江省	齐齐哈尔市宏河米业有限公司	100OP1200507	2014-12-18	大米
黑龙江省	齐齐哈尔市宏河米业有限公司	100OP1400084	2015-1-20	稻谷
黑龙江省	齐齐哈尔市宏河米业有限公司	100OP1400085	2015-1-20	大米
黑龙江省	齐齐哈尔庆华粮食集团有限公司	100OP1300367	2014-12-20	稻谷
黑龙江省	齐齐哈尔庆华粮食集团有限公司	100OP1300368	2014-12-20	大米
黑龙江省	宁安市盛唐贡米业有限公司	100OP1200453	2015-12-9	稻谷
黑龙江省	宁安市盛唐贡米业有限公司	100OP1200454	2015-12-9	大米
黑龙江省	宁安市渤海镇邢瑞雪粮米加工厂	100OP1200549	2014-12-18	稻谷
黑龙江省	宁安市渤海镇邢瑞雪粮米加工厂	100OP1200550	2014-12-18	大米
黑龙江省	穆棱市凯飞食品有限公司	100OP1300382	2015-2-4	杂粮
黑龙江省	穆棱市凯飞食品有限公司	100OP1400028	2015-2-4	谷子、玉米
黑龙江省	穆棱市凯飞食品有限公司	100OP1400029	2015-2-4	小米、玉米粉
黑龙江省	穆棱市凯飞食品有限公司	100OP1400099	2015-1-21	豆油、豆粉
黑龙江省	牡丹江市燕林庄园科技有限公司	100OP1400035	2015-1-12	杂粮
黑龙江省	牡丹江市燕林庄园科技有限公司	100OP1400036	2015-1-12	谷子、玉米

（续）

省份	企业名称	有机证书编号	有效期限	项目名称
黑龙江省	牡丹江市燕林庄园科技有限公司	100OP1400037	2015-1-12	小米、玉米碴
黑龙江省	牡丹江市赫康食品有限公司	100OP1300270	2015-1-30	玉米、大豆
黑龙江省	牡丹江康之源农业有限责任公司	100OP1400057	2015-1-14	稻谷
黑龙江省	牡丹江康之源农业有限责任公司	100OP1400058	2015-1-14	大米
黑龙江省	龙江县鲁河香水稻种植专业合作社	100OP1300221	2015-1-28	稻谷
黑龙江省	龙江县鲁河香水稻种植专业合作社	100OP1300222	2015-1-28	大米
黑龙江省	佳木斯市大昌农业科技有限公司	100OP1200542	2014-12-13	稻谷
黑龙江省	佳木斯市大昌农业科技有限公司	100OP1200543	2014-12-13	大米
黑龙江省	鸡西市柳毛莲花米业有限责任公司	100OP1400060	2015-1-16	稻谷
黑龙江省	鸡西市柳毛莲花米业有限责任公司	100OP1400061	2015-1-16	大米
黑龙江省	黑龙江小兴安岭山葡萄酿酒有限公司	100OP1300647	2014-12-15	葡萄
黑龙江省	黑龙江小兴安岭山葡萄酿酒有限公司	100OP1300648	2014-12-15	葡萄酒
黑龙江省	黑龙江响水山庄农业科技开发有限公司	100OP1400041	2015-1-12	稻谷
黑龙江省	黑龙江响水山庄农业科技开发有限公司	100OP1400042	2015-1-12	大米
黑龙江省	黑龙江天锦食用菌有限公司	100OP1200365	2015-11-7	食用菌
黑龙江省	黑龙江天锦食用菌有限公司	100OP1200366	2015-11-7	食用菌
黑龙江省	黑龙江泰丰粮油食品有限公司	100OP1200457	2015-12-22	稻谷
黑龙江省	黑龙江泰丰粮油食品有限公司	100OP1200458	2015-12-22	大米
黑龙江省	黑龙江孙斌鸿源农业开发集团有限责任公司	100OP1300145	2014-12-21	大米
黑龙江省	黑龙江孙斌鸿源农业开发集团有限责任公司	100OP1300146	2014-12-21	大米
黑龙江省	黑龙江世粮农业开发有限公司	100OP1300293	2015-1-28	稻谷
黑龙江省	黑龙江世粮农业开发有限公司	100OP1300294	2015-1-28	大米
黑龙江省	黑龙江省长水河农场	100OP1300802	2014-12-22	杂粮
黑龙江省	黑龙江省长水河粮油加工有限公司	100OP1300815	2015-12-13	大豆油等
黑龙江省	黑龙江省迎春林业局农产品贸易公司	100OP1300140	2015-1-9	杂粮
黑龙江省	黑龙江省迎春林业局农产品贸易公司	100OP1400001	2015-1-9	玉米
黑龙江省	黑龙江省迎春林业局农产品贸易公司	100OP1400002	2015-1-9	玉米
黑龙江省	黑龙江省香兰米业集团有限公司	100OP1300373	2014-12-21	稻谷
黑龙江省	黑龙江省香兰米业集团有限公司	100OP1300374	2014-12-21	大米
黑龙江省	黑龙江省铁力九河泉米业有限责任公司	100OP1300359	2014-12-20	稻谷
黑龙江省	黑龙江省铁力九河泉米业有限责任公司	100OP1300360	2014-12-20	大米
黑龙江省	黑龙江省农垦龙王食品有限责任公司	100OP1200340	2015-8-31	大豆
黑龙江省	黑龙江省农垦龙王食品有限责任公司	100OP1200341	2015-8-31	豆粉
黑龙江省	黑龙江省宁安市响水村米业有限责任公司	100OP1200475	2014-12-19	大米
黑龙江省	黑龙江省宁安市响水村米业有限责任公司	100OP1200476	2014-12-19	大米
黑龙江省	黑龙江省芦花村米业有限公司	100OP1200508	2014-12-18	大米

（续）

省份	企业名称	有机证书编号	有效期限	项目名称
黑龙江省	黑龙江省芦花村米业有限公司	100OP1200509	2014-12-18	大米
黑龙江省	黑龙江省昊伟米业有限公司	100OP1300522	2014-12-17	稻谷
黑龙江省	黑龙江省昊伟米业有限公司	100OP1300523	2014-12-17	大米
黑龙江省	黑龙江省丰兴米业有限公司	100OP1300287	2015-7-3	大米
黑龙江省	黑龙江省丰兴米业有限公司	100OP1300288	2015-7-3	大米
黑龙江省	黑龙江森森山特产品有限公司	100OP1200251	2015-7-19	蓝莓
黑龙江省	黑龙江米业股份有限公司	100OP1300536	2014-12-20	稻谷
黑龙江省	黑龙江米业股份有限公司	100OP1300537	2014-12-20	大米
黑龙江省	黑龙江米业股份有限公司	100OP1300538	2015-3-13	稻谷
黑龙江省	黑龙江米业股份有限公司	100OP1300539	2015-3-13	大米
黑龙江省	黑龙江鸿钰米业有限公司	100OP1300386	2015-2-4	稻谷
黑龙江省	黑龙江鸿钰米业有限公司	100OP1300387	2015-2-4	大米
黑龙江省	黑龙江寒地黑土农业物产集团有限公司	100OP1300061	2015-1-4	食用菌
黑龙江省	黑龙江寒地黑土农业物产集团有限公司	100OP1300369	2014-12-20	稻谷
黑龙江省	黑龙江寒地黑土农业物产集团有限公司	100OP1300370	2014-12-20	大米
黑龙江省	黑龙江寒地黑土农业物产集团有限公司	100OP1300576	2014-12-20	稻谷
黑龙江省	黑龙江寒地黑土农业物产集团有限公司	100OP1300577	2014-12-20	大米
黑龙江省	黑龙江富阳生物科技有限公司	100OP1300151	2014-12-21	稻谷
黑龙江省	黑龙江富阳生物科技有限公司	100OP1300152	2014-12-21	大米
黑龙江省	黑龙江董氏兄弟农业开发集团有限公司	100OP1400038	2015-1-12	大豆
黑龙江省	黑龙江董氏兄弟农业开发集团有限公司	100OP1400039	2015-1-12	小麦
黑龙江省	黑龙江董氏兄弟农业开发集团有限公司	100OP1400040	2015-1-12	面粉
黑龙江省	黑龙江董氏兄弟农业开发集团有限公司	100OP1400048	2015-1-14	稻谷
黑龙江省	黑龙江董氏兄弟农业开发集团有限公司	100OP1400049	2015-1-14	大米
黑龙江省	黑龙江东华农牧业有限责任公司	100OP1200461	2014-12-12	稻谷
黑龙江省	黑龙江东华农牧业有限责任公司	100OP1200462	2014-12-12	大米
黑龙江省	黑龙江大禾农业有限公司	100OP1400088	2015-1-20	杂粮
黑龙江省	黑龙江大禾农业有限公司	100OP1400089	2015-1-20	玉米
黑龙江省	黑龙江大禾农业有限公司	100OP1400090	2015-1-20	玉米粉
黑龙江省	黑龙江大禾农业有限公司	100OP1400091	2015-1-20	稻谷
黑龙江省	黑龙江大禾农业有限公司	100OP1400092	2015-1-20	大米
黑龙江省	黑河市爱辉区卧牛湖水库管理处	100OP1200465	2014-12-20	鱼
黑龙江省	哈尔滨高泰食品有限责任公司	100OP1300805	2015-5-6	水果
黑龙江省	哈尔滨高泰食品有限责任公司	100OP1300806	2015-5-6	水果
黑龙江省	哈尔滨高泰食品有限责任公司	100OP1300807	2015-5-6	姚国秀
黑龙江省	哈尔滨高泰食品有限责任公司	100OP1300809	2015-5-6	姚国秀

（续）

省份	企业名称	有机证书编号	有效期限	项目名称
黑龙江省	哈尔滨高泰食品有限责任公司	100OP1400004	2014-12-19	酸菜
黑龙江省	甘南县兴塔水稻种植专业合作社	100OP1200452	2014-12-23	稻谷
黑龙江省	甘南县兴塔水稻种植专业合作社	100OP1200455	2014-12-23	大米
黑龙江省	甘南县兴塔水稻种植专业合作社	100OP1400031	2015-1-12	稻谷
黑龙江省	甘南县兴塔水稻种植专业合作社	100OP1400032	2015-1-12	大米
黑龙江省	方正县南天门米业有限责任公司	100OP1300330	2014-12-18	稻谷
黑龙江省	方正县南天门米业有限责任公司	100OP1300331	2014-12-18	大米
黑龙江省	大兴安岭富林山野珍品科技开发有限责任公司	100OP1200487	2015-8-6	食用菌
黑龙江省	大兴安岭富林山野珍品科技开发有限责任公司	100OP1200488	2015-8-6	食用菌
黑龙江省	大兴安岭富林山野珍品科技开发有限责任公司	100OP1200489	2015-7-28	食用菌、黄花菜等
黑龙江省	大兴安岭富林山野珍品科技开发有限责任公司	100OP1200490	2015-7-28	食用菌、黄花菜等
黑龙江省	大兴安岭富林山野珍品科技开发有限责任公司	100OP1400274	2015-7-28	食用菌、黄花菜等
黑龙江省	大庆市石人沟渔业有限公司	100OP1200417	2015-9-22	鱼
黑龙江省	大庆市乾绪康米业有限公司	100OP1200284	2015-11-1	杂粮
黑龙江省	大庆市乾绪康米业有限公司	100OP1200285	2015-11-1	杂粮
黑龙江省	大庆市乾绪康米业有限公司	100OP1300938	2015-11-1	杂粮
黑龙江省	大连盛方有机食品有限公司	100OP1400007	2014-12-25	杂粮
黑龙江省	北奇神集团大兴安岭新林绿色产业有限责任公司	100OP1300420	2014-12-21	菇类
黑龙江省	北奇神集团大兴安岭新林绿色产业有限责任公司	100OP1301026	2014-12-21	蔬菜干制品
黑龙江省	北大荒亲民有机食品有限公司	100OP1200371	2015-12-20	杂粮、蔬菜
黑龙江省	北大荒亲民有机食品有限公司	100OP1200372	2015-9-22	面粉、麦麸
黑龙江省	北大荒亲民有机食品有限公司	100OP1200373	2015-12-20	酸菜
黑龙江省	北大荒亲民有机食品有限公司	100OP1200377	2015-9-22	豆酱
黑龙江省	北大荒亲民有机食品有限公司	100OP1400275	2015-9-29	杂粮、蔬菜
黑龙江省	拜泉县鸿翔亨利米业有限公司	100OP1300088	2015-11-16	稻谷
黑龙江省	拜泉县鸿翔亨利米业有限公司	100OP1300089	2015-11-16	大米
黑龙江省	拜泉县鸿翔亨利米业有限公司	100OP1300090	2015-1-15	小米玉米
黑龙江省	拜泉县鸿翔亨利米业有限公司	100OP1300091	2015-1-15	小米玉米
黑龙江省	拜泉县鸿翔亨利米业有限公司	100OP1300092	2015-1-15	谷子
黑龙江省	拜泉县鸿翔亨利米业有限公司	100OP1300093	2015-1-15	小米
黑龙江省	拜泉县鸿翔亨利米业有限公司	100OP1400023	2015-1-15	杂粮
上海市	上海市嘉定区农业技术推广服务中心	100OP1300518	2014-12-21	稻谷
上海市	上海市嘉定区农业技术推广服务中心	100OP1300519	2014-12-21	大米
上海市	上海市嘉定区农业技术推广服务中心	100OP1300997	2014-12-21	种子
上海市	上海牛奶（集团）有限公司	100OP1200158	2015-8-29	苜蓿等
上海市	上海牛奶（集团）有限公司	100OP1200159	2015-8-29	牛乳

（续）

省份	企业名称	有机证书编号	有效期限	项目名称
上海市	上海牛奶（集团）有限公司	100OP1200160	2015-8-29	牛乳
上海市	上海明珠湖企业发展有限公司	100OP1300153	2015-10-30	鱼
上海市	上海路香园农产品专业合作社	100OP1200570	2015-12-20	大米
上海市	上海路香园农产品专业合作社	100OP1200571	2015-12-20	大米
上海市	上海立民蔬果园艺专业合作社	100OP1300049	2015-11-24	笋
上海市	上海北湖现代农业发展有限公司	100OP1200278	2015-11-9	大米
上海市	上海北湖现代农业发展有限公司	100OP1200279	2015-11-9	大米
上海市	拜肯生物科技（上海）有限公司	100OP1400120	2015-1-22	稻谷
江苏省	镇江市恒康调味品厂	100OP1300621	2015-3-27	醋
江苏省	宜兴市张渚镇猴子岭果林生态园	100OP1300105	2015-11-24	茶叶
江苏省	宜兴市张渚镇猴子岭果林生态园	100OP1300106	2015-11-24	绿茶
江苏省	宜兴市张渚镇猴子岭果林生态园	100OP1300327	2015-10-18	杨梅
江苏省	宜兴市阳羡茶业有限公司	100OP1300462	2015-3-18	茶
江苏省	宜兴市阳羡茶业有限公司	100OP1300463	2015-3-18	绿茶、红茶
江苏省	宜兴市新街茗苑茶林场	100OP1200012	2015-3-31	茶
江苏省	宜兴市新街茗苑茶林场	100OP1200013	2015-3-31	绿茶、红茶
江苏省	宜兴市西渚五圣茶场	100OP1300524	2014-12-24	茶
江苏省	宜兴市西渚五圣茶场	100OP1300525	2014-12-24	茶叶
江苏省	宜兴市寿桃山生态农业园	100OP1300460	2015-3-13	茶
江苏省	宜兴市寿桃山生态农业园	100OP1300461	2015-3-13	茶叶
江苏省	宜兴市神州茶业有限公司	100OP1300817	2015-5-9	茶
江苏省	宜兴市神州茶业有限公司	100OP1300818	2015-5-9	绿茶、红茶
江苏省	宜兴市善卷茶州茶场	100OP1300516	2014-12-24	茶
江苏省	宜兴市善卷茶州茶场	100OP1300517	2014-12-24	茶叶
江苏省	宜兴市茗岭项珍茶厂	100OP1300390	2015-12-22	茶
江苏省	宜兴市茗岭项珍茶厂	100OP1300391	2015-12-22	绿茶
江苏省	宜兴市岭下茶场	100OP1200526	2015-10-15	茶叶
江苏省	宜兴市岭下茶场	100OP1200527	2015-10-15	茶叶
江苏省	宜兴市粮油集团大米有限公司	100OP1300241	2015-1-30	稻谷
江苏省	宜兴市粮油集团大米有限公司	100OP1300242	2015-1-30	大米
江苏省	宜兴市兰山茶场	100OP1300464	2015-3-18	茶
江苏省	宜兴市兰山茶场	100OP1300465	2015-3-18	绿茶、红茶
江苏省	宜兴市国营芙蓉茶场	100OP1300749	2015-3-27	茶
江苏省	宜兴市国营芙蓉茶场	100OP1300750	2015-3-27	绿茶、红茶
江苏省	宜兴市曹金茶场	100OP1300185	2015-10-15	茶叶
江苏省	宜兴市曹金茶场	100OP1300186	2015-10-15	绿茶

（续）

省份	企业名称	有机证书编号	有效期限	项目名称
江苏省	宜兴花语现代农业生态科技发展有限公司	100OP1200344	2015-11-12	香芋
江苏省	扬州市平山绿茶农民专业合作社	100OP1300383	2015-2-4	茶叶
江苏省	扬州市平山绿茶农民专业合作社	100OP1300384	2015-2-4	茶叶
江苏省	扬州马棚湾生态农业科技有限公司	100OP1200131	2015-5-23	稻谷
江苏省	扬州马棚湾生态农业科技有限公司	100OP1200132	2015-5-23	大米
江苏省	泰州溱湖簖蟹养殖有限公司	100OP1300981	2015-11-13	蟹、鳖
江苏省	泰州绿蛙源农业有限公司	100OP1400173	2015-3-16	稻谷
江苏省	泰州绿蛙源农业有限公司	100OP1400174	2015-3-16	大米
江苏省	泰兴市银杏协会	100OP1300345	2015-9-24	银杏
江苏省	苏州市迎湖农业科技发展有限公司	100OP1200226	2015-7-19	稻谷
江苏省	苏州市迎湖农业科技发展有限公司	100OP1200227	2015-7-19	大米
江苏省	苏州市吉成酱业酿造有限公司	100OP1200519	2015-12-20	酱油
江苏省	苏州三万昌茶叶有限公司	100OP1200431	2015-11-29	茶叶
江苏省	苏州三万昌茶叶有限公司	100OP1200432	2015-11-29	茶叶
江苏省	南通市龙顺粮油有限责任公司	100OP1200186	2015-5-7	稻谷
江苏省	南通市龙顺粮油有限责任公司	100OP1200187	2015-5-7	大米
江苏省	南通市百味食品有限公司	100OP1200174	2015-6-28	稻谷
江苏省	南通市百味食品有限公司	100OP1200175	2015-6-28	大米
江苏省	南京赭洛山茶叶专业合作社	100OP1400010	2015-1-1	茶
江苏省	南京汤农农业种植专业合作社	100OP1300023	2014-12-22	稻谷
江苏省	南京汤农农业种植专业合作社	100OP1300024	2014-12-22	大米
江苏省	南京市西岗果牧场	100OP1300933	2015-6-6	茶
江苏省	南京市西岗果牧场	100OP1300934	2015-6-6	绿茶
江苏省	南京市浦口区石佛茶林果园	100OP1200314	2015-11-12	茶青
江苏省	南京市浦口区石佛茶林果园	100OP1200315	2015-11-12	绿茶
江苏省	南京市浦口区龙福山茶场	100OP1200310	2015-11-12	茶青
江苏省	南京市浦口区龙福山茶场	100OP1200311	2015-11-12	绿茶
江苏省	南京市浦口区林雾茶叶专业合作社	100OP1200316	2015-11-12	茶青
江苏省	南京市浦口区林雾茶叶专业合作社	100OP1200317	2015-11-12	绿茶
江苏省	南京十里清峰茶叶专业合作社	100OP1200318	2015-11-12	茶青
江苏省	南京十里清峰茶叶专业合作社	100OP1200319	2015-11-12	绿茶
江苏省	南京秦邦吉品农业开发有限公司	100OP1200161	2015-7-19	草鸡蛋
江苏省	南京秦邦吉品农业开发有限公司	100OP1300911	2015-7-19	小麦
江苏省	南京绿硕茶叶专业合作社	100OP1300094	2014-12-22	茶叶鲜叶
江苏省	南京绿硕茶叶专业合作社	100OP1300095	2014-12-22	绿茶
江苏省	南京联农茶叶专业合作社	100OP1200312	2015-11-12	茶青

（续）

省份	企业名称	有机证书编号	有效期限	项目名称
江苏省	南京联农茶叶专业合作社	100OP1200313	2015-11-12	绿茶
江苏省	南京东洼茶叶种植专业合作社	100OP1300117	2014-12-21	茶
江苏省	南京东洼茶叶种植专业合作社	100OP1300118	2014-12-21	茶
江苏省	溧阳市玉莲生态农业开发有限公司	100OP1200041	2015-12-19	白茶
江苏省	溧阳市玉莲生态农业开发有限公司	100OP1200042	2015-12-19	白茶
江苏省	溧阳市幽香苏茶有限公司	100OP1200034	2015-12-23	茶叶
江苏省	溧阳市幽香苏茶有限公司	100OP1200035	2015-12-23	茶叶
江苏省	溧阳市瓦林茶厂	100OP1300399	2014-12-20	茶
江苏省	溧阳市瓦林茶厂	100OP1300400	2014-12-20	绿茶
江苏省	溧阳市天目湖玉枝特种茶果园艺场	100OP1200252	2015-10-28	茶叶
江苏省	溧阳市天目湖玉枝特种茶果园艺场	100OP1200253	2015-10-28	茶叶
江苏省	溧阳市天目湖羽韵茶场	100OP1300388	2015-2-4	茶
江苏省	溧阳市天目湖羽韵茶场	100OP1300389	2015-2-4	茶
江苏省	溧阳市天目湖茶叶研究所	100OP1200249	2015-10-28	茶叶
江苏省	溧阳市天目湖茶叶研究所	100OP1200250	2015-10-28	茶叶
江苏省	溧阳市金泉生态科技园	100OP1200247	2015-10-28	茶叶
江苏省	溧阳市金泉生态科技园	100OP1200248	2015-10-28	茶叶
江苏省	溧阳市桂林茶场	100OP1200043	2014-12-30	茶叶
江苏省	溧阳市桂林茶场	100OP1200044	2014-12-30	茶
江苏省	溧阳市大溪水库管理处	100OP1200047	2014-12-24	鳙鱼
江苏省	句容市天王镇戴庄有机农业专业合作社	100OP1200220	2015-9-30	大米
江苏省	句容市天王镇戴庄有机农业专业合作社	100OP1200221	2015-9-30	大米
江苏省	句容茅宝葛业有限公司	100OP1200405	2015-10-13	葛根
江苏省	句容茅宝葛业有限公司	100OP1200406	2015-10-13	葛粉、葛根茶
江苏省	金坛市金土地有机稻米专业合作社	100OP1200121	2015-12-12	大米
江苏省	金坛市金土地有机稻米专业合作社	100OP1200122	2015-12-12	大米
江苏省	金坛市江南春米业有限公司	100OP1200022	2014-12-19	大米
江苏省	金坛市江南春米业有限公司	100OP1200045	2014-12-19	水稻
江苏省	江苏扬子江生态产业有限公司	100OP1300451	2015-3-14	稻谷
江苏省	江苏扬子江生态产业有限公司	100OP1300452	2015-3-14	大米
江苏省	江苏田娘网栽米业科技产业有限公司	100OP1300845	2015-4-4	稻谷
江苏省	江苏田娘网栽米业科技产业有限公司	100OP1300846	2015-4-4	大米
江苏省	江苏天目湖生态农业有限公司	100OP1200057	2014-12-24	茶
江苏省	江苏天目湖生态农业有限公司	100OP1200059	2014-12-24	茶
江苏省	江苏陶峰观光农业发展有限公司	100OP1200271	2015-11-1	茶叶、枇杷、杨梅
江苏省	江苏陶峰观光农业发展有限公司	100OP1200272	2015-11-1	茶叶、枇杷、杨梅

（续）

省份	企业名称	有机证书编号	有效期限	项目名称
江苏省	江苏陶峰观光农业发展有限公司	100OP1200273	2015-11-1	茶叶、枇杷、杨梅
江苏省	江苏松岭头生态茶业有限公司	100OP1200032	2015-12-30	茶叶
江苏省	江苏松岭头生态茶业有限公司	100OP1200033	2015-12-30	茶叶
江苏省	江苏省麦华食品有限公司	100OP1300181	2015-11-28	大米
江苏省	江苏省麦华食品有限公司	100OP1300182	2015-11-28	大米
江苏省	江苏晴兰生态农业有限公司	100OP1300547	2015-5-22	桃、梨、笋
江苏省	江苏南山坞生态农林有限公司	100OP1300361	2015-11-24	茶
江苏省	江苏南山坞生态农林有限公司	100OP1300362	2015-11-24	茶
江苏省	建湖县福泉有机稻米专业合作社	100OP1300136	2015-9-25	大米、黑米
江苏省	建湖县福泉有机稻米专业合作社	100OP1300137	2015-9-25	大米、黑米
江苏省	常熟市虞山绿茶有限公司	100OP1200286	2015-11-2	茶叶
江苏省	常熟市虞山绿茶有限公司	100OP1200287	2015-11-2	茶叶
江苏省	常熟市维摩剑门绿茶有限公司	100OP1200292	2015-11-2	茶
江苏省	常熟市维摩剑门绿茶有限公司	100OP1200293	2015-11-2	绿茶
江苏省	宝应中宝德园有机农庄	100OP1300126	2015-1-13	大米
江苏省	宝应中宝德园有机农庄	100OP1400145	2015-2-27	稻谷
江苏省	宝应县丰盈有机食品有限公司	100OP1200415	2015-10-27	大米
江苏省	宝应县丰盈有机食品有限公司	100OP1200416	2015-10-27	大米
浙江省	浙江正味食品有限公司	100OP1300643	2014-12-22	花椒
浙江省	浙江正味食品有限公司	100OP1300644	2014-12-14	白胡椒
浙江省	浙江正味食品有限公司	100OP1300645	2014-12-14	胡椒粉
浙江省	浙江正味食品有限公司	100OP1300646	2014-12-14	八角、桂皮
浙江省	浙江正味食品有限公司	100OP1301020	2014-12-22	花椒
浙江省	浙江正味食品有限公司	100OP1301029	2014-12-14	八角、桂皮
浙江省	浙江亚林生物科技股份有限公司	100OP1400298	2015-10-22	松花粉
浙江省	浙江亚林生物科技股份有限公司	100OP1400299	2015-10-22	松花粉
浙江省	浙江六江源绿色食品有限公司	100OP1300891	2015-6-24	笋
浙江省	浙江六江源绿色食品有限公司	100OP1300892	2015-6-24	笋
浙江省	浙江六江源绿色食品有限公司	100OP1300893	2015-6-24	笋
浙江省	浙江稷之源农业发展有限公司	100OP1300069	2014-12-22	稻谷
浙江省	浙江稷之源农业发展有限公司	100OP1300070	2014-12-22	大米
浙江省	浙江华隆食品有限公司	100OP1300741	2014-12-15	杏
浙江省	浙江华隆食品有限公司	100OP1300742	2014-12-15	果酱
浙江省	浙江华隆食品有限公司	100OP1300810	2014-12-15	杏核
浙江省	义乌市丹溪酒业有限公司	100OP1300753	2014-12-21	黄酒
浙江省	通化通农科技发展有限责任公司	100OP1300572	2014-12-22	稻谷

（续）

省份	企业名称	有机证书编号	有效期限	项目名称
浙江省	通化通农科技发展有限责任公司	100OP1300573	2014-12-22	大米
浙江省	瑞安市金川高山有机稻米专业合作社	100OP1300552	2014-12-22	稻谷
浙江省	瑞安市金川高山有机稻米专业合作社	100OP1300553	2014-12-22	大米
浙江省	衢州刘家香食品有限公司	100OP1200269	2015-8-20	茶籽
浙江省	衢州刘家香食品有限公司	100OP1200270	2015-8-20	茶籽油
浙江省	宁波枫康生物科技有限公司	100OP1400189	2015-4-8	石斛
浙江省	金华市金山油脂有限公司	100OP1200265	2015-9-20	茶籽产品
浙江省	金华市金山油脂有限公司	100OP1200266	2015-9-20	茶籽产品
浙江省	杭州余杭区径山古钟茶厂	100OP1300352	2015-2-1	茶
浙江省	杭州余杭区径山古钟茶厂	100OP1300353	2015-2-1	茶
浙江省	杭州余杭区径山古钟茶厂	100OP1300354	2015-2-1	茶
浙江省	杭州余杭区径山古钟茶厂	100OP1300355	2015-2-1	茶
浙江省	杭州富义仓米业有限公司	100OP1300557	2014-12-22	稻谷
浙江省	杭州富义仓米业有限公司	100OP1300558	2014-12-22	大米
浙江省	奉化云雾粮食专业合作社	100OP1400153	2015-3-11	稻谷
浙江省	奉化云雾粮食专业合作社	100OP1400154	2015-3-11	大米
安徽省	宣城市狸桥镇姜家圩水稻种植专业合作社	100OP1300357	2015-2-4	稻谷
安徽省	宣城市狸桥镇姜家圩水稻种植专业合作社	100OP1300358	2015-2-4	大米
安徽省	望江县五星实业有限责任公司	100OP1400240	2015-6-3	稻谷
安徽省	望江县五星实业有限责任公司	100OP1400241	2015-6-3	大米
安徽省	黄山来龙山茶林有限公司	100OP1300985	2015-11-18	茶叶
安徽省	黄山来龙山茶林有限公司	100OP1300986	2015-11-18	茶叶
安徽省	合肥市新禾米业有限公司	100OP1300993	2015-11-18	大米
安徽省	合肥市新禾米业有限公司	100OP1300994	2015-11-18	大米
安徽省	滁州金弘安米业有限公司	100OP1300258	2015-2-2	稻谷
安徽省	滁州金弘安米业有限公司	100OP1300259	2015-2-2	大米
安徽省	安徽省九成农工商有限责任公司	100OP1400216	2015-4-21	稻谷
安徽省	安徽省九成农工商有限责任公司	100OP1400217	2015-4-21	大米
安徽省	安徽省谷色天香农业有限责任公司	100OP1300458	2015-3-14	稻谷
安徽省	安徽省谷色天香农业有限责任公司	100OP1300459	2015-3-14	大米
安徽省	安徽省富硒香生物食品集团有限公司	100OP1300422	2014-12-21	大米
安徽省	安徽省富硒香生物食品集团有限公司	100OP1300423	2014-12-21	大米
安徽省	安徽省白湖农工商集团有限责任公司	100OP1300887	2015-6-4	稻谷
安徽省	安徽省白湖农工商集团有限责任公司	100OP1300888	2015-6-4	大米
安徽省	安徽翰林茶业有限公司	100OP1300267	2015-1-28	茶
安徽省	安徽翰林茶业有限公司	100OP1300268	2015-1-28	绿茶

（续）

省份	企业名称	有机证书编号	有效期限	项目名称
福建省	诏安县月之港茶业有限公司	100OP1300004	2015-8-31	茶叶
福建省	诏安县月之港茶业有限公司	100OP1300005	2015-8-31	茶叶
福建省	永安市九龙湖农业发展有限公司	100OP1300490	2014-12-22	鳙鱼
福建省	武夷星茶业有限公司	100OP1300774	2014-12-22	茶
福建省	武夷星茶业有限公司	100OP1300775	2014-12-22	茶叶
福建省	武夷山香江茶业有限公司	100OP1300563	2014-12-17	茶
福建省	武夷山香江茶业有限公司	100OP1300564	2014-12-17	茶叶
福建省	泰宁县大金湖渔业发展有限公司	100OP1300491	2014-12-22	鳙鱼、鲢鱼
福建省	厦门新阳洲水产品工贸有限公司	100OP1400219	2015-4-23	海带、紫菜
福建省	厦门新阳洲水产品工贸有限公司	100OP1400220	2015-4-23	紫菜、海带
福建省	厦门市青云岭生态农业有限公司	100OP1200525	2015-8-24	岩葱苗
福建省	厦门好年东米业有限公司	100OP1300745	2015-10-28	大米
福建省	沙县大通农牧有限公司	100OP1300130	2014-12-29	饲料
福建省	沙县大通农牧有限公司	100OP1300131	2014-12-29	鸡蛋
福建省	泉州市洛江泉岩茶业有限公司	100OP1300346	2015-9-24	茶
福建省	泉州市洛江泉岩茶业有限公司	100OP1300347	2015-9-24	乌龙茶
福建省	宁德市海洋技术开发有限公司	100OP1200138	2015-7-9	鱼
福建省	凯源（福建）食品集团有限公司	100OP1300084	2014-12-22	紫菜、海带等
福建省	凯源（福建）食品集团有限公司	100OP1300085	2014-12-22	紫菜等
福建省	佳香源（福建）茶业工贸有限公司	100OP1200192	2015-6-14	茶青
福建省	佳香源（福建）茶业工贸有限公司	100OP1200193	2015-6-14	铁观音
福建省	古田县顺达食品有限公司	100OP1300371	2014-12-22	香菇
福建省	古田县顺达食品有限公司	100OP1300372	2014-12-22	香菇
福建省	福州文武雪峰农场有限公司	100OP1400311	2015-11-25	茶
福建省	福州文武雪峰农场有限公司	100OP1400312	2015-11-25	茶
福建省	福建雅之道工贸有限公司	100OP1300056	2014-12-23	茶
福建省	福建雅之道工贸有限公司	100OP1300057	2014-12-23	茶
福建省	福建武夷山国家级自然保护区正山茶业有限公司	100OP1200514	2015-7-28	茶
福建省	福建武夷山国家级自然保护区正山茶业有限公司	100OP1200515	2015-7-28	红茶
福建省	福建文鑫莲业食品有限公司	100OP1300172	2014-12-19	莲子
福建省	福建文鑫莲业食品有限公司	100OP1300190	2014-12-19	莲子
福建省	福建省尤溪县沈郎食用油有限公司	100OP1200147	2015-7-6	山茶籽
福建省	福建省尤溪县沈郎食用油有限公司	100OP1200148	2015-7-6	山茶籽油
福建省	福建省霞浦县盛威工贸有限公司	100OP1300079	2014-12-18	紫菜、海带
福建省	福建省霞浦县盛威工贸有限公司	100OP1300080	2014-12-18	紫菜、海带
福建省	福建省武夷山市永生茶业有限公司	100OP1300733	2014-12-12	茶

（续）

省份	企业名称	有机证书编号	有效期限	项目名称
福建省	福建省武夷山市永生茶业有限公司	100OP1300740	2014-12-12	乌龙茶
福建省	福建省晋江市安海三源食品实业有限公司	100OP1400078	2015-1-22	紫菜
福建省	福建省晋江市安海三源食品实业有限公司	100OP1400079	2015-1-22	紫菜
福建省	福建省安溪县祥华利民茶业有限公司	100OP1300282	2015-7-28	茶青
福建省	福建省安溪县祥华利民茶业有限公司	100OP1300283	2015-7-28	乌龙茶
福建省	福建省安溪县大坪绿色食品工程有限公司	100OP1300187	2015-9-4	茶叶
福建省	福建省安溪县大坪绿色食品工程有限公司	100OP1300188	2015-9-4	茶叶
福建省	福建省安溪茶厂有限公司	100OP1300565	2015-12-13	茶青
福建省	福建省安溪茶厂有限公司	100OP1300566	2015-12-13	乌龙茶
福建省	福建嘉田农业开发有限公司	100OP1300782	2015-12-8	食用菌
福建省	福建嘉田农业开发有限公司	100OP1300783	2015-12-8	食用菌
福建省	福建嘉田农业开发有限公司	100OP1300784	2015-12-8	食用菌
福建省	福建皇家龙茶业有限公司	100OP1300040	2014-12-29	茶
福建省	福建皇家龙茶业有限公司	100OP1300041	2014-12-29	茶
福建省	福建虎伯寮生物集团有限公司	100OP1400257	2015-7-20	金线莲
福建省	福建哈龙峰茶业有限公司	100OP1300043	2014-12-22	茶
福建省	福建哈龙峰茶业有限公司	100OP1300044	2014-12-22	茶
福建省	福建春伦茶业集团有限公司	100OP1200028	2015-1-19	花茶、绿茶
福建省	福建春伦茶业集团有限公司	100OP1200029	2015-1-19	茶
福建省	福建晨晖茶业有限公司	100OP1200134	2015-5-23	茶青
福建省	福建晨晖茶业有限公司	100OP1200135	2015-5-23	乌龙茶
福建省	安溪县龙涓乡举源茶叶专业合作社	100OP1300510	2015-3-20	茶
福建省	安溪县龙涓乡举源茶叶专业合作社	100OP1300511	2015-3-20	乌龙茶
福建省	安溪华祥苑茶基地有限公司	100OP1300265	2015-2-2	茶
福建省	安溪华祥苑茶基地有限公司	100OP1300266	2015-2-2	乌龙茶
江西省	资溪县逸沁茶业有限公司	100OP1300375	2015-2-4	茶
江西省	资溪县逸沁茶业有限公司	100OP1300376	2015-2-4	白茶
江西省	星子庐山七尖云雾茶有限公司	100OP1200025	2015-3-14	绿茶
江西省	星子庐山七尖云雾茶有限公司	100OP1200026	2015-3-14	茶
江西省	新余市渝水区百丈峰农业投资股份有限公司	100OP1300082	2015-7-29	大米
江西省	新余市渝水区百丈峰农业投资股份有限公司	100OP1300083	2015-7-29	大米
江西省	萍乡市万龙山茶场	100OP1200091	2015-3-1	绿茶
江西省	萍乡市万龙山茶场	100OP1200092	2015-3-1	茶叶
江西省	南昌申祗生态农业发展有限公司	100OP1200583	2014-12-29	稻谷
江西省	南昌申祗生态农业发展有限公司	100OP1200584	2014-12-29	大米
江西省	江西燕山青茶业有限公司	100OP1300306	2015-11-14	茶叶

（续）

省份	企业名称	有机证书编号	有效期限	项目名称
江西省	江西燕山青茶业有限公司	100OP1300307	2015-11-14	茶叶
江西省	江西仙女湖渔业有限公司	100OP1300205	2015-1-28	鱼
江西省	江西婺源林生实业有限公司	100OP1300315	2015-11-17	茶叶
江西省	江西婺源林生实业有限公司	100OP1300316	2015-11-17	茶叶
江西省	江西天湖生态农业综合开发有限公司	100OP1400103	2015-1-22	鱼
江西省	江西省友和食品有限责任公司	100OP1200411	2015-10-20	大米
江西省	江西省友和食品有限责任公司	100OP1200412	2015-10-20	大米
江西省	江西省映虹水产集团有限公司	100OP1200513	2015-7-14	淡水鱼
江西省	江西省进贤县粮友绿色食品有限公司	100OP1300317	2015-10-30	芝麻、花生
江西省	江西省进贤县军山湖鱼蟹开发公司	100OP1300189	2015-10-13	鱼等
江西省	江西省江天农业科技有限公司	100OP1400179	2015-3-16	稻谷
江西省	江西省江天农业科技有限公司	100OP1400180	2015-3-16	大米
江西省	江西省奉新县国营东风垦殖场七里分场古迹茶厂	100OP1200520	2015-10-1	绿茶
江西省	江西省奉新县国营东风垦殖场七里分场古迹茶厂	100OP1200521	2015-10-1	绿茶
江西省	江西山之源山茶科技开发有限公司	100OP1300542	2015-2-4	山茶籽
江西省	江西山之源山茶科技开发有限公司	100OP1300543	2015-2-4	山茶油
江西省	江西山村油脂食品有限公司	100OP1200358	2015-6-6	茶籽
江西省	江西山村油脂食品有限公司	100OP1200359	2015-6-6	茶籽油
江西省	江西三清山绿色食品有限责任公司	100OP1200492	2014-12-16	葛根
江西省	江西三清山绿色食品有限责任公司	100OP1200493	2014-12-16	葛根粉
江西省	江西三清山绿色食品有限责任公司	100OP1200494	2014-12-16	茶籽
江西省	江西三清山绿色食品有限责任公司	100OP1200495	2014-12-16	茶籽油
江西省	江西三清山绿色食品有限责任公司	100OP1200496	2014-12-16	茶
江西省	江西三清山绿色食品有限责任公司	100OP1200497	2014-12-16	绿茶
江西省	江西瑞光绿色食品有限公司	100OP1300567	2014-12-21	茶籽
江西省	江西瑞光绿色食品有限公司	100OP1300568	2014-12-21	山茶油
江西省	江西茗龙实业集团有限公司	100OP1300047	2015-10-15	茶叶
江西省	江西茗龙实业集团有限公司	100OP1300048	2015-10-15	茶叶
江西省	江西绿海油脂有限公司	100OP1300013	2015-11-13	茶籽油
江西省	江西绿海油脂有限公司	100OP1300014	2015-11-13	茶籽油
江西省	江西灵华山白茶开发有限公司	100OP1300277	2014-12-16	茶
江西省	江西灵华山白茶开发有限公司	100OP1300278	2014-12-16	白茶
江西省	江西九岭白茶开发有限公司	100OP1300728	2015-9-6	茶叶
江西省	江西九岭白茶开发有限公司	100OP1300729	2015-9-6	茶叶
江西省	江西金庐陵有机白茶开发有限公司	100OP1200305	2015-6-11	茶
江西省	江西金庐陵有机白茶开发有限公司	100OP1200306	2015-6-11	绿茶

（续）

省份	企业名称	有机证书编号	有效期限	项目名称
江西省	江西赣森绿色食品有限公司	100OP1300428	2015-10-8	茶籽油
江西省	江西赣森绿色食品有限公司	100OP1300429	2015-10-8	茶籽油
江西省	江西奉新天工米业有限公司	100OP1300853	2014-12-20	稻谷
江西省	江西奉新天工米业有限公司	100OP1300854	2014-12-20	大米
江西省	江西恩泉油脂有限公司	100OP1300437	2014-12-14	茶籽
江西省	江西恩泉油脂有限公司	100OP1300438	2014-12-14	山茶油等
江西省	江西得雨活茶股份有限公司	100OP1200307	2015-8-18	茶
江西省	江西得雨活茶股份有限公司	100OP1200308	2015-8-18	绿茶
江西省	江西春晖有机白茶开发有限公司	100OP1200301	2015-5-16	茶叶
江西省	江西春晖有机白茶开发有限公司	100OP1200302	2015-5-16	绿茶
江西省	浮梁县浮瑶仙芝茶业有限公司	100OP1200299	2015-7-30	茶
江西省	浮梁县浮瑶仙芝茶业有限公司	100OP1200300	2015-7-30	茶叶
江西省	德兴市源森红花茶油有限公司	100OP1200288	2015-10-25	茶籽油
江西省	德兴市源森红花茶油有限公司	100OP1200289	2015-10-25	茶籽油
山东省	邹城市润香源经贸有限公司	100OP1300096	2014-12-20	花生地瓜
山东省	淄博亿百合食用菌发展有限公司	100OP1200153	2015-4-19	黑木耳
山东省	淄博市山川果蔬食品有限公司	100OP1400030	2015-1-28	苹果
山东省	诸城市康盛源农业科技有限公司	100OP1300110	2015-1-13	韭菜
山东省	中椒英潮辣业发展有限公司	100OP1300654	2014-12-12	辣椒
山东省	中椒英潮辣业发展有限公司	100OP1300655	2014-12-12	辣椒制品
山东省	中椒英潮辣业发展有限公司	100OP1300995	2014-12-12	杂粮、辣椒
山东省	鱼台县清源谷物种植专业合作社	100OP1301001	2015-11-27	大米
山东省	鱼台县清源谷物种植专业合作社	100OP1301002	2015-11-27	大米
山东省	鱼台县丰谷米业有限公司	100OP1300017	2015-12-20	大米
山东省	鱼台县丰谷米业有限公司	100OP1300018	2015-12-20	大米
山东省	沂源县双义果蔬有限公司	100OP1200077	2015-4-19	苹果、桃
山东省	沂源县盛全果蔬有限公司	100OP1300348	2015-1-28	苹果
山东省	烟台市福山区张格庄镇大樱桃协会	100OP1200120	2015-5-19	大樱桃
山东省	文登市秀德猴猴桃专业合作社	100OP1300248	2015-1-13	猕猴桃
山东省	文登市勾勾吉果品专业合作社	100OP1200063	2015-3-17	桃
山东省	微山县远华湖产食品有限公司	100OP1300963	2015-11-3	咸鸭蛋
山东省	微山县远华湖产食品有限公司	100OP1300964	2015-11-3	咸鸭蛋
山东省	微山县远华湖产食品有限公司	100OP1300965	2015-11-3	莲子、芡实、菱角
山东省	微山县远华湖产食品有限公司	100OP1300966	2015-11-3	莲子、芡实、菱角
山东省	威龙葡萄酒股份有限公司	100OP1400080	2015-1-21	酿酒葡萄
山东省	威龙葡萄酒股份有限公司	100OP1400081	2015-1-21	葡萄酒

（续）

省份	企业名称	有机证书编号	有效期限	项目名称
山东省	威龙葡萄酒股份有限公司	100OP1400192	2015-4-8	酿酒葡萄
山东省	威龙葡萄酒股份有限公司	100OP1400193	2015-4-8	红葡萄酒
山东省	威龙葡萄酒股份有限公司	100OP1400300	2015-11-2	酿酒葡萄
山东省	威龙葡萄酒股份有限公司	100OP1400301	2015-11-2	葡萄酒
山东省	威海市文登区金滩牡蛎养殖专业合作社	100OP1400214	2015-4-22	牡蛎
山东省	威海市万鑫畜牧有限公司	100OP1300073	2015-11-23	梨
山东省	威海刘公岛茶业有限公司	100OP1400273	2015-9-2	茶
山东省	泰安润农有机产品有限公司	100OP1200530	2014-12-20	杂粮
山东省	圣元营养食品有限公司	100OP1400194	2015-4-8	奶粉
山东省	山东沂源大华永大农业发展有限公司	100OP1200240	2015-7-13	苹果
山东省	山东沂水圈里乡优质果品开发中心	100OP1300570	2014-12-20	谷子
山东省	山东沂水圈里乡优质果品开发中心	100OP1300571	2014-12-20	小米
山东省	山东沂蒙山花生油股份有限公司	100OP1400165	2015-3-16	花生
山东省	山东沂蒙山花生油股份有限公司	100OP1400166	2015-3-16	花生
山东省	山东沂蒙山花生油股份有限公司	100OP1400167	2015-3-16	花生油
山东省	山东西霞口海珍品股份有限公司	100OP1300102	2015-10-31	海参
山东省	山东上水农业发展股份有限公司	100OP1300702	2015-4-1	金银花
山东省	山东上水农业发展股份有限公司	100OP1300703	2015-4-1	金银花
山东省	山东三丰香油有限公司	100OP1400258	2015-7-28	芝麻油
山东省	山东立泰山茶业科技开发有限公司	100OP1300479	2015-11-10	茶叶
山东省	山东立泰山茶业科技开发有限公司	100OP1300480	2015-11-10	茶叶
山东省	山东俚岛海洋科技股份有限公司	100OP1300952	2015-11-1	海带制品
山东省	山东俚岛海洋科技股份有限公司	100OP1300953	2015-11-1	海带制品
山东省	山东济宁南阳湖农场	100OP1200194	2015-7-19	韭菜
山东省	山东惠民润地物华有机农业科技发展有限公司	100OP1200119	2014-12-29	黑花生等
山东省	山东华盛果品股份有限公司	100OP1300129	2014-12-12	苹果
山东省	山东海之宝海洋科技有限公司	100OP1200011	2015-4-26	海带
山东省	山东海之宝海洋科技有限公司	100OP1200016	2015-4-26	海带
山东省	山东海之宝海洋科技有限公司	100OP1400196	2015-4-26	海带
山东省	乳山市正华农林科技示范园有限公司	100OP1100111	2015-7-20	绿茶
山东省	乳山市正华农林科技示范园有限公司	100OP1100113	2015-7-20	绿茶
山东省	荣成市伟德山茶场	100OP1300948	2015-10-23	茶叶
山东省	荣成市伟德山茶场	100OP1300949	2015-10-23	茶叶
山东省	荣成市绿源海水养殖有限公司	100OP1400291	2015-10-22	海带
山东省	荣成市绿源海水养殖有限公司	100OP1400292	2015-10-22	海带
山东省	荣成市绿源海水养殖有限公司	100OP1400293	2015-10-22	海带

（续）

省份	企业名称	有机证书编号	有效期限	项目名称
山东省	荣成市华峰果品专业合作社	100OP1300960	2015-10-29	苹果
山东省	荣成市北和春茶叶专业合作社	100OP1300100	2015-12-20	茶叶
山东省	荣成茂源水产有限公司	100OP1200095	2015-1-31	裙带菜
山东省	荣成茂源水产有限公司	100OP1200096	2015-1-31	裙带菜
山东省	青岛长寿食品有限公司	100OP1300074	2014-12-21	花生
山东省	青岛长寿食品有限公司	100OP1300075	2014-12-21	花生油等
山东省	青岛亿丰果品有限公司	100OP1200082	2015-5-18	蓝莓
山东省	青岛薛记海珍品有限公司	100OP1300532	2015-12-6	海参、鲍鱼
山东省	青岛薛记海珍品有限公司	100OP1300534	2015-12-6	海参、鲍鱼
山东省	青岛薛记海珍品有限公司	100OP1400305	2015-12-6	海参、鲍鱼
山东省	青岛杰诚食品有限公司	100OP1200099	2015-7-7	蓝莓
山东省	青岛慧海现代农业有限公司	100OP1300920	2015-8-14	蓝莓
山东省	青岛朝日食品有限公司	100OP1400020	2015-1-5	甘薯、花生
山东省	青岛朝日食品有限公司	100OP1400021	2015-1-5	甘薯、花生
山东省	蓬莱鑫园保鲜食品有限公司	100OP1200512	2014-12-22	苹果
山东省	龙口东宝食品有限公司	100OP1300120	2015-8-4	葱姜
山东省	临朐县九山镇果业协会	100OP1300513	2015-11-23	板栗
山东省	临朐县昌盛环能技术推广服务有限公司	100OP1300446	2015-11-23	蔬菜
山东省	莱州昭泰食品有限公司	100OP1300164	2015-1-16	馒头
山东省	莱芜市赢泰有机农业科技发展有限公司	100OP1200151	2015-7-30	樱桃、草莓
山东省	莒南县天湖渔业养殖专业合作社	100OP1300483	2014-12-19	鱼
山东省	金乡县华光食品进出口有限公司	100OP1200234	2015-7-11	大蒜
山东省	金乡县宏泰冷藏加工有限责任公司	100OP1200522	2015-5-30	大蒜等
山东省	金乡县宏泰冷藏加工有限责任公司	100OP1200523	2015-5-30	谷子
山东省	金乡县宏泰冷藏加工有限责任公司	100OP1200524	2015-5-30	小米
山东省	金乡县宏昌果菜有限责任公司	100OP1200353	2015-6-1	大蒜
山东省	嘉祥朵云清国菊农业科技有限公司	100OP1300975	2015-11-13	菊花茶
山东省	嘉祥朵云清国菊农业科技有限公司	100OP1300976	2015-11-13	菊花茶
山东省	济南维康庄园生态农业发展有限公司	100OP1300245	2014-12-17	饲料
山东省	济南维康庄园生态农业发展有限公司	100OP1300246	2014-12-17	鸡蛋等
山东省	济南维康庄园生态农业发展有限公司	100OP1301030	2014-12-17	鸡
山东省	华隆（乳山）食品工业有限公司	100OP1200563	2015-11-26	花生制品
山东省	华隆（乳山）食品工业有限公司	100OP1200564	2015-11-26	花生制品
山东省	滨州泰裕麦业有限公司	100OP1200115	2015-4-18	小麦
山东省	滨州泰裕麦业有限公司	100OP1200116	2015-4-18	小麦粉
河南省	郑州市帅龙红枣食品有限公司	100OP1400227	2015-5-18	枣

（续）

省份	企业名称	有机证书编号	有效期限	项目名称
河南省	漯河市小村铺种植专业合作社	100OP1400245	2015-6-5	萝卜
河南省	河南煜阳农业发展有限公司	100OP1300255	2015-1-30	甘薯
河南省	河南煜阳农业发展有限公司	100OP1300256	2015-1-30	甘薯
河南省	河南煜阳农业发展有限公司	100OP1300257	2015-1-30	甘薯
河南省	河南菡香生态农业专业合作社	100OP1400200	2015-4-8	小麦
河南省	河南菡香生态农业专业合作社	100OP1400201	2015-4-8	稻谷
河南省	河南菡香生态农业专业合作社	100OP1400202	2015-4-8	大米
河南省	固始县顺兴粮油有限责任公司	100OP1300007	2015-1-5	稻谷
河南省	固始县顺兴粮油有限责任公司	100OP1300008	2015-1-5	大米
湖北省	郧县青山青凤茶场	100OP1300662	2015-8-18	茶青
湖北省	郧县青山青凤茶场	100OP1300663	2015-8-18	绿茶
湖北省	宣恩县晓关侗族乡维民茶叶专业合作社	100OP1300791	2015-4-24	茶
湖北省	宣恩县晓关侗族乡维民茶叶专业合作社	100OP1300792	2015-4-24	绿茶
湖北省	宣恩县伍台昌臣茶业有限公司	100OP1200144	2015-3-4	茶
湖北省	宣恩县伍台昌臣茶业有限公司	100OP1200145	2015-3-4	绿茶
湖北省	宣恩县伍台昌臣茶业有限公司	100OP1300731	2015-3-13	茶
湖北省	宣恩县伍台昌臣茶业有限公司	100OP1300732	2015-3-13	茶叶
湖北省	宣恩县伍贡茶业有限公司	100OP1400147	2015-3-11	茶
湖北省	宣恩县伍贡茶业有限公司	100OP1400148	2015-3-11	绿茶
湖北省	宣恩县七姊妹山茶业有限公司	100OP1300632	2015-3-20	茶
湖北省	宣恩县七姊妹山茶业有限公司	100OP1300633	2015-3-20	绿茶
湖北省	宣恩县七姊妹山茶业有限公司	100OP1400149	2015-3-11	茶
湖北省	宣恩县七姊妹山茶业有限公司	100OP1400150	2015-3-11	绿茶
湖北省	宣恩县金玉嘉茗实业有限公司	100OP1400151	2015-3-11	绿茶
湖北省	宣恩县金玉嘉茗实业有限公司	100OP1400152	2015-3-11	茶
湖北省	宣恩县椒园采花茶叶专业合作社	100OP1400207	2015-4-21	茶
湖北省	宣恩县椒园采花茶叶专业合作社	100OP1400208	2015-4-21	茶叶
湖北省	宣恩县皇贡茶业有限公司	100OP1300823	2015-4-24	茶
湖北省	宣恩县皇贡茶业有限公司	100OP1300824	2015-4-24	绿茶
湖北省	宣恩县富源农业发展有限公司	100OP1300832	2015-4-23	柚
湖北省	宣恩县富源农业发展有限公司	100OP1400215	2015-4-22	柚
湖北省	宣恩调阳茶业有限公司	100OP1400211	2015-4-22	茶青
湖北省	宣恩调阳茶业有限公司	100OP1400212	2015-4-22	绿茶
湖北省	襄阳嘉田农业发展有限公司	100OP1200534	2014-12-20	稻谷
湖北省	襄阳嘉田农业发展有限公司	100OP1200535	2014-12-20	大米
湖北省	硒源山茶业（湖北）有限公司	100OP1300593	2015-7-3	茶青

（续）

省份	企业名称	有机证书编号	有效期限	项目名称
湖北省	硒源山茶业（湖北）有限公司	100OP1300594	2015-7-3	绿茶
湖北省	武汉市江夏区南北咀综合开发总公司	100OP1300794	2015-12-7	鱼、蟹等
湖北省	武汉市江夏区国营牛山湖渔场	100OP1200196	2015-9-19	淡水鱼
湖北省	天门市天山米业有限公司	100OP1400005	2014-12-30	稻谷
湖北省	天门市天山米业有限公司	100OP1400006	2014-12-30	大米
湖北省	随州市田丰土产有限责任公司	100OP1400160	2015-3-11	油茶籽
湖北省	随州市田丰土产有限责任公司	100OP1400161	2015-3-11	山茶油
湖北省	随州市二月风食品有限公司	100OP1200055	2015-3-18	葛粉
湖北省	随州市二月风食品有限公司	100OP1200056	2015-3-18	葛根
湖北省	松滋市忠祥鱼业开发有限公司	100OP1200172	2015-9-10	鱼
湖北省	松滋市忠祥鱼业开发有限公司	100OP1300926	2015-9-10	鱼
湖北省	松滋市忠祥鱼业开发有限公司	100OP1300927	2015-9-10	鱼
湖北省	神农架新科农产品开发有限公司	100OP1300666	2015-8-18	茶叶
湖北省	神农架新科农产品开发有限公司	100OP1300667	2015-8-18	绿茶
湖北省	神农架绿野食品开发有限责任公司	100OP1300668	2014-12-20	茶叶
湖北省	神农架绿野食品开发有限责任公司	100OP1300669	2014-12-20	茶叶
湖北省	神农架康俊绿色食品开发有限公司	100OP1300471	2015-3-13	茶
湖北省	神农架康俊绿色食品开发有限公司	100OP1300472	2015-3-13	绿茶
湖北省	麻城市浮桥河水库管理处	100OP1400164	2015-3-16	鱼
湖北省	罗田县天堂水库管理处	100OP1300408	2014-12-22	鱼
湖北省	利川市汇川现代农业有限公司	100OP1200171	2015-8-23	山药
湖北省	华彬金桂湖（湖北）绿色农业开发有限公司	100OP1300262	2015-1-28	鱼
湖北省	湖北正全农业科技开发有限公司	100OP1400156	2015-3-11	茶籽
湖北省	湖北正全农业科技开发有限公司	100OP1400157	2015-3-11	茶籽油
湖北省	湖北亦禾生态农业有限公司	100OP1300631	2015-3-20	柚
湖北省	湖北亦禾生态农业有限公司	100OP1400213	2015-4-22	柚
湖北省	湖北炎帝农业科技股份有限公司	100OP1400114	2015-1-21	菇类
湖北省	湖北炎帝农业科技股份有限公司	100OP1400115	2015-1-21	菇类
湖北省	湖北宣恩维民实业有限公司	100OP1300449	2015-3-2	茶
湖北省	湖北宣恩维民实业有限公司	100OP1300450	2015-3-2	绿茶
湖北省	湖北双竹生态食品开发有限公司	100OP1400138	2015-10-24	大米
湖北省	湖北双竹生态食品开发有限公司	100OP1400139	2015-10-24	大米
湖北省	湖北省钟祥市温峡口水库管理处	100OP1300984	2015-11-13	鱼
湖北省	湖北绿杉米业有限公司	100OP1300147	2014-12-21	大米
湖北省	湖北绿杉米业有限公司	100OP1300148	2014-12-21	大米
湖北省	湖北绿可生态茶业有限公司	100OP1300780	2015-4-24	茶

（续）

省份	企业名称	有机证书编号	有效期限	项目名称
湖北省	湖北绿可生态茶业有限公司	100OP1300781	2015-4-24	茶叶
湖北省	湖北惠亭海山水产养殖有限公司	100OP1300415	2015-7-26	淡水鱼
湖北省	湖北洪森实业（集团）有限公司	100OP1300156	2015-11-15	大米
湖北省	湖北洪森实业（集团）有限公司	100OP1300157	2015-11-15	大米
湖北省	湖北洪森实业（集团）有限公司	100OP1400125	2015-1-23	稻谷
湖北省	湖北洪森实业（集团）有限公司	100OP1400126	2015-1-23	大米
湖北省	湖北国宝桥米有限公司	100OP1300598	2014-12-21	稻谷
湖北省	湖北国宝桥米有限公司	100OP1300599	2014-12-21	大米
湖北省	汉川宏武米业有限公司	100OP1400129	2015-1-21	稻谷
湖北省	汉川宏武米业有限公司	100OP1400130	2015-1-21	大米
湖北省	福娃集团监利银欣米业有限公司	100OP1300743	2015-11-17	大米
湖北省	福娃集团监利银欣米业有限公司	100OP1300744	2015-11-17	大米
湖北省	恩施州中农春雨果业有限公司	100OP1400155	2015-3-11	梨
湖北省	恩施州益寿果业股份有限公司	100OP1300427	2015-10-27	猕猴桃
湖北省	恩施州伍家台富硒贡茶有限责任公司	100OP1300830	2015-4-24	茶
湖北省	恩施州伍家台富硒贡茶有限责任公司	100OP1300831	2015-4-24	绿茶
湖北省	恩施州伍家台富硒贡茶有限责任公司	100OP1400197	2015-4-8	茶
湖北省	恩施州伍家台富硒贡茶有限责任公司	100OP1400198	2015-4-8	绿茶
湖北省	恩施馨源生态茶业有限公司	100OP1300424	2014-12-22	茶
湖北省	恩施馨源生态茶业有限公司	100OP1300425	2014-12-22	乌龙茶、红茶
湖北省	恩施炜丰富硒茶业股份有限公司	100OP1400252	2015-6-29	茶青
湖北省	恩施炜丰富硒茶业股份有限公司	100OP1400253	2015-6-29	乌龙茶、红茶
湖北省	恩施市润邦国际富硒茶业有限公司	100OP1300708	2015-10-31	茶叶
湖北省	恩施市润邦国际富硒茶业有限公司	100OP1300709	2015-10-31	茶叶
湖北省	恩施市凯迪克富硒茶业有限公司	100OP1300656	2015-8-17	茶青
湖北省	恩施市凯迪克富硒茶业有限公司	100OP1300657	2015-8-17	绿茶
湖北省	恩施市花枝山生态农业开发有限责任公司	100OP1300520	2015-10-15	茶青
湖北省	恩施市花枝山生态农业开发有限责任公司	100OP1300521	2015-10-15	绿茶
湖北省	恩施市富之源茶叶有限公司	100OP1200336	2015-5-16	茶
湖北省	恩施市富之源茶叶有限公司	100OP1200337	2015-5-16	绿茶
湖北省	恩施晨光生态农业发展股份有限公司	100OP1200323	2015-4-18	茶
湖北省	恩施晨光生态农业发展股份有限公司	100OP1200324	2015-4-18	绿茶
湖南省	长沙云游茶业有限公司	100OP1200129	2015-3-11	绿茶
湖南省	长沙云游茶业有限公司	100OP1200130	2015-3-11	茶
湖南省	张家界江垭淡水渔业股份有限公司	100OP1200169	2015-1-25	鱼
湖南省	石门县金仙阳茶叶专业合作社	100OP1200540	2015-10-24	茶叶

（续）

省份	企业名称	有机证书编号	有效期限	项目名称
湖南省	石门县金仙阳茶叶专业合作社	100OP1200541	2015-10-24	茶叶
湖南省	石门添怡茶业有限公司	100OP1200112	2015-2-28	茶
湖南省	石门添怡茶业有限公司	100OP1200113	2015-2-28	茶叶
湖南省	澧县太青山有机食品有限公司	100OP1300545	2015-11-2	茶叶
湖南省	澧县太青山有机食品有限公司	100OP1300546	2015-11-2	茶叶
湖南省	澧县千诺拉油脂有限责任公司	100OP1400100	2015-1-21	茶籽
湖南省	澧县千诺拉油脂有限责任公司	100OP1400101	2015-1-21	茶籽油
湖南省	湖南紫秋特色农林科技开发有限公司	100OP1300825	2015-4-24	稻谷
湖南省	湖南紫秋特色农林科技开发有限公司	100OP1300826	2015-4-24	大米
湖南省	湖南资兴东江狗脑贡茶业有限公司	100OP1200418	2015-7-30	茶叶
湖南省	湖南资兴东江狗脑贡茶业有限公司	100OP1200419	2015-7-30	绿茶
湖南省	湖南山润油茶科技发展有限公司	100OP1200224	2015-3-9	茶籽
湖南省	湖南山润油茶科技发展有限公司	100OP1200225	2015-3-9	山茶油
湖南省	湖南三峰茶业有限责任公司	100OP1200354	2015-7-4	茶
湖南省	湖南三峰茶业有限责任公司	100OP1200355	2015-7-4	茶
湖南省	湖南澧水生态农业科技发展有限公司	100OP1400205	2015-4-21	稻谷
湖南省	湖南澧水生态农业科技发展有限公司	100OP1400206	2015-4-21	大米
湖南省	湖南兰岭绿态茶业有限公司	100OP1200176	2015-9-5	茶青
湖南省	湖南兰岭绿态茶业有限公司	100OP1200177	2015-9-5	绿茶
湖南省	湖南金鲲米业科技发展有限公司	100OP1400112	2015-1-22	稻谷
湖南省	湖南金鲲米业科技发展有限公司	100OP1400113	2015-1-22	大米
湖南省	湖南金健米业股份有限公司	100OP1200060	2015-1-12	稻谷
湖南省	湖南金健米业股份有限公司	100OP1200061	2015-1-12	大米
湖南省	湖南壶瓶山茶业有限公司	100OP1300987	2015-11-18	茶叶
湖南省	湖南壶瓶山茶业有限公司	100OP1300988	2015-11-18	茶叶
湖南省	湖南白云高山茶业有限公司	100OP1300680	2014-12-20	茶
湖南省	湖南白云高山茶业有限公司	100OP1300681	2014-12-20	绿茶
湖南省	湖南阿香茶果食品有限公司	100OP1200346	2015-11-1	茶叶
湖南省	湖南阿香茶果食品有限公司	100OP1200347	2015-11-1	茶叶
湖南省	湖南阿香茶果食品有限公司	100OP1300413	2015-7-25	柑桔
湖南省	大湖水殖股份有限公司	100OP1200015	2015-4-18	鱼
湖南省	大湖水殖股份有限公司	100OP1300901	2015-8-4	鱼
湖南省	城步苗族自治县南山燊威特色农业发展有限公司	100OP1300930	2015-9-29	笋
湖南省	常德石门恒胜茶业有限责任公司	100OP1300622	2015-3-20	茶
湖南省	常德石门恒胜茶业有限责任公司	100OP1300623	2015-3-20	红茶
湖南省	澳优乳业（中国）有限公司	100OP1300081	2014-12-22	奶粉

（续）

省份	企业名称	有机证书编号	有效期限	项目名称
湖南省	澳优乳业（中国）有限公司	100OP1301033	2014-12-22	奶粉
湖南省	安化云台山八角茶业有限公司	100OP1300436	2015-10-30	茶
湖南省	安化云台山八角茶业有限公司	100OP1300439	2015-10-30	茶
广东省	新兴县翔顺生态旅游发展有限公司	100OP1400294	2015-10-22	茶
广东省	新兴县翔顺生态旅游发展有限公司	100OP1400295	2015-10-22	茶
广东省	饶平县三滴水生物科技有限公司	100OP1300924	2015-8-29	乌龙茶
广东省	饶平县三滴水生物科技有限公司	100OP1300925	2015-8-29	乌龙茶
广东省	梅州市金穗生态农业发展有限公司	100OP1200561	2015-9-6	稻谷
广东省	梅州市金穗生态农业发展有限公司	100OP1200562	2015-9-6	大米
广东省	茂名市天力大地生态农业有限公司	100OP1300979	2015-11-13	大米
广东省	茂名市天力大地生态农业有限公司	100OP1300980	2015-11-13	大米
广东省	茂名市惠生源生物科技有限公司	100OP1300937	2015-11-6	铁皮石斛
广东省	茂名市广垦名富果业有限公司	100OP1200428	2015-11-29	番石榴、火龙果
广东省	罗定市丰智昌顺科技有限公司	100OP1200218	2015-6-21	稻谷
广东省	罗定市丰智昌顺科技有限公司	100OP1200219	2015-6-21	大米
广东省	罗定市丰智昌顺科技有限公司	100OP1300908	2015-8-4	稻谷
广东省	罗定市丰智昌顺科技有限公司	100OP1300909	2015-8-4	大米
广东省	化州市益利化橘红专业合作社	100OP1200280	2015-11-6	化橘红
广东省	化州市益利化橘红专业合作社	100OP1200281	2015-11-6	化橘红
广东省	河源万绿湖长丰水产进出口有限公司	100OP1200298	2015-6-1	鳙鱼
广东省	河源金稳农业开发有限公司	100OP1200188	2015-3-28	茶
广东省	河源金稳农业开发有限公司	100OP1200189	2015-3-28	乌龙茶
广东省	广州市中博美佳酒业有限公司	100OP1400247	2015-6-29	酿酒葡萄
广东省	广州市中博美佳酒业有限公司	100OP1400248	2015-6-29	葡萄酒
广东省	广东乡意浓农业科技有限公司	100OP1200088	2015-3-23	稻谷
广东省	广东乡意浓农业科技有限公司	100OP1200089	2015-3-23	大米
广东省	广东乡意浓农业科技有限公司	100OP1300896	2015-8-1	稻谷
广东省	广东乡意浓农业科技有限公司	100OP1300897	2015-8-1	大米
广东省	广东泰源农科有限公司	100OP1200228	2015-4-7	茶籽
广东省	广东泰源农科有限公司	100OP1200229	2015-4-7	山茶油
广东省	广东茗上茗茶业有限公司	100OP1301014	2015-12-4	茶叶
广东省	广东茗上茗茶业有限公司	100OP1301015	2015-12-4	茶叶
广东省	广东茗龙茶业有限公司	100OP1400286	2015-10-22	茶叶
广东省	广东茗龙茶业有限公司	100OP1400287	2015-10-22	茶叶
广东省	广东茗皇茶业有限公司	100OP1300154	2014-12-21	茶叶
广东省	广东茗皇茶业有限公司	100OP1300155	2014-12-21	茶叶

（续）

省份	企业名称	有机证书编号	有效期限	项目名称
广东省	广东龙岗马山茶业股份有限公司	100OP1300313	2015-9-24	茶
广东省	广东龙岗马山茶业股份有限公司	100OP1300314	2015-9-24	茶
广东省	广东安康实业有限公司	100OP1400062	2015-1-16	杂粮
广东省	广东安康实业有限公司	100OP1400142	2015-2-27	鸡
广东省	从化市城郊东珊农场	100OP1300385	2015-2-4	火龙果
广东省	潮州市天池凤凰茶业有限公司	100OP1300175	2015-1-23	茶
广东省	潮州市天池凤凰茶业有限公司	100OP1300176	2015-1-23	茶
广西壮族自治区	南宁市国彬商务有限公司	100OP1400110	2015-1-23	稻谷
广西壮族自治区	南宁市国彬商务有限公司	100OP1400111	2015-1-23	大米
广西壮族自治区	南宁市储备粮管理有限责任公司	100OP1300119	2014-12-21	大米
广西壮族自治区	凌云县宏鑫茶业有限公司	100OP1300234	2015-1-27	茶
广西壮族自治区	凌云县宏鑫茶业有限公司	100OP1300235	2015-1-27	茶
广西壮族自治区	利添生物科技发展（合浦）有限公司	100OP1200006	2015-2-28	甜橙
广西壮族自治区	桂林穗美生态农业有限公司	100OP1400264	2015-8-7	茶
广西壮族自治区	桂林穗美生态农业有限公司	100OP1400265	2015-8-7	绿茶
广西壮族自治区	广西玉林大自然农牧科技有限公司	100OP1300615	2015-3-13	稻谷
广西壮族自治区	广西玉林大自然农牧科技有限公司	100OP1300616	2015-3-13	大米
广西壮族自治区	广西玉林大自然农牧科技有限公司	100OP1300617	2015-3-13	大米
广西壮族自治区	广西田东增年山茶油有限责任公司	100OP1200071	2015-5-11	茶籽
广西壮族自治区	广西田东增年山茶油有限责任公司	100OP1200072	2015-5-11	山茶油
广西壮族自治区	广西石乳茶业有限公司	100OP1200206	2015-8-31	茶叶
广西壮族自治区	广西石乳茶业有限公司	100OP1200207	2015-8-31	茶叶
广西壮族自治区	广西茂龙农业开发有限公司	100OP1200427	2015-11-1	黄花菜
广西壮族自治区	广西凌云县伟利茶业有限公司	100OP1300297	2015-1-30	茶
广西壮族自治区	广西凌云县伟利茶业有限公司	100OP1300298	2015-1-30	茶
广西壮族自治区	广西乐业县金泉茶业有限公司	100OP1300141	2015-1-14	茶
广西壮族自治区	广西乐业县金泉茶业有限公司	100OP1300142	2015-1-14	茶
广西壮族自治区	广西乐业县顾式茶有限公司	100OP1200142	2015-7-14	茶
广西壮族自治区	广西乐业县顾式茶有限公司	100OP1200143	2015-7-14	茶
广西壮族自治区	广西乐业县昌伦茶业有限责任公司	100OP1300295	2015-12-20	茶叶
广西壮族自治区	广西乐业县昌伦茶业有限责任公司	100OP1300296	2015-12-20	茶叶
广西壮族自治区	广西乐业县草王山茶业有限公司	100OP1300115	2015-12-20	茶叶
广西壮族自治区	广西乐业县草王山茶业有限公司	100OP1300116	2015-12-20	茶叶
广西壮族自治区	广西乐业百农原生态食品开发有限公司	100OP1400106	2015-1-22	稻谷
广西壮族自治区	广西乐业百农原生态食品开发有限公司	100OP1400107	2015-1-22	大米
广西壮族自治区	广西康华农业股份有限公司	100OP1200290	2015-11-18	稻谷

（续）

省份	企业名称	有机证书编号	有效期限	项目名称
广西壮族自治区	广西康华农业股份有限公司	100OP1300935	2015-9-29	稻谷
广西壮族自治区	广西金茶王油脂有限公司	100OP1400108	2015-1-21	茶籽
广西壮族自治区	广西金茶王油脂有限公司	100OP1400109	2015-1-21	茶籽油
广西壮族自治区	广西八桂凌云茶业有限公司	100OP1400054	2015-1-14	茶
广西壮族自治区	广西八桂凌云茶业有限公司	100OP1400055	2015-1-14	茶
广西壮族自治区	广西八桂凌云茶业有限公司	100OP1400056	2015-1-14	茶
广西壮族自治区	苍梧六堡茶业有限公司	100OP1200068	2015-5-19	茶
广西壮族自治区	苍梧六堡茶业有限公司	100OP1200070	2015-5-19	黑茶
海南省	海南泛太平洋区域合作发展有限公司	100OP1300289	2014-12-22	茶叶
海南省	海南泛太平洋区域合作发展有限公司	100OP1300290	2014-12-22	茶叶
重庆市	重庆正里元实业有限公司	100OP1200516	2014-12-21	葛根粉
重庆市	重庆正里元实业有限公司	100OP1200517	2014-12-21	葛根
重庆市	重庆渝峰中药材种植有限公司	100OP1300835	2015-5-20	天麻
重庆市	重庆邮桥米业集团有限公司	100OP1300225	2015-8-12	水稻
重庆市	重庆邮桥米业集团有限公司	100OP1300226	2015-8-12	水稻
重庆市	重庆亿科果蔬种植园	100OP1400141	2015-2-25	葡萄、杏
重庆市	重庆新胜实业有限责任公司	100OP1300217	2015-10-19	茶叶
重庆市	重庆新胜实业有限责任公司	100OP1300218	2015-10-19	茶叶
重庆市	重庆市长寿区浩湖渔业有限公司	100OP1400003	2015-1-28	鱼
重庆市	重庆市万源禽蛋食品有限公司	100OP1400177	2015-3-16	玉米、大豆
重庆市	重庆市万源禽蛋食品有限公司	100OP1400178	2015-3-16	鸡蛋
重庆市	重庆市天友乳业股份有限公司	100OP1400255	2015-7-13	玉米
重庆市	重庆市三峡生态渔业发展有限公司	100OP1200173	2015-8-20	鱼
重庆市	重庆市冠恒农业开发有限公司	100OP1300704	2015-9-2	茶叶
重庆市	重庆市冠恒农业开发有限公司	100OP1300705	2015-9-2	茶叶
重庆市	重庆市涪陵辣妹子集团有限公司	100OP1300836	2015-5-20	芥菜
重庆市	重庆市涪陵辣妹子集团有限公司	100OP1300837	2015-5-20	榨菜
重庆市	重庆市大洪湖水产有限公司	100OP1300165	2015-1-21	鱼
重庆市	重庆南桐矿业有限责任公司九锅箐林业综合分公司	100OP1300332	2015-9-15	茶青
重庆市	重庆南桐矿业有限责任公司九锅箐林业综合分公司	100OP1300333	2015-9-15	绿茶
重庆市	重庆黄花园酿造调味品有限责任公司	100OP1400026	2015-1-7	酱油
重庆市	重庆华兴投资控股有限公司	100OP1300305	2015-6-16	鹰嘴李
重庆市	重庆禾汇农业发展有限公司	100OP1400203	2015-4-8	稻谷
重庆市	重庆禾汇农业发展有限公司	100OP1400204	2015-4-8	大米

（续）

省份	企业名称	有机证书编号	有效期限	项目名称
重庆市	云阳芸山农业开发有限公司	100OP1300263	2015-2-1	菊花
重庆市	云阳县泥溪乡南山峡黑木耳专业合作社	100OP1300009	2014-12-23	木耳
重庆市	云阳县泥溪乡南山峡黑木耳专业合作社	100OP1300010	2014-12-23	木耳
重庆市	巫溪县红池坝生态农业有限公司	100OP1300199	2015-5-21	畜禽
重庆市	巫溪县红池坝生态农业有限公司	100OP1300200	2015-5-21	蔬菜等
重庆市	巫溪县红池坝生态农业有限公司	100OP1300890	2015-5-21	饲料
重庆市	开县一心柑桔专业合作社	100OP1400279	2015-9-28	橙
四川省	雅安市熊猫家园农业开发有限公司	100OP1400280	2015-10-16	茶叶
四川省	西充县久明生态农业开发有限公司	100OP1400231	2015-5-18	柚
四川省	西充县久明生态农业开发有限公司	100OP1400232	2015-5-18	玉米、小麦、豌豆
四川省	西充县久明生态农业开发有限公司	100OP1400233	2015-5-18	鸡、鸡蛋
四川省	西充县佛拱寨土特产开发有限公司	100OP1400105	2015-1-21	橙
四川省	西充薯宝宝专业合作社	100OP1400104	2015-1-22	甘薯、豌豆、蚕豆
四川省	四川想真企业有限公司	100OP1300251	2015-1-30	苡仁
四川省	四川想真企业有限公司	100OP1300252	2015-1-30	薏米
四川省	四川天源油橄榄有限公司	100OP1300484	2015-12-2	橄榄油
四川省	四川天源油橄榄有限公司	100OP1300485	2015-12-2	橄榄油
四川省	四川省元顶子茶场	100OP1200401	2015-5-26	茶
四川省	四川省元顶子茶场	100OP1200402	2015-5-26	绿茶、红茶
四川省	四川省文君茶业有限公司	100OP1200190	2015-6-7	茶青
四川省	四川省文君茶业有限公司	100OP1200191	2015-6-7	绿茶
四川省	四川攀星绿色食品集团有限公司	100OP1301023	2014-12-15	菌类
四川省	四川攀星绿色食品集团有限公司	100OP1301024	2014-12-15	蔬菜干制品等
四川省	四川绿源春茶业有限公司	100OP1300497	2015-11-2	茶
四川省	四川绿源春茶业有限公司	100OP1300498	2015-11-2	绿茶
四川省	四川环太实业有限责任公司	100OP1300236	2014-12-22	野生食用菌
四川省	四川环太实业有限责任公司	100OP1300237	2014-12-22	野生食用菌
四川省	石棉县源源冬枣专业合作社	100OP1400016	2015-1-6	枣、核桃
四川省	石棉县沃野农业开发有限责任公司	100OP1301034	2015-12-23	柑
四川省	石棉县天源核桃专业合作社	100OP1400019	2015-1-6	核桃
四川省	石棉县食之源农产品开发有限公司	100OP1400017	2016-1-6	核桃
四川省	石棉县林源农业开发有限公司	100OP1400025	2015-1-7	猕猴桃
四川省	石棉县金土地农业开发有限公司	100OP1400018	2015-1-6	枇杷
四川省	石棉县金土地农业开发有限公司	100OP1400140	2015-1-6	黄果柑
四川省	石棉县丰乐乡三星果业专业合作社	100OP1400024	2015-1-7	枇杷
四川省	石棉县东威农业开发有限公司	100OP1400027	2015-1-7	核桃、柑

（续）

省份	企业名称	有机证书编号	有效期限	项目名称
四川省	石棉县地鑫农业土地开发有限公司	100OP1400015	2016-1-6	黄果柑
四川省	射洪县峻原农业有限责任公司	100OP1300544	2015-3-18	桔橙
四川省	青川县白龙湖水产开发有限公司	100OP1300730	2014-12-13	鱼、虾
四川省	平武县香叶尖茶业有限公司	100OP1200178	2015-3-22	茶
四川省	平武县香叶尖茶业有限公司	100OP1200179	2015-3-22	绿茶
四川省	蓬溪县赤城湖管理所	100OP1400168	2015-3-16	鱼
四川省	南江县核桃产业开发有限公司	100OP1300440	2015-8-18	核桃
四川省	南江县核桃产业开发有限公司	100OP1300441	2015-8-18	核桃
四川省	南江县核桃产业开发有限公司	100OP1300442	2015-8-18	核桃油
四川省	南充市凤鸣绿色食品有限责任公司	100OP1400229	2015-5-19	猪
四川省	南充市凤鸣绿色食品有限责任公司	100OP1400230	2015-5-19	水果
四川省	绵阳元春生态农业有限责任公司	100OP1300714	2014-12-19	枇杷、柚
四川省	泸州市农业科学研究所	100OP1300470	2015-3-14	荔枝、龙眼
四川省	泸州老窖股份有限公司	100OP1200473	2015-8-21	小麦、高粱
四川省	泸州老窖股份有限公司	100OP1200474	2015-8-21	白酒
四川省	凉山新兴农业生物科技有限公司	100OP1200150	2015-7-7	石榴
四川省	江油市巽牌有机农业有限公司	100OP1200007	2015-1-11	玫瑰等
四川省	广元亿明生物科技有限公司	100OP1300906	2015-8-4	杜仲
四川省	广元亿明生物科技有限公司	100OP1300907	2015-8-4	杜仲
四川省	成都世煌生物科技有限责任公司	100OP1400143	2015-2-27	桑叶
四川省	成都世煌生物科技有限责任公司	100OP1400144	2015-2-27	桑叶茶
四川省	宝兴县水海子生态养殖农民专业合作社	100OP1400083	2015-1-21	肉牛
四川省	宝兴县硗碛乡五倒拐生态养殖农民专业合作社	100OP1400131	2015-1-21	牦牛
四川省	宝兴县硗碛乡半节沟金鑫生态养殖专业合作社	100OP1400133	2015-1-21	牦牛
四川省	宝兴县硗碛深山牦牛养殖专业合作社	100OP1400132	2015-1-21	牦牛
四川省	宝兴县高石庄牦牛羊原生态农民专业合作社	100OP1400135	2015-1-21	牦牛
四川省	宝兴县安氏生态养殖专业合作社	100OP1400134	2015-1-27	牦牛
云南省	云南云澳达坚果开发有限公司	100OP1400171	2015-3-16	板栗
云南省	云南云澳达坚果开发有限公司	100OP1400172	2015-3-16	坚果粒
云南省	云南雪域印象生物科技有限公司	100OP1200274	2015-10-29	核桃等
云南省	云南雪域印象生物科技有限公司	100OP1200275	2015-10-29	核桃等
云南省	云南台茶茶业有限公司	100OP1300700	2015-11-19	乌龙茶
云南省	云南台茶茶业有限公司	100OP1300701	2015-11-19	乌龙茶
云南省	云南省腾冲清凉山茶厂有限责任公司	100OP1300243	2015-1-28	茶
云南省	云南省腾冲清凉山茶厂有限责任公司	100OP1300244	2015-1-28	绿茶、黑茶
云南省	云南摩尔农庄生物科技开发有限公司	100OP1300760	2015-8-2	核桃果、核桃油

（续）

省份	企业名称	有机证书编号	有效期限	项目名称
云南省	云南摩尔农庄生物科技开发有限公司	100OP1300761	2015-8-2	核桃果、核桃油
云南省	云南摩尔农庄生物科技开发有限公司	100OP1400050	2015-1-14	核桃
云南省	云南摩尔农庄生物科技开发有限公司	100OP1400051	2015-1-14	核桃
云南省	云龙县宝丰乡大栗树茶厂	100OP1300629	2015-3-20	茶
云南省	云龙县宝丰乡大栗树茶厂	100OP1300630	2015-3-20	绿茶、黑茶
云南省	易门县康源菌业有限公司	100OP1300989	2015-11-18	菌类
云南省	易门县康源菌业有限公司	100OP1300990	2015-11-18	菌类
云南省	石林万家欢农业科技开发有限公司	100OP1300931	2015-9-29	蓝莓
云南省	普洱景谷李记谷庄茶业有限公司	100OP1400270	2015-8-17	茶
云南省	普洱景谷李记谷庄茶业有限公司	100OP1400271	2015-8-17	黑茶
云南省	芒市遮放贡米有限责任公司	100OP1200321	2015-11-7	大米
云南省	芒市遮放贡米有限责任公司	100OP1200322	2015-11-7	大米
云南省	昆明五谷王食品有限公司	100OP1300501	2015-9-2	苦荞麦
云南省	昆明五谷王食品有限公司	100OP1300502	2015-9-2	苦荞米、苦荞茶
云南省	大姚亿利丰农产品有限公司	100OP1300260	2015-10-17	核桃
云南省	大姚亿利丰农产品有限公司	100OP1300261	2015-10-17	核桃
云南省	大姚锦亿土特产有限公司	100OP1400013	2015-1-1	牛肝菌、松茸
云南省	大姚锦亿土特产有限公司	100OP1400014	2015-1-1	干品
云南省	大理天宝祥有机茶业有限公司	100OP1200117	2015-6-14	茶叶
云南省	大理天宝祥有机茶业有限公司	100OP1200118	2015-6-14	乌龙茶
西藏自治区	西藏天麦力健康品有限公司	100OP1200294	2015-9-15	青稞米
西藏自治区	西藏天麦力健康品有限公司	100OP1200295	2015-9-15	青稞米
陕西省	西安白鹿原生态实业有限公司	100OP1200357	2015-8-19	樱桃
陕西省	陕西省午子绿茶有限责任公司	100OP1200413	2015-12-1	茶叶
陕西省	陕西省午子绿茶有限责任公司	100OP1200414	2015-12-1	茶叶
陕西省	陕西穆堂香调味食品有限公司	100OP1300303	2015-10-24	花椒
陕西省	陕西定军山绿茶有限公司	100OP1300279	2015-12-1	茶叶
陕西省	陕西定军山绿茶有限公司	100OP1300280	2015-12-1	茶叶
甘肃省	威龙葡萄酒股份有限公司	100OP1200162	2015-8-18	葡萄酒
甘肃省	天水德龙果园有限公司	100OP1300624	2015-3-20	葡萄
甘肃省	山丹马场丹马油脂有限责任公司	100OP1400127	2015-1-23	油菜籽
甘肃省	山丹马场丹马油脂有限责任公司	100OP1400128	2015-1-23	菜籽油
甘肃省	庆阳陇清瓜果农民专业合作社	100OP1400082	2015-1-22	苹果
甘肃省	陇南市摩溪春茶叶有限责任公司	100OP1400289	2015-10-22	茶叶
甘肃省	陇南市摩溪春茶叶有限责任公司	100OP1400290	2015-10-22	茶叶
甘肃省	甘肃中美国玉水果玉米科技开发有限公司	100OP1400122	2015-1-23	玉米

（续）

省份	企业名称	有机证书编号	有效期限	项目名称
甘肃省	甘肃银河食品集团有限责任公司	100OP1200325	2015-9-19	粉丝
甘肃省	甘肃银河食品集团有限责任公司	100OP1400121	2015-1-22	玉米
甘肃省	甘肃威龙有机葡萄酒有限公司	100OP1300768	2014-12-22	葡萄
甘肃省	甘肃威龙有机葡萄酒有限公司	100OP1300769	2014-12-22	葡萄酒
甘肃省	甘肃威龙有机葡萄酒有限公司	100OP1400222	2015-4-23	酿酒葡萄
甘肃省	甘肃天盛生物科技有限公司	100OP1300795	2015-9-4	苁蓉
甘肃省	甘肃天盛生物科技有限公司	100OP1300796	2015-9-4	苁蓉
甘肃省	甘肃天盛生物科技有限公司	100OP1300797	2015-9-4	苁蓉
甘肃省	甘肃天玛生态食品科技股份有限公司	100OP1300253	2015-11-18	牛、羊肉
甘肃省	甘肃省利康营养食品有限责任公司	100OP1200104	2014-12-22	菊芋
甘肃省	甘肃省利康营养食品有限责任公司	100OP1200105	2014-12-22	菊粉等
甘肃省	甘肃蓉宝生物科技有限公司	100OP1400063	2015-1-19	苁蓉
甘肃省	甘肃蓉宝生物科技有限公司	100OP1400064	2015-1-19	其他代用茶
甘肃省	甘肃龙神茶业有限公司	100OP1300961	2015-10-14	茶
甘肃省	甘肃龙神茶业有限公司	100OP1300962	2015-10-14	绿茶
甘肃省	甘肃黄羊河集团食品有限公司	100OP1200232	2015-9-19	糯玉米
甘肃省	甘肃黄羊河集团食品有限公司	100OP1200233	2015-9-19	糯玉米
甘肃省	甘肃高原圣果沙棘开发有限公司民乐分公司	100OP1400296	2015-10-22	沙棘
甘肃省	甘肃高原圣果沙棘开发有限公司民乐分公司	100OP1400297	2015-10-22	沙棘
青海省	泽库县有机畜牧业发展推广中心	100OP1200491	2014-12-12	牛、羊
青海省	青海绿草源食品有限公司河南县分公司	100OP1200031	2015-4-1	牛、羊肉
青海省	河南县牧腾有机畜牧业产业发展有限责任公司	100OP1400116	2015-1-23	牛羊、牛奶
青海省	海西州水产养殖场	100OP1200005	2015-1-16	鱼、蟹
宁夏回族自治区	永宁县誉方圆粮食种植专业合作社	100OP1300619	2015-3-19	稻谷
宁夏回族自治区	永宁县学忠农业专业合作社	100OP1400059	2015-1-14	稻谷
宁夏回族自治区	永宁县伟国农业专业合作社	100OP1400185	2015-3-30	稻谷
宁夏回族自治区	永宁县盛丰源种植专业合作社	100OP1400186	2015-3-30	稻谷
宁夏回族自治区	永宁县圣川双丰有机水稻专业合作社	100OP1300637	2015-1-13	稻谷
宁夏回族自治区	永宁县惠丰现代农业种植专业合作社	100OP1400190	2015-4-8	稻谷
宁夏回族自治区	永宁县德举农业专业合作社	100OP1400184	2015-3-30	稻谷
宁夏回族自治区	永宁县崔波种植专业合作社	100OP1400191	2015-4-8	稻谷
宁夏回族自治区	永宁博丰有机水稻专业合作社	100OP1300734	2015-3-18	稻谷
宁夏回族自治区	银川黄河峰源有机稻种植专业合作社	100OP1300183	2014-12-21	稻谷
宁夏回族自治区	银川黄河峰源有机稻种植专业合作社	100OP1300184	2014-12-21	大米
宁夏回族自治区	银川黄河峰源有机稻种植专业合作社	100OP1400011	2014-12-29	稻谷
宁夏回族自治区	银川黄河峰源有机稻种植专业合作社	100OP1400012	2014-12-29	大米

（续）

省份	企业名称	有机证书编号	有效期限	项目名称
宁夏回族自治区	彭阳县福泰菌业有限责任公司	100OP1300515	2015-8-28	食用菌
宁夏回族自治区	宁夏正鑫源现代农业发展有限公司	100OP1400123	2015-1-22	稻谷
宁夏回族自治区	宁夏正鑫源现代农业发展有限公司	100OP1400124	2015-1-22	大米
宁夏回族自治区	宁夏裕稻丰生态农业科技有限公司	100OP1300642	2015-11-23	大米
宁夏回族自治区	宁夏裕稻丰生态农业科技有限公司	100OP1400136	2015-11-23	大米
宁夏回族自治区	宁夏裕稻丰生态农业科技有限公司	100OP1400146	2015-11-23	大米
宁夏回族自治区	宁夏永宁县九缘乡米业有限公司	100OP1400187	2015-3-30	稻谷
宁夏回族自治区	宁夏永宁县九缘乡米业有限公司	100OP1400188	2015-3-30	大米
宁夏回族自治区	宁夏银湖农林牧开发有限公司	100OP1300109	2015-1-14	枣、葡萄
宁夏回族自治区	宁夏易健兴农商贸有限公司	100OP1300467	2015-3-13	稻谷
宁夏回族自治区	宁夏市外淘园农业开发有限公司	100OP1300608	2015-3-20	稻谷
宁夏回族自治区	宁夏市外淘园农业开发有限公司	100OP1300609	2015-3-20	大米
宁夏回族自治区	宁夏生瑞米业有限公司	100OP1300122	2015-1-14	稻谷
宁夏回族自治区	宁夏生瑞米业有限公司	100OP1300123	2015-1-14	大米
宁夏回族自治区	宁夏青铜峡市法福来面粉有限公司	100OP1200384	2014-12-21	稻谷
宁夏回族自治区	宁夏青铜峡市法福来面粉有限公司	100OP1200385	2014-12-21	大米
宁夏回族自治区	宁夏精品农业服务有限公司	100OP1300432	2015-3-3	稻谷
宁夏回族自治区	宁夏精品农业服务有限公司	100OP1300433	2015-3-3	大米
宁夏回族自治区	宁夏回族自治区仁存渡护岸林场	100OP1300025	2014-12-20	苹果
宁夏回族自治区	宁夏昊王米业有限公司	100OP1200009	2015-3-4	大米
宁夏回族自治区	宁夏昊王米业有限公司	100OP1200014	2015-3-4	稻谷
宁夏回族自治区	宁夏昊王米业有限公司	100OP1400033	2015-1-12	稻谷
宁夏回族自治区	宁夏昊王米业有限公司	100OP1400034	2015-1-12	大米
宁夏回族自治区	贺兰县团结粮食产销专业合作社	100OP1300601	2015-3-20	稻谷
宁夏回族自治区	贺兰县团结粮食产销专业合作社	100OP1300602	2015-3-20	大米
宁夏回族自治区	贺兰县立岗镇兰光阳光瓜菜产销专业合作社	100OP1300639	2015-3-18	稻谷
宁夏回族自治区	贺兰县立岗镇兰光阳光瓜菜产销专业合作社	100OP1300640	2015-3-18	大米、米糠
宁夏回族自治区	贺兰县常信乡九旺粮食产销专业合作社	100OP1300453	2015-2-19	稻谷
宁夏回族自治区	贺兰县常信乡九旺粮食产销专业合作社	100OP1300454	2015-2-19	大米
宁夏回族自治区	贺兰广银米业有限公司	100OP1300625	2015-3-19	稻谷
宁夏回族自治区	贺兰广银米业有限公司	100OP1300626	2015-3-19	大米
新疆维吾尔自治区	新疆乡都酒业有限公司	100OP1300554	2015-11-24	葡萄酒
新疆维吾尔自治区	新疆乡都酒业有限公司	100OP1300555	2015-11-24	葡萄酒
新疆维吾尔自治区	新疆乡都酒业有限公司	100OP1300556	2015-11-24	葡萄酒
新疆维吾尔自治区	新疆生产建设兵团第十三师黄田农场	100OP1301022	2014-12-15	枣
新疆维吾尔自治区	新疆生产建设兵团第三师小海子水库管理处	100OP1400256	2015-7-3	鱼、绒螯蟹

（续）

省份	企业名称	有机证书编号	有效期限	项目名称
新疆维吾尔自治区	新疆赛湖渔业科技开发有限公司	100OP1400175	2015-3-16	鲑
新疆维吾尔自治区	新疆赛湖渔业科技开发有限公司	100OP1400176	2015-3-16	鲑
新疆维吾尔自治区	新疆米全粮油购销有限公司	100OP1300215	2015-1-7	稻谷
新疆维吾尔自治区	新疆米全粮油购销有限公司	100OP1300216	2015-1-7	大米
新疆维吾尔自治区	新疆昆托米业股份有限公司	100OP1400242	2015-6-5	稻谷
新疆维吾尔自治区	新疆昆托米业股份有限公司	100OP1400243	2015-6-5	大米
新疆维吾尔自治区	新疆大德恒生物股份有限公司	100OP1200577	2015-11-22	杏
新疆维吾尔自治区	新疆大德恒生物股份有限公司	100OP1200578	2015-11-22	杏仁等
新疆维吾尔自治区	新疆阿勒泰戈宝麻有限公司	100OP1300195	2014-12-22	罗布麻
新疆维吾尔自治区	新疆阿勒泰戈宝麻有限公司	100OP1300196	2014-12-22	代用茶
新疆维吾尔自治区	乌鲁木齐市米东区金迷泉大米加工厂	100OP1300585	2015-9-20	大米
新疆维吾尔自治区	乌鲁木齐市米东区金迷泉大米加工厂	100OP1300586	2015-9-20	大米
新疆维吾尔自治区	察布查尔伊香米业有限责任公司	100OP1300086	2015-8-2	大米
新疆维吾尔自治区	察布查尔伊香米业有限责任公司	100OP1300087	2015-8-2	大米
新疆维吾尔自治区	阿克苏刀郎果业有限公司	100OP1300610	2015-3-20	枣
新疆维吾尔自治区	阿克苏刀郎果业有限公司	100OP1300611	2015-3-20	枣
海外	远东蓝藻工业股份有限公司	100OP1300764	2015-4-6	螺旋藻
海外	远东蓝藻工业股份有限公司	100OP1300765	2015-4-6	螺旋藻
海外	雅培贸易（上海）有限公司	100OP1400272	2015-9-1	奶粉
海外	特福芬有限公司	100OP1200053	2015-5-19	奶粉
海外	特福芬有限公司	100OP1200205	2015-9-20	米粉
海外	青田农产有限公司	100OP1400249	2015-6-29	稻谷
海外	青田农产有限公司	100OP1400250	2015-6-29	大米
海外	青田农产有限公司	100OP1400251	2015-6-29	米粉
海外	鹏景国际兴业股份有限公司	100OP1200075	2014-12-29	茶
海外	鹏景国际兴业股份有限公司	100OP1200090	2014-12-29	乌龙茶
海外	龙口食品企业股份有限公司	100OP1400244	2015-6-5	淀粉制品
海外	VITAGERMINE SAS	100OP1200484	2015-7-20	奶粉
海外	Vinedos Emiliana S. A.	100OP1400268	2015-8-11	酿酒葡萄
海外	Vinedos Emiliana S. A.	100OP1400269	2015-8-11	葡萄酒
海外	PROLACTAL GMBH	100OP1400181	2015-3-16	奶粉
海外	GEMTREE VINEYARDS PTY LTD	100OP1300917	2015-8-14	酿酒葡萄
海外	GEMTREE VINEYARDS PTY LTD	100OP1300918	2015-8-14	酿酒葡萄
海外	GEMTREE VINEYARDS PTY LTD	100OP1300919	2015-8-14	葡萄酒
海外	GEMTREE VINEYARDS PTY LTD	100OP1400267	2015-8-14	葡萄酒
海外	Deumil GmbH	100OP1200456	2015-11-28	奶粉

（续）

省份	企业名称	有机证书编号	有效期限	项目名称
海外	Arla Foods amba	100OP1300204	2015-1-3	牛奶
海外	Arla Foods amba	100OP1300238	2015-1-30	牛乳
海外	Arla Foods amba	100OP1300578	2015-3-27	奶粉
海外	Arla Foods amba	100OP1400195	2015-4-8	牛奶
海外	Arla Foods amba	100OP1400225	2015-5-6	牛乳
海外	Arla Foods amba	100OP1400226	2015-5-6	乳清
海外	Angove Family Winemakers	100OP1400281	2015-10-15	酿酒葡萄
海外	Angove Family Winemakers	100OP1400282	2015-10-15	葡萄酒
海外	Angove Family Winemakers	100OP1400283	2015-10-15	酿酒葡萄
海外	Angove Family Winemakers	100OP1400284	2015-10-15	红葡萄酒
海外	AIW Management LLC	100OP1300752	2014-12-21	奶粉
海外	Aarhuskarlshamn Netherlands BV	100OP1400246	2015-6-19	豆油

2014 年农产品地理标志登记产品公告信息

中华人民共和国农业部公告第 2105 号

根据《农产品地理标志管理办法》规定，北京市海淀区农业科学研究所等单位申请对"海淀玉巴达杏"等 79 个产品实施国家农产品地理标志登记保护。经过初审、专家评审和公示，符合农产品地理标志登记程序和条件，准予登记，特颁发中华人民共和国农产品地理标志登记证书。

特此公告。

附件：2014 年第一批农产品地理标志登记产品公告信息

农业部

2014 年 5 月 22 日

附件：

2014 年第一批农产品地理标志登记产品公告信息

序号	产品名称	所在地域	申请人全称	划定的地域保护范围	质量控制技术规范编号
1	海淀玉巴达杏	北京	北京市海淀区农业科学研究所	海淀区苏家坨镇七王坟村、西埠头村、车耳营村、西山农场、徐各庄村、北安河村、南安河村、草场村、周家巷村、聂各庄村，温泉镇白家疃村、温泉镇、杨家庄村，西北旺镇冷泉村、韩家川村，四季青镇香山村（1 街坊、2 街坊）。地理坐标为东经 116°03′00″～116°16′00″，北纬 39°58′00″～40°06′00″。	AGI2014-01-1377
2	河套向日葵	内蒙古	巴彦淖尔市绿色食品发展中心	巴彦淖尔市所辖的磴口县、杭锦后旗、临河区、乌拉特后旗、乌拉特前旗、乌拉特中旗、五原县等 7 个旗县区、40 个苏木乡镇、601 个行政村。地理坐标为东经 105°12′00″～109°53′00″，北纬 40°13′00″～42°28′00″。	AGI2014-01-1378
3	鄂托克阿尔巴斯山羊肉	内蒙古	鄂托克旗农牧业产业化综合服务中心	鄂托克旗阿尔巴斯苏木、苏米图苏木、乌兰镇、棋盘井镇、木凯淖镇、蒙西镇 6 个苏木镇，75 个嘎查，367 个牧业小组。地理坐标为东经 106°41′00″～108°54′00″，北纬 38°18′00″～40°11′00″。	AGI2014-01-1379

（续）

序号	产品名称	所在地域	申请人全称	划定的地域保护范围	质量控制技术规范编号
4	盖州尖把梨	辽宁	盖州市果树技术研究推广中心	盖州市二台农场、九寨镇、陈屯镇、九垄地办事处、榜式堡镇、高屯镇、暖泉镇、团甸镇、徐屯镇、东城办事处、太阳升办事处、杨运镇、卧龙泉镇、什字街镇、万福镇、梁屯镇、小石棚乡、青石岭镇、果园乡、双台镇、矿洞沟镇，共计21个乡场镇（办事处），169个村。地理坐标为东经121°56′44″～122°53′26″，北纬39°55′12″～40°33′55″。	AGI2014-01-1380
5	盖州桃	辽宁	盖州市果树技术研究推广中心	盖州市二台农场、归州镇、九寨镇、陈屯镇、九垄地办事处、沙岗镇、榜式堡镇、高屯镇、团甸镇、徐屯镇、东城办事处、太阳升办事处、西海办事处、团山办事处、杨运镇、卧龙泉镇、什字街镇、万福镇、梁屯镇、青石岭镇、西城办事处、双台镇、矿洞沟镇，共计23个乡场镇（办事处），203个村。地理坐标为东经121°56′44″～122°53′26″，北纬39°55′12″～40°33′55″。	AGI2014-01-1381
6	海洋岛海参	大连	长海县海洋乡渔农业服务站	海洋岛所辖东部、西部、南部、北部近岸10～40米以内海域。地理坐标为东经123°06′01″～123°13′39″，北纬39°00′33″～39°06′41″。	AGI2014-01-1382
7	普兰店黄蚬	大连	普兰店市水产技术推广站	普兰店市城子坦街道沿海0～10米等深线之间的近岸水域。地理坐标为东经122°30′26″～122°34′15″，北纬39°24′51″～39°27′51″。	AGI2014-01-1383
8	旅顺海虾米	大连	大连市旅顺口区渔业协会	旅顺口区郭家沟村与大连高新园区鲍鱼肚村交界处，北至旅顺口区小黑石村与甘井子区分界线钓鱼台咀。地理坐标为东经121°16′29″～121°20′52″，北纬38°49′28″～38°58′12″。	AGI2014-01-1384
9	金州海蛎子	大连	大连金州新区渔业协会	金州新区杏树、登沙河、大李家、金石滩街道所辖海域。北至杏树街道北部大沙河河口，南至金石滩街道沙鱼嘴。地理坐标为东经121°57′47″～122°20′40″，北纬38°56′40″～39°19′03″。	AGI2014-01-1385
10	勃利葡萄	黑龙江	勃利县联友葡萄种植专业合作社	勃利县永恒乡、青山乡、勃利镇、大四站镇、倭垦镇、铁山乡、金河开发区。地理坐标为东经130°06′00″～131°56′00″，北纬45°16′00″～46°37′00″。	AGI2014-01-1386
11	崇明金瓜	上海	崇明县农产品质量安全学会	上海市崇明县所辖三星镇、绿华镇、庙镇、港西镇、城桥镇、建设镇、新河镇、竖新镇、堡镇、港沿镇、向化镇、中兴镇、陈家镇、新海镇、东平镇、新村乡，共15个镇1个乡267个行政村。地理坐标为东经121°09′30″～121°54′00″，北纬31°27′00″～31°51′15″。	AGI2014-01-1387
12	淮安蒲菜	江苏	淮安市淮安区农副产品协会	淮安市淮安区境内淮城、流均、车桥、泾口、施河、环白马湖地区的南闸、林集、范集、白马湖农场等9个乡镇的80个行政村。地理坐标为东经119°02′00″～119°35′00″，北纬33°17′00″～33°32′00″。	AGI2014-01-1388
13	海门香芋	江苏	海门市蔬菜生产技术指导站	海门市所辖海门高新区、海门经济开发区、三厂工业园区、三星镇、临江镇、包场镇、常乐镇、悦来镇、余东镇、四甲镇、正余镇、海永乡。地理坐标为东经121°04′00″～121°32′00″，北纬31°46′00″～32°09′00″。	AGI2014-01-1389

（续）

序号	产品名称	所在地域	申请人全称	划定的地域保护范围	质量控制技术规范编号
14	阜宁西瓜	江苏	阜宁县蔬菜协会	阜宁县芦蒲镇、板湖镇、东沟镇、古河镇、罗桥镇5镇全部地区和益林镇、羊寨镇、陈集镇、新沟镇4镇部分地区，共186个村居。地理坐标为东经119°27′10″～119°42′52″，北纬33°30′17″～33°51′03″。	AGI2014-01-1390
15	阳山水蜜桃	江苏	无锡市惠山区阳山水蜜桃桃农协会	无锡市惠山区阳山镇阳山村、桃源村、鸿桥村、普照村、桃园村、尹城村、陆区村、安阳山村、冬青村、住基村、光明村、高潮村、新渎村、火炬村；洛社镇润杨村、镇北村、福山村、保健村、华圻村、张镇桥、红明村、绿化村和杨市社区；钱桥镇盛峰村、南塘村、稍塘村、东风村、洋溪村等3乡镇的28个行政村。地理坐标为东经120°03′07″～120°11′34″，北纬31°33′16″～31°40′58″。	AGI2014-01-1391
16	泰兴元麦	江苏	泰兴市农业科学研究所	泰兴市所辖分界、黄桥、元竹、河失、广陵、曲霞、姚王、根思、张桥、宣堡等10个乡镇。地理坐标为东经119°54′05″～120°21′56″，北纬31°58′12″～32°23′05″。	AGI2014-01-1392
17	平阳黄汤茶	浙江	平阳县茶叶产业协会	平阳县水头镇、鳌江镇、山门镇、腾蛟镇、昆阳镇、万全镇、南雁镇、顺溪镇等8个镇42个村。地理坐标为东经120°24′00″～121°08′00″，北纬27°21′00″～27°46′00″。	AGI2014-01-1393
18	里叶白莲	浙江	建德市莲子产业协会	建德市梅城镇、乾潭镇、三都镇、大洋镇、杨村桥镇、下涯镇、莲花镇、寿昌镇、航头镇、大慈岩镇、大同镇、李家镇、新安江街道、洋溪街道、更楼街道。地理坐标为东经118°54′00″～119°45′00″，北纬29°13′00″～29°46′00″。	AGI2014-01-1394
19	金寨红茶	安徽	金寨县茶叶发展办公室	金寨县梅山镇、麻埠镇、油坊店乡、青山镇、张冲乡、全军乡、桃岭乡、铁冲乡、燕子河镇、天堂寨镇、古碑镇、吴家店镇、花石乡、白塔畈镇等23个乡镇。地理坐标为东经115°22′00″～116°11′00″，北纬31°06′00″～31°48′00″。	AGI2014-01-1395
20	福安芙蓉李	福建	福安市经济作物站	福安市境内的潭头镇富罗坂、东昆、潭头、坑源等8个行政村；城阳乡的湖塘坂、东口村；社口镇的沙溪村；上白石镇的财洪村等共12个行政村。地理坐标为东经119°38′41″～119°44′17″，北纬27°10′15″～27°14′50″。	AGI2014-01-1396
21	福安刺葡萄	福建	福安市经济作物站	福安市穆阳畲族开发区、穆云乡、穆阳镇、康厝乡、溪潭镇、坂中乡等5个乡（镇）的溪塔、穆阳、凤阳等37个行政村。地理坐标为东经119°27′14″～119°35′56″，北纬26°09′22″～27°01′46″。	AGI2014-01-1397
22	永定红柿	福建	永定县红柿专业技术协会	永定县所辖岐岭乡、陈东乡、古竹乡、高头乡、湖坑镇、大溪乡、下洋镇、湖山乡8个乡镇。地理坐标为东经116°25′00″～117°05′00″，北纬24°23′00″～25°05′00″。	AGI2014-01-1398
23	黎川香榧	江西	黎川县农业技术推广中心	黎川县宏村镇、樟溪乡、西城乡、厚村乡、洵口镇、社苹乡、湖坊乡、熊村镇、德胜镇等9个乡镇。地理坐标为东经116°42′42″～117°10′14″，北纬26°59′06″～27°33′58″。	AGI2014-01-1399
24	乐安花猪	江西	乐安县农业技术推广服务中心	乐安县招携镇、金竹畲族乡、增田镇、湖坪乡、万崇镇、罗陂乡、牛田镇、鳌溪镇、山砀镇、龚坊镇、戴坊镇、南村乡、谷岗乡、大马头垦殖场等14个乡（镇、场）。地理坐标为东经115°36′17″～116°10′54″，北纬26°50′03″～27°45′42″。	AGI2014-01-1400

（续）

序号	产品名称	所在地域	申请人全称	划定的地域保护范围	质量控制技术规范编号
25	荣成蜜桃	山东	荣成市绿色食品协会	荣成市境内埠柳、崖西、夏庄、俚岛、成山、港西、荫子、滕家、上庄、王连10个镇（街道）共158个行政村。西至荫子镇于家泊村，东至成山镇南泊子村，南至王连街道南桥头村，北至港西镇墩后村。地理坐标为东经122°15′47″～122°31′58″，北纬36°57′30″～37°22′29″。	AGI2014-01-1401
26	伟德山板栗	山东	荣成市绿色食品协会	荣成市境内埠柳、崖西、夏庄、俚岛4个镇及寻山街道办事处共69个行政村。西至崖西镇管家村，东至俚岛镇沟陈家村，南至寻山街道黄家庄，北至埠柳镇万家河。地理坐标为东经122°19′00″～122°33′00″，北纬37°13′00″～37°19′00″。	AGI2014-01-1402
27	临朐三山峪大山楂	山东	临朐县农民专业合作社联合会	临朐县所辖辛寨镇、沂山镇、九山镇、寺头镇4个镇36个村。地理坐标为东经118°30′00″～118°43′00″，北纬36°11′00″～36°23′00″。	AGI2014-01-1403
28	山旺大樱桃	山东	临朐县山旺镇大棚果协会	临朐县龙岗镇32个行政村。东至东王家沟，西至柳行沟，南至乜家河，北至蒿科。地理坐标为东经118°40′18″～118°46′05″，北纬36°28′05″～36°34′31″。	AGI2014-01-1404
29	金鸽山小米	山东	临朐县山旺镇小米协会	临朐县龙岗镇32个行政村。东至东王家沟，西至柳行沟，南至乜家河，北至蒿科。地理坐标为东经118°37′30″～118°45′01″，北纬36°30′01″～36°35′01″。	AGI2014-01-1405
30	梁山黑猪	山东	梁山县大义和养猪协会	梁山县境内12个乡镇、2个街道办、1个经济开发区，共计672个行政村。东至韩岗镇东袁口村，西至黑虎庙镇马庄村，南至韩垓镇五里堡村，北至小路口镇孙楼庄村。地理坐标为东经115°51′37″～116°21′26″，北纬35°36′36″～35°58′59″。	AGI2014-01-1406
31	大家洼鲻米鱼	山东	潍坊滨海经济技术开发区渔业协会	潍坊滨海经济技术开发区大家洼街办、央子街办北部海域及陆域养殖区。海域地理坐标为东经119°01′00″～119°21′00″，北纬37°05′00″～37°22′00″，陆域地理坐标为东经118°53′00″～119°53′00″，北纬36°56′00″～37°18′00″。	AGI2014-01-1407
32	固始皇姑山茶	河南	固始县兴农茶叶专业合作社	固始县武庙集镇长江河村、锁口村、黄土岭村。地理坐标为东经115°20′35″～115°56′17″，北纬31°45′19″～32°34′50″。	AGI2014-01-1408
33	昭君眉豆	湖北	兴山县盛世红颜蔬菜专业合作社	兴山县昭君镇、南阳镇、黄粮镇、古夫镇、水月寺镇、榛子乡、高桥乡等7个乡镇。地理坐标为东经110°25′00″～111°06′00″，北纬31°04′00″～31°34′00″。	AGI2014-01-1409
34	宜都宜红茶	湖北	宜都市宜红茶协会	宜都市红花套镇、高坝洲镇、姚家店镇、五眼泉镇、聂家河镇、潘家湾土家族乡、王家畈乡、松木坪镇、枝城镇、陆城街道办事处7个镇2个乡1个街道办事处。地理坐标为东经111°05′47″～111°36′02″，北纬30°05′55″～30°36′00″。	AGI2014-01-1410
35	承恩贡米	湖北	谷城县茨河镇农业技术推广服务中心	谷城县茨河镇承恩寺周边9个村。地理坐标为东经111°07′00″～111°52′00″，北纬30°53′00″～32°09′00″。	AGI2014-01-1411
36	泗流山薏苡仁	湖北	蕲春县农业技术推广中心	蕲春县檀林镇泗流山村一带。地理坐标为东经115°45′00″～115°55′00″，北纬30°36′00″～30°41′00″。	AGI2014-01-1412

（续）

序号	产品名称	所在地域	申请人全称	划定的地域保护范围	质量控制技术规范编号
37	石马槽大米	湖北	当阳市庙前镇农业服务中心	当阳市庙前镇石马槽、庙前、巩河、李店、山峰、沙河、林桥、烟集、李湾、鞍山、英雄、佟湖、长春、普济寺、桐树垭、井冈、清平河、旭光等18个行政村。地理坐标为东经110°41′34″～111°55′48″，北纬30°51′00″～31°05′00″。	AGI2014-01-1413
38	竹山肚倍	湖北	竹山县农业技术推广中心	竹山县城关镇、潘口乡、溢水镇、麻家渡镇、宝丰镇、擂鼓镇、秦古镇、竹坪乡、得胜镇、大庙乡、文峰乡、双台乡、楼台乡、深河乡、上庸镇、官渡镇、柳林乡等17个乡镇。地理坐标为东经109°33′00″～110°26′00″，北纬31°30′00″～32°37′00″。	AGI2014-01-1414
39	崇阳野桂花蜜	湖北	崇阳县养蜂协会	崇阳县金塘镇寒泉村为中心，涉及高枧、金塘、青山、港口、铜钟、路口6个乡镇的34个村。地理坐标为东经113°43′00″～114°21′00″，北纬29°12′00″～29°41′00″。	AGI2014-01-1415
40	通山乌骨山羊	湖北	通山县乌骨山羊养殖协会	通山县所辖的通羊镇、南林桥镇、大路乡、黄沙铺镇、厦铺镇、杨芳林乡、闯王镇、九宫山镇、洪港镇、燕厦乡、大畈镇、慈口乡等12个乡镇180个村，7个国营林场。地理坐标为东经114°18′00″～114°57′00″，北纬29°21′00″～29°50′00″。	AGI2014-01-1416
41	荆州大白刁	湖北	荆州市荆州区水产科学研究所	荆州区纪南、川店、马山、八岭山、李埠、弥市、郢城7个镇，东城、西城、城南3个街道办事处，太湖港、菱角湖2个农场管理区以及荆州城南经济开发区所辖133个行政村和37个居民委员会。地理坐标为东经111°54′11″～112°19′21″，北纬30°06′51″～30°39′44″。	AGI2014-01-1417
42	大围山梨	湖南	浏阳市果茶业协会	浏阳市大围山镇、张坊镇、小河乡等3个乡镇。地理坐标为东经113°58′59″～114°15′08″，北纬28°11′24″～28°34′02″。	AGI2014-01-1418
43	连州菜心	广东	连州市农作物技术推广站	连州市的大路边、星子、龙坪、西江、九陂、连州、西岸、东陂、丰阳、保安、瑶安、三水等12个乡镇。地理坐标为东经112°07′00″～112°48′00″，北纬24°37′00″～25°12′00″。	AGI2014-01-1419
44	炭步槟榔香芋	广东	广州市花都区炭步镇农业技术推广站	广州市花都区炭步镇所辖的炭步居委、民主村、鸭一村、鸭湖村、平岭头村、水口村、步云村、石湖村、石南村、红峰村、布溪村等27个村。地理坐标为东经113°06′00″～113°10′00″，北纬23°15′00″～23°22′00″。	AGI2014-01-1420
45	平南石硖龙眼	广西	平南县农业技术推广中心	平南县所辖平山镇、寺面镇、六陈镇、大新镇、大坡镇、大洲镇、大安镇、武林镇等21个乡镇288个村委会和社区。地理坐标为东经110°03′54″～110°39′42″，北纬23°02′19″～24°02′19″。	AGI2014-01-1421
46	都峤山铁皮石斛	广西	广西容县金地铁皮石斛种植专业合作社	容县所辖的容州镇、容西乡、十里乡、石寨镇、杨梅镇、灵山镇、六王镇、黎村镇、杨村镇、县底镇、自良镇、浪水乡、松山镇、罗江镇、石头镇等15个乡镇219个行政村和3个国有林场。地理坐标为东经110°15′00″～110°53′00″，北纬22°27′00″～23°07′00″。	AGI2014-01-1422
47	东兰乌鸡	广西	东兰县畜牧管理站	东兰县东兰、隘洞、长江、金谷、巴畴、切学、长乐、武篆、花香、泗孟、兰木、大同、三弄、三石等14个乡镇149个行政村。地理坐标为东经107°05′00″～107°43′00″，北纬24°13′00″～24°51′00″。	AGI2014-01-1423

（续）

序号	产品名称	所在地域	申请人全称	划定的地域保护范围	质量控制技术规范编号
48	西林麻鸭	广西	西林县畜牧技术推广站	西林县境内的那劳乡、普合乡、足别乡、那佐乡、西平乡、八达镇、古障镇、马蚌乡共6个乡2个镇94个村。地理坐标为东经104°29′00″～105°36′00″，北纬24°01′00″～24°44′00″。	AGI2014-01-1424
49	恭城竹鼠	广西	恭城瑶族自治县水产畜牧兽医局畜牧与饲料站	恭城县恭城镇、栗木镇、莲花镇、三江乡、平安乡、西岭乡、嘉会乡、龙虎乡、观音乡共3个镇6个乡117个行政村。地理坐标为东经110°36′41″～111°10′12″，北纬24°36′50″～25°17′15″。	AGI2014-01-1425
50	合浦文蛤	广西	合浦县水产技术推广站	合浦县廉州湾至大风江口沿岸的廉州镇、党江镇、沙岗镇、西场镇等4个乡镇，马安、烟楼、马头等14个行政村。地理坐标为东经108°56′00″～109°09′00″，北纬21°32′00″～21°38′00″。	AGI2014-01-1426
51	新都柚	四川	成都市新都区农学会	新都区大丰街道办事处、三河街道办事处、新都镇、石板滩镇、新繁镇、新民镇、泰兴镇、斑竹园镇、清流镇、马家镇、龙桥镇、木兰镇、军屯镇等13个镇（街道办事处）。地理坐标为东经103°59′00″～104°17′00″，北纬30°42′00″～30°57′00″。	AGI2014-01-1427
52	贡井龙都早香柚	四川	自贡市贡井区建设镇农业综合服务中心	自贡市贡井区建设镇、桥头镇、艾叶镇、长土镇、成佳镇、白庙镇、章佳乡、龙潭镇、五宝镇等9个乡镇130个行政村。地理坐标为东经104°24′00″～104°45′00″，北纬29°10′00″～29°27′00″。	AGI2014-01-1428
53	云桥圆根萝卜	四川	郫县农业技术推广服务中心	郫县新民场镇、唐元镇、三道堰镇、古城镇、安德镇、唐昌镇等6个镇63个村。地理坐标为东经103°44′24″～103°57′36″，北纬30°49′48″～30°58′09″。	AGI2014-01-1429
54	大罗黄花	四川	巴中市巴州区经作站	巴州区大罗镇、鼎山镇、羊凤乡、凤溪乡、龙背乡、梁永镇、金碑乡、清江镇、兴文镇、水宁寺镇、曾口镇、三江镇、光辉乡、花溪乡、大和乡、化成镇、关渡乡、凌云乡、大茅坪镇等19个乡（镇）。地理坐标为东经106°21′00″～107°07′00″，北纬31°31′00″～32°04′00″。	AGI2014-01-1430
55	九寨沟蜂蜜	四川	九寨沟县畜牧工作站	九寨沟县永乐镇、漳扎镇、永丰乡、安乐乡、永和乡、白河乡、陵江乡、黑河乡、玉瓦乡、大录乡、双河乡、保华乡、罗依乡、勿角乡、马家乡、郭元乡、草地乡共17个乡镇。地理坐标为东经103°27′00″～104°26′00″，北纬32°53′00″～33°43′00″。	AGI2014-01-1431
56	乐道子鸡	四川	泸州市纳溪区乐道子林下鸡养殖协会	泸州市纳溪区的新乐镇、棉花坡镇、大渡口镇、丰乐镇、白节镇、龙车镇、天仙镇、渠坝镇、护国镇、上马镇、合面镇、打古镇和安富街道，永宁街道等12个镇2个街道176个行政村。地理坐标为东经105°09′00″～105°37′00″，北纬28°02′14″～28°26′53″。	AGI2014-01-1432
57	泸西高原梨	云南	泸西县果树站	泸西县中枢镇、舞街镇、白水镇、金马镇、旧城镇、永宁乡、向阳乡、三塘乡8个乡镇。地理坐标为东经103°30′00″～104°03′00″，北纬24°15′00″～24°46′00″。	AGI2014-01-1433
58	保山甜柿	云南	保山市经济作物技术推广工作站	保山市所辖隆阳区、龙陵县、腾冲县、昌宁县、施甸县1区4县72个乡（镇、街道办）。地理坐标为东经98°25′00″～100°02′00″，北纬24°08′00″～25°51′00″。	AGI2014-01-1434

（续）

序号	产品名称	所在地域	申请人全称	划定的地域保护范围	质量控制技术规范编号
59	麦地湾梨	云南	云龙县园艺工作站	云龙县所辖诺邓镇、功果桥镇、漕涧镇、白石镇、宝丰乡、苗尾乡、检槽乡、长新乡、关坪乡、团结乡、民建乡11个乡镇。地理坐标为东经98°52′00″～99°46′00″，北纬25°28′00″～26°23′00″。	AGI2014-01-1435
60	禄劝撒坝猪	云南	禄劝彝族苗族自治县畜牧兽医总站	禄劝彝族苗族自治县撒营盘、团街、中屏、云龙、茂山、则黑、马鹿塘、乌东德、皎平渡、汤朗、翠华、雪山、乌蒙、转龙、九龙15个乡镇和屏山街道办，共194个行政村。地理坐标为东经102°14′00″～102°57′00″，北纬25°24′00″～26°22′00″。	AGI2014-01-1436
61	保山猪	云南	保山市动物卫生监督所	保山市所辖隆阳区、施甸县、腾冲县、龙陵县、昌宁县共5县（区）72个乡镇（街道办事处）。地理坐标为东经98°25′00″～100°02′00″，北纬24°08′00″～25°51′00″。	AGI2014-01-1437
62	富源大河乌猪	云南	富源县大河乌猪产业发展协会	富源县所辖中安镇、大河镇、营上镇、后所镇、竹园镇、墨红镇、富村镇、黄泥河镇、古敢乡、十八连山镇、老厂镇共11个乡镇159个行政村。地理坐标为东经103°58′37″～104°49′48″，北纬25°02′38″～25°58′22″。	AGI2014-01-1438
63	云龙矮脚鸡	云南	云龙县畜牧工作站	云龙县所辖功果桥镇、漕涧镇、诺邓镇、团结乡、关坪乡、宝丰乡、民建乡、苗尾乡、检槽乡、长新乡、白石镇等7个乡4个镇86个行政村。地理坐标为东经98°52′00″～99°46′00″，北纬25°28′00″～26°23′00″。	AGI2014-01-1439
64	门隅佛芽·玉罗冈吉	西藏	西藏错那县农业综合服务站	错那县麻玛乡、勒乡所辖的麻玛村、勒村、贤村。地理坐标为东经91°44′53″～91о48′36″，北纬27°48′22″～27°52′25″。	AGI2014-01-1440
65	隆子黑青稞	西藏	隆子县农业技术推广站	隆子县的隆子、日当、热荣、加玉4个乡镇所辖的35个行政村。地理坐标为东经91°53′00″～93°06′00″，北纬28°07′00″～28°52′00″。	AGI2014-01-1441
66	亚东鲑鱼	西藏	西藏亚东县农牧综合服务中心	亚东县的上亚东乡、下亚东乡、下司马镇3个乡镇8个行政村的水域。地理坐标为东经88°46′00″～89°10′00″，北纬27°13′00″～27°41′00″。	AGI2014-01-1442
67	武威酿酒葡萄	甘肃	武威市农业技术推广中心	武威市所辖民勤县、凉州区和古浪县沿沙区，包括民勤县的三雷镇、大坝乡、苏武乡、夹河乡、东坝镇、大滩乡、双茨科乡、石羊河林业总场、苏武山林场；凉州区的高坝镇、清水乡、清源镇、长城乡、下双乡、发放镇、吴家井乡、黄羊镇、威龙集团、莫高酒业基地、皇台集团；古浪县的泗水镇、黄花滩乡、土门镇、永丰滩乡、马路滩林场等19个乡镇6个单位179个行政村。地理坐标为东经101°43′00″～104°33′00″，北纬36°46′00″～38°09′00″。	AGI2014-01-1443
68	嘉峪关泥沟胡萝卜	甘肃	嘉峪关市农业技术推广站	嘉峪关市新城镇，以泥沟村为主。地理坐标为东经98°04′00″～98°36′00″，北纬39°38′00″～40°38′00″。	AGI2014-01-1444
69	宕昌黄芪	甘肃	宕昌县中药材开发服务中心	宕昌县阿坞乡、哈达铺镇、理川镇、八力乡、庞家乡、南河乡、何家堡乡、木耳乡、兴化乡、车拉乡、将台乡、贾河乡、城关镇、新城子乡、临江乡、甘江头乡、两河口乡、沙湾镇、官亭镇、新寨乡、狮子乡、南阳镇、好梯乡、竹院乡、韩院乡等25个乡镇334个行政村。地理坐标为东经104°01′00″～104°48′00″，北纬33°46′00″～34°23′00″。	AGI2014-01-1445

（续）

序号	产品名称	所在地域	申请人全称	划定的地域保护范围	质量控制技术规范编号
70	果洛蕨麻	青海	果洛藏族自治州草原监理站	果洛藏族自治州所辖玛沁、玛多、甘德、达日、班玛、久治 6 县。地理坐标为东经 96°54′00″～105°51′00″，北纬 32°31′00″～35°37′00″。	AGI2014-01-1446
71	果洛大黄	青海	果洛藏族自治州草原监理站	果洛藏族自治州所辖玛沁、玛多、甘德、达日、班玛、久治 6 县。地理坐标为东经 96°54′00″～105°51′00″，北纬 32°31′00″～35°37′00″。	AGI2014-01-1447
72	久治牦牛	青海	久治县畜牧兽医工作站	久治县智青松多镇、门堂乡、索乎日麻乡、哇赛乡、白玉乡、哇尔依乡 5 乡 1 镇。地理坐标为东经 100°20′00″～101°47′00″，北纬 33°02′00″～34°03′00″。	AGI2014-01-1448
73	刚察藏羊	青海	刚察县特色农畜产品营销会	刚察县哈尔盖、沙柳河、伊克乌兰、泉吉、吉尔孟等 5 个乡镇。地理坐标为东经 99°20′44″～100°37′27″，北纬 36°58′06″～38°04′04″。	AGI2014-01-1449
74	刚察牦牛	青海	刚察县特色农畜产品营销会	刚察县哈尔盖、沙柳河、伊克乌兰、泉吉、吉尔孟等 5 个乡镇。地理坐标为东经 99°20′44″～100°37′27″，北纬 36°58′06″～38°04′04″。	AGI2014-01-1450
75	六盘山黄芪	宁夏	隆德县中药材产业办公室	隆德县城关镇、沙塘镇、神林乡、联财镇、好水乡、观庄乡、凤岭乡、温堡乡、奠安乡、山河乡、陈靳乡、张程乡、杨河乡等 13 个乡镇 127 个行政村组。地理坐标为东经 105°48′00″～106°15′00″，北纬 35°21′00″～35°47′00″。	AGI2014-01-1451
76	泾源黄牛肉	宁夏	泾源县畜牧技术推广服务中心	泾源县新民乡、泾河源镇、兴盛乡、香水镇、黄花乡、六盘山镇、大湾乡等 7 个乡镇 110 个行政村。地理坐标为东经 106°12′15″～106°30′05″、北纬 35°14′20″～35°37′25″。	AGI2014-01-1452
77	阜康打瓜籽	新疆	阜康市阜民打瓜协会	阜康市城关镇、九运街镇、滋泥泉子镇、上户沟哈萨克族乡、水磨沟乡、三工河哈萨克族乡共 3 乡 3 镇 60 个村。地理坐标为东经 87°46′00″～88°44′00″，北纬 43°45′00″～45°30′00″。	AGI2014-01-1453
78	库车小白杏	新疆	库车县林业管理站	库车县所辖乌恰镇、依西哈拉镇、玉其吾斯塘乡、阿拉哈格镇、齐满镇、哈尼喀塔木乡、墩阔塘镇、牙哈镇、吾尊镇、阿克斯塘乡、塔里木乡、阿格乡的 215 个村。地理坐标为东经 82°35′00″～84°17′00″，北纬 40°46′00″～42°35′00″。	AGI2014-01-1454
79	老龙河西瓜	新疆	昌吉市农业技术推广中心	昌吉市大西渠镇玉堂村、思源村、新渠村、幸福村、新户村、龙河村、大西渠村共 7 个行政村。地理坐标为东经 87°14′47″～87°16′00″，北纬 44°06′47″～44°09′16″。	AGI2014-01-1455

注：质量控制技术规范文本见中国农产品质量安全网（www.aqsc.gov.cn）。

中华人民共和国农业部公告第 2136 号

根据《农产品地理标志管理办法》规定，北京市延庆县葡萄与葡萄酒协会等单位申请对"延怀河谷葡萄"等 41 个产品实施国家农产品地理标志登记保护。经过初审、专家评审和公示，符合农产品地理标志登记程序和条件，准予登记，特颁发中华人民共和国农产品地理标志登记证书。

特此公告。

附件：2014 年第二批农产品地理标志登记产品公告信息

农业部

2014 年 7 月 28 日

附件：

2014 年第二批农产品地理标志登记产品公告信息

序号	产品名称	所在地域	申请人全称	划定的地域保护范围	质量控制技术规范编号
1	延怀河谷葡萄	北京	北京市延庆县葡萄与葡萄酒协会	北京市延庆县、河北省怀来县。延庆县所辖张山营镇、旧县镇、香营乡、永宁镇、沈家营镇、康庄镇、延庆镇和八达岭镇共 8 个乡镇 30 个行政村；怀来县所辖小南辛堡镇、桑园镇、狼山乡、北辛堡镇、王家楼乡、土木镇、存瑞镇、桑园镇、官厅镇、孙庄子乡、瑞云观乡、东花园镇、西八里镇、东八里乡、大黄庄镇和新保安镇共 16 个乡镇 150 个行政村。地理坐标为东经 115°06′~116°34′，北纬 40°04′~40°47′。	AGI2014-02-1456
2	高碑店黄桃	河北	高碑店市黄桃协会	高碑店市所辖北城办事处、新城镇、辛立庄镇、张六庄乡、泗庄镇及白沟新城等 6 个乡镇 16 个自然村，东至张六庄乡，西至北城陈各庄，南至高桥农场，北至辛立庄小韩村。地理坐标为东经 115°47′24″~116°12′04″，北纬 39°05′53″~39°23′17″。	AGI2014-02-1457
3	涉县柴胡	河北	涉县农业技术推广中心	涉县所辖偏城镇、偏店乡、鹿头乡、辽城乡、索堡镇、河南店镇、固新镇、西达镇、合漳乡、关防乡、更乐镇、井店镇、西戌镇、龙虎乡、木井乡、涉城镇、神头乡等 17 个乡镇 308 个村。地理坐标为东经 113°26′55″~114°00′16″，北纬 36°16′18″~36°54′07″。	AGI2014-02-1458
4	呼伦湖秀丽白虾	内蒙古	呼伦贝尔市渔业技术推广站	呼伦贝尔市所辖新巴尔虎左旗、新巴尔虎右旗及满洲里市。地理坐标为东经 116°58′00″~117°47′00″，北纬 48°40′00″~49°20′00″。	AGI2014-02-1459
5	呼伦湖鲤鱼	内蒙古	呼伦贝尔市渔业技术推广站	呼伦贝尔市所辖新巴尔虎左旗、新巴尔虎右旗及满洲里市。地理坐标为东经 116°58′00″~117°47′00″，北纬 48°40′00″~49°20′00″。	AGI2014-02-1460
6	营口蚕蛹鸡蛋	辽宁	营口市种畜禽监督管理站	盖州市所辖暖泉镇、榜式堡镇、卧龙泉镇、徐屯镇、梁屯镇、万福镇、什字街镇以及大石桥市所辖汤池镇、建一镇、周家镇，共计 10 个乡镇 141 个行政村。地理坐标为东经 121°56′00″~123°02′00″，北纬 39°55′00″~40°56′00″。	AGI2014-02-1461
7	东宁苹果梨	黑龙江	东宁县果树蔬菜管理总站	东宁县所辖东宁镇、三岔口镇、大肚川镇、老黑山镇、道河镇、绥阳镇等 6 个镇 40 个行政村。地理坐标为东经 130°18′06″~130°19′30″，北纬 43°25′15″~44°48′24″。	AGI2014-02-1462
8	枣树行玉铃铛枣	安徽	阜阳市颍泉区宁老庄镇枣树行枣业协会	阜阳市颍泉区宁老庄镇的许庄村、老庄村、新农村、富民村、陈集村、曹寨村、兴隆村、椿树村、和盛村、马窝村、大田村、姜堂村、长营村、申庄村、唐营村、新街村、锦湖村、虹桥村、梅寨村、枣树行等 20 个村和行流镇的柳河闸、牛寨村、冯杨村、行流村等 4 个村。地理坐标为东经 115°35′07″~115°45′13″，北纬 32°02′40″~32°56′21″。	AGI2014-02-1463
9	亳菊	安徽	亳州市中药材种植协会	亳州市谯城区、涡阳县沿涡河流域共 15 个乡镇，包括十八里镇、魏岗镇、古井镇、华佗镇、五马镇、谯东镇、观堂镇、沙土镇、十河镇、双沟镇、赵桥乡、十九里镇、大杨镇、城父镇、义门镇。地理坐标为东经 115°32′00″~116°06′00″，北纬 33°35′00″~34°04′00″。	AGI2014-02-1464

（续）

序号	产品名称	所在地域	申请人全称	划定的地域保护范围	质量控制技术规范编号
10	南陵圩猪	安徽	南陵县畜牧兽医局	南陵县所辖籍山镇、弋江镇、许镇镇、家发镇、工山镇、何湾镇、烟墩镇、三里镇等 8 镇 157 个村 21 个居委会。地理坐标为东经 117°57′00″～118°30′00″，北纬 30°38′00″～31°10′00″。	AGI2014-02-1465
11	顺昌海鲜菇	福建	顺昌县食用菌竹笋开发办公室	顺昌县所辖双溪街道、建西镇、洋口镇、元坑镇、埔上镇、大历镇、大干镇、仁寿镇、洋墩乡、郑坊乡、岚下乡、高阳乡等 1 个街道 7 个镇 4 个乡。地理坐标为东经 117°29′00″～118°14′00″，北纬 26°38′00″～27°12′00″。	AGI2014-02-1466
12	寿宁高山茶	福建	寿宁县茶业协会	寿宁县的南阳、竹管垅、清源等 14 个乡镇所辖海拔 500 米以上的 190 个行政村（社区）。地理坐标为东经 119°22′00″～119°73′00″，北纬 27°16′00″～27°65′00″。	AGI2014-02-1467
13	七境茶	福建	罗源县茶叶协会	罗源县所辖白塔乡、西兰乡、飞竹镇、霍口乡、起步镇、洪洋乡、中房镇以及凤山镇的南门、松山镇的刘洋、上土港、碧里乡的西洋、鉴江镇的呈家洋等 11 个乡镇 152 个行政村。地理坐标为东经 119°07′00″～119°54′00″，北纬 26°23′00″～26°39′00″。	AGI2014-02-1468
14	临川金银花	江西	临川区金银花合作协会	临川区嵩湖乡、高坪乡 2 个乡镇。地理坐标为东经 115°35′30″～117°18′30″，北纬 26°29′28″～28°30′26″。	AGI2014-02-1469
15	高安大米	江西	高安市农业技术推广中心	高安市大城镇、祥符镇、村前镇、华林镇、杨圩镇、龙潭镇、石脑镇、田南镇、建山镇、相城镇、灰埠镇、新街镇、伍桥镇、太阳镇、八景镇、独城镇、荷岭镇、黄沙镇、蓝坊镇、汪家圩乡、上湖乡等 21 个乡（镇）。地理坐标为东经 115°00′12″～115°34′56″，北纬 28°02′44″～28°38′29″。	AGI2014-02-1470
16	许营西瓜	山东	聊城高新技术产业开发区许营镇绿色农产品协会	聊城高新技术产业开发区所辖许营镇，东至许营镇后王村，西至许营镇杨庄村，南至许营镇崔庄村，北至许营镇店子村，共 44 个行政村。地理坐标为东经 116°02′01″～116°09′06″，北纬 36°21′53″～36°26′23″。	AGI2014-02-1471
17	王晋甜瓜	山东	肥城市仪阳镇农业综合服务中心	肥城市仪阳镇中南部，覆盖 7 个行政村。东至仪阳镇胡台村，西至仪阳镇刘台村，南至安站镇邓庄村，北至仪阳镇仪阳村。地理坐标为东经 116°45′00″～116°48′00″，北纬 36°05′00″～36°10′00″。	AGI2014-02-1472
18	冠县鸭梨	山东	冠县优质农产品协会	冠县所辖兰沃乡、清水镇、甘官屯乡、辛集乡等 4 个乡镇共 52 个行政村。东至辛集乡刘八寨村，西至兰沃乡曲屯村，南至兰沃乡大曲村，北至清水镇刘屯村。地理坐标为东经 115°31′00″～115°39′00″，北纬 36°33′00″～36°37′00″。	AGI2014-02-1473
19	泰山板栗	山东	泰安市板栗协会	泰安市所辖泰山区的大、小津口、艾洼等村；岱岳区的黄前、上、下港、祝阳、夏张、徂徕、道朗、化马湾等乡镇；肥城市的潮泉镇；新泰市的楼德、天宝、龙廷等镇，宁阳县的蒋集、崔解等乡镇。地理坐标为东经 116°36′00″～117°49′00″，北纬 35°59′00″～36°30′00″。	AGI2014-02-1474
20	临沂沂蒙黑猪	山东	临沂市畜牧站	临沂市全境，东至莒南，西至平邑，南至郯城，北至沂水，共 160 个乡镇（街道）7 154 个行政村。地理坐标为东经 117°24′00″～119°38′00″，北纬 34°22′00″～36°22′00″。	AGI2014-02-1475

（续）

序号	产品名称	所在地域	申请人全称	划定的地域保护范围	质量控制技术规范编号
21	东阿黑毛驴	山东	东阿县畜牧站	东阿县所辖铜城街道办事处、新城街道办事处、姜楼镇、刘集镇、鱼山镇、大桥镇、牛角店镇、姚寨镇、高集镇、陈集乡等8个乡镇2个街道办事处539个行政村。地理座标为东经116°12′00″～116°33′00″，北纬36°07′00″～36°33′00″。	AGI2014-02-1476
22	单县青山羊	山东	菏泽鲁西南青山羊（单县）良种繁育研究所	单县所辖北城办事处、南城办事处、园艺办事处、东城办事处、郭村镇、黄岗镇、终兴镇、高韦庄镇、徐寨镇、蔡堂镇、朱集镇、李新庄镇、浮岗镇、莱河镇、时楼镇、杨楼镇、张集镇、龙王庙镇、谢集乡、高老家乡、曹庄乡、李田楼乡等4个办事处18个乡镇。地理坐标为东经115°48′00″～116°24′00″，北纬34°34′00″～34°56′00″。	AGI2014-02-1477
23	临沂大银鱼	山东	临沂市渔业协会	临沂市行政区内的沂河、沭河、祊河及岸堤水库、许家崖水库、陡山水库、跋山水库等37座大中型水库区域。地理坐标为东经117°31′16″～119°08′06″，北纬34°25′53″～36°03′38″。	AGI2014-02-1478
24	兴山脐橙	湖北	兴山县特产办公室	兴山县所辖峡口、昭君、古夫、南阳等4个乡镇，东至峡口镇的石家坝，南至峡口镇的游家河，西至南阳镇的落步河，北至古夫镇的平水。地理坐标为东经110°36′00″～110°52′00″，北纬31°05′00″～31°25′00″。	AGI2014-02-1479
25	清江椪柑	湖北	长阳土家族自治县柑橘产业协会	长阳县所辖龙舟坪镇、磨市镇、渔峡口镇、资丘镇、鸭子口乡、都镇湾镇、高家堰镇等7个乡镇61个村。地理坐标为东经110°21′00″～111°21′00″，北纬30°12′00″～30°46′00″。	AGI2014-02-1480
26	东巩官米	湖北	南漳县东巩官米种植专业协会	南漳县所辖东巩镇王家畈村、大道村、铁家垭村、祝家湾村、昌集村、雨淋台村、盘龙村、苍坪村、口泉村、桂竹园村、店子河村、上泉坪村、陆坪村、杜家坪村、双坪村、碑垭村、石佛寺村、水坑村、莲花池村、石峡坪村、信家沟村、太坪村等22个村。地理坐标为东经111°43′00″～111°56′00″，北纬31°13′00″～31°26′00″。	AGI2014-02-1481
27	武宣牛心柿	广西	武宣县农业技术推广站	武宣县所辖金鸡乡、黄茆镇、二塘镇、武宣镇、三里镇、东乡镇、桐岭镇、通挽镇、禄新乡、思灵乡等10个乡镇142个行政村和2个国有农场。地理坐标为东经109°27′00″～109°46′00″，北纬23°19′00″～23°56′00″。	AGI2014-02-1482
28	天峨核桃	广西	天峨县无公害水果协会	天峨县所辖六排镇、岜暮乡、八腊乡、纳直乡、更新乡、向阳镇、下老乡、坡结乡、三堡乡等9个乡镇。地理坐标为东经106°34′00″～107°20′00″，北纬24°36′00″～25°28′00″。	AGI2014-02-1483
29	钦州黄瓜皮	广西	钦州市黄瓜皮行业协会	钦州市所辖钦南区、钦北区、灵山县、浦北县。地理坐标为东经107°27′00″～109°56′00″，北纬20°52′00″～22°41′00″。	AGI2014-02-1484
30	钦州青蟹	广西	钦州市水产技术推广站	钦州市境内，包括钦州港区、三娘湾管理区、钦南区的龙门港镇、康熙岭镇、尖山镇、沙埠镇、大番坡镇、犀牛脚镇、东场镇、那丽镇及其毗邻海域。地理坐标为东经108°27′34″～108°57′30″，北纬21°35′21″～21°51′35″。	AGI2014-02-1485
31	乐道子鸡蛋	四川	泸州市纳溪区乐道子林下鸡养殖协会	泸州市纳溪区新乐镇、棉花坡镇、大渡口镇、丰乐镇、白节镇、龙车镇、天仙镇、渠坝镇、护国镇、上马镇、合面镇、打古镇和安富街道、永宁街道、永安街道共12个镇2个街道176个行政村。地理坐标为东经105°09′00″～105°37′00″，北纬28°02′14″～28°26′53″。	AGI2014-02-1486

（续）

序号	产品名称	所在地域	申请人全称	划定的地域保护范围	质量控制技术规范编号
32	贵定盘江酥李	贵州	贵定县酥李协会	贵定县所辖城关、新铺、新巴、德新、马场河、落北河、盘江、沿山、旧治、定南、定东、都六、昌明、岩下、猴场堡、抱管、铁厂、云雾等 20 个乡镇。地理坐标为东经 106°53′00″~107°22′00″，北纬 26°05′00″~26°46′00″。	AGI2014-02-1487
33	牛场辣椒	贵州	六枝特区经济作物站	六枝特区所辖牛场乡兴隆村、箐脚村、云盘村、牛场村、尖岩村、黔中村、大箐村、黄坪村、平寨村；新场乡新场村、乌柳村、老燕子村、柏果村、仓脚村；梭戛乡平寨村、高兴村、安柱村、顺利村、中寨村。地理坐标为东经 105°13′00″~105°19′00″，北纬 26°27′00″~26°31′00″。	AGI2014-02-1488
34	湾子辣椒	贵州	金沙县果蔬站	金沙县所辖木孔乡、茶园乡、源村乡、安底镇、岚头镇、沙土镇等 6 个乡镇。地理坐标为东经 106°26′00″~106°28′00″，北纬 27°25′00″~27°30′00″。	AGI2014-02-1489
35	紫云花猪	贵州	紫云县畜禽品种改良站	紫云苗族布依族自治县所辖松山镇、猫营镇、猴场镇、水塘镇、板当镇、大营乡、宗地乡、坝羊乡、白石岩乡、火花乡、达帮乡、四大寨乡等 12 个乡镇。地理坐标为东经 105°55′00″~106°29′00″，北纬 25°21′00″~26°03′00″。	AGI2014-02-1490
36	毕节可乐猪	贵州	毕节市畜牧技术推广站	毕节市所辖赫章县、威宁县、七星关区、大方县、纳雍县、金沙县等 6 个县（区）。地理坐标为东经 103°36′00″~106°43′00″，北纬 26°25′00″~27°47′00″。	AGI2014-02-1491
37	长顺绿壳鸡蛋	贵州	长顺县畜禽品种改良站	长顺县所辖长寨镇、广顺镇、代化乡、敦操乡、鼓扬镇、中坝乡、摆所镇、白云山镇、新寨乡、交麻乡、营盘乡、凯佐乡、睦化乡、种获乡等 17 个乡镇。地理坐标为东经 106°11′00″~106°39′00″，北纬 25°38′00″~26°18′00″。	AGI2014-02-1492
38	红河棕榈	云南	红河县棕榈产业协会	红河县所辖迤萨镇、阿扎河乡、石头寨乡、洛恩乡、甲寅乡、宝华乡、乐育乡、浪堤乡、架车乡、大羊街乡、车古乡、垤玛乡、三村乡共 13 个乡镇。地理坐标为东经 101°49′00″~102°37′00″，北纬 23°05′00″~23°26′00″。	AGI2014-02-1493
39	腾冲红花油茶油	云南	腾冲县农业技术推广所	腾冲县所辖界头镇、曲石镇、明光镇、滇滩镇、固东镇、马站乡、北海乡、芒棒镇、腾越镇、和顺镇、中和镇、猴桥镇、荷花镇、团田乡、蒲川乡、新华乡、五合乡、清水乡等 18 个乡（镇）。地理坐标为东经 98°05′00″~98°46′00″，北纬 24°38′00″~25°52′00″。	AGI2014-02-1494
40	文山牛	云南	文山壮族苗族自治州畜牧技术推广工作站	文山壮族苗族自治州所辖文山市、广南县、富宁县、丘北县、砚山县、西畴县、马关县、麻栗坡县等 1 市 7 县共 104 个乡镇（街道办事处）。地理坐标为东经 103°35′00″~106°12′00″，北纬 22°40′00″~24°28′00″。	AGI2014-02-1495
41	徽县紫皮大蒜	甘肃	徽县紫皮大蒜种植协会	徽县所辖泥阳镇、江洛镇、伏家镇、栗川乡、银杏树乡、城关镇、水阳乡等 7 个乡镇 103 个行政村。地理坐标为东经 105°34′00″~106°27′00″，北纬 33°33′00″~34°11′00″。	AGI2014-02-1496

注：质量控制技术规范文本见中国农产品质量安全网（www.aqsc.gov.cn）。

中华人民共和国农业部公告第 2179 号

根据《农产品地理标志管理办法》规定，北京市门头沟区雁翅镇泗家水村香椿协会等单位申请对"泗家水红头香椿"等 93 个产品实施国家农产品地理标志登记保护（见附件 1）。经过初审、专家评审和公示，符合农产品地理标志登记程序和条件，准予登记，特颁发中华人民共和国农产品地理标志登记证书。

另外，内蒙古自治区 2014 年获证产品"呼伦湖秀丽白虾"（登记证书编号 AGI01459）、"呼伦湖鲤鱼"（登记证书编号 AGI01460）和江西省 2010 年获证产品"生米藠头"（登记证书编号 AGI00423）申请登记证书持有人名称变更。经公示，符合《农产品地理标志管理办法》和《农产品地理标志登记程

序》规定要求，准予变更，重新核发中华人民共和国农产品地理标志登记证书（见附件2），原登记证书收回注销。

特此公告。

附件：1.2014 年第三批农产品地理标志登记产品公告信息

2. 农产品地理标志登记产品信息变更一览表

农业部

2014 年 11 月 18 日

附件 1：

2014 年第三批农产品地理标志登记产品公告信息

序号	产品名称	所在地域	申请人全称	划定的地域保护范围	质量控制技术规范编号
1	泗家水红头香椿	北京	北京市门头沟区雁翅镇泗家水村香椿协会	门头沟区雁翅镇所辖松树村、高台村、淤白村和泗家水村共 4 个自然村。地理坐标为东经 115°52′30″～115°57′43″，北纬 40°04′00″～40°08′14″。	AGI2014-03-1497
2	黄粱梦小米	河北	邯郸黄粱美梦谷类种植协会	邯郸县所辖黄粱梦镇、户村镇、康庄乡、三陵乡、尚壁镇、代召乡、南堡乡、河沙镇共 8 个乡镇的 187 个村。地理坐标为东经 114°21′18″～114°38′08″，北纬 36°29′38″～36°42′36″。	AGI2014-03-1498
3	柏各庄大米	河北	滦南县柏各庄镇农村专业技术协会	滦南县柏各庄镇 45 个村。地理坐标为东经 118°27′58″～118°37′12″，北纬 39°17′04″～39°24′25″。	AGI2014-03-1499
4	五原灯笼红香瓜	内蒙古	五原县蔬菜办公室	五原县所辖隆兴昌镇、胜丰镇、天吉泰镇、新公中镇、复兴镇、塔尔湖镇、银定图镇、套海镇、和胜乡共 8 个镇 1 个乡 117 行政村。地理坐标为东经 107°35′70″～108°37′50″，北纬 40°46′30″～41°16′45″。	AGI2014-03-1500
5	五原黄柿子	内蒙古	五原县蔬菜办公室	五原县所辖隆兴昌镇、胜丰镇、天吉泰镇、新公中镇、复兴镇、塔尔湖镇、银定图镇、套海镇、和胜乡共 8 个镇 1 个乡 117 行政村。地理坐标为东经 107°35′70″～108°37′50″，北纬 40°46′30″～41°16′45″。	AGI2014-03-1501
6	五原小麦	内蒙古	五原县农业技术推广中心	五原县所辖隆兴昌镇、胜丰镇、天吉泰镇、新公中镇、复兴镇、塔尔湖镇、银定图镇、套海镇、和胜乡等 9 个乡镇 117 个行政村。地理坐标为东经 107°35′20″～108°37′50″，北纬 40°46′30″～41°16′45″。	AGI2014-03-1502
7	鄂尔多斯黄河鲤鱼	内蒙古	鄂尔多斯市水产管理站	鄂尔多斯市达拉特旗、杭锦旗、准格尔旗、鄂托克旗沿黄河地区。地理坐标为东经 106°41′～110°27′，北纬 38°18′～40°52′。	AGI2014-03-1503
8	鄂尔多斯黄河鲶鱼	内蒙古	鄂尔多斯市水产管理站	鄂尔多斯市达拉特旗、杭锦旗、准格尔旗、鄂托克旗沿黄河地区。地理坐标为东经 106°41′～110°27′，北纬 38°18′～40°52′。	AGI2014-03-1504

（续）

序号	产品名称	所在地域	申请人全称	划定的地域保护范围	质量控制技术规范编号
9	呼伦湖白鱼	内蒙古	呼伦贝尔市水产技术推广站	呼伦贝尔市所辖新巴尔虎左旗、新巴尔虎右旗及满洲里市。地理坐标为东经116°58′00″～117°47′00″，北纬48°40′00″～49°20′00″。	AGI2014-03-1505
10	呼伦湖小白鱼	内蒙古	呼伦贝尔市水产技术推广站	呼伦贝尔市所辖新巴尔虎左旗、新巴尔虎右旗及满洲里市。地理坐标为东经116°58′00″～117°47′00″，北纬48°40′00″～49°20′00″。	AGI2014-03-1506
11	锦州苹果	辽宁	锦州市果树工作总站	锦州市所辖三台子镇、石山镇、白台子镇、大凌河镇、双羊镇、新庄子乡、大业乡、余积镇、翠岩镇、温滴楼乡、班吉塔镇、沈家台镇、板石沟乡、张家堡乡、大榆树堡镇、白庙子乡、头道河乡、瓦子峪镇、闾阳镇、常兴店镇、富屯乡、大市镇、绕阳河镇、新兴镇、太和镇、八道壕镇、英城子乡、钟屯乡、市农场共29个乡镇128个村。地理坐标为东经120°42′00″～122°36′00″，北纬40°48′00″～42°08′00″。	AGI2014-03-1507
12	化石戈小米	辽宁	阜新蒙古族自治县绿色食品协会	阜新蒙古族自治县所辖化石戈乡的来柱村、万德号村、八里村、坤头村、化石戈村、老二色村、台吉营子村、哈日诺尔村共8个村。地理坐标为东经121°11′00″～121°26′00″，北纬41°54′00″～42°10′00″。	AGI2014-03-1508
13	辽阳大果榛子	辽宁	辽阳县榛子产业协会	辽阳县所辖首山镇、下达河乡、八会镇、河栏镇、甜水满族乡、吉洞峪满族乡、寒岭镇、隆昌镇等8个乡镇152个村。地理坐标为东经123°02′～123°41′，北纬40°42′～41°16′。	AGI2014-03-1509
14	瓦房店黄元帅苹果	大连	瓦房店市许屯镇水果储藏协会	瓦房店市所辖太阳街道、九龙街道、松树镇、得利寺镇、万家岭镇、许屯镇、永宁镇、谢屯镇、老虎屯镇、李官镇、土城乡、西阳乡、泡崖乡、驼山乡、赵屯乡等25个乡镇286个行政村。地理坐标为东经121°13′～122°16′，北纬39°20′～40°07′。	AGI2014-03-1510
15	庄河大米	大连	庄河市农业技术推广中心	庄河市所辖栗子房镇、明阳镇、城关街道、塔岭镇等庄河沿海和中部地区的14个乡镇122个行政村。地理坐标为东经122°29′10″～123°31′24″，北纬39°27′52″～40°12′10″。	AGI2014-03-1511
16	林口滑子蘑	黑龙江	林口县农业技术推广中心	林口县所辖奎山乡、林口镇、莲花镇、古城镇、青山镇、三道通镇、刁翎镇、建堂乡、龙爪镇、柳树镇、朱家镇共11个乡镇59个行政村。地理坐标为东经129°17′～130°46′，北纬44°38′～45°58′。	AGI2014-03-1512
17	杨树小米	黑龙江	哈尔滨市阿城区金源绿色农畜产品协会	哈尔滨市阿城区杨树镇所辖兰旗村、永康村、共和村、红旗村、富勤村、西发村、民主村、林场村、翻身村、幸福村、民权村等11个村。地理坐标为东经126°40′～127°40′，北纬45°10′～46°40′。	AGI2014-03-1513
18	牡丹江油豆角	黑龙江	牡丹江市农业技术推广总站	牡丹江市所辖宁安市、海林市、穆棱市、林口县、东宁县、爱民区、西安区、东安区、阳明区共5县（市）4城区。地理坐标为东经128°02′～131°18′，北纬43°24′～45°59′。	AGI2014-03-1514
19	穆棱黑木耳	黑龙江	穆棱市食用菌协会	穆棱市所辖八面通镇、河西镇、福禄乡、马桥河镇、下城子镇、兴源镇、穆棱镇、共和乡等8个乡镇127个行政村。地理坐标为东经129°45′19″～130°58′07″，北纬43°49′55″～45°07′16″。	AGI2014-03-1515

（续）

序号	产品名称	所在地域	申请人全称	划定的地域保护范围	质量控制技术规范编号
20	穆棱冻蘑	黑龙江	穆棱市食用菌协会	穆棱市所辖八面通镇、河西镇、福禄乡、马桥河镇、下城子镇、兴源镇、穆棱镇、共和乡等8个乡镇127个行政村。地理坐标为东经129°45′19″～130°58′07″，北纬43°49′55″～45°07′16″。	AGI2014-03-1516
21	五大连池大米	黑龙江	五大连池市种子管理站	五大连池市所辖龙镇、和平镇、建设乡、太平乡、双泉镇、团结乡、兴隆乡、新发镇和五大连池风景区的五大连池镇。地理坐标为东经125°42′～127°37′，北纬48°16′～49°12′。	AGI2014-03-1517
22	五大连池大豆	黑龙江	五大连池市种子管理站	五大连池市所辖龙镇、和平镇、建设乡、太平乡、双泉镇、团结乡、朝阳乡、兴安乡、莲花山乡、兴隆乡、新发镇和五大连池风景区的五大连池镇。地理坐标为东经125°42′～127°37′，北纬48°16′～49°12′。	AGI2014-03-1518
23	龙泉金观音	浙江	龙泉市茶叶产业协会	龙泉市所辖龙渊街道、剑池街道、西街街道、塔石街道、兰巨乡、八都镇、上垟镇、竹垟镇、锦溪镇、住龙镇、宝溪乡、查田镇、小梅镇、屏南镇、安仁镇、龙南乡、道太乡、城北乡、岩樟乡共计8镇7乡4个街道444个行政村。地理坐标为东经118°42′～119°25′，北纬27°42′～28°42′。	AGI2014-03-1519
24	庆元灰树花	浙江	庆元县食用菌管理局	庆元县所辖黄田镇、岭头乡、濛洲街道、竹口镇、五大堡乡等3个街道6个镇10个乡8个社区345个行政村。地理座标为东经118°50′～119°30′，北纬27°25′～27°51′。	AGI2014-03-1520
25	金华佛手	浙江	金华佛手产业协会	金华市所辖金华经济开发区、婺城区、金东区、兰溪市、东阳市、义乌市、永康市、浦江县、武义县、磐安县共151个乡、镇（街道）。地理座标为东经119°14′～120°46′30″，北纬28°32′～29°41′。	AGI2014-03-1521
26	中垾番茄	安徽	巢湖市中垾镇蔬菜行业协会	巢湖市中垾镇滨湖、小联圩、建华、三圩和中垾共5个村（居）委会。地理坐标为东经117°43′～117°47′，北纬31°39′～31°42′。	AGI2014-03-1522
27	无为螃蟹	安徽	无为县螃蟹产销协会	无为县所辖泉塘镇、襄安镇、蜀山镇、刘渡镇、高沟镇、开城镇、姚沟镇、牛埠镇、无城镇等21个乡镇。地理坐标为东经117°28′48″～118°07′25″，北纬30°56′21″～31°30′21″。	AGI2014-03-1523
28	东乡白花蛇舌草	江西	东乡县白花蛇舌草行业协会	东乡县所辖杨桥殿镇、红光垦殖场共2个镇（场）。地理坐标为东经116°31′17″～116°40′06″，北纬28°16′36″～28°29′46″；东经116°48′55″～116°51′51″，北纬28°04′04″～28°04′47″。	AGI2014-03-1524
29	张庄油栗	山东	邹城市张庄镇油栗协会	邹城市所辖张庄镇的上磨、辛寺、虎沃、下磨、牛角、黄土、大律等7个行政村。地理坐标为东经117°17′38″～117°22′28″，北纬35°21′30″～35°22′50″。	AGI2014-03-1525
30	新泰芹菜	山东	新泰市农村合作经济组织联合会	新泰市所辖青云街道办事处的尹家庄、果园村、林前村、林后村、赵家庄、马庄村、丁家庄、通济庄、名公村、何李村；果都镇的张官屯、王官屯、王莫庄、坡里村、蒋家石沟、大霞雾；西张庄镇的太平庄、中兴官庄、马白沙、西张庄、东张庄；翟镇的刘官庄、后羊村、前羊村；汶南镇的沈家庄、东南晨、西南晨、中南晨、北鲍、北张庄、杨家洼、曹家庄，共计32个村。地理坐标为东经117°33′～117°48′，北纬35°38′～36°01′。	AGI2014-03-1526

（续）

序号	产品名称	所在地域	申请人全称	划定的地域保护范围	质量控制技术规范编号
31	阳谷朝天椒	山东	阳谷县农业产业化协会	阳谷县所辖高庙王乡 42 个行政村。地理坐标为东经 115°41′～115°46′，北纬 36°00′～36°08′。	AGI2014-03-1527
32	东阿鱼山大米	山东	东阿县鱼山大米种植协会	东阿县所辖鱼山镇的鱼南、鱼中、鱼北、前桥、中南桥、南桥、南王、梨园、林马、王坡共 10 个行政村。地理坐标为东经 116°11′～116°13′，北纬 36°10′～36°11′。	AGI2014-03-1528
33	高唐栝蒌	山东	高唐县优质特色农产品协会	高唐县所辖固河镇、尹集镇共 2 个镇。地理坐标为东经 116°01′～116°28′，北纬 36°39′～37°01′。	AGI2014-03-1529
34	苍山大蒜	山东	兰陵县农业科学研究所	兰陵县所辖 10 个乡镇 560 个行政村。地理坐标为东经 117°56′～118°17′，北纬 34°39′～34°59′。	AGI2014-03-1530
35	高庄芹菜	山东	莱芜市莱城区明利特色蔬菜种植协会	莱芜市莱城区高庄街道办事处境内，包括高庄、曹家庄、魏家洼、张家楼、吴家楼、栗子庄、麻湾崖、坡草洼、郭家园、沙王庄、任家庄、东汶南、西汶南、崖下、尧王、南坛等 24 个村。地理坐标为东经 117°35′～117°49′，北纬 36°11′～36°15′。	AGI2014-03-1531
36	贾寨葡萄	山东	茌平县贾寨镇葡萄协会	茌平县贾寨镇境内，包括堤头袁村、贾贡村、贾寨西村、贾寨后村、前付村等 27 个行政村。地理坐标为东经 115°53′24″～115°59′24″，北纬 36°36′～36°41′。	AGI2014-03-1532
37	五井山柿	山东	临朐县五井镇柿饼协会	临朐县五井镇境内，包括杨家窝、大楼、泉水崖、花园河、天井、石峪、茹家庄、隐士、平安地、马庄、阳城等 11 个中心村。地理坐标为东经 118°18′51″～118°25′32″，北纬 36°24′21″～36°28′29″。	AGI2014-03-1533
38	莱阳五龙河鲤	山东	莱阳市渔业技术推广站	莱阳市境内，辖城厢、古柳、龙旺庄、冯格庄 4 个街道办事处及沐浴店镇、团旺镇、穴坊镇、羊郡镇、姜疃镇、万第镇、照旺庄镇、谭格庄镇、柏林庄镇、河洛镇、吕格庄镇、高格庄镇、大夼镇、山前店镇等 14 个镇。地理坐标为东经 120°31′00″～120°59′12″，北纬 36°34′10″～37°09′52″。	AGI2014-03-1534
39	莱阳五龙河河蚬	山东	莱阳市渔业技术推广站	莱阳市境内，辖城厢、古柳、龙旺庄、冯格庄 4 个街道办事处及沐浴店镇、团旺镇、穴坊镇、羊郡镇、姜疃镇、万第镇、照旺庄镇、谭格庄镇、柏林庄镇、河洛镇、吕格庄镇、高格庄镇、大夼镇、山前店镇等 14 个镇。地理坐标为东经 120°31′00″～120°59′12″，北纬 36°34′10″～37°09′52″。	AGI2014-03-1535
40	莱阳缢蛏	山东	莱阳市渔业技术推广站	莱阳市行政区内的沿海水域，辖羊郡、穴坊 2 个沿海镇。地理坐标为东经 120°44′53″～120°52′56″，北纬 36°36′50″～36°37′14″。	AGI2014-03-1536
41	东平湖大青虾	山东	东平县第一淡水养殖试验场	东平县东平湖，沿湖有东平、州城 2 个街道办事处及新湖、老湖、银山、旧县、斑鸠店、戴庙、商老庄 7 个乡镇。地理坐标为东经 116°06′25.26″～116°18′12.67″，北纬 35°54′11.77″～36°07′10.44″。	AGI2014-03-1537
42	洪兰菠菜	青岛	平度市南村镇农业服务中心	平度市所辖南村镇 145 个行政村。地理坐标为东经 119°57′35″～120°10′18″，北纬 36°28′17″～36°40′08″。	AGI2014-03-1538

（续）

序号	产品名称	所在地域	申请人全称	划定的地域保护范围	质量控制技术规范编号
43	新乡小麦	河南	新乡市种子管理站	新乡市所辖卫辉市、辉县市、新乡县、获嘉县、原阳县、延津县、封丘县、长垣县共 8 个县市 100 个乡镇。地理坐标为东经 113°23′24″～115°01′00″，北纬 34°53′50″～35°50′08″。	AGI2014-03-1539
44	蔡甸藜蒿	湖北	武汉市蔡甸区蔬菜科技推广站	武汉市蔡甸区所辖的玉贤镇、侏儒街、永安街、奓山街、桐湖农场、消泗乡、洪北农业示范区。地理坐标为东经 113°41′00″～114°13′00″，北纬 30°15′00″～30°41′00″。	AGI2014-03-1540
45	双莲荸荠	湖北	当阳市王店镇农业服务中心	当阳市王店镇所辖的双莲、严河、白河、泉河等村。地理坐标为东经 110°41′34″～111°55′48″，北纬 30°53′53″～30°05′00″。	AGI2014-03-1541
46	钟祥香菇	湖北	钟祥市食用菌协会	钟祥市所辖洋梓镇、长寿镇、丰乐镇、胡集镇、双河镇、磷矿镇、文集镇、冷水镇、石牌镇、柴湖镇、旧口镇、长滩镇、东桥镇、客店镇、张集镇、九里回族乡、郢中街办、官庄湖管理区等 18 个乡镇、街办、管理区。地理坐标为东经 112°07′～113°00′，北纬 30°42′～31°36′。	AGI2014-03-1542
47	钟祥皮蛋	湖北	钟祥市蛋品产业协会	钟祥市所辖洋梓镇、长寿镇、丰乐镇、胡集镇、双河镇、磷矿镇、文集镇、冷水镇、石牌镇、柴湖镇、旧口镇、长滩镇、东桥镇、客店镇、张集镇、九里回族乡、郢中街办、官庄湖管理区等 18 个乡镇、街办、管理区。地理坐标为东经 112°07′～113°00′，北纬 30°42′～31°36′。	AGI2014-03-1543
48	麻城辣椒	湖北	麻城市蔬菜协会	麻城市所辖中馆驿镇、宋埠镇、歧亭镇、铁门岗乡、白果镇、夫子河镇、阎河镇、龟山镇和黄土岗镇 9 个乡镇以及鼓楼、南湖、龙池 3 个办事处，共计 338 个村。地理坐标为东经 114°42′～115°12′，北纬 30°52′～31°22′。	AGI2014-03-1544
49	张湾汉江樱桃	湖北	十堰市张湾区农业技术服务中心	十堰市张湾区所辖汉江街办的柳家河、茅坪、梁家沟、刘家沟、凤凰沟等 5 个村。地理坐标为东经 110°43′～110°48′，北纬 32°41′～32°45′。	AGI2014-03-1545
50	磨坪贡茶	湖北	南漳县磨坪贡茶种植专业协会	南漳县所辖李庙镇磨坪寺、全家湾、刘坪 3 个村。地理坐标为东经 111°29′～111°46′，北纬 31°43′～32°00′。	AGI2014-03-1546
51	靖州茯苓	湖南	靖州苗族侗族自治县茯苓协会	靖州县所辖甘棠镇、太阳坪乡、大堡子镇、三秋乡、坳上镇、艮山口管委会、飞山管委会、江东管委会、文溪乡、寨牙乡、横江桥乡、铺口乡、藕团乡、新厂镇、平察镇共 15 个乡镇管委会。地理坐标为东经 109°16′14″～109°56′36″，北纬 26°15′25″～26°47′35″。	AGI2014-03-1547
52	城头山大米	湖南	澧县城头山村特种水稻种植协会	澧县所辖张公庙镇、澧阳镇、澧南镇、澧东乡、道河乡、大堰当镇、大坪乡、车溪乡、涔南乡、雷公塔镇、梦溪镇等 11 个乡镇。地理坐标为东经 111°35′08″～111°55′43″，北纬 29°30′12″～29°50′36″。	AGI2014-03-1548

（续）

序号	产品名称	所在地域	申请人全称	划定的地域保护范围	质量控制技术规范编号
53	桃源鸡	湖南	桃源县畜牧兽医水产技术推广站	桃源县所辖漳江、深水港、车湖垸、青林、枫树、陬市、木塘垸、架桥、盘塘、马鬃岭、漆河、双溪口、热市、郝坪、黄石、九溪、黄甲铺、理公港、钟家铺、牛车河、龙潭、观音寺、三阳、余家坪、太平桥、浯溪河、泥窝潭、剪市、凌津滩、兴隆街、寺坪、郑家驿、桃花源、芦花、沙坪、杨溪桥、茶庵铺、太平铺、西安、牯牛山等40个乡镇。地理坐标为东经110°51′47″～111°36′41″，北纬28°24′24″～29°24′08″。	AGI2014-03-1549
54	覃塘莲藕	广西	贵港市覃塘区农业技术推广中心	覃塘区所辖覃塘镇、东龙镇、三里镇、黄练镇、石卡镇、五里镇、山北乡、樟木乡、蒙公乡、大岭乡等10个乡镇。地理坐标为东经108°58′～109°18′，北纬22°48′～23°25′。	AGI2014-03-1550
55	桂林桂花茶	广西	桂林市茶叶协会	桂林市所辖秀峰、象山、七星、叠彩、雁山、临桂6个城区以及灵川、兴安、全州、阳朔、平乐、荔浦、龙胜、永福、恭城、资源、灌阳11个县。地理坐标为东经109°36′～111°29′，北纬24°15′～26°23′。	AGI2014-03-1551
56	开山白毛茶	广西	八步区农业技术推广中心	贺州市八步区所辖开山镇、桂岭镇、大宁镇和黄洞乡。地理坐标为东经111°41′12″～111°47′41″，北纬24°28′54″～24°46′24″。	AGI2014-03-1552
57	平乐石崖茶	广西	平乐县农业技术推广中心	平乐县所辖源头镇、阳安乡、青龙乡、桥亭乡、大发瑶族乡、平乐镇、二塘镇、广运林场等7个乡镇1个国有林场。地理坐标为东经110°34′～111°02′，北纬24°16′～24°38′。	AGI2014-03-1553
58	金秀红茶	广西	金秀瑶族自治县水果茶叶技术指导站	金秀瑶族自治县所辖金秀镇、罗香乡、大樟乡、三角乡、三江乡、桐木镇、忠良乡、长垌乡、六巷乡、头排镇共10个乡镇的77个村民委员会。地理坐标为东经109°50′～110°27′，北纬23°40′～24°28′。	AGI2014-03-1554
59	垫江白柚	重庆	垫江县果品蔬菜管理站	垫江县所辖桂溪镇、新民镇、沙坪镇、周嘉镇、普顺镇、永安镇、高安镇、高峰镇、五洞镇、澄溪镇、太平镇、鹤游镇、坪山镇、砚台镇、曹回镇、杠家镇、包家镇、白家镇、永平镇、三溪镇、裴兴镇、大石乡、长龙乡、沙河乡、黄沙乡共25个乡镇。地理坐标为东经107°13′～107°40′，北纬29°38′～30°31′。	AGI2014-03-1555
60	太和胡萝卜	重庆	重庆市合川区蔬菜技术指导站	重庆市合川区太和镇小河村、米市村、长流村、晒金村。地理坐标为东经105°58′47.24″～106°02′27.68″，北纬30°01′57.08″～30°06′35.45″。	AGI2014-03-1556
61	合川湖皱丝瓜	重庆	重庆市合川区蔬菜技术指导站	重庆市合川区南津街街道、合阳城街道、钓鱼城街道、云门街道、大石街道、盐井街道、草街街道、双凤镇、狮滩镇、土场镇、清平镇、三汇镇、涞滩镇、龙市镇、钱塘镇、肖家镇、沙鱼镇、官渡镇、小沔镇、双槐镇、香龙镇、铜溪镇、渭沱镇、太和镇、古楼镇、隆兴镇、三庙镇、龙凤镇、燕窝镇、二郎镇共30个镇、街道。地理坐标为东经105°58′37″～106°40′37″，北纬29°51′02″～30°22′24″。	AGI2014-03-1557
62	故陵椪柑	重庆	云阳县故陵镇农业服务中心	云阳县故陵镇，辖桥亭村、双店村、红坪村、宝兴村、兰草村、红椿村、高坪村、故陵社区共7村1社区。地理坐标为东经109°00′00″～109°15′36″，北纬30°51′36″～30°57′36″。	AGI2014-03-1558

（续）

序号	产品名称	所在地域	申请人全称	划定的地域保护范围	质量控制技术规范编号
63	木里皱皮柑	四川	木里藏族自治县经济作物管理站	木里县所辖依吉乡、水洛乡、宁朗乡、白碉乡、项脚乡、卡拉乡、麦地龙乡、麦日乡、沙湾乡、固争乡、克尔乡、博科乡、西秋乡、后所乡、列瓦乡、李子坪乡、裸波乡、俄亚乡、茶布朗镇、乔瓦镇、瓦厂镇等21个乡镇。地理坐标为东经100°03′～101°40′，北纬27°40′～29°10′。	AGI2014-03-1559
64	中坝草莓	四川	攀枝花市仁和区草莓协会	仁和区所辖中坝乡、总发乡、太平乡、务本乡、啊啦彝族乡、大龙潭彝族乡、仁和镇、同德镇、大田镇、平地镇、福田镇、前进镇、布德镇等13个乡镇。地理坐标为东经101°41′～101°86′，北纬26°20′～26°70′。	AGI2014-03-1560
65	大英白柠檬	四川	大英县河边镇农业服务中心	大英县所辖河边镇、卓筒井镇、蓬莱镇、玉峰镇、天保镇、智水乡、金元乡等7个乡镇。地理坐标为东经105°03′26″～105°29′20″，北纬30°25′47″～30°46′42″。	AGI2014-03-1561
66	汉源樱桃	四川	汉源县农技推广服务中心	汉源县所辖富林镇、安乐乡、富泉镇、顺河彝族乡、九襄镇、唐家镇、大田乡、河西乡、前域乡、宜东镇、富庄镇、清溪镇、双溪乡、西溪乡、大树镇、小堡藏族彝族乡、晒经乡、河南乡、乌斯河镇等19个乡镇。地理坐标为东经102°16′～103°00′，北纬29°05′～29°43′。	AGI2014-03-1562
67	任市板鸭	四川	开江县家禽产业协会	开江县所辖新宁镇、普安镇、永兴镇、新太乡、灵岩乡、回龙镇、天师镇、骑龙乡、长田乡、沙坝场乡、梅家乡、讲治乡、宝石乡、甘棠镇、靖安乡、任市镇、新街乡、广福镇、长岭乡、拔妙乡等20个乡镇。地理坐标为东经107°42′06″～108°05′07″，北纬30°47′40″～31°15′28″。	AGI2014-03-1563
68	西坝生姜	四川	乐山市五通桥区农业技术推广中心	五通桥区西坝镇、冠英镇、石麟镇、蔡金镇、新云乡、金山镇、辉山镇、桥沟镇、金粟镇、竹根镇、杨柳镇、牛华镇共12个乡镇。地理坐标为东经103°39′45″～103°56′48″，北纬29°17′29″～29°31′30″。	AGI2014-03-1564
69	筠连红茶	四川	四川省筠连县农业局茶叶站	筠连县所辖筠连镇、腾达镇、巡司镇、蒿坝镇、双腾镇、沐爱镇、维新镇、镇舟镇、大雪山镇、武德乡、塘坝乡、龙镇乡、孔雀乡、乐义乡、高坎乡、团林乡、联合乡、高坪乡等18个乡（镇）。地理坐标为东经104°17′45″～104°47′20″，北纬27°50′37″～28°14′08″。	AGI2014-03-1565
70	九龙牦牛	四川	九龙县畜牧站	九龙县所辖县汤古乡、呷尔镇、斜卡乡、洪坝乡、湾坝乡、三岩龙乡、上团乡、八窝龙乡、乃渠乡、乌拉溪乡、魁多乡、烟袋乡、子耳乡、踏卡乡、朵洛乡、三垭乡、俄尔乡、小金乡共18个乡镇。地理坐标为东经101°07′～102°10′，北纬28°19′～29°20′。	AGI2014-03-1566
71	丹巴香猪腿	四川	丹巴县动物疾病预防控制中心	丹巴县所辖章谷镇、水子乡、东谷乡、梭坡乡、格宗乡、中路乡、岳扎乡、半扇门乡、太平桥乡、聂呷乡、巴旺乡、巴底乡、革什扎乡、边尔乡、丹东乡等15个乡（镇）。地理坐标为东经101°17′～102°12′，北纬30°24′～31°23′。	AGI2014-03-1567
72	黑水凤尾鸡	四川	黑水县畜牧兽医局畜牧工作站	黑水县所辖沙石多乡、红岩乡、洛多乡、瓦钵乡、晴朗乡、慈坝乡、卡龙镇、芦花镇、双溜索乡、木苏乡、龙坝乡、石碉楼乡、色尔古乡、扎窝乡、知木林乡、麻窝乡、维古乡共17个乡镇。地理坐标为东经102°35′～103°30′，北纬31°35′～32°38′。	AGI2014-03-1568

（续）

序号	产品名称	所在地域	申请人全称	划定的地域保护范围	质量控制技术规范编号
73	黑水中蜂蜜	四川	黑水县畜牧兽医局畜牧工作站	黑水县所辖沙石多乡、红岩乡、洛多乡、瓦钵乡、晴朗乡、慈坝乡、卡龙镇、芦花镇、双溜索乡、木苏乡、龙坝乡、石碉楼乡、色尔古乡、扎窝乡、知木林乡、麻窝乡、维古乡共17个乡镇。地理坐标为东经102°35′～103°30′，北纬31°35′～32°38′。	AGI2014-03-1569
74	凤冈锌硒茶	贵州	凤冈县茶叶协会	凤冈县所辖永安镇、新建镇、土溪镇、绥阳镇、花坪镇、龙泉镇、永和镇（党湾村除外）、蜂岩镇、进化镇、琊川镇、何坝镇、石径乡等12个乡镇。地理坐标为东经107°31′～107°56′，北纬27°32′～28°21′。	AGI2014-03-1570
75	湄潭翠芽	贵州	贵州省湄潭县茶业协会	湄潭县所辖湄江镇、永兴镇、复兴镇、天城镇、兴隆镇、抄乐镇、黄家坝镇、高台镇、茅坪镇、新南镇、石莲镇、鱼泉镇、洗马镇、马山镇、西河镇等15个乡镇。地理坐标为东经107°15′36″～107°41′08″，北纬27°20′18″～28°12′32″。	AGI2014-03-1571
76	金沙贡茶	贵州	金沙县农业技术推广站	金沙县所辖城关镇、沙土镇、安底镇、禹谟镇、岩孔镇、清池镇、岚头镇、源村乡、官田乡、后山乡、长坝乡、木孔乡、茶园乡、化觉乡、高坪乡、平坝乡、西洛乡、龙坝乡、桂花乡、石场苗族乡、太平彝族苗族乡、箐门苗族彝族仡佬族乡、马路彝族苗族乡、安洛苗族彝族满族乡、新化苗族彝族满族乡、大田彝族苗族布依族乡等26个乡镇。地理坐标为东经105°47′～106°44′，北纬27°07′～27°46′。	AGI2014-03-1572
77	普洱瓢鸡	云南	普洱市畜牧工作站	普洱市所辖镇沅县的恩乐镇、按板镇、勐大镇、者东镇、九甲镇、振太乡、田坝乡、古城乡、和平乡9个乡镇；景谷县的凤山乡、正兴镇、景谷乡3个乡镇；景东县的花山乡、景福乡、文井镇、大街乡4个乡镇；墨江县的团田乡、景星乡、新抚乡3个乡镇；宁洱县的宁洱、磨黑镇、同心乡、勐先乡、德安乡、梅子乡6个乡镇，共25个乡镇。地理坐标为东经100°33′～105°15′，北纬20°16′～24°06′。	AGI2014-03-1573
78	滇陆猪	云南	陆良县滇陆猪研究所	陆良县所辖中枢镇、板桥镇、三岔河镇、活水乡、马街镇、龙海乡、召夸镇、大莫古镇、小百户镇、芳华镇、华侨管理区共10个乡镇1个华侨管理区。地理坐标为东经103°22′～104°02′，北纬24°44′～25°18′。	AGI2014-03-1574
79	罗平黄山羊	云南	罗平县畜禽改良工作站	罗平县所辖罗雄镇、板桥镇、九龙镇、阿岗镇、马街镇、富乐镇、大水井乡、钟山乡、长底乡、旧屋基乡、鲁布革乡、老厂乡共12个乡镇。地理坐标为东经102°43′～103°57′，北纬24°33′～25°25′。	AGI2014-03-1575
80	诺邓火腿	云南	云龙县畜牧工作站	云龙县所辖诺邓镇、长新乡、白石镇、宝丰乡、检槽乡、关坪乡、团结乡、功果桥镇、苗尾乡、漕涧镇、民建乡共11个乡镇86个行政村。地理坐标为东经98°52′～99°46′，北纬25°28′～26°23′。	AGI2014-03-1576
81	长安草莓	陕西	西安市长安区农业技术推广中心	长安区所辖马王、五星、灵沼、细柳、兴隆、滦镇、太乙宫、东大、杜曲、王曲、子午、大兆、引镇等13个街办44个行政村。地理坐标为东经108°42′～109°07′，北纬34°03′～34°12′。	AGI2014-03-1577

（续）

序号	产品名称	所在地域	申请人全称	划定的地域保护范围	质量控制技术规范编号
82	兴平大蒜	陕西	兴平市园艺站	兴平市所辖桑镇、赵村、汤坊、丰仪、庄头等5个镇56个行政村。地理坐标为东经108°18′～108°26′，北纬34°13′～34°16′。	AGI2014-03-1578
83	哈尔腾哈萨克羊	甘肃	阿克塞哈萨克族自治县阿勒腾乡养殖协会	阿克塞哈萨克族自治县所辖阿勒腾乡的哈尔腾村、乌呼图村、塞什腾村、阿克塔木村、苏干湖村；阿克旗乡的安南坝村、多坝沟村、东格列克村；红柳湾镇的大坝图村、加尔乌宗村、红柳湾村，共3个乡镇11个自然村。地理坐标为东经92°14′～97°58′，北纬38°10′～39°42′。	AGI2014-03-1579
84	唐古拉牦牛	青海	格尔木市畜牧兽医工作站	格尔木市所辖唐古拉山镇。地理坐标为东经91°38′49″～93°20′22″，北纬33°52′14″～35°12′31″。	AGI2014-03-1580
85	唐古拉藏羊	青海	格尔木市畜牧兽医工作站	格尔木市所辖唐古拉山镇。地理坐标为东经91°38′49″～93°20′22″，北纬33°52′14″～35°12′31″。	AGI2014-03-1581
86	湟中燕麦	青海	青海省湟中县草原站	湟中县所辖田家寨镇、土门关乡、上新庄镇、鲁沙尔镇、共和镇、大才乡、汉东乡、多巴镇、上五庄镇、拦隆口镇、群加乡、海子沟乡、李家山镇、西堡镇、甘河滩镇共15个乡镇。地理坐标为东经101°09′32″～101°54′50″，北纬36°13′32″～37°03′19″。	AGI2014-03-1582
87	祁连牦牛	青海	祁连县畜牧业协会	祁连县所辖峨堡镇、阿柔乡、扎麻什乡、央隆乡、野牛沟乡、默勒镇、八宝镇等7个乡镇。地理坐标为东经98°05′35″～101°02′06″，北纬37°25′16″～39°05′18″。	AGI2014-03-1583
88	祁连藏羊	青海	祁连县畜牧业协会	祁连县所辖峨堡镇、阿柔乡、扎麻什乡、央隆乡、野牛沟乡、默勒镇、八宝镇等7个乡镇。地理坐标为东经98°05′35″～101°02′06″，北纬37°25′16″～39°05′18″。	AGI2014-03-1584
89	盐池谷子	宁夏	盐池县种子管理站	盐池县所辖花马池镇、大水坑镇、惠安堡镇、高沙窝镇、冯记沟乡、青山乡、王乐井乡、麻黄山乡共8个乡镇98个行政村组。地理坐标为东经106°33′00″～107°47′00″，北纬37°04′00″～38°10′00″。	AGI2014-03-1585
90	盐池糜子	宁夏	盐池县种子管理站	盐池县所辖花马池镇、大水坑镇、惠安堡镇、高沙窝镇、冯记沟乡、青山乡、王乐井乡、麻黄山乡共8个乡镇98个行政村组。地理坐标为东经106°33′00″～107°47′00″，北纬37°04′00″～38°10′00″。	AGI2014-03-1586
91	新疆兵团六团苹果	新疆兵团	新疆生产建设兵团第一师六团	新疆生产建设兵团第一师六团一连、二连、三连、四连、五连、六连、七连、八连、十连、宏源种植厂共10个农业连队。地理坐标为东经80°22′30″～80°27′08″，北纬40°50′10″～41°02′30″。	AGI2014-03-1587
92	乌尔禾垦区白兰瓜	新疆兵团	新疆生产建设兵团第七师一三七团	新疆生产建设兵团第七师一三七团一连、四连、五连、六连、七连共5个连队。地理坐标为东经85°37′30″～85°48′00″，北纬45°55′30″～46°07′40″。	AGI2014-03-1588
93	新疆兵团四十八团红枣	新疆兵团	新疆生产建设兵团第三师四十八团	新疆生产建设兵团第三师四十八团、四十五团、四十六团。地理坐标为东经77°38′00″～78°21′00″，北纬38°03′30″～39°30′00″。	AGI2014-03-1589

注：质量控制技术规范文本见中国农产品质量安全网（www.aqsc.gov.cn）。

附件 2：

农产品地理标志登记产品信息变更一览表

产品名称	所在地域	变更前登记证书持有人全称	变更后登记证书持有人全称	划定的地域保护范围	备　注
呼伦湖秀丽白虾	内蒙古	呼伦贝尔市渔业技术推广站	呼伦贝尔市水产技术推广站	呼伦贝尔市所辖新巴尔虎左旗、新巴尔虎右旗及满洲里市。地理坐标为东经116°58′00″～117°47′00″，北纬 48°40′00″～49°20′00″。	2014 年公告产品（登记证书编号 AGI01459）
呼伦湖鲤鱼	内蒙古	呼伦贝尔市渔业技术推广站	呼伦贝尔市水产技术推广站	呼伦贝尔市所辖新巴尔虎左旗、新巴尔虎右旗及满洲里市。地理坐标为东经116°58′00″～117°47′00″，北纬 48°40′00″～49°20′00″。	2014 年公告产品（登记证书编号 AGI01460）
生米藠头	江西	南昌市绿色藠头专业合作社	新建县明志种养殖专业合作社	江西省南昌新建县生米镇璜溪村、东城村、夏宇村、胜利村、南路村、安丰村、中堡村、文青村、相里村、郡塘村、长岗、富乡村、铁路村、青岚村、摄溪村、南星村、生米村、黄佩村、山图村、朱岗村、感里村、曾港村、斗门村、渔业村等 24 个行政村及石埠乡、西山镇、石岗镇、流湖乡、厚田乡、红林林场。地理坐标为东经115°31′00″～116°25′00″，北纬 28°20′00″～29°10′00″。	2010 年公告产品（登记证书编号 AGI00423）

关于第十二届中国国际农产品交易会
参展产品金奖评选结果的通报

各展团，各有关单位：

按照《中国国际农产品交易会参展产品评奖办法》和《关于开展第十二届中国国际农产品交易会参展产品评奖活动的通知》，在企业申报、各展团推荐的基础上，组委会评奖委员会组织专家评审，并现场对参展产品进行复核，经组委会审定，决定授予胶州大白菜、河套雪花粉、和田玉枣等 257 个产品为第十二届农交会参展产品金奖。

希望荣获金奖产品称号的企业以此为契机，不断加强管理，进一步健全产品质量控制和可追溯体系，大力推进标准化生产，着力提升产品质量，强化品牌意识，塑造品牌形象，提高产品的市场竞争力。

附件：第十二届中国国际农产品交易会金奖产品名单

第十二届中国国际农产品交易会组委会

2014 年 11 月 5 日

附件：

第十二届中国国际农产品交易会金奖产品名单

省份	产品名称	注册商标	生产企业名称
北京	大鸡蛋	CP	北京正大蛋业有限公司
	杏鲍菇	朵朵鲜	绿源永乐（北京）农业科技发展有限公司
	果蔬脆片	脆脆乐	北京凯达恒业农业技术开发有限公司
	香菇酱	乐乐菇	北京利民恒华农业科技有限公司
	西瓜	汉良	北京汉良瓜果种植专业合作社
天津	半滑舌鳎	兴利龙	天津市兴盛海淡水养殖有限责任公司
	马铃薯脱毒种薯	洋裕	天津市洋裕生物技术有限公司
	蜂蜜	正达	天津市正达蜂业有限公司
	冬枣	绿生源冬枣庄园	天津绿生源冬枣加工专业合作社
	北虫草	中滨	天津市东方中滨农业科技有限公司
	保健醋	天立	天津市天立独流老醋股份有限公司
	童子肉鸡	绿翅	天津市绿翅工贸有限公司
河北	参鸡汤	美客多	河北美客多食品集团有限公司
	栗仁	神栗	承德神栗食品有限公司
	海参	秦皇	秦皇岛市海洋牧场增养殖有限公司
	小米	绿蔚	张家口萝川贡米有限公司
	甲壳素红枣	壳素红	行唐县几丁质红枣专业合作社
山西	苹果	吉县苹果	吉县吉昌镇绿之源苹果专业合作社
	莲藕	南林交	曲沃县南林交龙王池莲菜种植专业合作社
	苦荞健茶	雁门清高	山西雁门清高食业有限责任公司
	黄花菜	昊天	山西省大同县黄花总公司
	黄小米	沁州	山西沁州黄小米（集团）有限公司
	苹果	晋魁	山西红艳果蔬专业合作社
	寿阳小米	晨亿	山西晋荞米业有限公司
内蒙古	葡萄	云飞	乌海市云飞农业种养科技有限公司
	西瓜	风沙源	商都县绿娃农业科技有限责任公司
	辣酱	香辣传奇	内蒙古正隆谷物食品有限公司
	有机牛羊肉	牧野德彪	内蒙古蓝色牧野肉业股份有限公司
	雪花粉	河套	内蒙古恒丰食品工业（集团）股份有限公司
	速冻白条兔肉	风水梁	内蒙古东达生物科技有限公司
	亚麻籽油	红井源	锡林郭勒盟红井源油脂有限责任公司
	大米	绰勒银珠	扎赉特旗绰勒银珠米业有限公司
	小米	八千粟	敖汉远古生态农业科技发展有限公司
辽宁	鲜猪肉	昌绿	辽宁国美农牧集团
	有机黑花生油	绿色芳山	辽宁绿色芳山有机食品有限公司
	红烧猪肉罐头	红塔	大连圣诺食品有限公司
	鸡蛋	沈辉	沈阳华美畜禽有限公司
	小米	武星	本溪满族自治县武兴农牧场
	南果梨	鸿鹏	辽宁鸿鹏绿色食品有限公司
	青花瓷酒	望儿山	辽宁望儿山酒业有限公司

（续）

省份	产品名称	注册商标	生产企业名称
吉林	有机绿色大米	德佶	松原市二马泡有机农业开发有限公司
	大米	御圣一品	长春华御实业集团有限公司
	速冻粘玉米	年香玉	大安市先达食品有限公司
	有机亚麻籽油	长白工坊	吉林省长白工坊科贸有限公司
	白条鹅	成一	吉林省成一禽业开发有限责任公司
黑龙江	食用菌	天锦	黑龙江天锦食用菌有限公司
	白酒	雁窝岛	黑龙江农垦雁窝岛集团酿酒有限公司
	蜂蜜	慈蜂堂	黑龙江慈蜂堂东北黑蜂生物科技有限公司
	膳配米	粮身定制	齐齐哈尔瑞盛食品制造有限公司
	豆浆粉	冬梅	佳木斯冬梅大豆食品有限公司
	鸡蛋	菁品	大庆兴和农牧发展有限公司
	酒	北大仓	黑龙江北大仓集团有限公司
	鸭稻米	八百泉	拜泉县鸿翔亨利米业有限公司
上海	玉米汁	上海银龙	上海银龙农业发展有限公司
	大米	老来青	上海老来青米业专业合作社
	酸牛奶	莫斯利安	光明乳业股份有限公司
	有机大米	瀛丰五斗	光明米业（集团）有限公司
	蜂王浆	森蜂园	上海森蜂园蜂业有限公司
	金针菇	九道菇	上海光明森源生物科技有限公司
	真空冷冻干燥苹果片	绿晟	上海绿晟实业有限公司
	纯玉米胚芽油	融氏	上海融氏企业有限公司
	红枣	闽龙达	上海闽龙实业有限公司
	青浦红柚	百集优	上海大莲湖果业专业合作社
	冻熟凤尾虾	ZL	上海洲联食品有限公司
江苏	大米	苏垦	江苏省农垦米业集团有限公司
	扬州速冻包点	五亭	扬州五亭食品有限公司
	虾酱	福到乐	大丰福到乐水产食品有限公司
	红烧海门山羊肉	东方雁	海门市东方雁食品有限公司
	小麦膳食纤维面粉	上一道	江苏上一道科技股份有限公司
	杏鲍菇	康宏生物	江苏康宏生物科技有限公司
	蛹虫草	太湖龙	吴江市家和蚕业专业合作社
	蜜汁糯米藕	奥斯忒	江苏奥斯忒食品有限公司

（续）

省份	产品名称	注册商标	生产企业名称
浙江	吊瓜子	曼曼 de 爱	浙江省长兴泰明食品有限公司
	蓝莓果酒	美得来	浙江蓝美农业有限公司
	柑桔	忘不了	浙江忘不了柑桔专业合作社
	火腿	华统	浙江华统肉制品股份有限公司
	山茶油	天台山	天台山康能保健食品有限公司
	西湖龙井茶	御字	杭州龙井茶业集团有限公司
	望海茶	望海峰	宁波望海茶业发展有限公司
	熏鸡	藤桥	藤桥禽业股份有限公司
	雪菜	嘉善杨庙雪菜	嘉善杨庙雪菜专业合作社
	香榧	嵊州香榧	嵊州市香榧产业协会
	深海鱼精	兴业	浙江兴业集团有限公司
	鱼丸	经纬	浙江多乐佳实业有限公司
	香菇酱	御勺	浙江元康食品有限公司
	山核桃	姚生记	杭州姚生记食品有限公司
	萧山风味萝卜干	博鸿小菜	浙江博鸿小菜食品有限公司
	红阳猕猴桃	永勤	瑞禾水果专业合作社
	处州白莲	白云山水	丽水白云山土特产开发有限公司
	榨菜	备得福	余姚市备得福菜业有限公司
安徽	芝麻香油	燕庄	安徽燕庄油脂有限公司
	太平猴魁	六百里	黄山六百里猴魁茶业有限公司
	黄山土蜂蜜	徽黄	黄山市养生源蜂业有限公司
	砀山酥梨	御乐园	安徽省砀山县宇通果业有限公司
	调味汁	左味	安徽省味之源生物科技有限公司
	媒鸭	皖山	安徽皖山食品有限公司
	糖醋姜	和平	铜陵市和平姜业有限责任公司
	溜溜梅	溜溜	安徽溜溜果园集团有限公司
	岳西翠兰	良奇	安徽良奇生态农业科技有限责任公司
	符离集烧鸡	刘老二	宿州市符离集刘老二烧鸡有限公司
	绿茶	汀溪兰香	安徽兰香茶业有限公司
福建	德化黑鸡	黑溜溜	福建省德化县绿园农业综合专业合作社
	福鼎白茶	瑞达	福建瑞达茶叶有限公司
	铁观音	仙溪	福建金溪茶业有限公司
	风味酱兔	客加味	三明温氏食品有限公司
	绣球菌	容益	福建容益菌业科技研发有限公司
	线面	苏盛	福安市苏堤华盛线面合作社

（续）

省份	产品名称	注册商标	生产企业名称
江西	蜜桔	赣龍	江西省梦龙果业有限公司
	山茶油	香云河	江西云河实业有限公司
	宁红金毫	宁红	江西省宁红集团有限公司
	绿壳鸡蛋	新农人	抚州民生农业科技有限公司
	乳制品	维雀	正邦集团有限公司
	庐山云雾茶	圆通	九江市庐山茶叶科学研究所茶场
	茶	铜鼓春韵	江西省铜鼓县茶业有限公司
山东	辣椒粉	英潮	中椒英潮辣业发展有限公司
	有机五彩馒头	九洲丰园	泰安泰山亚细亚食品有限公司
	萝卜	俊青	潍坊市寒亭区俊清蔬果专业合作社
	赤霞珠干红葡萄酒	汉诺庄园	汉诺联合集团汉诺葡萄酒有限公司
	黑猪肉	FKHZ	山东明发福康牧业有限公司
	芦笋罐头	juxinyuan	菏泽巨鑫源食品有限公司
	卤鸭	小杨屯	山东小杨屯鸭业科贸有限公司
	大米	黄河三角洲	东营市鲁通米业有限责任公司
	刺参	龙盘参鲍	青岛龙盘海洋生态养殖有限公司
	东海龙须	晓阳春	青岛晓阳工贸有限公司
	洋槐蜂蜜	嗡嗡乐	山东华康蜂业有限公司
	彩椒	商丰源	济南绿泉丰园农副产品有限公司
	苹果	联蕾	烟台联蕾食品有限责任公司
	大白菜	胶州大白菜	胶州市大白菜协会
	兔肉	康大	青岛康大食品有限公司
	有机干白葡萄酒	威龙	威龙葡萄酒股份有限公司
	红苹果	中庄	沂源县盛全果蔬有限公司
	精制挂面	望乡	山东望乡食品有限公司
	挂面	中裕	滨州泰裕麦业有限公司
	白玉菇	福菩娃	山东华骜植化集团有限公司
	章丘大葱	万新	章丘市万新富硒大葱专业合作社
	冷鲜深海小海带	海芝寶	山东海之宝海洋科技有限公司
	有机石磨面粉	远方	淄博商厦远方有机食品开发有限公司
	东方鳖宝饮品	丁马	山东丁马生物科技有限公司
	黑蒜	裕华源	莱芜裕源食品有限公司
	板栗	绿润	山东绿润食品有限公司
	白金针菇	宏明	山东常生源菌业有限公司
	阿胶片	胶之源	山东东阿东方阿胶股份有限公司
	特精粉	永升	山东永明粮油食品集团有限公司
	小米	孙祖	山东孙祖小米股份有限公司

（续）

省份	产品名称	注册商标	生产企业名称
河南	黄金梨	黄泛区	河南省黄泛区农场
	杏鲍菇	珍农天赐	河南邦友农业生态循环发展有限公司
	树莓果汁	生命果	生命果有机食品股份有限公司
	大米	黄河稻夫	河南黄河稻夫农业发展有限公司
	铁棍山药	铁棍	河南伟康实业有限公司
	排酸牛肉	伊赛	河南伊赛牛肉股份有限公司
	彩陶坊地利	仰韶	河南仰韶酒业有限公司
	双低菜籽油	悦生合	河南懿丰油脂有限公司
湖北	醉鱼	洪湖渔家	德炎水产食品股份有限公司
	紫薯米	花之恋本草茶食	武汉市普泽天食品有限公司
	双低菜籽油	奥星	湖北奥星粮油工业有限公司
	乳酸妙妙蛋糕	福娃	福娃集团有限公司
	宜昌蜜桔	宜昌蜜桔	宜昌市柑桔产业协会
	鸡肉分割品	机遇	湖北同星农业有限公司
	小龙虾	楚江红	湖北莱克水产食品股份有限公司
	大河蟹	梁子	武汉市梁子湖水产集团有限公司
湖南	原香山茶油	大三湘	湖南大三湘油茶科技有限公司
	蓝山红	百叠岭	湖南三峰茶业有限责任公司
	金银花饮	济草堂	湖南济草堂金银花科技开发有限公司
	发芽糙米	发丫红	长沙尚海农业科技有限责任公司
	白云毛尖	友人家	平江县友人家高山有机茶农民专业合作社
	纯糙米粉	炎米神	株洲市炎米神糙米科研有限公司
广东	沙田柚	明弘金果王	韶关市明弘生态农业有限公司
	桔普茶	金马牌	鹤山市茶叶果树科学研究所
	红茶	怡品茗	英德市怡品茗茶叶有限公司
	红乌龙茶	茗皇	广东茗皇茶业有限公司
	美香占2号有机大米	亚灿米	罗定市丰智昌顺科技有限公司
	荔枝干	山顶村	惠州市惠大种养专业合作联社
	晚籼米	靓虾王	东莞市太粮米业有限公司
	化橘红	橘利	化州市益利化橘红专业合作社
	茶油	FANLONG	广东璠龙农业科技发展有限公司
	金针菜	皇斋虎嗷	海丰县供销果蔬加工厂
	锌米	万有引力	广东正茂农业科技有限公司
海南	无核荔枝干	陆侨	海南陆侨农牧开发有限公司
	绿茶	白沙	海南农垦白沙茶业股份有限公司
	椰子汁	椰利园	海南椰利园食品有限公司

（续）

省份	产品名称	注册商标	生产企业名称
广西	有机黑茶格物	浪伏	广西凌云浪伏茶业有限公司
	有机茶	图案	广西昭平县故乡茶业有限公司
	金毫红茶	八桂凌云	广西八桂凌云茶业有限公司
	有机绿茶翠韵	浪伏	广西凌云浪伏茶业有限公司
重庆	方便榨菜	餐餐想	重庆市涪陵区洪丽食品有限责任公司
	火锅笋	包黑子	重庆市包黑子食品有限公司
	菊花	阳菊	云阳芸山农业开发有限公司
	茶叶	滴翠剑名	重庆翠信茶业有限公司
	黑木耳	青杠树	云阳县泥溪乡南山峡黑木耳专业合作社
四川	银耳	裕德源	四川裕德源生态农业科技有限公司
	柠檬	安岳柠檬	安岳柠檬产业局
	春芽	鹅背山	四川省鹅背山茶业有限公司
	蚕丝被	白雀及图	自贡市荣成实业有限责任公司
	手撕牛肉	巴蜀公社	四川高金食品股份有限公司
	猕猴桃	依顿	四川依顿农业科技开发有限公司
	香辣酱	美乐 277480	四川省远达集团富顺县美乐食品有限公司
	巅峰雀舌	绿茗春	四川绿茗春茶业有限公司
	绿色石榴	多籽乐	凉山新兴农业生物科技有限公司
	桑椹酒	桑道	四川圣露农业股份有限公司
	冬桑叶凉茶	冬桑凉茶	宁南县南丝路集团公司
云南	茶叶	高黎贡山	腾冲县高黎贡山生态茶叶有限责任公司
西藏	牦牛奶	高原之宝	西藏高原之宝牦牛乳业股份有限公司
	青稞香米	雪域圣谷	西藏春光食品有限公司
陕西	葡萄	户太	西安市葡萄研究所
	猕猴桃	幸福洋	眉县幸福洋果业有限公司
	绿壳鸡蛋	石寨	陕西省铜川市耀州区希望生态养殖专业合作社
	绿茶	女娲	平利县女娲茗茶有限公司
	黑米	双亚	陕西双亚粮油工贸有限公司
	滩枣	彤森	清涧县宏祥有限责任公司
	金丝雾峰	秦露	陕西省商南县金丝茶叶发展有限公司
甘肃	脱苦杏仁	南梁	甘肃绿源农林科技有限公司
	亚麻油	陇郁香	甘肃陇郁香粮油工业有限责任公司
	银杏果仁	三滩	甘肃省徽县雅龙银杏产业开发有限责任公司
	梨	御液香	靖远县御液泉兴隆香梨种植销售农民专业合作社
	花牛苹果	花牛	天水花牛苹果（集团）有限责任公司
	富士苹果	常津	静宁常津果品有限公司

（续）

省份	产品名称	注册商标	生产企业名称
宁夏	甜瓜	小任	宁夏小任果业发展有限公司
	米	世纪红双赢	宁夏红双赢粮油食品有限公司
	米	塞上金双禾	宁夏金双禾粮油公司
	米	叶盛	宁夏正鑫源现代农业发展集团有限公司
	米	富胜	吴忠市富胜粮油商贸有限公司
	葡萄酒	御马	御马国际葡萄酒业（宁夏）有限公司
	老火锅底料	红山河	宁夏红山河食品股份有限公司
青海	紫皮大蒜	xingnong	乐都县兴农农产品购销有限责任公司
	牦牛肉	5369	青海五三六九生态牧业科技有限公司
	牦牛肉干	绿草源	青海绿草源食品有限公司
	羊肉	雪域八宝	青海祁连亿达畜产肉食品有限公司
	枸杞靓糕	西北骄	青海西北娇天然营养食品有限公司
	纯牛奶	天露	青海天露乳业有限责任公司
新疆	核桃	宝圆	温宿县木本粮油林场
	红花籽醋	庄子开拓	新疆庄子实业有限责任公司
	沙棘精油	慧华圣果	新疆慧华沙棘生物科技有限公司
	红枣	西圣	新疆西圣果业有限公司
	新疆黑蜂野菊花蜂蜜	济康	新源县济康蜂业巩乃斯草原养殖基地
兵团	哈密瓜	天山娇	新疆兵团第十三师淖毛湖农场
	甘枣	四木王	新疆叶河源果业股份有限公司
	和田玉枣	和田玉枣	和田昆仑山枣业股份有限公司
	排酸牛肉	喀尔万	新疆西部牧业股份有限公司
行业	产品名称	注册商标	生产企业名称
水产	大闸蟹	金尧	江苏金尧大闸蟹专业合作社
	甲鱼	陆逊湖	湖北省三袁农产品产销合作社联社
	鲍鱼	獐子岛	獐子岛集团股份有限公司
	海蜇	营海	营口市荣发参蜇有限公司
	大闸蟹	阳澄湖	苏州市阳澄湖现代农业发展有限公司
	虾皮	大三元	瑞安市华盛水产有限公司
	大闸蟹	洪湖清水	洪湖市闽洪水产品批发市场服务有限公司
	河蟹	东牌	盘锦光合蟹业有限公司
	黄鳝	荆江	监利县海河水产养殖专业合作社
	冷冻罗非鱼片	贝丰	百洋水产集团股份有限公司
	冷冻金鲳鱼	海盈	防城港海世通食品有限公司
	单冻鲈鱼片	宝极品	珠海北极品水产有限公司
	干海参	壹桥	大连壹桥海洋苗业股份有限公司
	裙带菜	海宝	大连海宝渔业有限公司
	荆州鱼糕	楚兴	湖北兴兴食品有限公司
	东港大黄蚬	东港大黄蚬	辽宁双增集团
	墨鱼肉	好时鲜	杭州好时鲜水产品有限公司
	冷冻金枪鱼	宏利	浙江宏利水产有限公司
	大菱鲆鱼	菊花岛	兴城菊花岛海产品有限公司

中国优质农产品开发服务协会关于发布
第一批优质茶园认定结果的通知

各有关单位：

中国优质农产品开发服务协会以 2013 中国茶叶博览会为平台，组织开展"优质茶园"认定活动。

在企业申报的基础上，经资格审查、专家遴选、复核确定，第一批共有 45 家单位的生产基地获得"优质茶园"认定，现将名单予以公告。

希望获得"优质茶园"认定的企业，进一步加强生产基地建设，逐步建立质量可追溯制度，稳步提高产品品质，切实发挥"优质茶园"的辐射带动作用。

中国优质农产品开发服务协会

2013 年 10 月 30 日

附件：

第一批"优质茶园"名单（45）

序号	单位名称	生产基地地址	面积（亩）
1	安徽国润茶业有限公司	安徽省池州市东至县洪方镇同春村	10 000
2	安徽双园集团有限公司	安徽省池州市贵池县牌楼镇济公村	2 500
3	福建尤溪县云富茶业有限公司	福建省三明市尤溪县台溪镇盖竹村	300
4	福建武夷山市挂墩春兰茶厂	福建省武夷山市星村镇桐木村挂墩	100
5	福建厦门杉品茶园有限公司	福建省泉州市安溪县长坑镇山各村凤凰山	3 300
6	福建安溪县龙涓乡举源茶叶专业合作社	福建省泉州市安溪县龙涓乡举源村	5 900
7	福建武夷山市钦品茶业有限公司	福建省武夷山市星村镇曹墩村下坑	300
8	福建南靖县高竹金观音茶叶专业合作社	福建省漳州市南靖县南坑镇萬竹村宫前	2 000
9	福建省壶润茶业有限公司	福建省武夷山市星村镇巨口村	423
10	福建省安溪县新康茶叶有限公司	福建省泉州市安溪县虎邱镇竹园村	3 000
11	福建福鼎东南白茶进出口有限公司	福建省福鼎市桐城街道富海新村 59-60 号	800
12	福鼎白茶股份有限公司	福建省福鼎市点头镇崀山乡下普照寺自然村	300
13	广西石乳茶业有限公司	广西壮族自治区南宁市五一西路 25 号	2 700
14	广西三江侗族自治县天池茶业发展有限责任公司	广西壮族自治区柳州市三江县高基镇江口村中里屯	1 050
15	广西乐业县顾式茶有限公司	广西壮族自治区百色市乐业县甘田镇夏福村龙云山	1 860
16	广西三江源源茶业有限公司	广西壮族自治区柳州市三江县斗江镇滩底村	870
17	广西乐业县草王山茶业有限公司	广西壮族自治区百色市乐业县逻沙镇金达村	2 800
18	广西乐业县昌伦茶业有限责任公司	广西壮族自治区百色市乐业县新化镇即社村	860
19	广西隆林三冲茶叶有限公司	广西壮族自治区百色市隆林县德峨镇三冲村	5 000
20	广西昭平县故乡茶业有限公司	广西壮族自治区贺水市昭平县昭平镇	1 160

（续）

序号	单位名称	生产基地地址	面积（亩）
21	广西梧州茂圣茶业有限公司	广西壮族自治区梧州市苍梧县六堡镇大中村	500
22	湖北悟道茶业有限公司	湖北省恩施市芭蕉侗族乡	80 000
23	湖北润邦茶业	湖北省孝感市大悟县兴华路 166 号	20 000
24	湖北宜昌萧氏茶叶集团有限公司	湖北省宜昌市夷陵县邓村乡	260 000
25	湖北赤壁赵李桥茶业有限公司	湖北省赤壁市羊楼洞茶场十五连	825
26	江西浮梁县浮瑶仙芝茶业有限公司	江西省景德镇市浮梁县庄湾镇新佳茶园	3 000
27	江西燕山青茶业有限公司	江西省九江市永修县云山企业集团燕山林公司东方红 1 号	3 620
28	江西武宁茶场	江西省九江市武宁县白鹤坪镇	5 100
29	山东立泰山茶业科技开发有限公司	山东省济南市长清县万德镇马套村	3 000
30	山东临沂市玉芽茶业有限公司	山东省临沂市莒南县洙边镇	460
31	山东乳山市正华农林科技示范园有限公司	山东省威海市乳山市乳山寨镇赤家口村	200
32	山东青岛沅禾茶业有限公司	山东省青岛市即墨市鳌山卫镇新河庄村村南	312
33	山东沂蒙绿茶业有限公司	山东省临沂市临沂临港经济开发区团林镇李家桑园村	500
34	山东鳌海湾茶叶有限公司	山东省即墨市鳌山卫镇鳌角石村	700
35	陕西东裕生物科技股份有限公司	陕西省汉中市西乡县沂河镇枣园村	1 000
36	陕西汉中山花茶业有限公司	陕西省汉中市城固县天明镇三化村	5 000
37	陕西宁强县千山茶业有限公司	陕西省汉中市宁强县汉源镇	3 500
38	云南龙陵县松山龙魁茶业有限公司	云南省保山市龙陵县龙新镇黄草坝村	10 000
39	云南普洱祖祥高山茶园有限公司	云南省普洱市思茅县南屏镇整碗村	2 000
40	云南腾冲驼峰茶业有限责任公司	云南省保山市腾冲县团田镇曼村桥头街	2 000
41	浙江千岛银珍农业开发有限公司	浙江省杭州市建德镇	6 000
42	浙江安吉宋茗白茶有限公司	浙江省湖州市安吉县递铺镇鞍山村	3 200
43	浙江安吉千道湾白茶有限公司	浙江省湖州市安吉县溪龙乡	1 240
44	浙江天台正明茶业有限公司	浙江省台州市天台县石梁镇大道地村	300
45	浙江天台县大志茶业有限公司	浙江省台州市天台县泳溪镇大志岗村	1 000

关于发布 2014 "优质茶园" 认定结果的通知

中优协（秘）〔2014〕57 号

各有关单位：

根据全国"优质茶园"遴选认定办法，中国优质农产品开发服务协会组织会员单位进行了"优质茶园"遴选、申报工作。根据自愿、择优、公开、公平、公正的原则，经企业自愿申请，资格审查与考核、专家评审、公示，决定对浙江安吉龙王山茶叶开发有限公司等 33 家茶叶企业的生产基地认定为"优质茶园"，现予公布。

加强优质农产品生产基地建设，逐步建立质量可追溯制度，为消费者提供安全放心的农产品，是每个农业生产及管理部门的重要职责和任务。希望获得认定的单位，珍惜荣誉，以此为契机，进一步加强茶园规范化管理，提高示范作用，为消费者提供更多更好的优质农产品。

中国优质农产品开发服务协会将不定期对获得认定的"优质茶园"企业组织检查。

中国优质农产品协会没有委托任何单位和组织，向被认定的企业开展收费宣传活动。对一些社会媒体及服务单位进行的对企业有偿服务，由企业自行决定合作问题，谨防欺诈。

附件：获得优质茶园认定的企业名单

中国优质农产品开发服务协会

2014 年 11 月 17 日

附件：

获得"优质茶园"认定的企业名单

浙江安吉龙王山茶叶开发有限公司

浙江安吉溪龙黄杜乐平茶场

福建武夷星茶叶有限公司

福建天湖茶业有限公司

福建天丰源茶产业有限公司

福建莲峰茶业有限公司

福建裕荣香茶业有限公司

福建誉达茶业有限公司

福建宁德市九龙峰农业综合开发有限公司

福建天荣茶业有限公司

福建品品香茶业有限公司

山东蒙山龙雾茶业有限公司

山东临沭县春山茶场

山东乳山市水雲春茶厂

山东乳山市正华农林科技示范园有限公司

山东威海威茗茶业有限公司

广西昭平县合水茶叶专业合作社

广西凌云县伟利茶业有限公司

广西凌云县宏鑫茶业有限公司

广西恭城议嵘茗香茶源有限公司

湖北水镜茶业发展有限公司

湖北恩施晨光生态农业发展有限公司

湖北恩施州聪麟实业有限公司

湖北恩施州伍家台富硒贡茶有限责任公司

湖北恩施亲稀源硒茶产业发展有限公司

湖北恩施州花枝山生态农业开发有限责任公司

湖北恩施宣恩伍贡茶业有限公司

湖北圣浩现代农业科技发展有限公司

云南天宝祥农业科技有限公司

陕西宁强县羌汉茶业实业有限责任公司

陕西汉中山花茶业有限公司

陕西紫阳县盘龙天然富硒绿茶有限公司

陕西商南县沁园春茶业有限责任公司

关于发布 2013 "优质果园" 认定结果的通知

中优协（秘）〔2014〕30 号

中国优质农产品开发服务协会在 2013 年名优果品交易会上，组织会员单位进行了"全国优质果园"遴选、申报工作。根据自愿、择优、公开、公平、公正的原则，经企业自愿申请，资格审查与考核、专家评审、

公示，决定对北京燕昌红板栗专业合作社等十七家企业的果品基地认定为"全国优质果园"，现予公布。

加强农产品生产基地建设，逐步建立质量可追溯制度，为消费者提供安全放心的农

产品，是每个农业生产及管理部门的重要职责和任务。希望获得认定的单位，珍惜荣誉，以此为契机，进一步加强果园规范化管理，提高示范作用，为消费者提供更多更好的安全放心农产品。

中国优质农产品开发服务协会将不定期对获得认定的"全国优质果园"单位组织检查。

附件："优质果园"认定单位名单

中国优质农产品开发服务协会

2014 年 7 月 14 日

附件：

优质果园认定单位名单

北京市燕昌红板栗专业合作社

山西省襄垣县林盛种植专业合作社
山西红艳果蔬专业合作社
辽宁海城市祝家南果梨种植专业合作社
浙江衢州市瑞禾水果专业合作社
浙江庆元县野峰农业发展有限公司
江西南丰县微红果业有限公司
四川欧阳农业集团有限公司
四川省三甲农业科技股份有限公司
陕西渭北葡萄产业园区管委会（临渭区现代农业开发有限责任公司）
甘肃槿源果蔬有限责任公司
甘肃天水洁通农业科技有限公司
新疆阿克苏曾曾果业有限责任公司
宁夏早康枸杞股份有限公司
宁夏中宁枸杞产业集团
宁夏中宁县壹宝枸杞商贸有限公司
宁夏万盛生物科技有限公司

关于发布 2014 "优质果园" 认定结果的通知

中优协（秘）〔2014〕62 号

各有关单位：

根据全国"优质果园"遴选认定办法，中国优质农产品开发服务协会组织会员单位进行了"优质果园"遴选、申报工作。本着自愿、择优、公开、公平、公正的原则，经企业自愿申请，资格审查与考核、专家评审、公示，决定对江苏盐城鹤鸣轩生态农业发展有限公司等 23 家果品生产企业（合作社）的生产基地认定为"优质果园"，现予公布。

加强优质农产品生产基地建设，逐步建立农产品质量可追溯制度，为消费者提供安全放心的农产品，是每个农业生产企业及管理部门的重要职责和任务。希望获得认定的单位，珍惜荣誉，以此为契机，进一步加强果园规范化管理，提高示范作用，为消费者提供更多更好的优质农产品。

中国优质农产品开发服务协会将不定期对获得认定的"优质果园"企业（合作社）组织检查。

中国优质农产品协会没有委托任何单位和组织，向被认定的企业开展收费宣传活动。对一些社会媒体及服务单位进行的对企业有偿服务，由企业自行决定合作问题，谨防欺诈。

附件：获得"优质果园"认定的企业（合作社）名单

中国优质农产品开发服务协会

2014 年 12 月 8 日

附件：

获得"优质果园"认定的企业（合作社）名单

江苏盐城鹤鸣轩生态农业发展有限公司（盐

城市亭湖区盐东镇正洋村4组）

安徽砀山万家福水果专业合作社（砀山县李庄镇振兴新村、汪阁村、贾楼村、朱店村、李园新村、卞楼社区村、镇东村）

山东青岛杰诚食品有限公司（青岛市黄岛区宝山镇金沟村）

广西钦州高丰农业有限公司（钦州市水东办事处大沙垌社区大沙垌村、韦屋村，沙埠镇田寮村，久隆镇水铺村那立塘）

广西天峨县无公害水果专业合作社（天峨县六排镇峨里路六美果场、云榜村纳所果场，向阳镇周皇果场）

广西天峨县八腊瑶族乡益民果蔬合作社（天峨县八腊瑶族乡八腊村、甘洞村、五福村、洞里村、纳碍村，纳直乡百河村）

广西浦北南国水果种植农民专业合作社（浦北县小江镇樟家坡村、公家村）

广西融安县大将三马三鑫金桔生产专业合作社（融安县大将镇大将社区三马屯）

广西融安县大潭金桔专业合作社（融安县大将镇大潭社区）

广西融安县绿达金桔专业合作社（融安县大将镇东潭村）

广西融安县大将小榄兴科金桔专业合作社（融安县大将镇小榄屯）

广西融安县名泉金桔专业合作社（融安县大将镇板茂村）

湖北省南漳县红土地大樱桃专业合作社（南漳县胎坪村、樊湾村、普陀庵村）

重庆云阳县丰满农业开发有限公司（云阳县凤鸣镇清江村13组）

重庆云阳县养鹿镇富祥柑橘种植专业合作社（云阳县养鹿镇青杠村1组）

重庆云阳县民富柑桔专业合作社（故陵镇高坪村，故陵社区板亭村）

重庆云阳县活龙柑桔种植专业合作社（云阳县盘龙街道活龙社区）

重庆云阳县集贤柑橘种植专业合作社（云阳县宝坪镇朝阳社区8组）

重庆峻圆科技开发有限公司（云阳县盘龙街道柳桥社区）

重庆云阳县正兴果蔬种植专业合作社（云阳县云安镇毛坝村5组）

重庆云阳中韵果业有限公司（云阳县云安镇毛坝村）

云南华宁县新村柑桔有限责任公司（华宁县盘溪镇新村白泥塘）

宁夏小任果业发展有限公司（永宁县胜利乡胜利3队）

农业部办公厅关于调整2015年农业部百家重点批发市场采集点的通知

各省（自治区、直辖市）农业厅（局、委）及相关重点批发市场：

为及时掌握农产品流通信息，应对市场异动，促进产销衔接，我部于2009年1月启动了农业部定点批发市场重点信息采集工作，并于2011年确定了百家大型农产品批发市场作为重点信息采集点。近年来，重点批发市场信息采集工作在有效应对农产品市场异动、促进农民增收、搞活市场流通、为政府宏观决策和引导消费等方面发挥了重要作用。近期，根据各重点市场报价情况，在综合考虑覆盖范围、交易品种、市场影响度等因素的基础上，经与各省市场主管部门协商沟通，我们对原有百家重点批发市场信息采集点进行了调整，形成了新的百家重点批发市场信息采集点（名单附后）。

今后，每隔1～2年我们将根据百家重点批发市场报价情况及时进行调整和轮换。望各重点批发市场和有关省（自治区、直辖市）农业市场主管部门继续加强信息采集工作，及时准确上报相关统计数据，以便为政府、企业和生产经营者提供更好的服务。

农业部办公厅

2014 年 11 月 24 日

附件：

农业部百家重点批发市场信息采集点

省（自治区、直辖市）	市场名称	省（自治区、直辖市）	市场名称
北京	北京新发地农副产品批发市场中心	上海	上海江桥农产品批发市场
	北京顺鑫石门农产品批发市场有限责任公司		＊上海农产品中心批发市场经营管理有限公司
	北京八里桥农产品中心批发市场有限公司	江苏	＊江苏凌家塘市场发展有限公司
	北京锦绣大地玉泉路粮油批发市场		苏州市南环桥市场发展股份有限公司
	北京水屯批发市场		江苏南京农副产品物流中心
天津	天津何庄子农产品批发市场		＊江苏无锡朝阳农产品大市场
	天津市金钟河蔬菜贸易中心		江苏无锡市天鹏食品有限公司猪肉批发交易市场
河北	天津市南开区红旗农贸综合批发市场有限公司	浙江	宁波市蔬菜有限公司蔬菜副食品分公司
	石家庄桥西蔬菜中心批发市场有限公司		嘉兴市蔬菜食品有限公司
	唐山市冀东果菜总公司（冀东果菜批发市场）		温州菜篮子集团有限公司
	馆陶县金凤禽蛋农贸有限公司		浙江良渚蔬菜市场开发有限公司
	河北秦皇岛海阳农副产品批发市场	安徽	合肥周谷堆农产品批发市场股份有限公司
	河北魏县天仙果菜批发交易市场		亳州市农副产品有限责任公司
山西	太原市河西农产品有限公司		安徽安庆市龙狮桥蔬菜批发市场
	晋城市绿欣农产品批发交易中心		安徽蚌埠蔬菜批发市场
	山西大同市振华蔬菜批发市场有限责任公司	福建	福建民天实业有限公司海峡蔬菜批发市场
	山西长治市紫坊农产品综合交易市场有限公司		福鼎市市场建设管理服务中心
内蒙古	包头市友谊蔬菜批发市场有限责任公司		福建厦门同安闽南果蔬批发市场
	内蒙古赤峰西城市场	江西	江西南昌深圳农产品中心批发市场有限公司
	呼和浩特东瓦窑市场		江西九江市浔阳蔬菜批发大市场
辽宁	鞍山宁远农产品批发市场		江西乐平市蔬菜批发大市场
	辽宁省朝阳市果菜发展有限责任公司果菜批发市场		江西赣州南北大市场
	辽宁阜新市场		江西永丰蔬菜市场
	辽宁大连双兴商品城有限公司	山东	济南堤口果品批发发展有限责任公司
吉林	长春蔬菜中心批发市场集团有限公司		青岛市城阳蔬菜水产品批发市场有限公司
黑龙江	哈尔滨哈达农副产品股份有限公司		山东寿光果菜批发市场有限公司
	牡丹江双合中俄蔬菜果品有限公司		青岛抚顺路蔬菜副食品批发市场
	黑龙江鹤岗市万圃源蔬菜有限责任公司		山东威海市农副产品批发市场
			山东威海水产品批发市场

（续）

省 （自治区、 直辖市）	市场名称	省 （自治区、 直辖市）	市场名称
河南	商丘农产品中心批发市场	四川	四川绵阳市高水蔬菜批发市场
	河南万邦国际农产品物流股份有限公司		＊川北农产品批发市场
	河南安阳豫北蔬菜批发市场	贵州	贵州地利农产品物流园有限公司
湖北	武汉白沙洲农副产品大市场有限公司		遵义金土地绿色产品交易有限公司
	武汉武商皇经堂农副产品批发市场有限公司	云南	云南龙城农产品经营股份有限公司
	湖北浠水农产品批发市场		云南通海金山蔬菜批发市场
	湖北襄阳农产品交易中心		云南元谋县蔬菜交易市场有限责任公司
湖南	长沙马王堆农产品股份有限公司	陕西	西安朱雀农产品市场有限公司
	红星实业集团有限公司		陕西省泾阳县泾云蔬菜销售服务中心
	湖南常德甘露寺蔬菜批发市场		陕西咸阳新阳光农副产品有限公司
	湖南吉首蔬菜果品批发市场	甘肃	兰州大青山蔬菜批发市场
广东	广州江南果菜批发市场有限责任公司		甘肃酒泉春光农产品市场有限责任公司
	广东省汕头市农副产品批发中心市场有限公司		甘肃靖远县瓜果蔬菜批发市场
	广东东莞市大京九农副产品中心批发市场	青海	青海省西宁市海湖路蔬菜瓜果综合批发市场
广西	柳州市柳邕农产品批发市场有限公司		青海西宁仁杰粮油批发市场有限公司
	广西南宁市五里亭蔬菜批发市场	宁夏	银川北环蔬菜果品综合批发市场管理有限公司
	广西田阳农副产品综合批发市场		宁夏吴忠市利通区东郊农产品批发市场
重庆	重庆市观音桥农贸市场管理处	新疆	乌鲁木齐北园春（集团）有限责任公司北园春市场
	重庆双福国际农贸城		新疆克拉玛依农副产品批发市场
四川	四川汉源县九襄农产品批发市场		新疆兵团农二师库尔勒市孔雀农副产品综合批发市场
	四川省泸州市仔猪批发市场		新疆石河子农产品交易中心
	四川成都农产品中心批发市场（菜淡水鱼）	海南	海南南北大市场（蔬菜）

注：标＊号市场为电子结算市场。

索 引